天目山动物志

（第三卷）

原尾纲　弹尾纲　双尾纲
昆虫纲
　　石蛃目　蜉蝣目　蜻蜓目
　　襀翅目　蜚蠊目　等翅目
　　螳螂目　革翅目　直翅目

总　主　编　　吴　鸿　　王义平　　杨星科　　杨淑贞
本卷主编　　尹文英　　周文豹　　石福明
本卷副主编　　张道川　　周长发　　王宗庆

ZHEJIANG UNIVERSITY PRESS
浙江大学出版社

图书在版编目(CIP)数据

　　天目山动物志. 第 3 卷/吴鸿等总主编. —杭州:浙
江大学出版社,2014.8
　　ISBN 978-7-308-13050-9

　　Ⅰ.①天…　Ⅱ.①吴…　Ⅲ.①天目山－动物志
Ⅳ.①Q958.525.53

　　中国版本图书馆 CIP 数据核字(2014)第 063114 号

天目山动物志(第三卷)

总主编　吴　鸿　王义平　杨星科　杨淑贞

责任编辑	冯其华(zupfqh@zju.edu.cn)
封面设计	刘依群
出版发行	浙江大学出版社
	(杭州市天目山路 148 号　邮政编码 310007)
	(网址:http://www.zjupress.com)
排　版	浙江时代出版服务有限公司
印　刷	浙江印刷集团有限公司
开　本	787mm×1092mm　1/16
印　张	29.5
字　数	780 千
版 印 次	2014 年 8 月第 1 版　2014 年 8 月第 1 次印刷
书　号	ISBN 978-7-308-13050-9
定　价	120.00 元

FAUNA OF TIANMU MOUNTAIN

Volume Ⅲ

Protura	**Collembola**	**Diplura**
Hexapoda		
Microcoryphia	Ephemeroptera	Odonata
Plecoptera	Blattodea	Isoptera
Mantodea	Dermaptera	Orthoptera

Editor-in-Chief   Wu Hong   Wang Yi-ping
                      Yang Xing-ke   Yang Shu-zhen
Volume Editor   Yin Wen-ying   Zhou Wen-bao
                      Shi Fu-ming
Volume Vice-editor   Zhang Dao-chuan   Zhou Chang-fa
                      Wang Zong-qing

ZHEJIANG UNIVERSITY PRESS
浙江大学出版社

内容简介

　　野生动物是生物多样性的重要组成部分,要开发动物资源,首先必须认识动物,给每种动物以正确的名称,通过详细表述并记录动物种类、自然地理分布、生物学习性、经济价值与利用等信息,规范各类动物物种的种名和学名,对特有种、珍稀种、经济种等重大物种的保护管理、研究利用等作客观记载,为后人进一步认识动物提供翔实的依据。本卷经野外标本采集,鉴定共计 4 纲 17 目 70 科 261 属 385 种。包含原尾纲蚖目 4 科 7 属 13 种,华蚖目 1 科 1 属 1 种,古蚖目 1 科 4 属 13 种;弹尾纲原姚目 4 科 7 属 9 种,长角姚目 1 科 8 属 10 种,愈腹姚目 2 科 2 属 2 种,短角姚目 1 科 1 属 1 种;双尾纲双尾目 2 亚目 3 科 5 属 6 种;昆虫纲石蛃目 1 科 2 属 2 种,蜉蝣目 8 科 18 属 24 种,蜻蜓目 15 科 70 属 103 种,襀翅目 2 科 3 属 8 种,蜚蠊目 4 科 13 属 22 种,等翅目 1 科 5 属 7 种,螳螂目 3 科 10 属 14 种,革翅目 6 科 14 属 19 种,直翅目 13 科 91 属 131 种。同时,对实际研究过的种类作了比较详细的形态描述,每个种均列有分布、生物学、有关文献等,并编有分种检索表。

　　本志不仅有助于人们全面了解天目山丰富的动物资源,而且可供农、林、牧、畜、渔、环境保护和生物多样性保护等工作者参考使用。

SUMMARY

　　This volume contains 4 classes, 17 orders, 70 families, 261 genera and 385 species belonging to animal kingdom from Tianmu Mountain of Zhejiang Province in China, which include 13 species of 7 genera in 4 families from order Acerentomata, 1 species of 1 genus in 1 family from order Sinentomata, and 13 species of 4 genera in 1 family from Ensentomata belonging to class Protura, respectively; 9 species of 7 genera in 4 families from order Poduromorpha, 10 species of 8 genera in 1 family from order Entomobryomorpha, 2 species of 2 genera in 2 families from order Symphypleona, and 1 species of 1 genera in 1 family from order Neelipleona belonging to class Collembola, respectively; 6 species of 5 genera in 3 families from order Diplura belonging to class Diplura, respectively; 2 species of 2 genera in 1 family from order Archeognatha, 24 species of 18 genera in 8 families from order Ephemeroptera, 103 species of 70 genera in 15 families from order Odonata, 8 species of 3 genera in 2 families from order Plecoptera, 22 species of 13 genera in 4 families from order Blattodea, 7 species of 5 genera in 1 family from order Isoptera, 14 species of 10 genera in 3 families from order Mantodea, 19 species of 14 genera in 6 families from order Dermaptera, 131 species of 91 genera in 13 families from order Orthoptera belonging to class Hexapoda, respectively. Each species with distribution, biology and morphological characters are describedand illustrated. Moreover, keys of different taxa are also provided.

　　The fauna is available for researchers in the fields of forestry, agriculture, animal husbandry, fisheries, environmental protection and biodiversity protection and other related fields.

参加编写单位

中国科学院上海生命科学研究院植物生理生态研究所
中国科学院动物研究所
河北大学
南京师范大学
西南大学
浙江农林大学
浙江省自然博物馆
浙江天目山国家级自然保护区管理局
浙江清凉峰国家级自然保护区管理局

Participated Units

Institute of Plant Physiology & Ecology, Shanghai Institute for Biological Sciences, Chinese Academy of Sciences

Institute of Zoology, Chinese Academy of Sciences

Hebei University

College of Life Science, Nanjing Normal University

Southwest University

Zhejiang Agriculture and Forestry University

Zhejiang Museum of Natural History

District Administration of Zhejiang Tianmu Mountain National Nature Reserve

District Administration of Zhejiang Qingliangfeng National Nature Reserve

本卷编著者

原尾纲　　　　　　卜　云　尹文英（中国科学院上海生命科学研究院植物生理生态研究所）

弹尾纲　　高　艳　黄骋望　卜　云（中国科学院上海生命科学研究院植物生理生态研究所）

双尾纲　　　　　　栾云霞　卜　云（中国科学院上海生命科学研究院植物生理生态研究所）

昆虫纲

　石蛃目　　　　　　卜　云　尹文英（中国科学院上海生命科学研究院植物生理生态研究所）

　蜉蝣目　　　　　　周长发　王艳霞　周　丹　李　丹（南京师范大学生命科学学院）

　蜻蜓目　　　　　　　　　　　　　周　昕　周文豹（浙江省自然博物馆）

　襀翅目　　季小雨　吴海燕　杜予州（扬州大学园艺与植物保护学院暨应用昆虫研究所）

　蜚蠊目　　　　　　　　王锦锦　王宗庆　车艳丽（西南大学植物保护学院）

　等翅目　　　　　　　　　　　　　　　黄复生（中国科学院动物研究所）

　螳螂目　　刘宪伟　王瀚强（中国科学院上海生命科学研究院植物生理生态研究所）

　革翅目　　　　　　　　　　　　　周　昕　周文豹（浙江省自然博物馆）

　直翅目

　　蟋螽科　　　　　　石福明　焦　娇　白锦荣　王　昕（河北大学生命科学学院）

　　露螽亚科　　　　　　　　　　　王　刚　石福明（河北大学生命科学学院）

　　蟋螽科　　边　迅　郭立英　石福明（河北大学生命科学学院；河北固安第一中学）

　　蟋蟀总科　　　　　　刘浩宇　石福明（河北大学博物馆；河北大学生命科学学院）

　　蝗总科,蚱总科,蜢总科　　　　　张道川　王鹏翔　智永超　张德志（河北大学）

AUTHORS

Protura

Bu Yun, Yin Wenying. (Institute of Plant Physiology & Ecology, Shanghai Institute for Biological Sciences, Chinese Academy of Sciences)

Collembola

Gao Yan, Huang Chengwang, Bu Yun. (Institute of Plant Physiology & Ecology, Shanghai Institute for Biological Sciences, Chinese Academy of Sciences)

Diplura

Luan Yunxia, Bu Yun. (Institute of Plant Physiology & Ecology, Shanghai Institute for Biological Sciences, Chinese Academy of Sciences)

Hexapoda

  Microcoryphia

  Bu Yun, Yin Wenying. (Institute of Plant Physiology & Ecology, Shanghai Institute for Biological Sciences, Chinese Academy of Sciences)

  Ephemeroptera

  Zhou Changfa, Wang Yanxia, Zhou Dan, Li Dan. (College of Life Science, Nanjing Normal University)

  Odonata

  Zhou Xin, Zhou Wenbao. (Zhejiang Museum of Natural History)

  Plecoptera

  Ji Xiaoyu, Wu Haiyan, Du Yuzhou. (School of Horticulture and Plant Protection, Yangzhou University)

  Blattodea

  Wang Jinjin, Wang Zongqing, Che Yanli. (College of Plant Protection, Southwest University)

  Isoptera

  Huang Fusheng. (Institute of Zoology, Chinese Academy of Sciences)

  Mantodea

  Liu Xianwei, Wang Hanqiang. (Institute of Plant Physiology & Ecology, Shanghai Institute for Biological Sciences, Chinese Academy of Sciences)

  Dermaptera

  Zhou Xin, Zhou Wenbao. (Zhejiang Museum of Natural History)

  Orthoptera

    Tettigoniidae

      Shi Fuming, Jiao Jiao, Bai Jinrong, Wang xin. (College of Life Science, Hebei University)

    Phaneropterinae

      Wang Gang, Shi Fuming. (College of Life Science, Hebei University)

    Gryllacrididae

      Bian Xun, Guo Liying, Shi Fuming. (College of Life Science, Hebei University; Gu'an No. 1 Middle School, Hebei)

    Grylloidea

      Liu Haoyu, Shi Fuming. (Museum of Hebei University; College of Life Science, Hebei University)

    Acridoidea, Tetrigoidea, Eumastacoidea

      Zhang Daochuan, Wang Pengxiang, Zhi Yongchao, Zhang Dezhi. (Hebei University)

序

  动物是生态系统中重要的组成部分,在地球生态系统的物质循环和能量流动中发挥着重要作用。野生动物是生物进化的历史产物和人类社会的宝贵财富。近年来,因气候等自然环境的变化以及人为干扰等因素影响,野生动物与人类间的和谐关系遭到一定程度的破坏,人与野生动物间的矛盾越来越突出。对一个地区动物区系的研究,能极大地丰富我国生物地理知识,对保护和利用动物资源具有重要的意义。一个地区动物区系的记录,是比较动物区系组成变化、环境变迁、气候变化的重要历史文献。

  天目山脉位于我国浙江省,属南岭山系,是我国著名山脉之一。山上奇峰怪石林立,深沟峡谷众多,地质地貌复杂多变,生物种类繁多,珍稀物种荟萃。天目山动物资源的研究历来受到国内外学者的重视,是我国著名的动物模式标本产地。新中国成立后,大批动物学分类工作者对天目山进行了广泛的资源调查,积累了丰富的原始资料。自 2011 年起,浙江天目山国家级自然保护区管理局在此基础上,依据动物种群生物习性与规律,按照不同时间,有序地组织国内动物分类专家进驻天目山进行野外动物调查、标本采集和鉴定等工作。《天目山动物志》的出版是专家们多年考察研究的智慧结晶。

  《天目山动物志》是一项具有重要历史和现实意义的艰巨工程,先后累计有 20 余家科研院所的 100 多位专家、学者参加编写,其中包括两位中国科学院院士。该动物志全系按照动物进化规律次序编排,内容涵盖无脊椎动物到脊椎动物的主要门类。执笔撰写的都是我国著名的动物分类专家。《天目山动物志》不但有严谨的编写规格,而且体现了很高的学术价值,各类群种类全面、描述规范、鉴定准确、语言精练,并附有大量物种鉴别特征插图,图文并茂,便于读者理解和参阅。

  《天目山动物志》反映了当地野生动物资源的现状和利用,具有非常重要的科学意义和实际应用价值,不仅有助于人们全面了解天目山及其丰富的动物资源,还可供农、林、牧、畜、渔、生物学、环境保护和生物多样性保护等工作者参考使用。该志的问世必将以它丰富的科学资料和广泛的应用价值为我国的动物学文献宝库增添新的宝藏。

中国科学院院士
中国科学院动物研究所研究员、所长

2013 年 12 月 12 日于北京

前　言

　　天目山位于浙江省西北部,在临安市境内,主峰海拔1506m,是浙江西北部主要高峰之一。有东西两峰遥相对峙,两峰之巅各天成一池,形如天眼,故而得名。天目山属南岭山系,中亚热带北缘,"江南古陆"的一部分,是我国著名山脉之一。天目山气候具有中亚热带向北亚热带过渡的特征,并受海洋暖湿气流的影响较深,形成季风强盛、四季分明、气候温和、雨水充沛、光照适宜、复杂多变的森林生态气候类型。

　　天目山峰峦叠翠,古木葱茏,素有"天目千重秀,灵山十里深"之说。天目山物种繁多,珍稀物种荟萃,以"大树华盖"和"物种基因宝库"享誉天下。天然植被面积大,而且保存完整,森林覆盖率高,拥有区系成分非常复杂、种群十分丰富的生物资源和独特的环境资源,构成了以地理景观和森林植被为主体的稳定的自然生态系统。保护区现面积为4284hm²,区内有高等植物249科1044属2347种,银杏、金钱松、天目铁木、独花兰等40种被列为国家重点保护植物;有浙江省珍稀濒危植物38种,其中野生银杏为世界上唯一幸存的中生代孑遗植物;天目山有脊椎动物包括兽类、鸟类、爬行类、两栖类、鱼类等近400种,其中属国家重点保护的野生动物有云豹、金钱豹、梅花鹿、黑麂、白颈长尾雉和中华虎凤蝶等40余种。因生物丰富多样,1996年天目山国家级自然保护区加入了联合国教科文组织"人与生物圈保护区网络",成为世界级保护区;1999年,天目山国家级自然保护区被中宣部和科技部分别授予"全国科普教育基地"和"全国青少年科技教育基地"。

　　天目山动物考察活动已有100多年历史。外国人的采集活动主要集中于20世纪40年代之前,采集标本数量大,影响深远。我国早期动物学家留学回国后,也纷纷到天目山考察,发表了一批论文。所有这些,为天目山闻名世界奠定了基础。50年代之后,天目山更是成为浙、沪、苏、皖等地多所高校的理想教学实习场所。中国科学院动物研究所、中国科学院上海昆虫研究所(现为中国科学院上海生命科学研究院植物生理生态研究所)、中国农业大学、南京农业大学、复旦大学、西北农学院(现为西北农林科技大学)、杭州植物园以及北京、天津、上海和浙江等省、市的自然博物馆的许多专家都曾到天目山采集动物标本,增加了不少新种和新记录。当时浙江的各高校,如原浙江农业大学(现为浙江大学)、原浙江林学院(现为浙江农林大学)、原杭州大学(现为浙江大学)、原杭州师范学院(现为杭州师范大学)等学校的师生更是常年在天目山进行教学实习和考察,特别是2001年《天目山昆虫》的出版为本次考察研究奠定了坚实的基础。众多动物学家来天目山考察,并发表了大量新属、新种,使天目山成为模式标本的重要产地,从而进一步确立了天目山在动物资源方面的国际地位。

　　野生动物是生物多样性的重要组成部分,开发野生动物资源,首先必须认识动物、给每种动物以正确的名称,通过详细表述并记录动物种类、自然地理分布、生物学习性、经济价值与利用等信息,规范各类动物物种的种名和学名,对特有种、珍稀种、经济种等重大物种的保护管理、研究利用等事件做客观记载,为后人进一步认识动物提供翔实的依据。本志引证详尽、描述细致,既有国家特色,又有全球影响;既有理论创新,又密切联系地方生产实际。因此,该动物志是一项浩大的系统工程,是反映国家乃至地方动物种类家底、动物资源、永续利用动物多样性的信息库;也是反映一个国家或地区生物科学基础水平的标志之一,是永载史册的系统科学工程;也是国际上多学科、多部门一直密切关注的课题之一。

为系统、全面地了解天目山动物种类的组成、发生情况、分布规律,为保护区规划设计、保护管理和资源合理利用提供基本资料,1999 年 7 月和 2011 年 7 月,浙江天目山国家级自然保护区管理局、浙江农林大学(原浙江林学院)等单位共同承担了国家林业局"浙江天目山自然保护区昆虫资源研究"和全球环境基金项目"天目山自然保护区野生动物调查监测和数据库建设"。经过 13 年的工作,共采集动物标本 45 万余号,计有 5000 余种,其中有大量新种和中国新记录属种。

《天目山动物志》的出版不仅便于大家参阅,还为读者更全面、系统地了解天目山动物资源,了解这个以"大树王国"著称的绿色宝库提供了丰富的资料和理论研究基础。同时,本书的出版还有助于推进生物多样性保护、构建人与自然和谐共生的生态环境,为自然保护区的规划设计、管理建设和开发利用提供重要的科学依据,从而真正发挥出自然保护区的作用和功能,对构建国家生态文明,以及绿色浙江、山上浙江、生态浙江和"五水共治"均具有重要意义。同时,对于解决人类共同面临的水源、人口、粮食、资源、环境和生态安全等全球性的问题,也具有十分重要的战略意义和深远影响。

本系列卷书得到中国科学院上海生命科学研究院植物生理生态研究所尹文英院士,河北大学印象初院士,中国科学院动物研究所陈德牛教授,中国科学院水生生物研究所杨潼教授,浙江大学何俊华教授和南京农业大学杨莲芳教授等国内动物学家的关怀和指导,得到国家林业局、浙江省林业厅和浙江农林大学等单位的领导和同行的关心和鼓励,得到浙江天目山国家级自然保护区广大工作人员的大力支持;感谢中国科学院动物研究所所长康乐院士欣然为本系列卷书作序。在此,谨向所有关心、鼓励、支持和指导、帮助我们完成本系列卷书编写的单位和个人表示热诚的感谢。

由于我们水平有限,书中错误或不足之处在所难免,殷切希望读者对本书提出批评和建议。

《天目山动物志》编辑委员会

2014 年 2 月

目　录

第一章　原尾纲 Protura

第二章　弹尾纲 Collembola

第四章　昆虫纲 Insecta

第一章　　原尾纲 Protura

原尾纲动物体型微小,长梭形,体长 0.6—2.0mm,通常在 1.0mm 左右。幼虫乳白色,成虫淡黄色至红棕色。身体分为头部、胸部和腹部三个部分。头部无触角和眼,具一对形状不一的假眼;口器内颚式,包括上唇、大颚、下颚、下颚须、下唇和下唇须。胸部分 3 节,分别着生 1 对足,胸足分别由 6 节组成,前足跗节极为长、大,着生形态多样的感觉毛;部分种类中胸和后胸各有气孔 1 对。腹部共有 12 节,腹部第 Ⅰ—Ⅲ 节腹面分别具有 1 对腹足,分 1 节或 2 节;腹部末端无尾须;雌、雄外生殖器结构相似,但雄性的较为细长,雌性的较为粗壮,生殖孔位于第 Ⅺ 腹节和第 Ⅻ 腹节之间。

原尾纲通称原尾虫,主要生活在富含腐殖质的土壤中,是典型的土壤动物。主要生活在 0—30cm 的土层中,但最适宜的栖息层为 20cm 以上的土层。分布广泛,适应性强,在森林湿润的土壤中,苔藓植物中,腐朽的木材、树洞以及白蚁和小型哺乳动物的巢穴中均可以发现原尾虫。原尾虫的口器在不同类群中有一定分化,有报道称原尾虫吸食寄生在植物上的根菌或取食土壤中自由生活的真菌菌丝,表明原尾虫可能是一类食微动物。

原尾虫的个体发育为增节变态类型,胚后发育共有 5 个时期,即前幼虫、第 Ⅰ 幼虫、第 Ⅱ 幼虫、童虫和成虫,在一些类群中的雄性幼虫还有一个外生殖器未完全发育的前成虫期。前幼虫和第 Ⅰ 幼虫腹部为 9 节,第 Ⅱ 幼虫为 10 节,童虫和成虫为 12 节。增加的体节出现在腹部第 Ⅷ 节和第 Ⅻ 节之间。

原尾虫种群的消长与温度、湿度和土壤 pH 值密切相关,一年中可见明显的消长趋势。人为干扰如森林砍伐、土地利用、施肥、杀虫剂和除草剂的施放、放射性和重金属污染对于原尾虫的种类多样性影响较大。

原尾虫的分布遍及全世界,在各大陆的五个气候带和六大动物地理区均有其生存。我国原尾虫种类以东洋界成分占绝对优势,约占总数的 90%。就科的分布而言,夕蚖科和始蚖科广泛分布于华中、西南、青藏高原、华北和东北地区,但在华南尚未发现;蚖科和日本蚖科是典型的古北区种类,主要分布在我国东北和西北地区;富蚖科和华蚖科是亚热带和热带的类群;檏蚖科和古蚖科为全球分布的类群,在我国多数种类分布在华东、华南和西南地区。

截至 2013 年,全世界共记录原尾虫 3 目 10 科 810 余种,中国已记录 3 目 9 科 210 种。原尾纲现行的分类系统由尹文英于 1996 年提出,并在 1999 年出版的《中国动物志·原尾纲》中进行了完善,该系统为国际上大多数同行采用。按照该系统,原尾纲划分为蚖目、华蚖目和古蚖目 3 个目,蚖目包括夕蚖科、始蚖科、檏蚖科、蚖科、日本蚖科和囊腺蚖科 6 个科,华蚖目包括富蚖科和华蚖科 2 个科,古蚖目包括古蚖科和旭蚖科 2 个科(图 1-1-1)。除囊腺蚖科仅在欧洲分布外,其余 9 个科在我国均有分布。截至目前,天目山共发现原尾虫 27 种,隶属 3 目 6 科 12 属。

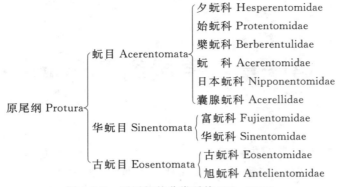

图 1-1-1　原尾纲的分类系统(Yin,1999)

分目检索表

1. 中、后胸背板两侧各生气孔 1 对 ……………………………………………………………… 2
   中、后胸背板两侧无气孔 …………………………… **蚖目 Acerentomata Yin, 1996**
2. 体黄白色至黄色,中、后胸背板有中刚毛 1 对 ………………… **古蚖目 Ensentomata Yin, 1996**
   体红褐色至红棕色,中、后胸背板无中刚毛 ………………… **华蚖目 Sinentomata Yin, 1996**

一、蚖 目 Acerentomata

特征：无气孔和气管系统，头部假眼凸出；颚腺管的中部常有不同形状的"萼"和花饰以及膨大部分或突起。3 对腹足均为 2 节，或者第Ⅱ、Ⅲ对腹足 1 节。腹部第Ⅷ节前缘有一条腰带，生有栅纹或不同程度退化；第Ⅷ腹节背板两侧具有一对腹腺开口，覆盖有栉梳。雌性外生殖器简单，端阴刺多呈短锥状；雄性外生殖器长大，端阳刺细长。

分类：我国已记录蚖目 5 科 33 属 110 种，浙江天目山分布有 4 科 7 属 13 种。

分科检索表

1. 假眼梨形，中裂"S"形，颚腺管中部的萼膨大为香肠状 ·············· **夕蚖科 Hesperentomidae**
   假眼圆形无中裂，颚腺管中部的萼球形或心形 ··· 2
2. 假眼多数具有后杆，颚腺管中部具有光滑的球形萼 ·············· **始蚖科 Protentomidae**
   假眼无后杆，颚腺管中部具有心形萼 ··· 3
3. 萼光滑无花饰 ··· **檗蚖科 Berberentulidae**
   萼部生有多瘤的花饰或其他附属物 ······························· **蚖科 Acerentomidae**

夕蚖科 Hesperentomidae

主要特征：体细长。假眼常呈梨形，中部有纵贯的"S"形中隔；颚腺管细长，中部常膨大成香肠状或袋状的萼部，在袋的远端生有极微小的、花椰菜状的花饰。前胸足跗节的感觉器常呈柳叶状或者短棒状。第Ⅰ—Ⅲ对腹足均为 2 节，各生 4 刚毛（夕蚖属 *Hesperentomon*），或第Ⅰ—Ⅱ对腹为 2 节，第Ⅲ对腹足为 1 节（尤蚖属 *Ionescuellum*）；第Ⅷ腹节前缘的腰带简单而无纵纹；栉梳为长方形。雌性外生殖器的端阴刺呈尖锥状。

分类：本科全世界已知 2 亚科、3 属 29 种。我国已知 2 属 17 种，浙江天目山分布 1 属 1 种。

沪蚖属 Huhentomon Yin，1977

特征：体型粗壮，黄褐色。假眼长卵形；颚腺为均匀管状，极长，中部长为后部的 3.5 倍。前足跗节粗壮，为黄褐色，感觉器大多为短棒状。第Ⅰ对腹足 2 节，各生 4 根刚毛；第Ⅱ—Ⅲ对腹足均为 1 节，各生 3 根刚毛；腹部第Ⅷ节腰带退化，栅纹稀疏不全。

分布：我国华东地区；日本。我国已知 1 种，浙江天目山分布 1 种。

1.1 褶爪沪蚖 *Huhentomon plicatunguis* Yin，1977（图 1-1-2）

特征：体长 1015—1276μm。假眼长 16μm，呈长卵形，具厚边和长而微弯的中裂，头眼比＝8；颚腺为均匀管状，极长，中部长为后部的 3.5 倍，远端有一个微小的花饰；下颚须上生有 2 根粗短的感觉毛，下唇须顶端生一簇刚毛。前足跗节长 85μm，爪长 25.6μm，跗爪比＝3.3，垫爪比＝0.06；前足跗节背面感觉器 t-1 细小，t-3 短棒形；外侧感觉器 a—g 均为短棒状，长度相似；内侧感觉器 a'、b'-2、c'-1 为短棒状，c'-2 长而尖，b'-1 缺失，基端比＝0.45。第Ⅰ对腹足 2 节，各生 4 根刚毛；第Ⅱ—Ⅲ对腹足均为 1 节，各生 3 根刚毛；腹部第Ⅷ节腰带退化，栅纹稀疏不全；栉梳长方形，生有 6 枚不规则的尖齿。雌性外生殖器宽大，端阴刺尖细。成虫胸、腹部毛序见表 1-1-1。

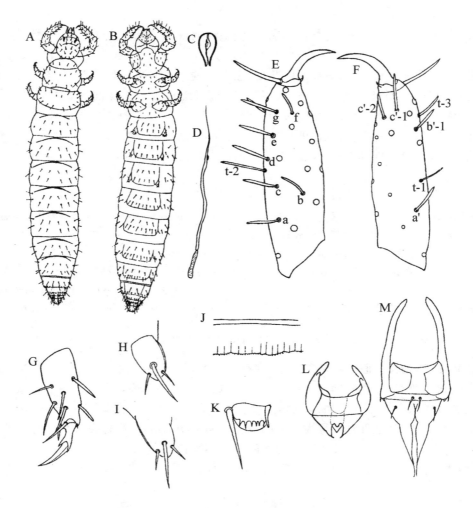

图 1-1-2　褶爪沪蚖 *Huhentomon plicatunguis* Yin, 1977
(仿《中国动物志·原尾纲》129 页, 图 87)

A. 整体背面观; B. 整体腹面观; C. 假眼; D. 颚腺; E. 前跗外侧面观; F. 前跗内侧面观; G. 后跗节侧面观;
H. 第Ⅱ腹足; I. 第Ⅲ腹足; J. 第Ⅷ腹节腰带; K. 栉梳; L. 雌性外生殖器; M. 雄性外生殖器

表 1-1-1　褶爪沪蚖 *Huhentomon plicatunguis* Yin, 1977 胸、腹部毛序

部位	胸 部			腹 部									
	Ⅰ	Ⅱ	Ⅲ	Ⅰ	Ⅱ—Ⅲ	Ⅳ	Ⅴ—Ⅵ	Ⅶ	Ⅷ	Ⅸ	Ⅹ	Ⅺ	Ⅻ
背面	4	$\frac{6}{14}$	$\frac{6}{14}$	$\frac{4}{10}$	$\frac{8}{12}$	$\frac{8}{12}$	$\frac{8}{12}$	$\frac{8}{14}$	$\frac{8}{14}$	14	10	6	9
腹面	$\frac{2-2}{6}$	$\frac{4-2}{5}$	$\frac{6-2}{5}$	$\frac{4}{4}$	$\frac{4}{5}$	$\frac{4}{5}$	$\frac{4}{9}$	$\frac{4}{9}$	$\frac{2}{4}$	6	6	6	8

分布:浙江(天目山、杭州、上虞)、江苏、上海、安徽;日本。

始蚖科 Protentomidae

主要特征：体型较为粗笨。口器稍尖细,大颚顶端不具齿;下颚须和下唇须均较短;颚腺管近盲端具有光滑的球形萼。前足跗节感觉器多数呈柳叶形或短棒状。第Ⅰ—Ⅱ对腹足2节,第Ⅲ腹足1节或者2节。后胸背板具有2对或1对前排刚毛,腹节背板前排刚毛不同程度减少。

分类：本科全世界已知2亚科、6属44种。我国已知4属11种,浙江天目山分布1属3种。

新康蚖属 *Neocondeellum* Tuxen & Yin，1982

特征：假眼圆形较小,头眼比=14—18,具短而粗的后杆;颚腺管中部为球形萼。第Ⅰ—Ⅲ对腹足2节,各生4根刚毛;第Ⅲ对腹足1节,各生3根刚毛。前跗节感觉器或退化缺失,仅有少数感觉器。

分布：东洋区、古北区和新北区。我国已知6种,浙江天目山分布3种。

分种检索表

1. 前胸背板生3对刚毛 ·· 2
   前胸背板生2对刚毛 ····························· 短跗新康蚖 *N. brachytarsum* (Yin, 1977)
2. 腹部第Ⅱ—Ⅵ节背板前排刚毛3对(A1,2,5) ··········· 长跗新康蚖 *N. dolichotarsum* (Yin, 1977)
   腹部第Ⅱ—Ⅵ节背板前排刚毛1对(A1) ········ 金色新康蚖 *N. chrysallis* (Imadaté & Yin, 1979)

1.2　短跗新康蚖 *Neocondeellum brachytarsum* (Yin, 1977)(图1-1-3)

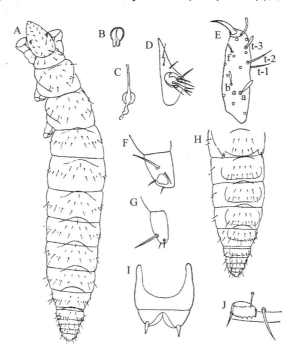

图1-1-3　短跗新康蚖 *Neocondeellum brachytarsum*(Yin, 1977)

(仿《中国动物志·原尾纲》150页,图97)

A.成虫背面观;B.假眼;C.颚腺;D.下唇须;E.前跗外侧面观;F.第Ⅱ腹足;
G.第Ⅲ腹足;H.第Ⅲ—Ⅷ腹节腹板;I.雌性外生殖器;J.栉梳

　　特征:体型粗短,淡黄色,前足跗节和腹部后端呈棕黄色;体长 678—812μm。头椭圆形;假眼长 8—9μm,头眼比＝13—16;颚腺萼部球形,后部腺管弯曲;下颚须亚端节具有 1 个宽短的柳叶形感觉器。前跗长 37—45μm,爪长 11—15μm,跗爪比＝3.3—3.8,中垫长 3—4μm,垫爪比＝0.20—0.23,基端比＝0.87—1.3;前跗背面感觉器 t-1 和 t-2 细长,t-3 柳叶形;外侧面感觉器 a 和 b 剑状,b 较短,c、d、e 和 g 缺失,f 短小,柳叶形;内侧面感觉器 a′柳叶形,短小。第Ⅷ腹节栉梳后缘生 4—8 枚尖齿。雌性外生殖器具尖细的腹突和端阴刺。成虫胸、腹部毛序见表 1-1-2。

表 1-1-2　短跗新康虮 *Neocondeellum brachytarsum*（Yin, 1977）胸、腹部毛序

部位	胸　部			腹　部									
	Ⅰ	Ⅱ	Ⅲ	Ⅰ	Ⅱ—Ⅲ	Ⅳ—Ⅴ	Ⅵ	Ⅶ	Ⅷ	Ⅸ	Ⅹ	Ⅺ	Ⅻ
背面	4	$\frac{6}{16}$	$\frac{6}{14}$	$\frac{6}{12}$	$\frac{4}{14}$	$\frac{4}{14}$	$\frac{4}{14}$	$\frac{4}{18}$	$\frac{6}{12}$	14	12	8	9
腹面	$\frac{2-2}{6}$	$\frac{6-2}{4}$	$\frac{8-2}{4}$	$\frac{4}{4}$	$\frac{4}{5}$	$\frac{4}{8}$	$\frac{4}{9}$	$\frac{4}{9}$	6	4	4	6	8

　　分布:浙江(天目山)、吉林、辽宁、北京、陕西、河南、江苏、上海、安徽、湖北、湖南、重庆、四川、贵州。

　　1.3　长跗新康虮 *Neocondeellum dolichotarsum*（Yin, 1977）(图 1-1-4)

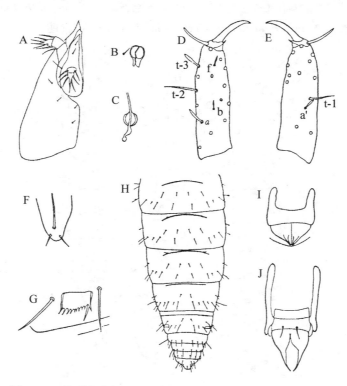

图 1-1-4　长跗新康虮 *Neocondeellum dolichotarsum*（Yin, 1977）

(仿《中国动物志·原尾纲》141 页,图 93)

A.下颚须和下唇须;B.假眼;C.颚腺;D.前跗外侧面观;E.前跗内侧面观;
F.第Ⅲ腹足;G.栉梳;H.第Ⅳ—Ⅻ腹节背板;I.雌性外生殖器;J.雄性外生殖器

特征:体型粗短,黄色,前足跗节和腹部后端呈棕黄色;体长 783—943μm。头椭圆形,长 96—125μm;假眼长 6—7μm,头眼比=16—18;颚腺管中部具球形蓴,近基部腺管短而中部略膨大,盲端为小球形。前跗长 51—58μm,爪长 16—19μm,跗爪比=3.0—3.4,中垫长 3—3.5μm,垫爪比=0.18—0.20;前跗背面感觉器 t-1 和 t-2 细长,t-3 棍棒状;外侧面感觉器 a、b 和 f,以及内侧面感觉器 a′均为棒状,其中 a 较粗大。第Ⅷ腹节栉梳后缘生 8—10 枚尖齿。雌性外生殖器的端阴刺尖细。成虫胸、腹部毛序见表 1-1-3。

表 1-1-3　长跗新康蚖 *Neocondeellum dolichotarsum*（Yin, 1977）胸、腹部毛序

部位	胸　部			腹　部									
	Ⅰ	Ⅱ	Ⅲ	Ⅰ	Ⅱ—Ⅲ	Ⅳ—Ⅴ	Ⅵ	Ⅶ	Ⅷ	Ⅸ	Ⅹ	Ⅺ	Ⅻ
背面	6	$\frac{6}{16}$	$\frac{6}{14}$	$\frac{6}{12}$	$\frac{6}{14}$	$\frac{6}{14}$	$\frac{6}{14}$	$\frac{6}{18}$	$\frac{6}{14}$	14	12	10	9
腹面	$\frac{2-4}{6}$	$\frac{6-2}{4}$	$\frac{8-2}{4}$	$\frac{4}{4}$	$\frac{4}{5}$	$\frac{4}{8}$	$\frac{4}{9}$	$\frac{4}{9}$	6	4	4	6	8

分布:浙江(天目山、杭州、莫干山)、江苏、上海、安徽、湖南、四川、贵州。

1.4　金色新康蚖 *Neocondeellum chrysallis*（Imadaté & Yin, 1979）(图 1-1-5)

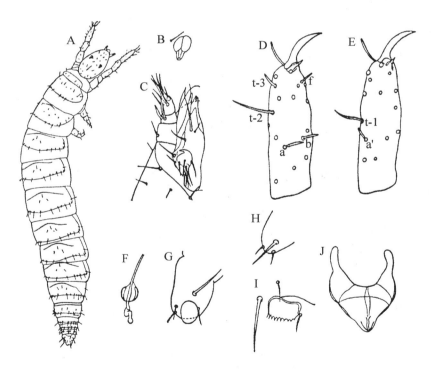

图 1-1-5　金色新康蚖 *Neocondeellum chrysallis*（Imadaté & Yin, 1979）

(仿《中国动物志·原尾纲》147 页,图 95)

A. 成虫背面观;B. 假眼;C. 口器;D. 前跗外侧面观;E. 前跗内侧面观;

F. 颚腺;G. 第Ⅱ腹足;H. 第Ⅲ腹足;I. 栉梳;J. 雌性外生殖器

特征:体型粗壮;体长 830—960μm。头卵圆形,长 100—110μm,前端具短喙;假眼圆形,明显分成左、右两部分,并具有较短的后杆,长 6μm,头眼比=16—18;颚腺管中部具桃形蓴,近基部腺管扭曲转折，末端膨大为小球形. 前跗长 45—48μm，爪长 14—16μm，跗爪比＝3.0—3.4，中垫长 3μm，垫爪比＝0.19—0.21；前跗背面感觉器 t-1 和 t-2 尖细，t-3 棍棒状，基端比＝1.1；外侧面感觉器 a 与 t-3 形状相同，b 和 f 短小；第Ⅷ腹节栉梳后缘生 8—10 枚尖齿。雌性外生殖器的端阴刺尖细。成虫胸、腹部毛序见表 1-1-4。

表 1-1-4　　金色新康蚖 *Neocondeellum chrysallis* (Imadaté & Yin, 1979)胸、腹部毛序

部位	胸　部			腹　部									
	Ⅰ	Ⅱ	Ⅲ	Ⅰ	Ⅱ—Ⅲ	Ⅳ—Ⅴ	Ⅵ	Ⅶ	Ⅷ	Ⅸ	Ⅹ	Ⅺ	Ⅻ
背面	6	$\frac{6}{16}$	$\frac{6}{14}$	$\frac{2}{12}$	$\frac{2}{14}$	$\frac{2}{14}$	$\frac{2}{14}$	$\frac{4}{18}$	$\frac{6}{12}$	12	10	6	9
腹面	$\frac{2-2}{6}$	$\frac{6-2}{4}$	$\frac{8-2}{4}$	$\frac{4}{4}$	$\frac{4}{5}$	$\frac{4}{8}$	$\frac{4}{9}$	$\frac{4}{9}$	6	4	4	6	6

分布：浙江(天目山、杭州、灵隐寺)、安徽、江西、湖南。

檗蚖科 Berberentulidae

主要特征：体较粗壮，成虫的腹部后端常呈土黄色。口器较小，上唇一般不凸出成喙，下唇须退化成 3 至 1 根刚毛或者 1 根感觉器；颚腺管细长，具简单而光滑的心形萼；假眼圆形或椭圆形，有中隔。中胸和后胸背板生前刚毛 2 对和中刚毛 1 对；第Ⅰ对腹足 2 节，各生 4 根刚毛；第Ⅱ—Ⅲ对腹足 1 节，各生 2 根或 1 根刚毛；第Ⅷ腹节前缘的腰带纵纹明显或不同程度退化或变形。

分类：本科全世界已知 3 亚科、22 属 164 种。我国已知 11 属 56 种，浙江天目山分布 4 属 8 种。

分属检索表

1. 颚腺管基部腺管不分枝 ……………………………………………………………… 2
   颚腺管基部腺管为 3 分枝 …………………………………… 多腺蚖属 *Polyadenum*
2. 第Ⅷ腹节腰带上的栅纹退化不见 ………………………………………………… 3
   第Ⅷ腹节腰带上的栅纹清晰 …………………………………… 格蚖属 *Gracilentulus*
3. 颚腺管细长，沿基部腺管上有 2—3 个念珠状膨大处 …………… 肯蚖属 *Kenyentulus*
   颚腺管平直，沿基部腺管上无念珠状膨大处 …………………… 巴蚖属 *Baculentulus*

多腺蚖属 *Polyadenum* Yin，1980

特征：头部具短喙，下唇须由 3 根刚毛和 1 根感觉器组成；颚腺的基部腺管为 3 条细长的腺管，在萼的基部汇合成一条腺管。前跗节背面感觉器 t-1 为鼓槌形，外侧感觉器 a—e 均细长，b、c、d 感觉器大致同排，f 位于 e 和 g 的中间；内侧感觉器 a′ 位于 t-1 和 t-2 之间，b′ 感觉器缺失，c′ 感觉器细长；第Ⅷ腹节腹板生 1 排 4 根刚毛；栉梳后缘平直，生 9—10 枚尖齿。雌性外生殖器的端阴刺尖锥状。

分布：东洋区(中国华中区)。本属为我国特有属，迄今只发现 1 种，浙江天目山分布 1 种。

1.5　中华多腺蚖 *Polyadenum sinensis* Yin，1980(图 1-1-6)

特征：体浅黄色；体长 1165—1250μm。头卵圆形，前端具短喙；假眼较小，略呈圆形，长 10μm，头眼比＝13—14；下唇须具 3 根刚毛和 1 根感觉器；颚腺特殊，基部为 3 根形状相似、长短不一的腺管，每管的盲端略膨大呈球形，在萼的基部汇合成一条细管，萼的远端常有形状不

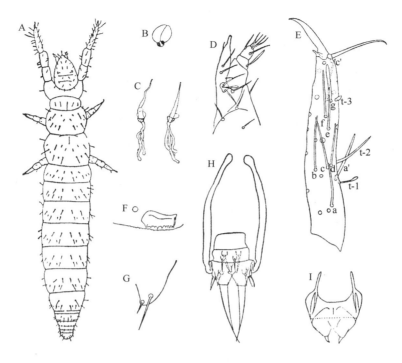

图 1-1-6　中华多腺蚖 *Polyadenum sinensis* Yin, 1980

（仿《中国动物志·原尾纲》245 页,图 152）

A.成虫背面观；B.假眼；C.颚腺；D.下颚须和下唇须；E.前跗外侧面观；

F.栉梳；G.第Ⅲ腹足；H.雄性外生殖器；I.雌性外生殖器

一的突起。前跗长 $100—106\mu m$,爪长 $24—27\mu m$,跗爪比＝4,中垫较长,垫爪比＝0.17;前跗背面感觉器 t-1 鼓槌状,基端比＝0.5,t-2 细长,t-3 矛形;外侧面感觉器 a 基部超过 d,b 稍长,g 甚粗;内侧感觉器 a′较粗,b′缺失,c′细长;第Ⅷ腹节的腰带栅纹不明显,栉梳后缘生 9—10 枚尖齿。雌性外生殖器的端阴刺尖锥状。成虫胸、腹部毛序见表 1-1-5。

表 1-1-5　中华多腺蚖 *Polyadenum sinensis* Yin, 1980 胸、腹部毛序

部位	胸 部			腹 部									
	Ⅰ	Ⅱ	Ⅲ	Ⅰ	Ⅱ—Ⅲ	Ⅳ—Ⅴ	Ⅵ	Ⅶ	Ⅷ	Ⅸ	Ⅹ	Ⅺ	Ⅻ
背面	4	$\frac{6}{16}$	$\frac{6}{16}$	$\frac{6}{14}$	$\frac{6}{16}$	$\frac{6}{16}$	$\frac{6(8)}{16}$	$\frac{6}{16}$	$\frac{6-8}{8}$	14	12	6	9
腹面	$\frac{4-4}{6}$	$\frac{7-2}{4}$	$\frac{7-2}{4}$	$\frac{3}{4}$	$\frac{3}{5}$	$\frac{3}{8}$	$\frac{3}{8}$	$\frac{3}{8}$	4	4	4	6	6

分布：浙江（天目山、杭州、玉泉）、上海、安徽。

格蚖属 *Gracilentulus* Tuxen，1963

特征：下唇须具 3 根刚毛和 1 根感觉器；颚腺管较短而简单,在心形萼的基侧腺管平直；前跗节背面感觉器 t-1 为棍棒状,内外侧感觉器均细长,常缺 b′感觉器；第Ⅷ腹节的腰带栅纹明显而排列细密；栉梳略呈长方形,后缘具有小齿。雌性外生殖器的基内骨常较短,具尖锥状端阴刺。

分布:全北区(欧洲,北美,中国)、东洋区(中国,泰国)。我国已知 4 种,浙江天目山分布 1 种。

1.6　梅坞格蚖 *Gracilentulus meijiawensis* Yin & Imadaté, 1979(图 1-1-7)

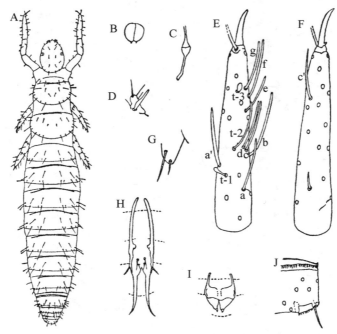

图 1-1-7　梅坞格蚖 *Gracilentulus meijiawensis* Yin & Imadaté, 1979

(仿《中国动物志·原尾纲》238 页,图 148)

A. 成虫背面观;B. 假眼;C. 颚腺;D. 下唇须;E. 前跗外侧面观;F. 前跗内侧面观;

G. 第Ⅲ腹足;H. 雄性外生殖器;I. 雌性外生殖器;J. 腰带和栉梳

特征:体长 1200—1300μm。头椭圆形,长 122—124μm;假眼较小,圆形,长 8—9μm,头眼比＝13—16;下唇须具 3 根刚毛和 1 根细长如剑状的感觉器;颚腺较短而平直,萼简单光滑,近基部腺管短,盲端稍膨大。前跗长 94—102μm,爪长 24—27μm,跗爪比＝3.7—3.9,中垫极短,垫爪比＝0.07;前跗背面感觉器 t-1 鼓槌状,基端比＝0.42,t-2 细长,t-3 小而粗钝,外侧面感觉器 a 细长,b 极长,顶端达 f 的基部,c 和 d 长度相仿,e 较短,f 和 g 均细长,顶端均超过爪的基部;内侧感觉器 a' 粗大,b' 缺失,c' 细长;第Ⅷ腹节的腰带发达,栅纹细密;栉梳长方形,后缘平直,生 12 枚尖齿。雌性外生殖器的端阴刺尖细。成虫胸、腹部毛序见表 1-1-6。

表 1-1-6　梅坞格蚖 *Gracilentulus meijiawensis* Yin & Imadaté, 1979 胸、腹部毛序

部位	胸　部			腹　部									
	Ⅰ	Ⅱ	Ⅲ	Ⅰ	Ⅱ—Ⅲ	Ⅳ—Ⅴ	Ⅵ	Ⅶ	Ⅷ	Ⅸ	Ⅹ	Ⅺ	Ⅻ
背面	4	$\frac{6}{16}$	$\frac{6}{16}$	$\frac{6}{12}$	$\frac{6}{16}$	$\frac{6}{16}$	$\frac{8}{16}$	$\frac{6}{18}$	$\frac{6-8}{8}$	14	12	6	9
腹面	$\frac{4-4}{6}$	$\frac{7-2}{4}$	$\frac{7-2}{4}$	$\frac{3}{4}$	$\frac{3}{5}$	$\frac{3}{8}$	$\frac{3}{8}$	$\frac{3}{8}$	4	4	4	6	6

分布:浙江(天目山、杭州)、江苏、上海、安徽、江西、湖南、云南。

肯蚖属 *Kenyentulus* Tuxen，1981

特征：下唇须具 3 根刚毛和 1 根感觉器；颚腺管较长，萼为简单的心形，沿其基部腺管上有 2—3 个念珠状膨大部；前跗节背面感觉器 t-1 为鼓槌形，外侧感觉器通常短小；具有内侧感觉器 b′；第Ⅷ腹节腰带上无栅纹或者只有一半栅纹，或极不明显；第Ⅷ腹节腹板仅有 1 排 4 根刚毛。雌性外生殖器的端阴刺尖细。

分布：全热带区、东洋区、古北区。我国已知 31 种，浙江天目山分布 4 种。

分种检索表

1. 颚腺管萼部远侧光滑 ……………………………………………………………………………… 2
   颚腺管萼部远侧具有不规则突起或纤毛状突起 ……………………………………………… 3
2. 前跗内侧感觉器 b 短，末端位于 γ2 与 γ3 毛之间 ……………………………………………
   …………………………………………………… **日本肯蚖 *Kenyentulus japonicus*（Imadaté，1961）**
   前跗内侧感觉器 b 较长，末端超过 γ3 毛 ………… **三治肯蚖 *Kenyentulus sanjianus*（Imadaté，1965）**
3. 腹部第Ⅶ节背板后排刚毛 9 对，颚腺管萼部远侧具有纤毛状突起 …………………………………
   ………………………………………………… **毛萼肯蚖 *Kenyentulus ciliciocalyci* Yin，1987**
   腹部第Ⅶ节背板后排刚毛 8 对，颚腺管萼部远侧具有不规则突起 …………………………………
   ………………………………………………… **河南肯蚖 *Kenyentulus henanensis* Yin，1983**

1.7　日本肯蚖 *Kenyentulus japonicus*（Imadaté，1961）（图 1-1-8）

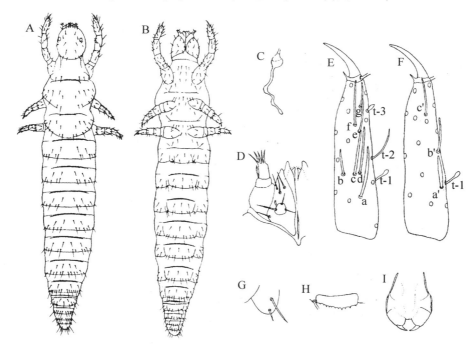

图 1-1-8　日本肯蚖 *Kenyentulus japonicus*（Imadaté，1961）

（仿《中国动物志·原尾纲》186 页，图 118）

A. 成虫背面观；B. 成虫腹面观；C. 颚腺；D. 口器；E. 前跗外侧面观；

F. 前跗内侧面观；G. 第Ⅲ腹足；H. 栉梳；I. 雌性外生殖器

特征：体长 600—900μm。头长 93—102μm；假眼圆形，长 7—8μm，头眼比＝12—14；颚腺管的萼光滑，远端无明显突起，沿基部腺管有两膨大处，盲端不膨大。前跗长 45—60μm，爪长 15—27μm，跗爪比＝3.2—3.5，中垫短，垫爪比＝0.11—0.14；前跗背面感觉器 t-1 棍棒状，基端比＝0.47—0.56，t-2 细长，t-3 矛形，外侧面感觉器 a 稍粗大，b 甚短小，顶端达不到 $\gamma3$ 的基部，c 和 d 长度相仿，e 和 f 靠近，f 和 g 均细长，顶端不超过爪的基部；内侧感觉器 a′ 粗钝，b′ 和 c′ 均细长；第 Ⅷ 腹节的腰带不发达，无栅纹；栉梳宽扁，后缘生 10 枚细齿。雌性外生殖器的端阴刺尖锥状。成虫胸、腹部毛序见表 1-1-7。

表 1-1-7　日本肯虮 *Kenyentulus japonicus* (Imadaté, 1961)胸、腹部毛序

部位	胸　部			腹　部								
	Ⅰ	Ⅱ	Ⅲ	Ⅰ	Ⅱ—Ⅲ	Ⅳ—Ⅴ	Ⅵ	Ⅶ	Ⅷ	Ⅸ	Ⅹ	Ⅺ	Ⅻ
背面	4	$\frac{6}{16}$	$\frac{6}{16}$	$\frac{6}{12}$	$\frac{6}{16}$	$\frac{6}{16}$	$\frac{8}{16}$	$\frac{6}{18(16)}$	$\frac{6-7(8)}{8}$	14(12)	12	4(6)	9
腹面	$\frac{4-4}{6}$	$\frac{7-2}{4}$	$\frac{7-2}{4}$	$\frac{3}{4}$	$\frac{3}{5}$	$\frac{3}{8}$	$\frac{3}{8}$	$\frac{3}{8}$	4	4	4	4(6)	6

分布：浙江(天目山、杭州、海盐、上虞、莫干山)、陕西、江苏、上海、安徽、江西、湖南、海南、四川、贵州、云南；日本。

1.8　三治肯虮 *Kenyentulus sanjianus* (Imadaté, 1965)(图 1-1-9)

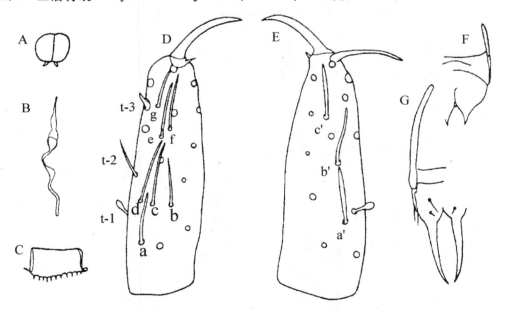

图 1-1-9　三治肯虮 *Kenyentulus sanjianus* (Imadaté, 1965)

(仿《中国动物志·原尾纲》181 页,图 115)

A. 假眼；B. 颚腺；C. 栉梳；D. 前跗外侧面观；E. 前跗内侧面观；
F. 雌性外生殖器；G. 雄性外生殖器

特征：体长 825—970μm。头长 100—114μm；假眼圆形，长 8—9μm，头眼比＝12.5—14；颚腺管细长，萼简单光滑，近基部腺管有两膨大处。前跗长 72—77μm，爪长 24μm，跗爪比＝3.0—3.2，中垫短，3—4μm；前跗背面感觉器 t-1 棍棒状，基端比＝0.5，t-2 细长，t-3 矛形，外侧

面感觉器 a 顶端约可达 t-2 基部,b 较长,顶端可达或超过 γ3 的基部,c 和 d 长度相仿,e 和 f 靠近,g 稍短,顶端可达爪的基部;第Ⅷ腹节的腰带退化无栅纹;栉梳略呈长方形,后缘生10枚小齿。雌性外生殖器的端阴刺尖细。成虫胸、腹部毛序见表 1-1-8。

表 1-1-8　三治肯蚖 *Kenyentulus sanjianus*（Imadaté, 1965）胸、腹部毛序

部位	胸　部			腹　部									
	Ⅰ	Ⅱ	Ⅲ	Ⅰ	Ⅱ—Ⅲ	Ⅳ—Ⅴ	Ⅵ	Ⅶ	Ⅷ	Ⅸ	Ⅹ	Ⅺ	Ⅻ
背面	4	$\frac{6}{16}$	$\frac{6}{16}$	$\frac{6}{12}$	$\frac{6}{16}$	$\frac{6}{16}$	$\frac{8}{16}$	$\frac{6}{18}$	$\frac{6-7}{8}$	14	12	6	9
腹面	$\frac{4-4}{6}$	$\frac{5-2}{4}$	$\frac{7-2}{4}$	$\frac{3}{4}$	$\frac{3}{5}$	$\frac{3}{8}$	$\frac{3}{8}$	$\frac{3}{8}$	4	4	4	6	6

分布:浙江(天目山)、江西、湖北、湖南、云南;文莱。

1.9　毛萼肯蚖 *Kenyentulus ciliciocalyci* Yin, 1987(图 1-1-10)

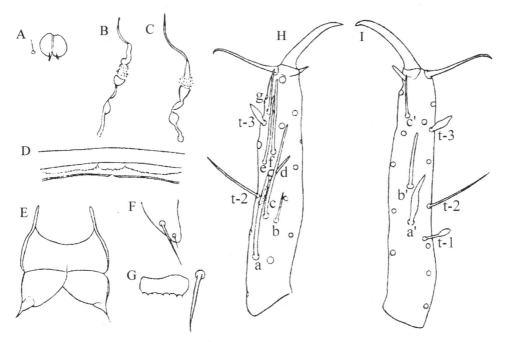

图 1-1-10　毛萼肯蚖 *Kenyentulus ciliciocalyci* Yin, 1987
(仿《中国动物志·原尾纲》183 页,图 116)
A. 假眼;B、C. 颚腺;D. 腰带;E. 雌性外生殖器;F. 第Ⅲ腹足;
G. 栉梳;H. 前跗外侧面观;E. 前跗内侧面观

特征:体长 700—1000 μm。头长 77—104 μm;假眼圆形,长 6—8 μm,头眼比＝11—14;颚腺管上的萼简单光滑,其远侧生有许多放射状的、细小如纤毛的突起,沿基部腺管有两膨大处。前跗长 50—70 μm,爪长 16—23 μm,跗爪比＝3.0—3.2,中垫短,长 3 μm;前跗背面感觉器 t-1 鼓槌状,基端比＝0.45—0.56,t-2 细长,t-3 矛形,外侧面感觉器 a 粗大,b 细小,顶端略超过 γ2 的基部,c 甚长,顶端可达或超过 f 的基部,e 和 f 靠近,g 短粗,顶端可达爪的基部;第Ⅷ腹节的腰带退化无栅纹,仅中部有一条具细齿的波纹;栉梳长形,后缘生 7—8 枚小齿。雌性外生殖器的端阴刺尖细。成虫胸、腹部毛序见表 1-1-9。

表 1-1-9　毛萼肯蚖 *Kenyentulus ciliciocalyci* Yin, 1987 胸、腹部毛序

部位	胸　部			腹　部									
	Ⅰ	Ⅱ	Ⅲ	Ⅰ	Ⅱ—Ⅲ	Ⅳ—Ⅴ	Ⅵ	Ⅶ	Ⅷ	Ⅸ	Ⅹ	Ⅺ	Ⅻ
背面	4	$\frac{6}{16}$	$\frac{6}{16}$	$\frac{6}{12}$	$\frac{6}{16}$	$\frac{6}{16}$	$\frac{8}{16}$	$\frac{6}{18}$	$\frac{6-7}{8}$	14	12	6	9
腹面	$\frac{4-4}{6}$	$\frac{7(5)-2}{4}$	$\frac{7(5)-2}{4}$	$\frac{3}{4}$	$\frac{3}{5}$	$\frac{3}{8}$	$\frac{3}{8}$	$\frac{3}{8}$	4	4	4	6	6

分布:浙江(天目山)、湖南、广东、香港、海南、重庆、四川、贵州、云南。

1.10　河南肯蚖 *Kenyentulus henanensis* Yin, 1983(图 1-1-11)

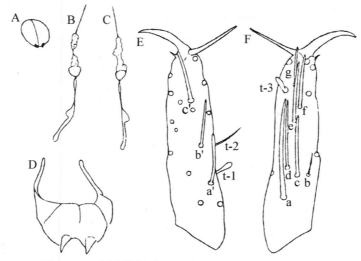

图 1-1-11　河南肯蚖 *Kenyentulus henanensis* Yin, 1983
(仿《中国动物志·原尾纲》196 页,图 122)
A. 假眼;B、C. 颚腺;D. 雌性外生殖器;E. 前跗外侧面观;F. 前跗内侧面观

特征:体长 750—800μm。头长 72—78μm;假眼椭圆形,有中隔,长 9μm,头眼比＝8.5—8.7;颚腺管纤细,萼心形,其远侧生有许多大小不一的突起,沿基部腺管有两膨大处,近盲端的一段腺管较粗,盲端膨大成球形。前跗长 48—54μm,爪长 14—15μm,跗爪比＝3.5—3.6,中垫甚长,4—5μm;前跗背面感觉器 t-1 鼓槌状,基端比＝0.5—0.6,t-2 尖细,t-3 叶芽形,外侧面感觉器 a 极长、大,顶端可达 f 的基部,b 短而尖细,顶端仅达 γ2 的基部,c 与 d 均细长,顶端超过 f 的基部,e 和 f 长度相仿,g 较短;内侧感觉器均较短钝;第Ⅷ腹节的腰带无栅纹,仅有一排细密的浅齿在腰带的后缘;栉梳扁长,后缘生 4—6 枚不规则的尖齿。雌性外生殖器的端阴刺尖锥状。成虫胸、腹部毛序见表 1-1-10。

表 1-1-10　河南肯蚖 *Kenyentulus henanensis* Yin, 1983 胸、腹部毛序

部位	胸　部			腹　部									
	Ⅰ	Ⅱ	Ⅲ	Ⅰ	Ⅱ—Ⅲ	Ⅳ—Ⅴ	Ⅵ	Ⅶ	Ⅷ	Ⅸ	Ⅹ	Ⅺ	Ⅻ
背面	4	$\frac{6}{16}$	$\frac{6}{16}$	$\frac{6}{12}$	$\frac{6}{16}$	$\frac{6}{16}$	$\frac{8}{16}$	$\frac{6}{18}$	$\frac{6-7}{8}$	12	10	6	9
腹面	$\frac{4-2}{6}$	$\frac{5-2}{4}$	$\frac{7-2}{4}$	$\frac{3}{4}$	$\frac{3}{5}$	$\frac{3}{8}$	$\frac{3}{8}$	$\frac{3}{8}$	4	4	4	6	6

分布:浙江(天目山)、宁夏、江西、湖北、湖南、海南、贵州、云南。

巴蚖属 *Baculentulus* Tuxen，1977

特征：下唇须具 3 根刚毛和 1 根感觉器；颚腺管平直，萼心形，简单无花饰；前跗节背面感觉器t-1为鼓槌形；第Ⅱ—Ⅲ对腹足各生 1 根长刚毛和 1 根甚短小刚毛；第Ⅷ腹节腰带上无栅纹，栉梳为稍斜的长方形。

分布：全北区、全热带区、东洋区和澳洲区。我国已知 10 种，浙江天目山分布 2 种。

1.11　天目巴蚖 *Baculentulus tianmushanensis*（Yin，1963）（图 1-1-12）

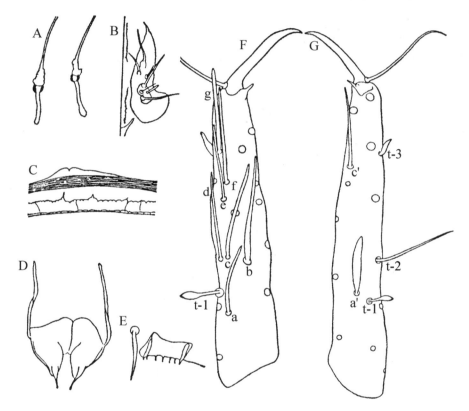

图 1-1-12　天目巴蚖 *Baculentulus tianmushanensis*（Yin，1963）

（仿《中国动物志·原尾纲》223 页，图 138）

A. 颚腺；B. 下唇须；C. 腰带；D. 雌性外生殖器；E. 栉梳；F. 前跗外侧面观；G. 前跗内侧面观

特征：体长 800—1400μm。头长 96—130μm；假眼近圆形，长 8—12μm，头眼比＝12—14；颚腺管短而平直，萼心形，远侧具不规则的突起，腺管盲端不膨大或稍膨大。前跗长 70—96μm，爪长 24—30μm，跗爪比＝3.3—3.6，中垫长 3—4μm；前跗背面感觉器 t-1 鼓槌状，基端比＝0.5，t-2 细长，t-3 细长芽形，外侧面感觉器 a 细长，b 长而粗，顶端接近 g 的基部，c 与 d 靠近，e 和 f 细长，f 的顶端不超过爪的基部，g 较短而长，顶端超过爪的基部；内侧感觉器 a′甚粗大，b′缺失，c′细长；第Ⅷ腹节的腰带无栅纹，仅在中部有一条排成波浪形的小齿。栉梳长方形，后缘生 6—8 枚小齿。雌性外生殖器的端阴刺尖细。成虫胸、腹部毛序见表 1-1-11。

表 1-1-11　天目巴蚖 *Baculentulus tianmushanensis* (Yin, 1963)胸、腹部毛序

部位	胸部			腹部									
	I	II	III	I	II—III	IV—V	VI	VII	VIII	IX	X	XI	XII
背面	4	$\frac{6}{16}$	$\frac{6}{16}$	$\frac{6}{12}$	$\frac{6}{16}$	$\frac{6}{16}$	$\frac{8}{16}$	$\frac{6}{18}$	$\frac{6-8}{8}$	14	12	6	9
腹面	$\frac{4-4}{6}$	$\frac{7-2}{4}$	$\frac{7-2}{4}$	$\frac{3}{4}$	$\frac{3}{5}$	$\frac{3}{8}$	$\frac{3}{8}$	$\frac{3}{8}$	4	4	4	6	6

分布:浙江(天目山、杭州、乌岩岭)、辽宁、内蒙古、宁夏、河北、陕西、河南、上海、安徽、江西、湖北、湖南、重庆、四川、贵州、云南。

1.12　土佐巴蚖 *Baculentulus tosanus* (Imadaté et Yosii, 1959)(图 1-1-13)

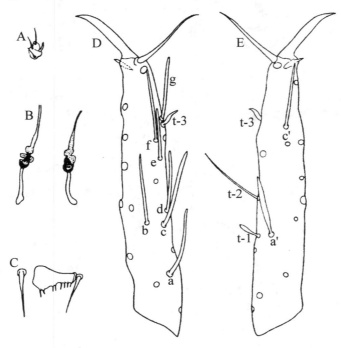

图 1-1-13　土佐巴蚖 *Baculentulus tosanus* (Imadaté et Yosii，1959)

(仿《中国动物志·原尾纲》225 页,图 139)

A. 下唇须；B. 颚腺；C. 栉梳；D. 前跗外侧面观；E. 前跗内侧面观

特征:体长 800—1030μm。头长 88—100μm；假眼较小,长 6—7μm,头眼比＝14—15；颚腺管较短,萼小而光滑,紧靠萼远侧具有 2—3 个突起,基部腺管短而平直。前跗长 69—74μm,爪长 18—20μm,跗爪比＝3.5—4.0,中垫甚短；前跗背面感觉器 t-1 鼓槌状,基端比＝0.5—0.6,t-2 细长,t-3 细长芽形,外侧面感觉器 a、b、c、d 长度相仿,b 与 c 同排,d 的位置远,e 较短,f 细长的顶端接近爪的基部,g 稍粗壮,顶端约与 f 相同；内侧感觉器 a′粗大呈梭形,b′缺失,c′细长；第Ⅷ腹节的腰带无栅纹；栉梳斜长方形,后缘生 8—10 枚小齿。雌性外生殖器的端阴刺尖细。该种可以通过颚腺以及前跗节感觉器形态与天目巴蚖区分。成虫胸、腹部毛序见表 1-1-12。

表 1-1-12　土佐巴蚖 *Baculentulus tosanus*（Imadaté et Yosii, 1959）胸、腹部毛序

部位	胸部			腹部									
	I	II	III	I	II—III	IV—V	VI	VII	VIII	IX	X	XI	XII
背面	4	$\frac{6}{16}$	$\frac{6}{16}$	$\frac{6}{12}$	$\frac{6}{16}$	$\frac{6}{16}$	$\frac{8}{16}$	$\frac{6}{18}$	$\frac{6-8}{8}$	14	12	6	9
腹面	$\frac{4-4}{6}$	$\frac{7-2}{4}$	$\frac{7-2}{4}$	$\frac{3}{4}$	$\frac{3}{5}$	$\frac{3}{8}$	$\frac{3}{8}$	$\frac{3}{8}$	4	4	4	6	6

分布：浙江（天目山）、台湾、海南、贵州。

蚖　科 Acerentomidae

主要特征：体型较为壮大。口器常尖细，上唇的中部常向前延伸成喙；下唇须生有 1 根感觉器和一簇刚毛；假眼圆形或扁圆形，有中隔无后杆；颚腺管上生心形萼，萼上无花饰，仅有一个光滑的盆状附属物。前足跗节上的感觉器数目和形状均较稳定，t-1 为线形、棍棒形或鼓槌形；前跗远端的爪内侧有时生有内悬片，爪垫一般较短，中跗和后跗的爪呈舟形并具发达的套膜和较长的中垫。腹部第 I 对腹足 2 节，各生 4 根刚毛；第 II—III 对腹足 1 节，各生 3 根或 2 根刚毛。第 VIII 腹节前缘的腰带常具发达的栅纹。雌性外生殖器具有尖锥状的端阴刺。

分类：本科全世界已知 3 亚科、17 属 147 种。我国已知 9 属 13 种，浙江天目山分布 1 属 1 种。

纤毛蚖属 *Filientomon* Rusek, 1974

特征：颚腺管细长，萼光滑无花饰，背侧生有单一的盆状附属物；中胸背板生 3 对前排刚毛（A2、3、4），后胸背板生 4 对前排刚毛（A2、3、4、5）；前跗节背面感觉器 t-1 为线形，a′ 位于 t-1 的远侧或平排；第 II—III 对腹足 1 节，各生 2 根长度相仿的刚毛；第 VIII 腹节腰带上栅纹细密清楚，腹板生 1 排 4 根刚毛。雌性外生殖器具有尖锥状的端阴刺。

分布：全北区、东洋区。我国已知 2 种，浙江天目山分布 1 种。

1.13　高绳纤毛蚖 *Filientomon takanawanum*（Imadaté, 1956）（图 1-1-14）

特征：体长 1200—1600 μm。头长 151—163 μm；假眼较小，宽大于长，头眼比=17—20；颚腺管较细小，萼简单光滑，背面生有一个椭圆形的盆状附属物，基部腺管短，盲端不膨大。前跗长 100—120 μm，爪长 40—44 μm，具有 1 个微小的内悬片，跗爪比=2.4—2.9，中垫较短小；前跗背面感觉器 t-1 线形，基端比=0.6—0.7，t-2 细长，t-3 矛形，外侧面感觉器 a 细长，顶端可达 d 的基部，b 极长，与 c 平排，d 位于 c 和 e 之间，f 与 g 靠近，两者的顶端均超过爪的基部；内侧感觉器 a′ 稍粗大，b′ 缺失，c′ 细长；第 VIII 腹节的腰带栅纹清楚，栉梳后缘向后凸出成弧形长方形，生 15—20 枚尖齿。雌性外生殖器的端阴刺尖细。成虫胸、腹部毛序见表 1-1-13。

表 1-1-13　高绳纤毛蚖 *Filientomon takanawanum*（Imadaté, 1956）胸、腹部毛序

部位	胸部			腹部										
	I	II	III	I	II	III	IV—V	VI	VII	VIII	IX	X	XI	XII
背面	4	$\frac{8}{16}$	$\frac{10}{16}$	$\frac{8}{12}$	$\frac{10}{16(18)}$	$\frac{10}{18}$	$\frac{10}{18}$	$\frac{10}{18}$	$\frac{12}{18}$	$\frac{8-7}{8}$	14	10	6	9
腹面	$\frac{4-4}{6}$	$\frac{5-2}{4}$	$\frac{7-2}{4}$	$\frac{3}{4}$	$\frac{5(3)}{5}$	$\frac{5(3)}{5}$	$\frac{6(5)}{5}$	$\frac{6(5)}{5}$	$\frac{5}{9}$	4	4	4	6	6

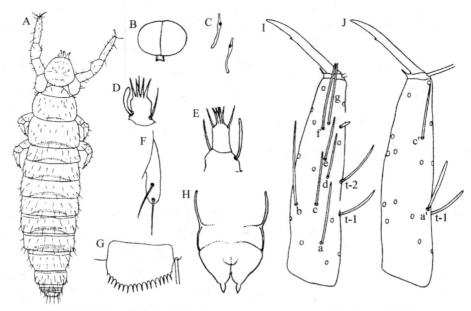

图 1-1-14　高绳纤毛蚖 *Filientomon takanawanum*（Imadaté，1956）

（仿《中国动物志·原尾纲》272 页，图 162）

A. 成虫背面观；B. 假眼；C. 颚腺；D. 下唇须；E. 下颚须；F. 第Ⅲ腹足；
G. 栉梳；H. 雌性外生殖器；I. 前跗外侧面观；J. 前跗内侧面观

分布：浙江（天目山）、吉林、河北、山西、陕西、安徽；朝鲜，韩国，日本。

二、华蚖目 Sinentomata

特征：中胸和后胸背板上缺中刚毛（M），不生气孔或各生 1 对气孔，但气孔内缺气管龛。口器较小，无喙或具短喙。假眼甚大，不凸出，无假眼腔。颚腺简单如细管。前跗节背面感觉器 t-1 为平直的线形或较粗大的棍棒状，内、外侧感觉器的形状和长短悬殊，中垫较长。腹部第Ⅰ—Ⅶ节腹板前排刚毛 2 对。第Ⅷ腹节前缘无具栅纹的腰带，背面两侧的腹腺孔外有简单的盖，或在边缘生锯齿。雌性外生殖器的基内骨简单，与其后的围阴器之间界限不明显，无腹片，端阴刺或为简单的短柱状，或有分枝。雄性外生殖器的基内骨甚长，末端的端阳刺细长或较粗短。

分类：我国已记录华蚖目 2 科 2 属 2 种，浙江天目山分布有 1 科 1 属 1 种。

华蚖科 Sinentomidae

主要特征：全身呈红褐色，有光泽；表皮骨化极强，形成坚硬的外骨骼；中胸和后胸背板不生中央刚毛，两侧各生 1 对气孔，孔内无气管龛；第Ⅰ对腹足 2 节，各生 4 根刚毛；第Ⅱ—Ⅲ对腹足 1 节，各生 2 根刚毛，长度相仿；第Ⅰ—Ⅶ腹节背板后排有中央毛，腹板前排刚毛 2 对；第Ⅷ腹节前缘无具栅纹的腰带，背板两侧的腹腺孔上有简单的盖，但无栉梳和小齿。雌性外生殖器的基内骨细长，末端的端阴刺锥形或略分叉；雄性外生殖器的基内骨细长而平直。

分类：本科全世界已知 1 属 3 种。我国已知 1 属 1 种，浙江天目山分布 1 属 1 种。

华蚖属 *Sinentomon* Yin，1965

特征：见华蚖科特征。

分布：东洋区、古北区。我国已知 1 种，浙江天目山分布 1 种。

2.1　红华蚖 *Sinentomon erythranum* Yin，1965（图 1-2-1）

特征：活虫色泽鲜艳，全身呈红褐色。表皮骨化极强，形成坚硬的外骨骼；体长 1200—1450μm；头甚长，141—147μm，略呈三角形；假眼位于头的两侧近前端 1/3 处，极宽大而不凸出，长 19—20μm，宽约 30μm，头眼比=6.5—7.5，假眼表面具有微凸的横行线纹 7—13 条；下颚须顶端生一簇刚毛，亚端节无感觉器，下唇须 2 节，基节生 2 根刚毛；中、后胸背板中部两侧各生一对圆形的气孔，直径 6—7μm，但孔内无气管龛；前胸足粗壮，前跗长 74—81μm，爪长 17—20μm，跗爪比=3.8—4.4，中垫长，约为爪长的一半；前跗背面感觉器 t-1 短而粗壮，t-2 细长，t-3 线形较长，外侧面感觉器 a 短而尖，b 和 c 均细长，d 较短，e 短而尖，f 与 g 稍长；内侧感觉器 a′和 b′均短而尖，c′较粗大，c″稍短小；第Ⅷ腹节前缘无腰带，两侧的腺孔上有盖，但无小齿。雌性外生殖器的基部为筒状，端阴刺由尾片向后伸长的两片侧片包被。成虫胸、腹部毛序见表 1-2-1。

表 1-2-1　红华蚖 *Sinentomon erythranum* Yin，1965 胸、腹部毛序

部位	胸　部			腹　部								
	Ⅰ	Ⅱ	Ⅲ	Ⅰ	Ⅱ—Ⅲ	Ⅳ—Ⅵ	Ⅶ	Ⅷ	Ⅸ	Ⅹ	Ⅺ	Ⅻ
背面	4	$\frac{8}{11}$	$\frac{8}{11}$	$\frac{6}{15}$	$\frac{12}{19}$	$\frac{12}{19}$	$\frac{12}{19}$	$\frac{8}{13}$	12	10	0	9
腹面	$\frac{6-2}{4}$	$\frac{6-2}{4}$	$\frac{6-2}{4}$	$\frac{4}{5}$	$\frac{4}{5}$	$\frac{4}{7}$	$\frac{4}{7}$	$\frac{2}{7(9)}$	7	7	6	8

分布：浙江（天目山、杭州）、吉林、河北、山西、陕西、安徽；朝鲜，韩国，日本。

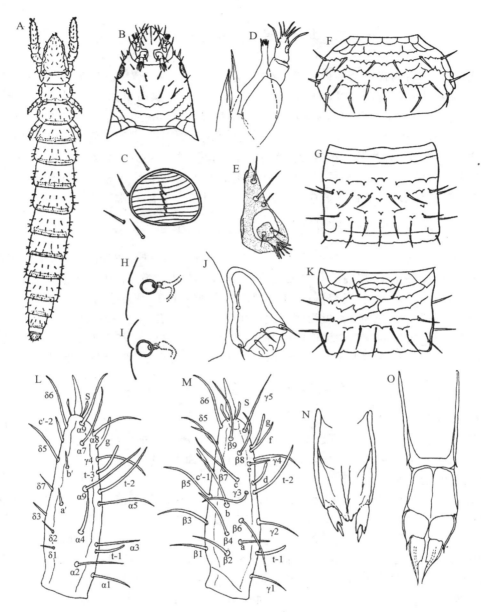

图 1-2-1　红华蚖 *Sinentomon erythranum* Yin，1965

（仿《中国动物志·原尾纲》303—304 页，图 175、图 176）

A. 成虫背面观；B. 头部腹面观；C. 假眼；D. 下颚和下颚须；E. 下唇须；F. 第Ⅱ胸节背板；

G. 第Ⅷ腹节背板；H. 中胸气孔；I. 后胸气孔；J. 第Ⅰ腹足；K. 第Ⅷ腹节腹板；

L. 前跗外侧面观；M. 前跗内侧面观；N. 雌性外生殖器；O. 雄性外生殖器

三、古蚖目 Eosentomata

特征：中胸和后胸背板上有中刚毛,两侧各生 1 对气孔,气孔内生有气管氦;口器较宽而平直,一般不凸出成喙;大颚顶端较粗钝并具有小齿;颚腺细长无萼,膨大部常忽略不见;假眼较小而凸出,有假眼腔;前跗节上的感觉器 f 和 b′ 常各生 2 根;前跗的爪垫几乎与爪长相仿;中跗和后跗均具爪,但无套膜;3 对腹足均为 2 节,各生 5 根刚毛;第 Ⅷ 腹节前缘无腰带,两侧的腹腺孔上盖小而简单,无具齿的栉梳。雌性外生殖器常有腹片和细长的端阴刺。

分类：我国已记录古蚖目 2 科 7 属 98 种,浙江天目山分布有 1 科 4 属 13 种。

古蚖科 Eosentomidae

主要特征：见古蚖目特征。

分类：本科全世界已知 3 亚科、9 属 360 种。我国已知 6 属 95 种,浙江天目山分布 4 属 13 种。

分属检索表

1. 前跗节上有 e 和 g 感觉器 ·································· **古蚖属 Eosentomon**
   前跗节上缺 e 感觉器,有 g 感觉器 ·································· 2
2. 腹部第 Ⅹ 或 Ⅺ 节背板上有 1 对形状特殊的大刺 ·········· **异蚖属 Anisentomon**
   腹部第 Ⅹ 或 Ⅺ 节背板上无特殊的大刺 ·································· 3
3. 第 Ⅷ 腹节刚毛式为 $\frac{6}{9}$ ·································· **拟异蚖属 Pseudanisentomon**

   第 Ⅷ 腹节刚毛式为 $\frac{6}{8}$ ·································· **新异蚖属 Neanisentomon**

古蚖属 Eosentomon Berlese，1909

特征：假眼圆形或椭圆形,简单无中隔或有中隔,或具 2—5 条纵行线纹以及 1—3 个小泡;前跗节背面感觉 e 和 g 俱全,且均呈匙形;中胸和后胸背板两侧各有 1 对气孔,孔内常有 2 根气管氦;第 Ⅳ—Ⅶ 腹节背板前排刚毛常缺,1—4 对。雌性外生殖器有 1 对腹片,由数根形状不同的骨片组成,向后延伸成细长的端阴刺。

分布：世界广布。我国已知 63 种,浙江天目山分布 7 种。

分种检索表

1. 第 Ⅷ 腹节腹板生 2 排刚毛,有前排刚毛 1 对 ·································· 2
   第 Ⅷ 腹节腹板生 1 排刚毛,无前排刚毛 ·································· 5
2. 第 Ⅸ—Ⅹ 腹节腹板各生 3 对刚毛 ·································· 3
   第 Ⅸ—Ⅹ 腹节腹板各生 2 对刚毛 ·········· **上海古蚖 Eosentomon shanghaiense Yin, 1979**
3. 第 Ⅶ 腹节背板生 4 对前排刚毛(A1,2,4,5) ·········· **异形古蚖 Eosentomon dissimilis Yin, 1979**
   第 Ⅶ 腹节背板生 3 对前排刚毛(A2,4,5) ·································· 4
4. 第 Ⅴ—Ⅵ 腹节背板生 5 对前排刚毛(A1—A5) ·········· **短身古蚖 Eosentomon brevicorpusculum Yin, 1965**
   第 Ⅴ—Ⅵ 腹节背板生 4 对前排刚毛(A1,2,4,5) ·········· **东方古蚖 Eosentomon orientalis Yin, 1979**

5. 第Ⅶ腹节背板生 2 对前排刚毛(A4,5) ·················· **栖霞古蚖** *Eosentomon chishiaense* Yin, 1965

　第Ⅶ腹节背板仅生 1 对前排刚毛(A5)··· 6

6. 第Ⅴ—Ⅵ腹节背板生 3 对前排刚毛(A1,4,5) ············ **普通古蚖** *Eosentomon commune* Yin, 1965

　第Ⅴ—Ⅵ腹节背板生 2 对前排刚毛(A4,5) ··· **樱花古蚖** *Eosentomon sakura* Imadaté & Yosii, 1959

3.1　上海古蚖 *Eosentomon shanghaiense* Yin, 1979(图 1-3-1)

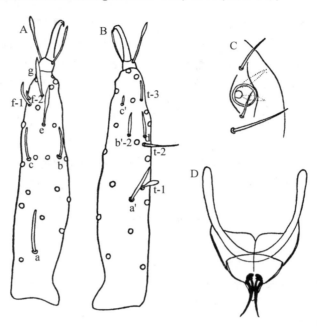

图 1-3-1　上海古蚖 *Eosentomon shanghaiense* Yin, 1979

(仿《中国动物志·原尾纲》339 页,图 193)

A. 前跗外侧面观;B. 前跗内侧面观;C. 后胸气孔;D. 雌性外生殖器

特征:体长 580—590μm。头长 99μm;假眼长 8μm,头眼比=12。前跗长 68μm,爪长 12—13μm,跗爪比=5.2—5.6,垫爪比=0.8;前跗背面感觉器 t-1 棒状,基端比=0.89,外侧面感觉器 a 较长,e 和 g 均为匙形;内侧面感觉器 b'-1 缺失;气孔较大,直径 6—7μm,各具 2 个粗大的气管龛。雌性外生殖器上的头片形如扭曲的螺纹,端阴刺细长。成虫胸、腹部毛序见表 1-3-1。

表 1-3-1　上海古蚖 *Eosentomon shanghaiense* Yin, 1979 胸、腹部毛序

部位	胸　部			腹　部									
	Ⅰ	Ⅱ	Ⅲ	Ⅰ	Ⅱ—Ⅲ	Ⅳ	Ⅴ—Ⅵ	Ⅶ	Ⅷ	Ⅸ	Ⅹ	Ⅺ	Ⅻ
背面	4	$\frac{6}{16}$	$\frac{6}{16}$	$\frac{4}{10}$	$\frac{10}{16}$	$\frac{10}{16}$	$\frac{8}{16}$	$\frac{6}{16}$	$\frac{6}{9}$	8	8	6	9
腹面	$\frac{6-2}{6}$	$\frac{6-2}{6}$	$\frac{6-4}{8}$	$\frac{4}{4}$	$\frac{6}{4}$	$\frac{6}{10}$	$\frac{6}{10}$	$\frac{6}{10}$	$\frac{2}{7}$	4	4	8	12

分布:浙江(天目山、乌岩岭)、上海、安徽、江西、贵州。

3.2　异形古蚖 *Eosentomon dissimilis* Yin, 1979(图 1-3-2)

特征:体长 800—986μm。头长 96—102μm;假眼长 8—12μm,头眼比=12—13。前跗长 64—70μm,爪长 10—13μm,跗爪比=5.4—6.4,中垫长 9—11μm,垫爪比=0.89;基端比=0.9—1.0,外侧面感觉器 e 和 g 均为匙形;内侧面感觉器具有 b'-1 和 b'-2;气孔较大,直径 5—

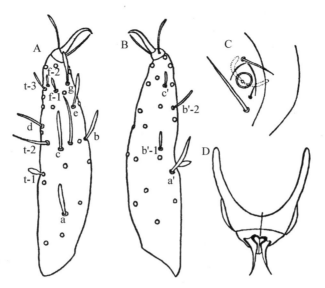

图 1-3-2　异形古蚖 *Eosentomon dissimilis* Yin，1979

（仿《中国动物志·原尾纲》327 页，图 186）

A. 前跗外侧面观；B. 前跗内侧面观；C. 后胸气孔；D. 雌性外生殖器

6μm，各具 2 个气管龛。雌性外生殖器的基内骨两侧枝较长，头片斜向中线弯曲，端阴刺细长。成虫胸、腹部毛序见表 1-3-2。

表 1-3-2　异形古蚖 *Eosentomon dissimilis* Yin，1979 胸、腹部毛序

部位	胸　部			腹　部									
	I	II	III	I	II—III	IV	V—VI	VII	VIII	IX	X	XI	XII
背面	4	$\frac{6}{16}$	$\frac{6}{16}$	$\frac{4}{10}$	$\frac{10}{16}$	$\frac{10}{16}$	$\frac{8}{16}$	$\frac{8}{16}$	$\frac{6}{9}$	8	8	8	9
腹面	$\frac{6-2}{6}$	$\frac{6-2}{6}$	$\frac{6-4}{8}$	$\frac{4}{4}$	$\frac{6}{4}$	$\frac{6}{10}$	$\frac{6}{10}$	$\frac{6}{10}$	$\frac{2}{7}$	6	6	8	12

分布：浙江（天目山）、青海、陕西、上海、安徽、湖南、贵州。

3.3　短身古蚖 *Eosentomon brevicorpusculum* Yin，1965（图 1-3-3）

特征：体长 630—754μm。头长 77—80μm；假眼长 8—10μm，头眼比＝8—10。前跗长 50—56μm，爪长 8—10μm，跗爪比＝5.0—5.6；基端比＝0.88，外侧面感觉器 a 较短，b 与 c 长度相仿，e 和 g 均为匙形，f-1 短而尖，f-2 甚短小；内侧面感觉器 a′中部较粗，b′-1 粗钝，b′-2 较细弱，c′甚短小；气孔直径 5—6μm。成虫胸、腹部毛序见表 1-3-3。

表 1-3-3　短身古蚖 *Eosentomon brevicorpusculum* Yin，1965 胸、腹部毛序

部位	胸　部			腹　部									
	I	II	III	I	II—III	IV	V—VI	VII	VIII	IX	X	XI	XII
背面	4	$\frac{6}{16}$	$\frac{6}{16}$	$\frac{4}{10}$	$\frac{10}{16}$	$\frac{10}{16}$	$\frac{10}{16}$	$\frac{6}{16}$	$\frac{6}{9}$	8	8	8	9
腹面	$\frac{6-2}{6}$	$\frac{6-2}{6}$	$\frac{6-4}{8}$	$\frac{4}{4}$	$\frac{6}{4}$	$\frac{6}{10}$	$\frac{6}{10}$	$\frac{6}{10}$	$\frac{2}{7}$	6	6	8	12

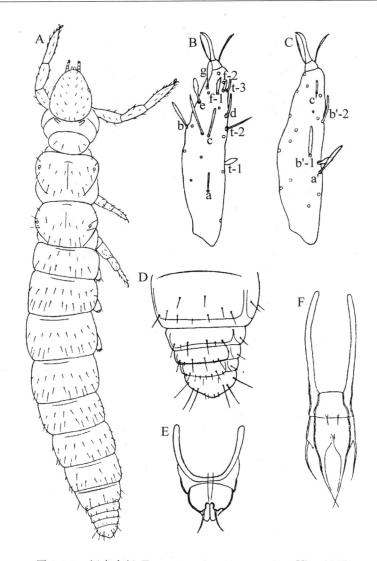

图 1-3-3   短身古蚖 *Eosentomon brevicor pusculum* Yin, 1965

(仿《中国动物志·原尾纲》325 页,图 185)

A. 整体背面观;B. 前跗外侧面观;C. 前跗内侧面观;D. 第Ⅷ—Ⅻ腹节背板;

E. 雌性外生殖器;F. 雄性外生殖器

分布:浙江(天目山、杭州)、辽宁、河北、山西、陕西、河南、山东、江苏、上海、安徽、江西、湖北、湖南、福建、广东、广西、重庆、四川、贵州。

3.4 东方古蚖 *Eosentomon orientalis* Yin, 1979(图 1-3-4)

特征:体长 800—924μm。头长 90—102μm;假眼长 10—13μm,具有 2 条线纹,头眼比=8—10。前跗长 60—74μm,爪长 10—12μm,跗爪比=5.0—6.0;前跗背面感觉器 t-1 较短,中部和顶部膨大,基端比=0.8,t-2 尖细,t-3 较长;外侧面感觉器 a 与 b 长度相仿,c 较长,d 长大而粗钝,e 和 g 均为匙形,f-1 柳叶形,f-2 甚短小;内侧面感觉器 a′较短而稍阔,b′-1 和 b′-2 均存在,c′缺失;中跗中垫短小,后跗中垫甚长;气孔直径 5—6μm。成虫胸、腹部毛序见表 1-3-4。

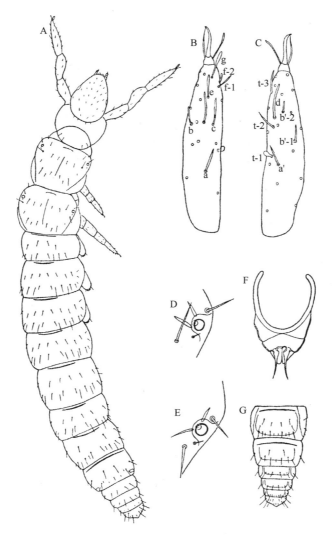

图 1-3-4 东方古蚖 *Eosentomon orientalis* Yin，1979
（仿《中国动物志·原尾纲》331页，图188）
A.整体背面观；B.前跗外侧面观；C.前跗内侧面观；D.中胸气孔；
E.后胸气孔；F.雌性外生殖器；G.第Ⅷ—Ⅻ腹节腹板

表 1-3-4 东方古蚖 *Eosentomon orientalis* Yin，1979 胸、腹部毛序

部位	胸 部			腹 部									
	Ⅰ	Ⅱ	Ⅲ	Ⅰ	Ⅱ—Ⅲ	Ⅳ	Ⅴ—Ⅵ	Ⅶ	Ⅷ	Ⅸ	Ⅹ	Ⅺ	Ⅻ
背面	4	$\frac{6}{16}$	$\frac{6}{16}$	$\frac{4}{10}$	$\frac{10}{16}$	$\frac{10}{16}$	$\frac{8}{16}$	$\frac{6}{16}$	$\frac{6}{9}$	8	8	4	9
腹面	$\frac{6-2}{6}$	$\frac{6-2}{6}$	$\frac{6-4}{8}$	$\frac{4}{4}$	$\frac{6}{4}$	$\frac{6}{10}$	$\frac{6}{10}$	$\frac{6}{10}$	$\frac{2}{7}$	6	6	8	12

分布:浙江（天目山、杭州）、辽宁、宁夏、陕西、江苏、上海、安徽、江西、湖北、湖南、广东、海南、广西、重庆、四川、贵州。

3.5　栖霞古蚖 *Eosentomon chishiaense* Yin, 1965(图 1-3-5)

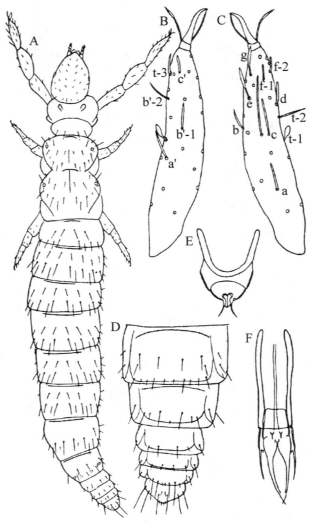

图 1-3-5　栖霞古蚖 *Eosentomon chishiaense* Yin, 1965

(仿《中国动物志·原尾纲》357 页,图 205)

A. 整体背面观;B. 前跗内侧面观;C. 前跗外侧面观;D. 第Ⅶ—Ⅻ腹节腹板;

E. 雌性外生殖器;F. 雄性外生殖器

特征:体长 1160—1280μm。头长 133—160μm;假眼长 14—16μm,头眼比＝8—10。前跗长 100—120μm,爪长 16—20μm,跗爪比＝5.2—6.0;前跗背面感觉器 t-1 为短槌形,顶部膨大,基端比＝1.1—1.2,t-2 细长,t-3 较短小;外侧面感觉器 a 较长,b 短于 a,c 甚长大,d 较短而稍粗,e 和 g 均为匙形,f-1 和 f-2 长度相仿;内侧面感觉器 a′的中部稍膨大,b′-1 和 b′-2 的形状和长度相仿,c′短而粗;中、后跗节的中垫均短小。成虫胸、腹部毛序见表 1-3-5。

表 1-3-5 栖霞古蚖 *Eosentomon chishiaense* Yin, 1965 胸、腹部毛序

部位	胸　部			腹　部									
	I	II	III	I	II—III	IV	V—VI	VII	VIII	IX	X	XI	XII
背面	4	$\frac{6}{16}$	$\frac{6}{16}$	$\frac{4}{8}$	$\frac{10}{16}$	$\frac{10}{16}$	$\frac{8}{16}$	$\frac{4}{16(18)}$	$\frac{6}{9}$	8	8	8	9
腹面	$\frac{6-2}{6}$	$\frac{6-2}{6}$	$\frac{6-4}{8}$	$\frac{4}{4}$	$\frac{6}{4}$	$\frac{6}{10}$	$\frac{6}{10}$	$\frac{6}{10}$	$\frac{0}{7}$	4	4	8	12

分布:浙江(天目山)、陕西、江苏、上海、安徽、湖北、湖南、广东。

3.6 普通古蚖 *Eosentomon commune* Yin, 1965(图 1-3-6)

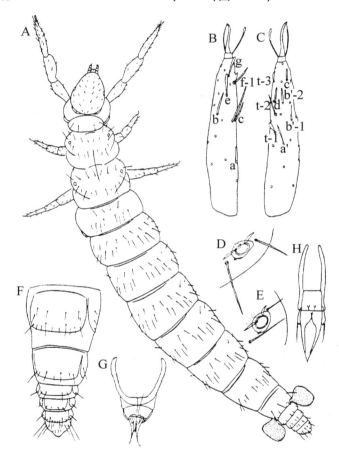

图 1-3-6 普通古蚖 *Eosentomon commune* Yin, 1965
(仿《中国动物志·原尾纲》385 页,图 225)
A.整体背面观;B.前跗外侧面观;C.前跗内侧面观;D.中胸气孔;E.后胸气孔;
F.第Ⅶ—Ⅻ腹节腹板;G.雌性外生殖器;H.雄性外生殖器

特征:体长 1093—1261μm。头呈卵形,长 118—135μm;前跗长 96—102μm,爪长 19—21μm,跗爪比=4.6—5.3;前跗背面感觉器 t-1 短棍状,基端比=1.0,t-2 细长,t-3 短小如棒;外侧面感觉器 a 中等长度,b 与 c 几乎等长,e 和 g 均为匙形;内侧面感觉器 a′中部略膨大,b′-1 和 b′-2 长度约相等,c′短小;中、后跗节中垫均极短小。成虫胸、腹部毛序见表 1-3-6。

表 1-3-6　普通古蚖 *Eosentomon commune* Yin, 1965 胸、腹部毛序

部位	胸　部			腹　部									
	Ⅰ	Ⅱ	Ⅲ	Ⅰ	Ⅱ—Ⅲ	Ⅳ	Ⅴ—Ⅵ	Ⅶ	Ⅷ	Ⅸ	Ⅹ	Ⅺ	Ⅻ
背面	4	$\frac{6}{16}$	$\frac{6}{16}$	$\frac{4}{8}$	$\frac{10}{16}$	$\frac{10}{16}$	$\frac{6}{16}$	$\frac{2}{16}$	$\frac{6}{9}$	8	8	4	9
腹面	$\frac{6-2}{6}$	$\frac{6-2}{6}$	$\frac{6-4}{8}$	$\frac{4}{4}$	$\frac{6}{4}$	$\frac{6}{10}$	$\frac{6}{10}$	$\frac{6}{10}$	$\frac{0}{7}$	4	4	8	12

分布:浙江(天目山、杭州、乌岩岭)、江苏、上海、安徽、江西、湖北、湖南、四川、贵州、云南。

3.7　樱花古蚖 *Eosentomon sakura* Imadaté & Yosii, 1959(图 1-3-7)

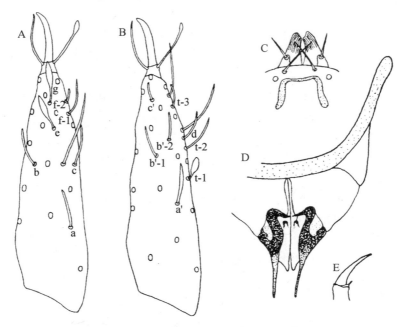

图 1-3-7　樱花古蚖 *Eosentomon sakura* Imadaté & Yosii, 1959

(仿《中国动物志·原尾纲》399 页,图 234)

A.前跗外侧面观;B.前跗内侧面观;C.头前端;D.雌性外生殖器;E.后爪和中垫

特征:体长 1000—1400μm。头长 110—120μm;假眼长 11—12μm,头眼比＝10—11。前跗长 85—100μm,爪长 14—18μm,跗爪比＝5.0—6.0,垫爪比＝0.9—1.0;前跗背面感觉器 t-1 中部膨大成纺锤形,基端比＝1.1—1.3,t-2 细长,t-3 棍状;外侧面感觉器 a 正常,b 与 c 长度相仿,f-1 尖细且较长,f-2 短小,e 和 g 均为匙形;内侧面感觉器 a' 中部略膨大,b'-1 和 b'-2 长度约相等,c'短小;中、后跗节中垫均短小,气孔直径 7.0μm。成虫胸、腹部毛序见表 1-3-7。

表 1-3-7　樱花古蚖 *Eosentomon sakura* Imadaté & Yosii, 1959 胸、腹部毛序

部位	胸　部			腹　部									
	Ⅰ	Ⅱ	Ⅲ	Ⅰ	Ⅱ—Ⅲ	Ⅳ	Ⅴ—Ⅵ	Ⅶ	Ⅷ	Ⅸ	Ⅹ	Ⅺ	Ⅻ
背面	4	$\frac{6}{16}$	$\frac{6}{16}$	$\frac{4}{10}$	$\frac{10}{16}$	$\frac{10}{16}$	$\frac{4}{16}$	$\frac{2}{16}$	$\frac{6}{9}$	8	4(2)	4	9
腹面	$\frac{6-2}{6}$	$\frac{6-2}{6}$	$\frac{6-4}{8}$	$\frac{4}{4}$	$\frac{6}{4}$	$\frac{6}{10}$	$\frac{6}{10}$	$\frac{6}{10}$	$\frac{0}{7}$	4	4	8	12

分布:浙江(天目山、杭州、上虞、乌岩岭)、江苏、上海、安徽、江西、湖北、湖南、福建、台湾、广东、香港、海南、广西、四川、贵州、云南;日本。

异蚖属 *Anisentomon* Yin，1977

特征:体型较小。前跗节背面感觉器 e 缺失，g 为匙形，f-1 短小槌形;中胸和后胸的气孔甚小，直径约 2—3μm;第Ⅱ—Ⅶ腹节背板前排刚毛 4 对(A1,2,3,4)，第Ⅷ腹节腹板的刚毛式为 $\frac{2}{7}$，第Ⅹ或第Ⅺ腹节背板生有 1 对特大的刺或者粗大的刚毛。雌性外生殖器较简单，端阴刺细长。

分布:东洋区、古北区。为我国特有属，已知 5 种，浙江天目山分布 2 种。

3.8　异毛异蚖 *Anisentomon heterochaitum* Yin，1977(图 1-3-8)

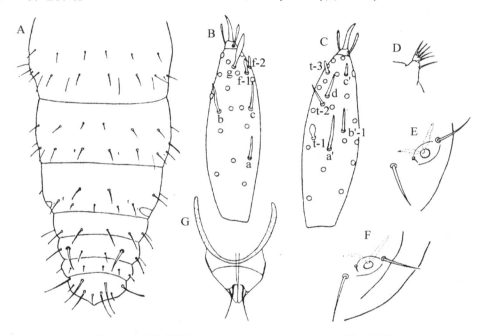

图 1-3-8　异毛异蚖 *Anisentomon heterochaitum* Yin，1977

(仿《中国动物志·原尾纲》409 页，图 240)

A. 第Ⅵ—Ⅻ腹节背板;B. 前跗外侧面观;C. 前跗内侧面观;D. 下唇须;

E. 中胸气孔;F. 后胸气孔;G. 雌性外生殖器

特征:体长 530—742μm。头长 70—74μm;假眼长 8—9μm，头眼比=8—9。前跗长 46—48μm，爪长 7.3μm，跗爪比=6.0—6.7;前跗背面感觉器 t-1 中部膨大如短槌，基端比=0.9—1.0，t-2 为短刚毛状，t-3 短小;外侧面感觉器 a 稍短于 b 和 c，d 较短而稍粗，e 缺失，g 较长、大，近顶部 2/3 膨大为匙形，f-1 短棍状，近顶部稍膨大，f-2 极短小;内侧面感觉器 a' 较短，b'-1、b'-2 和 c' 的长度相仿;中、后胸的气孔小，直径 2.6—3.2μm，各具 2 根粗大的气管窠;第Ⅹ腹节背板的第 2 对刚毛特化为长、大而平直的大刺，刺长 14—17μm。雌性外生殖器的腹片为"Y"形，头片略呈"S"形。成虫胸、腹部毛序见表 1-3-8。

表 1-3-8　异毛异蚖 *Anisentomon heterochaitum* Yin, 1977 胸、腹部毛序

部位	胸　部			腹　部									
	I	II	III	I	II—III	IV	V—VI	VII	VIII	IX	X	XI	XII
背面	4	$\frac{6}{16}$	$\frac{6}{16}$	$\frac{4}{10}$	$\frac{8}{14}$	$\frac{8}{16}$	$\frac{8}{16}$	$\frac{8}{16}$	$\frac{6}{9}$	8	2+2+4	8	9
腹面	$\frac{6-2}{6}$	$\frac{6-2}{6}$	$\frac{6-4}{8}$	$\frac{4}{4}$	$\frac{6}{4}$	$\frac{6}{10}$	$\frac{6}{10}$	$\frac{6}{10}$	$\frac{2}{7}$	6	6	8	12

分布: 浙江(天目山、杭州、莫干山)、上海。

3.9　巨刺异蚖 *Anisentomon magnispinosum*（Yin, 1965）（图 1-3-9）

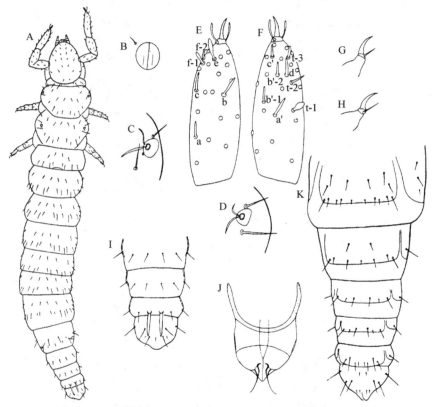

图 1-3-9　巨刺异蚖 *Anisentomon magnispinosum*（Yin, 1965）

(仿《中国动物志·原尾纲》410 页,图 241)

A. 整体背面观;B. 假眼;C. 中胸气孔;D. 后胸气孔;E. 前跗外侧面观;F. 前跗内侧面观;
G. 中爪和爪垫;H. 后爪和爪垫;I. 第 IX—XII 腹节背板;J. 雌性外生殖器;K. 第 VII—XII 腹节腹板

特征: 体长 650—742μm。头长 80—90μm;假眼长 10—11μm,具 3 条线纹,头眼比=8—9。前跗长 46—48μm,爪长 6—7μm,跗爪比=6.7—7.2;前跗背面感觉器 t-1 顶端膨大如槌,基端比=0.9—1.0,t-2 短刚毛状,t-3 短棍状;外侧面感觉器 a 稍短于 b 和 c,d 较短而粗,e 缺失,g 较粗大,匙形,f-1 短棍状,f-2 极短小;内侧面感觉器 a' 较短,中部略宽,b'-1、b'-2 和 c' 的长度相仿;中、后胸足的中垫均长,气孔较小,直径 2.0—3.0μm。第 XI 腹节背板中央 1 对刚毛为粗大平直大刺,长 11—20μm。雌性外生殖器的腹片为"Y"形,头片略向内弯曲成弧形,端阴刺细长。成虫胸、腹部毛序见表 1-3-9。

表 1-3-9　巨刺异蚖 _Anisentomon magnispinosum_（Yin，1965）胸、腹部毛序

部位	胸 部			腹 部									
	I	II	III	I	II—III	IV	V—VI	VII	VIII	IX	X	XI	XII
背面	4	$\frac{6}{16}$	$\frac{6}{16}$	$\frac{4}{8}$	$\frac{8}{16}$	$\frac{8}{16}$	$\frac{8}{16}$	$\frac{8}{16}$	$\frac{6}{9}$	8	8	2+6	9
腹面	$\frac{6-2}{6}$	$\frac{6-2}{6}$	$\frac{6-4}{8}$	$\frac{4}{4}$	$\frac{6}{4}$	$\frac{6}{10}$	$\frac{6}{10}$	$\frac{6}{10}$	$\frac{2}{7}$	6	6	8	12

分布：浙江（天目山、杭州）、陕西、河南、江苏、四川。

拟异蚖属 _Pseudanisentomon_ Zhang & Yin，1984

特征：小型或中型种类。假眼简单或具线纹和小泡。前跗节背面感觉器 e 缺失，g 为匙形，t-2 多为柳叶形或刚毛形，f-1 近顶端稍膨大成槌形。第 II—VII 腹节背板前排刚毛 5 对或 4 对，其中至少第 V—VII 腹节背板前排刚毛常为 4 对；第 VIII 腹节腹板刚毛式多为 $\frac{2}{7}$。雌性外生殖器基内骨常较长大，腹片多呈"S"形，或较为简单平直缺头片，端阴刺细长。

分布：东洋区、古北区。我国已知 17 种，浙江天目山分布 3 种。

分种检索表

1. 第 IX—X 腹节腹板生 2 对刚毛　…………… **佘山拟异蚖 _Pseudanisentomon sheshanense_（Yin，1965）**
   第 IX—X 腹节腹板生 3 对刚毛 ……………………………………………………………………… 2
2. 雌性外生殖器的头片为不弯曲的尖刺状 　……… **梅花拟异蚖 _Pseudanisentomon meihwa_（Yin，1965）**
   雌性外生殖器的头片略向中线弯曲成弧形，体片分成数块，翼片较粗大，并有侧基内骨 ……………
   ………………………………………………… **皖拟异蚖 _Pseudanisentomon wanense_ Zhang，1987**

3.10　佘山拟异蚖 _Pseudanisentomon sheshanense_（Yin，1965）（图 1-3-10）

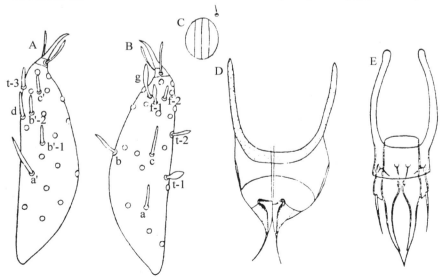

图 1-3-10　佘山拟异蚖 _Pseudanisentomon sheshanense_（Yin，1965）

（仿《中国动物志·原尾纲》440 页，图 261）

A. 前跗内侧面观；B. 前跗外侧面观；C. 假眼；D. 雌性外生殖器；E. 雄性外生殖器

特征：体长 680—750μm。头长 96μm；假眼长 10—11μm，具 3 条线纹，头眼比＝8—9。前跗长 54—62μm，爪长 9—10μm，跗爪比＝5.5—6.0；前跗背面感觉器 t-1 顶端膨大如槌，基端比＝1.0—1.1，t-2 柳叶形，t-3 较短；外侧面感觉器 a 较短，b 与 c 长度相仿，d 较粗，e 缺失，g 为粗大的匙形，f-1 顶端略膨大，f-2 短小；内侧面感觉器 a′ 长大，中部略宽大，b′-1 和 c′ 均较短小，b′-2 柳叶形；中、后胸足的爪垫均长，气孔较小，直径 2.5—3.5μm。第Ⅺ腹节背板中央 1 对刚毛为粗大平直大刺，长 11—20μm。雌性外生殖器的头片弯曲如"蛇头"，端阴刺细长。成虫胸、腹部毛序见表 1-3-10。

表 1-3-10　佘山拟异蚖 *Pseudanisentomon sheshanense*（Yin, 1965）胸、腹部毛序

部位	胸　部			腹　部									
	Ⅰ	Ⅱ	Ⅲ	Ⅰ	Ⅱ—Ⅲ	Ⅳ	Ⅴ—Ⅵ	Ⅶ	Ⅷ	Ⅸ	Ⅹ	Ⅺ	Ⅻ
背面	4	$\frac{6}{16}$	$\frac{6}{16}$	$\frac{4}{8}$	$\frac{8}{14}$	$\frac{8}{16}$	$\frac{8}{16}$	$\frac{8}{16}$	$\frac{6}{9}$	8	8	8	9
腹面	$\frac{6-2}{6}$	$\frac{6-2}{6}$	$\frac{6-4}{8}$	$\frac{4}{4}$	$\frac{6}{4}$	$\frac{6}{10}$	$\frac{6}{10}$	$\frac{6}{10}$	$\frac{2}{7}$	4	4	8	12

分布：浙江(天目山、杭州)、上海、湖南、云南。

3.11　梅花拟异蚖 *Pseudanisentomon meihwa*（Yin, 1965）(图 1-3-11)

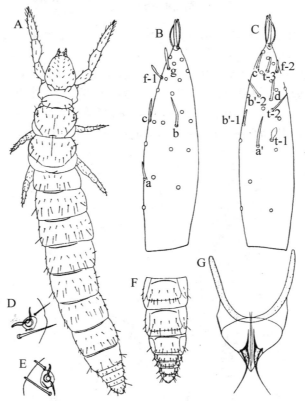

图 1-3-11　梅花拟异蚖 *Pseudanisentomon meihwa*（Yin, 1965）

(仿《中国动物志·原尾纲》424 页，图 249)

A. 整体背面观；B. 前跗外侧面观；C. 前跗内侧面观；D. 中胸气孔；

E. 后胸气孔；F. 第Ⅵ—Ⅻ腹节腹板；G. 雌性外生殖器

特征:体长 1327—1425μm。头长 140—150μm；假眼近圆形，头眼比＝12—13。前跗长 115—121μm，爪长 15—17μm，跗爪比＝7.0—7.6；前跗背面感觉器 t-1 短小，顶端膨大如球，基端比＝1.0—1.1，t-2 尖细，t-3 短小；外侧面感觉器 a 较短，b 长大，c 短于 b，d 较粗，e 缺失，g 为匙形，f-1 顶端略膨大成棍棒形，f-2 短小；内侧面感觉器 a′ 中部较宽，b′-1、短于 b′-2，b′-2 尖形，c′ 稍短小；中、后胸足的爪垫均长，气孔直径 5.0μm。雌性外生殖器的头片不弯曲，平直向前如尖锥，端阴刺细长。成虫胸、腹部毛序见表 1-3-11。

表 1-3-11　梅花拟异蚖 *Pseudanisentomon meihwa*（Yin，1965）胸、腹部毛序

部位	胸　部			腹　部									
	I	II	III	I	II—III	IV	V—VI	VII	VIII	IX	X	XI	XII
背面	4	$\frac{6}{16}$	$\frac{6}{16}$	$\frac{4}{8}$	$\frac{10}{16}$	$\frac{10}{16}$	$\frac{8}{16}$	$\frac{8}{16}$	$\frac{6}{9}$	8	8	8	9
腹面	$\frac{6-2}{6}$	$\frac{6-2}{6}$	$\frac{6-4}{8}$	$\frac{4}{4}$	$\frac{6}{4}$	$\frac{6}{10}$	$\frac{6}{10}$	$\frac{6}{10}$	$\frac{2}{7}$	6	6	8	12

分布:浙江(天目山)、上海、湖南、云南。

3.12　皖拟异蚖 *Pseudanisentomon wanense* Zhang，1987（图 1-3-12）

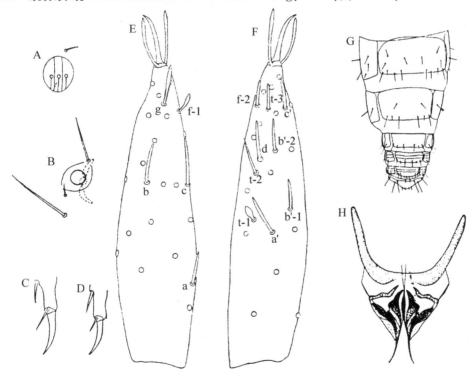

图 1-3-12　皖拟异蚖 *Pseudanisentomon wanense* Zhang，1987

(仿《中国动物志・原尾纲》424 页，图 249)

A. 假眼；B. 中胸气孔；C. 中爪和中垫；D. 后爪和中垫；E. 前跗外侧面观；

F. 前跗内侧面观；G. 第Ⅶ—Ⅻ腹节腹板；H. 雌性外生殖器

特征:体长 1123—1324μm，成虫腹部末端淡黄褐色。头长 125—131μm；假眼具 5 条纵纹和 3 个小球近圆形，头眼比＝9—10。前跗长 98—108μm，跗爪比＝5.8—6.0，垫爪比＝0.9—1.0。前跗背面感觉器 t-1 纺锤状，顶端膨大如球，基端比＝0.9—1.0，t-2 刚毛状，t-3 短小；外

侧面感觉器 e 缺失,f-1 顶端略膨大成棍棒形,g 为匙形,f-2 短小;内侧面感觉器 a′中部较宽,b′-1 存在,c′短小;中、后胸足的爪垫均长,气孔直径 5.0—6.0μm,各具 2 根气管龛。雌性外生殖器具有明显的侧端片,头片平滑地向中缘弯曲,体片似乎被分成三条块,端阴刺尖细。成虫胸、腹部毛序见表 1-3-12。

表 1-3-12　皖拟异蚖 *Pseudanisentomon wanense* Zhang, 1987 胸、腹部毛序

部位	胸　部			腹　部								
	I	II	III	I	II—III	IV	V—VI	VII	VIII	IX	X	XI	XII
背面	4	$\frac{6}{16}$	$\frac{6}{16}$	$\frac{4}{8}$	$\frac{10}{16}$	$\frac{10}{16}$	$\frac{8}{16}$	$\frac{8}{16}$	$\frac{6}{9}$	8	8	8	9
腹面	$\frac{6-2}{6}$	$\frac{6-2}{6}$	$\frac{6-4}{8}$	$\frac{4}{4}$	$\frac{6}{4}$	$\frac{6}{10}$	$\frac{6}{10}$	$\frac{6}{10}$	$\frac{2}{7}$	6	6	8	12

分布:浙江(天目山)、安徽。

新异蚖属 *Neanisentomon* Zhang & Yin, 1984

特征:体型细长,属小型种类。第Ⅷ腹节背板后排缺 Pc 刚毛,刚毛式为$\frac{6}{8}$;腹板刚毛式为$\frac{2}{7}$;假眼简单或具线纹。前跗节外侧面感觉器 e 缺失,g 为匙形,内侧面常缺 b′-1,b′-2 和 c′;中、后胸的气孔甚小,直径 2—3μm。雌性外生殖器简单,无弯曲的头片,仅有 1 对较短的蝌蚪状端阴刺。

分布:本属为我国特有属,已知 4 种,浙江天目山分布 1 种。

3.13　天目新异蚖 *Neanisentomon tienmunicum* Yin, 1990(图 1-3-13)

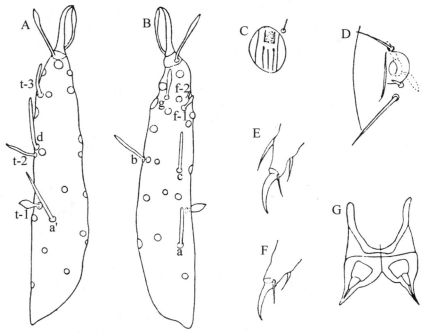

图 1-3-13　天目新异蚖 *Neanisentomon tienmunicum* Yin, 1990
(仿《中国动物志·原尾纲》453 页,图 271)
A. 前跗外侧面观;B. 前跗内侧面观;C. 假眼;D. 中胸气孔;E. 中爪和中垫;
F. 后爪和中垫;G. 雌性外生殖器

特征:体长 920—1080μm。头长 90—100μm;假眼椭圆形,具有 2 根长纵纹和中间的 3 根短纵纹,头眼比＝10—11。前跗长 50—65μm,爪长 14—16μm,跗爪比＝3.7—4.6,垫爪比＝0.9;前跗背面感觉器 t-1 火炬状,基端比＝0.75—0.8,t-2 柳叶形,t-3 较长;外侧面感觉器 a、b 和 c 长度相仿,d 甚长大,e 缺失,g 为匙形,f-1 顶端稍膨大,f-2 极小;内侧面感觉器 a′长大,b′-1,b′-2 和 c′缺失;中、后胸足的爪垫均长,气孔直径 2.5—3.0μm。雌性外生殖器基内骨甚短,缺头片,端阴刺较短。成虫胸、腹部毛序见表 1-3-13。

表 1-3-13　天目新异蚖 *Neanisentomon tienmunicum* Yin, 1990 胸、腹部毛序

部位	胸　部			腹　部									
	I	II	III	I	II—III	IV	V—VI	VII	VIII	IX	X	XI	XII
背面	4	$\frac{6}{16}$	$\frac{6}{16}$	$\frac{4}{10}$	$\frac{10}{16}$	$\frac{10}{16}$	$\frac{10}{16}$	$\frac{6}{16}$	$\frac{6}{8}$	8	8	8	9
腹面	$\frac{6-2}{6}$	$\frac{6-2}{6}$	$\frac{6-4}{8}$	$\frac{4}{4}$	$\frac{6}{4}$	$\frac{6}{10}$	$\frac{6}{10}$	$\frac{6}{10}$	$\frac{2}{7}$	6	6	8	12

分布:浙江(天目山)。

第二章　弹尾纲 Collembola

弹尾纲动物通称为跳虫,其体型较小,成虫体长在 0.5—8.0mm,大多数在 1—3mm。无翅,口器内颚式。身体分为头部、胸部和腹部三部分:头部具有分节的触角,无复眼;胸部分 3 节,每节有 1 对胸足;腹部分 6 节,通常在腹部腹面第 Ⅰ、Ⅲ、Ⅳ 节分别具有特化的附肢——腹管、握弹器和弹器。胸足从基部到端部依次由基节、转节、腿节和胫跗节组成,末端为单一的爪。腹部 6 节在有些类群中有愈合现象。体表着生稀疏或者密集的刚毛,有些类群体表着生扁平的鳞片。原蚖目的许多类群腹部末端生有肛针。

跳虫一般生活在潮湿并富含腐殖质的土壤或地表凋落物中,大多数种类以真菌和腐殖质为食,极少数种类生活在小水体表面,一些种类适应于冰川或者极地的极端环境。跳虫的胚后发育为表变态,终生蜕皮,每次蜕皮后其外部形态发生细微的变化。虫龄从 2 龄到 50 龄或更多。幼虫和成虫在形态上相似,性别的分化在后面龄期才出现。跳虫的发育在寒冷季节可暂时停顿,卵或未成熟的幼虫通过滞育形式度过干旱季节。

跳虫的分布很广,从赤道到两极附近,从平原到海拔 6400m 的山区,均有跳虫生存。

目前,全世界已记录跳虫 8000 余种,中国记录近 400 种。弹尾纲现行的分类系统由 Deharveng 于 2004 年提出,该系统中将弹尾纲划分为 4 目 30 科(图 2-1-1),我国已经记录 4 目 20 余科。

分目检索表

球道蛄科 Gulgastruridae

球角蛄科 Hypogastruridae

厚皮土蛄科 Pachytullbergiidae

古土蛄科 Paleotullbergiidae

短吻蛄科 Caputanurinidae

原蛄目 疣蛄科 Neanuridae
Poduromorpha
具齿蛄科 Odontellidae

棘蛄科 Onychiuridae

土蛄科 Tullbergiidae

似球角蛄科 Isotogastruridae(地位未定)

原蛄科 Poduridae(地位未定)

等节蛄科 Isotomidae

阔蛄科 Oncopoduridae

鳞蛄科 Tomoceridae

驼蛄科 Cyphoderidae

长角蛄目 长角蛄科 Entomobryidae
Entomobryomorpha
微钩蛄科 Microfalculidae

爪蛄科 Paronellidae

海岸蛄科 Actaletidae(地位未定)

共生蛄科 Coenaletidae(地位未定)

弹尾纲 Collembola

齿棘蛄科 Arrhopalitidae

勃氏圆蛄科 Bourletiellidae

羽圆蛄科 Dicyrtomidae

卡天圆蛄科 Katiannidae

愈腹蛄目 马坎兹蛄科 Mackenziellidae
Symphypleona
圆蛄科 Sminthuridae

附圆蛄科 Sminthurididae

具刺蛄科 Spinothecidae

斯特姆蛄科 Sturmiidae

短角蛄目 短角蛄科 Neelidae
Neelipleona

图 2-1-1 弹尾纲的现代分类系统(仿卜云等,《生命科学》2012 年第 24 卷第 2 期 132 页,图 2)

一、原䖴目 Poduromorpha

分科检索表

1. 口器内大颚缺失,或者具有大颚但无白齿盘 ·················· 疣䖴科 Neanuridae
   口器具有大颚,具有白齿盘 ·· 2
2. 头和身体上无假眼 ···································· 球角䖴科 Hypogastruridae
   头和身体上具有假眼 ·· 3
3. 触角第Ⅲ节感觉器完全裸露,具有 2—3 个大感棒 ············ 土䖴科 Tullbergiidae
   触角第Ⅲ节感觉器由体壁突起遮盖,由 2 个大感棒和感毛组成 ········ 棘䖴科 Onychiuridae

疣䖴科 Neanuridae

主要特征:体表多有鲜艳色素,少数白色。身体宽短、粗壮,胸部和腹部分节明显,尤其背板几乎都有明显的体节间区。表皮粗糙,有些具有瘤状区域。触角 4 节,比头对角线短;第Ⅲ节感觉器由 2 个感棒及 1—2 根外侧感毛组成;第Ⅳ节顶端有可收缩的感觉乳突以及多根感毛。口器刺吸式,上颚无白齿盘,下颚一般针状。角后器有或无,眼形式多样。爪无小爪。弹器有或无。

分类:本科分布广泛,尤以热带、亚热带居多,全世界已知 1400 多种。我国记录 30 余种,浙江天目山分布有 3 属 3 种。

分属检索表

1. 体壁仅有颗粒状突起,无疣,口器无纤毛缘饰 ·· 2
   体壁具分节的疣,口器具纤毛缘饰 ······························· 颚毛䖴属 Crossodonthina
2. 有角后器 ··· 伪亚䖴属 Pseudachorutes
   无角后器 ··· 奇刺䖴属 Friesea

颚毛䖴属 Crossodonthina Yosii, 1954

特征:身体鲜红色,具 2+2 或 3+3 眼,眼无色素,或紫色和黑色。触角第Ⅳ节具有 8 个感觉器。体表的瘤发育良好,互相独立或者退化减少。大颚具有纤毛缘饰,分两支,基部有齿;小颚针状,分两叶;上唇毛序通常为 0/2,2。

分布:东洋区。全世界已知 12 种,中国已知 8 种;浙江天目山分布 1 种。

1.1 二齿颚毛䖴 Crossodonthina bidentata Luo & Chen, 2009(图 2-1-2)

特征:身体鲜红色,具 2+2 眼,无色素,互相分离;头触角比为 1∶(1.3—1.9);口锥稍发育;上唇短,毛序为 2/5,2;大颚延长,由 3 个弯曲的具纤毛缘饰的分支和 2 个凸出的基齿组成;下颚端部由 2 支组成,内支具有 2 个小端齿,外支端部分叉;触角第Ⅳ节具有 8 个感觉器;头部背面中央具 6 个分离的瘤和 21 根毛;腹部第Ⅴ节背面中间瘤 Di 愈合;体表的大毛尖细,远端 1/2 部分具有微小的纤毛;第Ⅰ—Ⅲ足胫跗节刚毛分别为 19,19,18;腹管具有 4+4 毛;弹器退化,相应区域具有 5 或 6 根刚毛;雌性生殖板具有 12—25 根刚毛,雄性生殖板具有 31—53 根刚毛。

分布:浙江(天目山)。

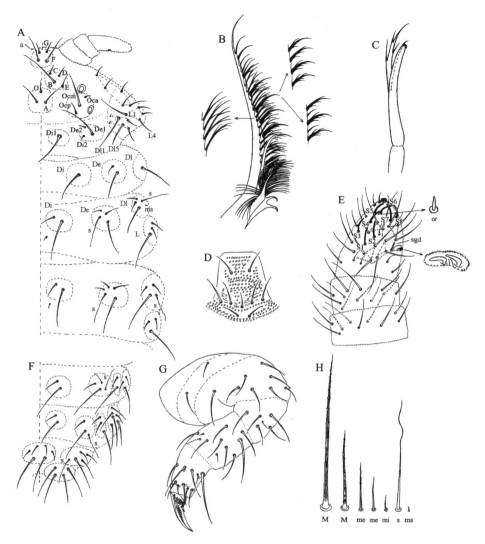

图 2-1-2　二齿颚毛蚴 *Crossodonthina bidentata* Luo & Chen，2009

（仿 Luo & Chen，2009，Zootaxa 2121 期 59-60 页，图 1-14）

A.头部和胸部背面观；B.大颚；C.小颚；D.上唇；E. 触角背面观；

F.第Ⅲ—Ⅵ腹节背面观；G.第Ⅲ胸足；H.体表刚毛类型

伪亚蚴属 *Pseudachorutes* Tullberg，1871

特征:体长 1—2mm;身体蓝色到紫色,膨起,无明显的侧背区;角后器由 4—25 个小泡排列成环状或椭圆形;眼每边 8 个;口锥尖锐;大颚具有 2—8 齿,小颚细长针状;触角第Ⅲ和Ⅳ节背面愈合,第Ⅳ节通常具有 6 个感觉器和 1 个端部感泡;小爪缺失;弹器发育良好,端节匙形;腹部 6 个体节界线明显;末端无肛刺。

分布:全世界已知 100 余种,中国记录 6 种;浙江天目山分布 1 种。

1.2 小伪亚虮 *Pseudachorutes parvulus* Börner, 1901(图 2-1-3)

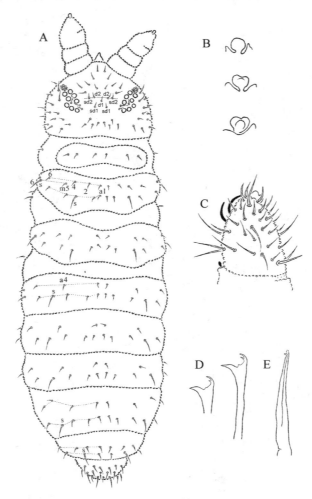

图 2-1-3 　小伪亚虮 *Pseudachorutes parvulus* Börner, 1901

(仿 Kaprus' & Weiner, 2009, Zootaxa 2166 期 14 页, 图 52-图 54)

A. 整体背面观; B. 触角第 IV 节端部感泡形态变异; C. 触角背面观; D. 大颚; E. 小颚

特征:体长 0.45—1.3mm, 身体蓝灰色, 眼区蓝黑色; 体表颗粒细密均匀; 触角短于头长, 第 III 和 IV 节背面愈合, 第 IV 节具有 6 个柱状感觉器和约 50 个普通毛; 角后器具有 6—9 个泡; 具有 8+8 眼; 口锥长; 上颚具有 4 个齿; 下颚针状, 具有两叶; 上唇毛序为 2/2,3,4; 腹管具有 4+4 刚毛; 弹器齿节具 6 根刚毛, 弹器基有 13+13 刚毛, 握弹器具 3+3 齿; 第 I、II、III 胫跗节分别具有 19、19、18 刚毛; 爪具有小的内齿, 无侧齿, 爪垫缺失。

分布:浙江(天目山)、江苏、江西、福建、广东、广西、四川、贵州; 法国, 罗马尼亚, 乌克兰。

奇刺虮属 *Friesea* von Dalla Torre, 1895

特征:体长 0.7—1.7mm; 身体蓝色; 头每侧 2—8 个小眼; 无角后器; 弹器变化大, 从弹器基、齿节和端节清晰、短小至退化缺失; 通常具有 3 枚或 5 枚肛刺。

分布:全世界已知 180 余种, 中国已知 9 种; 浙江天目山分布 1 种。

1.3 日本奇刺虮 *Friesea japonica* Yosii, 1954(图 2-1-4)

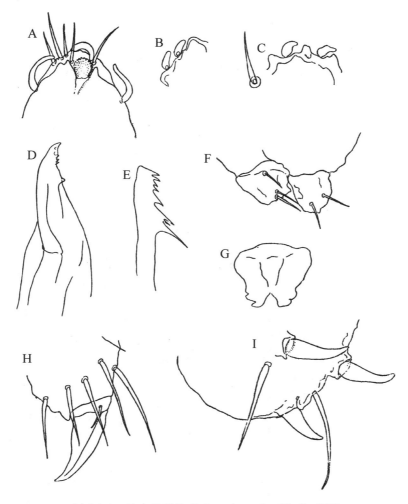

图 2-1-4　日本奇刺虮 *Friesea japonica* Yosii, 1954

(仿 Yosii, 1954)

A. 触角第Ⅳ节感觉器；B、C. 触角第Ⅲ节感觉器；D. 大颚；E. 小颚；F. 弹器；
G. 握弹器；H. 第Ⅲ胸足胫跗节和爪；I. 腹部末端的肛刺

特征:体长 0.8mm；身体底色白色，背面有蓝色色素分布，腹面色浅；体毛稀少、短小，仅腹部第Ⅳ和Ⅴ节背面体毛较长；背面表皮颗粒均匀，腹面表皮颗粒细小；小眼每侧 8 个，位于深色的眼区内；触角短于头长，第Ⅲ和Ⅳ节愈合，第Ⅲ节感觉器由同向弯曲的 2 根感觉棒组成，第Ⅳ节顶端具一可收缩的感泡，背面外侧有 4—5 根弯曲的感觉器；无角后器；大颚纤细，具有 7 枚齿，无臼齿盘；小颚端部三角形，具有 2 个具齿的分支；胫跗节无黏毛，无小爪；弹器齿节有 2—3 根小刚毛；握弹器 2+2 齿，无刚毛；3 枚臀刺等长。

分布:浙江(天目山)、上海；日本。

棘䖴科 Onychiuridae

主要特征:体长 1.0—2.5mm;身体无色素。身体长形,背腹扁平;表皮上有粗糙颗粒,刚毛简单光滑。头和身体上有很多假眼。触角第Ⅲ节感觉器一般由 2 个感觉棒和其两侧的感觉毛组成,在感觉棒前有体壁皱褶或突起。无眼,爪无齿。弹器退化,大多数种类无弹器。

分类:全世界已知近 580 种。我国记录 15 种,浙江天目山分布有 1 属 1 种。

原棘䖴属 *Orthonychiurus* Stach,1954

特征:体长 0.7—4.0mm,大多数 1—2mm;体白色或乳白色;身体宽椭圆形至纺锤形,假眼有明显的几丁质边缘;角后器的小泡复杂,由次生的突起覆盖;有小爪;肛刺有或无。

分布:全世界已知 29 种,中国已知 2 种;浙江天目山分布 1 种。

1.4 白原棘䖴 *Orthonychiurus folsomi* (Schäffer, 1900)(图 2-1-5)

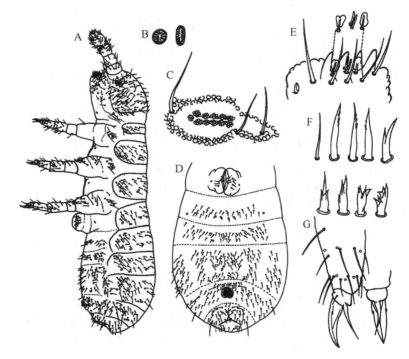

图 2-1-5 白原棘䖴 *Orthonychiurus folsomi* (Schäffer, 1900)

(仿 Arbea & Jordana, 1988)

A.整体侧面观;B.腹部的假眼;C.角后器;D.腹部腹面观;E.触角第Ⅲ节感觉器;

F.体表刚毛类型;G.第Ⅲ胸足胫跗节和爪

特征:体长 1.8mm;身体白色。触角第Ⅲ节感觉器由 2 个梨形直立的感棒、2 个短小感毛和外面的 4 根具细颗粒的圆锥形突起及 5 根大感毛组成;第Ⅳ节有一亚顶端区,其内有一微小感觉突。角后器长椭圆形,由 10—12 个复杂的小泡构成。身体背面假眼式为 32/022/3333(4)2;爪内缘中部有内齿;小爪无基叶,伸到爪的顶端;腹管 4+4 毛;无弹器和臀刺。

分布:浙江(天目山);日本,澳大利亚,欧洲,北美洲。

土蚖科 Tullbergiidae

主要特征：大多数体型较小,体长 0.5—1.5mm,多数种类体长小于 1mm。身体长形,背腹扁平,无色素。头和身体上有假眼。触角第Ⅲ节感觉器完全裸露,2 个感觉棒相对弯曲,通常有 1 附属的侧棒。无眼,小爪微小。弹器退化。

分类：全世界已知 200 余种。我国记录 3 种,浙江天目山分布有 1 属 1 种。

美土蚖属 *Mesaphorura* Börner,1901

特征：体细长,长 0.4—1.2mm,通常 0.6—1.0mm;无色素;体表颗粒细;触角短于头长,第Ⅳ节有 5 个粗的感觉器,第Ⅲ节具有 2 个相向弯曲的大感泡;角后器位于长椭圆形的表皮凹陷中,由 18—55 个杆状的小泡组成;假眼星形,假眼式为 11/011/10011;腹管具 6+6 刚毛。

分布：全北区。全世界已知 59 种,中国已知 2 种;浙江天目山分布 1 种。

1.5　吉井氏美土蚖 *Mesaphorura yosii*（Rusek,1967）（图 2-1-6）

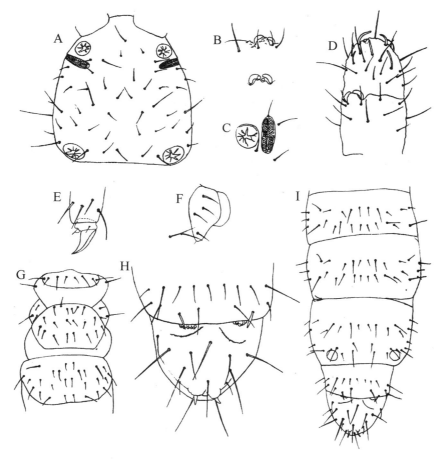

图 2-1-6　吉井氏美土蚖 *Mesaphorura yosii*（Rusek,1967）

（仿 Rusek,1967）

A. 头部背面观;B. 触角第Ⅲ节感觉器;C. 角后器和假眼;D. 触角第Ⅲ和Ⅳ节背面观;
E. 第Ⅲ胸足胫跗节和爪;F. 腹管;G. 胸部背面观;H. 第Ⅴ—Ⅵ腹节背板;I. 第Ⅱ—Ⅵ腹节背板

特征:体长 0.66mm,无色素;体表颗粒均匀;触角第Ⅳ节具有 5 个感觉器,感觉器 b 最粗,e 加粗,d 刚毛状;角后器为相邻假眼的 1.7 倍长,由两排 36 个小泡组成;假眼球形,内部星形;假眼式为 11/011/10011;第Ⅴ腹节背板 p3 毛为纺锤状感觉器;第Ⅵ腹节背板具有新月形褶;两根肛刺位于较低的突起上,短于第Ⅲ足的爪;肛瓣上有 12′和 13′毛;仅有雌性。

分布:浙江(天目山、富阳、上虞)、江苏、上海、湖南、广东、云南;世界广布。

球角䖴科 Hypogastruridae

主要特征:体长大多在 1—1.5mm。体毛光滑稀少,表皮有明显颗粒。触角 4 节,一般比头的直径短;第Ⅳ节顶端有一个可收缩的乳突,乳突常呈三叶状,近顶端有一个很小的亚顶端凹陷和一些感觉毛。肛针 2 枚,少数 3、4 枚或无。

分类:本科全世界已知近 700 种。我国记录 24 种,浙江天目山分布有 2 属 4 种。

分属检索表

1. 体毛长短分化差异大,肛刺长 ·· 泡角䖴属 *Ceratophysella*
   体毛均匀,差异不大,肛刺短 ·· 球角䖴属 *Hypogastrura*

泡角䖴属 *Ceratophysella* Börner,1932

特征:身体黄褐色、褐色、黑褐色至蓝色;体表刚毛分化明显,刚毛羽状或具有纤毛;第Ⅵ腹节背面具有肛刺,部分种类第Ⅴ腹节背面有刺;触角第Ⅲ和Ⅳ节之间有一个可伸缩的囊,繁殖期间囊可能消失;弹器发育良好,齿节 7 根刚毛;端节舟形,末端匙状。

分布:世界广布。全世界已知 130 余种,中国已知 8 种;浙江天目山分布 3 种。

分种检索表

1. 第Ⅴ腹节背板无大刺·················· 具齿泡角䖴 *Ceratophysella denticulata*（Bagnall, 1941）
   第Ⅴ腹节背板有大刺 ·· 2
2. 第Ⅴ腹节背板有 1 个中央大刺 ·················· 三刺泡角䖴 *Ceratophysella liguladorsi* Lee, 1974
   第Ⅴ腹节背板有 1 对大刺 ·················· 四刺泡角䖴 *Ceratophysella duplicispinosa*（Yosii, 1954）

1.6　具齿泡角蚖 *Ceratophysella denticulata*（Bagnall，1941）（图 2-1-7）

图 2-1-7　具齿泡角蚖 *Ceratophysella denticulata*（Bagnall，1941）
（仿 Jiang & Yin，2010，《动物分类学报》第 35 卷第 4 期，931—932 页，图 12-21）
A. 头部和胸部毛序；B. 腹部背面毛序；C. 触角第Ⅳ节背面观；D. 触角第Ⅳ节腹面观；
E. 角后器和眼；F. 小颚；G. 上唇；H. 第Ⅲ胸足胫跗节和爪；I. 弹器齿节和端节

特征：体长 1.3—1.9mm；身体灰色；体表刚毛羽状，分化不明显；体表感觉器光滑纤细；触角与头近等长；触角第Ⅳ节具有二分叉或三分叉状的端部感泡，6—8 根分化不明显的感觉器；具8+8眼；角后器分 4 片；下唇须具 5 个突起，14 个保卫毛；胫跗节第Ⅰ—Ⅲ节分别具有 19、19 和 18 根刚毛，均包括 1 根尖细的黏毛；爪具有 1 个内齿和 2 对侧齿；腹管具有 4+4 刚毛；握弹器具有 4+4 齿。

分布：浙江（天目山）、上海；世界广布。

1.7　三刺泡角蛛 *Ceratophysella liguladorsi*（Lee，1974）（图 2-1-8）

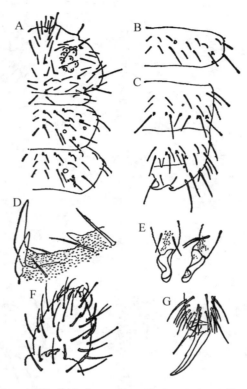

图 2-1-8　三刺泡角蛛 *Ceratophysella liguladorsi*（Lee，1974）

（仿 Lee，1974）

A. 头部和胸部毛序;B. 第Ⅰ腹节背板毛序;C. 第Ⅳ—Ⅵ腹节背板毛序;D. 肛刺;

E. 弹器齿节和端节;F. 触角第Ⅲ—Ⅳ节背面观;G. 第Ⅲ胸足胫跗节和爪

　　特征:体长 0.9mm;身体蓝色,腹面颜色较浅;触角第Ⅲ节感觉器由 2 个小的感棒组成,第Ⅳ节外侧 7 根刚毛,末端有 1 可伸缩的感泡;眼 8+8;角后器由 4 个突起组成;爪细长,中部有 1 小齿,小爪为爪长的 1/3,有一明显的内叶和顶端刚毛;腹管刚毛 4+4;握弹器 4+4 齿;弹器齿节背面 7 根刚毛;第Ⅴ腹节中央有 1 根粗大的刺;第Ⅵ腹节有 2 根肛刺。

　　分布:浙江(天目山)、上海、湖南;韩国。

1.8 四刺泡角蚖 *Ceratophysella duplicispinosa*（Yosii，1954）（图 2-1-9）

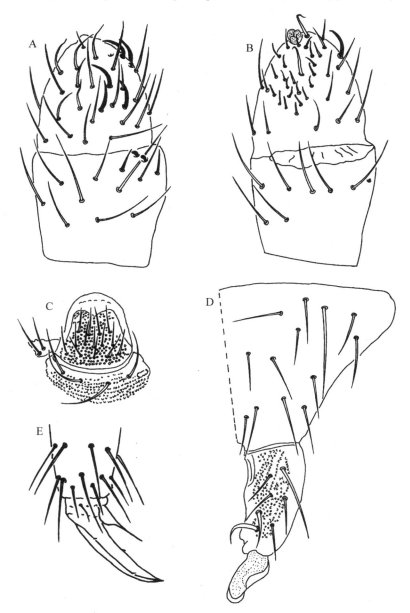

图 2-1-9 四刺泡角蚖 *Ceratophysella duplicispinosa*（Yosii，1954）

（仿 Jiang et al.，2011，Zootaxa 2822 期 49 页，图 6）

A. 触角第Ⅲ—Ⅵ节背面观；B. 触角第Ⅳ—Ⅵ节腹面观；C. 上唇；D. 弹器；E. 第Ⅲ胸足胫跗节和爪

特征：身体灰色，眼区颜色深，腹部颜色较浅；体长 1.5mm，触角短于头长；触角第Ⅳ节末端具有三分叉的感泡；具 8＋8 眼；角后器由 4 瓣组成；握弹器具有 4 齿；弹器齿节具有 7 根刚毛，其中 2 根加粗；端节变宽，具有内部瓣膜；第Ⅴ—Ⅵ腹节分别具有 1 对肛刺。

分布：浙江（天目山）、上海、湖南、广东；韩国，日本。

球角蚖属 *Hypogastrura* Bourlet，1839

特征：身体有色素，黄褐色、褐色至黑褐色；体表刚毛均一、短小；具 8＋8 眼；大颚发达；上唇毛序为 5/5/4；胸部腹面无刚毛；胫跗节第 Ⅰ—Ⅲ 节分别具有 19、19 和 18 根刚毛；爪无小爪；头部腹面沿中线具有 3＋3 毛；触角第 Ⅲ—Ⅳ 节间无可伸缩的囊；弹器发育完全，齿节具有 5 个以上刚毛；腹部末端具有 1 对短小的肛刺。

分布：世界广布。全世界已知 160 余种，中国已知 8 种；浙江天目山分布有 1 种。

1.9　吉井球角蚖 *Hypogastrura yosii* Stach，1964（图 2-1-10）

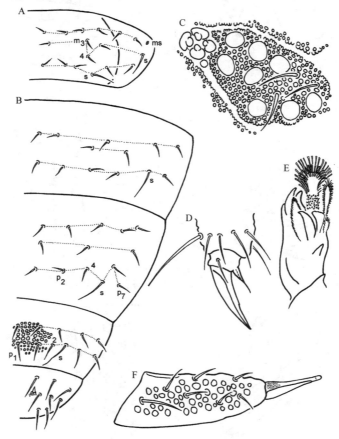

图 2-1-10　吉井球角蚖 *Hypogastrura yosii* Stach，1964

（仿 Jia et al.，2011，Zootaxa，2981 期第 60 页，图 12-17）

A. 中胸背板；B. 第Ⅲ—Ⅵ腹节背板；C. 角后器和眼；D. 第Ⅲ胸足胫跗节和爪；

E. 小颚；F. 弹器齿节和端节

特征：体长 0.7—1.0mm；身体背面紫黑色，腹面色浅，眼区黑色；表皮颗粒中等大小，沿身体背板向后逐渐变大，第Ⅴ腹节颗粒最大；触角短于头长，第Ⅲ节具有 2 个感棒，第Ⅳ节具有 6 个钝而弯曲的感觉器；角后器由 2 个大小相当的泡组成，"十"字形排列；具 8＋8 眼；爪弯曲无内齿；胫跗节的黏毛末端不加粗，与爪等长；腹管具有 4＋4 刚毛；握弹器具 4＋4 齿；弹器发达，齿节具有 7 根刚毛；肛刺短小。

分布：浙江（天目山、杭州）、上海。

二、长角䖴目 Entomobryomorpha

等节䖴科 Isotomidae

主要特征：身体细长，胸部无第Ⅰ背板。腹部分节明显，第Ⅲ和第Ⅳ腹节背板基本等长，有的腹部末端 2 节或 3 节愈合。体壁光滑，少数有明显的颗粒。触角分 4 节，较短，不分亚节；第Ⅲ节感觉器棒状，第Ⅳ节顶端有半球形或者圆锥形突起。口器咀嚼式，上颚有臼齿盘。角后器长形或者椭圆形，少数种类无角后器。眼形式多样。爪和小爪简单，有些无小爪。大部分有弹器，少数弹器退化或无。弹器基背面有毛，齿节一般比弹器基长，端节形状多变。握弹器 4+4 齿，刚毛有或无。

分类：分布广泛，全世界已知 1300 多种。我国已知约 60 种，浙江天目山分布有 8 属 10 种。

分属检索表

1. 腹部第Ⅳ节到第Ⅵ节愈合 ⋯⋯⋯⋯⋯⋯⋯⋯⋯⋯⋯⋯⋯⋯⋯⋯⋯⋯⋯⋯⋯⋯⋯⋯⋯⋯⋯ 2
   腹部体节完全分离，或者至少第Ⅳ节和第Ⅴ节分离 ⋯⋯⋯⋯⋯⋯⋯⋯⋯⋯⋯⋯⋯⋯⋯⋯ 3
2. 无角后器，触角第Ⅳ节感觉器膨大 ⋯⋯⋯⋯⋯⋯⋯⋯⋯⋯⋯⋯⋯⋯**类符䖴属 Folsomina**
   有角后器，触角第Ⅳ节感觉器未特化 ⋯⋯⋯⋯⋯⋯⋯⋯⋯⋯⋯⋯⋯⋯⋯**符䖴属 Folsomia**
3. 无角后器，无眼，身体无色素，具有带锯齿的大刚毛，触角第Ⅳ节有 6 根大的椭圆形感觉器 ⋯⋯⋯⋯⋯⋯
   ⋯⋯⋯⋯⋯⋯⋯⋯⋯⋯⋯⋯⋯⋯⋯⋯⋯⋯⋯⋯⋯⋯⋯⋯⋯**小等䖴属 Isotomiella**
   有角后器或有眼 ⋯⋯⋯⋯⋯⋯⋯⋯⋯⋯⋯⋯⋯⋯⋯⋯⋯⋯⋯⋯⋯⋯⋯⋯⋯⋯⋯⋯⋯⋯ 4
4. 腹部第Ⅴ节短小，仅有中间一排毛；无眼 ⋯⋯⋯⋯⋯⋯⋯⋯⋯**似等䖴属 Isotomodes**
   腹部第Ⅴ节正常 ⋯⋯⋯⋯⋯⋯⋯⋯⋯⋯⋯⋯⋯⋯⋯⋯⋯⋯⋯⋯⋯⋯⋯⋯⋯⋯⋯⋯⋯⋯ 5
5. 弹器基前侧无毛，或至多 1+1 刚毛 ⋯⋯⋯⋯⋯⋯⋯⋯⋯⋯⋯⋯⋯⋯⋯⋯⋯⋯⋯⋯⋯⋯ 6
   弹器基前侧不少于 9 刚毛，顶端有或无针状刚毛 ⋯⋯⋯⋯⋯⋯**伪等䖴属 Pseudisotoma**
6. 弹器基前侧 1+1 刚毛，或极少数无毛，小颚须周边 4 颚须毛 ⋯⋯⋯⋯⋯⋯⋯⋯⋯⋯⋯ 7
   弹器基前侧无毛，小颚须周边 3 颚须毛 ⋯⋯⋯⋯⋯⋯⋯⋯⋯**裔符䖴属 Folsomides**
7. 背板小感毛毛序完全，1,1/1,1,1 ⋯⋯⋯⋯⋯⋯⋯⋯⋯⋯⋯⋯**短尾䖴属 Scutisotoma**
   背板小感毛毛序不完全，1,0/0,0,0 或 0,0/0,0,0 ⋯⋯⋯⋯⋯⋯**原等䖴属 Proisotoma**

类符䖴属 *Folsomina* Denis，1931

特征：体白色，腹部第Ⅳ、Ⅴ、Ⅵ节愈合；无眼，无角后器；触角第Ⅳ节有 2 个椭圆形感觉器，粗短、膨大，背面各有 3 条肋骨状拱起，周边有 4 个明显粗壮的感觉器，还有一些略微粗的感觉器；上唇毛序 4/5,5,4；下颚须分叉；下唇须 e 只有 6 护卫毛；爪简单，无齿；胸部腹面无刚毛；弹器基前侧 1+1 刚毛，齿节长或短，端节有 1 或 2 齿。

分布：全世界广布。全世界已知 5 种，中国已知 3 种；浙江已知 2 种，天目山分布 1 种。

2.1　类符䖴 *Folsomina onychiurina* Denis, 1931（图 2-2-1）

特征：体长不超过 0.65mm，白色，腹部第Ⅳ、Ⅴ、Ⅵ节愈合；无眼，无角后器；触角第Ⅳ节有 2 个椭圆形感觉器，粗短、膨大，背面各有 3 条肋骨状拱起；下颚须分叉，外颚叶有 4 颚须毛；爪上无齿；胫跗节上刚毛分别为 21,21,27；胸部腹面无刚毛；腹管有 1+1 前刚毛，4+4 侧端刚

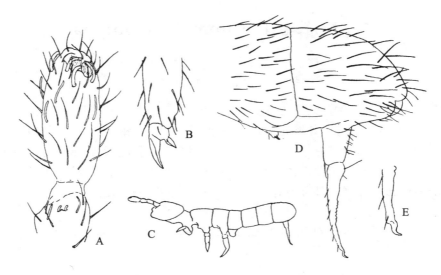

图 2-2-1　类符蚖 *Folsomina onychiurina* Denis，1931

(仿 Denis，1931，129 页，图 106-109)

A. 触角第Ⅲ、Ⅳ节；B. 第Ⅲ对足上爪；C. 整体(侧面观)；

D. 腹部第Ⅲ—Ⅳ节，包括弹器；E. 齿节末端及端节

毛，4 后刚毛；握弹器 4＋4 齿，1 刚毛；有弹器，弹器基前侧 1＋1 刚毛；齿节 17—22 前刚毛，6 后刚毛，其中基段 4 根，中段 2 根；端节单齿，镰刀状；大刚毛明显，胸部第Ⅱ节至腹部第Ⅲ节毛序为 1，1/3，3，3；感毛毛序 3，3/2，2，2，3，胸部第Ⅱ节至腹部第Ⅲ节中感毛位于背板末排 p 排刚毛之前；小感毛毛序 1，0/0，0，1；腹部第Ⅵ节有 2 对细而短的感觉器状刚毛。

分布：浙江(天目山)、湖南、广东、贵州；日本，澳大利亚，美国及欧洲地区。

符蚖属 *Folsomia* Willem，1902

特征：腹部第Ⅳ、Ⅴ、Ⅵ节愈合，无肛针；触角末端无感泡；有角后器，眼有或无；外颚叶具 4 颚须毛；几乎所有的种头部腹面中轴毛序在 4＋4 到 5＋5 的范围内；第Ⅰ、Ⅱ胸节腹面无刚毛；有弹器，包括齿节和端节，弹器基前侧至少有 1＋1 刚毛；齿节背侧有细小的圆齿状，自基部向端部变狭窄。

分布：全世界广布。全世界已知 164 种，中国已知 17 种；浙江已知 5 种，天目山分布 3 种。

分种检索表

1. 有小眼 ··· 2

　无小眼 ·· 小点符蚖 *Folsomia minipunctata* Zhao & Tamura，1992

2. 具 1＋1 小眼 ······································· 二眼符蚖 *Folsomia diplophthalma* Axelson，1902

　具 4＋4 小眼 ······································· 八眼符蚖 *Folsomia octoculata* Handschin，1925

2.2　小点符蚖 *Folsomia minipunctata* Zhao & Tamura，1992(图 2-2-2)

特征：体长约 1.0mm，体表白色，头部及身体带有不规则的黑色斑点；无眼；角后器狭长；爪内侧不带齿；腹管侧端 3＋3 刚毛，后侧 6 刚毛；握弹器 4＋4 齿，1 刚毛；弹器基前侧 3＋3 刚毛，后侧 11＋11 刚毛；齿节前侧 9—10 刚毛，后侧 3 刚毛；端节 2 齿；端节：齿节：弹器基＝1：3：4；大刚毛较短；腹部第Ⅴ节有一对特化的感觉器，加长并膨大。

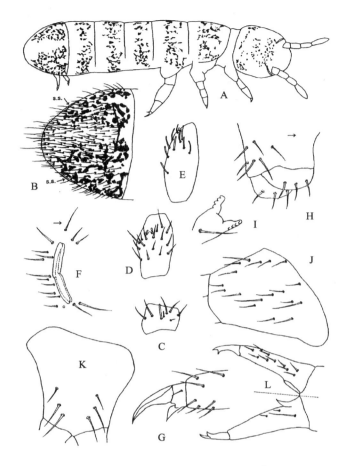

图 2-2-2　小点符蚄 *Folsomia minipunctata* Zhao & Tamura, 1992

(仿 Zhao & Tamura, 1992,19 页,图 9-20)

A. 整体侧面观(显示体壁色斑);B. 腹部第Ⅳ—Ⅵ节侧面观;C. 触角第Ⅰ节感觉毛;
D. 触角第Ⅲ节;E. 触角第Ⅳ节感觉毛;F. 角后器;G. 第Ⅲ对足爪;H. 腹管;
I. 握弹器;J. 弹器基后侧;K. 弹器基前侧;L. 齿节前侧(上方)和后侧(下方)

分布:浙江(天目山、乌岩岭)。

2.3　二眼符蚄 *Folsomia diplophthalma* Axelson, 1902(图 2-2-3)

特征:体长不超过 1.4mm,全身除眼点外无色素;1+1 眼;角后器长,长度超过触角第Ⅰ节的宽度;小颚须分叉,外颚叶 4 颚须毛;上唇毛序 4/5,5,4;爪上有侧齿;胸部腹面无刚毛;腹管侧端 4+4 刚毛;弹器基前侧刚毛分成 2 排,多数为 4+4,但也有一定变化,范围自 2+3 至 6+6 不等;弹器基后侧 4+4 侧基毛,(6−7)+(6−7)中部毛,2+2 末梢毛,1+1 顶端毛;齿节前侧 14—17 刚毛,多数 15 根,后侧 6 刚毛,基部 3 根,中部 2 根,端部 1 根;大刚毛不长但仍能分辨,第Ⅱ胸节至第Ⅲ腹节毛序为 1,1/3,3,3;感毛毛序为 4,3/2,2,2,3,5,小感毛为 1,0/1,0,0,其中胸部第Ⅱ节至腹部第Ⅳ节的中部感毛所处位置在最末排刚毛 p 排之前,在第Ⅱ、Ⅲ腹节上位于大刚毛 2 和 3 之间。

分布:浙江(天目山、富阳)、山西、江苏、上海;全北区广布。

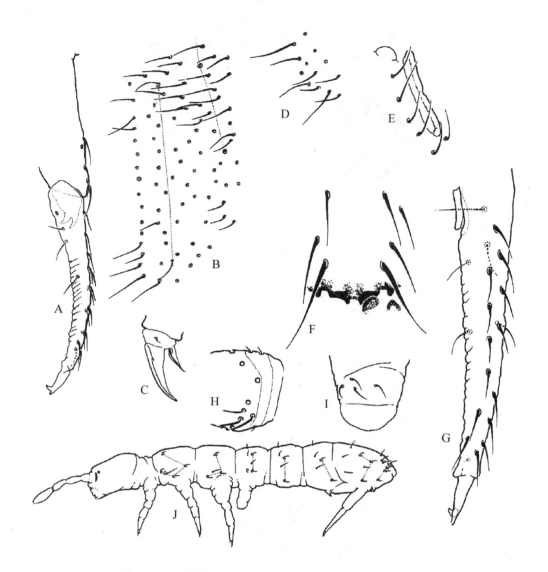

图 2-2-3　二眼符蛄 *Folsomia diplophthalma* Axelson, 1902

(仿 Potapov & Dunger, 2000, 61 页, 图 1)

A. 弹器(侧面); B. 腹部第Ⅲ节(侧面); C. 爪; D. 第Ⅱ胸节背板后边角; E. 角后器和眼;
F. 弹器基前侧; G. 齿节; H. 触角第Ⅰ节; I. 腹管侧端; J. 身体上感毛、微感毛和大刚毛位置

2.4　八眼符蛄 *Folsomia octoculata* Handschin, 1925(图 2-2-4)

特征:体长不超过 2.0mm,体色多变,自灰白到颗粒状灰褐色或蓝褐色间变化;4+4 眼,前 3 只眼为一组靠在一起,后一只眼同前 3 只分离,位置靠后;角后器狭长,长度大约为触角第Ⅰ节宽度的 1.5 倍;上唇毛序为 4/5,5,4;爪上有侧齿;握弹器 4+4 齿,1 刚毛;弹器基前侧有 2+2 刚毛,齿节一般前侧有 9 刚毛,后侧有 5 刚毛;端节 2 齿;大刚毛有中等长度,也有相对普通刚毛较长的;胸部第Ⅱ节至腹部第Ⅴ节感毛毛序为 4,3/2,2,2,3,5,胸部第Ⅱ节至腹部第Ⅲ节小感毛毛序为 1,1/1,1,1。

分布:浙江(天目山)、湖南、广东、贵州;韩国,日本,印度,印度尼西亚,美国夏威夷。

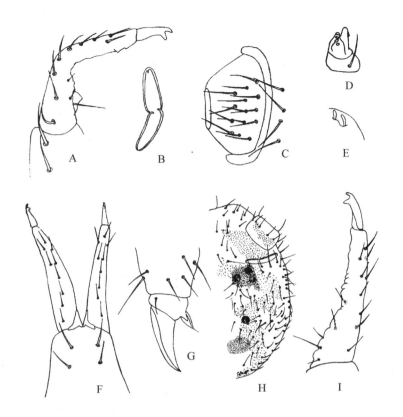

图 2-2-4　八眼符䖴 *Folsomia octoculata* Handschin，1925

（仿 Rusek，1971，121 页，图 69-77）

A. 弹器（侧面）；B. 角后器；C. 上唇；D. 握弹器；E. 触角第Ⅲ节感觉器；

F. 弹器（前侧）；G. 第Ⅲ对足胫跗节和爪；H. 头部（背面）；I. 齿节及端节

小等䖴属 *Isotomiella* Bagnall，1939

特征：体型中等，无色素。腹部第Ⅴ、Ⅵ节愈合；无眼，无角后器；触角第Ⅳ节有 6 个强烈膨大呈厚实叶片状的感觉器，以及一些稍微粗壮的普通感觉器；小颚须分叉，周边具 3—4 颚须毛，极少数种类具 2 颚须毛；爪上无齿；有弹器，弹器基前侧具 1+1 到 18 刚毛；齿节中等长度到很长，有小圆齿；端节 2—3 齿，极少数单齿。

分布：全世界广布（除澳大利亚、南北两极）。全世界已知 49 种，中国已知 7 种；浙江已记录 3 种，天目山分布 1 种。

2.5　巴里小等䖴 *Isotomiella barisan* Deharveng & Suhardjono，1994（图 2-2-5）

特征：体长不超过 0.9mm；触角第Ⅳ节 6 感毛 S1—S6 卵圆形膨大；小颚须分叉，周围具 4 颚须毛；3 对足的亚基节毛序分别为 1，3，3；腹管前侧 3+3 刚毛，侧端 4+4 刚毛，后侧 2+2 刚毛；握弹器 4+4 齿，1 刚毛；齿节狭长，前侧 40—45 刚毛，后侧 5 刚毛；端节 3 齿；大刚毛长而硬直，带有明显的纤毛，胸部第Ⅱ节至腹部第Ⅳ节毛序为 1，1/3，3，3，（4—5）。

分布：浙江（天目山）；印度尼西亚。

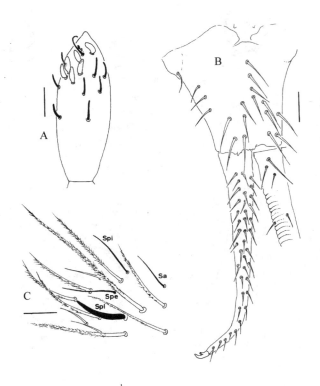

图 2-2-5　巴里小等蚳 *Isotomiella barisan* Deharveng & Suhardjono，1994

(仿 Deharveng & Suhardjono，1994,314 页,图 6-8)

A.触角第Ⅳ节以及膨大的感觉器；

B.弹器基、齿节、端节腹面观(前侧)，齿节基部背面观(后侧)；

C.腹部第Ⅴ节 Spl 毛附近毛序

似等蚳属 *Isotomodes* Linnaniemi，1907

特征:体白色,身体细长;腹部末端陡峭、圆钝;腹部第Ⅴ节愈合,仅留下一小部分刚毛和感觉器;无眼;胫跗节黏毛顶端不膨大;有弹器,短小,弹器基前侧无刚毛;端节 2 齿;大刚毛中等尺寸,腹部第Ⅴ节上一般较长;背板中部感毛位于末排刚毛 p 排之内或略微靠前。

分布:全世界广布。全世界已知 34 种,中国已知 2 种;浙江已知 1 种,天目山分布 1 种。

2.6　篮似等蚳 *Isotomodes fiscus* Christiansen & Bellinger，1980(图 2-2-6)

特征:体长不超过 0.9mm;角后器后刚毛 7 根;腹管侧端 4+4 刚毛;握弹器 3+3 齿;齿节前侧 2—3 刚毛,后侧 2 刚毛;腹部第Ⅳ节缺少 p12 刚毛;第Ⅴ节有 1+1 大刚毛,3+3 或 4+4 小刚毛,1+1 感毛;第Ⅵ节无针状刚毛。

分布:浙江(天目山、富阳)、上海;日本,南太平洋岛屿,北美洲。

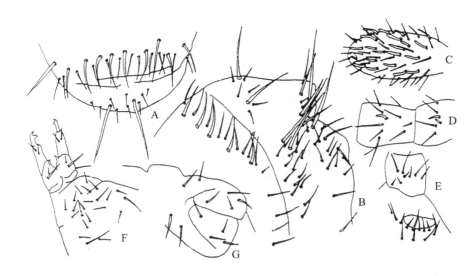

图 2-2-6 篮似等䖝 *Isotomodes fiscus* Christiansen & Bellinger，1980

（仿 Christiansen & Bellinger，1998，438 页，图 438）

A. 腹部第Ⅳ节背板末端毛序及第Ⅴ节背板毛序；B. 腹部末端侧面观；C. 触角第Ⅳ节（背面）；

D. 触角第Ⅰ、Ⅱ节；E. 角后器和触角基部；F. 弹器腹面（前侧）；G. 腹管

伪等䖝属 *Pseudisotoma* Handschin，1924

特征：体型中等，体色多变；腹部第Ⅴ、Ⅵ节愈合；6＋6 或 8＋8 眼；小颚须三分叉，周边 3—4 颚须毛；胫跗节有明显的顶端膨大黏毛，1—3 不等；胸部腹面无刚毛；有弹器，长；弹器基前侧顶端有或无针状的刚毛；齿节由粗变细，带小圆齿；端节 3 齿。

分布：全北区，少量种类分布在热带地区。全世界已知 8 种，中国已知 1 种；浙江已知 1 种，天目山分布 1 种。

2.7 敏感伪等䖝 *Pseudisotoma sensibilis*（Tullberg，1877）（图 2-2-7）

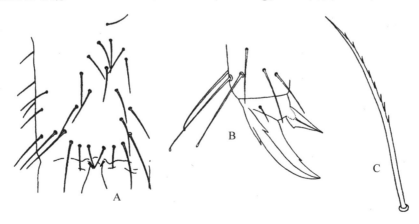

图 2-2-7 敏感伪等䖝 *Pseudisotoma sensibilis*（Tullberg，1877）

（仿 Rusek，1961）

A. 弹器基腹面（前侧）；B. 第Ⅲ对足胫跗节和爪；C. 腹部第Ⅴ节上大刚毛

特征:体长不超过 1.7mm,体色多变,灰色、浅蓝色或几乎全黑色;8+8 眼,后端最内侧两眼 G 和 H 比较小;角后器约为一只单眼的大小;在爪上靠近顶端左右有小的内齿,有时候没有,小爪上也有内齿;胫跗节上有明显的顶端膨大黏毛,长度约等于爪的内缘,数量为 2,3,3;握弹器 4+4 齿,刚毛多;弹器基前侧有中等数量刚毛,顶端部分刚毛针状特化;端节 3 齿。

分布:浙江(天目山)、江西;全北区广布。

裔符蛛属 *Folsomides* Stach,1922

特征:身体多数为细长的圆柱形,极少数普通;体长不足 1.0mm,体表色素较少,一般除眼点外无色素;1+1 至 6+6 眼;上唇 2 前刚毛;小颚须单根或分叉,3 颚须毛;爪简单,无齿;胸部腹面无刚毛;腹管侧端 3+3 刚毛,后侧 2 刚毛;有弹器,弹器基前侧无刚毛;齿节前侧 0—3 刚毛,后侧 2—6 刚毛;端节有或无。

分布:全世界广布。全世界已知 62 种,中国已知 3 种;浙江已知 2 种,天目山分布 1 种。

2.8　小裔符蛛 *Folsomides parvulus* Stach,1922(图 2-2-8)

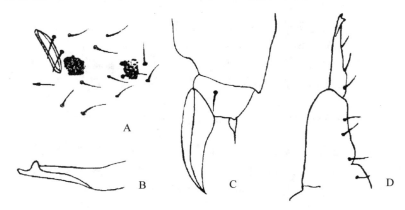

图 2-2-8　小裔符蛛 *Folsomides parvulus* Stach,1922

(仿 Rusek,1971,121 页,图 65-68)

A. 角后器和眼;B. 端节;C. 爪;D. 弹器

特征:体型纤长如试管状,体长不超过 0.9mm,体表无色素颗粒,唯单眼下有黑色眼点;1+1,1+2,2+2 眼,后眼如存在一般远离前眼,极少数情况下毗邻(此种在我国一般为分离的 2+2 眼);角后器狭长,3 后刚毛;小颚须分叉;胫跗节第 Ⅰ、Ⅱ、Ⅲ 节分别为 20,20,22 刚毛;握弹器 3+3 齿,无刚毛;弹器基后部毛序多变,一般 7+7;齿节前侧无刚毛,后侧 3 刚毛,极少数 2 刚毛;端节 2 齿,同齿节愈合;大刚毛明显,毛序为 3,3/3,3,3,3,3;感毛纤细,毛序为 3,3/2,2,2,2,4,腹部第 Ⅳ 节中感毛正好位于大刚毛 SA 之后;小感毛毛序 1,0/0,0,1。

分布:浙江(天目山)、江苏、江西、福建、广东、广西、四川、贵州;全世界广布。

短尾蛛属 *Scutisotoma* Bagnall,1949

特征:体色一般较黑,各体节分离;单侧 5—8 眼;角后器宽椭圆状;上唇毛序 4/5,5,4;小颚须一般分叉,周边 4 颚须毛;下唇须 e 护卫毛完全,极少数 e7 缺失;爪简单,无齿;有弹器,弹器基前侧 1+1 刚毛,少数缺失;齿节多变,端节 2—3 齿,极少数完全消失;小感毛毛序完全,为 1,1/1,1,1。

分布:浙江、江苏、四川;蒙古,俄罗斯,中亚地区,黎巴嫩,加拿大,美国。全世界已知32种,中国已知3种;浙江已知1种,天目山分布1种。

2.9　三毛短尾跳虫 *Scutisotoma trichaetosa* Huang & Potapov, 2012(图2-2-9)

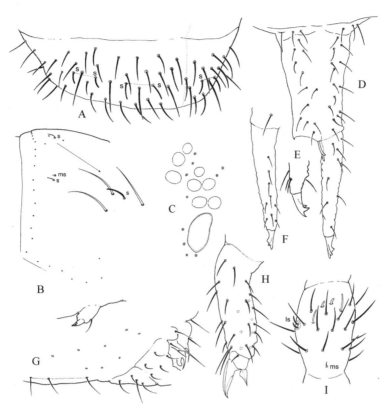

图 2-2-9　三毛短尾跳虫 *Scutisotoma trichaetosa* Huang & Potapov, 2012
(仿 Huang & Potapov, 2012, 46页, 图 28-36)
A.腹部第Ⅴ节毛序;B.腹部第Ⅲ节感毛和微感毛位置;C.角后器和眼;
D.弹器(后侧);E.端节(侧面);F.齿节和端节(前侧);
G.口器(侧面观),显示头部腹面中轴 3+3 毛;H.第Ⅲ胸足胫跗节和爪;I.触角第Ⅳ节

特征:体长不超过1.0mm,灰紫色,触角及足端部色素较淡;8+8眼,后端最内侧两眼G和H较小;角后器呈较宽的椭圆形,约为单眼的2—3倍长;下颚须分叉,外颚叶4颚须毛;上唇毛序4/5,5,4;下唇须及保卫毛完全;头部腹面中缝一般3+3刚毛,少数单侧4刚毛;爪上不带齿;胫跗节第Ⅰ、Ⅱ、Ⅲ节分别为21,21,25—26刚毛,黏毛顶端膨大,1,2,2;胸节腹面无刚毛;腹管4+4侧端刚毛,少数单侧3或5,5后刚毛,少数4;握弹器4+4齿,1刚毛;弹器基前侧1+1端部刚毛,背侧(15—16)+(15—16)刚毛;齿节前侧8—9(6,10)刚毛,后侧8—9刚毛;端节3齿;大刚毛短,同普通刚毛差异不明显;感毛较短,毛序为3,3/2,2,2,2,4;小感毛毛序1,1/1,1,1,腹部第Ⅲ节小感毛靠近侧感毛,第Ⅴ节中部1对感毛(accp1和accp2)大约为侧面1对感毛(accp3和accp4)的1.5倍长。

分布:浙江(天目山)。

原等蚖属 *Proisotoma* Börner，1901

特征：体型普通或纤长，大小不等，灰白色到黑色，表皮上或有微弱的网状结构或皱纹，但没有次级颗粒结构，所有体节都互相分离；单眼数量自无眼到 8＋8；小颚须单根，周边 4 颚须毛；上唇毛序 3/5,5,4；下唇须 e 护卫毛不全，缺少 e4 和 e7；爪简单，无齿；有弹器，弹器基前侧 1＋1 刚毛；齿节前侧 4—6 刚毛，后侧 3—7 刚毛；端节 2—3 齿；小感毛毛序 1,0/0,0,0 或 0,0/0,0,0。

分布：全世界广布。全世界已知 77 种，中国已知 2 种；浙江已知 1 种，天目山分布 1 种。

2.10 小原等蚖 *Proisotoma minuta*（Tullberg，1871）Börner，1903（图 2-2-10）

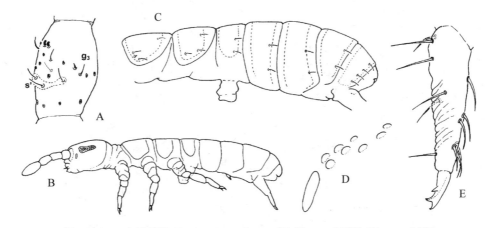

图 2-2-10 小原等蚖 *Proisotoma minuta*（Tullberg，1871）Börner，1903

（仿 Fjellberg，2007，80 页，图 C，81 页，图 A、B、D、E）

A. 触角第Ⅲ节及感觉器；B. 整体观（侧面）；C. 胸部第Ⅱ节至腹部第Ⅴ节感毛分布；

D. 角后器和眼；E. 齿节和端节

特征：体长不超过 1.1mm，多数灰色；8＋8 眼；角后器为较宽大的椭圆状，约为单眼的 3—4 倍长；下颚须单根，外颚叶 4 颚须毛；下唇须 e 保卫毛不全，缺少 e4 和 e7；胫跗节有 1 根相对较长的黏毛，顶端不膨大；爪上不带齿；第Ⅲ胸节腹面有（1—2）＋（1—2）刚毛；腹管有 4＋4 侧端刚毛，6 后刚毛；握弹器 4＋4 齿，1 刚毛；弹器基前侧有 1＋1 刚毛；齿节前侧 6 刚毛：基段 1，中段 2，端部 3；后侧 6 刚毛：基段 3，中段 2，亚端部 1；端节 3 齿。

分布：浙江（天目山）、河北；全世界广布。

三、愈腹䖴目 Symphypleona

分科检索表

1. 雌虫无肛附器,雄虫触角变成抱握器 ┄┄┄┄┄┄┄┄┄┄┄┄┄┄┄┄ **握角圆䖴科 Sminthurididae**

雌虫有肛附器,雄虫触角不特化 ┄┄┄┄┄┄┄┄┄┄┄┄┄┄┄┄┄┄ **圆䖴科 Sminthuridae**

握角圆䖴科 Sminthurididae

主要特征:身体近球形,分节不明显。胸部明显小于腹部,第Ⅰ胸节包含在大腹部内。第Ⅴ腹节和第Ⅵ腹节明显与前4腹节分开。体壁光滑,少数有颗粒。触角4节,比头径长,不分亚节。雌虫无肛附器,雄虫触角变成抱握器,腹管端管不加长,有胫附器。第Ⅴ腹节有2对盅毛。胫跗节没有竹片状的黏毛。腹管有大囊泡。握弹器4+4齿。

分类:全世界已知140多种。我国已知4种,浙江天目山分布有1属1种。

吉井氏圆䖴属 *Yosiides* Massoud & Betsch, 1972

特征:具有1个胫跗节器;雄性触角第Ⅱ和Ⅲ节非常特化,c_1退化,仅b_1和c_3发育良好;雌雄虫触角第Ⅳ节均分5个亚节;雄虫无胸部囊泡。

分布:全世界已知2种。我国记录1种,浙江天目山分布1种。

3.1　中国吉井氏圆䖴 *Yosiides chinensis* Itoh & Zhao, 1993(图2-3-1)

特征:雌性体长0.5mm;背部基底黄白色,身体边缘和头上具有分散的紫色色素,背板的色素形成一个宽的纵带,眼区和触角色深;身体腹面和腿的基端也有色素。雄性体长0.3mm,背部色素除无中央纵带外,与雌性相似;具6+6眼,位于有瘤的深色眼区内;触角第Ⅳ节分5亚节;触角第Ⅲ节感觉器包括位于表皮凹陷中的2个钝的感棒;上唇毛序为6/5,5,4;爪纤细,小爪尖锐;腹管简单,具有1+1端部毛;握弹器具3齿;弹器发达,基部背面具有6+6刚毛,内侧的两个比其余的粗,齿节背面具有20余刚毛;具有1个端节刚毛。

分布:浙江(天目山、清凉峰)。

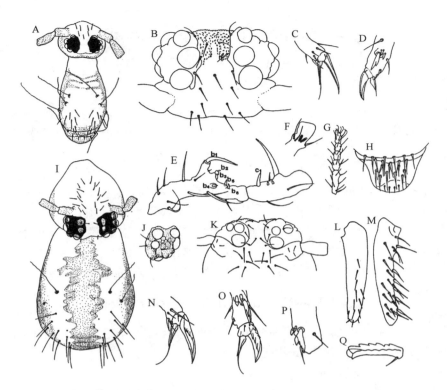

图 2-3-1　中国吉井氏圆蚖 *Yosiides chinensis* Itoh & Zhao，1993

(仿 Itoh & Zhao，1993，32 页，图 1-18)

A—G. 雄虫：A. 整体背面观；B. 头部背面观；C. 前足胫跗节和爪；D. 后足胫跗节和爪；

E. 触角第 Ⅱ 和 Ⅲ 节；F. 触角第 Ⅲ 节感觉器；G. 触角第 Ⅳ 节；H. 上唇；

I—Q. 雌虫：I. 整体背面观；J. 眼区；K. 头部背面观；L. 弹器齿节腹面观；M. 弹器齿节背面观；

N. 前足胫跗节和爪；O. 后足胫跗节和爪；P. 胫跗节感觉器；Q. 弹器端节

圆蚖科 Sminthuridae

主要特征：身体近球形，分节不明显。胸部小于腹部，大腹部由胸部第 Ⅱ 节到腹部第 Ⅳ 节组成，第 Ⅴ 腹节和第 Ⅵ 腹节明显与前 4 腹节分开。表皮细颗粒状，长有稀少的各种刚毛，体色多样。触角比头径长，4 节，第 Ⅳ 节明显比第 Ⅲ 节长，很多有亚节。口器咀嚼式，上颚有臼齿盘。雌虫有肛附器，雄虫触角不特化。第 Ⅴ 腹节有一对盅毛。胫跗节多具有竹片状的黏毛。腹管有大囊泡。握弹器 3+3 齿。

分类：全世界已知 250 多种。我国记录 12 种，浙江天目山分布有 1 属 1 种。

针圆蚖属 *Sphyrotheca* Börner，1906

特征：无中胸和头部囊泡，无瘤；身体前区和大腹部具有特殊的弯曲具瘤的大毛；头部具有 a1 毛，触角第 Ⅳ 节分亚节；转节大刺为 p3；爪具有膜套；具有 1 对新圆蚖刚毛；弹器端节具有宽的远端凹痕；无端节刚毛。

分布：全世界已知 34 种。我国记录 5 种，浙江天目山分布有 1 种。

3.2　齿端针圆䖵 *Sphyrotheca spinimucronata* Itoh & Zhao, 1993(图 2-3-2)

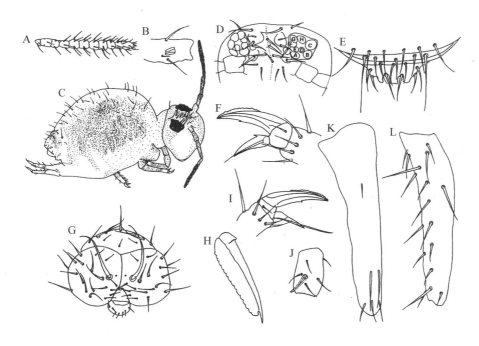

图 2-3-2　齿端针圆䖵 *Sphyrotheca spinimucronata* Itoh & Zhao，1993

(仿 Itoh & Zhao，1993，34 页，图 19-35)

A.触角第Ⅳ节;B.触角第Ⅲ节感觉器;C.整体侧面观;D.头部背面毛序;E.上唇;

F.后足爪和小爪;G.肛瓣;H.弹器端节;I.前足爪和小爪;J.后足转节;

K.弹器齿节腹面观;L.弹器齿节背侧面观

特征:体长 0.9mm,体表基底色素白色,具有紫色色素,眼区和触角色素深;具 8+8 眼,小眼 D 小于其他小眼;触角第Ⅳ节分 10 亚节,每一亚节具有一圈刚毛;触角第Ⅲ节具有 2 个钝的感棒;上唇毛序为 6/5,5,4;胸部无囊泡;后足的转节具有 6 根刚毛,其中 1 根刚毛匕首状;后足的爪纤细,背面 1/2 部分有套膜,腹面具有 1 个内齿;腹管具有 1+1 刚毛;握弹器3齿;弹器发达,弹器基腹面无刚毛,背面具有 7+7 刚毛。

分布:浙江(天目山)。

四、短角蛛目 Neelipleona

短角蛛科 Neelidae

主要特征：身体球形，头较大，胸部长，第Ⅰ、Ⅱ胸节界线明显，后胸与腹部界线不明显。体毛少。体壁光滑，有很细的颗粒。触角4节，比头的长径短，不分亚节。无眼。口器咀嚼式，上颚有臼齿盘。爪无膜，小爪简单，无内齿和顶端丝状体，基部有乳突。腹管圆锥状，末端有2个半球形的瓣。弹器较长，齿节圆锥状，分为2个亚节；端节较长，大多呈水槽状，末端渐窄，少数种类中间突然变窄。握弹器3+3齿。

分类：全世界已知35种。我国记录2种，浙江天目山分布有1属1种。

小短蛛属 *Neelides* Caroli，1912

特征：触角第Ⅳ节短于第Ⅲ节；触角第Ⅳ节无明显的感觉器；上唇前缘具纤毛；胸部感觉区退化，无具刚毛的突起和边缘刚毛，腹部无明显的感觉区，齿节端节前表面有1根基部向下的刚毛和3根亚端部刚毛，齿节后表面有3根刺，1根中央刚毛和3根亚端刚毛。

分布：全世界已知5种。我国记录1种，浙江天目山分布有1种。

4.1 微小短角蛛 *Neelides minutus*（Folsom，1901）（图2-4-1）

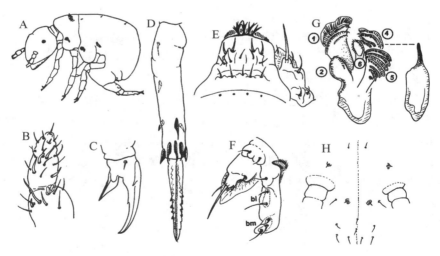

图2-4-1 微小短角蛛 *Neelides minutus*（Folsom，1901）

（仿 Fjellberg，2007，172页，图99）

A. 整体侧面观；B. 触角第Ⅲ和Ⅳ节；C. 爪；D. 弹器齿节和端节；E. 上唇和右侧下颚须外叶；

F. 下唇基区和下颚须外叶；G. 小颚；H. 头部背面触角基区的感觉器

特征：体长0.5mm，身体乳黄色，头部有色素分布，体毛细小；触角4节，短于头长；触角第Ⅲ、Ⅳ节分离明显，第Ⅲ节顶端有2个椭圆形感觉器，第Ⅳ节顶端具4根感毛和1个小的感觉乳突；眼区粉色，小眼8+8；胸部感觉区不明显；爪有2枚侧齿和1枚大的内齿；握弹器2+2齿，无刚毛；弹器基关节明显；弹器齿节粗，上有钝刺；端节两侧片状，有锯齿。

分布：浙江（天目山）、上海；全世界广布。

第三章　双尾纲 Diplura

　　双尾纲动物通称双尾虫,多为白色、淡黄色,身体细长而扁平。杂食性的种类多为 3—12mm,而肉食性的铗虯可长达 60mm。身体分为头、胸、腹三个部分。头部有一对多节的触角,既无单眼也无复眼,口器为内口式咀嚼口器。胸部分 3 节,各有 1 对胸足,无翅。腹部有 10 节,第 Ⅰ—Ⅶ 腹节腹面各有 1 对刺突。生殖器位于第 Ⅷ 腹节腹面后缘,尾部生有 1 对分节的尾须或几丁质化的单节尾铗,由此得名双尾虫。

　　双尾虫一般生活在土表腐殖质层的枯枝落叶、腐木中或石块下,在地下 10cm 左右的土壤中也常有发现,还有些种类生活在洞穴中。双尾虫喜阴暗潮湿,避光。一生多次蜕皮,成虫期也会蜕皮,可达 40 次左右,每次蜕皮后毛序都稍有变化,属于表变态。

　　双尾虫的生殖和发育尚无深入的研究,目前仅在少数康虯和铗虯类群中有零星报道。双尾虫的精子通过间接的方式传递,由雄性把精子随机产在地表,等待雌性发现并接纳。

　　双尾虫的分布遍及世界各地,其中热带和亚热带地区占优势。目前,在沙漠地区、极地和高于 3500m 海拔的山区尚无报道。目前已知双尾虫有 1000 余种,分为 2 亚目 3 总科 10 科。在我国已发现康虯科、原铗虯科、八孔虯科、副铗虯科、铗虯科和异铗虯科 6 个科,25 属 52 种。

　　按照传统的分类系统,双尾纲分为棒亚目和钳亚目(图 3-1-1),棒亚目包括康虯总科和原铗虯总科,钳亚目包括铗虯总科。康虯总科包括康虯科和原康虯科,原铗虯总科包括后铗虯科、原铗虯科和八孔虯科。铗虯总科包括敏铗虯科、异铗虯科、铗虯科、副铗虯科和羽铗虯科。

　　截至目前,天目山共发现双尾虫 6 种,隶属于 3 科 5 属。

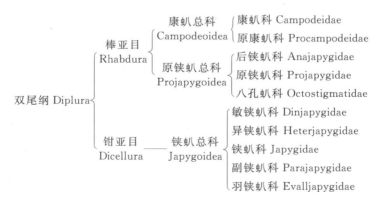

图 3-1-1　双尾纲的分类系统(谢荣栋,2000;Koch,2009)

分亚目检索表

1. 尾须分节,丝状或棒状···棒亚目 Rhabdura

   尾须不分节,钳形,几丁质化···钳亚目 Dicellura

棒亚目 Rhabdura

分科检索表

1. 尾须长而多节,腹部无气孔 ···康𧉗科 Campodeidae

   尾须单节钳形,几丁质化,腹部第 Ⅰ—Ⅶ 节有气孔···2

2. 触角无感觉毛,端节有 4 个或少数板状感觉器,胸气门 2 对,腹部第 Ⅰ 节腹片上没有可伸缩的囊泡···

   ···副铗𧉗科 Parajapygidae

   触角一些节(至少第 Ⅳ—Ⅵ 节)上有感觉毛,端节至少有 6 个板状感觉器,胸气门 4 对,腹部第 Ⅰ 节腹

   片上有 1 对可伸缩的囊泡···铗𧉗科 Japygidae

康𧉗科 Campodeidae

主要特征:触角第 Ⅲ—Ⅵ 节上有感觉毛,顶部感觉器着生于触角端节窝中。上颚有内叶,下颚有梳。头缝完整似"Y"形,有或无鳞片。胸气门 3 对,腹部无气孔。腹部第 Ⅰ 节腹片的刺突由肌肉组成,圆形。第 Ⅰ 节腹片上的基节囊泡不发育。尾须长形,多节,无腺孔。

分类:我国已知 4 亚科 11 属 22 种,浙江天目山分布 3 属 3 种。

分属检索表

1. 前胸背板无鳞片,其前缘有刚毛,至多 3+3 大毛,腹部背片无鳞片 ···2

   前胸背板有鳞片,其前缘无刚毛和大毛,多于 3+3 大毛 ···鳞𧉗属 Lepidocampa

2. 前胸背板最多有 2+2(ma,lp₃) 对大毛,前跗无侧刚毛 ···美𧉗属 Metriocampa

   前胸背板有 3+3(ma,la,lp₃) 对大毛,前跗有光滑的侧刚毛 ···康𧉗属 Campodea

鳞𧉗属 Lepidocampa Oudemans,1890

特征:虫体呈蜗型。除头、触角、足和尾须外,全身被有鳞片、刚毛和大毛。前胸背板多于 3+3 大毛。前跗有 2 个稍相等的侧爪和 1 个不成对的中爪,有 2 根薄片状的侧刚毛,上有短柔毛。刺突、囊泡和尾须与康𧉗属相似。

分布:我国已知 3 种,浙江天目山分布 1 种。

1.1　韦氏鳞𧉗 Lepidocampa weberi Oudemans,1890(图 3-1-2)

特征:体长约 3.5mm。触角 28—33 节,长约 2mm。前胸背板前缘无刚毛,有 6+6(mi,lp₁₋₅)大毛。中胸背板有 8+8(ma,la,lp₁₋₆)大毛。后胸背板有 7+7(mi,lp₁₋₆)大毛。腹部第 Ⅰ 节背片无大毛,第 Ⅲ 对腿节有 1 根背大毛。刺突端毛(a)羽毛状,侧端毛(sa)光滑。胫节距刺羽毛状。尾须长 2.2mm,10—11 节。

分布:浙江(天目山)、江苏、上海、安徽、江西、湖北、湖南、广东、海南、广西、四川、贵州、云南;全世界广布。

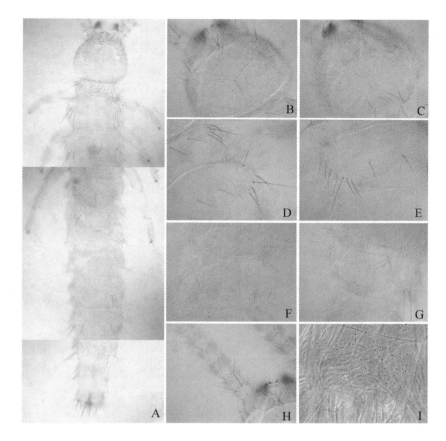

图 3-1-2　韦氏鳞虮 *Lepidocampa weberi* Oudemans，1890

A. 整体背面观；B. 头部背面观；C. 头部腹面观；D. 前胸和中胸背板；E. 后胸背板；
F. 第Ⅰ—Ⅱ腹节腹板；G. 第Ⅷ腹节腹板；H. 触角；I. 腹部背面鳞片

美虮属 *Metriocampa* Silvestri，1912

特征：虫体无鳞片。前胸背板有 2＋2(ma，lp₃) 大毛。腹部第Ⅰ—Ⅶ节背片无中前(ma)大毛。爪简单，既无前跗侧刚毛，也无近基刚毛，而通常有一近似刚毛形的附属器。第Ⅲ对腿节无背大毛。

分布：我国已知 6 种，浙江天目山分布 1 种。

1.2　桑山美虮 *Metriocampa kuwayamae* Silvestri，1931（图 3-1-3）

特征：体长 2.5—3mm。触角 19—22 节，长约 1.2mm。尾须 2mm，多节。前胸背板有 2＋2(ma，lp₃) 大毛。中胸背板有 2＋2(ma，la) 大毛。后胸背板有 1＋1(ma) 大毛。腹部第Ⅰ—Ⅶ节背片无大毛，第Ⅷ节背片有 1＋1(lp₃) 大毛。腹部第Ⅰ节腹片有 5＋5 大毛。有 1 对简单的爪，无中爪。前跗无侧刚毛。胫节有一对光滑的距刺。

分布：浙江（天目山）、吉林、辽宁、北京、山西、河南、安徽、湖南。

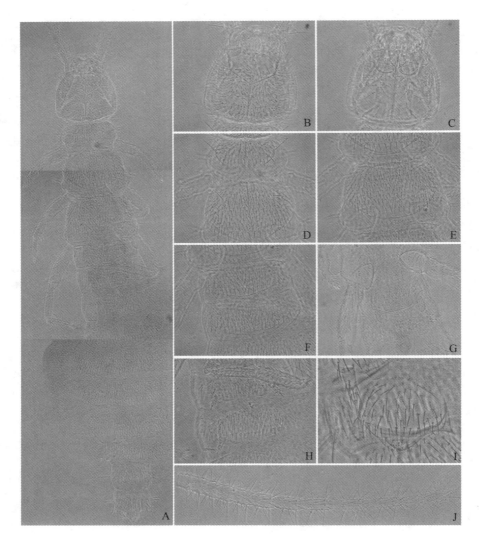

图 3-1-3 桑山美蚖 *Metriocampa kuwayamae* Silvestri, 1931

A. 整体背面观；B. 头部背面观；C. 头部腹面观；D. 前胸和中胸背板；E. 后胸背板；

F. 第Ⅰ—Ⅱ腹节腹板；G. 第Ⅰ—Ⅱ腹节腹板；H. 第Ⅱ—Ⅲ腹节腹板；I. 第Ⅷ腹节腹板；J. 尾须

康蚖属 *Campodea* Westwood，1842

特征：虫体细长扁平，无鳞片，有简单刚毛和大毛。触角念珠状，多节，顶端不凸出，端节比前一节长。上颚内叶能动。下唇须单节。前胸背板有 3+3(ma，la，lp₃) 大毛。前跗有 2 个大致相等的爪，无长条纹而多在基部有横纹。在前跗侧面有两根简单的刚毛。腹部第Ⅰ—Ⅶ节腹片各有 1 对刺突，在第Ⅰ节腹片上有由肌肉组成的附属器。在第Ⅱ—Ⅶ节腹片上有基节囊泡。尾须多节无腺管。

分布：我国已知 3 种，浙江天目山分布 1 种。

1.3 莫氏康蚖 *Campodea mondainii* Silvestri，1931（图 3-1-4）

特征：体长 2.5—2.8mm。触角 21 节，长约 0.8mm。前胸背板和中胸背板有 3+3(ma，

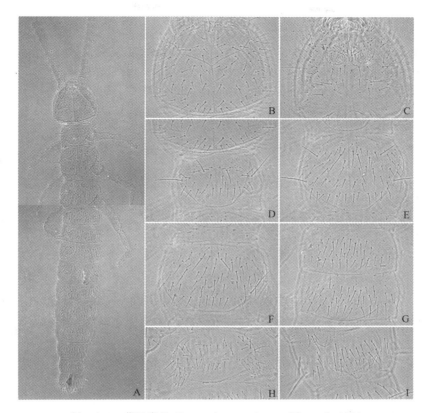

图 3-1-4　莫氏康虮 *Campodea mondainii* Silvestri, 1931

A. 整体背面观；B. 头部背面观；C. 头部腹面观；D. 前胸背板；E. 中胸背板；

F. 后胸背板；G. 第Ⅰ—Ⅱ腹节背板；H. 第Ⅰ腹节腹板；I. 第Ⅷ腹节腹板

la, lp₃）大毛，后胸背板有 2+2(ma, lp₃) 大毛。前跗侧刚毛简单，呈弯曲状。胫节距刺 2 根，光滑。腹部第Ⅰ—Ⅶ节背片有 1+1(ma) 大毛。腹部第Ⅶ节背片后缘有 1 对 lp 毛，第Ⅷ节背片后缘有 2 对 lp 大毛，腹部第Ⅰ节腹片有 5+5 大毛。尾须长 0.9mm，10—11 节。

分布：浙江（天目山）、北京、河南、山东、江苏、安徽、湖北、湖南、广西、贵州、云南。

副铗虮科 Parajapygidae

主要特征：全身无鳞片。触角无感觉毛，端节有 4 个或少数板状感觉器。下颚内叶只有 4 个梳状瓣。无下唇须。有不成对的中爪。胸气门 2 对，腹部第Ⅰ—Ⅶ节有气孔。腹部刺突刺形无端毛。腹部第Ⅰ节没有可伸缩的囊泡，第Ⅱ—Ⅲ节有 1 对基节囊泡。腹部第Ⅷ—Ⅹ节几丁质化。尾铗单节成钳形，有近基腺孔。

分布：本科全世界已知 4 属 62 种。我国仅发现 1 属 6 种，浙江天目山分布有 1 属 2 种。

副铗虮属 *Parajapyx* Silvestri，1903

特征：同科的特征。上颚有 5 齿，在第Ⅰ—Ⅳ齿之间有 3 个小齿。下颚内叶第Ⅰ瓣长约为第Ⅱ瓣的一半。

分布：本属为副铗虮科最大的属，该属目前全世界记录 55 种，我国报道 6 种，浙江天目山有 2 种。

分种检索表

1. 前胸背板有 7+7 毛,触角 18 节 ……………………… 黄副铗蚖 *Parajapyx isabellae* (Grassi, 1886)
   前胸背板 5+5 毛,触角 20 节 ……………………… 爱媚副铗蚖 *Parajapyx emeryanus* Silvestri, 1928

1.4　黄副铗蚖 *Parajapyx isabellae* (Grassi, 1886)(图 3-1-5)

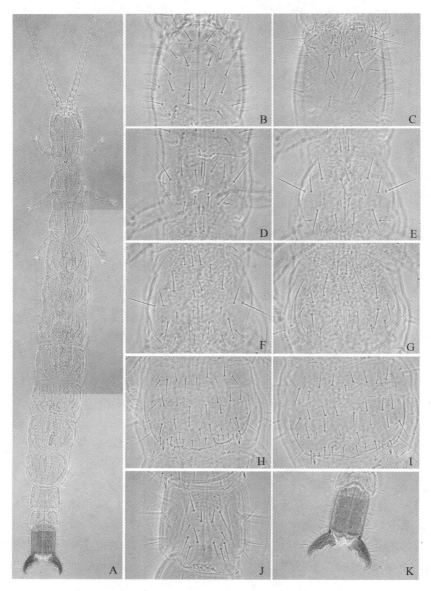

图 3-1-5　黄副铗蚖 *Parajapyx isabellae* (Grassi, 1886)
A. 整体背面观;B. 头部背面观;C. 头部腹面观;D. 前胸背板;E. 中胸背板;
F. 后胸背板;G. 第 I 腹节背板;H. 第 I 腹节腹板;I. 第 II 腹节腹板;J. 第 VIII 腹节腹板;K. 尾铗

　　特征:体小形细长,体长 2.0—2.8mm。白色,只末节及尾为黄褐色。头幅比＝1。触角 18 节,没有感觉毛。前胸背板有 7+7(C)$_{1-2}$、M$_{1-2}$、T$_{1-2}$ 和 L$_1$ 大毛。2 个侧爪稍有差异,有不成对的中爪。腹部第 I—VII 节有刺突,囊泡只见于腹板第 II、III 节。臀尾比＝1.6。尾铗单节,左右略对称，内缘有 5 个大齿，近基部 1/3 处内陷。

分布：浙江(天目山)、宁夏、甘肃、北京、陕西、河南、山东、江苏、上海、安徽、湖北、湖南、福建、广东、广西、四川、贵州、云南等。

附注：异名：少齿副铗虮 *Parajapyx paucidentis* Xie，Yang & Yin，1988。

1.5 爱媚副铗虮 *Parajapyx emeryanus* Silvestri，1928(图 3-1-6)

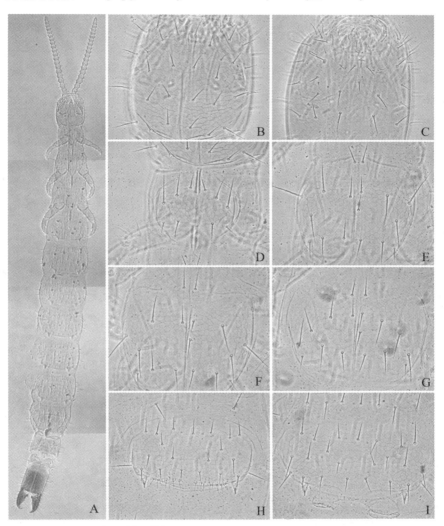

图 3-1-6 爱媚副铗虮 *Parajapyx emeryanus* Silvestri，1928
A. 整体背面观；B. 头部背面观；C. 头部腹面观；D. 前胸背板；E. 中胸背板；
F. 后胸背板；G. 第 I 腹节背板；H. 第 I 腹节腹板；I. 第 II 腹节腹板

特征：体细长，2.1—3.9mm。白色，第 VIII、IX 腹节淡黄色，第 X 腹节和尾铗黄褐色。触角 20 节。头椭圆形，头幅比=1.22。前胸背板有 4+4(C)$_1$、M$_{1-2}$ 和 L$_1$ 大毛。2 个侧爪不相等，有不成对的中爪。腹部第 I 节基节器有 1 列小毛，第 II、III 节有囊泡。臀尾比=1.6。尾铗左右略对称，内缘有 5 个大齿，第 I 齿在近基部 1/5 处，其余 4 齿排列在 2/5 至 4/5 处，大小依次递减。

分布：浙江(天目山)、宁夏、甘肃、北京、陕西、河南、山西、江苏、上海、安徽、江西、湖北、湖南、广西、四川、贵州、云南。

铗䖵科 Japygidae

主要特征:全身无鳞片。触角第Ⅳ—Ⅵ节有感觉毛,端节至少有 6 个板状感觉器。上颚没有能动的内叶,下颚内叶有 5 个梳状瓣。有下唇须。胸气门 4 对。前跗节有中爪和侧爪。腹部第Ⅰ—Ⅶ节有气孔,有刺突。单节尾铗骨化成钳形。腹部刺突刺形无端毛。腹部第Ⅰ节有 1 对基节器和 1 对可伸缩的囊泡。腹部第Ⅷ—Ⅹ节几丁质化。单节尾铗几丁质化,无近基腺孔。

分布:我国已知 11 属 21 种,浙江天目山分布 1 属 1 种。

偶铗䖵属 *Occasjapyx* Silvestri,1948

特征:触角 24—28 节。下颚内叶第Ⅰ瓣完整,不呈梳状。前胸背板 5+5 大毛。无盘状中腺器。尾长略对称,左尾铗有 1—2 齿,齿前有 1 排突起,齿后(或齿间与齿后)有 2 排小齿,右尾铗有 1—2 齿,1 个在基部,1 个在中后部,齿前基部和齿间有 1 排突起或小齿,齿后有小齿。

分布:我国已知 7 种,浙江天目山分布 1 种。

1.6 日本偶铗䖵 *Occasjapyx japonicus* (Enderlein, 1907)(图 3-1-7)

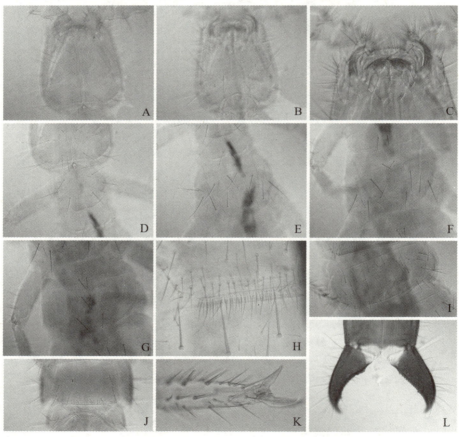

图 3-1-7 日本偶铗䖵 *Occasjapyx japonicus*(Enderlein, 1907)

A. 头部背面观;B. 头部腹面观;C. 口器;D. 前胸背板;E. 中胸背板;F. 后胸背板;

G. 第Ⅰ腹节背板;H. 第Ⅰ腹节的基节器和刺突;I. 第Ⅱ腹节腹板;

J. 第Ⅷ腹节腹板;K. 第Ⅲ胸足的跗节和爪;L. 尾铗

　　特征：触角 24 节。体狭长（8—12mm），扁平（最大宽度 1.2mm），光滑，少毛。头略呈方形。头幅比＝1.1。上、下颚包在头壳内，下唇全部露在外面。内颚叶外侧为一锐利能动的大钩，坚硬、褐色，内侧为 5 个透明的梳状瓣。前胸背板、中胸背板和后胸背板分别有 5＋5 大毛。前跗节有 2 侧爪和 1 中爪，中爪特别短。腹部第 Ⅰ 节背片仅 1 对后缘大毛，第 Ⅱ 节 4＋4 大毛，第 Ⅲ—Ⅶ 节各有 7＋7 大毛，第 Ⅶ 节背片后侧角尖锐凸出，为种的特征之一。腹部第 Ⅰ—Ⅶ 节有略呈尖形的刺突和透明的囊泡。第 Ⅹ 节完全骨化，背腹板完全愈合，扁平，背臀比＝1.25，臀尾比＝1.25。尾强骨化，弯曲呈钩状，肥厚，沿中线隆起，左右尾不对称：右尾内缘锐利，基部约 1/4 处有 1 个大齿，约 1/2 处也有 1 个大齿，两大齿间有整齐的 8—9 个小齿，从第 Ⅱ 大齿到末端有不明显的小齿约 12 个，左尾内缘约 1/4 处有 1 个很大的齿，约 1/2 处也有 1 个三角形的大齿，两齿之间部分凹陷，背腹缘各有 1 列小齿（10 余个）。

　　分布：浙江（天目山）、河北、北京、陕西、江苏、上海、安徽、湖北、广东、广西。

第四章　昆虫纲 Insecta

一、石蛃目 Microcoryphia

　　石蛃是一类中、小型的昆虫,体长 0.5—1.5cm;身体近纺锤形,胸部较粗,向后渐细,分为头、胸、腹 3 个部分,无翅;体表一般密被不同形状的鳞片,有金属光泽;体色与栖息环境相似,多为棕褐色,有的背部有黑白花斑;头部圆形,有 1 对复眼和 1 对单眼,左、右复眼在体中线处相接;单眼一般位于复眼下方或侧缘,常为红棕色,其形状在不同的类群中各异;单眼下方,额的两侧具 1 对丝状触角;口器咀嚼式,为下口式,由上唇、上颚、下颚、下唇和舌组成。胸部较粗,由背板、侧板和腹板愈合而成,且向背方拱起,分为前胸、中胸、后胸 3 个部分,每节各有 1 对足,中足和后足的基节上通常有外叶(针突)。腹部 11 节,腹板退化成三角形或更小;第 1—9 腹节各具 1 对短的附肢;第 10 腹节无附肢;第 11 腹节短小,具有 1 对多节的侧尾须,背板延伸为多节的中尾丝;第 1—7 腹节腹面有的具有 1 对侧腹片;腹部各节间连接不似胸节紧密,可以伸缩、扭曲、上下左右运动。

　　石蛃通常生活在地表阴暗潮湿处,如苔藓、地衣、草地、林区的落叶层、树皮、枯木、石下或土壤中。石蛃的食性广泛,以植食性为主,主要以藻类、地衣、苔藓、菌类、腐败的枯枝落叶等为食。石蛃的广泛分布与湿度有关,石蛃多喜阴暗,少数种类可以在海拔 4000 多米阴暗潮湿的岩石缝中生存。许多种类为石生性或亚石生性。行动方式为爬行,受惊时则敏捷跳跃。

　　石蛃的个体发育为表变态,卵生,新产卵为白色,逐渐变为暗红色至黑褐色;一般 2—3 个月后孵化,越冬卵的胚胎期可达 1 年,从孵化到成熟有 5—6 个龄期,1 龄幼虫无鳞片,随着发育逐渐长出鳞片、针突和伸缩囊,温带 2—3 年一个世代,热带 1 年即完成一个世代。石蛃适应能力很强,生境多样,全球都有分布。

　　石蛃目分石蛃科(Machilidae)和光角蛃科(Meinertellidae)2 个科,石蛃科又分古蛃亚科(Petrobiellinae)、新蛃亚科(Petrobiia)和石蛃亚科(Machilinae)。截至目前,全世界已知石蛃目 2 科 67 属 520 种,中国已知 2 科 9 属 29 种,浙江天目山分布 1 科 2 属 2 种。

分科、亚科检索表

1. 胸足无针突,第 1、4—8 腹板高度退化,雄性无阳基侧突 ……………………… 光角蛃科 Meinertellidae
   至少第 3 胸足具针突,腹板发达,雄性具阳基侧突 ………………………………… 石蛃科 Machilidae
2. 触角和下颚须无鳞片 ………………………………………………………… 古蛃亚科 Petrobiellinae
   至少触角的柄节和梗节有鳞片 …………………………………………………………………………… 3
3. 触角鞭节无鳞片 ………………………………………………………………… 新蛃亚科 Petrobiia
   触角鞭节有鳞片 ……………………………………………………………………… 石蛃亚科 Machilinae

石蛃科 Machilidae

主要特征:触角的柄节和梗节具鳞片。头部复眼大而圆形,具 1 对多节的丝状触角。虫体的背侧高高拱起。胸部 3 节,各具胸足 1 对,足具鳞片。第 3 胸足具针突。腹部 11 节,腹板发达,三角形,第 1—7 腹板各具 1—2 对伸缩囊,雄性第 9 腹节具阳基侧突。

分类:目前该科全世界已知约 46 属 350 种。我国已记录 8 属 28 种,浙江天目山分布 2 属 2 种。

分属检索表

1. 各腹节仅具 1 对伸缩囊 ·· 跃蛃属 *Pedetontinus*

　第 2—5 腹节各具 2 对伸缩囊 ················· 跳蛃属(弗氏蛃亚属)*Pedetontus* (*Verhoeffilis*)

跃蛃属 *Pedetontinus* Silvestri,1943

特征:触角鞭节无鳞片;复眼圆形,宽不明显大于长;单眼鞋型,位于复眼下方,单眼间距小于自身宽度;上颚具 4 个典型端齿,足下侧缘具刺状刚毛,第 2、3 胸足基节具基节针突;雄性第 1 胸足不增宽,无跗节毛丛;第 1—7 腹节各具 1 对伸缩囊;腹节腹板呈锐角形或钝角形;后肢基片具刺状刚毛;腹部针突的端刺粗壮,中等大小;仅第 9 腹节具阳基侧突,且明显分节;阳茎开口小,端开口;雄性外生殖器完全被第 9 肢基片覆盖;产卵管初级型。

分布:本属广泛分布于日本、朝鲜、韩国和中国各地。目前全世界已知 18 种,我国已知 9 种,浙江天目山分布 1 种。

1.1　天目跃蛃 *Pedetontinus tianmuensis* Xue & Yin, 1991(图 4-1-1)

特征:雌性体长 9—10mm,雄性体长 8—9mm;体表呈淡铁灰色,背部略浅;复眼大而隆起,复眼中连线/长为 0.60,长/宽为 0.90;触角颜色均匀,柄节长为宽的 1.5 倍,端节分 7—8 亚节;下唇须端缘有许多感觉锥;第 1—7 腹板具 1 对伸缩囊;第 5 腹板为锐角形,腹板长/基宽为 0.68,针突约为肢基片长的 1/2;雄性第 7 腹节中后缘无愈合突起,阳基侧突分 1+6 节,阳茎和阳基侧突几乎等长,肢基片后缘处有 6—7 根刺状刚毛;雌性产卵管初级型,前产卵管分 49—50 节,后产卵管分 47—50 节,后产卵管比前产卵管略长些,肢基片具 7—8 根刺状刚毛。

分布:浙江(天目山)。

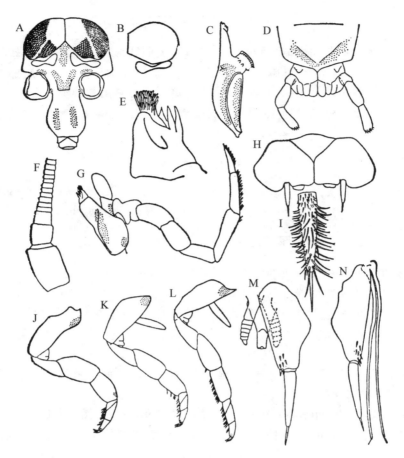

图 4-1-1　天目跃蛃 *Pedetontinus tianmuensis* Xue & Yin, 1991

(仿薛鲁征和尹文英,1991,《昆虫学研究辑刊》第 10 卷,78—79 页,图 1-2)

A. 头部;B. 复眼和单眼;C. 大颚;D. 下唇;E. 下颚内颚叶;F. 触角基部;G. 下颚和下颚须;

H. 第 5 腹板;I. 第 5 腹节针突;J. 第 1 胸足;K. 第 2 胸足;L. 第 3 胸足;

M. 雄性第 9 腹节肢基片,显示阳茎和阳基侧突;N. 雌性第 9 腹节肢基片,显示产卵瓣

跳蛃属(弗氏蛃亚属)*Pedetontus*(*Verhoeffilis*) Paclt,1972

特征:触角鞭节无鳞片;复眼圆形或宽略大于长,少数种类长稍大于宽;单眼鞋型,相互较接近,两单眼间额中等隆起;上颚具 4 个典型端齿;雄性下颚须和下唇须变态,足下侧缘具刺状刚毛,第 2、3 胸足基节具针突;无跗节毛丛;第 1、6、7 腹板具 1 对伸缩囊,第 2—5 腹节具 2 对伸缩囊;腹板锐角形或直角形;至少后部腹节肢基片上具有刺状刚毛;腹部针突的端刺粗壮,中等大小。阳基侧突仅限于第 9 腹节,明显分节;阳茎开口小,端开口;雄性外生殖器完全被第 9肢基片覆盖;产卵管初级型或次级型;中尾丝具长毛状鳞。

分布:该亚属全世界已知 20 种,我国已知 10 种,浙江天目山分布 1 种。

1.2　浙江跳蛃 *Pedetontus*(*V.*) *zhejiangensis* Xue & Yin, 1991(图 4-1-2)

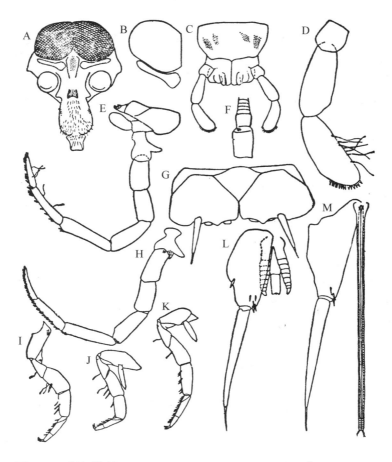

图 4-1-2　浙江跳蛃 *Pedetontus* (V.) *zhejiangensis* Xue & Yin, 1991

（仿薛鲁征和尹文英,1991,《昆虫学研究辑刊》第 10 卷,80、82 页,图 3-4）

A.头部；B.复眼和单眼；C.下唇；D.雄性下唇须；E.雄性下颚及下颚须；F.触角基部；

G.第 5 腹板；H.雌性下颚须；I.第 1 胸足；J.第 2 胸足；K.第 3 胸足；

L.雄性第 9 腹节肢基片,显示阳茎和阳基侧突；M.雌性第 9 腹节肢基片,显示产卵瓣

　　特征:体表呈红棕色,具有深褐色花斑；雌性体长 11—12mm,雄性体长 10—11mm；触角基部颜色较浅,向后端渐深,并在鞭节各主关节处形成深色环,端节具 12—18 亚节；复眼大而隆起,红棕色,复眼中连线/长为 0.60,长/宽为 0.94；单眼红棕色,其宽度比单个复眼宽度略小；第 1、6、7 腹板各具 1 对伸缩囊；第 2—5 腹板具 2 对伸缩囊；第 5 腹板锐角形,腹板长/基宽为 0.67,其后端达该肢基片的 1/2；雄性第 7 腹节中后缘无愈合突起,阳基侧突分 1+8 节,阳茎和阳基侧突几乎等长；雌性产卵管初级型,前产卵管分 60—75 节,后产卵管分 64—78 节；肢基片具 3—5 根刺状刚毛。

　　分布:浙江(天目山)、江苏。

二、蜉蝣目 Ephemeroptera

蜉蝣目已知种类有 3000 余种,保留着一系列祖征和独征,它们对探讨和研究有翅昆虫的起源和演化具有十分重要的价值。如蜉蝣的生活史有 4 个阶段,分别为卵、稚虫、亚成虫和成虫,这种原变态型的发育过程是有翅昆虫中较原始的类型,仅见于蜉蝣目。蜉蝣稚虫生活在水中,腹部前 7 节背板都可能生长着按节排列的、成对的、常见为扁平的片状鳃。这种类型的鳃只在蜉蝣中存在,它们可能与胸部的翅具有同样的起源。无论是稚虫还是亚成虫或成虫,蜉蝣身体的尾端都生长着 2—3 根较长的、分节的终尾丝(常长于体长),这在有翅昆虫中也十分罕见。蜉蝣亚成虫与成虫已十分相似,如它们都已到陆地或空中生活,翅都已完全伸展,都能够飞行,少数种类的雌性亚成虫已经能够交尾产卵。但亚成虫与成虫之间也存在明显的形态差别,如:亚成虫的附肢(如足、尾铗、终尾丝、阳茎等)还没有完全伸展;亚成虫的翅及身体表面密生细毛和微毛,故身体看上去灰暗无光;一些在稚虫发育良好而在成虫需要退去的器官在亚成虫还没有退化完全,如口器、头胸部可能具有的鳃甚至腹部的鳃和身体表面的一些突起或附属物等。简而言之,从形态上看,蜉蝣亚成虫是稚虫与成虫之间的一个必要过渡和发育阶段。蜉蝣成虫和亚成虫的口器都已退化,不具功能,故它们都不饮不食,一般只能存活几分钟到数小时。蜉蝣亚成虫与成虫的翅在停歇时竖立,不能像其他新翅类一样将翅折叠覆盖于体背,故十分容易识别蜉蝣(图 4-2-1)。

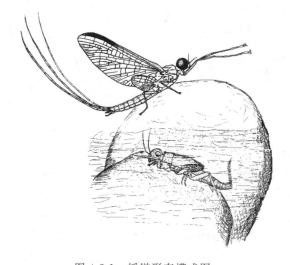

图 4-2-1　蜉蝣形态模式图

天目山地区蜉蝣昆虫历史上所知不多,仅徐家铸等在 1980 年报道过 2 种,2001 年周长发和郑乐怡报道了 8 科 14 属 16 种。根据收藏的标本尤其是近几年多次采集到的标本,本次研究共鉴定出浙江省西天目山地区蜉蝣目昆虫 8 科 18 属 24 种。本书中的全部标本都保存在南京师范大学生命科学学院。

拟短丝蜉科 Siphluriscidae

稚虫主要鉴别特征：身体流线型，鱼状；头下口式；触角短小；上唇具中缝；上颚切齿特化成刀片状；下颚及下唇各具 1 对鳃丝，下颚须 3 节，下唇须 4 节；前足基节与中足基节基部各具一簇鳃丝；腹部鳃 7 对；3 根尾丝。

成虫主要鉴别特征：头顶具脊状突起，雄成虫后头部具瘤突，前足与中足的基部具鳃丝残迹，后翅长度大于前翅的一半，前翅前肘脉（CuA）由一系列小脉连接到翅后缘，肘区狭长；尾铗 4 节，末两节短小；中尾丝退化。

生物学：稚虫主要生活于较清澈干净的、以石块为底质的山区溪流中，可能是以刮食藻类为生，游泳能力强。

拟短丝蜉属 *Siphluriscus* Ulmer，1920

形态特征：同科的特征。

分布：中国南方；越南。

该属只有 1 种。本书记述天目山 1 种。

2.1　中国拟短丝蜉 *Siphluriscus chinensis* Ulmer，1920（图 4-2-2）

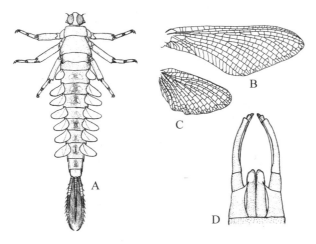

图 4-2-2　中国拟短丝蜉 *Siphluriscus chinensis* Ulmer，1920
A. 稚虫形态；B. 前翅；C. 后翅；D. 雄性外生殖器，腹面观

成熟稚虫：大型；体基本呈浅的黄绿色，具不明显的褐色斑块；各足胫节端部色深，跗节的基部和端部两端色深；腹部背板中部各具一对黄色的斑块，背中线两侧色深而形成一对纵纹状；这些色斑在第 2—3、6、8—9 节背板较明显；尾丝的基部和中部色深；尾须每隔 4 节的节间外侧具一枚刺突，总共有 10 枚刺突明显可见。

雄成虫：大型；体基本呈褐色，具黄色斑纹；腹部各节背板具一对黄色斑块，中部具一对黑色纵纹；翅具明显的脉弱点；前足腿节略浅于胫节和跗节；中后足的颜色略浅于前足；生殖下板明显凹陷，阳茎柱状；尾丝表面具黑色细毛。

分布：我国长江以南地区。

等蜉科 Isonychiidae

稚虫主要鉴别特征:较大;体流线型;体色为黑褐色至红褐色,背中线处往往具明显的浅色条纹;身体背腹厚度大于身体宽度;触角长度是头部宽度的 2 倍以上;口器各部都密生细毛,下颚基部和前足基节各具一簇丝状鳃;前足腿节和胫节的内侧具长而密的细毛。鳃 7 对,分为两部分,背方的鳃单片状,而腹方的鳃丝状,位于第 1—7 腹节背侧面;3 根尾丝,密生细长毛。

成虫主要鉴别特征:前翅 CuA 脉由一些横脉与翅的后缘相连,后翅 MA 脉在近翅缘分叉;前足基节具丝状鳃的残痕,前足一般色深而中后足色淡。

生物学:稚虫一般生活于流水中,游泳能力很强;滤食。

等蜉属 *Isonychia* Eaton,1871

形态特征:同科的特征。

分布:全北区,东洋区,新热带区。

该属中国有 4 种,本书记述天目山 1 种。

2.2 江西等蜉 *Isonychia kiangsinensis* Hsu, 1935(图 4-2-3)

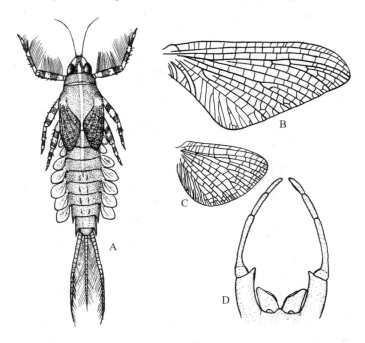

图 4-2-3 江西等蜉 *Isonychia kiangsinensis* Hsu, 1935
A. 稚虫形态;B. 前翅;C. 后翅;D. 雄性外生殖器,腹面观

成熟稚虫:大型;体色为棕红色至黄色;体背中线处呈浅白色;各足的腿节具两块浅红色环状斑纹,胫节中部具一块浅红色斑块;腹部具鳃 7 对,各鳃的边缘具齿突而使鳃的边缘呈锯齿状,背面又具一条骨化的条纹,鳃背面呈斑驳状;鳃丝的中部深褐色,其他部分浅白色;尾丝基部浅红色至褐色,端部白色。

雄成虫:大型;体色为浅红色,胸部背板略黑,腹部背板中央两侧具不明显的棒状条纹。复眼在头部中央处接触或几乎接触;前足腿节、胫节基部半节及各跗节的连接处为深红色,其余部分色浅;中后足白色;各足具爪 2 枚;后足第 1 跗节与胫节基本愈合;尾须基部红褐色,其余部分色浅,中尾丝长度只有尾须基部 2—3 节的长度;生殖下板后缘深凹,阳茎深陷在其中,三角形。

分布:浙江(天目山)、江西、福建、广西。

四节蜉科 Baetidae

稚虫主要鉴别特征:小型至最小型,体背腹厚度一般大于身体宽度;触角长度大于头宽的 2 倍;鳃一般 7 对,有时 5 对或 6 对;2 根或 3 根尾丝。

成虫主要鉴别特征:复眼上半部分成锥状,橘红色或红色;下半部分圆形,黑色;前翅的 IMA、MA₂、IMP、MP₂脉与翅的基部游离,横脉少,缘闰脉 1 根或 2 根;后翅极小或缺如;前足 5 节,中后足的跗节 3 节;阳茎退化成膜质不显见;2 根尾丝。

生物学:可生活于各种生境中,种类繁多,体色多样,食性复杂;有孤雌生殖的报道。

分属检索表(成虫)

1. 前翅横脉着色明显,一般呈深黑色 ………………………………………… 花翅蜉属 *Baetiella*
　 前翅横脉细弱,着色不明显 ……………………………………………………………………… 2
2. 具后翅 …………………………………………………………………………… 四节蜉属 *Baetis*
　 无后翅 …………………………………………………………………… 假二翅蜉属 *Pseudocloeon*

四节蜉属 *Baetis* Leach,1815

形态特征:稚虫上颚缺少细毛簇,下颚须 2 节,下唇须 3 节,第 2 节的内侧隆起;前腿节具毛瘤(villopore),前胫节无成排的毛,爪具 1 列齿。鳃 7 对,单片。成虫前翅缘闰脉成对,后翅小或无,存在时后翅只有两根简单的纵脉;尾铗基节具一突起或无。

分布:全世界。

该属中国分布 7 种,本书记述天目山 1 种。

2.3　红柱四节蜉 *Baetis rutilocylindratus* Wang et al. , 2011(图 4-2-4)

成熟稚虫:体长 6.0—6.5mm;前胸和中胸背面绿色至绿褐色,具不规则的黑色条纹和斑点;各节端部色也略深;爪具一列齿突,由基部向端部略长;后翅芽可见;鳃位于第 1—7 背板侧后方;第 1 对鳃明显要小,第 2—6 对鳃形状相似,第 7 对鳃略小,呈对称的椭圆形;各鳃的气管近透明,近基部色略深也可见;中尾丝为尾须长度的 3/4。

雄成虫:体长 4.5mm,前翅 4.3mm;头部及胸部橘红色至红色;翅透明,但在 C 脉与 R₁脉之间半透明,尤其是在翅痣区;后翅狭长,前缘明显凸出而后缘略凹;前缘突明显且骨化;纵脉 2 根。生殖下板的后缘凸出,尾铗基节宽大,内缘具一明显骨化的突起;第 2 节最长,在近基部的 1/3 处缩窄;端节最短小,内缘略凸出。

分布:浙江(天目山)、江苏。

花翅蜉属 *Baetiella* Ueno,1931

形态特征:稚虫上颚切齿除一枚外其余合并,具可见的愈合缝。下颚须 2 节,下唇低短,下唇须第 2 节具小的内突,第 3 节端部呈对称状隆起。前足腿节具长毛(长毛不再细分为细毛),腹部具毛瘤。后胫节具一列刺,跗节端部不具长刺,爪具细齿,腹部背板常具单个或成对的瘤

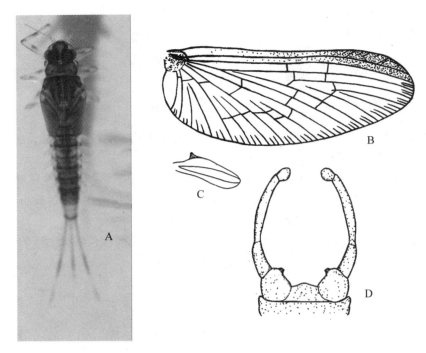

图 4-2-4 红柱四节蜉 *Baetis rutilocylindratus* Wang et al.，2011
A. 稚虫形态；B. 前翅；C. 后翅；D. 雄性外生殖器，腹面观

突,后缘突明显刺状。鳃单片,圆形。成虫前翅具成对的缘闰脉,横脉常明显着色;无后翅,尾铗之间不具突起。

分布:古北区和东洋区。

该属中国分布7种,本书记述天目山1种。

2.4　双刺花翅蜉 *Baetiella bispinosa*（Gose，1980）（图 4-2-5）

成熟稚虫:小型至最小型;体赤褐色,足浅白色;基部具鳃,腹部前2节各具一枚刺突,后面刺突成对。

雄成虫:小型;体浅白色,复眼橘黄色至浅红色;翅的横脉清晰,明显着色,翅痣区具黑色斑点;无后翅;生殖器:尾铗基部宽阔,比尖端稍长。

分布:我国东部和南部、香港、台湾。

假二翅蜉属 *Pseudocloeon* Klapálek，1905

形态特征:稚虫触角基节端部常具一小的突起,在有些个体可能缺如;上颚的切齿愈合,白齿端部分叉;下颚须2节,端节端部弯曲,有时端部钝或无变化;下唇的侧唇舌近四方形,下唇须3节,第2节端部内侧常具明显的突起(个别种不变化);后翅芽有或很小或缺如;腿节常具微毛瘤,有时退化或缺如,有些种的各足腿节的微毛瘤的大小可能是上几种情况的组合;爪具一列细齿;第1对鳃存在或缺如;腹部背板各部密生齿突;3根尾丝。成虫缘闰脉双根;后翅存在或缺如,当存在时,后翅的前缘突小或无,只有2根纵脉。雄成虫在尾铗之间具发育程度不一的突起,尾铗第2节的基部 1/2—1/3 部分往往膨大,第3节小圆形,有时与第2节部分或全部愈合。

分布:全世界。

该属中国分布3种,本书记述天目山1种。

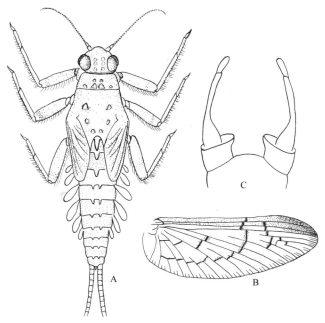

图 4-2-5　双刺花翅蜉 *Baetiella bispinosa*（Gose，1980）

A. 稚虫形态；B. 前翅；C. 雄性外生殖器，腹面观

2.5　紫假二翅蜉 *Pseudocloeon purpurata* Gui, Zhou et Su, 1999（图 4-2-6）

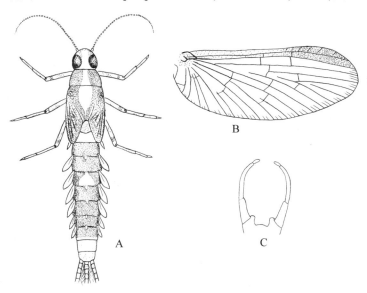

图 4-2-6　紫假二翅蜉 *Pseudocloeon purpurata* Gui, Zhou et Su, 1999

A. 稚虫形态；B. 前翅；C. 雄性外生殖器，腹面观

成熟稚虫：体长 4.2—5.0mm，尾须 2.0—2.2mm，中尾丝 1.5—1.8mm。身体整体上呈黑褐色，但有明显的浅色斑纹；头顶色浅，前胸背板中线处色浅，近后缘有两个浅色斑；中胸背板中部及侧缘色浅；腹部第 1—4 节背板和第 6—7 节背板黑色，但第 5 节背板的中央部分色浅；第 8 节背板后缘色浅；第 9—10 节背板基本为浅色；各节腿节近端部色深。鳃 7 对，长柳叶状，

只可见中央 1 根黑色主气管;鳃的边缘骨化,呈浅的锯齿状并具细毛。

雄成虫:前翅长 3.5—4.0mm。复眼下半部深色,球状;上半部赤褐色,顶部由橙色到紫红色;顶端比基部宽广;前翅透明,在 C 区的翅痣区有 3—4 根横脉。边缘部分的两条闰脉比它们之间的距离要长;后翅缺如;腹部第 1—6 节背板半透明,第 7—10 节背板为浅黄色。尾铗尖段长度是其宽度的 2 倍;中部第 3 节比其基部宽广;第 2 节基部最宽;尾丝苍白色。

分布:浙江(天目山)、江苏、福建、广东(广州)、贵州。

扁蜉科 Heptageniidae

稚虫主要鉴别特征:身体各部扁平,背腹厚度明显小于身体宽度;足的关节为前后型;鳃位于第 1—7 腹节体背或体侧,每枚鳃分为背、腹两部分,背方的鳃片状,膜质,而腹方的鳃丝状,一般成簇,第 7 对鳃的丝状部分很小或缺失;2—3 根尾丝。

成虫主要鉴别特征:前翅 CuA 脉与 CuP 脉之间具典型的排列成 2 对的闰脉;后翅大而明显,MA 脉与 MP 脉分叉;2 根尾丝。

生物学:大多生活于各种底质如石块、枯枝落叶等的下表面,避光;湖泊和大型河流的近岸缓流处的底质下可能采到;以刮食性和滤食性种类为主,主食颗粒状藻类和腐殖质。

分属检索表(成虫)

1. 后翅长度是前翅长度的 1/5 左右(图 4-2-11B、C);阳茎在生殖下板外明显分离,具大而明显的阳端突 (图 4-2-11D) ·· 赞蜉属 *Paegniodes*
　后翅是前翅长度的 1/3 或更大;阳茎不具或只具较小的阳端突 ······························· 2
2. 两阳茎长度多变但至少基部愈合明显;虫体一般较小 ······································· 3
　两阳茎较长且端部明显分离;虫体大而色艳 ··························· 高翔蜉属 *Epeorus*
3. 阳端突位于阳茎腹部内侧,阳茎叶向侧后方伸展,端部分开;阳茎叶外侧骨片与腹骨片之间具深的缝隙 ·· 扁蜉属 *Heptagenia*
　阳端突无或退化成薄片状;阳茎形态多变,端部一般不具骨片 ········· 似动蜉属 *Cinygmina*

似动蜉属 *Cinygmina* Kimmins,1937

形态特征:稚虫 3 根尾丝,尾丝各节之间具短刺;第 5 和第 6 对鳃的膜质部分的顶端具一细长的丝状突起。雄成虫两复眼在头顶接触或几乎接触;前足跗节长于胫节,第 1 跗节短于第 2 跗节,可能为第 2 跗节长度的 3/5。阳茎基部合并,端部向侧后方伸展。阳端突无或退化为薄板状。

分布:亚洲。

该属中国分布 5 种,本书记述天目山 3 种。

2.6　宜兴似动蜉 *Cinygmina yixingensis* Wu et You, 1986(图 4-2-7,图 4-2-8F—G)

成熟稚虫:体长 6.0—10.0mm;体色基本为褐绿色,其间夹杂着淡黄色的斑点。腹部前 7 节背板各具 1 对淡黄色圆形斑点,第 7—8 节背板基本为黄色,第 10 节背板整个为褐绿色。

雄成虫:体长 8.0mm 左右;体淡黄色,腹部背板的中央黑褐色,夹有 1 对淡黄色的圆形小色斑;外生殖器:两阳茎叶端部分离,基部合并;各阳茎叶端部呈 3 个突起状。两阳茎之间的凹陷处中央具一短小的指状突起;各阳茎叶具一刺突;尾丝具红色环纹。

分布:秦岭以南地区。

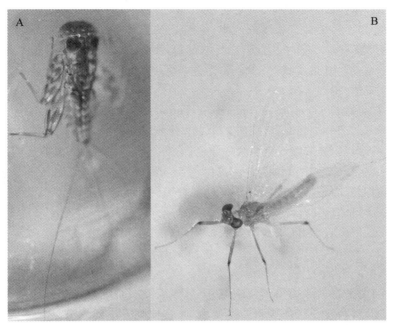

图 4-2-7　宜兴似动蜉 *Cinygmina yixingensis* Wu et You，1986

A. 稚虫；B. 雌成虫

2.7　叉似动蜉 *Cinygmina furcata* Zhou et Zheng，2003（图 4-2-8A—C）

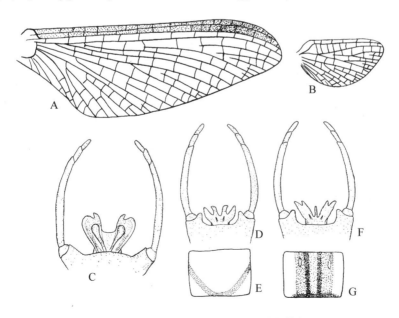

图 4-2-8　似动蜉属 *Cinygmina* 三种的特征

A—C. 叉似动蜉 *Cinygmina furcata*：A. 前翅；B. 后翅；C. 雄性外生殖器，腹面观；

D—E. 斜纹似动蜉 *Cinygmina obliquistrita*：D. 雄性外生殖器，腹面观；E. 腹部背板的色斑；

F—G. 宜兴似动蜉 *Cinygmina yixingensis*：F. 雄性外生殖器，腹面观；G. 腹部背板的色斑

稚虫： 未知。

雄成虫:中型;体棕黄色,腹部各节背板后缘黑色,色深,而侧板与腹板黄色。尾铗第 2 节最长,第 3、4 节之和不及第 2 节长度的一半;生殖下板呈弧形凸出;阳茎叶基部大部分愈合,端部分开,两阳茎叶之间呈"U"形凹陷,阳茎叶端部薄,生殖孔处凹陷,使阳茎叶在端部呈明显叉状;各阳茎叶具一匙形、骨化片状的阳端突,色深;尾须棕褐色。

分布:浙江、安徽、福建。

2.8 斜纹似动蜉 *Cinygmina obliquistrita* You et al., 1981(图 4-2-8D—E)

成熟稚虫:体长 6.0—8.0mm;腹部第 5、8、9 节背板中央的淡黄色色斑较大,而其他各节只具 1 对较小的圆形色斑;第 10 节背板整个为褐绿色;前 8 节腹节背板两侧具明显的黑褐色斜纹。

雄成虫:体长 9.0mm 左右;体浅黄色或白色,腹部各节背板的两侧具一黑色的斜纹;外生殖器:两阳茎叶端部分离,基部合并;各阳茎叶又分为两叶而使后缘呈叉状,外侧叶明显大于内侧叶;两阳茎叶之间呈"U"形;各阳茎叶具一刺突。

分布:浙江(天目山)、江苏、安徽、江西、湖南、福建、贵州等。

高翔蜉属 *Epeorus* Eaton,1881

形态特征:稚虫上唇前缘中央具浅缺刻;下颚表面具一细毛列;鳃 7 对,第 1 对鳃的膜片部分扩大,延伸到腹面,两者在腹面接触或不接触,与其他鳃一起形成吸盘状结构,第 7 对鳃的膜片部分也可能延伸到腹面;仅 2 根尾须,尾须上具刺和细毛。雄成虫复眼在头顶接触或几乎接触;前翅基部 C 脉与 Sc 脉之间的横脉发育良好;后翅相对较大,为前翅长度的 3/10—2/5;前足第 1 跗节约与第 2 跗节等长或略长。阳茎腹面基部中央膜质,两阳茎叶在基部愈合或分离,具或不具阳端突。

分布:全世界。

该属中国分布 17 种,本书记述天目山 2 种。

2.9 美丽高翔蜉 *Epeorus melli*(Ulmer,1925)(图 4-2-9A—D)

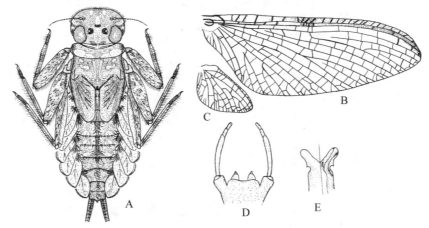

图 4-2-9　高翔蜉属 *Epeorus* 两种的形态

A—D. 美丽高翔蜉 *Epeorus melli*:A. 稚虫形态;B. 前翅;C. 后翅;D. 雄性外生殖器,腹面观;

E. 何氏高翔蜉 *Epeorus herklotsi* 阳茎(右:腹面观;左:背面观)

成熟稚虫:体长 15.0—16.0mm;头壳背面灰褐色,近前缘 4 个浅色圆点;前缘呈较直的弧状,密生细毛;后缘较直至浅凹,中间具细毛。腹部背板中间具一列细毛,各节背板具 2 枚浅色斑,后缘具明显的刺突;第 1 对鳃扩大至胸部下面,但两者不接触,外缘具细毛;第 2 至第 6 对鳃形状类似,但后 1 对逐渐小于前 1 对鳃,前缘加厚骨化,密生细毛;第 7 对鳃较小,纵向折叠;各鳃的后缘逐渐加厚,至第 7 对鳃时十分明显,类似于骨化的棱条;尾须基部及各节间具细毛,中尾丝十分退化。

雄成虫:体长 11.0—13.0mm,尾须 3 倍于体长;体棕红色;各背板的后缘红色,侧面各具两条红色斜纹,这两条斜纹在后缘处与后缘的红色横纹连接在一起;各背板的背中线处又具有一红黑色纵纹,前面几节紧密相靠在一起。外生殖器:尾铗第 2 节端部略粗于基部,第 3—4 节长度之和略小于第 2 节的一半;阳茎叶基部合并,端部分开;阳茎茎干的中央膜质,两侧骨化,在膜质部分的顶端膨大成一膜质囊状结构,大而明显;各阳茎叶端部具一长而明显的指状突起;尾须 2 根,红色与浅黄色相间。

分布:浙江(天目山)、湖北、福建、广东。

2.10　何氏高翔蜉 *Epeorus herklotsi*(Hsu,1936)(图 4-2-9E)

成熟稚虫:体长 15.0mm 左右;体褐色;鳃 7 对:第 1 对鳃较大,延伸到胸、腹部的腹面,两鳃的膜片部分不接触;第 2—7 对鳃的形状大致类似,膜片部分近圆形,边缘腹面加厚,具细毛。各鳃都具丝状部分;腹部各节背板中央具一对尖锐的刺突,背板的侧后角、鳃的着生处也呈尖锐状凸出;尾须 2 根,基部背面各具一列细毛。

雄成虫:体长 12.0mm 左右;体棕褐色至棕黑色;腹部各背板的后缘黑色,侧面各具一对黑色斜纹;外生殖器:尾铗第 3—4 节长度之和约为第 2 节长度的一半;阳茎叶基部合并,端部分开;各阳茎叶侧面具一突起;阳端突明显,端部分成 4 叉状;尾须 2 根,棕褐色。

分布:浙江(天目山)、安徽、湖北、福建、香港、贵州。

扁蜉属 *Heptagenia* Walsh,1863

形态特征:稚虫上唇为头壳宽度的 2/5—3/5;下颚顶端密生栉状齿,腹表面具一细毛列;鳃 7 对,各鳃都分为膜片状部分和丝状部分;尾丝 3 根,各节上和节间具刺和细毛。雄成虫复眼间的距离变化较大,一般为中单眼宽度的 1—2 倍;前跗节长于胫节,第 1 跗节的长度为第 2 跗节长度的 3/20—9/20;后跗节短于后胫节;阳茎叶具明显的背侧刺突,但阳茎表面不具刺突;阳端突明显;尾铗的第 3—4 节长度之和小于第 2 节长度的一半。

分布:全北区,非洲区,中美洲,东洋区。

该属中国分布 10 种,本书记述天目山 1 种。

2.11　黑扁蜉 *Heptagenia ngi* Hsu,1936(图 4-2-10)

成熟稚虫:体长 7mm 左右;为黑白相间的斑驳状;头壳背面基本为黑褐色,在前缘具 4 个圆形浅色斑,它们之后至中单眼之间还有两排圆形浅色斑,前面一排 3 个,后面一排 2 个;各足的腿节相似,宽扁,在背面具黑色斑纹,基本呈 4 横列状,表面有黑色齿突,后缘具一排长的细毛;鳃 7 对,第 1 对鳃的膜片部分月牙形,丝状部分发达;第 2—6 对鳃的膜片部分近圆形,都具丝状部分;第 7 对鳃只有膜片部分;鳃膜片部分具明显可见的黑色气管;尾丝 3 根,节间具齿状刺突。

雄成虫:体长 10.0mm 左右;各足腿节和胫节棕褐色或红褐色,跗节色浅;腿节背面中央具 4 块黑色斑块;阳茎近圆形,端部呈很小的三突状;阳茎叶腹面中央具一明显的黑色条纹;阳茎叶各具一阳端突;尾须白色,有红色环纹。

分布:长江以南广大地区。

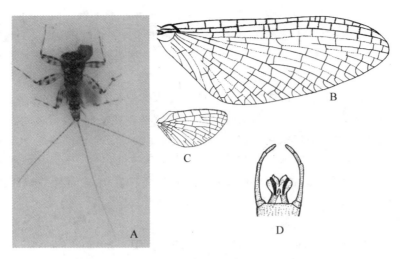

图 4-2-10　黑扁蜉 *Heptagenia ngi* Hsu，1936
A. 稚虫形态；B. 前翅；C. 后翅；D. 雄性外生殖器，腹面观

赞蜉属 *Paegniodes* Eaton，1881

形态特征：稚虫上唇前缘中央具一缺刻，第 1 对鳃的膜片部分极小，成瓣状，其他 6 对鳃都分膜片部分与丝状部分，尾丝 3 根。雄成虫两复眼间距为中单眼的 1 倍左右；后翅长度只有前翅长度的 1/5 左右，前跗节为前胫节长度的 1.4 倍左右，第 1 跗节长度约为第 2 跗节长度的 1/3。后足跗节为胫节长度的 1/2 左右；两阳茎叶从基部合并，端部分离很开；阳端突发达，端部呈锯齿状；尾丝 3 倍于体长。

分布：中国南方。

该属中国分布 1 种，本书记述天目山 1 种。

2.12　桶形赞蜉 *Paegniodes cupulatus* Eaton，1871（图 4-2-11）

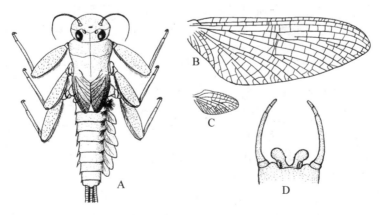

图 4-2-11　桶形赞蜉 *Paegniodes cupulatus* Eaton，1871
A. 稚虫形态；B. 前翅；C. 后翅；D. 雄性外生殖器，腹面观

成熟稚虫：体长 15.0mm 左右；体棕黄色；腹部各节背板的后缘具齿状刺突，第 2—9 节背板的侧后角呈尖锐状凸出。鳃 7 对，第 1 对鳃的膜质部分极小，呈圆形鳃片状或瓣状，远短于

丝状部分;第2—7对鳃结构相似,膜质部分长于丝状部分,其中近体半部的气管鳃可见;各鳃的丝状部分由前向后逐渐变少,第7对鳃的丝状部分只有4—5根;尾丝3根,中尾丝的两侧和侧尾丝的内侧密生细毛。

雄成虫:体长13.0mm左右;色艳;腹部背板各节具1对红色的斜纹,背板中央具一条黑色的纵纹;尾丝棕黑色,具黑色短毛;身体其他部分棕黄色;外生殖器:尾铗末2节长度之和不及第2节长度的一半;两阳茎叶基部愈合,端部分开,(腹面观)在生殖下板后两阳茎叶分离较开;阳茎茎干中间膜质,阳茎顶端略膨大,内侧具两个齿突;背面凸出,密具齿突;阳端突大而明显,端部锯齿状。

分布:南方各地及西藏。

小蜉科 Ephemerellidae

稚虫主要鉴别特征:体长5.0—15.0mm;体色一般为暗红色、绿色或黑褐色;体背常具各种瘤突或刺状突起。腹部第1节上的鳃很小,第2节无鳃,第3—5,或3—6,或3—7,或4—7腹节上的鳃一般分背腹2枚,背方的膜质片状,腹方的鳃常分为二叉状,每叉又分为若干小叶;第3或第4腹节上的鳃有时扩大而盖住后面的鳃;鳃背位;3根尾丝,具刺。

成虫主要鉴别特征:体色一般为红色或褐色;前翅 MP_1 脉与 MP_2 脉之间具2—3根长闰脉;MP_2 脉与 CuA 脉之间具闰脉,CuA 脉与 CuP 脉之间具3根或3根以上的闰脉,CuP 脉与 A_1 脉向后缘强烈弯曲;翅缘纵脉间具单根缘闰脉;尾铗第1节长度不及宽度的2倍,第2节长度是第1节长度的4倍以上,第3节较第2节短或极短;3根尾丝。

生物学:形态多样,行动较缓慢;以撕食性和刮食性种类居多。

分属检索表(成虫)

弯握蜉属 *Drunella* Needham,1905

形态特征:稚虫头部一般具额突,中单眼顶部凸出;前足腿节内缘呈锯齿状,腿节背面具棱或具瘤状突起;腹部背板具成对的棱或刺突;鳃位于第3—7腹节背板的两侧,前3对形状相似,分成背、腹两叶,背叶膜质单片,腹叶分成二叉,每叉又分成许多小叶,第4对鳃略小,腹叶分成8—10小叶,但不分成二叉状;第5对鳃最小,形状与第4对鳃相似,但腹叶一般只分成4—5小叶;尾丝具细毛。雄成虫:尾铗第2节长度是基节长度的4倍以上,第3节的长度是宽度的2—4倍,第2节强烈弯曲或成弓状;两阳茎叶愈合,不具任何突起。

分布:全北区,东洋区。

该属中国分布7种,本书记述天目山1种。

2.13 隐足弯握蜉 *Drunella cryptomeria*（Imanishi，1937）（图 4-2-12）

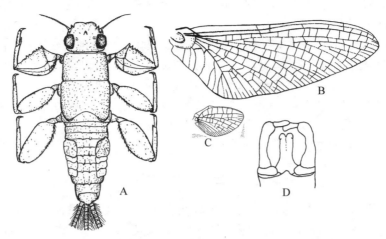

图 4-2-12 隐足弯握蜉 *Drunella cryptomeria*（Imanishi，1937）
A. 稚虫形态；B. 前翅；C. 后翅；D. 雄性外生殖器，腹面观

成熟稚虫：体长 10.0—12.0mm。头部具 3 个伸向前的疣状额突，触角窝处的突起较大，中单眼背部的突起较小；下颚须发达；前足腿节前缘具有 7—10 枚小刺而使前缘呈波浪状，内侧刺较大，而外侧刺较小，腿节具一条明显突起的棱，背面具若干枚齿突。胫节端部延伸极长而成一尖突起。腹部背板中央有一对低棱。

雄成虫：体长 10.0—12.0mm。尾铗弯曲，第 1 节粗短，第 2 节最长，弯曲呈弓状，端节长，长是宽的 2—4 倍；阳茎大部分愈合，亚端部略膨大；尾丝色淡。

分布：古北区，中国大部分地区。

锐利蜉属 *Ephacerella* Paclt，1994

形态特征：稚虫中胸背板前侧方具尖齿状侧突；第 3—7 腹节背板两侧各具鳃 1 对，前 3 对形状相似，分成背、腹两叶，背叶膜质单片，腹叶分成二叉，每叉又分成许多叶；第 4、5 对鳃比前 3 对小，形状相似，但腹叶不分成二叉状，由 8—12 小叶组成，端小叶最大，尾丝长于体长，每一节间缝具其细毛和小刺。雄成虫尾铗第 2 节中部强烈弯曲，长度是第 1 节长度的 4 倍以上，第 3 节长度不及宽度的 2 倍；阳茎大部愈合。

分布：亚洲。

该属中国分布 1 种，本书记述天目山 1 种。

2.14 天目山锐利蜉 *Ephacerella tianmushanensis*（Xu et al.，1980）

稚虫：未知。

雄成虫：体长 7.0mm，前翅长 7.0mm，后翅长 1.75mm。第 1—7 节腹板两侧具纵条纹。阳茎端部左右分开，两叶顶端略尖，侧缘呈圆形，两叶间呈"V"形缺刻，基部愈合，阳茎腹面具刺 17 根，分布于左、右叶的顶端，背面无刺；尾铗 3 节，第 2 节最长，端节长度不到宽度的 2 倍，但略长于基节。3 根尾丝几乎等长，呈淡黄色，具有不明显的淡褐色环纹。

分布：浙江（天目山）。

大鳃蜉属 *Torleya* Lestage,1917

形态特征:稚虫鳃位于腹部第3—7节背板的两侧,第1对鳃大,几乎盖住后面2对鳃;前4对鳃结构相似:分成背、腹两叶,背叶单片膜质,腹叶分成二叉状,每叉又分成许多小叶;第5对鳃较小,其腹叶不呈二叉状分支,一般只分成4小叶。雄成虫:尾铗第3节长度为宽度的2倍,第2节强烈弯曲,长度是第1节长度的4倍以上;两阳茎叶大部分愈合,背面两侧各具一个较大的侧突。

分布:欧洲、亚洲。

该属中国分布4种,本书记述天目山1种。

2.15　膨铗大鳃蜉 *Torleya tumiforceps*（Zhou et Su, 1997）（图 4-2-13）

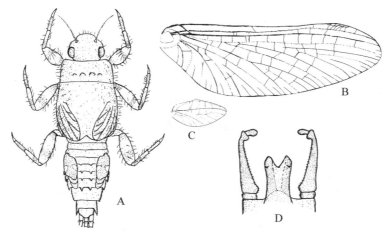

图 4-2-13　膨铗大鳃蜉 *Torleya tumiforceps*（Zhou et Su, 1997）
A. 稚虫形态;B. 前翅;C. 后翅;D. 雄性外生殖器,背面观

成熟稚虫:体长5mm左右;体棕黄色;身体各部具程度不同的刺和细毛,前足腿节上的刺最多;下颚须消失,下颚端部密生刺突;腹部第3—7背板中央各具一对小的刺突;鳃位于第3—7腹节背面,第1对鳃扩大,基本盖住后面几对鳃。

雄成虫:体长5.5—7.0mm;体棕红色或略浅,各足淡黄色;尾铗第1节短而宽,第2节长直,端部明显膨大,第3节最为短小,长度不到宽度的2倍;阳茎长,两阳茎叶大部分愈合,仅在端部呈"V"形分离,阳茎背面靠近端部两侧各具一个小而尖的突起;尾丝3根,淡黄色。

分布:秦岭以南地区。

带肋蜉属 *Cincticostella* Allen,1971

形态特征:稚虫中胸背板前侧角向侧面凸出;鳃位于第3—7腹节背板的两侧,前3对形状相似,分成背、腹两叶,背叶膜质单片;腹叶分成二叉,每叉又分成若干小叶;第6腹节上的鳃略小,腹叶分成8—10小叶,不分成二叉状;第7腹节上的鳃最小,形状与第4对鳃相似,但腹叶一般只分成4—5小叶;尾丝节间具刺。雄成虫:尾铗第2节长度是基节长度的4倍以上,端部弯曲,第3节长度不及宽度的2倍;两阳茎叶基部或大部愈合,端部分离。

分布:亚洲。

该属中国分布11种,本书记述天目山1种。

2.16　御氏带肋蜉 *Cincticostella gosei* Allen，1975(图 4-2-14)

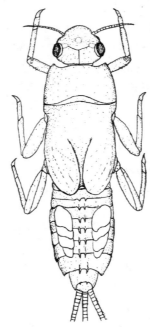

图 4-2-14　御氏带肋蜉 *Cincticostella gosei* Allen，1975 稚虫形态

成熟稚虫:体长 6.0—7.0mm;体深红色至棕黑色;头部圆,额及复眼处具一浅色斑纹;下颚须退化;腹部第 2—9 节背板中部具成对的疣状突起;第 2—3 节上突起较小,而后面各对较大;尾丝 3 根,长 3.0—4.0mm,棕色。

雄成虫:未知。

分布:我国长江以南地区;泰国。

天角蜉属 *Uracanthella* Belov,1979

形态特征:稚虫下颚无下颚须,下颚端部无刺,密生细毛。雄成虫尾铗第 2 节直,第 3 节短小;阳茎背面具明显的突起。

分布:古北区和东洋区。

该属中国分布 1 种,本书记述天目山 1 种。

2.17　红天角蜉 *Uracanthella rufa*（Imanishi, 1937)(图 4-2-15)

成熟稚虫:体长 5.0—8.0mm;从头部至腹部第 3 节具一对白色纵纹,背中线处也呈白色,但背中线的两侧为褐色;下颚须消失,下颚的端部密生黄色的细长毛,无刺;腹部背板无突起,背板侧后缘突起小;尾丝节间处具一圈小刺。

雄成虫:体长 5.0—10.0mm;体棕红色。外生殖器:尾铗直,第 1 节粗短,第 3 节短小,长不及宽的 2 倍;阳茎背部具一对较大的突起,腹面观可见突起的顶端;尾丝略长于身体的长度,其上具棕色环纹。

分布:我国大部分地区;古北区。

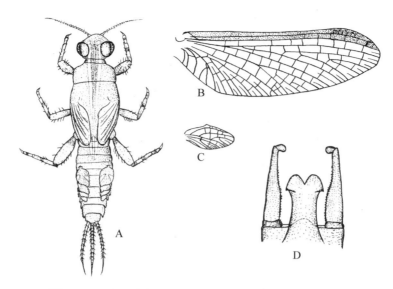

图 4-2-15 红天角蜉 *Uracanthella rufa*（Imanishi，1937）
A. 稚虫形态；B. 前翅；C. 后翅；D. 雄成虫外生殖器，背面观

细蜉科 Caenidae

稚虫主要鉴别特征：体长一般在 5.0mm 以下，身体扁平；后翅翅芽缺如；第 1 腹节上的鳃单枚，2 节，细长；第 2 节上的鳃背叶扩大，呈四方形，将后面的鳃全部盖住，左、右两鳃重叠，背表面具隆起分支的脊；第 3—6 腹节上的鳃片状，单叶，外缘呈缨毛状，缨毛状部分可能再分支；鳃位于体背；尾丝 3 根，色淡，不显见，具稀疏长毛。

成虫主要鉴别特征：个体较小，一般在 8.0mm 以下；复眼黑色，左右分离较远，看上去像位于头的侧面；前翅后缘具缨毛，横脉极少；后翅缺如；尾铗 1 节，阳茎合并；尾丝 3 根。

生物学：本科稚虫大多数生活于静水水体（如水库、池塘、浅潭、水洼等）的表层基质中，如泥质、泥沙与枯枝落叶混合的底质中，少数生活于急流底部；滤食性和刮食性，游泳能力不强，行动缓慢。

细蜉属 *Caenis* Stephens，1835

形态特征：稚虫体长 2.0—7.0mm；头顶无棘突；上颚侧面具毛，下颚须及下唇须 3 节；前足与中后足长度相差不大，前足腹侧位，使前胸腹板呈三角形状；爪短小，尖端可能弯曲；腹部各节背板的侧后角可能向侧后方凸出呈尖锐状但不向背方弯曲；尾丝 3 根，节间具细毛。成虫翅长 2.0—5.0mm；触角梗节为柄节长度的 2 倍左右；前胸腹板宽是长的 2—3 倍，三角形。

分布：除澳洲外的各大动物地理区。

该属中国分布 17 种，本书记述天目山 1 种。

2.18 中华细蜉 *Caenis sinensis* Gui Zhou et Su，1999（图 4-2-16）

成熟稚虫：体长 2.5mm，色浅；中胸背板前侧角的略后方向侧方凸出呈一明显的耳状突起；腹部第 1—2 节背板色较浅，鳃盖前半部分色淡，后半部分为棕黄色；第 7—9 背板中央部分棕黄色，边缘部分色浅，第 10 节背板色浅。第 7—9 背板的侧后角向后方略扩展成尖锐的角状；腹部各部分都具细长毛；尾丝节间具稀疏的细毛。

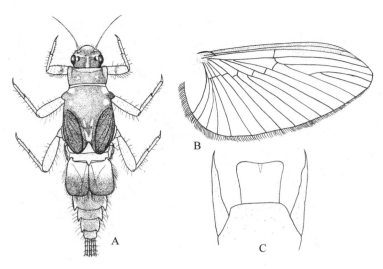

图 4-2-16　中华细蜉 *Caenis sinensis* Gui Zhou et Su，1999
A.稚虫形态；B.前翅；C.雄成虫外生殖器，腹面观

雄成虫：体长 2.8mm 左右；触角梗节长度是柄节长度的 2 倍，鞭节基部强烈膨大，在膨大部位的外侧具一凹陷的窝状结构；前足腿节：胫节：跗节＝3.5：2.5：2.5；外生殖器：尾铗细棒状，表面光滑，顶端强烈几丁质化，形成一个几丁质的尖锐帽状结构；生殖下板浅白色，具不明显的色斑；尾丝 3 根，无色丝状。

分布：浙江(天目山)、北京、陕西、江苏、安徽、福建、贵州。

细裳蜉科 Leptophlebiidae

稚虫主要鉴别特征：体长一般在 10.0mm 以下；身体大多数扁平；下颚须与下唇须 3 节；鳃 6 或 7 对，除第 1 和第 7 对可能变化外，其余各鳃端部大多数分叉，具缘毛，形状各异，一般位于体侧，少数位于腹部；尾丝 3 根。

成虫主要鉴别特征：体长一般在 10.0mm 以下；雄成虫的复眼上半部分为棕红色；MA_1 脉与 MA_2 脉之间具 1 根闰脉，MP_1 脉与 MP_2 脉之间具 1 根闰脉，MP_2 脉与 CuA 脉之间无闰脉，CuA 脉与 CuP 脉之间具 2—8 根闰脉；第 2—3 根臀脉强烈向翅后缘弯曲；尾铗 2—3 节，一般 3 节，第 3 节远短于第 2 节；阳茎常具各种附着物；尾丝 3 根。

生物学：本科稚虫可生活于各种水体中，身体柔软；以滤食性为主，少数刮食性。

分属检索表(成虫)

1. 前翅 MP_2 脉与 MP_1 脉的连接点和 Rs 脉的分叉点与翅基的距离相差不大；翅缘明显骨化；尾铗基部强烈膨大；阳茎不具突起 ·· **宽基蜉属 *Choroterpes***
   前翅 MP_2 脉与 MP_1 脉的连接点明显比 Rs 脉的分叉点更远离翅基；翅缘不骨化；尾铗基部不明显膨大；雄成虫阳茎腹面具一明显的突起 ·············· **柔裳蜉属 *Habrophlebiodes***

宽基蜉属 *Choroterpes* Eaton，1881

形态特征：稚虫前口式，鳃 7 对，第 1 对鳃丝状，单枚；第 2—7 对鳃相似，基本呈片状，后缘分裂为三枚尖突状。成虫前翅的 Rs 分叉点离翅基的距离为离翅缘的距离的 1/3，MA 脉的分叉点近中部，MA 脉呈对称性分叉；Rs 脉与 MP 脉的分叉点离翅基的距离相等。后翅的前缘突圆钝，大约位于后翅前缘的中部；各足具 2 枚爪，一钝一尖。尾铗的基部一般粗大。

分布：非洲区，东洋区，全北区，新热带区。

该属中国分布 11 种，本书记述天目山 2 种。

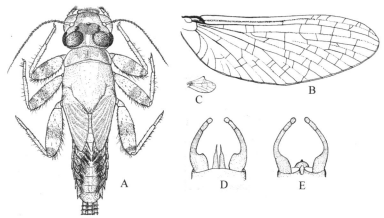

图 4-2-17　宽基蜉属 *Choroterpes* 两种的形态
A. 宽基蜉属 *Choroterpes* 一种稚虫；
B—D. 宜兴宽基蜉 *Choroterpes yixingensis*：B. 前翅；C. 后翅；D. 雄性外生殖器，腹面观；
E. 面宽基蜉 *Choroterpes facialis* 雄性外生殖器，腹面观

2.19　面宽基蜉 *Choroterpes facialis*（Gillies，1951）（图 4-2-17E）

成熟稚虫：前口式；舌的中叶两侧具侧突；下颚内缘顶端具一明显的指状突起；腿节具 2 个褐色斑块，中间的较大；腹部背板有色斑。鳃 7 对，第 1 对鳃丝状，单枚；鳃内气管及气管分支明显可见。

雄成虫：体长 5.0mm，前翅长 5.5mm；外生殖器 3 节，基节基部较膨大但不明显膨大成球状；阳茎短小，被生殖下板盖住，只有顶端露出；尾须白色，基部具红色环纹。

分布：浙江（天目山）、甘肃、陕西、安徽、福建、香港、贵州；泰国。

2.20　宜兴宽基蜉 *Choroterpes yixingensis* Wu et You，1989（图 4-2-17B—D）

成熟稚虫：体长 6.0mm，中尾丝长 11.0mm，尾须长 8.0mm；下颚内缘顶端具明显的指状突出，腿节具 3 个色斑；鳃 7 对，鳃内气管明显可见。

雄成虫：体长 6.5mm 左右；腿节具 3 个褐色色斑；外生殖器：尾铗基节基部明显膨大，几乎呈球形，膨大部分的端部内侧明显呈角状突起；阳茎叶分离，但距离很近；阳茎叶露出生殖下板很长，阳茎叶基本呈管状，基部较端部粗大，端部逐渐变细，端部尖锐。

分布：浙江（天目山）、江苏、安徽、江西、湖南。

柔裳蜉属 *Habrophlebiodes* Ulmer，1919

形态特征：稚虫鳃位于腹部第 1—7 节，单枚，丝状，端部分叉，缘部具细小的缨须。成虫前翅的 MP_2 脉与 MP_1 脉之间由横脉相连接，连接点比 Rs 脉的分叉点离翅的基部更靠外侧；后翅的前缘突尖，位于前缘中央；爪 2 枚，一钝一尖；尾铗 3 节，阳茎端部腹面具一个较长的突起。雌成虫的第 7 腹板后缘具明显的导卵器，第 9 腹板后缘中央强烈凹陷。

分布：北美洲和东洋区。

该属中国分布 3 种,本书记述天目山 1 种。

2.21　紫金柔裳蜉 *Habrophlebiodes zijinensis* Gui et al., 1995(图 4-2-18)

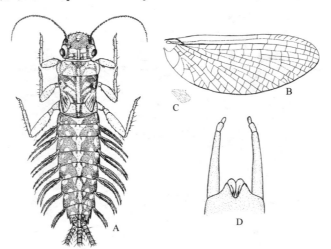

图 4-2-18　紫金柔裳蜉 *Habrophlebiodes zijinensis* Gui et al., 1995
A. 稚虫形态;B. 前翅;C. 后翅;D. 雄成虫外生殖器,腹面观

成熟稚虫:体长 7.5mm 左右,体褐色;胸部背板具不规则的褐色斑点。腹部背板的两侧及中央部分黄色,其他部分褐色;鳃 7 对,形状相似,位于第 1—7 腹节两侧;鳃 1 枚,分叉,边缘具缨毛;鳃内黑色气管及分支气管明显;尾丝 3 根。

雄成虫:体长 6.5—7.0mm;后翅长小于前翅的 1/10,具尖的前缘突,位于前缘中央部位;腹部背板的前缘及中部色淡,两侧色深;雄性外生殖器:尾铗 3 节;生殖下板中央强烈凹陷;阳茎较短粗,端部的突出明显。

分布:浙江(天目山)、江苏、福建。

蜉蝣科 Ephemeridae

稚虫主要鉴别特征:体长一般在 15.0mm 以上;身体圆柱形,常为淡黄色或黄色;上颚凸出成明显的牙状,除基部外,上颚牙表面不具刺突,端部向下弯曲;各足极度特化,适合于挖掘;身体表面和足上密生长细毛;鳃 7 对,除第 1 对较小外,其余每对鳃分 2 枚,各枚又分为二叉状,鳃缘成缨毛状,位于体背;尾丝 3 根。

成虫主要鉴别特征:个体较大;复眼大而明显;翅面常具棕褐色斑纹;前翅 MP_2 脉和 CuA 脉在基部极度向后弯曲,远离 MP_1 脉,A_1 脉不分叉,由许多短脉将其与翅后缘相连;尾丝 3 根。

生物学:常穴居于泥质的静水水体底质中,滤食性,可能会在夜里离开洞穴。

蜉蝣属 *Ephemera* Linnaeus,1758

形态特征:稚虫额突明显,前缘中央凹陷呈不明显的二叉状;触角基部强烈凸出,端部呈分叉状;上唇近圆形,前缘强烈凸出;上颚牙明显,横截面呈圆形;前足不明显退化。成虫翅上横脉密度中等;雄成虫阳茎具或不具阳端突;3 根尾丝。

分布:全北区,东洋区,非洲区,新西兰。

该属中国分布 30 种,本书记述天目山 3 种。

2.22　绢蜉 *Ephemera serica* Eaton，1871（图 4-2-19A—D）

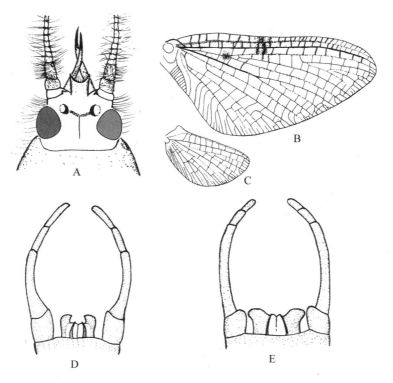

图 4-2-19　蜉蝣属 *Ephemera* 两种的形态

A—D. 绢蜉 *Ephemera serica*：A. 稚虫头部形态；B. 前翅；C. 后翅；D. 雄成虫外生殖器，腹面观；

E. 梧州蜉 *Ephemera wuchowensis* 雄成虫外生殖器，腹面观

成熟稚虫：体长 13.0mm，尾丝 7.0mm；体棕黄色；额突前缘的宽度略大于后缘宽度，长度略大于宽度；前胸背板黄色，不具斑纹。

雄成虫：体长 13.0mm 左右；腹部第 1 节背板无色斑，第 2 节背板侧面具 1 对圆形斑点，第 3 节背板有时具 1 对很浅的黑色条纹，但往往不易辨识，第 4—6 节和第 9 节背板各具 1 对黑色纵纹，第 7—8 节背板各具 2 对纵纹，但外侧一对纵纹往往很浅，不容易辨识，因此看上去像第 4—9 节各具 1 对纵纹；第 10 节背板黄色；外生殖器：尾铗 4 节，第 3—4 节长度之和略短于第 2 节长度；阳茎端部外半部向内向后凸出呈三角形，阳端突明显。

分布：我国华南和华东地区；越南，日本。

2.23　梧州蜉 *Ephemera wuchowensis* Hsu，1937（图 4-2-19E）

成熟稚虫：体长 14.0mm，尾丝长 6.0mm；体黄色，在头顶和胸部背板上具有不规则的黑色斑块或条纹；额突边缘平直，额突的长度与宽度大致相等，前缘的凹陷浅，具毛；触角梗节密生细毛；鳃 7 对，鳃内气管明显呈褐色。

雄成虫：体长 13.0—15.0mm；腹部第 1 节背板后缘具 1 对褐色的纵纹，其他部分棕红色，两个黑色斑纹在背板后缘靠近；第 2 节背板近中央处具 1 对黑点，外侧具 1 对黑色斑块；第 3—5 节背板各具 2 对黑色纵纹，其中第 3 节外侧 1 对有时较浅不显见；第 6—9 节背板各具 3 对纵纹，中间的 1 对色较浅；第 10 节背板具 2 对纵纹，中间的 1 对很浅；外生殖器：铗 4 节，末 2 节长度之和等于或稍短于第 2 节长度的一半，在各节的连接处色深；阳茎端部向侧后方延伸，

后缘呈弧状隆起,阳端突明显。

分布:浙江(天目山)、北京、甘肃、陕西、河北、河南、安徽、湖北、湖南、贵州等。

2.24 黑翅蜉 *Ephemera nigroptera* Zhou Gui et Su, 1998(图 4-2-20)

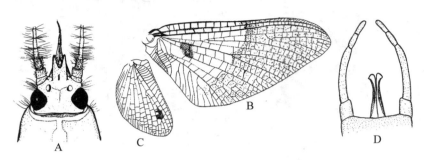

图 4-2-20 黑翅蜉 *Ephemera nigroptera* Zhou Gui et Su, 1998
A. 稚虫头部形态;B. 前翅;C. 后翅;D. 雄成虫外生殖器,腹面观

成熟稚虫:雄稚虫体长 22.0mm 左右,体金黄色;额突长度约为宽度的 1.5 倍;前后翅芽大面积都呈黑色,内侧小部分色浅;腹部第 1—7 节背板中央具 1 条粗黑的纵纹,第 1—3 或 1—4 节具 1 对明显的黑色斜纹。

雄成虫:体长 18.0mm 左右,前翅的外侧大部分区域都呈紫褐色,MP_2 脉与 CuA 脉在基部由横脉相连,IMP 脉与 MP_1 脉相连处具黑色斑块;后翅的缘部也呈明显的褐色;腹部乳白色,第 1—6 节背板各具 1 对宽的黑色斜纹,第 7—9 节背板色淡,不具斑纹,第 10 节背板色略深;第 1、10 节腹板色深,而第 2—9 腹板各具 1 对黑色略呈斜向的纵纹;外生殖器:尾铗 4 节,第 3—4 节之和大于第 2 节长度的一半;阳茎长于尾铗第 1 节,两阳茎叶紧靠,边缘骨化较明显,无阳端突。

分布:浙江(天目山)、江苏、安徽。

三、蜻蜓目 Odonata

蜻蜓目出现在二叠纪,其中三个现存亚目繁荣于中生代,均翅亚目 Zygoptera 和间翅亚目 Anisozygoptera 鼎盛于三叠纪,差翅亚目 Anisoptera 鼎盛于侏罗纪。现存三亚目的亲缘关系尚有争议,通用的分类学未能揭示出类群间真实的进化关系,如间翅亚目是人为划分的类群。均翅亚目 Zygoptera(通称"豆娘")分为 4 总科,18 科;间翅亚目 Anisozygoptera 仅 1 科,1 属;差翅亚目 Anisoptera(通称"蜻蜓")分为 3 总科,9 科。产于澳大利亚的英古蜓 Petalura ingentissima 展翅达 162mm,产于东南亚的杯斑小蟌 Agriocnemis femina 展翅 20mm。它们有大的复眼,咀嚼式口器,中、后胸融合,向上斜倾,使足前移呈捕食兜或用于停息。翅具网状翅脉,飞行能力强,近翅端处具不透明的翅痣。腹部细长,10 节,雄性第 2—3 腹节下方具独特的交合器,近腹端具生殖孔。豆娘和一些蜻蜓雌性的产卵器发达,用于插入植物组织,产卵于其中。一些蜻蜓雌性产卵瓣退化,卵直接产于水中。两性腹末端有肛附器,交尾时雄性用于挟住雌性。幼虫水生,下唇特化为捕食用面罩。豆娘幼虫体细长,腹部末端有 3 个尾鳃用于呼吸;蜻蜓幼虫体较粗短,用直肠鳃呼吸。幼虫极大多数生活在静止或流动的淡水中,栖息于石块下、泥下、植物的碎屑上,少数居住在植物上的积水处,有些能在森林潮湿处生存。成虫常出现在水面上交尾或产卵。蜻蜓以不同的姿态调节体温和选择停息点,冷天展翅拍击在阳光下栖息,热天竖蜻蜓以最小面积避热。许多雄性有领地行为,在水面巡逻,驱逐对手,吸引雌性交尾,产卵。有些种类雄性展示头、足、腹部和翅膀的色斑驱赶对手,追求雌性。羽化后变成虫,一些种类远航,一些种类分散在附近寻找适合的产卵场所。幼虫和成虫以敏捷身手或设伏捕食。成虫在飞行中捕食昆虫,幼虫吃蚊子幼虫和其他水生无脊椎动物,甚至小鱼、蝌蚪。成虫的大复眼可视四周猎物,足呈兜状捕食,翅具强大的飞行能力。幼虫以伸缩敏捷的下唇捕食,唇端具两动钩。交尾方式是昆虫界唯一的。雄性用肛附器挟着雌性头后方(蜻蜓)或前胸(豆娘),呈串联状。雄性成熟时,腹弯向前方把精液输入交合器,雌性将腹弯向前方,生殖孔紧贴雄性交合器,构成环状位置后进行授精,之后雄性仍挟着雌性产卵或雄性守卫在旁,雌性单独产卵。卵产于植物组织内、泥沙中或水中,幼虫经数次脱皮羽化后变成虫。蜻蜓目世界广布,极大多数种类产于热带地区。

成虫:完美的昆虫,由头部、胸部(前胸和合胸)及腹部组成。合胸背面具 2 对膜质的翅,腹面有 3 对足。雄性交合器在第 2—3 腹节,肛附器在腹末端,用于抓握雌虫。

头部:各亚目和各科的成员,头的形状有显著差异。均翅亚目的成员是较原始的昆虫,两复眼彼此宽的分离。头横向延伸,狭,在两复眼之间另有 3 个较小的单眼,中央单眼比侧单眼稍大。触角很小,丝状,基节比其余各节粗大,通常 7 节,在成虫很相似,在若虫通常宽度不同。口器咀嚼式。下唇由三叶组成,通常中叶比侧叶小。上唇完整,卵圆形,附着在唇基下端。唇基分前唇基,三角形,较小;后唇基较宽大。两者之间以横沟分开。上面是额,头顶往往有明显的脊突。后头平直,狭,两侧稍宽,构成两个三角形区域,通常有明亮的圆形色斑,称眼后斑(图 4-3-2)。差翅亚目的成员头球形,复眼大,两眼相接触的距离长(春蜓科的成员头的形状和分离的复眼接近均翅亚目);后头小,三角形,头顶具圆锤形突起,额强度成角,具明显的脊突,形成前额和上额(图 4-3-1)。

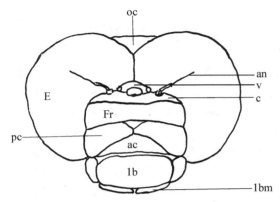

图 4-3-1　差翅亚目头部

lbm:下唇;lb:上唇;ac:前唇基;pc:后唇基;Fr:额;c:脊突;an:触角;v:头顶;oc:后头;E:复眼

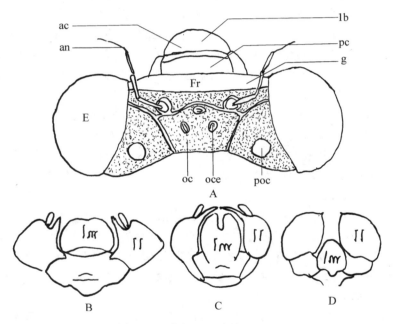

图 4-3-2　均翅亚目头被及下唇

A.均翅亚目头被:an:触角,ac:前唇基,pc:后唇基,lb:上唇,Fr:额,g:颊,E:复眼,
oc:后头,oce:单眼,poc:眼后斑;B.蜻科的下唇;C.蟌科的下唇;D.蜓科的下唇

　　胸部:由一个小的前胸和较大的合胸组成。前胸背板由两条横沟分为前叶、中叶和后叶。合胸由中胸和后胸紧密愈合构成。中胸上前侧片甚大,左右两边的上前侧片在合胸前方互相愈合,形成合胸脊。合胸脊下端与一条横脊相连,这条横脊称为合胸领。位于合胸领上的条纹称为领条纹。在合胸脊两侧有一对条纹,称背条纹。位于中胸侧板缝线前方的条纹,称为肩条纹。此条纹通常在近上端处狭细,甚至间断,形成肩前上点和肩前下条纹。合胸侧面,沿中胸和后胸之间的间缝线及后胸侧片缝线上的条纹,分别称为第1条纹、第2第纹和第3条纹。均翅亚目与差翅亚目胸部见图4-3-3。差翅亚目合胸见图4-3-4。

　　翅:透明,部分透明、不透明,或着色、不着色。由纵脉连接短的横脉构成交织的网,支撑膜质的翅。翅结位于翅的前缘中央,翅痣位于前缘近翅端处。翅痣基端向后方伸展的脉,称为支

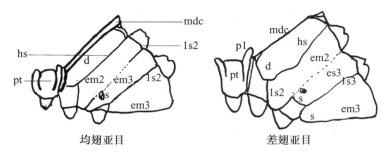

图 4-3-3　均翅亚目与差翅亚目胸部侧面观

pt:前胸;pl:前胸后叶;s:气门;d:合胸背面;mdc:合胸脊;hs:第 1 条纹,
ls2:第 2 条纹;ls3:第 3 条纹;em2:中胸后侧片;em3:后胸后侧片

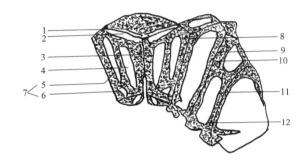

图 4-3-4　差翅亚目合胸

1.合胸领;2.领条纹;3.合胸脊;4.背条纹;5.肩前下条纹;6.肩前上点;7.肩条纹;
8.中胸侧板缝;9.气门下缝;10.第 2 条纹;11.第 3 条纹;12.后胸侧板缝

持脉。蜻蜓目的分类几乎完全依据翅脉的细部,主要纵脉有前缘脉、亚前缘脉、径脉(分 4 支及 2 插入脉)、中脉、后肘脉和臀脉。翅脉的名称和分布,学者们依据不同,解释亦不同,Comstock-Needham研究若虫翅芽的气管,对翅脉作了解释。Tillyard 根据对化石的研究,亦作出新解释,本书采用后一系统为基础,并参考后人修订意见。主要横脉有结前横脉、结后横脉、弓脉、斜脉、臀横脉等。纵脉和横脉围成若干翅室,其中有三角室、上三角室、亚三角室、基室等特殊翅室。A1a 与 A2 由翅的基部伸出后不远互相合并,形成一个臀套。臀套的形状、套内翅室的分布、中肋的形状或有无,均因种类不同而异。蟌类的翅常具翅柄。中室完整,不被横脉分开。翅痣有或无,有的种类具伪翅痣。翅脉的疏密差异很大,如色蟌科的翅脉密如网状,蟌科则很稀疏。翅脉中的臀横脉、臀桥脉的位置、有或无、是否完整均是分类中常用的特征。均翅亚目与差翅亚目翅见图 4-3-5。

足:由 5 节组成,分别为基节、转节、腿节、胫节和跗节。基节短,锥形。转节较细,横向收缩,构成短的基部和较长的端部。腿节通常具 2 列刺,不同种类和两性刺可变。胫节较细,与腿节等长或更长,具硬毛。大蜓科、伪蜻科、大蜻科的成员,具膜质的龙骨状突起。跗节由 3 节组成,第 1 节短,第 3 节最长,末端具两爪,具爪钩。

腹部:由 10 节组成,腹末端具 1—2 对肛附器。腹部的形状、长短、粗细可变,有圆筒形、纺锤形、扁平或侧扁,长于或短于翅长。每节有一突起的背板覆盖背面,背板和腹板以侧膜相连,利于呼吸和运动。第 1—8 节具一对气门。差翅亚目的许多种类(如春蜓科、蜓科)雄性第 2 节具耳形突,以指导雌性找到交合器,进行交配。雄性交合器位于第 2—3 腹节的腹面,生殖孔在第 9 节腹

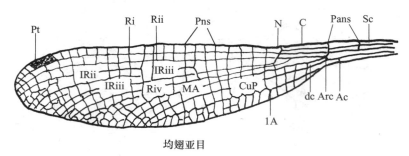

图 4-3-5　均翅亚目与差翅亚目翅

Pt:翅痣;Pns:结后横脉;Pans:原始结前横脉;Ac:臀横脉;

Af:臀域;B:桥脉;N:翅结;C:前缘脉;Sc:亚前缘脉;1A:臀脉;CuP:后肘脉;

MA:中脉;At:臀三角;AL:臀套;Mspl:臀副脉;Ri:第 1 径分脉;Rii:第 2 径分脉;

Riii:第 3 径分脉;Riv:第 4 径分脉;Rspl:径副脉;IRiii(Rs):径插脉;dc:方室;

df:中室区(中域);st:亚三角室(下三角室);Arc:弓脉;M:中脉;T:臀角

面。交合器包括阴囊、前钩片、后钩片、阳茎、交合器前片等。第 2—3 腹节腹板前端生一凹窝,交合器位于窝中,阴囊位于窝后方,其前为前、后钩片。阳茎弯缩于阴囊与钩片之间,钩片在与雌性交配时以保持产卵管位置之用。阳茎是交合器的主要部分。雌性产卵管由 3 对腹侧突起构成。生殖孔开口于腹部腹面第 8—9 节之间。产卵管发达或发育不全以及缺失,因种而异。蟌类上、下肛附器各一对。蜻类上肛附器一对,下肛附器一个。差翅亚目交合器见图 4-3-6。

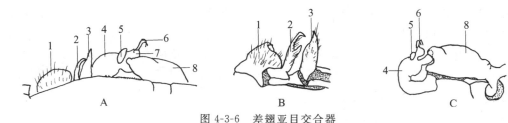

图 4-3-6　差翅亚目交合器

A.交合器,侧面观;B.前钩片和后钩片,侧面观;C.阳茎,侧面观

1.交合器前片;2.前钩片;3.后钩片;4.中节;5.鳞状瓣;6.鞭;7.末节;8.阴囊

本书记录浙江天目山蜻蜓目昆虫 14 科,103 种。本书采用了 D. Allen,L. Davies 和 Pamela Tobin 所著的《现存世界蜻蜓》(1984—1985)(*The Dragonflies of the World：A Systematic List of the Extant Species of Odonata*)的分类系统。

分总科检索表

1. 背面观,头部两眼之间的距离大于眼的宽度;前、后翅形状和脉序几乎完全相同(均翅亚目Zygoptera)
   2
   复眼甚大,两眼之间的距离小于眼的宽度;后翅通常比前翅宽,脉序也不一样 (差翅亚目 Anisoptera)
   4
2. 结前横脉 2 条;翅基部显著呈柄状 3
   结前横脉 5 条以上;翅基部不呈明显柄状;通常体色艳丽,具金属光泽 ..... **色螅总科 Calopterygoidea**
3. IRiii 和 Riv 起点距弓脉近,距翅结远 .... **丝螅总科 Lestoidea**
   IRiii 和 Riv 起点距翅结近,距弓脉远 .... **螅总科 Coenagrionoidea**
4. 除两条粗的结前横脉外,前缘室与亚前缘室内的横脉上下不相连成直线;前、后翅三角室形状相似,位置也差不多一样 5
   前缘室与亚前缘室内的横脉上下相连成直线,没有比其他横脉较粗的原始结前横脉;前、后翅三角室形状和位置显然不同,前翅三角室距弓脉远,尖端朝向翅的后缘,后翅三角室距弓脉近,尖端朝向翅的末端 .... **蜻总科 Libelluloidea**
5. 下唇前缘完整 .... **蜓总科 Aeshnoidea**
   下唇中叶前缘中央分裂 .... **大蜓总科 Cordulegastroidea**

色螅总科 Calopterygoidea

特征:体中等至大型的宽翅豆娘。常有金属光泽的色彩和甚密的网状翅脉;通常有 5 条或更多的结前横脉,多半横脉数众多;结后横脉和下面的横脉通常不连成直线。方室长,长方形,通常内有横脉。IRiii 和 Riv 起点接近弓脉,距翅结远。Riii 起点在翅结处,臀脉从翅基部与翅边缘分离。第 1 侧缝线完整。幼虫具三角柱或囊状的尾鳃;下唇通常深锯齿交错。

分科检索表

1. 两条原始结前横脉明显,比其余的结前横脉粗厚,翅基部明显呈柄状 .... **丽螅科 Amphipterygidae**
   所有的结前横脉都一样,没有特别粗厚的原始结前横脉 2
2. Rii-iii 由 Riv-v 分出后,向前方弯曲,与 Ri 接触或几乎相接触;方室较长,约与基室等长,内有许多横脉
   .... **色螅科 Calopterygidae**
   Rii-iii 由 Riv-v 分出后,不向前方弯曲,不与 Ri 接触;方室较短,一般比基室短,内无横脉,或具少数横脉 .... **溪螅科 Euphaeidae**

丽螅科 Amphipterygidae

特征:体中型。翅强健,具狭长的翅柄。约有次生结前横脉 6—12 条;IRiii 和 Riv 后移接近弓脉;原始结前横脉明显。方室基边以弓脉连接径脉。Rii-iii 接近起点处不向前方弯曲。幼虫具囊状尾鳃。

恒河螅属 *Philoganga* Kirby,1890

特征:体大型,强壮。翅狭长,前、后翅形状相似,翅柄明显,到达弓脉水平处;方室完整,短,弓脉稍弯曲,位于第 2 原始结前横脉水平处。两条原始结前横脉存在,具翅基亚前缘结前横脉;1A 稍弯曲,与翅后缘之间具 1—2 列翅室。

分布:中国,印度,缅甸。

3.1　粗壮恒河螅 *Philoganga robusta* Navas，1936(图 4-3-7)

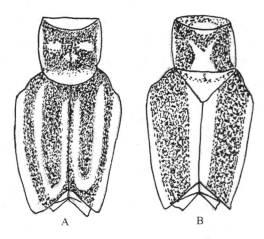

图 4-3-7　粗壮恒河螅与古老恒河螅胸部
A.粗壮恒河螅胸部,背面观;B.古老恒河螅胸部,背面观

特征:雄性体长 67mm,腹部长(连肛附器)47mm,后翅长 45mm。头部黑色。下唇黄褐色;上唇黄绿色,前缘具细的黑纹,基部黑色,中央有黑色侵入黄色区;上颚基部和颊黄绿色,并向上延伸至触角水平处和额的两侧;额中央黑色。头顶黑色,侧单眼上方有一黄色横纹;后头黑色,复眼后各有一大型黑色瘤状突起,突起的后方黄绿色。前胸黑色,有下述黄色斑纹:前叶具一横纹;中叶具一对并列的三角形斑,中央被一条黑色细纹分开;中叶两侧各具一横椭圆形斑;后叶具一横纹。合胸背面黑色,背中黄色条纹被黑色的合胸脊分开,与肩前黄色条纹的上方相连而形成一倒置的"U"形纹,或两条纹分离;翅前窦黄色。合胸侧面黑色阔纹与黄色阔纹相间。翅透明,翅脉黑色,翅痣黄色或褐黑色。前、后翅 1A 的后半部分与翅后缘之间具 3 列翅室。足黑色,基节和转节的腹面黄色,股节腹面具一条黄色纵纹。腹部黑色,第 1 腹节大部分黄色。腹侧具亚缘线和缘线两条黄色纵纹,纵纹在节间间断,亚缘线至第 6 腹节中部以后消失或呈圆斑,第 10 腹节背面具一对横斑。肛附器黑色。

雌性体长 65mm,腹部长(连肛附器)47mm,后翅长 51mm。雌性色彩与雄性相似。

分布:浙江(天目山:朱陀岭)、江西、福建、贵州。

3.2　古老恒河螅 *Philoganga vetusta* Ris，1912(图 4-3-7)

特征:雄性体长 72mm,腹部长(连肛附器)55mm,后翅长 50mm。头部色彩与粗壮恒河螅相似。前胸黑色,前叶具一条黄色横纹;中叶具一大斑,分两枝向前方分离;后叶有一长椭圆形点。合胸色彩与粗壮恒河螅相似,但无肩前黄色条纹。翅与粗壮恒河螅相似,前、后翅 1A 的后半部分与翅后缘之间具 2 列翅室。足与粗壮恒河螅相似。腹部第 1—5 腹节上面黄色,下面绿黑色,第 6—10 腹节绿黑色。肛附器黑色。

雌性体长 70mm,腹部长(连肛附器)51mm,后翅长 56mm。雌性色彩与雄性相似。前、后翅 1A 的后半部分与翅后缘之间具 3 列翅室。腹部绿黑色,第 1 腹节黄色,腹侧第 2—8 腹节有黄色缘线和亚缘线,这两条线在第 8 腹节的后缘相连接,第 9 腹节背面具一倒置的"T"形黄色斑。肛附器黑色。

分布:浙江(天目山:朱陀岭)、福建、广东。

色蟌科 Calopterygidae

特征：体中型。雄性翅通常有颜色，雌性较少见。结前横脉数目众多，原始结前横脉不显著；方室的基边以弓脉连接径脉。翅具浓密的网状脉；无翅柄。弓脉靠近翅基部，它的分脉起点接近 CuP。翅痣常减缩，尤其在雌性。Rii-iii 和 Ri 融合在接近起点处。方室长，内有许多横脉。合胸第 1 侧缝线完整。

分属检索表

小色蟌属 *Caliphaea* Selys，1859

特征：翅透明，翅柄到达臀横脉处；方室的上边平直且具横脉，CuP 和 1A 平直。基室无横脉。臀脉和翅后缘之间 1 列翅室。

分布：中国，印度，孟加拉，尼泊尔，泰国。

3.3 似库小色蟌 *Caliphaea consimilis* McLachlan，1894 (图 4-3-8)

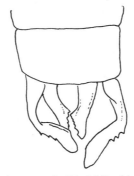

图 4-3-8　似库小色蟌 *Caliphaea consimilis* McLachlan，1894 雄性肛附器，背面观

特征：雄性体长 47mm，腹部长（连肛附器）33mm，后翅长 31mm。头部：下唇黑色；上唇和唇基铜绿色，具金属光泽；上颚基部和颊以及触角第 1 节黄色；头的其余部分暗铜绿色。前胸和合胸铜绿色，具金属光泽。中胸侧片和后胸后侧片黄色，除了中央有一铜绿色条纹外。合胸腹面黄色。合胸脊、肩缝线、第 1 侧缝线黑色。足黑色，基节和转节黄色。翅透明，淡褐黄色。翅痣红褐色，覆盖 1—2 翅室。腹部铜绿色，具金属光泽，第 8—10 腹节背面有白色粉被，腹部下面黑色。肛附器黑色，上肛附器向内弯曲，端部几乎相遇，外边缘具细齿。下肛附器长约为上肛附器的 3/4，平扁，末端稍呈圆锥形，并向内弯曲，内侧具 5—6 小齿。

雌性体长 40mm,腹部长(连肛附器)33mm,后翅长 28mm。

分布:浙江(天目山:三里亭)及我国中部和东部地区。

红基色蟌属 *Archineura* Kirby,1894

特征:大型美丽的宽翅豆娘。头和身体硕大,腹部长。体色为暗金属绿色。翅长,宽,端部稍狭但不尖,翅痣很长。两性的翅色不同,雄性翅基洋红色,雌性翅膜黄褐色。基室内有横脉,翅结距翅痣近,距翅基稍远。Rii-iii 在中叉(middle fork)处接近 Ri,几乎形成封闭的径基室(basal radil cell),Riii 起点在前翅稍前于亚翅结。

分布:本属只有 2 种,中国和老挝各分布 1 种。

3.4 华红基色蟌 *Archineura incarnata* Karsch,1892(图 4-3-9、图 4-3-10)

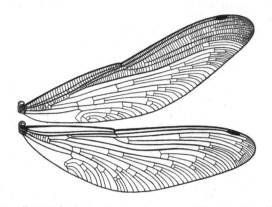

图 4-3-9 华红基色蟌 *Archineura incarnate* Karsch,1894 前、后翅

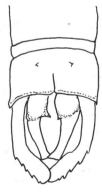

图 4-3-10 华红基色蟌 *Archineura incarnata* Karsch,1892 雄性肛附器,背面观

特征:雄性体长 86mm,腹部长(连肛附器)70mm,后翅长 49mm。头部:下唇黑色;上唇黑色,中央有一条黄色横纹和长有丛生的黑色硬毛;上颚基部和颊黄色;触角基节黄色;头的其他部分铜绿色,具金属光泽。前胸和合胸铜绿色,具金属光泽;合胸脊、肩缝线和侧缝线黑色。合胸背面和腹面长有白色柔毛,合胸腹面黑色,有白色粉被。足黑色。翅基部洋红色,不透明,为翅长的 1/3;翅的其他部分透明,翅脉黑色;翅痣黑褐色,翅痣的外边斜生。腹部绿黑色,腹部下面具白色粉被。肛附器黑色。

雌性体长 82mm,腹部长(连肛附器)65mm,后翅长 52mm。雌性色彩与雄性相似,不同之处如下:足基部具黄色斑,第 1 侧缝线下方具黄色斑,黄色条纹覆盖第 2 侧缝线,上段较狭。翅淡褐色,透明;翅痣淡褐色,较宽短。

　　分布:浙江(天目山:庙前)、福建、四川、贵州。

色蟌属 *Calopteryx* Leach，1815

　　特征:体大型。体色为金属绿色,具蓝色光泽。足黑色,很细长,具长的硬毛。翅宽,整个翅暗黑色或只有端部暗黑色,雌性翅色比雄性稍淡;雄性无翅痣,有些种的雌性具白色伪翅痣。基室完整,Rii-iii 向前方弯曲,或与径脉相接触,翅具浓密的网状脉。主要脉不分叉,在它们之间有加插脉。

　　分布:东旧北区,东南亚,非洲,北美洲。

3.5　黑色蟌 *Calopteryx atrata* Selys，1853(图 4-3-11)

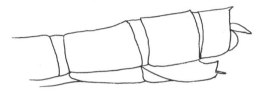

图 4-3-11　黑色蟌 *Calopteryx atrata* Selys，1853 雌性腹末,侧面观

　　特征:雄性体长 59mm,腹部长(连肛附器)50mm,后翅长 39mm,宽 11mm。头部绿黑色,具金属光泽;上唇黑色,触角基节和颊黄色;后头后缘镶以黑色长毛。合胸背面绿色,具金属光泽;侧面绿黑色,老熟标本有白色粉被。足黑色。翅黑色,具有绿色金属光泽的斑块;翅痣缺失。后翅长与宽之比为 3.5:1。腹部上面蓝绿色,具金属光泽;下面黑色。肛附器黑色,上肛附器长为第 10 腹节的 1.5 倍,前半部分呈弧形弯曲,内侧扩张呈平扁状,外侧缘具一列 4—5 尖锐小齿。下肛附器短,直,末端钝,具一小齿。

　　雌性体长 60mm,腹部长(连肛附器)50mm,后翅长 45mm,宽 12mm。雌性与雄性不同之处如下:上唇有一黄色横纹,黄色条纹覆盖第 2 侧缝线,不到达上缘。翅的反面翅脉呈黄色;翅痣缺失,后翅长与宽之比为 3.7:1。

　　分布:浙江(天目山:庙后)、陕西、江苏、四川;亚洲东部。

3.6　褐色蟌 *Calopteryx grandaeva* Selys，1853(图 4-3-12、图 4-3-13)

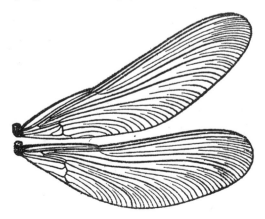

图 4-3-12　褐色蟌 *Calopteryx grandaeva* Selys，1853 前、后翅

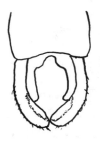

图 4-3-13　褐色蟌 *Calopteryx grandaeva* Selys，1853 雄性肛附器，背面观

特征：雄性体长 67mm，腹部长(连肛附器)54mm，后翅长 43mm，宽 11mm。本种与黑色蟌 *C. atrata* Selys 很相似。但身体稍大，具鲜丽的绿色，有金属光泽。翅稍宽，翅痣缺失，翅长与宽之比为 4：1。上肛附器长为第 10 腹节的 2 倍，端部稍向内弯曲，内侧缘扩张呈平扁状，外侧缘具 6—7 尖锐小齿。下肛附器长等于第 10 腹节，末端具一小齿。

雌性体长 65mm，腹部长(连肛附器)51mm，后翅长 48mm，宽 13mm。雌性与雄性相似，但上唇具模糊的黄色横纹，翅长与宽之比为 3.7：1。

分布：浙江(天目山：七里亭)、台湾、四川；越南。

3.7　宽翅色蟌 *Calopteryx melli* Ris，1912(图 4-3-14)

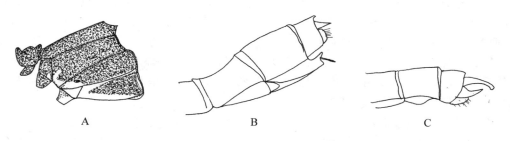

图 4-3-14　宽翅色蟌 *Calopteryx melli* Ris，1912
A. 雄性胸部，侧面观；B. 雄性腹末，侧面观；C. 雄性肛附器，侧面观

特征：雄性体长 79mm，腹部长(连肛附器)66mm，后翅长 48mm，宽 14mm。头部：下唇黄褐色；上唇黑色，两侧各具一黄色横斑；上颚基部和颊黄色；前唇基黑色，前缘有一黄色小斑；后唇基绿色，具金属光泽；触角基节黄色，侧单眼外缘各具一黄褐色横斑；头的其余部分暗绿色，具金属光泽。前胸和合胸绿色，具金属光泽；合胸脊、肩缝线和第 1 侧缝线黑色，黄色条纹覆盖第 2 侧缝线，后胸后侧片的下缘黄色；气门以下的合胸腹面黄色。足褐色；中、后足股节腹面黄色。翅透明，淡烟黑色；沿着前缘脉有一黑褐色狭条纹，翅端黑褐色，向基方延伸到达通常翅痣的位置；翅痣缺失；后翅长与宽之比为 3.4：1。腹部上面蓝绿色，具金属光泽，腹部下面黑色。肛附器黑色。

雌性体长 70mm，腹部长(连肛附器)57mm，后翅长 50mm，宽 15mm。雌性色彩与雄性相似，其不同之处如下：腹部绿褐色，具金属光泽；第 8—10 腹节背中条纹黄色。翅宽，透明，烟黑色，翅端部褐色，后翅长与宽之比为 5：2。翅痣白色，覆盖 5 翅室。

分布：浙江(天目山：南大门)、广东。

绿色蟌属 *Mnais* Selys，1853

特征：体暗金属绿黑色。头部、胸部的腹面和腹部的端节通常有白色粉被。胸部短，粗壮；足细长；腹部圆筒形，长于翅。翅具甚密的网状脉，透明或部分黑色不透明，具黄绿色或明亮的金黄色晕；翅端圆；翅痣雄性通常红色，雌性白色或灰黑色，翅痣通常减小，尤其在雌性。弓脉的分脉在弓脉中下方从一共同点生出。基室完整。Rii 接近起点处与径脉相接触；Riii 起点在或稍远于亚翅结处。方室向上方中凸，内有许多横脉；臀区简单。1A 在起点稍后处分叉，主脉稀有分叉；有许多加插分脉，翅结距翅基近，距翅痣远。

分布：旧北区，东南亚。

3.8　灿绿色蟌 *Mnais auripennis* Needham，1930（图 4-3-15、图 4-3-16）

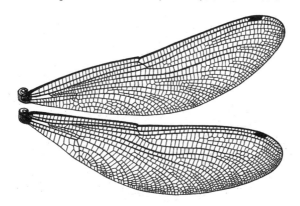

图 4-3-15　灿绿色蟌 *Mnais auripennis* Needham，1930 前、后翅

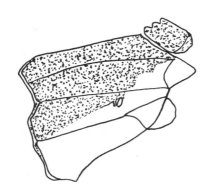

图 4-3-16　灿绿色蟌 *Mnais auripennis* Needham，1930 雄性胸部，侧面观

特征：雄性体长 50—58mm，腹部长（连肛附器）40—46mm，后翅长 31—38mm。头部绿色，具金属光泽；下唇黑色；上颚基部、颊和第 2 节触角黄色。前胸和合胸绿色，具金属光泽；合胸下方包括后胸后侧片黄色。合胸腹面黑色。足黑色。腹部绿黑色。老熟标本在额、胸部和腹部的第 1—3 节及第 8—10 节有白色粉被。翅透明，淡绿褐色，翅脉黑色或红褐色，从翅基至方室色淡，脉红褐色。翅痣深红褐色，覆盖 2—5 翅室。

雌性体长 44—51mm，腹部长（连肛附器）35—40mm，后翅长 33—38mm。雌性色彩与雄性相似，其不同之处如下：腹部较粗壮，翅色淡。

分布：浙江（天目山：禅源寺）、安徽、福建。

单脉色螅属 *Matrona* Selys,1853

特征:头宽;眼相距宽,球形。胸部粗壮。足很细长,具许多细刺。腹部很细长,圆筒形,腹部末端压缩。体具明亮的金属绿色。翅长,很宽,翅端圆,具浓密的网状脉,尤其在臀区,两性不透明,雄性翅痣缺失,雌性前、后翅皆有一不透明的奶白色伪翅痣。基室具网状脉,2列翅室;方室有许多横脉,与基室等长;有许多肘脉,臀区复杂。1A分叉短,在起点后具放射状的分枝。具许多加插脉;Riii起点比亚翅结稍稍或明显近于翅基;Rii在起点后不与径脉相接触;翅结接近翅基,距翅端远。

分布:东旧北区。

3.9　单脉色螅 *Matrona basilaris* Selys,1853(图4-3-17、图4-3-18)

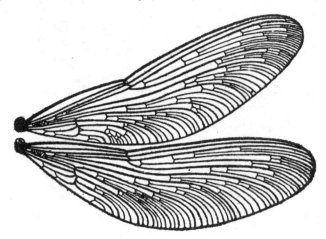

图 4-3-17　单脉色螅 *Matrona basilaris* Selys,1853 前、后翅

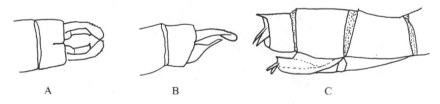

A　　　　　　　B　　　　　　　C

图 4-3-18　单脉色螅 *Matrona basilaris* Selys,1853
A.雄性腹末,背面观;B.雄性腹末,侧面观;C.雌性腹末,侧面观

特征:雄性体长70mm,腹部长(连肛附器)58mm,后翅长43mm。头部铜绿色,具金属光泽;下唇中叶黑色,侧叶淡黄色;颊淡黄色。前胸和合胸铜绿色,具金属光泽;合胸侧缝线黑色。足黑色。翅褐色,不透明;翅的反面在翅基至翅结部分翅脉粉蓝色;基室具网状脉,方室具8条横脉,无翅痣。腹部蓝绿色,具金属光泽,第7—10腹节的下面黄褐色。肛附器黑色,钳形。

雌性体长67mm,腹部长(连肛附器)56mm,后翅长46mm。雌性色彩与雄性相似,不同之处如下:头部下唇淡黄色;上唇黄色,下缘和基方各具黑纹;上颚基部和颊以及触角基节黄色。合胸第2侧缝线为黄色条纹覆盖,后胸后侧片的后面部分和合胸腹面黄色。腹部绿褐色,肛附器黑色。翅痣白色,覆盖10翅室。

分布:浙江(天目山:禅源寺)、福建、广西、云南。

细色蟌属 *Vestalis* Selys，1853

特征：两性翅端圆，翅透明或部分不透明或金属色，两性翅痣缺失。基室完整，Rii 近起点处与径脉相接触或分离，Riii 起点通常在稍比亚翅结近翅基，弓脉分脉起点在弓脉的下方。方室与基室等长，内有几条横脉，弓脉不成角，臀区简单，1A 无近基分枝；1A、Cuii、Riv-v 和 Riii 分枝，枝端栉形，MA 无分枝。足长，细弱。腹部圆筒形，纤细，很长。头、胸和腹金属蓝绿色。

分布：东旧北区，东南亚。

3.10　黑角细色蟌 *Vestalis smaragdina velata* Ris，1912（图 4-3-19）

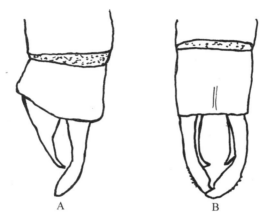

图 4-3-19　黑角细色蟌 *Vestalis smaragdina velata* Ris，1912
A. 雄性肛附器，侧面观；B. 雄性肛附器，背面观

特征：雄性体长 61mm，腹部长（连肛附器）50mm，后翅长 35mm。头部除下唇黑色外其余部分金属绿色。前胸金属翡翠绿色，后叶大而圆。合胸为明亮的金属翡翠绿色，背面具蓝色光泽，侧面下半部分包括后胸后侧片和合胸腹面及足的基节为明亮的黄色。足黑色，很细长。翅透明，翅基微带淡黄色。Cuii 和 1A 之间只有 1 列翅室，1A 与翅后缘之间不多于 3 列翅室。肘室有通常孤立的 ac，以及另有 2—3 条横脉；方室具 2—3 条横脉，结前横脉 17 条。腹部翡翠绿色，腹部下面黑色。第 1 腹节侧面黄色宽，背面基部黄色，腹端部金属色较模糊，背面通常具白色粉被。肛附器黑色，上肛附器长于第 10 腹节，逐渐弯曲，末端相遇，而在中部稍向内成角，外缘具细齿。基部宽，具一强大的背齿斜向外方；亚圆筒形，而末端变宽深裂分成两叶，外叶长；内叶为外叶的 1/2，叶端钝圆。下肛附器长约为上肛附器的 2/3，圆筒形，细，末端具一向内弯曲的齿。

雌性体长 53mm，腹部长（连肛附器）42mm，后翅长 29mm。雌性色彩与雄性相似，只产卵器带有黄色。

分布：浙江（天目山：南大门）、台湾、贵州。

3.11　褐翅细色蟌 *Vestalis virens* Needham，1930（图 4-3-20）

特征：雄性体长 62mm，腹部长（连肛附器）52mm，后翅长 39mm。头部金属蓝绿色；下唇黄褐色，中叶基部黑色；上唇黑色，中央具一对模糊的黄褐色斑。前胸和合胸绿色，具金属光泽；第 2 侧缝线为黄色条纹覆盖；合胸气门以下和后胸后侧片以及合胸腹面黄色；合胸脊和侧缝线黑色。足黑色，基节黄色。翅宽，带烟褐色；翅端部深烟褐色，并沿着前缘脉伸向翅基。无翅痣。Cuii 和 1A 之间 1 列翅室，前翅结前横脉 23 条。腹部背面蓝绿色，具金属光泽，腹面黑色。第 8—10 腹节背面有白色粉被。肛附器黑色。

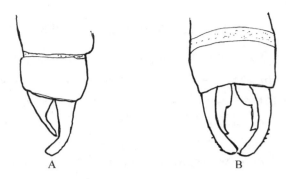

图 4-3-20　褐翅细色螅 *Vestalis virens* Needham，1930
A. 雄性肛附器，侧面观；B. 雄性肛附器，背面观

雌性体长 57mm，腹部长(连肛附器)46mm，后翅长 41—43mm。雌性色彩与雄性相似，前翅结前横脉 19—22 条，产卵器黄色。

分布：浙江(天目山：朱陀岭)、福建、广西、贵州。

溪螅科 Euphaeidae

特征：体中型。翅无柄；结前横脉数目众多(12—20 条)；Ri 靠近起点处与 Rii 和 Riii 融合。方室短，稀有横脉，方室的基部依弓脉连接径脉。第 1 侧缝线不完整。翅痣很发达。幼虫除尾鳃外还有腹侧鳃。

分布：旧世界。

分属检索表

1. 方室完整 ·· 尾溪螅属 *Bayadera*
　方室具横脉 ·· 2
2. 雄性前、后翅具不透明黑色 ···························· 黑溪螅属 *Euphaea*
　雄性后翅具不透明黑色 ······························ 暗溪螅属 *Anisophaea*

暗溪螅属 *Anisophaea* Fraser，1934

特征：雄性前翅透明；后翅中部很宽，具不透明的黑色；雌性翅透明。Rii 同 R＋M 相接触；翅结距翅基近，距翅端远。方室具 1—2 条横脉，短，约为基室长的 1/2。通常具 3 肘脉，翅痣的中部较宽。胸部强壮，短。雄性腹部长于后翅，雌性腹部长与后翅相等。肛附器简单，铗形，长于第 10 腹节；第 10 腹节背中具显著的脊齿。

分布：东旧北区。

3.12　方带暗溪螅 *Anisophaea decorate* Selys，1855(图 4-3-21)

特征：雄性体长 45mm，腹部长(连肛附器)35mm，后翅长 27mm。头部黑色；上唇、上颚基部和颊黑色有光泽，其余部分天鹅绒黑色。前胸黑色，后叶后缘具黄色狭纹。合胸黑色，两侧各具 4 对黄色条纹；第 1 对肩前条纹狭，第 2 对在肩缝线和第 1 侧缝线之间，下段条纹与第 3 对上段条纹融合，第 3 对和第 4 对分别在第 1 和第 2 侧缝线之间及在后胸后侧片，两对互相分离；老熟标本黄色条纹变得模糊不清。翅前窦具一小斑。足黑色。翅透明，微带烟黑色；翅痣黑色，覆盖 5 翅室；后翅比前翅宽、短；具一宽的褐色带，横过翅的最宽处，但不到达翅结和翅痣。腹部黑色，肛附器黑色。

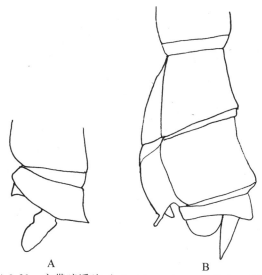

图 4-3-21　方带暗溪蟌 *Anisophaea decorate* Selys，1855

A. 雄性肛附器，侧面观；B. 雌性腹末，侧面观

雌性体长 38mm，腹部长（连肛附器）28mm，后翅长 27mm。雌性后翅色带淡，模糊不清；具有明显的黄色斑纹。头部黑色，具如下黄色斑纹：下唇黄色除了末端黑色外；上唇黄色基部中央具一黑色斑，上颚基部和颊黄色并向上延伸至单眼水平处，额黄色，中央单眼两侧各具一黄色斑。前胸黑色；后叶后缘具狭的黄色条纹，条纹下方有一小斑；中叶两侧各具一黄色斑。合胸色彩同雄性，但黄色条纹较宽。足黑色，基节和转节以及股节的腹面黄色。翅透明，带烟黑色，色带模糊不清。腹部黑色，第 1—9 节背中条纹黄色，腹侧第 1—9 节具黄色条纹，第 9 节侧斑和背斑融合，第 10 节黄色。肛附器黄色，产卵器黄色。

分布：浙江（天目山：南大门）、安徽、福建、广东、广西。

尾溪蟌属 *Bayadera* Selys，1853

特征：两性翅狭，后翅不宽于前翅或与前翅相似；翅透明，或翅端部有黑色。翅柄到达或接近第 1 节前横脉水平处；Rii 在近起点处接触 R＋M，使径基室关闭；翅结位于翅中央；方室完整，短，小于基室长的 1/2。1A 和翅后缘之间不多于 4 条插入脉；翅痣长而狭。胸部很强壮。腹部长于后翅，肛附器长于第 10 腹节，上肛附器镊形。

分布：东旧北区，西旧北区，东南亚。

3.13　短尾尾溪蟌 *Bayadera brevicauda continentalis* Asahina，1973（**图 4-3-22**）

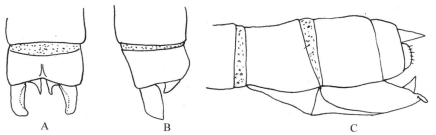

图 4-3-22　短尾尾溪蟌 *Bayadera brevicauda continentalis* Asahina，1973

A. 雄性肛附器，背面观；B. 雄性肛附器，侧面观；C. 雌性腹末，侧面观

特征:雄性体长 47mm,腹部长(连肛附器)36mm,后翅长 33mm。头部黑色,无光泽;上唇、上颚和颊黄色,黄色条纹向上延伸至触角;唇基黑色具光泽。前胸黑色,两侧各具两个黄色斑。合胸黑色,黄色肩前条纹狭,第 1 侧缝线下段为黄色条纹覆盖,后胸前侧片和后侧片两黄色斑融合。足黑色。翅狭长,透明,带淡烟黑色;翅痣黑褐色,覆盖 5—6 翅室。后翅方室具一横脉。腹部黑色,第 1 节侧面具一黄色斑。肛附器黑色,短;上肛附器稍短于第 10 腹节。

　　　雌性体长 45mm,腹部长(连肛附器)34mm,后翅长 34mm。雌性色彩与雄性相似,但头部侧单眼外方具一小黄色斑;腹部侧面第 1—3 节具一黄色条纹,第 4—7 节仅存一小的基斑。

　　　分布:浙江(天目山:南大门)、福建。

3.14　巨齿尾溪螅 *Bayadera melanopteryx* Ris,1912(图 4-3-23)

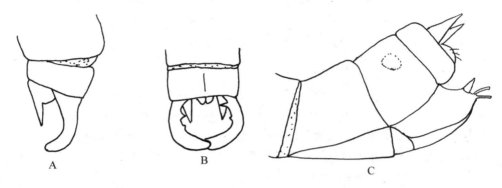

图 4-3-23　巨齿尾溪螅 *Bayadera melanopteryx* Ris,1912
A.雄性肛附器,侧面观;B.雄性肛附器,背面观;C.雌性腹末,侧面观

　　　特征:雄性体长 48mm,腹部长(连肛附器)37mm,后翅长 28mm。头部黑色无光泽;上唇、上颚基部和颊瓷蓝色,并向上延伸至侧单眼水平处;唇基黑色有光泽。翅除基部透明外深褐黑色不透明,翅痣黑色,覆盖 10 翅室。老熟标本胸部、腹部和足皆黑色。肛附器黑色,钳形,端部垂向下,基部具一腹齿;下肛附器圆锥形。未老熟标本色彩同雌性相似。

　　　雌性体长 37mm,腹部长(连肛附器)27mm,后翅长 26mm。头部黄色替代雄性瓷蓝色斑纹。前胸中叶侧面具一大黄色斑。合胸黑色;狭的黄色肩前条纹与肩条纹在下方融合呈"U"形纹,第 1 侧缝线为黄色条纹覆盖,后胸后侧片黄色。翅色同雄性,腹部黑色,腹侧第 1—4 节有一黄色条纹,第 9 节侧面有一黄色圆斑。肛附器黑色,圆锥形。

　　　分布:浙江(天目山:南大门)、安徽、四川、广东。

黑溪螅属 *Euphaea* Selys,1840

　　　特征:雄性翅不透明,黑色,通常有金属蓝色、绿色或紫色光泽,雌性翅透明;后翅明显宽于前翅;翅柄缺失。Rii 不同 R+M 相连接;翅结距翅基较近,距翅端较远;方室横脉只有一条,短,约为基室长的 1/3。通常仅有 2 条肘脉,4 条长的和许多短的插入脉在 1A 和翅后缘之间,2 条长的和 2 条短的插入脉在 1A 和 Cuii 之间,翅痣狭长。胸部强壮,相当短。雄性腹部长超过后翅,雌性腹部长与后翅等长。肛附器简单,铗形,长于第 10 腹节。第 10 腹节背中具一明显的脊齿。

　　　分布:东旧北区,东南亚。

3.15 褐翅黑溪蟌 *Euphaea opaca* Selys，1853（图 4-3-24）

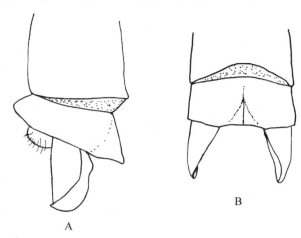

图 4-3-24 褐翅黑溪蟌 *Euphaea opaca* Selys，1853
A. 雄性肛附器，侧面观；B. 雄性肛附器，背面观

特征：雄性体长 55mm，腹部长（连肛附器）43mm，后翅长 37mm。全身包括头、躯体、翅和足均乌黑色，仅合胸腹面和腹部第 1—4 腹节的腹缘具黄色。翅痣黑褐色，覆盖 12 翅室。第 10 腹节背面端部中央具一三角形突起。肛附器黑色，上肛附器稍长于第 10 腹节，宽而扁；下肛附器不发育。雄性未老熟标本色彩似雌性。

雌性体长 52mm，腹部长（连肛附器）40mm，后翅长 38mm。头部黑色；下唇黄色，前缘黑色；上唇黄色，前缘有黑色细纹，基部中央具一黑色小斑；后唇基具三个分离的黄色斑点；上颚和颊黄色，并沿着眼内缘向上延伸至触角；单眼两侧各具一黄色斑。前胸黑色；后叶后缘有一黄色狭条纹，它的下方具一侧斑；中叶侧面具一卵圆形大斑。合胸黑色，背面黄褐色，背条纹和肩前条纹在上方相连接，呈倒"U"形纹；中胸后侧片具相同的"U"形纹，它的下条纹与后胸前侧片黄色相融合；黑色条纹覆盖第 1 侧缝线的上段，第 2 侧缝线为黑色条纹覆盖；后胸后侧片黄色。合胸腹面黄色。足黑色；中、后足近基部腹面具黄色条纹。翅透明，微带黄褐色，翅痣黑色，覆盖 12 翅室。腹部黑色，第 1 节黄色，第 2—10 节背中条纹黄色，腹侧条纹黄色，第 9—10 节侧斑大与背条纹融合。肛附器黑色。

分布：浙江（天目山：南大门）、安徽、福建。

丝螅总科 Lestoidea

特征:体小型至中型,具翅柄的豆娘;通常只有两条结前横脉,结后横脉与它们下面的横脉连成直线;臀脉和翅后缘融合;方室基部封闭(除了 Chorismagrion 之外);弓脉在第 2 结前横脉水平处或远于它;IRiii 和 Riv 起点通常近于弓脉,远于翅结;通常斜脉连接 Riii 和 IRiii。加插脉存在;翅痣长。雄性生殖器的交合器片延长。

分科检索表

1. IRiii 和 Riv 起点接近亚翅结,远于弓脉 ……………………………………………………………… 2
   IRiii 和 Riv 起点接近弓脉,远于亚翅结 …………………………………………………………… 3
2. 小至大型的豆娘,翅痣的近基边角尖锐 ……………………………… **山螅科 Megapodagrionidae**
   大而强壮的豆娘,翅痣的近基边角不尖锐 ……………………………… **绿丝螅科 Chlorolestidae**
3. 方室外后角甚尖锐 ………………………………………………………… **丝螅科 Lestidae**
   方室外后角稍尖锐 ………………………………………………………… **拟丝螅科 Pseudolestidae**

绿丝螅科 Chlorolestidae

特征:相当强壮的豆娘,翅具很长的翅柄。翅痣宽,插入脉存在,Riv 起点在或者刚好接近于亚翅结。CuP 从起点处向前方强度弯曲。方室基部封闭或开放。

分布:亚洲,非洲,澳洲。

绿山螅属 *Sinolestas* Needham,1930

特征:体大型、强壮的种类,具狭长的翅和很长的腹部。足细长,刺稀疏。雄性上肛附器长于第 10 腹节,约与第 9 腹节等长,简单,铗形。翅柄到达方室中央水平处,方室长为宽的 4—5 倍。IRiii 超过亚翅结节 3—4 翅室,Riii 超过 IRiii 4 翅室。插入脉存在于 IRii 和 Riii、Riii 和 IRiii、IRiii 和 MA 之间,1A 与翅后缘之间单列翅室。

分布:中国。

3.16　赤条绿山螅 *Sinolestes truncata* Needham,1930(图 4-3-25)

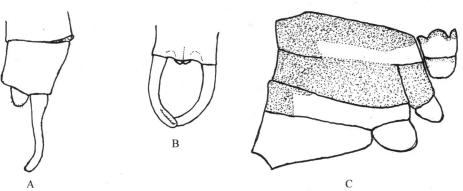

A　　　　　　　　　　　　　　　　　　　　　　　C

图 4-3-25　赤条绿山螅 *Sinolestes truncata* Needham,1930
A.雄性胸部,侧面观;B.肛附器,侧面观;C.肛附器,背面观

　　特征:雄性体长 67mm,腹部长(连肛附器)55mm,后翅长 41mm。头部铜绿色,具金属光泽;上唇和后唇基黑色,下唇黄色;前唇基黄青色,上方有两个小黑点;上颚基部和颊黄色,触角基节黄色。前胸背面黑色,两侧黄色。合胸铜绿色,具金属光泽;肩前条纹黄色,弧形,不到达上缘。后胸前侧片黄色,覆盖气门,不到达上缘;后胸后侧片黄色。合胸腹面黄色,具"人"字形黑条纹。足黑色,基节和转节黄色。翅透明,脉黑色。翅端呈乳白色,翅痣大,黑色或黄色,无支持脉,中间膨大,覆盖 8 翅室,结后横脉在前翅 25 条,在后翅 20 条。有些标本的翅在 IRiii 起点至翅痣的中央之间具烟黑色的色带。腹部铜绿色或紫绿色,具金属光泽,第 1—2 节侧面黄色,第 3—7 节侧面基部具黄色斑,第 2—4 节背中有间断的黄色细条纹;第 10 腹节背面中央有脊,后缘呈一小齿突。肛附器黑色,上肛附器长于第 10 腹节,铗形;下肛附器很小,呈三角形。

　　雌性体长 60mm,腹部长(连肛附器)49mm,后翅长 38mm。色彩与雄性相似,有如下区别:腹部第 2—3 节背面中央有间断的细纵条纹,第 1—8 节侧面黄色,第 9 节膨大成亚球状,侧面有黄色大斑,第 10 节黑色。肛附器黑色。翅透明,脉黑色,翅痣橙黄色。

　　分布:浙江(天目山:南大门)。

绿综螅属 *Megalestes* Selys,1862

　　特征:一类较大的丝螅,身体呈明亮的金属绿色,有黄色条纹;腹部很长,翅长而狭,翅痣长,中部较宽,具支持脉,结后横脉众多。弓脉在第 2 结前横脉处,翅柄至 ac 处,较接近第 2 结前横脉水平处。方室斜向下,外下角很尖锐,IRiii 和 Riv-v 起点近于弓脉,远于翅结,斜脉通常存在于 Riii 和 IRiii 之间,Riii 起点近于翅结,远于翅痣,3—4 条插入脉在翅端部。腹部很长而较细,长于翅。足中等长。上肛附器铗形,下肛附器粗短,雌性产卵器强大。

　　分布:东旧北区,东南亚。

3.17　斯氏绿综螅 *Megaleates suensoni* Asahina,1956(图 4-3-26)

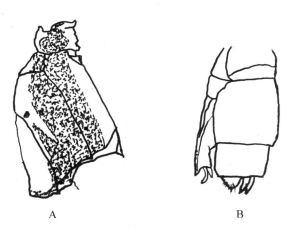

图 4-3-26　斯氏绿综螅 *Megaleates suensoni* Asahina,1956
A. 雌性胸部,侧面观;B. 雌性腹末,侧面观

　　特征:雄性体长 55mm,腹部长(连肛附器)45mm,后翅长 39mm。头部铜绿色,具金属光泽;下唇黄色,上唇前缘具狭的黄色条纹,上颚基部和颊黄色,触角褐色,基节黄色。前胸黄色,中叶具新月形褐色斑。合胸背面铜绿色,具金属光泽,同时入侵到肩缝线的下方;合胸侧面黄色,金属绿色狭条纹覆盖第 1 侧缝线,条纹的下段较宽;合胸腹面黄色。足黄褐色。翅透明,脉黑褐色;翅痣黑褐色,覆盖 2 翅室;结后横脉在前翅 18 条,在后翅 19 条。腹部上面金属绿色,

下面黄色,节端具绿褐色斑;第1节背面黄色,有一方形金属绿色斑;第9—10节黑色。上肛附器长于第10腹节,强度向内方弯曲,铗形,基部具一强大的腹齿,中部具一钝齿,端部内缘扩张,末端钝圆;下肛附器背侧方的齿尖。

雌性腹部长50mm,后翅长42mm。色彩同雄性。

分布:浙江(天目山:南大门)。

丝螅科 Lestidae

特征:方室颇移向翅的后边缘,外端角甚尖;斜脉在 Riii 和 IRiii 之间;臀脉在弓脉水平处与后翅缘分离。

丝螅属 *Lestes* Leach,1815

特征:翅透明;翅柄至 ac 处,约在第1—2结前横脉的中间水平处;翅痣长为宽的2倍;前、后翅的方室相似,IRiii 稍呈"Z"形波弯曲;身体具金属色斑纹或无金属色斑纹。

分布:旧北区,东南亚,非洲,澳洲,美洲。

3.18 **优美丝螅** *Lestes concinna* Selys,1862(图4-3-27、图4-3-28)

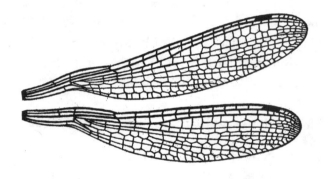

图 4-3-27 优美丝螅 *Lestes concinna* Selys,1862 前、后翅

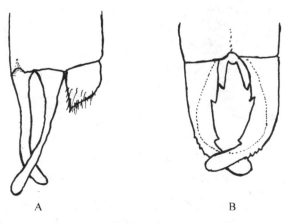

A　　　　　　　　　　　　　B

图 4-3-28 优美丝螅 *Lestes concinna* Selys,1862

A. 雄性肛附器,侧面观;B. 雄性肛附器,背面观

　　特征:雄性体长 41mm,腹部长(连肛附器)32mm,后翅长 21mm。头部:下唇黄色,上唇绿黄色,上颚基部和颊黄色,头的其余部分黑色,无光泽。前胸黄色,具如下铜绿色斑:前叶基部中央具一斑,中叶具 4 个互相分离的斑,后叶具一新月形斑。合胸背面铜绿色,侵入到肩缝线的下面;合胸侧面和腹面黄色。足黄色,足的腹面具黑色细纹。翅透明,脉褐色;翅痣深褐色,覆盖 2 翅室;结后横脉在前翅 12 条,在后翅 11 条。腹部上面铜绿色,下面黄色;第 1 节黄色,背面具一斑。肛附器黄色,端部黑色,长于第 10 腹节;上肛附器基部宽,中部内缘具一尖锐中齿,端部向内方弯曲,末端钝圆,端部外缘具 4—5 齿;下肛附器短,侧面观,肿胀呈球状,末端尖锐。

　　雌性体长 40mm,腹部长(连肛附器)31mm,后翅 22mm。雌性色彩与雄性相同,只腹部基环明显存在。

　　分布:浙江(天目山:朱陀岭)及我国南部地区;东南亚,澳大利亚。

<h3 style="text-align:center">赭丝螅属 Indolestes Fraser,1922</h3>

　　特征:停息时翅竖立在胸背面,胸部和腹部无金属色或具金属色斑纹。翅透明,微带烟色;翅狭长,翅柄到达 ac 处;前、后翅方室形状和大小不等,狭长,外后角尖锐;翅痣狭长,长为宽的 3 倍,IRiii 和 Riv-v 起点近于弓脉,远于翅结。上肛附器狭长,铗形,中部向内方扩张,内缘具尖齿,下肛附器粗短。

　　分布:东旧北区,东南亚,澳大利亚。

3.19　奇异赭丝螅 *Indolestes extranea* Needham,1930(图 4-3-29)

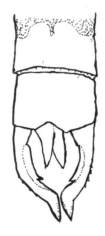

图 4-3-29　奇异赭丝螅 *Indolestes extranea* Needham,1930 雄性肛附器,背面观

　　特征:雄性体长 38mm,腹部长(连肛附器)30mm,后翅长 20mm。头部:下唇黄色;上唇、唇基和上颚基部黄绿色,前唇基具三个小黑点,后唇基的基具一黑色细纹;头的其他部分黑色,无光泽,侧单眼外方具一小黄斑。前胸褐色,中叶背面具一黑色条纹。合胸背面具宽的黑色背条纹,外缘具两个凹陷,并嵌入两段黄绿色细纹;肩前条纹深褐色,宽;合胸侧面黄绿色,后胸前侧片和后侧片的腹缘淡褐色;沿着肩缝线下方具两黑色斑点,第 1 侧缝线上段为黑色细纹覆盖,第 2 侧缝线上段具一三角形黑斑。足背面黑色,腹面褐色。翅透明,微带烟黑色;翅痣长,黑色,覆盖 2—3 翅室;结前横脉在前翅 10—12 条,在后翅 9—10 条;方室很狭,后翅方室长于前翅。腹部蓝色,具黑色斑纹:第 1 节背面基方具一黑斑;第 2 节背面基方具"T"形斑纹,端部具半圆形斑;第 3—7 节基方具楔形斑,端部具一斑;第 8 节背面黑色;第 9 节基方黑色;第

10 节蓝色。肛附器蓝黑色。上肛附器基部宽；中部向内扩张，内缘具一尖齿；端部互相平行，长有长毛；上肛附器外缘具 5—6 小尖齿。下肛附器长约为上肛附器的一半，粗大，末端尖锐。

　　雌性体长 37mm，腹部长(连肛附器)28mm，后翅长 22mm。雌性色彩与雄性相似，体色稍淡，不同之处如下：头部后头具一"U"形黄色斑纹，两侧伸至侧单眼基方，合胸脊为细的黄色条纹；翅痣褐色，翅脉褐色。

　　分布：浙江(天目山：南大门)、江苏、湖北。

山螅科 Megapodagrionidae

　　特征：小型至很大的豆娘。通常只有 2 条结前横脉。翅痣通常无支持脉，IRiii 和 Riv 起点接近亚翅结，插入脉通常存在。翅结近翅基，为翅长的 1/3—1/5。翅痣的近基边锐角。方室长，后边长约为前边长的 2 倍。雄性交合器片方形。

山螅属 *Mesopodagrion* McLachlan，1896

　　特征：体中型的豆娘。翅长，稍狭，而翅中部较宽；翅柄接近 ac 处，翅基至翅结长约为翅基至翅痣长的 1/3，ac 接近第 2 结前横脉。IRii 起点约在翅结与翅痣中央处，距 Riii 起点 3 翅室；前翅 Riii 起点距翅结 6 翅室，近于翅结，远于翅痣。MA、Cuii 简单，1A 从起点开始"Z"形波弯曲，在 IRii 和 Riii、Riii 和 IRiii、Riv-v 和 MA 之间有插入脉；翅痣长，中间稍宽。

　　分布：东旧北区。

3.20　藏山螅 *Mesopodagrion tibetanum* McLachlan，1896(图 4-3-30)

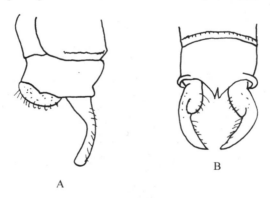

A

B

图 4-3-30　藏山螅 *Mesopodagrion tibetanum* McLachlan，1896
A. 雄性肛附器，背面观；B. 雄性肛附器，侧面观

　　特征：雄性体长 48mm，腹部长(连肛附器)38mm，后翅长 32mm。头部：下唇黑色；上唇、前唇基、颊和上颚黄绿色；头的其余部分黑色，侧单眼与触角基节之间具一梭形黄斑，后头后缘具一条黄色横带。前胸前叶黄色；中、后叶背面黑色，侧面黄色。合胸黑色，略带蓝色金属光泽，沿肩缝线具一黄色条纹；后胸前侧片的下方包含气门部分以及后胸后侧片黄色；合胸腹面黑色，中央具一黄色斑。足黑色；基节外方大部分黄色；足腹面具一条蓝色纵纹。翅透明，微带烟黑色，翅基距翅结约为翅长的 1/3。翅痣暗褐色，覆盖 4 翅室。结后横脉在前翅 21 条，在后翅 18 条。腹部黑色，微带蓝色金属光泽。第 1 节侧面大部分黄色，第 2—9 节具黄色腹缘条纹及侧条纹，条纹在两节之间断裂；侧条纹在第 2 节完整，第 3—5 节基方膨大，第 6—7 节仅存基方的黄色点，第 8—9 节黄色点很小或无。第 10 节后缘黄色，背板后缘中央在两个上肛附器之

间凸起,略呈三角形,中央分裂。上肛附器基方 1/2 稍膨胀。

雌性体长 43mm,腹部长(连肛附器)32mm,后翅长 31mm。雌性色彩与雄性相似,而第 9 腹节侧面具一大黄色斑。

分布:浙江(天目山:西坑)、福建、云南、西藏。

拟丝螅科 Pseudolestidae

特征:IRiii 和 Riv 通常后移,无次生结前横脉,结后横脉排成直线。方室外后角稍尖锐。

大丝螅属 *Rhipidolestes* Ris,1912

特征:大型黑体豆娘,胸部具黄色宽条纹,腹部黑色。翅狭长,翅柄到达或超过第 2 结前横脉处,在 IRii 和 Cuii 之间有插入脉。

分布:东旧北区,东南亚。

3.21 黑大丝螅 *Rhipidolestes nectans* Needham,1928(图 4-3-31)

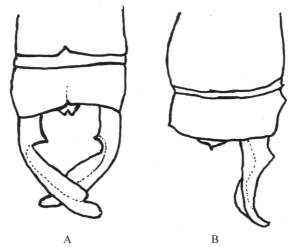

图 4-3-31　黑大丝螅 *Rhipidolestes nectans* Needham,1928
A.雄性肛附器,背面观;B.雄性肛附器,侧面观

特征:雄性体长 58mm,腹部长(连肛附器)45mm,后翅长 40mm。头部黑色,具黄色斑纹:前唇基淡黄色,具一对淡黑色横斑;在两复眼之间具一条宽的黄色条纹,横过额和后唇基的后半部分。前胸黑色,侧面各具一宽的黄色条纹。合胸黑色,具黄色条纹:宽的黄色肩前条纹不到达上缘,约为背长的 3/4。后胸前侧片黄色,后胸后侧片的腹缘具细的黄色条纹。合胸腹面黑色,中央具一黄色大斑。足褐色,刺黑色。翅狭长,脉黑褐色,翅柄到达第 2 结前横脉处。翅痣褐色,覆盖 3—4 翅室,内角尖锐,翅痣后 2 列翅室。翅端具黑色斑。结后横脉在前翅 31 条,在后翅 27 条。腹部黑色,具金属光泽,第 9 节背面基部具一对小齿突。肛附器黑色。上肛附器镊形,基部宽,内缘具一强大基齿,端部分裂成两叶,前叶长。下肛附器短。

雌性体长 50mm,腹部长(连肛附器)40mm,后翅长 35mm。雌性色彩同雄性,而足褐黄色,翅痣黄色。

分布:浙江(天目山:南大门)、福建。

螅总科 Coenagrionoidea

特征：翅具翅柄，通常透明和有 2 条结前横脉；弓脉约与第 2 结前横脉相连成直线；结后横脉通常与它们下面的横脉相连成直线；方室基部关闭，内无横脉；臀脉在基部与翅的后边缘相融合；IRiii 和 Riv 起点近于翅结，远于弓脉。第 1 侧缝线只到达气门。雄性交合器方形。幼虫具三片叶状尾鳃。

分科检索表

1. 1A 缺或极度退化，CuP 正常或退化 ·························· 原螅科 Protoneuridae
   1A 及 CuP 正常 ··· 2
2. 方室近四方形，它的前边仅比后边稍短约 1/5，它的外后角角度大；主脉直，通常不曲折呈显著锯齿状
   ·· 扇螅科 Platycnemididae
   方室的外后角甚尖，它的前边比后边短得多 ·········· 螅科 Coenagrionidae

螅 科 Coenagrionidae

特征：普通的小豆娘。臀脉和 CuP 存在，弓脉在第 2 结前横脉水平处，方室短，呈梯形，外后角尖锐。MA 和 IRiii "Z"形曲折。

分属检索表

1. 弓脉在第 2 结前横脉水平处 ··· 2
   弓脉在超过第 2 结前横脉水平处 ··················· 小螅属 Agriocnemis
2. ab 在后翅边起点处与 ac 的顶端相遇 ·································· 3
   ab 在后翅边起点比 ac 或与 ac 相遇点更近翅基 ····················· 4
3. 额上面有一显著的脊，头上无眼后色斑，头和胸同一颜色，无任何深色条纹 ········ 黄螅属 Ceriagrion
   额上面无脊，眼后色斑存在；前翅翅痣比后翅大，腹很细长，雌性第 8 节具一腹刺
   ·· 狭翅螅属 Aciagrion
4. 雄性前、后翅翅痣形状和大小不同；第 10 腹节背面后缘具一对瘤突；眼后色斑存在 ·····················
   ·· 异痣螅属 Ischnura
   雄性前、后翅翅痣颜色和形状相同；第 10 腹节背面无瘤突 ·········· 尾螅属 Cercion

小螅属 Agriocnemis Selys，1877

特征：最小型的纤细豆娘；无金属色，通常蓝色具黑色斑纹，或腹端部黄色，雌性色彩多样。翅透明，翅痣很小，覆盖小于一翅室，菱形，结后横脉 5—6 条，稀有 9 条。Arc 远离第 2 结前横脉，ab 和 1A 连接处成角。

分布：东旧北区，东南亚，非洲，大洋洲。

3.22 白粉杯斑小螅 Agriocnemis femina oryzae Lieftinck，1962（图 4-3-32、图 4-3-33）

特征：雄性体长 22mm，腹部长（连肛附器）18mm，后翅长 11mm。头部：下唇淡黄色，上唇黑色具铜色光泽；上颚基部、颊、前唇基和额横纹绿色；后唇基、头顶和后头黑色具铜色光泽，后头具圆形天蓝色眼后斑。前胸背面黑色，侧面蓝绿色；前叶和后叶后缘蓝绿色。合胸背面和中胸后侧片黑色，淡蓝色肩前条纹狭；合胸侧面和腹面绿色。足淡黄色，股节背面黑色，刺黑色。老熟标本头部、胸部和足皆被白色粉。翅透明，翅痣黄色，覆盖一翅室，结后横脉在前翅 5—6

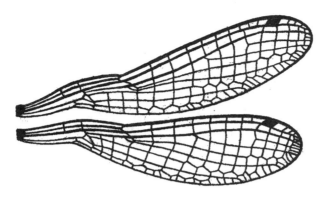

图 4-3-32　白粉杯斑小蟌 *Agriocnemis femina oryzae* Lieftinck，1962 前、后翅

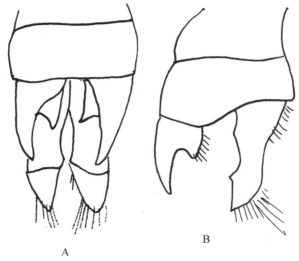

图 4-3-33　白粉杯斑小蟌 *Agriocnemis femina oryzae* Lieftinck，1962
A. 雄性肛附器，背面观；B. 雄性肛附器，侧面观

条，在后翅 4 条。腹部上面黑色，具铜色光泽；下面黄绿色，有些标本第 8—10 节红黄色。肛附器黄色。上肛附器短，约与第 10 腹节等长，基部宽，基部内缘下方具一强齿突；中部和端部变细，圆锥形。下肛附器长为上肛附器的 2 倍；基部宽稍弯曲，圆筒形，末端钝；端部内下方具簇状硬毛，端内缘具一短钝齿。

　　雌性体长 22mm，腹部长（连肛附器）18mm，后翅长 11mm。雌性色彩与雄性有差异。未老熟标本：头部上唇紫色，具金属光泽，边缘黄色；头的其余部分绿黄色至触角基部；头顶黑色，后头红黄色。前胸和合胸黄色，背面具黑色宽条纹。腹部红黄色，第 7—10 节背面黑色。老熟标本：上唇黑色，前缘黄色；后唇基黑色；后头黑色，具蓝色眼后斑。前胸背面黑色，侧面绿黄色。合胸背面黑色，具绿色肩前条纹，侧面绿黄色。腹部背面黑色，腹面蓝绿色。肛附器小，圆锥形。

　　分布：浙江（天目山：南大门）、福建、广东；日本。

3.23　乳白小蟌 *Agriocnemis lacteola* Selys，1877（图 4-3-34）

　　特征：雄性体长 20—22mm，腹部长（连肛附器）16—18mm，后翅长 9—10mm。头部：下唇白色；上唇奶白色，上颚基部和颊淡蓝色；额、头顶和后头黑色，后唇基的基部具黑纹，后头后缘

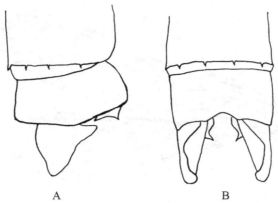

图 4-3-34　乳白小蟌 *Agriocnemis lacteola* Selys, 1877

A. 雄性肛附器,侧面观;B. 雄性肛附器,背面观

中央具淡黄色条纹,与眼后斑相连接或靠近。前胸背面黑色,侧面浅黄色或蓝白色;前叶奶白色,后叶后缘具白色细纹。合胸背面至前侧缝线黑色,具狭的淡黄色肩前条纹,合胸侧面淡蓝色,后侧缝线上端具小黑斑,合胸腹面白色。足白色,股节背面具黑纹,刺黑色。翅透明,翅痣淡黄色,中央褐色,覆盖小于一翅室;结后横脉在前翅 6—7 条,在后翅 5—6 条。腹部淡蓝色,近基端乳白色;第 1 节背面黑色,第 2 节黑色背条纹占节长的 3/4,第 3 节背条纹锥形。肛附器淡蓝色;上肛附器长同第 10 腹节,侧面观略呈三角形,末端钝,基部具一尖锐的腹齿,朝向下方。下肛附器很短,部分隐藏在第 10 腹节下方,具一朝向上方的强齿和朝向后方的短齿。雌性体长 20—22mm,腹部长(连肛附器)16—18mm,后翅长 15—17mm。

雌性色彩与雄性有差异:头部唇基、上颚基部和颊天蓝色,眼后斑大。腹部天蓝色,第 1—8 节背面具宽的黑色条纹,第 9 节基部具宽的三角形黑色斑。

分布:浙江(天目山:西坑)及我国中部和南部地区;印度。

尾蟌属 *Cercion* Navas,1907

特征:体小型至中型,较纤细;无金属光泽,通常黑色具蓝色斑纹,或蓝色具黑色斑纹。臀脉从翅边缘分离的起点接近 ac;方室短,雌性第 8 腹节无腹刺。

分布:中国,日本,东南亚。

3.24　黄纹尾蟌 *Cercion hieroglyphicum* Brauer, 1865(图 4-3-35)

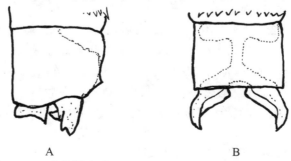

图 4-3-35　黄纹尾蟌 *Cercion hieroglyphicum* Brauer, 1865

A. 雄性肛附器,侧面观;B. 雄性肛附器,背面观

特征:雄性体长 29mm,腹部长(连肛附器)22mm,后翅长 15mm。头部:下唇黄色;上唇、

上颚基部、颊和前唇基黄色,上唇基部有三个小黑点,老熟标本上唇褐黑色,边缘淡色;后唇基黑色,前缘具狭的黄色纹,中央有一对黄色横斑。额前方黄色,后方黑色;触角褐色,第1—2节色淡,中央单眼两侧各具一黄色小斑。头顶和后头黑色,眼后斑蓝色,后头后缘有一条黄色横纹。前胸黑色,前叶前缘和后叶后缘黄色。合胸背面黑色,并延伸至肩缝线下方,肩前条纹和肩条纹黄绿色,老熟标本肩前条纹和肩条纹缩短或消失;合胸侧面蓝色,前侧缝线上方1/3和后侧缝线上方1/4为黑色细纹覆盖。足黄色,股节背面黑色。翅透明,翅痣淡褐色;结后横脉在前翅8—9条,在后翅7—8条。腹部背面黑色,侧面蓝色。第1节背面蓝色基部具黑色斑;第2节背面黑色;第3—7节背面黑色,具狭的蓝色基环;第8—10节蓝色,第8节背端部具"V"形黑色斑,第10节具"X"形黑色斑。肛附器短,上肛附器基部具一向下弯曲的内齿。

雌性体长31mm,腹部长(连肛附器)24mm,后翅长17mm。雌性色彩与未老熟雄性标本相似,但腹部第8—10节黑色,无其他斑纹。

分布:我国北部、中部地区;朝鲜,日本。

黄螅属 *Ceriagrion* Selys,1876

特征:小型豆娘,体较细;无金属色,通常具黄色、橙色或橄榄绿色,稀有蓝色和黑色条纹。翅透明,翅痣菱形,狭,内外两边斜,有支持脉,覆盖约一翅室,前翅结后横脉10—12条,方室外后角尖锐。弓脉分脉的起点从弓脉下方生出,弓脉位于第2结前横脉处,或很接近。ac存在,完整,ab起点与ac在翅后缘相遇,ac起点接近第1结前横脉。头狭,额具横隆脊,后头眼后色斑通常缺失。胸部狭长,雌性后叶简单,腹部较细。上肛附器短,具钩;下肛附器较长,圆锥形,雌性第8腹节无腹刺。

分布:旧北区,东南亚,非洲,澳大利亚。

3.25　中华黄螅 *Ceriagrion sinense* Asahina,1967(图4-3-36)

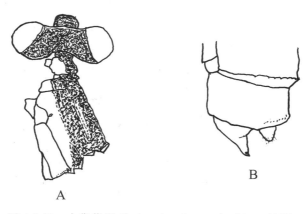

图4-3-36　中华黄螅 *Ceriagrion sinense* Asahina,1967
A.雄性头部和胸部,侧面观;B.雄性肛附器,侧面观

特征:雄性腹部长(连肛附器)33mm,后翅长23mm。头部背面黑色,上唇暗黄色,基部褐色;前唇基灰色,后唇基黑色有光泽;额前边褐色,额脊、颊和下唇暗黄色;头的腹面黑色。前胸上面黑色,侧面褐色及被粉,后叶脊具狭的黄色纹。合胸黑色到达第1侧缝线,具金属光泽;肩缝线具很狭的黄色条纹;侧面和腹面以及足淡褐色。腹部红褐色,第1节有一斑纹,第3—6节端部暗黑色。上肛附器短,从后面观,内角具两钩突;下肛附器末端尖锐;第10腹节背中后缘

具一瘤突。翅透明且宽,脉淡褐色;翅痣淡褐色,它的基边很斜,前边短于基边;弓脉稍超过第2结前横脉;翅柄明显在 ac 之前;结后横脉在前翅 15 条。

分布:浙江(天目山:三里亭)。

3.26　日本黄螅 *Ceriagrion nipponicum* Asahina,1967(图 4-3-37)

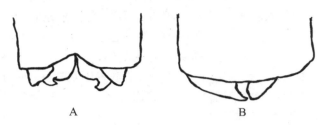

图 4-3-37　日本黄螅 *Ceriagrion nipponicum* Asahina,1967
A. 雄性肛附器,背面观;B. 雄性肛附器,侧面观

特征:雄性体长 36mm,腹部长(连肛附器)30mm,后翅长 19mm。头部黄色,上唇具光泽,额后面的缝线具很狭的黑色纹。胸部红褐色,侧面色淡。翅透明,脉深褐色,弓脉在或稍超过第 2 结前横脉处,翅柄在 ac 处。腹部深红色,无黑色斑纹。肛附器很短,上肛附器和下肛附器几乎等长,小于第 10 腹节长的一半。上肛附器亚端部具一齿突,朝向下内方,背面观上肛附器呈三角形。

雌性腹部长 30—33mm,后翅长 21—23mm。头部和胸部淡绿褐色,上唇黄色。未老熟标本腹部淡褐色,老熟标本红褐色。

分布:浙江(天目山:禅源寺)及我国中部;日本。

3.27　朱红黄螅 *Ceriagrion auranticum* Lieftinck,1951(图 4-3-38)

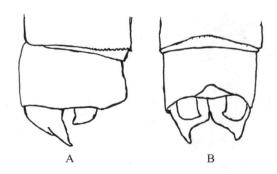

图 4-3-38　朱红黄螅 *Ceriagrion auranticum* Lieftinck,1951
A. 雄性肛附器,侧面观;B. 雄性肛附器,背面观

特征:雄性体长 35mm,腹部长(连肛附器)28mm,后翅长 20mm。头部:下唇淡黄色;上唇、颊、上颚基部、唇基和额黄绿色;头顶和后头褐色。前胸和合胸朱红色,具暗黄色肩前条纹。翅透明,翅痣淡褐色,ab 起点位于 ac 水平处;结后横脉在前翅 12 条,在后翅 11 条。足黄色,具黑色刺。腹部朱红色,下面色淡。上肛附器很短,侧面观端部向下方弯曲,背面观末端具一小齿突,朝向内方;下肛附器长于上肛附器,侧面观基部宽,端部尖锐,斜向背上方。

雌性腹部长(连肛附器)29mm,后翅长 23mm。雌性色彩与雄性相似,一般背面色暗。

分布:浙江(天目山:禅源寺);亚洲东部、南部。

狭翅螅属 *Aciagrion* Selys，1892

特征：体小型，通常很纤细；蓝色或紫罗蓝色具黑色斑纹，很少淡色。翅很狭，翅端稍尖锐，透明。翅痣狭，菱形，覆盖小于一翅室，前翅的翅痣大，约为后翅翅痣的 2 倍。前翅结后横脉 10—13 条，方室外后角尖锐。弓脉在第 2 结前横脉处，ab 起点与 ac 在后翅翅缘相遇，ac 位于两结前横脉之间。头狭，通常具眼后斑；胸部纤细，前胸后叶圆，简单；腹部中等长或很长，肛附器很短。雌性第 8 腹节具腹刺。

分布：东旧北区，东南亚，非洲。

3.28 沼狭翅螅 *Aciagrion hisopa* Selys，1876（图 4-3-39、图 4-3-40）

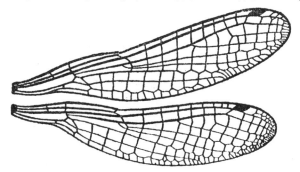

图 4-3-39 沼狭翅螅 *Aciagrion hisopa* Selys，1876 前、后翅

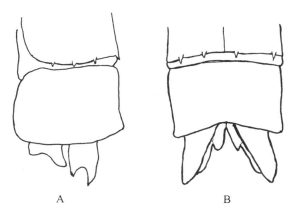

图 4-3-40 沼狭翅螅 *Aciagrion hisopa* Selys，1876
A. 雄性肛附器，背面观；B. 雄性肛附器，侧面观

特征：雄性体长 32mm，腹部长（连肛附器）26mm，后翅长 16mm。头部：下唇黄色；上唇、上颚基部、颊、前唇基和额蓝色或蓝绿色，后唇基黑色，后头黑色。合胸背面黑色，并延伸接近前侧缝线，狭的肩前条纹和合胸侧面紫罗蓝色，合胸侧下方和腹面被白粉。足乳白色，具短而细的黑刺，股节与胫节的背面和外侧具黑色条纹。翅透明，前翅翅痣比后翅稍大，黑色，覆盖约 1/2 翅室。结后横脉在前翅 12 条，在后翅 10 条。腹部侧面淡蓝色，背面具黑色条纹，第 3—7 节具狭的淡蓝色基环。肛附器黑色，上肛附器端部分叉，下肛附器短，基部宽。

雌性体长 32mm，腹部长（连肛附器）26mm，后翅长 17mm。雌性色彩与雄性相似，不同之处如下：上唇基部具一狭的黑条色纹，合胸背面肩前条纹宽，腹部第 8—10 节背面黑色条纹狭。

分布：浙江（天目山：西坑）、福建、台湾、四川、云南；印度，东南亚。

异痣蟌属 *Ischnura* Charpentier，1840

特征：体小型，纤细；无金属色，通常为明亮的赤黄色，具黑色、蓝色或绿色斑纹。翅透明，雄性翅痣的形状和色彩前、后翅不同，前翅翅痣色深，稍大，后翅翅痣色淡，稍小。结后横脉在前翅8—10条，在后翅6—7条。方室外后角尖锐；弓脉的分脉从弓脉的下方分出，由起点分歧。ac位于第2结前横脉水平处；ab存在，完整，起点前于ac。头狭，眼后斑存在；胸粗短，通常具一对肩前条纹；雌性第8腹节具腹刺。

分布：全世界。

3.29 双色异痣蟌 *Ischnura asiatica* Brauer，1865（图4-3-41、图4-3-42）

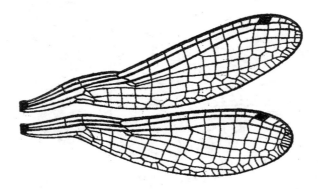

图4-3-41 双色异痣蟌 *Ischnura asiatica* Brauer，1865 前、后翅

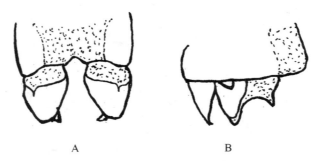

图4-3-42 双色异痣蟌 *Ischnura asiatica* Brauer，1865
A.雄性肛附器，背面观；B.雄性肛附器，侧面观

特征：雄性体长28mm，腹部长(连肛附器)22mm，后翅长13mm。头部：下唇黄色，基方一半黑色，端方一半绿褐色；上颚基部、颊和前唇基绿褐色，额的前方绿褐色，后方黑色；头顶和后头黑色，圆形眼后斑蓝色，后头后缘中央有一黄褐色狭斑纹。前胸背面黑色，侧面黄色；前叶黄色，前缘黑色；后叶黑色，后缘黄色。合胸背面黑色，延伸至肩缝线下方，肩前条纹黄绿色；合胸侧面和腹面黄绿色，前侧缝线上方为一小段黑纹覆盖，后侧缝线有深色细纹，上方一段稍宽。翅透明，前翅翅痣大，红褐色，翅痣上方1/3色淡。后翅翅痣小，淡黄褐色。结后横脉在前翅8—9条，在后翅7—8条。足黄色，股节背面黑色。腹部第1—8节背面黑色，第9节蓝色；第10节背面黑色，侧面蓝色；第1—5节侧面红黄色，第6—7节褐红色。上肛附器长短于第10腹节的1/2，基部背面具一黑色锐齿，端部扩张，扭曲朝向下方。下肛附器长约等于第10腹节的1/2，基部宽，端部尖锐，向内钩曲。

雌性体长 31mm,腹部长(连肛附器)25mm,后翅长 16mm。雌性色彩与雄性区别如下:合胸背面黄绿色,背中黑色条纹宽;前、后翅的翅痣色彩相同,腹部背面黑色,侧面黄绿色。

分布:浙江(天目山:后山门)、湖北;亚洲东部。

扇螅科 Platycnemididae

特征:体小型至中型的豆娘。臀脉和 CuP 存在;方室长为宽的 2—3 倍,前边和后边几相等;MA 和 IRiii 走向平直;翅痣覆盖一翅室。

分布:旧世界。

分属检索表

1. 前翅方室的上边比下边短 1/5 以上 ·· 2
   前翅方室的上边与下边相等或近似相等 ··· 3
2. 翅柄到达 ac 水平处 ·· 长腹扇螅属 *Coeliccia*
   翅柄未到达 ac 水平处 ·· 丽扇螅属 *Calicnemia*
3. 触角第 2 节长等于第 3 节 ·· 狭扇螅属 *Copera*
   触角第 3 节长等于第 1 节与第 2 节之和 ·························· 扇螅属 *Platycnemis*

扇螅属 *Platycnemis* Charpentier,1840

特征:体小型,纤细,腹部长小于翅长的 2 倍。体奶白色或淡蓝色,具黑色或褐色斑纹。翅透明,翅端适度圆,接近镰形;翅柄到达第 1 结前横脉水平处。方室长形;弓脉分脉从弓脉下方分出,从起点分歧。ac 位于两结前横脉中央,ab 存在。头狭,眼小,第 3 节触角长为第 1 节与第 2 节之和。

分布:世界广布。

3.30 白扇螅 *Platycnemis foliacea* Selys,1886(图 4-3-43)

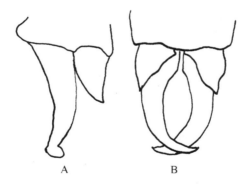

图 4-3-43 白扇螅 *Platycnemis foliacea* Selys,1886
A.雄性肛附器,背面观;B.雄性肛附器,侧面观

特征:雄性体长 37mm,腹部长(连肛附器)30mm,后翅长 18mm。头部:下唇白色;上唇、上颚基部和颊黄色,上唇基部中央具一小黑点;唇基黄绿色;额黑色,前缘和两侧黄色;头顶和后头黑色,侧单眼两侧各具黄色斑,后头后缘两侧各具一黄色条纹。前胸黑色,侧面具黄色斑。合胸背面黑色,合胸脊黄色,狭的肩前条纹黄色。中胸后侧片黑色,沿着肩缝线具一狭的黄色条纹。后胸侧片黄色,后侧缝上方具一黑色斑。翅透明,微带白色,翅痣黄褐色,覆盖一翅室。结后

横脉在前翅 12 条,在后翅 9 条。足白色,股节背面和前足胫节背面黑色;中、后足胫节扩张呈扇形。腹部黑色,具黄色条纹;第 1—8 节背面黑色,侧面黄色;第 3—7 节具黄色基环和亚端斑;第 9—10 节黑色,腹缘黄色。上肛附器约与第 10 腹节等长,黑色,端部乳白色;下肛附器长约为上肛附器的 2 倍,黄白色,末端黑色。雌性体长 35mm,腹部长(连肛附器)28mm,后翅长 17mm。

雌性色彩与雄性相似,但额黄色扩大,足胫节不扩张。

分布:浙江(天目山:禅源寺);亚洲东部。

狭扇螅属 *Copera* Kirby, 1890

特征:体小型至中型的豆娘,触角第 2 节与第 3 节等长。雄性胫节稍扩大呈扇状,而雌性不扩大。

分布:旧北区东部,东南亚。

3.31 白狭扇螅 *Copera annulata* Selys, 1863(图 4-3-44、图 4-3-45)

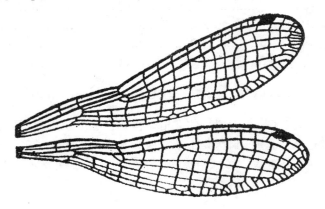

图 4-3-44 白狭扇螅 *Copera annulata* Selys，1863 前、后翅

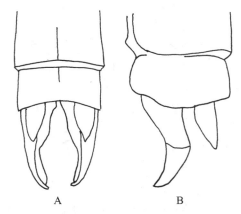

图 4-3-45 白狭扇螅 *Copera annulata* Selys，1863
A. 雄性肛附器,侧面观;B. 雄性肛附器,背面观

特征:雄性体长 45mm,腹部长(连肛附器)37mm,后翅长 23mm。头部:下唇和上唇白色,上唇基部中央具一黑色小斑点;上颚基部和颊黄色,向上延伸至额的两侧,额黑色;唇基黄褐色,后唇基中间黑色;头顶和后头黑色,侧单眼两侧各具一三角形黄色斑,眼内缘具黄色斑纹。

前胸黑色,侧面具一宽的黄色纵纹。合胸背面黑色,肩前条纹黄色;中胸后侧片黑色,上方具一小的黄色弧形条纹;后胸侧片和合胸腹面黄色,后侧缝线黑色。足白色,前足股节和胫节背面黑色;中、后足股节端部和胫节基部、端部以及跗节黑色。腹部第1—8节背面黑色,侧面黄色;第3—6节具狭的基环,第9—10节白色。上肛附器与第10腹节等长,下肛附器长为上肛附器的2倍,端部黑色。

雌性腹部长(连肛附器)37mm,后翅长25mm。头部:下唇黄色;上唇黄色,基部中央有一黑斑。唇基黄色;额黄色,前缘和上方具一"工"字形黑纹;头顶和后头黑色,中央单眼两侧有一对小黄斑,侧单眼和后头的两侧各具一对黄色小斑。胸部和腹部的色彩同雄性。肛附器短于第10腹节。

分布:浙江(天目山:南大门)及我国中部和南部;日本,朝鲜。

丽扇螅属 *Calicnemia* Strand,1926

特征:体型细小的豆娘;腹部长小于翅长的2倍。体红色或明亮的黄色,具黑色斑纹。翅透明,翅端圆,翅柄中等长,方室后外角尖锐,ac位于稍接近第1结前横脉处,ab完整,方室至亚翅结之间3翅室。头狭,眼小,前胸后叶圆,简单。腹部圆筒形,中等粗壮。

分布:旧北区东部,东南亚。

3.32　华丽扇螅 *Calicnemia sinensis* Lieftinck,1984(图4-3-46)

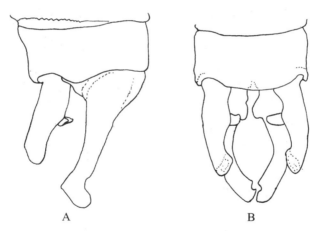

图4-3-46　华丽扇螅 *Calicnemia sinensis* Lieftinck,1984
A.雄性肛附器,侧面观;B.雄性肛附器,背面观

特征:雄性体长40—42mm,腹部长(连肛附器)32—34mm,后翅长24—25mm。头部:下唇黄色,上颚基部和颊黄色;上唇、唇基和额红褐色,上唇基部中央具一锐三角形黑色斑楔入,后唇基具一对模糊的小黑斑;头顶和后头天鹅绒黑色,两眼间一条红褐色狭条纹覆盖中央单眼,后头具黄褐色条纹状眼后斑。前胸黑色,侧面具灰白色粉被。合胸黑色,微带金属绿光泽,肩前条纹狭,灰白色或模糊不清。后胸前侧片具一黄色条纹,覆盖气门,后胸后侧片黄色带宽。合胸腹面黄色。翅透明,翅痣红褐色,覆盖1—2翅室。结后横脉在前翅18—20条,在后翅15—17条。足黑褐色,基节、转节和股节被粉。腹部红色;或第1—2节黑色,第1节侧面具一黄色小斑,第9—10节背面黑色。肛附器红色或黑色。上肛附器长于第10腹节,亚基部具一长的腹齿。下肛附器长于上肛附器,末端弯曲,朝向下方。

雌性体长 38mm,腹部长(连肛附器)30mm,后翅长 24mm。雌性色彩与雄性区别如下:头部黄色代替红色。前胸侧面黄色,合胸肩前条纹黄色,后胸侧片黄色,后侧缝线覆盖一宽的黑色条纹。足黄色。腹部红黄色,第 1—2 节和第 9—10 节背面黑色。野外观察雄性挟着雌性在苔藓中产卵,苔藓生长在潮湿有流水的岩石上。

分布:浙江(天目山:三里亭)、福建。

长腹扇蟌属 *Coeliccia* Kirby,1890

特征:体中型,纤细;头狭,眼小,腹部长小于后翅长的 2 倍。体黑色,具蓝色或黄色斑纹。翅透明,翅端圆;方室长方形,后外角尖锐。弓脉分脉从弓脉下方分出,在起点稍分离。ac 位于稍接近第 2 结前横脉水平处,ab 存在;翅痣小。方室至翅结之间 2—3 翅室。

分布:旧北区东部,东南亚。

3.33　蓝纹长腹蟌 *Coeliccia cyanomelas* Ris,1912(图 4-3-47、图 4-3-48)

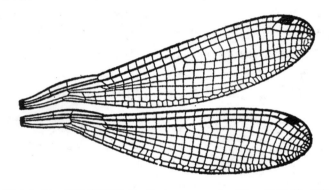

图 4-3-47　蓝纹长腹蟌 *Coeliccia cyanomelas* Ris,1912 前、后翅

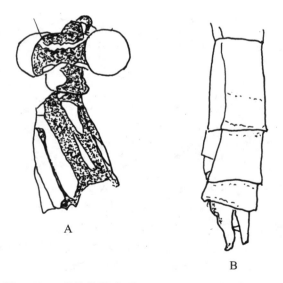

图 4-3-48　蓝纹长腹蟌 *Coeliccia cyanomelas* Ris,1912
A.雄性头部和胸部,侧面观;B.雄性肛附器,侧面观

特征:雄性体长 47—50mm,腹部长(连肛附器)39—42mm,后翅长 26—28mm。头部黑色,前唇基和颊蓝色,额前缘蓝色纹与颊相连;侧单眼与触角之间具一天蓝色斑纹,后头具一对黄色眼后斑。前胸背面褐色,侧面蓝色;合胸背面褐色,具前、后两对天蓝色条纹,合胸侧面天蓝色,第 2 侧缝线具黑色条纹,覆盖气门。翅透明,翅痣黑褐色。足黄色。腹部黑色具天蓝色斑纹。肛附器蓝色,上肛附器中部腹缘具一齿突,朝向下方;下肛附器稍长于上肛附器,基部宽,端部圆锥形,向下方弯曲。

雌性体长 48mm,腹部长(连肛附器)40mm,后翅长 28mm。头部黑色;下唇、上唇和上颚基部以及颊黄绿色;中央单眼与侧单眼之间具一对黄绿色斑点;额前缘与颊具黄绿色横纹,后头两侧各具一黄色斑。胸部背面黑色,侧面黄色;合胸背面肩前条纹黄色,第 2 侧缝线有黑纹覆盖。腹部第 1 节黄色,背中条纹褐色;第 2—9 节背面黑色,侧面具黄色斑;第 10 节黑色。肛附器很短,黑色,三角形。

分布:浙江(天目山:南大门);亚洲东部。

原螅科 Protoneuridae

特征:体小型至中型的豆娘,腹部通常很长。臀脉缺失或缩减;CuP 存在或缩减,翅基部肘臀脉室无横脉。方室长,规则的长方形,长至少为宽的 3 倍,亚方室连接翅的后边缘。翅痣短,梯形。幼虫具叶状的尾鳃。

齿原螅属 *Prodasineura* Cowley,1934

特征:翅基臀横脉在第 1 与第 2 结前横脉水平处,结后横脉在前翅 12—18 条,在后翅 11—15 条。中脉分脉的起点接近亚翅结,亚翅结分脉的起点在或稍距亚翅结。方室的上分脉在前翅终止于距翅结一翅室,或在翅结水平处,或超过翅结 1—4 翅室。在后翅终止于翅结水平处,或超过翅结 1—3 翅室。方室的下分脉作为一条横脉从方室的外边伸出,或缺失。翅透明,雌性前胸后叶具齿。

分布:东旧北区,东南亚,非洲。

3.34 龙井齿原螅 *Prodasineura longjingensis* Zhou,1981(图 4-3-49)

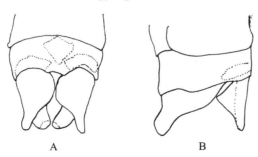

A   B

图 4-3-49 龙井齿原螅 *Prodasineura longjingensis* Zhou,1981
A.雄性肛附器,侧面观;B.雄性肛附器,背面观

特征:雄性体长 34mm,腹部长(连肛附器)28mm,后翅长 17mm。头部:下唇褐色;上唇黄色,基部中央有一黑点;上颚的基部和颊黄青色;前唇基黄褐色,中央有一对并列的黑色细纹;后唇基黑色,基部橙色,头的其余部分黑色;头顶在两复眼之间有一条中等宽的断续的橙黄色条纹,分割成三段,覆盖前单眼。前胸黑色,侧面有橙色斑,前叶一小斑,中叶一三角形斑,后叶

一小斑。合胸黑色,背面整个橙色,合胸脊细的黑色;合胸侧面有两条斜纹,一条橙色在后胸前侧片,覆盖气门,另一条黄青色在后胸后侧片的后半部分。足黑色,转节黄色,股节的腹面和胫节的背面白色。翅透明,翅痣黑褐色,菱形,覆盖一个半翅室。臀桥脉不完整,第1肘脉在前翅4翅室,在后翅5翅室。结后横脉在前翅13—14条,在后翅11—13条。腹部黑色,有下述黄青色斑纹:第1节侧面有一三角形斑,腹缘有一狭的纵条纹;第2节腹缘有一狭的纵条纹;第2—6节基部背面有成对的小斑,腹侧亚端部有模糊的斑;第7—9节无斑纹;第10腹节背面中央有一圆形斑,两侧各有一横条纹。肛附器长于第10腹节,形状同属型。上肛附器肿胀呈圆锥形,末端尖,淡黄青色。腹齿粗壮呈三角形,基部宽,淡黑色。下肛附器白色,从上向下强烈倾斜,边上形成一钝齿,基部宽,黑色,末端向背上方卷曲。

雌性体长34mm,腹部长(连肛附器)28mm,后翅长18mm。雌性色彩与雄性相似,不同之处如下:头部上唇、下颚基部和颊以及前唇基黄色,两复眼之间有一条中等宽的黄色条纹。前胸后叶扁平,竖立,中央宽的向内凹陷,两边有尖锐扁刺。合胸背面肩前条纹狭。腹部第8—9节侧面有黄色纵纹,背面有黄青色斑;第10节中央有一斑,两边各有一横条纹。肛附器黄色。

分布:浙江(天目山:西坑)。

3.35 乌齿原螅 *Prodasineura autumnalis* Fraser,1922(图4-3-50)

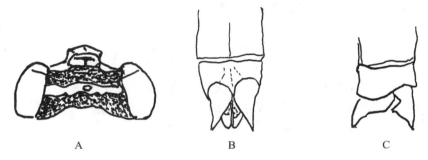

图4-3-50 乌齿原螅 *Prodasineura autumnalis* Fraser,1922
A.雄性头部;B.肛附器,背面观;C.肛附器,侧面观

特征:雄性体长37mm,腹部长(连肛附器)31mm,后翅长19mm。头部:下唇褐色,上唇绿黑色,前唇基深褐色,头的其余部分黑色。前胸和合胸黑色;老熟标本无斑纹,侧面和腹面被白粉;未老熟标本后胸前侧片上半部分具蓝色条纹,后胸后侧片具白色条纹。足黑色,股节基部具狭的白色环。翅透明,翅痣深红褐色,覆盖一翅室。结后横脉在前翅13—15条,在后翅12—13条。Cuii在前翅长2—3翅室,在后翅长4—6翅室。ab可变。腹部天鹅绒黑色,第3—7节具小的成对白色基背斑;老熟标本第1节常被白粉,侧面具淡白色斑。肛附器黑色;上肛附器长如第10腹节,基部宽,圆锥形,端部尖,腹齿粗壮。下肛附器淡褐色,端部白色,向上卷曲。

雌性体长39mm,腹部长(连肛附器)33mm,后翅长22mm。雌性色彩与未老熟雄性相似,不同之处如下:头部上唇、上颚基部、颊和前唇基以及触角基节香橼黄色;两眼之间具一条橙色横条纹,覆盖中央单眼;后唇基黄褐色,中央具一黑色斑;头的其余部分黑色。前胸黑色,亚背侧具黄色条纹。后叶中央深裂,成两分叶,分叶外边具一短的弯曲的齿。合胸黑色,肩前条纹黄色,后胸前侧片上半部分和后侧片下半部分具黄色条纹。翅透明,翅痣褐色,覆盖一个半翅室,结后横脉在前翅14—15条,在后翅11—14条。足黄色,股节背面和跗节黑色。腹部黑色,侧面具黄色条纹,第3—7节具基斑。

分布:浙江(天目山:七里亭);亚洲东部至印度。

蜓总科 Aeshnoidea

特征:前、后翅三角室的形状相似,离弓脉的距离相等。雄性后翅基部通常成角。原始结前横脉显著。雄性第 2 腹节通常具耳形突。幼虫身体延长,下唇脸盖平扁,通常无刚毛,侧叶狭,在幼虫和成虫呈锯齿状。

分科检索表

1. 两眼有很长的一段接触 ………………………………………………………… 蜓科 Aeshnidae
   两眼不接近,下唇中叶末端不分裂 …………………………………………… 春蜓科 Gomphidae

蜓　科 Aeshnidae

特征:体大型至很大的蜻蜓。两眼有很长的一段接触。产卵器存在。前、后翅三角室相似,延长,具横脉;中室区 3 列翅室;基室存在;MA 和 Riv 在靠近末端处融合;IRiii 正好在翅痣水平处分叉。Rspl 和 Mspl、Iriii 和 MA 之间 4 列翅室。

分属检索表

1. 翅脉颇紧密,基室无横脉。Riv 和 MA 逐渐聚集相接触或依斜脉相连接。MA 消失在近翅缘处 … 2
   体色大部分是瓷蓝色或瓷绿色。Riv 和 MA 平滑弯曲,互相平行,到达翅缘(稍分离在末端)……… 4
2. Riii 朝向翅痣强度弯曲,雄性第 2 腹节无耳形突 ………………………… **伟蜓属 *Anax***
   Riii 不朝向翅痣弯曲,雄性第 2 腹节具耳形突 ……………………………………………… 3
3. 雌性第 10 腹节腹侧板延长,末端长有 4 枚或更多的强齿 ………………… **波蜓属 *Polycanthagyna***
   雌性第 10 腹节腹侧板延长,末端长有 2—3 枚长的分叉刺 ………………… **长尾蜓属 *Gynacantha***
4. 基室无横脉,翅痣短,覆盖 2—4 翅室 ……………………………… **普莱蜓属 *Planaeschna***
   基室具横脉 ……………………………………………………………………………………… 5
5. 翅痣无支持脉,Mspl 从三角室外边生出,无臀膜 ………………… **叶蜓属 *Petaliaeschna***
   不同上述 ………………………………………………………………………………………… 6
6. 额宽,大于头宽的 1/2,雄性臀三角 5 翅室,上肛附器末端钝,雌性第 10 腹节腹板无突起 ……………
   …………………………………………………………………………… **头蜓属 *Cephalaeschna***
   额狭长,小于头宽的 1/2,雄性臀三角 3 翅室,上肛附器末端尖锐,朝向外方,雌性第 10 腹节腹板发达,
   呈强度分叉 ………………………………………………………………… **佩蜓属 *Periaeschna***

伟蜓属 *Anax* Leach，1815

特征:体型很大的蜻蜓。头很大,球状,额脊呈锐角,后头很小。合胸强壮。足长,粗壮。翅长而宽,透明,常呈黄色或淡褐色。翅端尖锐,两性的臀角圆,翅痣长而狭,三角室长而狭,前翅三角室长于后翅三角室,臀三角缺乏,臀套近方形,10—12 翅室。在 Rspl 和 IRiii、Mspl 和 MA 之间各具 4—6 列翅室,后翅 Cuii 和 1A 之间 2 列翅室,Riii 在翅痣外缘处向下倾斜。腹部第 1—2 节肿胀,第 3 节稍狭缩,其余各节圆筒形,第 2 节耳形突缺乏,第 4—10 节具附加的腹侧脊。肛附器:上肛附器呈宽的矛状,背面具一强的脊突,末端钝圆,外角具一小齿;下肛附器方形,短于上肛附器,很宽而短,端缘凹陷,外角具齿。

分布:全世界。

3.36　碧伟蜓 *Anax parthenope* Julius Brauer, 1865（图 4-3-51、图 4-3-52）

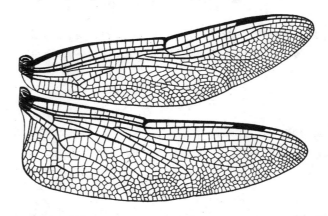

图 4-3-51　碧伟蜓 *Anax parthenope* Julius Brauer, 1865 前、后翅

图 4-3-52　碧伟蜓 *Anax parthenope* Julius Brauer, 1865 雄性肛附器,背面观

特征:雄性体长 73mm,腹部长(连肛附器)53mm,后翅长 52mm。头部:下唇黄色;上唇黄色,前缘黑纹宽,基方具三个小黑点。脸和额绿黄色,额脊红褐色,额脊上方具淡蓝色横纹,上额后缘与头顶黑色,头顶中央色淡,后头黄色。前胸褐色,侧面黄色。合胸绿黄色,肩缝线和后侧缝线细的黑褐色。足黑色,股节红褐色。翅透明,从翅端到三角室淡烟黑色;翅痣红褐色,长而狭,覆盖 3 翅室;前翅三角室长于后翅三角室;结前横脉和结后横脉指数为 $\dfrac{8-17}{9-11}$。腹部褐黑色,具蓝色斑纹:第 1 节绿色,基部具一黑色细纹,侧面有一褐色小斑点;第 2 节天蓝色,亚基部具深褐色环纹横过背面,腹横脊在亚背侧具黑色细纹;第 3—10 节背面褐黑色,侧面具蓝绿色纵斑纹,第 10 节斑纹呈新月形。肛附器褐色;上肛附器基部狭,中部内侧很宽,端部外角具一齿突;下肛附器很宽而短,小于上肛附器长的 1/5,每个侧外角具十多个小齿突。

雌性体长 75mm,腹部(连肛附器)55mm,后翅长 52mm。雌性色彩与雄性相似,但翅宽,从翅痣外边到三角室具黄色斑。

分布:浙江(天目山:老殿);亚洲东部。

3.37　黄额伟蜓 *Anax guttatyus* Burmeister, 1839（图 4-3-53）

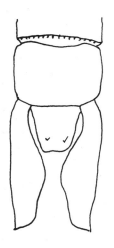

图 4-3-53　黄额伟蜓 *Anax guttatyus* Burmeister，1839 雄性肛附器，背面观

特征:雄性体长 87mm,腹部长(连肛附器)62mm,后翅长 55mm。头部:下唇和上唇呈明亮的香橼黄色,上唇前缘狭的黑色。脸和额黄色或绿黄色,上额后缘褐色斑与头顶黑褐色条纹相连接,后头绿黄色。前胸红褐色,前叶前缘黄色;合胸绿色。足黑色,胫节基部红褐色。翅透明,后翅在三角室至稍超过翅结处,以及后翅后缘至桥脉之间具大的琥珀色黄斑。翅痣正面铁锈红色,反面淡黄色;覆盖两个半翅室,长而很狭。臀膜黑色,前缘脉黄色;前翅三角室很狭长,明显长于后翅三角室;前翅三角室 5—6 翅室,后翅 3—5 翅室。臀套 12—14 翅室。结前横脉和结后横脉指数为 $\dfrac{7-18}{10-12}$。腹部第 1 节淡绿色,基部和节间环红褐色;第 2 节基部狭的淡绿色,侧面下方淡绿色,背面至腹横脊天蓝色,腹横脊细的黑褐色;第 3—8 节具 3 对黄色或绿黄色斑:基斑、中斑和端斑;第 9 节只具端斑;第 10 节黄褐色。肛附器红褐色;上肛附器内侧扩张,基部狭,基部背面具一小齿,端部外侧具一小齿;下肛附器长短于上肛附器的 1/2,末端具两中等大的齿。

雌性腹部长(连肛附器)58mm,后翅长 54mm。雌性色彩与雄性相似。

分布:浙江(天目山:老殿);亚洲。

长尾蜓属 *Gynacantha* Rambur，1842

特征:体大型,深褐色或绿色。头大,球形,两眼有很长一段距离相接触;胸部较小,足颇短。翅长而宽,具紧密的网状脉,雄性后翅基部短而狭,具钝的凹陷,雌性圆形。臀膜短;翅痣中等长,狭,具支持脉。三角室远距弓脉,延长,狭,5—7 翅室;前、后翅形状相似。弓脉稍靠近第 1 结前横脉。臀三角 3 翅室,臀套卵圆形,IRiii 接近翅痣内边处分叉,内具 3 翅室;IRiii 和 Rspl 之间具 4—7 列翅室,后翅 Cuii 和 1A 之间 1 列翅室。雄性腹部基节稍肿大,以后各节圆筒形,耳形突大;肛附器长而狭。

分布:全世界。

3.38　日本长尾蜓 *Gynacantha japonica* **Bartenef，1909**（图 4-3-54、图 4-3-55）

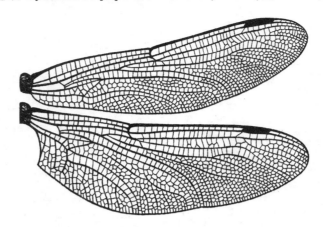

图 4-3-54　日本长尾蜓 *Gynacantha japonica* Bartenef，1909 前、后翅

图 4-3-55　日本长尾蜓 *Gynacantha japonica* Bartenef，1909 雄性肛附器，背面观

特征：雄性体长 69mm，腹部长（连肛附器）54mm，后翅长 46mm。头部：下唇黄褐色，脸黄绿色，上额具宽的"T"形纹，头顶黑色，后头黄色。合胸黄褐色，老熟标本绿褐色。翅透明，翅痣黄褐色，结前横脉和结后横脉指数为 $\dfrac{19-25}{20-18}$，臀角 3 翅室，臀套 14 翅室。足黄褐色。腹部褐黑色，具黄绿色斑纹；第 1 节绿褐色，背面淡褐色；第 2 节绿褐色，中间具一黑色环，环中嵌入一黄纹，耳形突蓝色；第 3—7 节具基侧斑，以及狭的中环和小的端斑；第 8 节具基侧斑和中环；第 9—10 节无斑纹。上肛附器黑色，细长，近基部具浅的凹陷；下肛附器黄色，约为上肛附器长的 1/3。

雌性体长 70mm，腹部长（连肛附器）55mm，后翅长 47mm。雌性色彩与雄性相似，第 10 腹节腹板向下延伸末端具一对长刺。

分布：浙江（天目山：西坑）、福建、台湾；日本。

波蜓属 *Polycanthagyna* Fraser，1933

特征：体大型，深褐色，具绿色或黄色斑纹。头大，球形；额狭，上额平扁，不隆起，后头很小。足长，粗壮。胸部大，粗壮。翅长而宽，后翅基部雄性成角，雌性宽圆。前、后翅三角室形状相似，颇长而狭，5翅室。弓脉靠近第1原始结前横脉，位于两原始结前横脉1/3处。臀三角3翅室，臀套9—13翅室。前翅IRiii分叉处在翅痣内边下方；翅痣短，颇宽；IRiii和Rspl之间4—6翅室，后翅Cuii和1A之间1—2列翅室。基室完整。腹部第1—2节肿胀，第3节狭缩。上肛附器中等长，颇宽；下肛附器呈狭长的三角形。雌性第10节腹板向下延伸，端部具长而强的齿。产卵器强大，延伸接近腹末。

分布：亚洲东南部，日本。

3.39　蓝面波蜓 *Polycanthagyna melanictera* Selys，1883（图4-3-56）

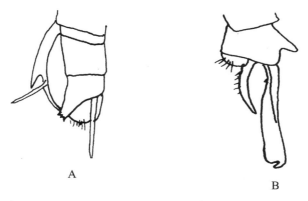

图 4-3-56　蓝面波蜓 *Polycanthagyna melanictera* Selys，1883
A. 雌性腹末，侧面观；B. 雄性肛附器，侧面观

特征：雄性体长85mm，腹部长（连肛附器）63mm，后翅长50mm。头部：下唇蓝色，前缘黑色。脸蓝色，具黑色斑纹：上唇前缘和两侧黑色，颊和上颚基部黑色；前额上方和上额以及头顶黑色，后头黑色。前胸黑色，前叶前缘黄色，中叶两侧色淡，后叶长有褐色长毛。合胸黑色，具绿黄色斑纹：背面黑色，一对肩前条纹绿黄色，呈"八"字形，上端宽，下端尖细，翅前窦绿黄色；侧面黑色，中胸后侧片与后胸后侧片的大部分绿黄色。足黑色。翅透明，微带淡烟黑色，翅痣黑色，覆盖两个半翅室；结前横脉和结后横脉指数为$\dfrac{12-21}{15-16}$；臀三角3翅室。腹部黑色，具绿黄色斑纹：第1—2节侧面具黄色斑，包含耳形突；第2节腹缘具蓝色斑；第3—6节腹横脊具黄色环纹，上方以腹背脊隆分离，下方向基部延伸，另具一对小端斑；第7—8节具腹横脊黄色环纹，端斑缺乏；第9节黑色；第10节后半部分黄色，具背中三角形齿突。肛附器黑色，背面观呈矛状，侧面观宽扁，基部狭，具一小腹齿，末端具一向下方弯曲的小钩；下肛附器长约为上肛附器的1/2，呈狭长的三角形。

雌性体长77mm，腹部长（连肛附器）57mm，后翅长54mm。雌性色彩与雄性相似，但脸部蓝色为黄色代替，翅基部稍带金黄色。

分布：浙江（天目山：老殿）、福建、四川；日本。

普莱蜓属 *Planaeschna* McLachlan，1895

特征：体中等，黑色具黄绿色斑纹。翅透明，径分脉对称分叉，具2列翅室，与径增脉平行，以单列翅室分开。基室完整无横脉，翅痣短，具支持脉，翅痣覆盖两至两个半翅室。臀套完整，具2—3列翅室。

分布：中国，朝鲜，日本。

3.40　遂昌普莱蜓 *Planaeschna suichangensis* Zhou，1980（图4-3-57）

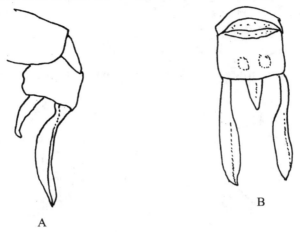

图4-3-57　遂昌普莱蜓 *Planaeschna suichangensis* Zhou，1980
A.雄性肛附器,侧面观;B.雄性肛附器,背面观

特征：雄性体长59mm,腹部长(连肛附器)52mm,后翅长46mm。头部:下唇的中叶黄色,前缘狭的黑色,基部黄色。上唇黑色,基部具一宽的黄色条纹;前唇基褐色;后唇基黄色,前缘狭的黑色;前额和上额前方的1/3黑色,前额的两侧和上额的后方2/3黄色;头顶和后头黑色。合胸黑色,背面两条黄色背条纹呈"八"字形,向下分歧,上下方均不与其他条纹相连接。侧面有两条宽的黄色条纹,一条在中胸上前侧片,上面较狭,向下渐宽,和中胸下前侧片黄色斑之间有黑色间隔,不相连接;另一条在后胸后侧片。在宽的黑色条纹上,上面具一三角形黄色斑点,下面具一黄色斑点。足黑色,胫节具细长的刺;前、中足基节和转节以及股节腹面大部分黄色。翅透明,微带烟色。翅脉黑色;翅痣短,黑色,有支持脉,在前翅覆盖2翅室,在后翅覆盖两个半翅室。径分脉和径增脉之间1列翅室。前翅三角室4翅室,后翅三角室比前翅稍短,3翅室。臀套9翅室分成3列翅室。腹部黑色,具黄绿色斑纹;第1节侧面一大斑点;第2节背面基部一三角形斑点,中环间断,包含耳形突,末端一"T"形纹;第3—8节中环间断,端斑小;第9节只有端斑;第10节背面具一对中等大斑块。肛附器黑色。上肛附器长如第9腹节与第10腹节之和,背面观,基部1/3狭,其余2/3宽的扩张,内边更宽,中肋明显,末端钝,具一小刺。侧面观,呈刀形,稍弯曲,基部狭窄,亚圆筒形,端部尖锐。下肛附器短,末端向上钩曲。

雌性体长57mm,腹部长(连肛附器)47mm,后翅长47mm。雌性色彩与雄性相似,翅透明,在翅基和弓脉之间具透明的金黄色,结前横脉和结后横脉指数为$\dfrac{17-15}{15-21}$。

分布：浙江(天目山:禅源寺)。

3.41　米普莱蜓 *Planaeschna milnei* Selys,1883（图 4-3-58）

图 4-3-58　米普莱蜓 *Planaeschna milnei* Selys,1883 雄性肛附器,侧面观

特征:雄性体长 70mm,腹部长（连肛附器）54mm,后翅长 46mm。头部:下唇黄绿色,端部褐色;上唇黄绿色,前缘褐色;上颚基部黄绿色;前唇基褐色;后唇基黄绿色,端缘褐色;额黄绿色,前额大部分黑色,并入侵上额前缘,呈"T"形黑斑;上额基部具黑色斑纹,覆盖头顶;后头黑色。前胸黑色。合胸黑色,背面具两条黄绿色背条纹,呈"八"字形纹,向下分歧,上下方不与其他条纹相接触;侧面具两条宽的黄色条纹,分别在中胸上前侧片和后胸后侧片;在黑色宽条纹中间嵌入一列分离的黄色小斑。足黑色,前足基节、转节和股节腹面大部分黄色。翅透明,翅基微带金黄色,翅脉黑色,翅痣黑色,覆盖一个半翅室。结前横脉和结后横脉指数为 $\frac{16-25}{17-17}$。臀三角 3 翅室,臀套 8 翅室。腹部黑色,具黄色斑纹:第 1 节背中条纹细,腹侧和腹缘各具一斑;第 2 节背中条纹间断,近基部段呈三角形,中环间断,包含耳形突,腹端亚背面、腹侧和腹缘具端斑;第 3—8 节中环间断,端斑小;第 9 节具端斑;第 10 节黑色无斑纹。肛附器黑色;上肛附器长有黑色毛,侧面观呈刀状,向上方弯曲,亚基部具一突起,背面观呈矛状;下肛附器长为上肛附器的 1/2,三角形。

雌性体长 73mm,腹部长（连肛附器）56mm,后翅长 50mm。雌性色彩与雄性相似,第 10 节腹板末端向下凸出呈三角形,上面长有许多小齿。

分布:浙江（天目山:老殿）、河北、山西、江苏;日本。

头蜓属 *Cephalaeschna* Selys，1883

特征:体小型至中型,通常黑褐色具绿色斑纹。头部:脸宽大、圆形,前额上端颇尖锐;除单眼区和后头三角形以外,头部无任何深色斑纹。胸部小,球形,合胸褐色,通常具三条绿色斑纹。翅透明,基部具淡黄色,翅脉紧密,翅痣短,覆盖 2—3 翅室,具支持脉。基室具横脉,三角室与亚三角室 3—5 翅室;臀套 5—10 翅室,臀三角 5 翅室。腹部细长,基部第 1—2 节肿大。雄性上肛附器长为第 10 腹节的 2 倍,颇扁平,末端钝。雌性第 10 腹节腹板简单,产卵器长。

分布:中国,印度,缅甸,马来西亚。

3.42　李氏头蜓 *Cephalaeschna risi* Asahina, 1981（图 4-3-59）

特征:雄性体长 69mm,腹部长（连肛附器）53mm,后翅长 45mm。头部:眼很大,球形;额颇狭,上额膨大具一尖突;下唇黄褐色,上唇黄色,前缘色深;前唇基褐色,后唇基和额绿黄色,头顶和后头褐色。合胸较小,球状,黑色具绿黄色斑纹;背面合胸脊黄色,背条纹狭,呈"八"字

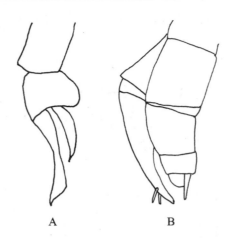

图 4-3-59　李氏头蜓 *Cephalaeschna risi* Asahina，1981
A. 雄性肛附器，侧面观；B. 雌性腹末，侧面观

形纹，向下分歧；侧面中胸后侧片和后胸后侧片大部分黄色，后胸前侧片黑色内嵌入分离的黄色斑。足黑色。翅透明，微带烟色，基部具金黄色。结前横脉和结后横脉指数为$\dfrac{20-26}{23-21}$；基室具 6 条横脉，三角室 5 翅室，臀套 8 翅室，臀三角 3—4 翅室。腹部黑色，具黄色斑纹：腹节细，第 1—2 节肿胀，第 3 节强度缢缩；第 1 节亚背侧斑小；第 2 节具一对端斑，侧面斑大；第 2—8 节具背中条纹；第 3—8 节背中斑和端斑各一对，腹缘斑小；第 9 节具背斑；第 10 节具基斑。肛附器黑褐色，上肛附器基部宽，中部狭，端部三角形，背面呈叶状；下肛附器狭三角形。

雌性体长 72mm，腹部长(连肛附器)56mm，后翅长 45mm。雌性色彩与雄性相似，结前横脉和结后横脉指数为$\dfrac{20-22}{20-17}$；臀套 12 翅室，产卵器延长，超过腹部末端。

分布：浙江(天目山：南大门)、福建、台湾。

叶蜓属 *Petaliaeschna* Fraser，1927

特征：体大型，属征与头蜓属相似，不同之处如下：脸狭长，前额顶端圆锥形。翅宽而长，翅痣较长，无支持脉，臀膜缺乏，Mspl 从三角室外边生出，直伸。

分布：东旧北区。

3.43　科氏叶蜓 *Petaliaeschna corneliae* Asahina，1982 (图 4-3-60)

特征：雄性体长 55mm，腹部长(连肛附器)42mm，后翅长 35mm。头部：下唇和上唇黄色；前、后唇基和额橄榄绿黄色；其余部分黄褐色。合胸褐黑色，具黄色斑纹：合胸脊整个黄色，背面前方合胸脊两侧各有一宽的蓝色条纹；侧面、中胸后侧片和后胸后侧片大部分黄色。足黄色，具褐色刺。翅透明，翅基微带金黄色，翅痣红褐色，覆盖两个半到 3 个翅室；结前横脉和结后横脉指数为$\dfrac{12-19}{14-14}$；臀三角 3 翅室，臀套 5 翅室。腹部褐黑色，具黄色斑纹：第 1—7 节具断续的背中条纹，在第 2 节条纹很宽；第 1—2 节侧面黄色，包含耳形突；第 3—9 节侧面基方具黄色斑；第 10 节黄色。肛附器黄色，上肛附器长约为第 10 腹节的 2 倍，侧面观，中部缢缩，端部扩张呈三角形，末端钝，背面观，基部狭，中部和端部扩张呈叶状；下肛附器长为上肛附器的 2/3，狭长的三角形，末端稍向上钩曲。

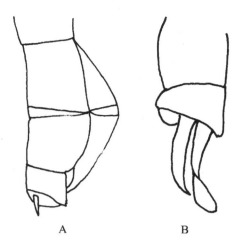

图 4-3-60　科氏叶蜓 *Petaliaeschna corneliae* Asahina，1982
A. 雌性腹末，侧面观；B. 雄性肛附器，侧面观

雌性体长 59mm，腹部长（连肛附器）44mm，后翅长 38mm。雌性色彩与雄性相似，但较粗壮。翅微带烟色，翅痣稍长，覆盖 4 翅室；臀套 8 翅室。腹部第 8—10 节黄褐色，第 10 节腹板向下凸出。

分布：浙江（天目山：西坑）、福建。

佩蜓属 *Periaeschna* Martin，1906

特征：体中型，黄褐色或红褐色，有黄色或橄榄绿色斑纹。翅通常透明，有时具烟褐色。头大，脸狭长，额隆起中央呈圆锥形。胸部很短，近似圆球形。足颇短。翅长而宽，雄性臀三角呈直角三角形；翅痣很短；弓脉靠近第 2 原始节前横脉，IRiii 在翅结和翅痣中间分叉，IRiii 和 Rspl 之间 1 列翅室，后翅 Cuii 和 1A 之间有 1 列翅室或在起点处有 2 列翅室。基室、肘室和上三角室具许多横脉；不完整的基部结前横脉存在；三角室颇狭长，后翅三角室比前翅三角室稍短而宽。腹部第 1—2 节肿胀，第 3 节狭缩，其余各节圆筒形。肛附器简单，上肛附器矛形，下肛附器三角形。雌性第 10 腹节侧面向下延伸，末端具两强度分叉的刺。产卵器大，但不超过腹部。

分布：中国，东南亚，印度

3.44　绿黑佩蜓 *Periaeschna flinti* Asahina，1987（图 4-3-61）

特征：雄性体长 70mm，腹部长（连肛附器）50—52mm，后翅长 41—42mm。头部：下唇黄褐色；上唇、前唇基和上颚基部以及颊褐色；后唇基和额橄榄绿色，前额大部分褐黑色；头顶和后头褐色。前胸淡黄褐色。合胸黑色，具橄榄绿色斑纹：背面具"八"字形肩前条纹，侧面中胸后侧片和后胸后侧片大部分绿色，后胸前侧片具三个分离的绿色斑纹。足褐黑色。翅透明，老熟标本带烟黑色，翅脉和翅痣褐色，翅痣短而宽，覆盖 3 翅室，臀三角 3 翅室，臀套 6 翅室。腹部较细，黑色具橄榄绿色斑纹：第 1 节具背斑和侧斑；第 2 节侧面绿色，背面具基斑、条纹状中斑和呈"T"形的端斑；第 3—4 节基斑很狭，一对小的三角形中斑，端斑较大；第 5—9 节只具端斑；第 10 节具基斑和端斑。肛附器黑褐色；上肛附器背面观颇宽，中央具纵脊，末端尖锐；侧面观端部呈叶状三角形，末端向下钩曲；下肛附器三角形，亚基部稍肿胀。

雌性体长 71mm，腹部长（连肛附器）49—51mm，后翅长 43—45mm。雌性色彩与雄性相似，但上额褐色淡，翅带淡琥珀色，翅基部金黄色，腹部侧面绿黄色斑大。

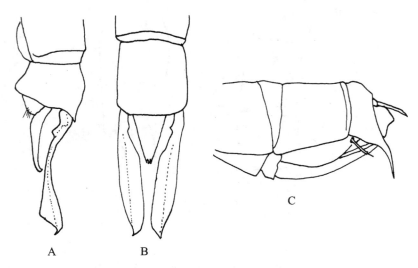

图 4-3-61　绿黑佩蜓 *Periaeschna flinti* Asahina, 1987
A. 雄性肛附器, 侧面观; B. 雄性肛附器, 背面观; C. 雌性腹末, 侧面观

分布:浙江(天目山:三里亭)、福建、广东、四川。

3.45　玛佩蜓 *Periaeschna magdalena* Martin, 1909(图 4-3-62)

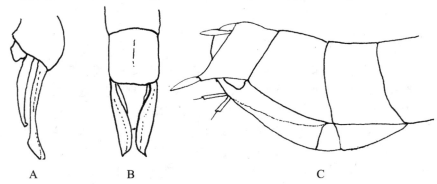

图 4-3-62　玛佩蜓 *Periaeschna magdalena* Martin, 1909
A. 雄性肛附器, 侧面观; B. 雄性肛附器, 背面观; C. 雌性腹末, 侧面观

　　特征:雄性体长 66mm, 腹部长(连肛附器)49mm, 后翅长 44mm。头部:下唇和上唇红褐色, 脸和额橄榄绿褐色, 前额上方沿额脊黑色, 后头淡黄色。前胸淡褐色;合胸黑褐色, 背面具狭的香橼黄肩前条纹, 侧面具两宽的香橼黄条纹。足深红褐色。翅透明, 老熟标本带淡烟黑色;翅痣黄色或红褐色, 颇长而狭, 覆盖 4 翅室;臀套 10 翅室, 臀三角 3 翅室;结前横脉和结后横脉指数为 $\frac{21-24}{24-18}$。腹部红褐色, 具黄色斑纹:第 1 节侧面具一大斑;第 2 节侧面具斑, 背中条纹狭;第 3—7 节背中条纹从腹横脊至端部, 与新月形端斑相连接;第 8 节具端斑;第 9 节具基斑;第 10 节无斑纹。肛附器黑褐色;上肛附器长于第 10 腹节 2 倍, 基部狭, 其余 2/3 宽, 末端钝;下肛附器狭的三角形, 末端尖锐。

　　雌性体长 69mm, 腹部长(连肛附器)52mm, 后翅长 44mm。雌性色彩与雄性相似, 腹部第 1—9 节侧面具黄色斑。

　　分布:浙江(天目山:七里亭)、台湾、广东、广西;越南, 缅甸, 印度。

春蜓科 Gomphidae

特征：复眼宽的分离，三角室颇短，在后翅稍长；前、后翅均有亚三角室；中室完整无横脉；臀套或多或少缺乏；无产卵器；一般黑色具黄色或绿色色彩，无天蓝色或红色色彩；下唇边缘完整。

分布：亚洲，欧洲，北美洲，中南美洲，澳洲，非洲。

分亚科检索表

1. 在前翅和后翅三角室、上三角室和下三角室中，除后翅下三角室无横脉外，其他各室均有横脉；臀套 4 室或更多室；前翅肘臀横脉通常 3 条，有时 4 条，后翅只有 2 条；臀三角室 4—6 室，通常分成 2 列 …
………………………………………………………………… **林春蜓亚科 Lindeniinae**
　　三角室、上三角室和下三角室均无横脉，或至多仅三角室有一条横脉；无上述综合特征 ………… 2
2. 臀套缺如，A2 由下三角室伸出；雄性臀三角室 3 室，甚少 2 室或 4 室，下肛附器通常短而宽，端缘浅凹或深凹，它的两枝向后方分歧，相距甚远，阳茎末端通常具一短鞭。雌性腹部第 8 节腹板无基中纵脊，第 9 节腹板通常骨化程度弱，有时大部分膜质，具一对骨片 ………………… **春蜓亚科 Gomphinae**
　　臀套通常 2 室或 3 室，A2 由肘臀横脉与下三角室之间生出，甚少臀套缺如并且 A2 由下三角室生出；雄性臀三角室 4 室，其中有一室甚小，长方形，生在后翅基缘上，有一条横脉由这个室的上角与臀三角室前缘相连，另一条横脉由这个室的下角与臀三角室外缘相连；甚少臀三角室只有 3 室；下肛附器的两枝通常较长，互相靠近而且平行，甚少向后方分歧，阳茎末节末端具鞭一对。雌性腹部第 8 节腹板具基中纵脊，第 9 节腹板强度骨化 …………………… **钩尾春蜓亚科 Onychogomphinae**

春蜓亚科 Gomphinae

分属检索表

1. 雄性下肛附器短而宽，端缘圆弧形浅凹或深凹，两个分枝向后方分歧，相距甚远，末端较尖；阳茎中节有后叶，末节呈匙状或杯状，具一短鞭，或无鞭 …………………………………………… 2
　　不如上述综合特征，或下肛附器两枝平行，或阳茎末节末端呈圆盘状，或具双鞭，或无后叶 ………… 7
2. 臀三角室 5 或 6 翅室，上肛附器挺直，不弯曲，末端尖锐，内缘具棘状突 ….. **棘尾春蜓属 Trigomphus**
　　臀三角室 3 翅室 ……………………………………………………………………………………… 3
3. 腹部第 9 节特别长，差不多为第 8 节的 2 倍 ………………………… **猛春蜓属 Labrogomphus**
　　腹部第 9 节与第 8 节等长或更短 ……………………………………………………………………… 4
4. 腹部较长，它的长度约为后翅长的 1.3 倍；身体大部分黄色 ……………… **长腹春蜓属 Gastrogomphus**
　　腹部不特别长 …………………………………………………………………………………………… 5
5. 上肛附器扁而宽，在其全长的一半以后突然变细，末端尖锐且稍钩曲，基部内缘具一方形的齿，朝向下方，外侧亦有一齿，朝向下外方；体型大至中等大小 ……………… **闽春蜓属 Fukienogomphus**
　　上肛附器无齿，不如上述 ………………………………………………………………………………… 6
6. 背纹与领条纹相连接；前钩片长度至少约为后钩片之半，基半部较宽，端半部较细；后钩片端半部比基半部稍宽些，末端钩曲如鸟喙 …………………………… **亚春蜓属 Asiagomphus**
　　背条纹不与领条纹相连接；前钩片细小，指状；后钩片细长，其长度约为前钩片的 2—3 倍，末端尖，或钩曲，无齿 ………………………………………………………………… **扩腹春蜓属 Stylurus**
7. 前钩片甚小，指状；后钩片甚大，愈向末端愈阔，呈叶片状，前缘末端钩曲呈鸟喙状；阳茎无后叶，末节末端平截，具一条长鞭 …………………………… **缅春蜓属 Burmagomphus**
　　不如上述 …………………………………………………………………………………………………… 8
8. 后足腿节伸抵腹部第 2 节中央，或超过之，腿节基半部密生有甚多短刺，端半部生有 2 列 4—6 个长

亚春蜓属 *Asiagomphus* Asahina,1985

特征:体中型,细长。头部额较狭,合胸背面领条纹中央间断,背条纹下端与领条纹相连,形成一倒置的"7"字形纹。翅痣较长,中央最宽。雄性上肛附器形状简单,无齿,向后方分歧;下肛附器两枝约与上肛附器等长,分歧的角度也与上肛附器一致。前钩片侧面观基半部的宽度相当于端半部的宽度的 2 倍,端半部突然变细,状如手指;后钩片前缘中央处或稍微向末端处曲折呈明显的角度的肩;末端向前方钩曲呈较为粗大的鸟喙状,肩处有几个小齿。雌性腹部第 9 节腹板骨化部分的前缘基本上呈"凸"字形,中央部分向前方凸出。雌性下生殖板长度大于基部宽度,常向腹方弯曲,因而在腹部侧面观甚为凸出。

3.46　长角亚春蜓 *Asiagomphus cuneatus*(Needham,1930)(图 4-3-63)

特征:雄性腹长 39—40mm,后翅长 35mm,肛附器长 2mm。头部:下唇褐色,上唇黑色,上颚外方大部分黄色。前唇基中央淡褐色,侧方褐色,后唇基及颊黑色。额横纹甚宽,位于上额的前半部及前额的上半部。头顶黑色。后头缘的中央和后头后方黄色。头顶具一对相当长的角状突起,位于侧单眼上方,末端圆钝,两突起之间由一甚低的横脊相连。胸部:前胸大部分黑色,仅下述各处黄色:前叶前缘具一甚宽的条纹,中叶中央具一对小点互相连接,两侧各具一甚大的斑点,后叶中央具一条甚细的纵纹。合胸黑色。具黄色条纹:背条纹与领条纹相连,形成一倒置的"7"字形纹,肩前条纹仅余肩前上点,近似三角形。合胸侧面第 2 条纹中间间断甚远,其上方的黑纹甚短,下方的黑纹由气孔处向下延伸,第 3 条纹完整。翅透明,微带烟褐色。翅结前横脉和结后横脉指数为 $\frac{11-14}{11-10}$。翅基亚前缘横脉缺乏。弓脉与叉脉之间的横脉为 $\frac{2}{1}$。足黑色。腹部大部分黑色,具黄色斑纹:第 1—3 节的背中条纹完整;第 4—5 节的背中条纹较短;第 6—8 节背中条纹甚短。第 1—2 节侧面大部分黄色;第 3 节侧面基部具一大三角形斑;第 4—7 节侧面基部各具一小点;第 9 节后半部分黄色;第 10 节和肛附器黑褐色。前钩片短,细瘦,其末端后方凹陷,沿侧缘大约生有 5 个小齿。阳茎的后叶两侧凹陷甚深。下肛附器凹陷深阔,分出的两枝与上肛附器约等长,向后方分歧的方向亦相同。

雌性腹部长 40mm,后翅长 35—37mm。色彩与雄性基本相同。各个侧单眼外方有一弧形的脊,又在侧单眼上方生有一斜脊,在脊的上端生一角状突起。

分布:浙江(天目山:龙潭水库)、江西、福建。

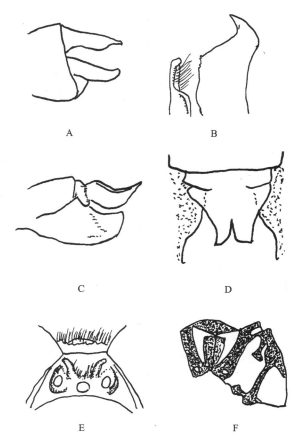

图 4-3-63　长角亚春蜓 *Asiagomphus cuneatus*（Needham, 1930）
A. 雄性肛附器，侧面观；B. 前钩片和后钩片，侧面观；C. 阳茎末端，侧面观；
D. 雌性下生殖板；E. 雌性头部，背面观；F. 合胸色彩

3.47　和平亚春蜓 *Asiagomphus pacificus*（Chao, 1953）（图 4-3-64）

特征：雄性腹部长 47mm，后翅长 41mm，肛附器长 2mm。头部：下唇黑褐色，上颚外方大部分黄色。上唇黑色，前唇基中央淡褐色，两侧黑色。后唇基及颊黑色。额横纹甚宽，在上额前方的 2/3 和前额上方的 1/3 处。头顶、后头和后头的后方黑色。头顶具一对甚大、长形、斜生、向上方分歧的突起，这个突起颇高，末端钝圆。后头后缘几乎平直，密镶黑色长毛。胸部：前胸大部分黑色，有下述各处黄色：前叶前缘具一甚阔条纹；中叶侧面具一甚大斑点，中央具一对小斑点互相靠接。合胸肩前上点甚大，肩前条纹完整或断为数段。合胸侧面第 2 和第 3 条纹完整，很粗。翅透明，微带淡褐色，末端的淡褐色较浓。翅的结前横脉和结后横脉指数为 $\frac{14-17}{13-14}$。前翅翅基亚前缘横脉有或缺，在后翅者通常缺如。弓脉与叉脉之间的横脉为 $\frac{3}{1}$ 或 $\frac{2}{1}$。足大部分黑色。前足腿节腹方具一黄色条纹。腹部大部分黑色，具黄色斑纹：第 1 节与第 2 节背中条纹相连，侧面腹侧条纹甚阔；第 3—7 节具背中条纹，第 3 节侧面基部具一甚大三角形斑点；第 4—7 节侧面基部斑点小；第 8 节背面基方有一小点，侧面基方具一甚大斑点；第 9 节末端黄色；第 10 节及肛附器黑色。前钩片末端细窄部分的后面凹入，其侧缘具锯齿状齿。阳茎后叶两侧各具一深凹陷。下肛附器凹陷深阔，分出的两枝与上肛附器向后分歧的方向相同，长度相等。

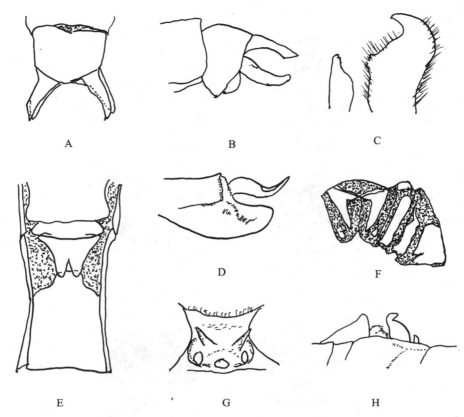

图 4-3-64　和平亚春蜓 *Asiagomphus pacificus*（Chao，1953）

A.雄性肛附器,背面观;B.雄性肛附器,侧面观;C.前钩片和后钩片,侧面观;

D.阳茎末端,侧面观;E.雌性下生殖板和第 9 节腹板;F.合胸色彩;

G.雌性头顶和后头,背面观;H.交合器,侧面观

雌性腹部长 47mm,后翅长 42mm。色彩与雄性相似。各个侧单眼的外方有一弧形脊,头顶具一斜脊。后头缘密镶黑色长毛,中央具一短角状突起。

分布:浙江(天目山:鲍家村)、福建、台湾。

扩腹春蜓属 *Stylurus* Needham，1897

特征:体型中等,翅透明的春蜓,其主要特征如下:合胸背条纹下端不与领条纹相连,上端也不与肩前上点相连。雄性腹部第 7—9 节背板侧缘甚为扩大,雌性则不甚扩大。上肛附器构造简单,背面观末端通常呈斜截形;下肛附器的两枝约与上肛附器等长,分歧的角度大约一致。前钩片甚小,指状,通常向后方倾斜;后钩片比前钩片长 1 倍以上,通常窄长,与身体垂直或向前方倾斜,侧面观,逐渐向末端尖细,稍有弯曲,或前缘与后缘平行,末端突然钩曲,钩曲部分的基部前方呈明显的肩。雌性下生殖板甚短,它的长度比基部宽度为短,通常不及腹部第 9 节腹板长度的 1/4,末端中央缺刻浅至深而阔。

3.48　克雷扩腹春蜓 *Stylurus kreyenbergi*（Ris, 1928）（图 4-3-65）

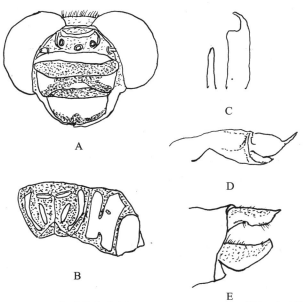

图 4-3-65　克雷扩腹春蜓 *Stylurus kreyenbergi*（Ris, 1928）
A.头部,前面观;B.合胸色彩;C.前钩片和后钩片,侧面观;
D.阳茎末端,侧面观;E.雄性肛附器,侧面观

特征:雄性腹部长 40mm,后翅长 30mm。头部:下唇黄色。上唇大部分黄色,端缘黑色,黄色部分的前缘中央凹陷。前唇基黑色,其中央部分褐色,后唇基两侧黄色,端缘具黄色条纹,条纹中央向后凸出。额横纹在上额前方一半,其后缘中央有黑色楔入。头顶黑色,后头大部分黄色,两侧及下端黑褐色。头顶侧单眼外方具一弧形脊,上方具一对横脊,镶有黑色长毛。上额与前额之间有一黑色甚细的脊。后头中部略高;后头缘呈弧形凸出,中央略凹。合胸背面领条纹中间间断,背条纹甚短,不与领条纹相连;肩前条纹完整。侧面第 2 条纹在气门以上间断;第 3 条纹完整。后胸下前侧片大部分黄色。翅透明。足大部分黑色,基节与转节大部分黄色,前足腿节腹面具黄色条纹。腹部第 1 节后端具一甚大三角形黄斑与背中条纹相连;第 2 节背中条纹甚宽;第 1—2 节侧方黄色;第 3—7 节基方具黄色横纹;第 8—9 节背方基部与侧方具黄斑;第 10 节侧方具黄斑。肛附器黑褐色。前钩片指状,后钩片末端尖细钩曲。阳茎末节侧面观下方具一突起朝向基方,后叶基部宽,末端略尖;阴囊球形甚大。

分布:浙江(天目山:西坑)、山东、江西、四川。

长腹春蜓属 *Gastrogomphus* Needham, 1930

特征:本属仅一种。体大型,黄绿色。属的特征是:腹部粗而长,大约比后翅还要再长1/3;A3 通常生在下三角室与肘臀横脉之间,有时与肘臀横脉相连;无翅基亚前缘横脉;上三角室与下三角室均无横脉;第 1 条和第 5 条原始结前横脉加粗;雄性臀三角 3 室;上肛附器与下肛附器一样长,向后方分歧的角度也一致。

3.49　长腹春蜓 *Gastrogomphus abdominalis*（McLachlan，1884）（图 4-3-66）

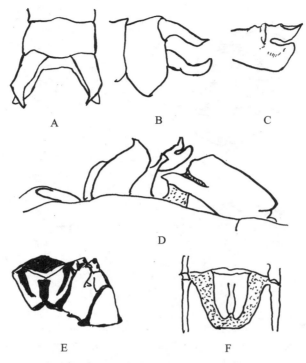

图 4-3-66　长腹春蜓 *Gastrogomphus abdominalis*（McLachlan，1884）

A. 雄性肛附器，背面观；B. 雄性肛附器，侧面观；C. 阳茎末节，侧面观；

D. 交合器，侧面观；E. 合胸色彩；F. 雌性下生殖板和腹部第 9 节腹板基部

特征：雄性腹部长 51mm，后翅长 35—39mm。身体大部分绿色，但头顶和上额黑色。合胸脊具黄色条纹。合胸侧面第 2 条纹在气门以下呈一条甚细的黑线，第 3 条纹完整，甚细。翅透明，翅痣黄色，臀三角 3 室。足黄色具黑色斑纹。腹部大部分绿色，具一对黑褐色纵纹向腹部后方逐渐变粗，并在各节端缘由甚细的黑色横纹相连，第 9 节纵纹在节亚基方由横纹相连。上肛附器黄色，下肛附器黑色。前钩片短小，后钩片粗大，末端尖锐向前弯曲。阳茎末端呈匙状，阴囊甚发达。

雌性腹部长 47mm，后翅长 42mm。雌性色彩与雄性相似。下生殖板略卵圆形，沿中线凹陷甚深，形如汤匙。

分布：浙江（天目山：龙潭水库）、河北、河南、江苏、湖北、湖南、福建。

猛春蜓属 *Labrogomphus* Needham，1931

特征：本属仅一种，体大型，黑色具黄色斑纹；翅透明，翅基微带金黄色。其重要特征如下：具翅基亚前缘横脉；翅痣具支持脉；叉脉对称；弓脉至叉脉之间的横脉为 $\frac{3}{1}$ 或 $\frac{2}{1}$；三角室无横脉；臀套 3 室；A2 的基部由肘臀横脉与下三角室之间生出；臀三角 3 室。阳茎为典型的春蜓型；前钩片甚小，它的长度不及后钩片长度的一半，末端钝圆；后钩片长方形，基部与末端几乎一样宽，后缘末端具鸟喙状钩曲。上肛附器互相平行，末端尖锐，内缘在基方 1/3 处腹面具一齿，朝向腹方。下肛附器为典型的春蜓型。后足腿节甚长，伸抵腹部第 3 节基方（雌性）或第 2

节中央(雄性),端半部腹面具 2 列长刺,每列约 5—6 根。腹部第 9 节甚长,长度超过第 8 节的 2 倍,约为第 10 节的 5 倍。

3.50　凶猛春蜓 *Labrogomphus torvus* Needham, 1931 (图 4-3-67)

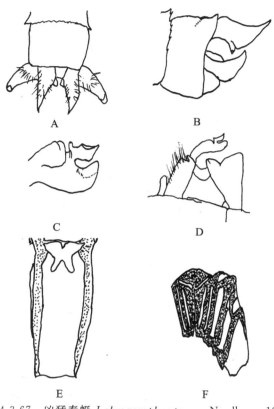

图 4-3-67　凶猛春蜓 *Labrogomphus torvus* Needham, 1931
A. 雄性肛附器,背面观;B. 雄性肛附器,侧面观;C. 阳茎末端;
D. 前钩片和后钩片及阳茎;E. 雌性下生殖板和第 9 节腹板;F. 合胸色彩

特征:雄性体长 77mm,腹部长 56mm,后翅长 47mm。头部:下唇大部分黑褐色。上唇的基半部具一对横形甚大黄斑。额横纹阔,中央后方为黑色楔入,两端尖。头其余部分黑色。头顶在侧单眼内上方有一隆肿突起,斜生,向上方分歧,长有许多长毛;在后头脊的中央部分隆起甚高。胸部:前胸背板前叶前缘黄色,中叶中央具一对较大的圆形黄斑,侧面具一个三角形斑。合胸背面领条纹中央间断;背条纹向下方分歧,它的下端不与领条纹相连;肩条纹完整,上亚端稍缢缩;侧面第 2 条纹和第 3 条纹完整。翅透明,基部微带金黄色,它的范围直达三角室。翅的结前横脉和结后横脉指数为 $\dfrac{16-24}{15-17}$;前翅三角室长度大约只有后翅三角室长度的 2/3;臀三角 3 室。三对足基节外方大部分黄色,后足腿节有 3 条黄色条纹。腹部第 1 节背面具甚大三角形黄斑,并与第 2 节背中条纹相连;第 2 节侧面在后横脊前方有一个横置"U"形黄斑,耳形突背方有一个三角形斑,腹方有一个圆形黄斑;第 3—6 节基方具一对横形黄斑;第 7 节基半部黄色;第 8 节稍微扩大,基方及侧方的大部分黄色,其余部分黑色;第 9 节特别细长,亚侧缘黄色。上肛附器黄色,互相平行,它的内缘近中央处腹面一个齿的尖端黑色。下肛附器黑色,比上肛附器短,它的两枝分歧的角度甚大,末端弯向背方。

雌性体长 76—81mm,腹部长 56—58mm,后翅长 47—50mm。雌性与雄性相似,不同之处如下:头顶在侧单眼内上方斜生隆肿的上端具较大而长的角状突,末端尖锐;后头脊中央凹陷,密生长毛。腹部第 10 节甚短,第 9 节腹板在下生殖板末端附近有一对圆弧形隆脊。

分布:浙江(天目山:西坑)、福建、海南。

缅春蜓属 *Burmagomphus* Williamson,1907

特征:体小至中型,黑色有明亮的香橼黄斑纹。翅透明,翅脉网状很密,后翅臀角显著。属的重要特征如下:腹部第 7—9 节扩大。上肛附器黑色,两枝互相平行或分歧,基部相距甚远,末端斜截,腹方具一强脊。下肛附器与上肛附器等长或稍短,中央凹陷较浅或深,两枝向后分歧,末端向上弯曲。前钩片甚小,手指状,末端生毛一丛。后钩片大,扁平,前缘末端具一小钩,并具一列长毛朝向内方。阴囊末端隆起,呈马蹄形。阳茎末节颇大,其长度至少有中节的一半,腹面基方具一突起,末端平截,具一甚长的鞭。雌性腹部第 9 节腹板基方膜质,其余部分骨化。

3.51 双纹缅春蜓 *Burmagomphus arvalis*(Needham,1930)(图 4-3-68)

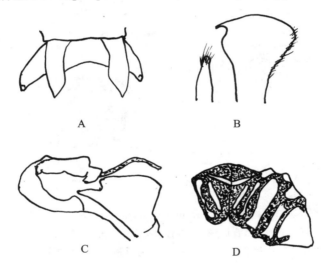

图 4-3-68 双纹缅春蜓 *Burmagomphus arvalis*(Needham,1930)
A. 雄性肛附器,背面观;B. 前钩片和后钩片;C. 阳茎,侧面观;D. 合胸色彩

特征:雄性腹部长 34mm,后翅长 29mm。头部:脸黑色,上唇具一对绿色斑;前唇基具一横纹;后唇基两侧各具一圆斑;额横纹阔,它的后缘呈双波浪纹状;头顶黑色,后头中央黄色,两侧黑色。胸部:前胸前叶前缘黄色,中叶两侧各具一黄斑。领条纹中央间断。合胸背面背条纹和肩条纹完整,后者上端扩大,弯向内方,上端的亚端部缢缩,下端几乎与中足基部黄色斑相连;侧面第 2 条纹及第 3 条纹完整,较粗。足黑色。前足腿节腹面黄色。腹部:第 2—8 节具基环纹,第 1—2 节侧面黄色,第 9 节背面端半部具甚大三角形黄色斑,第 10 节及肛附器黑色。肛附器及前、后钩片的形状见图 4-3-68。

分布:浙江(天目山:进山门)、江苏。

3.52 领纹缅春蜓 *Burmagomphus collaris*(Needham,1929)(图 4-3-69)

特征:雄性腹部长 37mm,后翅长 27mm。头部:下唇中央黄色,边缘黑色。上唇黄色,中央楔入阔的黑纹分隔,端缘黑色。前唇基黑色。后唇基黑色,两侧各具一大黄斑,前缘黄色。额黑色,上额的黄色额横纹甚宽。头顶黑色,后头黄色。胸部:前胸黑色,前叶前缘黄色,中叶

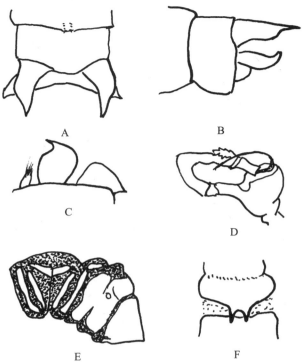

图 4-3-69　领纹缅春蜓 *Burmagomphus collaris*（Needham，1929）
A. 雄性肛附器，背面观；B. 雄性肛附器，侧面观；C. 前钩片和后钩片；
D. 阳茎，侧面观；E. 合胸色彩；F. 雌性下生殖板

两侧各具一黄斑。合胸背面黑色，具黄色斑纹，背条纹与肩前条纹完整，领条纹中央不间断。侧面黄色，具黑色条纹；第 2 条纹甚细，中央间断的距离甚远；第 3 条纹完整，很细。翅透明，翅痣黄色，臀三角 3 室。足黑色，具黄色斑纹，基节大部分黄色，前足腿节腹面具黄色纵条纹。腹部黑色具黄色斑纹：第 2—7 节具基环纹；第 8 节基环纹细；腹部侧面第 1—2 节大部分黄色，第 7—9 节具黄斑，第 7 节斑小，第 8 节斑大；第 9 节背面具甚大三角形黄斑；第 10 节及肛附器黑色。上肛附器基部宽，末端尖锐，稍向内弯曲。下肛附器短，基部宽，末端向上弯曲。前钩片细小，后钩片宽扁，端部有一鸟喙状钩曲。

　　雌性腹部长 35mm，后翅长 29mm。色彩与雄性相似，不同之处如下：上唇大部分黄色，边缘和后缘黑色条纹减缩。腹部第 1—2 节大部分黄色；第 3—5 节具侧斑；第 10 节后缘中央具一黄色横斑。下生殖板短，末端呈二尖刺状突起。

　　分布：浙江（天目山：南大门）、河北、江苏。

3.53　溪居缅春蜓 *Burmagomphus intinctus*（Needham，1930）（图 4-3-70）

　　特征：雄性腹部长 37mm，后翅长 31—32mm。头部：下唇黄色，中叶端半部黑色。上唇褐色，基部具一对长方形黄色斑纹。前唇基褐色，中央色淡。后唇基黑色，前缘中央具一黄色斑，两侧各具一黄色小斑。额褐色，黄色额横纹宽，其中部窄，两端圆。头的其余部分黑色。胸部：前胸黑色，前叶前方黄色，中叶两侧各具一大黄斑，后叶后缘黄色。合胸背面褐色，具黄色条纹：领条纹中央间断；背条纹上、下方圆钝，不与其他条纹相连；肩条纹完整，近上端处缢缩。侧面黄色，具黑色条纹，第 2 和第 3 条纹完整。翅透明，翅基稍带金黄色，翅痣黄色。足大部分黑色，基节外方黄色，前足转节末端腹方具一大黄色斑，腿节腹方具一黄色条纹。腹部：主要为黑

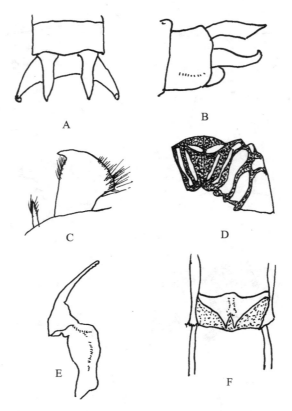

图 4-3-70　溪居缅春蜓 *Burmagomphus intinctus*（Needham，1930）

A. 雄性肛附器，背面观；B. 雄性肛附器，侧面观；C. 前钩片和后钩片；

D. 合胸色彩；E. 阳茎末端，侧面观；F. 雌性下生殖板

色，具黄色斑纹：第 1 节背面具一大三角形斑，侧面后端 2/3 黄色；第 2 节背中条纹基部宽，向端部变细，在前横脊处狭窄，耳形突黄色；第 3—8 节基部具横条纹；第 9 节具甚大三角形斑点；第 10 节和肛附器黑色。肛附器及前、后钩片形状见图 4-3-70。

　　雌性腹部长 37—39mm，后翅长 31—34mm。雌性色彩同雄性相似。头顶具与雄性相同的突起外，还有两对短角状突起。腹部第 2 节侧面大部分黄色；第 8 节侧面末端具一甚小斑点。下生殖板形状见图 4-3-70。

　　分布：浙江（天目山：西坑）、福建。

曦春蜓属 *Heliogomphus* Laidlaw，1922

　　特征：体中型，黑色具绿黄色斑纹。上肛附器呈竖琴状，两枝弯曲如牛角。基部外方具一甚粗的刺或突起。头宽，额颅圆，后头小，后缘平直或凹陷。翅透明，翅脉密。臀角颇圆，后翅基部斜生，浅凹陷。臀三角 3 室。弓脉位于第 2 结前横脉或第 2 与第 3 结前横脉处。前翅三角室似等边三角形，后翅三角室长于前翅三角室。足黑色。

　　3.54　扭角曦春蜓 *Heliogomphus retroflexus*（Ris，1912）（图 4-3-71）

　　特征：雌性腹部长 37mm，后翅长 34mm。头部：下唇黄色，端部黑色。上唇黑色，两侧各具一黄色斑点。前唇基褐色，后唇基黑色。额横纹颇细，两端尖。头部其他部分黑色。上额后方中央有两个大的突起。头顶在中单眼上方凹陷。胸部：前胸黑色，具黄色斑点，前叶前缘黄色，

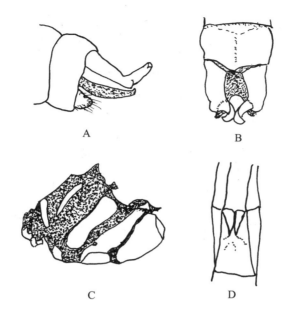

图 4-3-71　扭角曦春蜓 *Heliogomphus retroflexus*（Ris, 1912）
A. 雄性肛附器,侧面观；B. 雄性肛附器,背面观；C. 合胸色彩；D. 雌性下生殖板

两侧各具一大的黄色斑点。合胸背面黑色,具黄色条纹：领条纹中间间断；背条纹上下不与其他条纹相连；肩前条纹缺。合胸侧面黄色,具黑色纹：第 2 条纹完整,较宽；第 3 条纹完整,较细；后胸下前侧片黄色。翅透明,微带褐色,翅痣褐色。足黑色,基节外方具黄色斑点。腹部黑色,具黄色斑点：第 1 节背方具一三角形黄色斑,侧方黄色；第 2 节基部具横纹,背面中央具一三角形斑,侧面黄色；第 3 节基方阔横纹与侧方条纹相连；第 4—7 节基方横纹宽；第 8—10 节黑色。肛附器黄色。下生殖板长度约为第 9 节腹板的 2/3,形状见图 4-3-71。雄性肛附器形状见图 4-3-71。

分布：浙江(天目山：南大门)、福建；越南。

3.55　独角曦春蜓 *Heliogomphus scorpio*（Ris, 1912）（图 4-3-72）

特征：雄性腹部长 44mm,后翅长 40mm。头部：下唇褐色,上颚外方黄色。上唇黑色,前唇基褐色,后唇基黑色。额横纹宽,后缘波曲。头的其余部分黑色。后头中央具一短突起。胸部：前胸黑色,前叶具一甚大黄色横纹,后叶后缘具一黄色小斑点。合胸背面黑色,具黄色条纹：领条纹中间间断,背条纹下方与领条纹相连,形成"7"字形纹；肩前条纹完整,较细。侧面黄色,具黑色条纹：第 2 和第 3 条纹完整,甚宽,后胸下前侧片黑色。翅透明,基部微带金黄色。结前横脉和结后横脉指数 $\frac{13-18}{13-13}$。足黑色。腹部黑色,具黄色斑纹：第 1 节背面具"工"字形斑纹,侧面黄色；第 2 节具背中条纹与腹缘条纹；第 3—6 节背中条纹甚细,侧面基部具一三角形斑点；第 7 节基部具一宽横带；第 8 节侧面基部及末端具一小斑点；第 9—10 节及肛附器黑色。上肛附器两枝分叉,内侧两枝细长,向中间呈弧形弯曲,末端尖锐,向上钩曲；外侧两枝粗短,朝向两侧伸出。下肛附器短于上肛附器。前、后钩片约等长,前钩片末端钩曲,后钩片基部宽,端部尖锐。

雌性腹部长 48mm,后翅长 47mm。色彩与雄性相似。后头后缘中央具一角状突起。下生殖板见图 4-3-72,腹部第 9 节腹板强度骨化,中央具一纵脊。

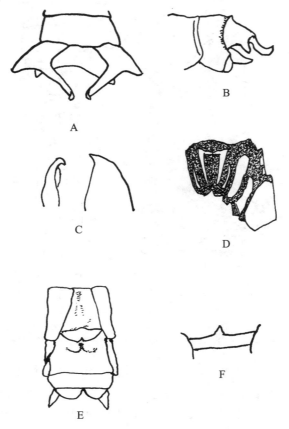

图 4-3-72　独角曦春蜓 *Heliogomphus scorpio*（Ris，1912）

A. 雄性肛附器，背面观；B. 雄性肛附器，侧面观；C. 前钩片和后钩片；

D. 合胸色彩；E. 雌性腹部末端和下生殖板；F. 雌性，后头

分布：浙江（天目山：西坑）、福建、广东、广西。

异春蜓属 *Anisogomphus* Selys，1854

特征：体中型，黑色具明亮的绿黄色条纹。头部额稍圆，上额平直，后头缘平直或稍中凸。翅脉密，臀三角室的基边甚斜，臀角不明显。臀三角通常 3 室；三角室通常无横脉，或有时有一条横脉，翅基亚前缘横脉有或无。足细长，后足腿节伸抵腹部第 2 节中央，或超过之，基方一半或 1/3 生有甚多短刺，端方一半或 2/3 生有 4—6 个甚长的刺。雄性腹部第 7—9 节两侧扩大。雄性交合器和肛附器的特征如下：上肛附器两枝互相平行，它的腹方有黑色突起。下肛附器中央凹陷甚宽而深，两枝向后方分歧的角度大。前钩片比后钩片短，末端钩曲。后钩片呈叶片状，末端前方呈鸟喙状凸出。阴囊呈马蹄状。阳茎末端粗大，无鞭。

3.56　安氏异春蜓 *Anisogomphus anderi* Lieftinck，1948（图 4-3-73）

特征：雄性腹部长（连肛附器）41—42mm，后翅长 34—35mm。头部：下唇黑色，侧叶基部黄色。上唇黑色，基方具一对长方形黄色横斑，互相分离。前唇基中央褐色，两侧黑色。额横纹甚宽，两端较狭，末端钝圆。头的其余部分黑色。头顶侧单眼上方各具一圆形突起；后头缘长有黑色毛。胸部：前胸黑色，前叶前缘黄色，中叶两侧各具一大黄色斑。合胸背面黑色，具黄色条纹；领条纹中间间断。背条纹上方与横形的肩前条纹相连接，下方与领条纹相连接，形

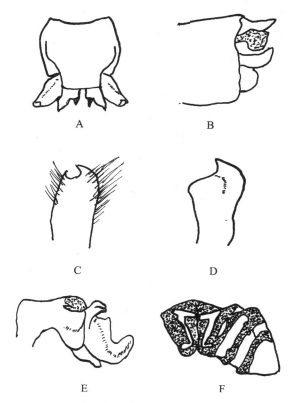

图 4-3-73 安氏异春蜓 *Anisogomphus anderi* Lieftinck, 1948
A. 雄性肛附器, 背面观; B. 雄性肛附器, 侧面观; C. 前钩片;
D. 后钩片; E. 阳茎, 侧面观; F. 合胸色彩

成一个"Z"形纹。肩前下条纹细而短。侧面黄色, 具黑色条纹: 第 2 和第 3 条纹完整, 甚宽。足黑色, 基节外方黄色, 前足转节和腿节腹方具黄绿色条纹。翅透明, 基方微带金黄色。翅痣黄色。结前横脉和结后横脉指数为 $\dfrac{13-16}{14-13}$。翅基亚前缘横脉存在。臀套 1—2 室。腹部黑色具黄色斑纹: 第 1 节背面后缘具一三角形黄色斑, 侧面各具一甚大黄色斑; 第 2—6 节具背中条纹, 侧面基方具黄色斑; 第 7 节背中条纹矛状, 基部横纹宽; 第 8—10 节及下肛附器黑色。上肛附器淡黄色, 末端尖锐, 稍向上弯曲, 腹面具一甚大的黑色脊状突起。下肛附器端缘凹陷甚深, 两枝分歧的角度甚大。前钩片细长, 末端尖锐; 后钩片端部两叉, 前叉钝圆, 后叉长而尖锐。

分布: 浙江(天目山: 一里亭)、湖南、福建、四川、云南。

闽春蜓属 *Fukienogomphus* Chao, 1954

特征: 体中到大型, 黑色具黄色条纹。翅透明, 末端稍带烟色。翅痣褐色, 具支持脉。结前横脉众多, 翅基亚前缘横脉缺如。前翅弓脉与叉脉之间具 4—6 条横脉, 后翅具 2—4 条横脉。弓脉位于第 2 与第 3 结前横脉之间。前翅三角室外边与前边约等长, 但较基边稍长。后翅三角室颇长, 其外边较前边稍长, 约为基边长度的 2 倍。臀三角通常 3 室。雄性腹部基方粗大, 中央数节呈圆筒形, 第 7 节起向后略为膨大, 第 9 节基部处最宽, 向末端渐细。雄性上肛附器基部扁宽, 在其长度的 1/2 后突然尖细, 末端尖锐并稍钩曲。上肛附器基部内缘具一方形齿,朝向下方,外侧具一齿,朝向下外方。下肛附器向后分歧的角度甚大,其长度不及上肛附器的一半。前钩片细长,其长度约与后钩片相等。后钩片基部粗大,末端钝圆,具一短钩,朝向内方。雌性腹部较粗大,下生殖板的长度约为腹部第9节的1/3或更短。第9节腹板大部分膜质,具一对长条状骨片。

3.57　深山闽春蜓 *Fukienogomphus prometheus*（Lieftinck，1939）（图 4-3-74）

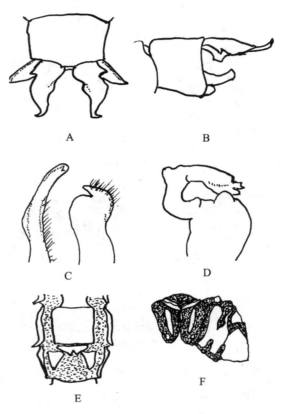

图 4-3-74　深山闽春蜓 *Fukienogomphus prometheus*（Lieftinck，1939）
A. 雄性肛附器,背面观;B. 雄性肛附器,侧面观;C. 前钩片和后钩片;
D. 阳茎,侧面观;E. 雌性腹末;F. 合胸色彩

特征:雄性腹部长(连肛附器)46—50mm,后翅长 36—41mm。头部:下唇褐黑色,外缘黄色。上唇黑色,具一对圆形小黄色斑。额横纹甚宽,头的其他部分黑色。胸部:前胸黑色,具黄斑,前叶前缘黄色;中叶背面中央具一对小圆斑。合胸背面黑色,具黄色条纹:领条纹中间间断,合胸脊具黄色斑纹。背条纹上下不与其他条纹相连,肩前上点三角形,甚少有肩前下条纹。侧面第2条纹完整或中间间断;第3条纹中间间断,上段宽,下段细。足黑色,基节具黄斑。足较长,伸抵腹部第2节基部。翅透明,基半部前缘稍带黄色。前翅结前横脉和结后横脉指数为$\frac{15-18}{13-15}$。前翅在弓脉与叉脉之间通常具4—5条横脉,后翅1—3条横脉;三角室偶尔具一条横脉;臀三角3室,臀套缺。腹部:黑色具黄色斑点,第1节背面中央具一大三角形黄斑,侧面大部分黄色;第2节背中条纹基部宽,向末端渐细,侧面黄色,包含耳形突;第3—6节背中条纹细,完整;第7节和第8节背中条纹各占节长的2/3和1/4;第9—10节黑色;第3—7节侧面腹缘黄色。上肛附器黄色,端部褐色,基部宽,其外侧具一黑色齿状突起,末端钩曲,朝向上方。

下肛附器黑色，末端向上弯曲。前钩片细长，稍短于后钩片，后钩片末端鸟喙状，阴囊发达。

雌性腹部长 42—46mm，后翅长 36—41mm。色彩同雄性，不同之处如下：头部侧单眼上方具一甚大的突起，末端钝圆，两突起间由低脊相连，各突起外方有一角状突起。后头甚低，后头缘凹陷。下生殖板短三角形，中央深裂。第9节腹板具一对长三角形骨片。

分布：浙江（天目山：七里亭）、福建、台湾。

棘尾春蜓属 *Trigomphus* Bartenet，1912

特征：体中型，黑色具黄色斑纹。翅透明，叉脉不对称，雄性的臀三角为 5—6 室。雄性上肛附器向后分歧，末端尖锐，其内缘近末端处具棘状突起。下肛附器短于上肛附器。前钩片比后钩片稍短，向后弯曲。后钩片粗大，末端具一强钩，朝向内方。阳茎的阴囊粗大，其末端具一对突起，该突起或粗短，或长而且向内弯曲，状如牛角。雌性下生殖板较腹部第 9 节腹板长或等长。第 9 节腹板大部分膜质，具一对长条状骨片。

3.58　野居棘尾春蜓 *Trigomphus agricola*（Ris，1916）（图 4-3-75）

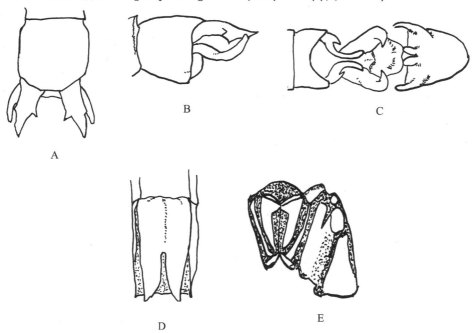

图 4-3-75　野居棘尾春蜓 *Trigomphus agricola*（Ris，1916）
A. 雄性肛附器，背面观；B. 雄性肛附器，侧面观；C. 交合器；D. 雌性下生殖板；E. 合胸色彩

特征：雄性腹部长 30mm，后翅长 24mm。头部：下唇和上唇黄色，前、后唇基黄褐色，额绿黄色，上额的后方和头顶黑色，后头黄色。胸部：前胸黑色，前叶和中叶两侧具黄斑，后叶黄色。合胸背面黑色，具绿黄色斑纹：领条纹间断；背条纹上方较细，向下方渐宽，与领条纹相连接，形成一甚阔的倒"7"字形纹。肩前条纹完整，侧面绿黄色，具黑色条纹：第 2 条纹仅存气门水平以下的一段；第 3 条纹完整。足褐色，有黄色斑纹。翅透明，翅痣黄色。臀三角 5 室；臀套缺。腹部黑色，具黄色条纹：第 1 节背面中央有一三角形黄斑，侧面黄色；第 2—8 节背面有阔的背中条纹；第 3—9 节侧面基部具圆形黄斑；第 10 节黑色。上肛附器背面基部黄色，其余黑色，中部内、外两侧各具一齿突。下肛附器黑色，基部宽端部向上方弯曲。前钩片分两枝，一枝短小，一

枝细长;后钩片粗大,端部呈鸟喙状。阴囊发达。

　　雌性腹部长 29mm,后翅长 25mm。色彩似雄性。下生殖板长大,中央深裂,末端尖锐。

分布:浙江(天目山:五里亭)、江苏、福建。

3.59　亲棘尾春蜓 *Trigomphus carus* Chao, 1954(图 4-3-76)

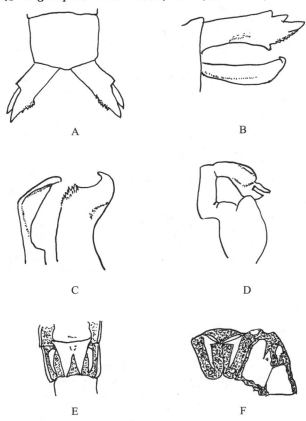

图 4-3-76　亲棘尾春蜓 *Trigomphus carus* Chao,1954

A.雄性肛附器,背面观;B.雄性肛附器,侧面观;C.前钩片和后钩片,侧面观;

D.阳茎;E.雌性下生殖板;F.合胸色彩

　　特征:雄性腹部长(连肛附器)43—38mm,后翅长 29mm。头部:下唇黑褐色,中叶基方色稍淡。上唇黑色,两侧基方各具一个黄色小斑点。前、后唇基黑褐色。额横纹绿黄色,甚宽,位于前额上方和上额前方 2/3 部分。头的其余部分黑色。头顶侧单眼上方具一对短突起,甚大,末端钝圆。胸部:前胸黑色,前叶前缘具一甚大黄色斑点;中叶两侧各有一个甚大的似椭圆形斑点。合胸背面黑色,具黄色条纹:领条纹中间间断,背条纹下方与领条纹相连,形成一对倒"7"字形纹,位于合胸脊两侧。肩前上点甚小,圆形。肩前下条纹缺乏。侧面黄色具黑色条纹:第 2 条纹仅存气门以下的一段,甚细;第 3 条纹甚细,完整或间断或缺如。足黑色,基节具黄斑,前足腿节腹方具一黄色条纹。翅透明,翅痣淡黄色;臀三角 5 室,臀套缺如。腹部:黑色具黄色条纹,第 1 节背方及侧方大部分黄色;第 2 节背中条纹完整,侧方具一甚宽的纵纹,包含耳形突;第 3—7 节各具背中条纹,第 6—7 节背中条纹仅存在基部,第 3—8 节侧方基部具黄色斑点,第 9—10 节黑色。上肛附器背方黄色,腹方黑色。内侧及外侧各具一黑齿,腹方棘状突起末端呈黑色。下肛附器黑色。前钩片细长,镰刀状,向后弯曲。后钩片粗大,端部呈鸟喙状。

阴囊末端具一对甚大短突起。

雌性腹部长33mm,后翅长30mm。色彩似雄性。头顶两侧单眼背缘之间具一宽横脊,侧单眼外方具一细弧形脊,脊的上端具一小突起。下生殖板中间深裂,末端尖锐。

分布:浙江(天目山:进山门)、福建。

华春蜓属 *Sinogomphus* May, 1935

特征:体中型,黑色具黄色条纹。翅透明。合胸背面背条纹与领条纹不相连。足黑色。上肛附器象牙色,状如手指,两枝的基部相距甚远,互相平行,基部腹方具一尖齿状突。下肛附器长约为上肛附器的1/2或2/3。前钩片小;后钩片大,向后倾斜,末端钩曲。阴囊末端凸出,呈马蹄状。阳茎末端具一对短鞭。雌性下生殖板约呈三角形,基部宽,中央纵裂,两叶细长。雌性第9节腹板大部分膜质,基方具一对圆形骨片,位于下生殖板两侧。第10节腹板甚短,前缘凹入。

3.60 黄侧华春蜓 *Sinogomphus peleus*(Lieftinck,1939)(图4-3-77)

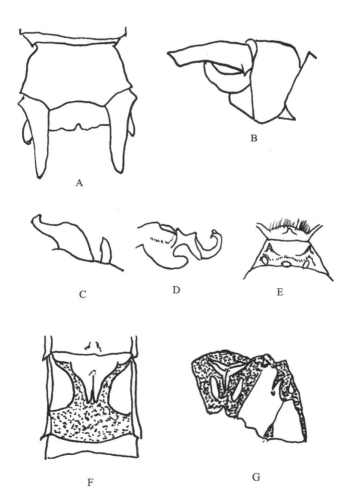

图 4-3-77　黄侧华春蜓 *Sinogomphus peleus*(Lieftinck,1939)

A.雄性肛附器,背面观;B.雄性肛附器,侧面观;C.前钩片和后钩片,侧面观;

D.阳茎,侧面观;E.雌性头部,背面观;F.雌性下生殖板;G.合胸色彩

特征：雄性腹部长 33—35mm，后翅长 27—28mm。头部：下唇和上唇黑色。前唇基褐色，后唇基和颊黑色。额大部分黄色，上额后缘具甚狭黑色边缘。头顶和后头黑色，后头的后方具一甚宽的黄色横形斑。胸部：前胸黑色，具下述黄色斑点，中叶中央具一对黄色斑点，两侧中央各具一大斑点。合胸背面黑色，具黄色条纹：领条纹完整，与合胸脊黄色条纹相连。背条纹短，肩前条纹缺失。合胸侧面黄色，第 2 和第 3 条纹缺失，后胸下前侧片大部分黑色，气门周缘黑色。足黑色，具黄色斑纹：后足基节外方具一细条纹，各个腿节末端和胫节基部具一小斑点。翅透明，基方略带淡金黄色。翅痣黄色。臀三角 3 室，臀套缺。腹部黑色，具黄色斑纹：第 1 节大部分黄色；第 2 节背中条纹宽，侧面黄色，包含耳形突；第 3 节背面基半部具两个半环；第 4—7 节背面基部各具一半环；第 8 节侧面基部和端部各具一小黄色斑点；第 9—10 节黑色。上肛附器圆柱形，向后方直伸，象牙色，基部外侧具一齿状突起。下肛附器深黄色，基部宽，由中央向端部变细，末端黑色，稍向上方弯曲。前钩片短小，后钩片粗大，向后倾斜，末端鸟喙状。

雌性腹部长 36mm，后翅长 30mm。色彩似雄性。头顶侧单眼上方具一对突起，呈半圆弧形，外端呈角状，末端尖锐。下生殖板三角形，中央深裂。

分布：浙江(天目山：西坑)、福建。

尖尾春蜓属 *Stylogomphus* Fraser，1922

特征：体小型，黑色有光泽，具明亮的绿黄色条纹。头稍大，后头简单。翅透明，翅脉网状，较密。臀三角 3 室，弓脉位于第 1 和第 2 结前横脉之间，或在第 2 结前横脉水平处。合胸背面背条纹向下分歧，下端不与领条纹相连，无肩前上点和肩前下条纹。雄性上肛附器黄色或象牙色，基部粗大，末端细，基部外方具一或两个钝齿突起，末端向背方或背侧方弯曲。下肛附器黑色，中央凹陷深宽。前钩片具柄，末端分为两枝，前枝与柄等长，镰刀状，后枝甚短。后钩片粗大，末端内方具甚多短齿，末端外方呈一粗大钩状。阳茎的后叶甚大，末端圆盘状。雌性腹部第 9 节腹板大部分膜质，基部具一对骨片，下生殖板三角形。

3.61　纯鎏尖尾春蜓 *Stylogomphus chunliuae* Chao，1954 (图 4-3-78)

特征：雄性腹部长(连肛附器)31.5mm，后翅长 25mm。头部：下唇褐色，中叶和侧叶黄色。上唇黑色，具一对甚大的横椭圆形黄色斑点。前唇基褐色，中央黄色。后唇基黑色，两侧各具一个黄色小斑点。颊黑色。额黑色，额横纹颇宽，向两端渐细。头的其余部分黑色。胸部：前胸黑色，前叶前缘黄色。后叶大部分黄色。合胸背面黑色，具黄色斑纹：领条纹中间间断，向两端渐细。背条纹短，两端尖，下端不与领条纹相接。肩前条纹缺。侧面黄色，具黑色条纹：第 2 条纹在气门以下间断，在气门上方一段向后扩展与第 3 条纹相连，第 3 条纹完整。足黑色，基节外方黄色。翅透明，由基部至三角室略带金黄色。腹部黑色，具黄色斑纹：第 1 节具背中条纹，后缘具一横纹，侧方黄色；第 2 节背中条纹中央膨大，侧方具"U"形纹，包含耳形突；第 3—7 节背中条纹甚短，位于基方；第 3—5 节侧方基部具一小斑点；第 8—10 节和下肛附器黑色。上肛附器象牙白色，基部褐色。上肛附器两枝互相平行，末端向上弯曲，并稍弯向侧方。下肛附器中央凹入甚深，约为上肛附器长度的一半。前钩片末端分为两枝，后枝约为前枝长度的1/3；后钩片末端内方具甚多短齿，末端外方呈一粗大的钩状。

雌性腹部长 32mm，后翅长 27mm。色彩与雄性相似。合胸侧面第 2 条纹不与第 3 条纹相连。腹部黄色部分比雄性多。下生殖板短，中央浅凹。第 9 节腹板大部分膜质，基部具一对甚厚的骨片。

分布：浙江(天目山：龙潭水库)、福建。

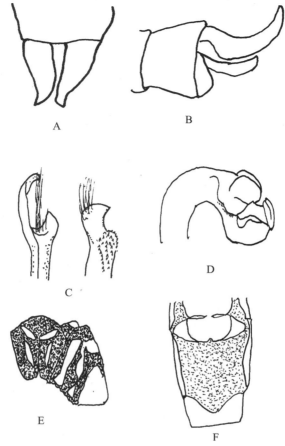

图 4-3-78　纯鎏尖尾春蜓 *Stylogomphus chunliuae* Chao
A. 雄性肛附器，背面观；B. 雄性肛附器，侧面观；C. 前钩片和后钩片；
D. 阳茎，侧面观；E. 合胸色彩；F. 雌性下生殖板

3.62　小尖尾春蜓 *Stylogomphus tantulus* Chao，1954（图 4-3-79）

特征：雄性腹部长（连肛附器）31.5mm，后翅长 23mm。头部：下唇黄色，中叶前缘黑纹宽；上唇黑色，中间具一甚宽的黄色横条纹。前唇基中央黄色，两侧黄褐色。后唇基黑色，两侧各具一黄色小斑点。颊黑色。上额具一黄色横条纹，两端圆钝。胸部：前胸黑色，前叶前缘黄色。合胸背面黑色，具黄色条纹：领条纹中央间断，两端尖。背条纹短，上下不与其他条纹相连。肩条纹缺乏。侧面黄色，具黑色条纹：第 2 和第 3 条纹完整，气门周围黑色。足黑色，基节外方黄色。前足转节末端腹方具一甚大黄色斑，腿节腹方具一黄色纵纹。翅透明，基部稍带金黄色。腹部黑色，具黄色斑纹：第 1 节背方后缘黄色，侧方黄色；第 2 节背中条纹占节长 3/4，侧方大部分黄色；第 3 节具两条纹，一条在基部，另一条在前基横脊前方；第 4—7 节基部具细纹；第 8—10 节黑色。上肛附器象牙黄色。下肛附器长度侧面观约为上肛附器的 1/2，端缘浅凹呈"V"形，两枝向后侧方分歧的角度甚大。前钩片末端分为两枝，后枝甚短。

雌性腹部长 30mm，后翅长 25mm。色彩同雄性。下生殖板呈"V"形，中央深裂。第 9 节腹板大部分膜质，基方具一对甚厚的骨片。

分布：浙江（天目山：进山门）、福建。

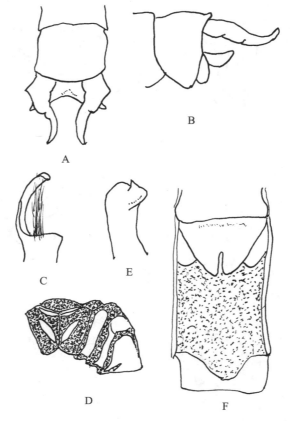

图 4-3-79 小尖尾春蜓 *Stylogomphus tantulus* Chao，1954
A. 雄性肛附器，背面观；B. 雄性肛附器，侧面观；C. 前钩片；
D. 合胸色彩；E. 后钩片；F. 雌性下生殖板

戴春蜓属 *Davidius* Selys，1878

特征：体小型，绿黑色具明亮的香橼黄色条纹。头颇小。翅宽而长，接近腹部长；臀三角3室，弓脉在第2和第3结前横脉处。后翅三角室较长，约为前翅三角室的2倍，内有一横脉，连接三角室前边和外边。前钩片末端分为两枝，后钩片端部向后方倾斜，或后缘端部扩大。阳茎末节末端盘状，无鞭，通常有后叶，有时无后叶。雌性腹部第9节腹板大部分膜质，在下生殖板下方有一对骨片。

3.63 弗鲁戴春蜓幼小亚种 *Davidius fruhstorferi* (junior Navas，1936)（图 4-3-80）

特征：雄性腹部长（连肛附器）28—31mm，后翅长22—25mm。头部：黑色，上颚外方腹缘具一颇大的黄绿色斑点。前唇基褐色。额横纹黄绿色，两端尖。头顶侧单眼上方具一低横脊，中央几乎间断，长有黑色长毛，其外端与侧单眼外方半圆形隆脊相连；后头具两个甚大隆起，末端圆。胸部：前胸黑色，前叶几乎全部黄色，中叶两侧各具一个甚大斑点。合胸背面黑色，具黄色条纹：领条纹完整。背条纹较细，其下方与领条纹相连。肩前条纹缺如。侧面第2和第3条纹通常中间间断的距离甚远，偶尔第3条纹甚细，完整。后胸下前侧片全部黑色。足黑色，仅胫节基方具一甚小斑点。翅透明。腹部：黑色具黄色斑点：第1节背中条纹末端膨大呈半圆形，侧方大部分黄色。第2节背中条纹梭形，腹侧条纹斜生。第3—6节侧方基部具一斑点，第7—10

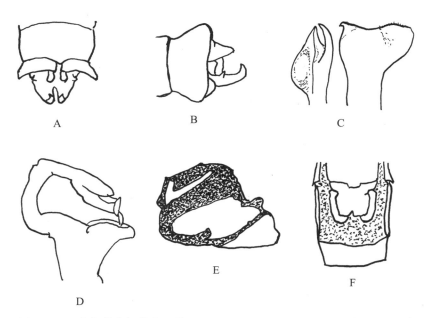

图 4-3-80　弗鲁戴春蜓幼小亚种 *Davidius fruhstorferi*（junior Navas，1936）

A. 雄性肛附器，背面观；B. 雄性肛附器，侧面观；C. 前钩片和后钩片；D. 阳茎；
E. 合胸色彩；F. 雌性下生殖板

节黑色。肛附器黄色。上肛附器的长度约为下肛附器的 1/3，角锥状，向两侧强度分歧，其基部内方具一突起，该突起约与上肛附器等长，向下弯曲。下肛附器中央深裂凹陷甚深，末端向上方弯曲，在基方约为全长 1/4 处生一突起，朝向背侧方。前钩片末端分为两枝。后钩片扁平，其末端前方尖状凸出，稍带弯曲，其末端后方叶状扩大。阳茎末端状如喇叭。阴囊末端作薄片状凸出，形如铲。

雌性腹部长 28—31mm，后翅长 25—29mm。色彩似雄性。第 9 节腹板大部分膜质，具一对几丁质板，长形，一部分为下生殖板所遮盖。下生殖板长度有变化，长短不一。

分布：浙江（天目山：七里亭）、江苏、江西、福建、广西、四川。

纤春蜓属 *Leptogomphus* Selys，1878

特征：体中型，颇粗壮，黑色具明亮的香橼黄色条纹。头颇宽，额圆隆，脸很斜，后头通常简单，稍凹陷。翅具密的网状脉，臀三角 3 室；弓脉在第 2 结前横脉或第 2 和第 3 结前横脉水平处。叉脉不对称；前翅弓脉与叉脉之间的横脉为 3—5 条，后翅为 3—4 条。翅基亚前缘横脉存在，或缺。翅痣不具支持脉，或支持脉不显著。领条纹中央间隔，两条背条纹互相平行或稍向下方分歧，它的下端接近领条纹的中央，但不相连；肩条纹完整或分为肩前上点和肩前下条纹。第 2 条纹完整，较粗；第 3 条纹完整，与第 2 条纹同样粗，或部分变细。雄性上肛附器上下扁平，背面微拱，淡黄色；腹面凹陷，黑色。下肛附器黑色，约与上肛附器等长。阳茎后叶缺乏，末节朝向腹方，与中节成垂直位置。雌性后头有一对突起，有时突起甚短，末端钝圆，有时甚长，角状。雌性腹部第 9 节腹板大部分膜质，基端具一对圆形骨片；腹板末端具一块横形骨片，它的前缘中央部分向前凸出。下生殖板长形，其长度约为第 9 节腹板长度的 2/3，或等长。它的末端与基部等宽，末端中央纵裂阔而深，其长度约为下生殖板全长的 1/2。

3.64　优美纤春蜓指名亚种 *Leptogomphus elegans elegans* Lieftinck，1948（图 4-3-81）

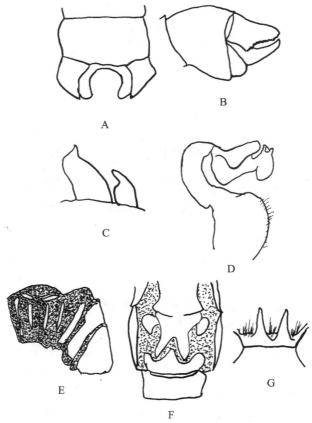

图 4-3-81　优美纤春蜓指名亚种 *Leptogomphus elegans elegans* Lieftinck，1948
A. 雄性肛附器，背面观；B. 雄性肛附器，侧面观；C. 前钩片和后钩片；D. 阳茎；
E. 合胸色彩；F. 雌性下生殖板；G. 雌性后头

特征：雄性腹部长 44—49mm，后翅长 38—43mm。头部：下唇褐色，端缘黑色。上唇黑色，基部具一对长方形绿黄色斑。唇基黑色。额横纹较宽，绿黄色，中央有一条细的黑色纵纹分隔。头的其余部分黑色。头顶在两个侧单眼之间隆起，形成横隆脊，两端呈圆形凸出。后头的中央稍隆肿。胸部：前胸黑色，前叶前缘绿黄色；中叶两侧各具一个黄斑，背面中央具一对小黄斑。合胸背面黑色，具黄色斑纹：领条纹中间间断，背条纹上下不与其他条纹相连，肩前条纹在上方缢缩或间断。合胸侧面黄色，具黑色条纹：第 2 条纹完整；第 3 条纹中间较细。足黑色，基节淡绿色，前足转节具一黄斑，腿节外侧具一黄色纵条纹。翅透明，基部微带黄色，翅痣红褐色。腹部黑色，具黄色斑纹：第 1 节黄色，两侧中央各具一黑斑；第 2 节背中条纹长矛状，侧面黄色，包含耳形突；第 3—7 节背中条纹完整，第 3 节基侧方具一三角形黄斑；第 8—10 节黑色。上肛附器扁宽，几乎呈三角形，背面黄色，腹面和外侧突起黑褐色；外侧具一扁形齿突，该齿突与端部之间的边缘具数个黑齿。下肛附器黑色，与上肛附器约等长，端部弯曲，朝向上方。前钩片基部宽扁，端部尖细；后钩片粗大，向后方倾斜，末端尖锐向前方弯曲。阴囊发达。

雌性腹部长 45—47mm，后翅长 38—43mm。色彩同雄性。后头后缘中央有一对长的尖刺状突起。下生殖板长形，末端中央纵裂阔而深。

分布：浙江（天目山：进山门）、福建、广西。

钩尾春蜓亚科 Onychogomphinae

日春蜓属 *Nihonogomphus* Oguma,1926

特征:体中型,黄色或绿色部分较发达,黑色部分相应退缩。合胸背条纹逐渐向下变粗,下端与领条纹相连,呈倒"7"字形纹。臀套1室,有时2室;A2由下三角室生出。上肛附器甚长,互相平行,末端1/3向内方弯曲几成直角。下肛附器长侧面观约为上肛附器长的1/2或2/3,中央部分作臂状向上弯曲;在背面观,两枝远离,互相平行。前钩片基部颇阔,其余部分细长,末端钩曲,通常有明显的肩。后钩片约与前钩片等长,或稍短,较前钩片为阔,侧面观呈三角形,末端尖而且稍钩曲。阳茎阴囊末端有一对叶片状突出,甚大;末节扁平,具一对甚长的鞭。雌性腹部第9节腹板大部分十分硬化,基方膜质部分全部或大部分被下生殖板遮盖。

3.65 浙江日春蜓 *Nihonogomphus zhejiangensis* Chao et Zhou,1994（图 4-3-82）

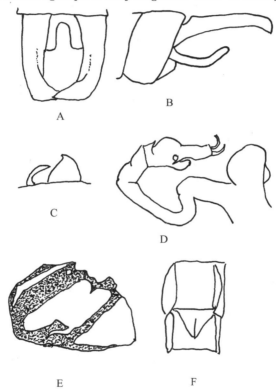

图 4-3-82 浙江日春蜓 *Nihonogomphus zhejiangensis* Chao et Zhou,1994
A.雄性肛附器,背面观;B.雄性肛附器,侧面观;C.前钩片和后钩片;
D.阳茎;E.合胸色彩;F.雌性下生殖板

特征:雄性腹部长(连肛附器)37mm,后翅长 28mm。头部:黄色,仅上额后方3/5及头顶黑色。胸部:合胸背面黑色具黄色条纹,背条纹与领条纹相连,形成一对"7"字形纹。肩前上点甚小,圆形,与背条纹上端很接近。侧面黄色具黑色条纹:第2条纹仅存气门以下一段;第3条纹完整。翅透明,基部微带金黄色。足大部分黑色,基节前方黄色。腹部黑色具黄色斑纹:第1节背面黄色,与第2节甚阔的背中条纹相连,后者的基半部甚阔,几乎呈圆形;第1节和第2

节侧方大部分黄色;第2节背面在亚基横脊前方黄色,与该节中央一圆斑由一条细线相连,或不相连;第4—7节背面基方具一黄斑,第7节的黄斑甚小;第3节具基侧条纹;第4—6节具基侧斑;第7节除侧斑外,还有一条短侧条纹;第8—9节的侧斑甚大,几乎占该节全长;第10节背面黄色,但基缘与端缘黑色,背侧方褐色,腹面黄色或褐色。肛附器褐色。上肛附器两枝平行,末端向内方弯曲几乎成直角,下肛附器短于上肛附器,朝向上方弯曲。前钩片前枝呈镰刀状弯曲。阳茎阴囊末端两侧突起呈圆球状,两突起之间后方还有一个小突起。阳茎末节侧方的棘状突起大;后叶棍棒状,末端圆形。

　　雌性腹部长37mm,后翅长30mm。色彩同雄性。下生殖板约呈三角形,长度约为第9节腹板的2/3,两叶分裂甚深,末端突然尖细。

　　分布:浙江(天目山:南大门)、福建。

3.66　长钩日春蜓 *Nihonogomphus semanticus* Chao, 1954(图4-3-83)

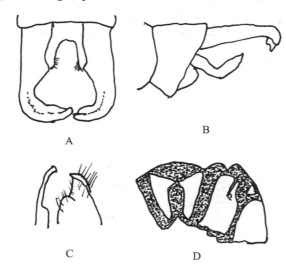

图4-3-83　长钩日春蜓 *Nihonogomphus semanticus* Chao, 1954
A.雄性肛附器,背面观;B.雄性肛附器,侧面观;C.前钩片和后钩片;D.合胸色彩

　　特征:雄性腹部长(连肛附器)48mm,后翅长37mm。头部:下唇深褐色,上颚外方基部具一个甚大的近似三角形黄色斑点。上唇黑色,近前缘处具一条甚细黄色横纹。前唇基和颊褐色。后唇基侧方基部,前额和上额的大部分黄色。后头和后头的后方大部分黄色。头部侧单眼上方具一对甚大的短突起,末端圆钝。胸部:前胸黑色。合胸背面黑色具黄色条纹:合胸脊具一甚大黄色斑点。背条纹甚宽,与领条纹相连。肩前条纹缺乏。侧面黄色具黑色条纹;第2条纹仅存气门以下的一段,甚细;第3条纹完整,稍宽。足黑色,前足腿节腹方具黄色条纹。翅透明,微带烟褐色,结前横脉指数为 $\dfrac{12-15}{11-11}\bigg|\dfrac{15-12}{11-11}$。弓脉与叉脉之间的横脉指数为 $\dfrac{4}{3}\bigg|\dfrac{5}{3}$。

腹部黑色具黄色斑纹;第1节具背中条纹,侧方大部分黄色;第2节背中条纹有两处狭窄,形成三段,侧方在耳形突背缘下方黄色;第3节背中条纹几乎伸抵该节全长,侧方基部具一近似三角形斑点,并有腹缘条纹;第4—7节背面基部具斑点一对,另具腹缘条纹;第8—9节两侧各具一个甚大的褐色斑点;第10节背面基方的一半黑褐色,末缘黑色。上肛附器黄色,向末端逐渐变成褐色。下肛附器褐色。前钩片末端较细部分的长度约为基方的柄长的2倍,仅其末端钩曲。阳茎阴囊末端具厚片状突起一对,其后缘镶以黄色细毛。

分布:浙江(天目山:一里亭)、福建、广东。

环尾春蜓属 *Lamelligomphus* Fraser,1922

特征:体大型,黑色有光泽,具明亮的绿黄色条纹。头大,额凸出,后头简单,稍凹陷,短。合胸背条纹下方不与领条纹相连,第 2 条纹与第 3 条纹大部分合并,甚少两条条纹完整,且不合并。翅脉是典型钩尾春蜓型,臀套 2 室,A2 由肘臀横脉与下三角室之间生出。雄性上肛附器互相平行,末端向下方钩曲,在弯曲处的腹方有许多微细小齿;下肛附器两枝互相靠拢,长度超过上肛附器末端,包在上肛附器外方,侧面观上、下肛附器之间围成一个亚圆形腔。前钩片的前枝细长,末端钩曲,后枝短拇指状,或完全消失,该处呈明显的肩;后钩片约与前钩片等长,侧面观呈锥形,由基部向末端逐渐尖细,末端尖。阳茎后叶甚大,末节端缘腹方具一对鞭。雌性后头缘有一对角状突,下生殖板末端的缺刻大而阔,呈"U"形或"V"形。

3.67 台湾环尾春蜓 *Lamelligomphus formosanus*(Matsumura,1926)(图 4-3-84)

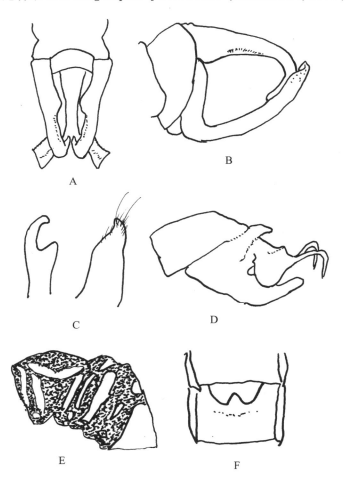

图 4-3-84 台湾环尾春蜓 *Lamelligomphus formosanus*(Matsumura,1926)
A. 雄性肛附器,背面观;B. 雄性肛附器,侧面观;C. 前钩片和后钩片;
D. 阳茎末端;E. 合胸色彩;F. 雌性下生殖板

　　特征:雄性腹部长(连肛附器)50mm,后翅长39mm。头部:下唇褐色,中叶黄色。上唇黑色,近基部处具一对甚大横形斑点。前唇基黄色,后唇基及颊黑色。上额具一对半月状黄色斑点。头顶和后头黑色,后头具一个甚大黄色斑点。头顶侧单眼上方具一对甚大椭圆形突起,末端钝圆,镶以黑色细毛。后头扁平,后缘微凸。胸部:前胸中叶中央具一对黄色小斑点。合胸背面黑色,具黄色斑纹:领条纹中央间断。背条纹较细,下端尖,几与领条纹相连。合胸脊中央具一黄色斑点。肩前上点通常与肩前下条纹相连,有时间断,后者甚细。侧面第2条纹与第3条纹在气门下缝处相连。在这两条纹之间,后胸上前侧片黄色部分变异甚多。后胸下前侧片具半月状黄色斑点。足黑色,转节基方具黄色斑点。前足腿节腹方具黄色条纹。翅透明,基部微带金黄色。腹部黑色,具黄色斑点:第1节背面具一个甚大三角形斑点,两侧各具一甚大斑点;第2节具背中条纹,两侧各具一个"U"形纹,包含耳形突;第3—6节基部具一横纹;第7节基部具一甚大黄色斑纹,占节长一半;第8节侧面基方具一小斑点;第9—10节及肛附器黑色。上肛附器末端钩曲,下肛附器包在上肛附器外方。前钩片末端分两枝,前枝钩曲,后枝拇指状,较短。

　　雌性腹部长49mm,后翅长42mm。色彩似雄性。后头具角一对,圆筒形,末端尖。下生殖板较短,裂陷阔而深。

　　分布:浙江(天目山:七里亭)、福建、台湾、广西。

3.68　环纹环尾春蜓 *Lamelligomphus ringens*(Needham,1930)(图4-3-85)

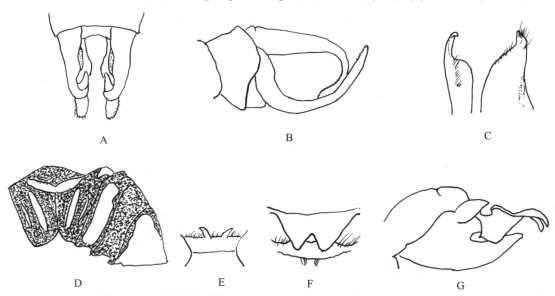

图4-3-85　环纹环尾春蜓 *Lamelligomphus ringens*(Needham,1930)
A.雄性肛附器,背面观;B.雄性肛附器,侧面观;C.前钩片和后钩片;
D.合胸色彩;E.雌性后头;F.雌性下生殖板;G.雄性阳茎末端

　　特征:雄性腹部长(连肛附器)48mm,后翅长37mm。头部:下唇褐色,中叶淡黄色。上唇黄色具甚细的黑色边缘。前唇基黄色,后唇基黑色,两侧各具一个黄色斑点。颊黑色。额横纹甚宽,占据额的大部分。头顶黑色,中央具一小黄斑点。后头黑色,后头的后方具一甚大黄色斑点。头顶侧单眼上方具一对横的半圆形突起,镶以黑色长毛。胸部:前胸黑色,前叶前缘黄色,中叶中央具一对黄色斑点。合胸背面领条纹与合胸脊上的黄色条纹相连,背条纹较宽,下端尖,和领条纹很接近,但不相连。肩前上点甚小,呈三角形。侧面第2条纹与第3条纹合并,在后胸上前侧片上端及气门后方各具一黄色小斑点。足黑色,基节外方黄色,前足腿节腹方具黄色条纹。翅透明,基部微带淡黄色。腹部黑色具黄色斑点:第1—2节背中条纹三角形,甚大,第1节侧面黄色,第2节侧面具一大斑点,包含耳形突;第3—7节基方具甚宽横纹;第8—9节两侧各具一个褐色小斑点;第10节背面黄色,仅其端缘黑色。上肛附器基方黑色,内侧面褐色,外侧面具一黄色长条纹,末端钩曲。下肛附器黑色,基部中央凹陷,无纵脊,各枝的背内面呈浅沟状,无任何隆起。前钩片前枝钩曲,后钩片基部宽,端部尖。

雌性腹部长45mm,后翅长40mm。色彩似雄性。后头具角一对。下生殖板裂陷深而宽。

分布:浙江(天目山:南大门)、吉林、河北、山西、福建、四川;朝鲜。

弯尾春蜓属 *Melligomphus* Chao,1990

特征:体中至大型。背条纹下端与领条纹相连,呈"7"字形纹,通常有肩前上点,无肩前下条纹,或肩前下条纹弱。合胸侧面第2及第3条纹完整,通常较粗。上肛附器末端向下方弯曲,但不钩曲,末端与下肛附器亚端部相连,下肛附器与上肛附器等长,或稍长。阳茎有后叶,末节有短鞭一对。前钩片前枝细长,末端钩曲;后枝短,或缺乏。雌性第9节腹板强度骨化,但中央有一对甚小的膜质区。下生殖板半圆形,末端具一缺刻。

3.69　双峰弯尾春蜓 *Melligomphus ardens*(Needham,1930)(图4-3-86)

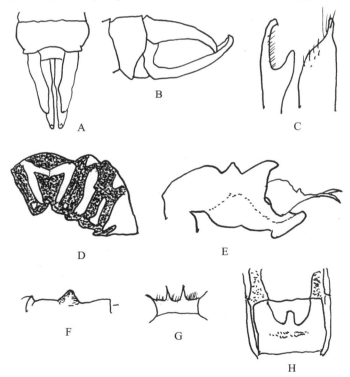

图4-3-86　双峰弯尾春蜓 *Melligomphus ardens*(Needham,1930)
A.雄性肛附器,背面观;B.雄性肛附器,侧面观;C.前钩片和后钩片;D.合胸色彩;
E.阳茎末端;F.雄性腹部第8节背板;G.雌性后头;H.雌性下生殖板

特征:雄性腹部长(连肛附器)47mm,后翅长36mm。头部:下唇褐色,中叶淡黄色。上唇具一对甚大黄色斑点。前唇基黄色,后唇基黑色,有时在两侧各具一个斑点。额上具一对横生新月形黄色条纹。头顶和后头黑色,后头的后方具一黄色斑点。头顶侧单眼上方具一对甚大的、横的短突起,末端圆钝,镶以黑色长毛。胸部:前胸黑色,有时在中叶中央具一对黄色斑点。合胸背面领条纹中间间断。背条纹较细,其下方与领条纹相连,形成一对"7"字形纹,位于合胸脊两侧。肩前条纹缺,仅存肩前上点。侧面第2条纹与第3条纹完整,两条在气门下缝处相连。足黑色,基节侧方具黄色条纹。翅透明,或稍带淡褐色。腹部黑色,具黄色斑点:第1节背方具一个三角形斑点,侧方具一个甚大斑点;第2节背中条纹分为三段,侧方具一"U"形斑纹,包含耳形突;第3—6节基方具一黄色横纹;第7节基方的一半黄色;第8节背面中央具一对较小的短突起,末端钝圆;第8—10节及肛附器黑色。上肛附器长较下肛附器稍短,末端逐渐向下弯曲,末端腹方具一行短齿。前钩片末端分为两枝,前枝钩曲,后枝拇指状,约为前枝长度的1/2。阳茎后叶侧缘末端部分扩大而且稍微卷曲。

雌性腹部长47mm,后翅长39mm。色彩似雄性。后头角一对,甚长。下生殖板半圆形,末端具一缺刻。第9节腹板具一弧形低脊,与其前方中央短纵脊相连,其后方具一对膜质的构造。

分布:浙江(天目山:西坑)、福建、广西、贵州。

3.70　无峰弯尾春蜓 *Melligomphus ludens*(Needham, 1930)(图4-3-87)

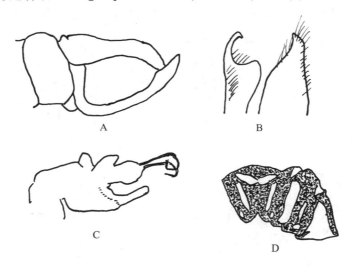

图4-3-87　无峰弯尾春蜓 *Melligomphus ludens*(Needham,1930)
A.雄性肛附器,侧面观;B.前钩片和后钩片;C.阳茎末端;D.合胸色彩

特征:雄性腹部长(连肛附器)44—48mm,后翅长35—38mm。头部:上唇黑色,具2个椭圆形黄斑。前唇基黄色,它的前缘两侧各有一条黑线。后唇基黑色。额横纹中央间断。头顶和后头黑色。胸部:合胸背面领条纹中央间断,背条纹下端几乎与领条纹接触。肩前上点甚小,无肩前下条纹。侧面第2条纹与第3条纹大部分合并,两者之间有2—3个黄斑。腹部黑色具黄色斑点:第1—2节背中条纹呈矛形,第2节侧面具2个黄色斑,前方黄斑包含耳形突;第3—6节具基环纹;第4—6节的基环纹甚细;第7节基半部黄色;第8—10节黑色。肛附器黑色。上肛附器端部向下方弯曲,但不钩曲,末端腹方有一排细齿。下肛附器两枝互相平行,逐渐向上方弯曲,超过上肛附器末端,末端钝圆。前钩片前枝细,末端钩曲;后钩片基部宽,末端尖锐。

分布:浙江(天目山:一里亭)、福建。

蛇纹春蜓属 *Ophiogomphus* Selys，1854

特征：体大型，粗壮，浅绿色有黑色斑纹。头大，额成角；雄性后头简单，雌性具一对后头角。臀三角 4 室，甚少翅室增加，可多至 7 室；臀套通常 3 室，甚少 2 室或 4 室；A2 由肘臀横脉与下三角室之间生出。足粗短，有许多粗短的刺。雄性腹部第 7—9 节颇为扩大，在雌性不明显。雄性上肛附器背面观微弱弯曲，呈括号状，末端钝圆，侧面观末端呈弧形下弯；下肛附器约与上肛附器等长，或稍短，两枝很靠拢，互相平行，侧面观中央一段粗厚，末端尖细，向背方钩曲，或基背方有一齿状突。前钩片末端分叉，前枝长，呈钩曲状；阳茎后叶细长，末节具一对短鞭。

3.71　中华长钩蛇纹春蜓 *Ophiogomphus*（*Ophionurus*）*sinicus*（Chao，1954）（图 4-3-88）

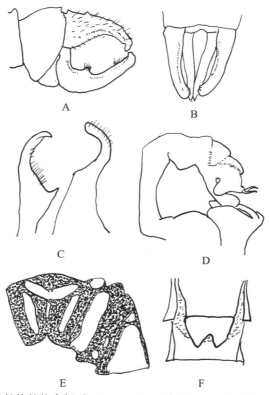

图 4-3-88　中华长钩蛇纹春蜓 *Ophiogomphus*（*Ophionurus*）*sinicus*（Chao，1954）
A. 雄性肛附器，侧面观；B. 雄性肛附器，背面观；C. 前钩片和后钩片；
D. 阳茎；E. 合胸色彩；F. 雌性下生殖板

特征：雄性腹部长（连肛附器）46.5mm，后翅长 38mm。头部：下唇褐色，中叶黄色。上唇黑色，基部具一对黄色横斑。前唇基黄绿色，后唇基黑色。上额具一对黄绿色条纹。头顶和后头黑色。头顶侧单眼上方具一对甚大短突起，末端钝圆，镶以黑色长毛。胸部：前胸黑色，中叶中央具一对甚小黄色斑点。合胸背面领条纹中央间断。2 条背条纹向下分歧，上下方不与其他条纹相连。通常肩前条纹缺乏。侧面第 2 条纹与第 3 条纹互相合并，仅后胸上前侧片上方有一横形斑点，后胸下前侧片具一黄色斑点。足黑色，基节外方黄褐色，胫节基方具一黄色斑点，前足转节腹方黄色，前足腿节具一黄色条纹。翅透明，基方微带褐色。结前横脉与结后横脉指数为 $\frac{12-17}{14-11}$。弓脉与叉脉之间的横脉指数为 $\frac{2}{1}$。臀套通常 2 室。腹部黑色，具黄色斑点:第1节背面具一方形斑点,两侧各具一甚大斑点;第2节背中条纹甚细,两侧各具2条横条纹,包含耳形突;第3—6节基方具甚细横纹;第7节基部的一半黄色;第8—10节黑色。上肛附器黑褐色,背侧方具一象牙色条纹,由其背面突起处伸抵末端。上肛附器约与下肛附器等长,末端向下逐渐弯曲,在背面距基部约为全长1/4处具一小突起,在腹面靠近末端处具一横脊。下肛附器黑色,两枝逐渐向上弯曲,在背面约在其中央处具一小突起。前钩片末端钩曲,后缘中央具一尖刺。后钩片较前钩片长出1/3。阳茎的阴囊末端两侧扩大,呈叶片状凸出;末节较短,具鞭一对;后叶长、大。

雌性腹部长44mm,后翅长42mm。色彩同雄性。后头角一对,颇长,末端分歧。第9腹节腹板强度骨化。下生殖板半圆形,末端中央缺刻阔。

分布:浙江(天目山:三里亭)、福建、江西、香港。

林春蜓亚科 Lindeniinae

叶春蜓属 *Ictinogomphus* Cowley,1842

特征:体大型,粗壮,黑色无光泽,具明亮的香橼黄或绿黄色斑纹。头大,额成角,后头简单或稍凹陷。下三角室仅含2室;中室仅含2列翅室;臀套仅含4室;臀角不凸出,其两边所成的角度呈直角或略呈钝角。腹部第8节背板侧缘适度扩大。阳茎柄节与中节长度相等;末节甚短,后叶及鞭缺乏;末节分作背、腹两片,腹方的一片中央纵裂,背方的一片内方生出长刺状构造一对。

3.72 小团扇春蜓 *Ictinogomphus rapax* (Rambur,1798)(图4-3-89、图4-3-90)

特征:雄性腹部长(连肛附器)50—53mm,后翅长40—42mm。头部:下唇黄色。上唇黑色,基方具一甚阔的黄色横纹,该横纹中央狭窄或间断。前唇基黄色;后唇基黑色,两侧各具一个甚大黄色圆点。颊黑色。额黑色,额横纹甚宽,中央缢缩。头顶黑色。头后黄色,具黑色边缘。后头的后方具一个甚大的黄色斑点。头顶侧单眼上方具一对甚大突起,镶以黄色细毛。后头缘稍凸出,镶以黄色细毛。胸部:前胸黑色具黄色斑点,前叶侧面后缘具一斑点,中叶两侧各具一甚大黄色斑点。合胸被白色细毛,背面领条纹完整。背条纹上端粗,下端渐细,上下不与其他条纹相连。肩前条纹完整。侧面第2条纹和第3条纹甚粗,沿气门下缝由一粗横纹相连。后胸下前侧片具一甚大黄色圆点。足黑色,基节外方黄色,前足转节具一黄色斑点,前足腿节腹方具一黄色条纹。翅透明,基部微带淡褐色。腹部黑色,具黄色斑点:第1节背面端部

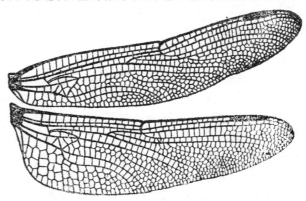

图4-3-89 小团扇春蜓 *Ictinogomphus rapax* (Rambur,1798)前、后翅

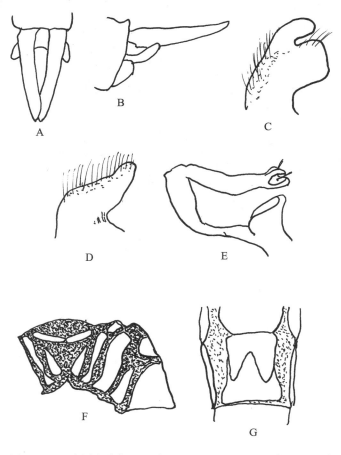

图 4-3-90　小团扇春蜓 *Ictinogomphus rapax*（Rambur，1798）
A. 雄性肛附器，背面观；B. 雄性肛附器，侧面观；C. 前钩片；D. 后钩片；
E. 阳茎；F. 合胸色彩；G. 雌性下生殖板

　　具一黄色横纹，镶以白色细毛，侧面腹缘与后缘各具一黄色斑点；第 2 节背中条纹呈长三角形，侧面基端的一半包含耳形突在内黄色；第 3 节基部具一宽横纹；第 4—6 节背面基部具黄色斑；第 7 节基端的一半黄色；第 8 节侧面基方各具一个甚大斑点，背板腹缘适度扩大，呈一黑色叶；第 9 节侧面基部和端部各具一斑点；第 10 节及肛附器黑色。上肛附器长而直，圆柱形。下肛附器短小，向上方稍弯曲。前、后钩片形状见图 4-3-90。

　　雌性腹部长 49mm，后翅长 43—45mm。色彩同雄性。后头角一个，甚短，前后扁。下生殖板中央分裂阔而深，呈 2 个三角形。

　　分布：浙江（天目山：南大门）及我国东南部；日本及亚洲东南部。

新叶春蜓属 *Sinictinogomphus* Fraser，1842

　　特征：体大型，粗壮，黑色具黄绿色条纹。翅透明，下三角室仅含 2 室；中室仅含 2 列翅室；臀套 3 室；臀角并不凸出。腹部第 8 节背板侧缘极度扩大。阳茎中节约为柄节长度的一半；末节甚长，末端分为两叶，各分叶末端卷曲。本属仅含 1 种。

3.73　大团扇春蜓 *Sinictinogomphus clavatus*（Fraser，1775）（图 4-3-91、图 4-3-92）

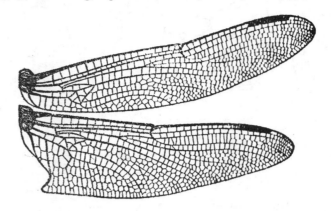

图 4-3-91　大团扇春蜓 *Sinictinogomphus clavatus*（Fraser，1775）前、后翅

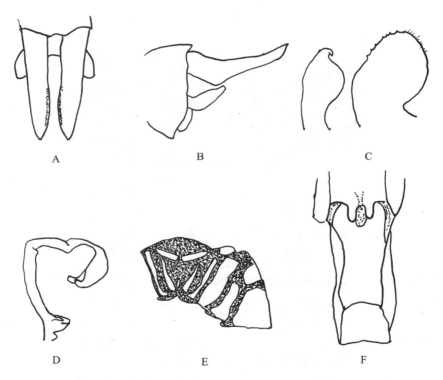

图 4-3-92　大团扇春蜓 *Sinictinogomphus clavatus*（Fraser，1775）
A. 雄性肛附器，背面观；B. 雄性肛附器，侧面观；C. 前钩片和后钩片；
D. 阳茎；E. 合胸色彩；F. 雌性下生殖板

特征：雄性腹部长（连肛附器）56mm，后翅长 42mm。头部：下唇褐色，中叶黄色。上唇淡绿黄色，具甚细黑色边缘。上颚基部黄色。前、后唇基淡黄绿色。额黑色，绿色额横纹甚宽，位于上额前方的一半，伸展至前额上方。头顶黑色，后头黄色，具甚细黑色后头缘。后头的后方黄色。头顶侧单眼上方各具一大的圆形突起，其上有白色细毛，两突起之间由横脊相连。胸部：前胸黑色，中叶两侧各具一黄色斑点。合胸背面黑色，具绿色条纹：领条纹完整，中央沿合胸脊稍有黑色入侵。背条纹粗短，上端宽，下端尖锐，上下不与其他条纹相连。肩前条纹完整，在近上端处缢缩。侧面第 2 条纹及第 3 条纹完整，颇阔，沿气门下缝由黑色横纹相连。足黄色，基节、转节、腿节的腹面具黑色条纹；腿节末端、胫节和跗节黑色。翅透明，翅痣黑色，前缘脉的前缘黄色，臀三角 6 室，臀套 4 室。腹部黑色，具绿黄色斑纹：第 1 节背中条纹甚大，三角形，与第 2 节背中条纹相连，后者在前横脊处稍为狭窄；第 3—6 节背面基方具一个三角形斑点，约为各节长度的一半；第 1—3 节侧面大部分黄色，在第 3 节黄色部分向末端渐细；第 7 节背中条纹甚宽，几乎伸抵该节全长，两侧腹缘黄色；第 8 节两侧各具一甚大斑点，与该节背板侧缘扩大部分上的半圆形斑点相连；第 9 节和第 10 节侧面各具一个斑点，第 10 节的斑点甚小。肛附器黑色。上肛附器长而直，圆柱形，末端尖；下肛附器短小。前钩片扁平，基部狭，端部宽，末端呈小钩状，向后弯曲；后钩片宽扁，其宽度约为前钩片的 2 倍，呈长片状，末端圆钝。阳茎基节甚长，约为中节的 2 倍，末端具一短鞭。

雌性色彩同雄性。下生殖板分为两枝，近似圆柱形。

分布：浙江（天目山：南大门），我国沿海各省及陕西、四川、湖北、江西等；朝鲜，越南，日本。

大蜓总科 Cordulegastroidea

特征:两复眼通常刚好相接触。原始结前横脉保留。产卵器减弱。成虫下唇中央深裂,幼虫下唇具锯齿,匙形有刚毛,侧叶宽。只分布于北半球。同蜓总科和蜻总科相联盟。

大蜓科 Cordulegastridae

特征:体大型或巨大,黑色只具黄色条纹。头大,下唇长、宽相等或长大于宽,前缘中央深裂。脸凸出,方形或宽大于长。额隆起,复眼大,相遇一点。前胸小,合胸粗壮。足粗壮,腿节有 2 列小齿,胫节具 4 棱纵脊、2 列刺和膜质隆脊。翅透明,后翅比前翅宽。腹部圆筒形。

分属检索表

1. 基室具 1 至多条横脉,雄性胫节具龙骨状脊突,雌性产卵器退化 ·········· **绿大蜓属 *Chlorogomphus***

　基室完整无横脉,雄性胫节无龙骨状脊突,雌性产卵器发达,雄性后翅基部圆,臀三角存在 ·········
·· **圆臀大蜓属 *Anotogaster***

绿大蜓属 *Chlorogomphus* Selys,1854

特征:头宽而不长,两眼几乎相接触或中等分离。脸很宽而短,后唇基只稍宽于额;额上方圆,隆起,或高于后头。后头小,雄性肿胀,雌性低和凹陷。下唇中叶前缘中央裂开,上唇前缘凹陷。触角基节很短,第 2 节粗壮,为第 1 节长的 3 倍长;第 3—6 节很细,短,渐减。胸部比较小。足粗壮而短,后股节向后延伸至第 1 腹节端部;胫节具龙骨状脊突,爪钩粗大,在爪的中部。翅长而宽,尤其在雌性的后翅。雄性翅透明;雌性翅透明,大部分或部分有色不透明。前翅翅结距翅痣近,距翅基远;翅痣比较短而狭,在雌性颇长。雄性后翅基部具浅的凹陷,雌性总是圆。三角室具横脉,基室具 1—5 条横脉,肘脉多,臀套 10—34 翅室。1A 通常分叉,但在后翅偶尔呈梳状,翅基亚前缘室具不完整的结前横脉。腹部圆筒形,稍长或稍短于后翅。肛附器稍长于第 10 腹节,上肛附器宽的分离,稍弯曲,通常具腹齿;下肛附器深裂呈两叉。

3.74　斯氏绿大蜓 *Chlorogomphus suzukii* Oguma,1926 (图 4-3-93)

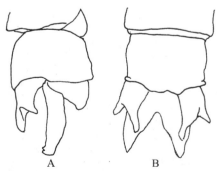

图 4-3-93　斯氏绿大蜓 *Chlorogomphus suzukii* Oguma,1926
A.雄性肛附器,侧面观;B.雄性肛附器,背面观

特征:雄性体长 75mm,腹部长(连肛附器)55mm,后翅长 47mm。头部:黑色,下唇黄褐色;前唇基黑色,中部黄褐色;后唇基黄色;上额的前半部分绿黄色。头顶隆起,后头后缘长有黑色长毛。胸部:前胸黑色,前叶前缘绿黄色,后叶具一对分离的黄色斑。合胸背面黑色,具黄

色斑纹：背条纹楔形，向下方分歧；肩前条纹宽，下端靠近肩缝线。侧面黑色，具黄色条纹：后胸前侧片具楔形斜条纹，覆盖气门，下方具一孤立的小斑；后胸后侧片上方具一孤立的小斑，后缘具狭条纹。足黑色，基节黄色。翅透明，翅痣黑色，覆盖 3～4 翅室。前、后翅三角室均具一横脉；臀套 8 翅室；臀三角 3 翅室。结前横脉和结后横脉指数为 $\frac{14-24}{15-17}$。腹部黑色，具黄色斑纹：第 1 节侧面具一小斑；第 2 节侧面具一大斑，与端环纹相连；第 3～6 节背面具小端斑点，第 3 节腹缘具狭纹；第 7 节端环纹宽。肛附器黑色。上肛附器端部分叉；下肛附器中央深裂，末端向上钩曲，具 2 个微小的齿。

分布：浙江（天目山：西坑）、台湾。

3.75　尖额绿大蜓 *Chlorogomphus nasutus* Needham，1930（图 4-3-94）

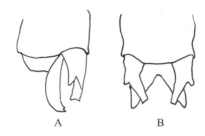

图 4-3-94　尖额绿大蜓 *Chlorogomphus nasutus* Needham，1930
A. 雄性肛附器，侧面观；B. 雄性肛附器，背面观

特征：雄性体长 88mm，腹部长（连肛附器）65mm，后翅长 52mm。头部：黑色，下唇黄色，前唇基具"工"字形黄色细纹；前额呈三角锥形凸出，上额前半部分黄绿色，头顶隆起，后头后缘长有浓密的黑色毛。胸部：前胸黑色，前叶前缘黄色，后叶具一对分离的黄色小斑。合胸：背面黑色，黄色背条纹上端扩大，向下逐渐尖细，向下分歧；肩前黄色条纹宽，到达肩缝线附近，下端压缩。侧面黑色，后胸前侧片具黄色楔形斜条纹，下端尖，覆盖气门；后胸后侧片上方具 2 个孤立的小黄色斑点，后胸后侧片后缘具狭条纹。翅透明，翅痣黑色，覆盖 4 翅室；结前横脉和结后横脉指数为 $\frac{13-22}{15-17}$。前、后翅三角室均有一条横脉；臀套 7 翅室，臀三角 3 翅室。腹部黑色，具黄色斑纹：第 1 节背面具一小斑点，侧面具一小斑点；第 2 节侧面具一大斑点，与狭的端环纹相连，包含耳形突；第 3～5 节背面具小的端斑点；第 6 节具较宽的端环纹。肛附器黑色。上肛附器端部分叉，下肛附器末端向上钩曲，具 2 个微小的齿。

分布：浙江（天目山：南大门）、广西。

圆臀大蜓属 *Anotogaster* Selys，1854

特征：头很大，两眼仅有一点接触。后头小，后头后缘稍隆起。下唇侧叶心脏形，中叶中央末端分裂。上唇前缘稍凹陷。脸长大于宽，额宽而高，但不高于后头，上方具宽而浅的凹陷，被有细的短毛。头顶很小，触角 7 节。前胸短、大，后叶圆，肿起。合胸很大，通常被有细毛，尤其是在背面。足粗壮，后足股节延伸至第 2 腹节中央。翅透明，雌性翅基通常具明亮的琥珀色。后翅宽，翅基臀角圆。翅痣长而狭，无支持脉。前、后翅三角室形状相似。腹部长，圆筒形。

3.76　清六圆臀大蜓 *Anotogaster sakaii* Zhou，1988（图 4-3-95）

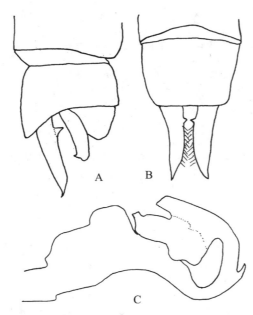

图 4-3-95　清六圆臀大蜓 *Anotogaster sakaii* Zhou，1988
A. 雄性肛附器，侧面观；B. 雄性肛附器，背面观；C. 阳茎，侧面观

特征：雄性体长 87—91mm，腹部长（连肛附器）65—69mm，后翅长 50—51mm。头部：下唇深黄褐色。上唇黑色，前缘深褐黄色，基部具一对被黑色围绕的三角形绿黄色斑点。颊黄褐色，前唇基黑色。后唇基明亮的绿黄色，前缘具黑色细条纹，有一对黑色斑点侵入中央两侧。额前面和上面均黑色，头顶和后头黑色，后头后缘具浓密的黑色长毛。胸部：前胸黑色，后叶侧面具细的黄色横纹。合胸背面黑色，肩前条纹绿黄色，呈相反的逗号状斑点，向下分歧。侧面黑色，具两条绿黄色斜条纹：一条在中胸后侧片，约占 1/2 宽，另一条在后胸后侧片，约占 1/3 宽。足黑色。翅透明，微带淡烟色。翅脉黑色，翅痣黑色，覆盖三个或三个半翅室。前、后翅三角室具一条横脉，亚三角室完整无横脉，臀套 5 翅室。结前横脉和结后横脉指数为 $\frac{15-21}{16-15}$。腹部黑色，具绿黄色斑纹：第 1 节黑色，背面具稠密的黑色长毛；第 2 节横脊处具黄色环纹，下端向前方弯曲，端部亚背侧面和侧面各具一黄色小斑点；第 3—8 节横脊处具狭的黄色环纹，但被黑色背中脊隆分开；第 9—10 节黑色。肛附器黑色。上肛附器粗壮，末端尖锐，不长于第 10 腹节，侧面观，基部腹面具一三角形强齿，朝向下方；背面观，亚基部 1/5 处内缘具一三角形小齿突，斜向下方。下肛附器宽扁，末端具一齿突，向上钩曲。

雌性体长 89mm，腹部长（连肛附器）65mm，后翅长 55mm。头部：下唇黄褐色。上唇深褐黄色，两侧黑褐色，基部具一对三角形绿黄色斑点，中央以黑色纵纹分开。后唇基的上半部分为明亮的绿黄色，前唇基和后唇基的下半部分为深褐色，有一对褐色斑侵入绿黄色区的中央两侧。前额褐色，上额黑褐色。头顶和后头黑色，后头后缘具浓密的黑色长毛。胸部和腹部的色彩同雄性。产卵器长，约为第 9 腹节与第 10 腹节之和的 2 倍。翅透明，琥珀色，脉黑色，翅痣深褐色，覆盖三个或三个半翅室。前、后翅的三角室均具一条横脉，后翅臀套 8 翅室，结前横脉和结后横脉指数为 $\frac{15-24}{15-15}$。本种与分布于缅甸的 *Anotogaster gigantica* Fraser 密切相似，但上唇黑色,基部具一对三角形绿黄色斑点;臀套5翅室;第9腹节黑色,无斑纹;上肛附器基部具一强腹齿,亚基部1/5处内缘具一三角形小齿突等特征,可予以区别。

　　分布:浙江(天目山:仙人顶)。

3.77　巨圆臀大蜓 *Anotogaster sieboldii* Selys,1854(图 4-3-96、图 4-3-97)

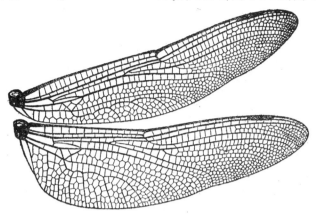

图 4-3-96　巨圆臀大蜓 *Anotogaster sieboldii* Selys,1854 前、后翅

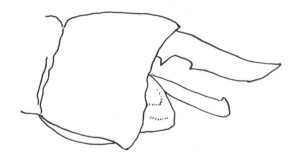

图 4-3-97　巨圆臀大蜓 *Anotogaster sieboldii* Selys,1854 雄性肛附器,侧面观

　　特征:雄性体长93mm,腹部长(连肛附器)72mm,后翅长55mm。头部:下唇褐黄色。上唇黄色,边缘黑色,中央具一狭的黑纹。前唇基黑色,后唇基黄色,具狭的黑色前缘,中央两侧各具一黑色小斑点。额黑色,上额具一孤立的黄色横条纹。头顶和后头黑色,后头后缘具稠密的细毛。胸部:前胸黑色,后叶后缘黄色。合胸黑色,背面肩前条纹黄色,呈相反的逗号状斑纹,向下分离。侧面中胸后侧片和后胸后侧片大部分绿黄色。足黑色。翅透明,翅痣黑色,覆盖4—5翅室。翅基部微带金黄色。结前横脉和结后横脉指数为$\frac{16-23}{15-20}$。臀套5翅室。腹部:黑色,第1节背面具淡色毛;第2节基部具很宽的黄色环状纹,末端具小的斑点;第3—8节横脊处具黄色环状纹,背面被黑色背中隆脊隔断,斑纹的下端向前方弯曲;第9—10节黑色。肛附器黑色。上肛附器粗壮,稍长于第10腹节。基部腹面具一尖齿,朝向下方,亚基部内缘具一小齿。下肛附器扁宽,末端钝圆,向上方钩曲。

　　雌性体长94mm,腹部长(连肛附器)73mm,后翅长62mm。雌性色彩同雄性,产卵器发达,伸向后方。

　　分布:浙江(天目山:老殿)、福建。

蜻总科 Libelluloidea

特征:体小至大型。两眼有颇宽的一段接触。前缘室与亚前缘室内的结前横脉和结后横脉上下相连成直线;原始结前横脉通常不明显。前翅三角室横生,距弓脉远,具亚三角室;后翅三角室纵生,紧靠近弓脉,无亚三角室。无产卵器。幼虫脸盖唇匙形,具刚毛和宽的侧叶。

分科检索表

1. 雄性后翅臀角通常呈明显的角;胫节弯曲面具长而膜质的龙骨状脊;臀套足形,其趾不发达;腹部第2节侧面各具一个耳形突;胸部金属绿色或蓝色;眼后边具一小的波状突起 ········ **伪蜻科 Corduliidae**
   雄性和雌性后翅臀角均为圆形;胫节无龙骨状脊;臀套足形,其趾发达;腹部第2节侧面无耳形突;胸部稀有金属色;眼后边无突起 ············ **蜻科 Libellulidae**

伪 蜻 科 Corduliidae

特征:体小至大型,身体通常为金属绿色。后翅的结前横脉厚度相等;基室无横脉;前翅和后翅的三角室相异;雄性后翅基部成角,腹部第2节侧面具耳形突。雄性胫节弯曲面具薄龙骨状脊。

分属检索表

1. 后翅三角室与弓脉之间有一段距离 ···················· **弓蜻属 Macromia**
   后翅三角室与弓脉甚为接近,或三角室的后边与弓脉连成直线 ················ 2
2. 弓脉的分脉在起点一长段合并 ···················· **玛异伪蜻属 Macromidia**
   弓脉的分脉从起点分歧 ·· 3
3. 身体褐黑色,无金属光泽 ···························· **毛伪蜻属 Epitheca**
   身体金属绿色,后翅通常具2条肘臀脉 ·············· **绿伪蜻属 Somatochlora**

毛伪蜻属 *Epitheca* Burmerster,1839

特征:体中型,褐黑色,无金属光泽,具黄色斑纹。脸部、后头和胸部长有较长的毛。腹部基节稍肿大,密生毛。弓脉的分脉在起点分离,前翅三角室3翅室,亚三角室3翅室。臀套有短但明显的趾,长2—3翅室。

3.78 缘斑毛伪蜻 *Epitheca marginata* Selys, 1883(图 4-3-98)

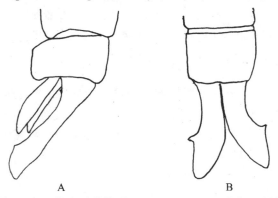

A   B

图 4-3-98 缘斑毛伪蜻 *Epitheca marginata* Selys, 1883
A.雄性肛附器,侧面观;B.雄性肛附器,背面观

特征：雄性体长 55mm，腹部长（连肛附器）39mm，后翅长 40mm。头部：下唇黄褐色，上唇黑色。前唇基、后唇基和前额黄褐色。上额、头顶和后头黑色。脸部具黑色长毛，后头具黄色长毛。胸部：前胸褐黑色，前叶前缘和后叶后缘绿黄色。合胸褐黑色，具黄色斑纹，密生黄色毛。合胸背面褐黑色，背条纹黄色，上方宽，向下方渐狭，互相分歧。合胸侧面褐黑色，中胸后侧片和后胸后侧片具宽的黄色条纹，后胸前侧片嵌入两个分离的黄色斑点。翅透明，翅痣褐色。前缘脉黄褐色；前翅三角室 3 翅室；臀膜白色，下方黑色。结前横脉和结后横脉指数为 $\dfrac{7-7}{7-5}$。翅基部具褐色小斑点。腹部黑色，具黄色斑纹：第 1—8 节腹缘具黄色斑点，第 9—10 节黑色。肛附器黑色。上肛附器长度为第 10 腹节的 2 倍，端部互相分离，端外缘具一小齿，基部腹面具一小齿。下肛附器端部深凹陷，呈叉状。

雌性体长 54mm，腹部长（连肛附器）38mm，后翅长 39mm。雌性色彩同雄性。但翅从基部至末端沿着前缘脉、亚前缘脉和胫脉之间具一条褐色纵带。下生殖板发达。

分布：浙江（天目山：西坑）及我国中部、北部地区；日本。

绿伪蜻属 *Somatochlora* Selys，1871

特征：优美的蜻蜓。翅透明，身体深褐色，一般具金属绿色光泽。合胸背面无淡色条纹，侧面有两条大的斑纹。腹部第 2 节末端具狭的淡色环纹，耳形突基部具淡色斑。翅脉行距宽，三角室 2 翅室，上三角室 1 翅室在前、后翅。中室区具 2 列翅室以上，翅痣下方具 1 列翅室，在亚翅结两侧空间大；桥横脉 1 条，后翅臀横脉 2 条，一般结前横脉 5 条；后翅臀区具 2 列翅室，内列翅室很长，翅缘 1 列翅室短。雄性前、后足胫节具龙骨状脊突。

3.79　灵隐绿伪蜻 *Somatochlora lingyiensis* Zhou，1979（图 4-3-99）

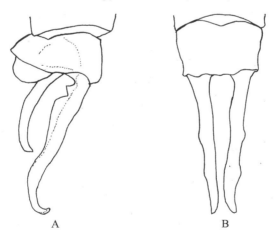

图 4-3-99　灵隐绿伪蜻 *Somatochlora lingyiensis* Zhou，1979
A. 雄性肛附器，背面观；B. 雄性肛附器，侧面观

特征：雄性体长 60mm，腹部长（连肛附器）44mm，后翅长 40mm。头部：铜绿色，具金属光泽。下唇黄色，边缘黄褐色。上唇黑色。前唇基黄褐色，后唇基黑色。额凸起，中央凹陷，整个表面具刻点，两侧各具一块黄色斑。头顶圆形隆起，上方有两个圆锥形小角突。后头三角形黑色。胸部：前胸黄色，中叶黑色。合胸铜绿黑色，具金属光泽，后胸后侧片中央有一条宽的黄色带，向下渐锐，不到达下缘。足黑色，前足转节腹面黄色。翅透明，翅基有透明的金黄色。翅脉

黑色,翅痣棕黑色。结前横脉在前翅8条,在后翅6条。腹部黑色,具黄色斑纹;第2节背面有一条黄色横纹,腹侧耳形突后有一三角形黄斑;第2节与第3节之间有一条狭的黄色环纹;第3节侧缘有黄色斑点。肛附器黑色,长如第9腹节与第10腹节之和。上肛附器细长,末端向上弯曲;上肛附器近基部腹方有一三角形齿和一钝齿突起。下肛附器较短,末端向上钩曲。

分布:浙江(天目山:三里亭)。

玛异伪蜻属 *Macromidia* Martin,1906

特征:体中型,身体金属绿色,具弱的香橼黄色条纹。头中等;眼球形,两眼接触面宽。前胸小,合胸狭、颇小。足短、粗壮,雄性足胫节具膜质的龙骨状脊突。翅中等长,较宽,末端圆。三角室完整,弓脉位于第1和第3结前横脉之间,前翅弓脉的分脉有一短距离的融合,后翅有一长距离的融合。前翅肘脉1—2条,后翅2—4条。臀套卵圆形,7—8翅室。Riv-v和MA在前翅稍呈波状弯曲,在后翅平滑向下弯曲。中室区在前翅1—2列翅室,翅结以后3—4列翅室,在翅边缘宽的扩张。结后横脉在靠近翅结处的1—3条不连续,因为下方Ri和Rii脉之间横脉缺乏。腹部长于翅,圆筒形,雄性第2腹节具小耳形突。肛附器简单。上肛附器无侧齿,下肛附器呈狭长的三角形。

3.80　杭州玛异伪蜻 *Macromidia hangzhouensis* Zhou,1979(图4-3-100)

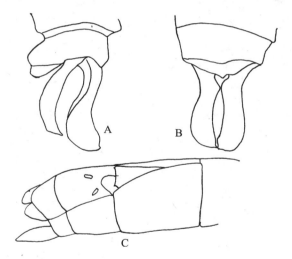

图4-3-100　杭州玛异伪蜻 *Macromidia hangzhouensis* Zhou,1979
A.雄性肛附器,背面观;B.雄性肛附器,侧面观;C.雌性腹末端,腹面观

特征:雄性体长53mm,腹部长(连肛附器)39mm,后翅长33—35mm。头部:铜绿黑色,具金属光泽。下唇黄色,上唇黑色,前唇基褐黄色。额凸出,上额凹陷分成两个圆形隆起。头顶圆形隆起,后头三角形黑色。胸部:前胸黄色,中叶黑色。合胸铜绿色,背面下半部分,肩前条纹宽,黄色。侧面观,一条宽的黄色侧条纹覆盖气门,不到达上缘。后胸后侧片的后半部分包含胸部腹面黄色。足黑色,前足基节腹面黄色;中、后足基节腹面黄色部分较小。翅透明,翅基部呈透明的黄色。翅脉黑色。翅痣黑褐色,2.5—3mm长,覆盖2—3室。结前横脉在前翅14—16条,在后翅8—9条。三角室完整,亚三角室3翅室。前翅中室区始端为一列8个单室,以后为2列到多列翅室。臀套8—9翅室。腹部黑色,具黄色斑纹:第1—8节背面有断续的背中条纹;第1节侧面和第2节耳形突以及耳形突下方黄色;第3节侧腹缘黄色。肛附器长

如第 9 腹节。上肛附器黄色,仅基部和末端黑色,背面观亚圆筒形,呈镰刀状,亚基部和末端相靠近;侧面观稍呈波状弯曲,端部宽,呈钝形腹齿。下肛附器淡褐黄色,末端褐色。

雌性体长 54mm,腹部长(连肛附器)39mm,后翅长 38mm。雌性色彩同雄性。但腹部从第 1—7 节背中条纹宽一些。

分布:浙江(天目山:南大门)。

弓蜻属 *Macromia* Rambur,1842

特征:体大型,深金属绿色或蓝色,具黄色条纹。头很大,眼圆球形,头顶具两个圆锥形突起。前胸小,合胸大而粗壮。足很长,雄性胫节内面具薄的龙骨状脊。翅长,末端尖,后翅基部凹陷颇深,形成臀角。弓脉位于第 1 至第 2 结前横脉之间,臀套方形,6—12 翅室,翅结后第 1 或第 2 结后横脉在亚前缘室缺乏形成空间。腹部长于翅。肛附器简单,上肛附器外侧缘具小齿突。

3.81　锤弓蜻 *Macromia malleifera* Lieftinck,1955(图 4-3-101)

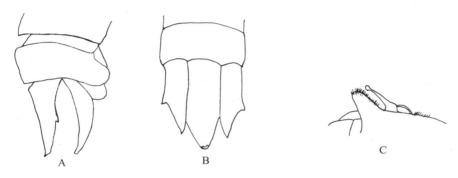

图 4-3-101　锤弓蜻 *Macromia malleifera* Lieftinck,1955
A. 雄性肛附器,侧面观;B. 雄性肛附器,背面观;C. 交合器

特征:雄性体长 78mm,腹部长(连肛附器)58mm,后翅长 50mm。头部:下唇黄褐色;上唇黑色;前唇基、颊和上颚基部深褐色;后唇基黄色,前缘褐色。额和头顶铜绿色,具金属光泽,额的两侧各具一小黄色斑点。后头三角形褐黑色。合胸铜绿色,具金属光泽。合胸背面肩前条纹黄色,约为背长的一半。合胸侧面后胸前侧片黄色条纹宽,覆盖气门。足黑色。翅前窦黄色。翅透明,从翅基至三角室淡金黄色,翅痣黑色,覆盖 2 翅室。臀套 9 翅室。结前横脉和结后横脉指数为 $\frac{9-17}{13-11}$。腹部黑色,具如下黄色斑纹:第 2 节基环纹宽,第 3—6 节具背中斑点,第 7 节基环纹宽,第 8 节基部具一小斑点,第 9—10 节黑色。肛附器褐黑色。上肛附器和下肛附器等长,上肛附器中部外侧缘具一三角形齿突。

雌性体长 80mm,腹部长(连肛附器)60mm,后翅长 53mm。雌性色彩与雄性相似,不同之处如下:结前横脉和结后横脉指数为 $\frac{12-21}{14-13}$。臀套 22 翅室。腹部黑色,第 2 节基环纹宽,第 3 节中环纹宽,第 4—6 节具背中斑点,第 7 节基部具一斑点。

分布:浙江(天目山:三里亭)、福建。

蜻科 Libellulidae

特征：体小至大型，通常短而粗壮。一般无金属色，雄性常被粉。雄性后翅基部圆，第2腹节上无耳形突。雄性胫节无龙骨状脊突。

分属检索表

1. 前翅三角室呈四边形，前边在中央弯折 ……………………………………… **红小蜻属 Nannophya**
   前翅三角室呈三边形 ………………………………………………………………………… 2
2. 翅痣的内、外缘平行 ……………………………………………………………………………… 3
   翅痣的内、外缘不平行 …………………………………………………………… **斜痣蜻属 Tramea**
3. Riii 脉呈强度的波浪状弯曲 …………………………………………………………………… 4
   Riii 脉略有弯曲 ………………………………………………………………………………… 5
4. 桥横脉多于一条 ………………………………………………………………… **蜻属 Libellula**
   桥横脉只有一条 ……………………………………………………………… **灰蜻属 Orthetrum**
5. 中肋近乎直线，翅痣前方和下方的横脉强度倾斜 …………………………………………… 6
   中肋有角度，翅痣前方的横脉不强度倾斜 …………………………………………………… 9
6. 翅主要为褐色，后翅具一条肘臀横脉 …………………………………… **丽翅蜻属 Rhyothemis**
   翅主要透明 ……………………………………………………………………………………… 7
7. 最末一条结前横脉上下连接，身体主要是黑色 ……………………………… **多纹蜻属 Deielia**
   最末一条结前横脉上下不连接 ………………………………………………………………… 8
8. 翅具一条红黄色宽带，脸部和腹部非红色；前翅结前横脉 6.5—7.5 条 ……… **黄翅蜻属 Brachythemis**
   前翅基部具一黄色小斑点，脸部和额红色；前翅结前横脉 9.5—11.5 条 ………… **红蜻属 Crocothemis**
9. 后翅具 2 条肘臀横脉 ………………………………………………………… **宽腹蜻属 Lyriothemis**
   后翅具一条肘臀横脉 ………………………………………………………………………… 10
10. 桥横脉多于一条；结前横脉 14—16 条 ……………………………………… **玉带蜻属 Pseudothemis**
    桥横脉只有一条 ……………………………………………………………………………… 11
11. 最后一条结前横脉上下不连接 ……………………………………………… **赤蜻属 Sympetrum**
    最后一条结前横脉上下连接，额的上部具金属光泽 ……………………… **疏脉蜻属 Brachydiplax**

黄翅蜻属 Brachythemis Brauer，1868

特征：体小至中型，粗壮，黄色具褐色斑纹。翅金黄色或淡黑褐色。头中等大，两眼相连接处颇宽，额宽圆，无显著脊突。胸粗短。足粗壮，适度长。后足腿节具一列逐渐变长、间隔颇宽的刺，腹部宽而短、扁平，端部圆锥形。翅短，末端颇圆。网状脉密。前翅三角室狭长，横生，具一横脉。后翅三角室基边在弓脉水平处，完整。弓脉的分脉在起点处有很短的融合，弓脉位于第 1 和第 2 结前横脉之间。结前横脉指数 $6\frac{1}{2}$ 或 $7\frac{1}{2}$，末端一条不完整。肘脉一条在所有翅。

后翅 Cuii 起点在三角室后角，或与三角室后角分离。中室区从始端起 3 列翅室，它的两边平行，直到翅边缘。亚三角室前翅 3 翅室，IRiii 和 Rspl 之间 1—2 列翅室。臀套颇宽，端部膨大，末端强度成角。翅痣中等长。

3.82　黄翅蜻 Brachythemis contaminata（Fabricius，1793）（图 4-3-102）
特征：雄性腹部长 18—21mm，后翅长 20—23mm。头部：下唇黄褐色，上唇红赭色。脸、额和头顶橄榄绿色或淡绿黄色。眼上面蓝绿褐色，侧面和下面淡橄榄绿色。后头褐色。前胸

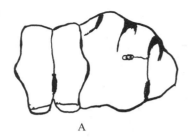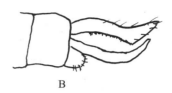

图 4-3-102　黄翅蜻 *Brachythemis contaminata*（Fabricius,1793）
A.合胸条纹;B.雄性肛附器,侧面观

黄褐色,中叶的前边和后边具深红褐色细纹。合胸橄榄绿褐色或铁锈色。背面具一模糊的红褐色肩条纹和每边两个模糊的淡褐色条纹。足黄褐色,胫节深褐色或黑色。翅透明。网状脉淡红色。具一宽的、明亮的橘色横带,从翅基部延伸到包含翅痣的 2—3 翅室处,后翅具同样横带,端部颜色加深。横带的范围和颜色深浅随着幼嫩向老熟变化而改变。翅痣铁锈色,后边褐色。翅膜淡红褐色或肉色。腹部红赭色,背面和亚背面具模糊的褐色条纹。亚老熟雄性标本颜色同雌性。第 8 腹节和第 9 腹节背中条纹黑色。肛附器铁锈色。

雌性腹部长 18—20mm,后翅长 22—25mm。与雄性色彩不同之处如下:脸淡黄白色。眼上面淡褐色。胸部淡绿黄色。具狭的褐色横带与合胸脊平行。一条深褐色条纹正好沿着肩缝线。狭的黑色条纹在中胸后侧片和后胸后侧片的中部,并向上方延伸呈狭的斑点。合胸脊和侧缝线具细的黑色纹。翅透明,后翅色淡,基部黄色。无雄性具有的明亮的橘色横带。翅痣呈明亮的赭色。结前横脉和结后横脉指数为 $\dfrac{6-7\frac{1}{2}}{5-6}$。

分布:浙江(天目山:后山门)、江苏、福建、广东、云南。

红蜻属 *Crocothemis* Brauer，1868

特征:该属具颇相似的外貌,通常具色彩一致的红色和翅透明。头中等大,两眼相接触处短。额马蹄形。头顶圆。前胸具小叶。合胸粗壮。足颇短,粗壮;后足腿节具许多大小一致、排列紧密的小刺,末端一刺较长。腹部扁平,基部较宽或宽,雄性端部圆锥形,雌性端部圆筒形。翅透明,基部具色斑;网状脉密。翅狭长,翅末端尖。前翅三角室狭,横生;后翅三角室在弓脉基部水平处;弓脉的分脉在起点处,前翅有短的融合,后翅有一长的融合。弓脉位于第 1 和第 2 结前横脉之间。结前横脉 7.5—14.5 条,末端一条不完整。肘脉一条在所有翅。Cuii 通常由后翅三角室的后角伸出。中室区始端 3 列翅室,逐渐扩大至翅缘。无附加桥脉。前翅三角室 3 翅室,IRiii 和 Rspl 之间 1 或 2 列翅室。臀套宽,端部肿胀,趾直角。翅痣大。

3. 83　红蜻 *Crocothemis servilia*（**Drury，1770**）（图 4-3-103、图 4-3-104）

特征:雄性腹部长 24—35mm,后翅长 27—38mm。头部:下唇铁锈色。上唇血红色,边缘深红色。前唇基淡红色。脸的其余部分和额呈明亮的血红色。头顶红色,后头呈明亮的橘色。眼(活着时)上面血红色,侧面紫红色,下面色淡。前胸铁锈色,前叶的中央具一斑点,后叶的边缘为明亮的铁锈色。中叶背横脊呈叶突,具红色硬毛。合胸呈明亮的铁锈色,通常背面血红色(活着时)。足赭色。翅透明,翅基部具琥珀黄色斑纹。前翅斑纹较小,覆盖第 1 结前横脉的内方、翅基室的基半部分和臀横脉内方的区域。后翅基斑纹较大,覆盖第 2 结前横脉内方、翅基

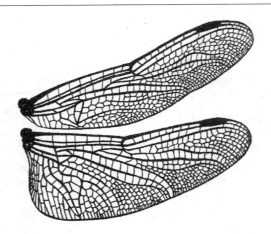

图 4-3-103 红蜻 *Crocothemis servilia*(Drury，1770)前、后翅

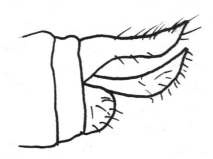

图 4-3-104 红蜻 *Crocothemis servilia*(Drury，1770)雄性肛附器,侧面观

室和经臀套至翅臀角的区域。老熟标本翅端部淡褐色。结前横脉和结后横脉指数为 $\dfrac{9-10\frac{1}{2}}{9-9}$。翅痣深赭色。腹部血红色,第8—9节背中脊黑色。肛附器血红色。

雌性腹部长 25—32mm,后翅长 31—37mm。色彩与雄性不同之处如下:下唇淡黄色。上唇、脸部和额以及头顶橄榄绿黄色;后头橄榄绿褐色。眼上方褐色,下方橄榄绿色。前胸和合胸橄榄绿褐色。足赭色。翅与雄性相似,但基斑纹淡黄色。腹部赭色,第8—9节背中脊黑色。肛附器赭色。

分布:浙江(天目山:南大门)、河北、江苏、福建、广东、云南。

多纹蜻属 *Deielia* Kirby，1889

特征:体中型,色彩变化较大。雌性翅色有两种形式。前胸后叶低而圆。翅靠近后缘的翅脉密,靠近前缘的翅脉稀。前翅三角室狭长,尖端斜向内方,横生,具一条脉。中室区始端3列翅室。最末结前横脉不完整,上下不连接。翅痣前方的横脉很斜。臀套发达,端部宽,中肋稍成角度。A2 起点在臀横脉之后。

3.84 异色多纹蜻 *Deielia phaon* Selys，1883(图 4-3-105、图 4-3-106)

特征:雄性腹部长 25—28mm,后翅长 30—33mm。头部:下唇中叶黑色,两侧黄色。上唇黑色,基部两侧各具一黄色小斑点。前唇基黄色,两侧各具一黑色小横斑。后唇基黄色,前缘黑色纹中央宽、两端狭。额大部分为黑蓝色,具金属光泽,前宽后狭,前方到达额前缘内方,后方与头顶的黑色横条纹相连,上额中央凹陷,形成一宽的纵沟;额的两侧和狭的前缘黄色。头

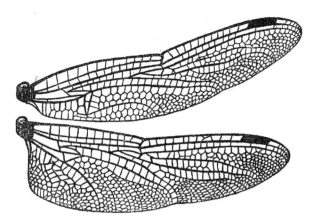

图 4-3-105 异色多纹蜻 *Deielia phaon* Selys，1883 前、后翅

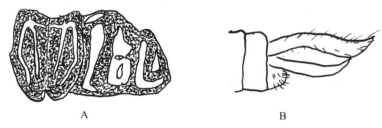

A B

图 4-3-106 异色多纹蜻 *Deielia phaon* Selys，1883
A.合胸条纹；B.雄性肛附器，侧面观

顶黑色,其两侧沿额两侧向下延伸,至后唇基前缘。头顶中央为一大突起,突起的顶端具一黄色斑。后头黑色,其后方具一黄色斑。整个脸具黑色短毛。胸部:前胸黑色。合胸背面前方灰色,具白色细毛。合胸脊黑色,两侧具黄色背条纹和肩前条纹。背条纹上方宽,靠近合胸脊,向下逐渐变细,并分歧斜向两侧,到达合胸领端部。肩前条纹较背条纹细,成波状弯曲,上方稍宽,下方以细条纹与背条纹相连接,呈"U"形纹。合胸侧面黄色,具白色细毛,3 条黑色缝线完整,第 1 条纹与第 2 条纹下方相连接。第 2 条纹和第 3 条纹的后方各具一短条纹,另具一黑条纹覆盖气门,连接第 2 条纹和第 3 条纹。足黑色,基节和转节具黄色斑点,具长刺。翅透明,翅痣黑褐色,翅脉黑色。腹部:黑色,第 1—7 节背中和两侧各有黄色斑纹,但第 4 节以后的黄斑多数被蓝色粉被所覆盖,第 8—10 节以及肛附器黑色。

雌性腹部长 25—27mm,后翅长 30—34mm。与雄性色差明显。额大部黄色,只有后缘黑色。头顶突起的顶端黄色斑较大。雌性有两种形式:一种在翅痣的内面没有棕色斑纹,体型较小,翅脉红棕色,翅痣与前缘脉黄色,前、后翅从三角室起至翅的基部具透明的金黄色;另一种有棕色斑纹,体型和翅均较大,翅痣的内面从前缘脉至翅的后缘具 7—8 翅室宽的棕色斑纹,前、后翅从翅结至翅基部有金黄色部分,翅脉红色,前缘脉黄色。两种形式的腹部色彩相同,第 2—7 节背面中央和两侧各有黄色斑,第 8—10 节黑色,第 9—10 节短缩。肛附器黑色,具毛,上肛附器向下方弯曲成钩状。

分布:浙江(天目山:三里亭)、河北、北京、江苏。

蜻　属 *Libellula*（Linnaeus，1758）

特征：体型较大，粗壮，色彩多变。翅常部分着色或不透明。头中等大。两眼相连接处短。额宽，具脊突。头顶圆隆或分裂成两部分。前胸具很小的后叶。合胸粗壮。足短而粗壮，后足腿节具许多排列颇密的短刺。翅长，通常部分着色，网状脉密。前翅三角室距弓脉远，后翅三角室距弓脉近，弓脉靠近第 2 结前横脉处。前翅弓脉的分脉在起点分离，后翅弓脉的分脉在起点短距离融合。Cuii 起点从后翅三角室后角伸出。前翅肘脉 1 条，后翅 1 条或多条。加插桥脉存在。前翅三角室 3 翅室以上。上三角室有横脉或完整。IRiii 和 Rspl 之间 2—3 列翅室。中室区始端 3—6 列翅室，并在翅缘宽的扩张。Riii 显著波形弯曲。臀套延长，端部肿胀，端边成角。翅痣大小有变化。腹部形状有变化，通常基部宽扁，端部圆锥形。

3.85　低斑蜻 *Libellula angelina* Selys，1883（图 4-3-107、图 4-3-108）

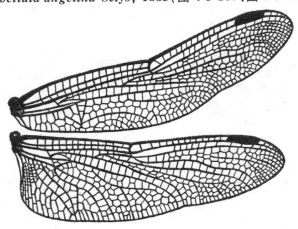

图 4-3-107　低斑蜻 *Libellula angelina* Selys，1883 前翅

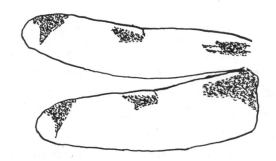

图 4-3-108　低斑蜻 *Libellula angelina* Selys，1883 前翅和后翅的色斑

特征：雄性腹部长 28mm，后翅长 31mm。这是体型较大，翅具色斑，褐色，漂亮的种。头部：下唇和上唇黄褐色，前、后唇基及额淡黄色，脸长有黑色软毛。头顶具一条宽的黑色条纹，覆盖单眼区，两端向下方弯曲，沿额两侧，伸达额基部。头顶中央具一黄色突起。后头黄褐色，边缘生有长毛。胸部：前胸褐色，前叶黄色。合胸黄褐色，合胸脊黑色，背面密生淡褐色长毛。侧面第 1 缝线黑褐色，完整；第 2 缝线缺乏，气门周围黑色；第 3 缝线不明显，仅残存上方一段。足的基节、转节和腿节黄褐色；腿节末端、胫节和跗节深褐色，胫节具褐色长刺。翅透明，前缘脉宽，白色。翅痣和翅脉黄色。前、后翅的基部和翅结以及翅痣处各具一褐色斑。前翅的基斑

包括两条深褐色的条纹,两条纹之间色淡,上三角室上方深褐色。后翅基斑扩大,还包括上三角室和三角室以及从三角室斜向下内方,沿臀套基部到达翅内缘均为褐色斑部分,在褐色基斑内的翅脉白色。翅结处的斑较小,在翅结下方 Ri 和 IRiii 之间,以及 IRiii 与桥脉之间。翅痣处的斑,连接在翅痣的下方,呈三角形,并向翅后缘扩张。腹部:黄褐色,生有细长的毛,第 4—9 节背中隆脊以及两侧,各节连接成一条前方狭向后方逐渐变宽的黑色条纹。肛附器褐色,上肛附器末端尖锐;下肛附器稍短于上肛附器,末端中央具一小凹陷。

雌性腹部长 26mm,后翅长 30mm。雌性的体型、色彩和斑纹同雄性。

分布:浙江(天目山:进山门)、河北、江苏。

3.86　基斑蜻 *Libellula depressa* Linnaeus,1758（图 4-3-109）

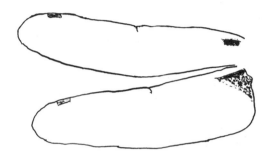

图 4-3-109　基斑蜻 *Libellula depressa* Linnaeus,1758 前翅和后翅的色斑

特征:雄性腹部长 33mm,后翅长 39mm。头部:下唇黄褐色。上唇黄红色。前、后唇基暗黄色。脸上密生黑色毛。额黄褐色,后缘深色,上额中央凹陷构成一宽的纵沟。头顶暗黄色,中央有一突起,色深。后头褐色。胸部:前胸黑色,中叶具褐色斑点。合胸背面黄褐色,合胸脊深褐色。合胸侧面黄褐色,第 1 缝线和第 3 缝线黑色。气门周缘黑色。翅透明,翅脉黑色,翅痣暗褐色。翅基部具褐色斑,前翅基斑似长方形,包括亚前缘脉基部下方 3 个翅室的色彩深,基室和肘室以及弓脉后方的色彩淡。后翅基斑三角形,色彩深,包括亚前缘脉基部前后 5—6 翅室,上三角室前方 2—3 翅室,上三角室、三角室、三角室外方 3—4 翅室,并斜向下内方,沿臀套基部,到达翅内缘。足黑色,基节和转节以及前足腿节的大部分黄色,具黑色刺。腹部红褐色,基部和端部色深。腹部的背中隆脊、亚侧缘和腹侧缘黑色,第 7—8 节背中隆脊两侧黑色条纹宽。肛附器黑色,末端尖。

雌性腹部长 32mm,后翅长 37mm。体形和色彩同雄性。

分布:浙江(天目山:禅源寺)、四川。

疏脉蜻属 *Brachydiplax* Brauer,1868

特征:头颇小,双眼连接距离长。额凸出,圆隆。前胸具一中等或大的后叶,约长方形,中央稍凹陷,边缘生有长毛。合胸粗壮。足细长,后腿节有许多排列密集、大小均匀的刺。腹部颇短,基部粗壮,向末端逐渐呈圆锥形。翅透明、狭长,网状脉适度密。前翅三角形适度狭,亚三角室 3 翅室。后翅三角室完整。弓脉位于第 1 和第 2 结前横脉之间。弓脉的分脉起点在前翅有一短距离的融合,在后翅有一长距离的融合。所有翅具一条桥脉。Cuii 起点从后翅三角室后角伸出。IRiii 和 Rspl 之间 1 列翅室。中室区始端 2 列翅室,以后扩张在翅边缘。6—9条结前横脉,末端一条上下连接。臀套端部扩张,远端边强度成角。翅痣中等大。

3.87 蓝额疏脉蜻 _Brachydiplax chalybea_ Brauer，1868（图 4-3-110、图 4-3-111）

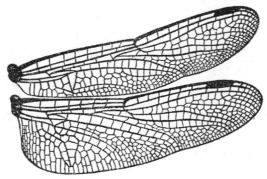

图 4-3-110 蓝额疏脉蜻 _Brachydiplax chalybea_ Brauer，1868 前、后翅

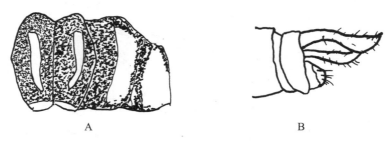

A   B

图 4-3-111 蓝额疏脉蜻 _Brachydiplax chalybea_ Brauer，1868
A.合胸条纹；B.雄性肛附器，侧面观

特征：雄性腹部长 21—25mm，后翅长 26—31mm。头部：下唇黄褐色，中叶的中央线和侧边缘的黑纹细。上唇和脸以及前额淡黄褐色；上额和头顶蓝色，具金属光泽；后头黑色，后面具一对黄色斑点。胸部：前胸黑色，后叶截形，生有白色长毛。合胸背面黄褐色，通常被白粉。侧面红褐色，第 1 缝线上段黑纹阔。第 2 缝线和第 3 缝线上的黑纹随老熟程度的增加而扩大，中间的红褐色部分减缩为上、下两斑点。足黑色，基节和转节红褐色，具刺。翅透明，基部具色斑，前翅斑小，后翅斑在第 2 结前横脉处，并向下延伸靠近臀角。结前横脉和结后横脉指数为 $\frac{6-7}{6-6}$。翅痣黄色。腹部：黑色，第 2—5 节具黄色斑，第 2 节为环形宽带，第 3 节环形带背面间断，第 4—5 节基部两侧黄色斑模糊不明显。随老熟程度的增加，体被蓝色粉，使腹部色彩模糊。肛附器黑色。下肛附器短于上肛附器。

雌性腹部长 21—23mm，后翅长 27—29mm。色彩同亚老熟雄性相似。胸部背面具模糊的肩前条纹，上方弯曲在背中脊相连接。翅基部色斑淡为黄色。腹部红褐色，第 5—10 节背面黑色。肛附器黑色。

分布：浙江（天目山：西坑）、江苏、云南；印度。

宽腹蜻属 _Lyriothemis_ Brauer，1868

特征：体中等至大型，黑色，具黄色斑纹和通常红色的腹部。头通常大，两眼相连接的距离颇宽。前胸具一小的后叶。合胸粗壮。足细长，后腿节具一列短小的刺。腹部通常基部宽，向后逐渐呈圆锥形，末端尖。腹部相对较短，第 2—3 节扁平而肿胀。翅透明。在翅基偶尔有色斑，或具狭长的深色斑纹在亚前缘室和肘室，在雌性斑纹较宽。前翅三角室较宽，具横脉或完整。后翅三角室具1—2条横脉。前翅亚三角室2—3翅室。中室区始端2—3列翅室。前、后翅弓脉的分脉起点有一短距离的融合。弓脉位于第1和第3结前横脉之间,通常在第2和第3结前横脉之间。几乎总是有插入附加桥脉存在。臀套通常长形,臀套的基边肿胀,端边强度成角,与三角室同方向。肘脉条数可变。Riii、IRiii、Riv+v和MA平和地波状弯曲,朝向下方聚集在翅边缘,或强度弯曲,朝向翅边缘。结前横脉条数多,最后一条完整。

3.88　闪绿宽腹蜻 *Lyriothemis pachygastra* Selys，1878（图 4-3-112、图 4-3-113）

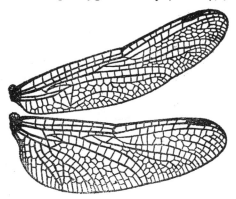

图 4-3-112　闪绿宽腹蜻 *Lyriothemis pachygastra* Selys，1878 前、后翅

图 4-3-113　闪绿宽腹蜻 *Lyriothemis pachygastra* Selys，1878
A.合胸条纹；B.雄性肛附器,侧面观

特征:雄性腹部长 20mm,后翅长 24mm。体小型,粗壮。腹部宽短。头部:下唇中叶褐色,侧叶黄色。上唇黄色,前缘中央具黑色斑点。前额下方黄色,上方和上额蓝绿色具金属光泽。头顶蓝黑色,中央有一大突起。后头褐黄色,后头的后方黄色。脸部和头顶长有黑色毛。胸部:未老熟标本前胸黄色,中叶两侧各具一黑褐色横斑,后叶缘有褐色细纹。合胸背面黄褐色。条纹模糊,合胸脊两侧各具一条很淡的由上方狭向下渐宽的褐色条纹。它的外侧具一条同样的条纹,两条纹的上方和下方相连接。合胸侧面黄色。具细毛,具黑色条纹:第1条纹完整,上方和下方较宽;第2条纹不完整,残存条纹细,上段缺;第3条纹中段变细。老熟标本胸部为黑色。翅透明。基部和翅结之间有金黄色透明斑,翅痣黄色。肘臀横脉2条。结前横脉8—12条。足黑色,基节和转节黄色,具小刺。腹部:基部和端部略尖,黄色,具黑褐色斑纹,第1节背面基部具2个横斑;第2—4节背中条纹由前方狭向后逐渐变宽呈三角形;第5—9节具背中条纹;第10节褐色;第3—7节腹侧下缘具一褐色小斑点;老熟标本背面黑色,第1—6节背面被蓝色粉。上肛附器黑色,下肛附器黄色。

雌性腹部长 20mm,后翅长 26mm。体色和斑纹同雄性。腹部扁宽,基方和端方大致相等。

分布:浙江(天目山:七里亭)、江苏、福建、广西、四川、云南。

红小蜻属 *Nannophya* Rambur，1842

特征：身体娇弱，很小，是蜻科中最小的种类。雄性色彩明亮，腹部整个或部分呈明亮的鲜红色或红色。头大，两眼相连接的距离短。额无隆脊突起。中央凹陷深。前胸后叶中等大，边缘生有长毛。合胸狭小。足细长，后足腿节具排列稍密、大小均匀的刺，末端有 1—2 枚较长的刺。腹部短，扁平或纺锤形。翅短，后翅臀域宽。网状脉适度疏密，前翅三角室完整，三角室上边折断成角呈四边形。亚三角室 1 翅室。后翅三角室基边在弓脉上或靠近弓脉。弓脉的分脉在起点有一长距离的融合。弓脉位于第 1 和第 2 结前横脉之间。Cuii 在后翅起点与三角室后角的距离宽。前翅中室区始端 1 列翅室，在翅缘扩张；结前横脉仅 5—6 条，末端一条完整。前翅肘脉 1 条，后翅 1—2 条。IRiii 和 Rspl 之间 1 列翅室。无附加插入桥脉。臀套通常缺乏。翅痣短。

3.89　侏红小蜻 *Nannophya pygmaea* Rambur，1842(图 4-3-114、图 4-3-115)

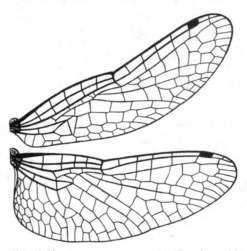

图 4-3-114　侏红小蜻 *Nannophya pygmaea* Rambur，1842 前、后翅

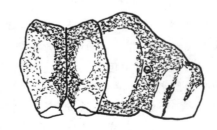

图 4-3-115　侏红小蜻 *Nannophya pygmaea* Rambur，1842 合胸条纹

特征：雄性腹部长 10—11mm，后翅长 13—14mm。头部：下唇和上唇黑色。其余脸部和额以及头顶为明亮的黄色或橘色。后头和眼红色。上额中央凹陷宽，分额为两个锥形突起。胸部：前胸黑色。合胸为明亮的黄色或红色，具黑色斑纹：背面靠近翅前窦黑色，并覆盖合胸脊；侧面第 1 条纹中央间断；一条颇宽的黑色条纹覆盖中胸后前侧片；第 3 条纹完整。三条纹的上方和下方均有横条纹相连接。足黑色，具刺。翅透明，具明亮的金黄色或琥珀色斑纹在翅基部。前翅斑纹至三角室外侧，后翅斑纹更大。翅痣黄色或黑色，覆盖一个半翅室。结前横脉

和结后横脉指数为$\frac{5-5}{4-4}$。一条肘脉在所有翅。前翅三角室的前边中央折断强度成角呈四边形。腹部和肛附器呈明亮的鲜红色或红色。上肛附器末端尖锐,下肛附器末端向上方弯曲。

雌性腹部长 9—11mm,后翅长 12.5—14mm。色彩和斑纹与雄性差异大。脸和额绿黄色。前胸中叶背面具一对斑点,两侧各具一黄色大斑点。合胸为明亮的绿黄色,具黑色斑纹;后翅基部约占翅长的三分之一区域为黄色。腹部第 2—6 节基部具淡黄色环纹,其余铁锈色;第 7—10 节黑色;第 8 节基部红褐色。肛附器黑色。

分布:浙江(天目山:西坑);亚洲东部、印度。

灰蜻属 *Orthetrum* Newman,1833

特征:本科中的一个大属,体中等至大型,色彩、体形和大小,尤其是腹部差异大。头中等大,两眼相连接的距离短。雌性与雄性的额部、脊突各有不同。前胸后叶大,通常中央具凹陷,呈两叶状,边缘生有长毛。合胸粗壮。足颇短,粗壮,后足腿节具一列排列密集、大小均匀的刺,有 2—3 枚长刺在末端;雌性刺较少,逐渐变长。腹部形状多变,一般雌性与雄性不同。翅长,后翅比前翅稍宽。网状脉密。前翅三角室的前边小于基边的一半,狭长,有横脉。后翅三角室完整或有横脉;它的基边位于弓脉水平处。翅结距翅痣近,距翅基远。弓脉的分脉起点在前翅融合距离短,在后翅长。弓脉通常位于相对的第 2 结前横脉处,或在第 2 和第 3 结前横脉之间,较少在第 1 和第 2 结前横脉之间。前翅三角室 2—3 翅室,中室区始端 3 列翅室,在翅边缘扩大。后翅臀域宽,臀套明显,超过三角室水平处,端部扩张,端边弯曲成直角。IRiii 和 Rspl 之间 1—3 列翅室。Cuii 起点可变,从后翅三角室后角伸出或旁边伸出。前翅结前横脉数目多,末端一条完整。肘脉一条在所有翅。无附加插入桥脉存在。翅痣中等大。

3.90　褐肩灰蜻 *Orthetrum internum* McLachlan,1894（图 4-3-116）

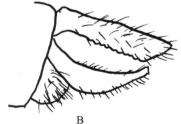

图 4-3-116　褐肩灰蜻 *Orthetrum internum* McLachlan,1894
A.交合器;B.雄性肛附器,侧面观

特征:雄性腹部长 28—30mm,后翅长 34mm。头部:下唇和上唇黄褐色,下唇中叶深红褐色。脸和额橄榄绿色或绿色。头顶深褐色,眼深绿色(活着时),后头褐色或深橄榄绿色,后头后方为明亮的黄褐色。胸部:前胸黑色,前叶的前缘、中叶的中央和整个后叶为明亮的黄色。合胸背面中部和翅前窦橄榄绿色或绿色,肩部具宽的红褐色条纹并与第 1 条纹融合。合胸侧面淡黄绿色或蓝色,被白粉。第 2 和第 3 条纹合并成一褐色宽带,合胸腹面深褐色。足黑色,基节红褐色。转节中部有一明亮的黄色斑点。翅透明,翅基部有琥珀色或黄色斑。翅痣短,黄褐色,覆盖 2 翅室。前翅三角室具 1 或 2 条横脉,后翅 1 条横脉。IRiii 和 Rspl 之间 2 列翅室。

Cuii 从后翅三角室后角伸出。结前横脉和结后横脉指数为$\frac{12-13}{12-10}$。腹部:基部宽,逐渐向末端变成圆锥形。第 1 和第 2 节黄绿色,以后具一条宽的亚背深褐色条纹,老熟标本整个被蓝白色粉。幼嫩和亚老熟标本色彩同雌性相似。肛附器黑色。

雌性腹部长 26—29mm,后翅长 32—34mm。与雄性相似,但胸部和腹部无任何被粉。腹部具明亮的黄色,腹侧缘有细的黑纹;一条宽的黑褐色亚背条纹从第 1 节向后一直延伸至腹末端。肛附器黑色。

分布:浙江(天目山:南大门)、河北、福建、四川、云南;印度。

3.91　齿背灰蜻 *Orthetrum devium* Needham, 1930(图 4-3-117)

图 4-3-117　齿背灰蜻 *Orthetrum devium* Needham,1930 交合器

特征:体小型,黄色具黑色斑纹。雄性腹部长 17—31mm,后翅长 29—31mm。头部:脸整个黄色,长有黑色毛。上额基部和两侧以及头顶黑色。后头深黄色,后头后方黄色。老熟标本下唇黑色,唇基和额淡蓝色,后头黑色。胸部:前胸黄色,前叶和中叶及中叶和后叶之间具褐色横纹。老熟标本前胸黑色,前叶前缘和后叶后缘黄色。合胸黄色。背面合胸脊和宽的肩条纹褐色,并在合胸领处融合。侧面,第 3 条纹褐色,扩大。老熟标本褐色表面具灰色粉,第 1 条纹与背条纹相融合,第 2 和第 3 条纹相融合。足的腿节和胫节的外边黄色。老熟标本足黑色。翅透明,前缘脉和翅痣黄色。结前横脉在前翅 12 条,后翅 9 条。腹部:黄色,朝向末端色加深,肛附器为明亮的黄色。上肛附器腹方具一列 6—9 个黑齿。老熟标本腹部黑色。肛附器黑色。

雌性腹部长 30mm,后翅长 31mm。色彩似亚老熟雄性标本。

分布:浙江(天目山:一里亭)、江苏、广东、广西、四川、云南。

3.92　赤褐灰蜻 *Orthetrum pruinosum neglectum* Rambur, 1842 (图 4-3-118)

图 4-3-118　赤褐灰蜻 *Orthetrum pruinosum neglectum* Rambur, 1842 交合器

特征:体中型,粗壮。雄性腹部长 28—33mm,后翅长 33—39mm。头部:下唇和上唇黄褐色,前、后唇基暗黄色。额黑色,头顶有一黑色突起。后头褐色。整个脸面生有黑色短毛。幼嫩标本脸黄色。老熟标本变成紫罗兰色,具金属光泽。胸部:前胸黑色。合胸红褐色,背面沿第 1 条纹前方具一条模糊的褐色条纹。侧面无条纹。幼嫩标本黄色或金黄色,老熟标本变成蓝灰色或黑色。翅透明,翅痣红褐色。翅基部具红褐色斑,前翅斑小,后翅斑较大。幼嫩标本翅基色斑黄色,老熟标本变成黑色。足黑褐色,具黑刺。腹部:第 1—5 节红褐色,第 6—10 节褐色或黑色,无斑纹。肛附器黄色,上肛附器腹面具一列小黑色齿,幼嫩标本为模糊的黄色;老熟标本被白粉,肛附器变成黑色。

雌性腹部长 29mm,后翅长 37mm。色彩同雄性亚老熟标本。脸部整个黄色。前胸白色,合胸淡褐色。翅基色斑比雄性小,淡黄色。第 8 腹节侧下缘扩大呈叶状。

分布:浙江(天目山:三里亭)、江西、福建、广东、广西、云南。

3.93 白尾灰蜻 *Orthetrum albistylum speciosum* Uhler,1858(图 4-3-119)

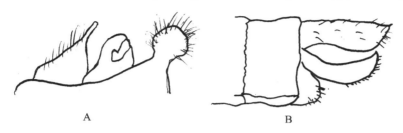

图 4-3-119 白尾灰蜻 *Orthetrum albistylum speciosum* Uhler,1858
A.交合器;B.雄性肛附器,侧面观

特征:体中型,淡黄绿色,腹部带白色斑纹,肛附器上方白色。雄性腹部长 32—38mm,后翅长 31—40mm。头部:脸淡色,具黑色短毛。下唇中叶黑色,侧叶黄色。上唇黄色,近基部中央有一个黑色斑点。前、后唇基及额黄绿色。头顶中央有一个突起,顶端黑色。一条较宽的黑色条纹覆盖单眼区,并向下延伸至上额基部和两侧。后头黄色,边缘深色。胸部:前胸绿色,密布褐色小斑点。合胸背面黄绿色,合胸脊边缘黑色。合胸领上有宽的黑色纹,黑纹在中央间断。合胸脊和第 1 条纹之间有一对模糊的"八"字形褐色肩前条纹,条纹上方不完整,侧面绿色或淡蓝色。具细毛,具黑色条纹:第 1 和第 3 条纹完整。第 2 条纹下方宽,向上方逐渐变狭,色彩逐渐变淡,并向后上方斜伸,不与其他条纹相连接。第 3 条纹上方稍宽。这三条黑纹在足基部互相融合。第 1 与第 3 条纹在翅基部又互相连接。翅透明,翅痣褐黑色。前缘脉除翅痣部分外黄色。Riii 强度波状弯曲。足黑色,前足腿节下方淡白色。腹部:第 1—3 节颇膨大,前方的腹节绿色多于黑色,后方黑色多于绿色。第 1—6 节背中脊和腹侧脊之间具纵黑纹一对,两端向外方弯曲。第 7 节大部分黑色。第 8—9 节全黑。第 10 节背面白色。肛附器黑色,上肛附器背面白色。

雌性腹部长 40mm,后翅长 41mm。色彩与雄性相似。

本种的幼嫩标本、亚老熟和老熟标本的体色有差异。色彩从淡变深,老熟标本脸色很深,腹部灰黑被粉。肛附器黑色。

分布:浙江(天目山:老殿)、河北、江苏、福建、广东、四川、云南。

3.94 狭腹灰蜻 *Orthetrum sabina*(Drury,1770)(图 4-3-120)

图 4-3-120 狭腹灰蜻 *Orthetrum sabina*(Drury,1770)
A.交合器;B.雄性肛附器,侧面观

特征:美丽的中型蜻蜓,雄性腹部长 32—36mm,后翅长 30—36mm。头部:下唇中叶黑色,侧叶黄色。上颚基部黄色。上唇黄色,中央具褐色纵条纹。前、后唇基和额暗黄色,前额周围具褐色隆脊。上额淡黄绿色。头顶黑色,中央有一突起黄色。后头褐色,后头后方黄色。眼绿色(活着时)。胸部:前胸黑色,前叶前缘和后叶后缘黄色,中叶背面中央具黄色斑点。合胸绿黄色,具黑色条纹:背面合胸脊和合胸领黑色。肩前条纹狭,褐色,上方尖,靠近翅前窦。侧面具五条浓淡不一的褐色条纹。第 1 和第 3 条纹完整,深褐色。第 2 条纹淡褐色,中间间断,上段斜向后方。第 1 和第 2 条纹之间有一条深褐色较宽的条纹。第 3 条纹之后有一条淡色条纹。足黑色,腿节腹方和胫节背方黄色。翅透明,翅痣黄褐色,覆盖 2 翅室。前缘脉的前方黄色,后翅基部具一小褐色斑。弓脉位于第 2 结前横脉相对应处或在第 1 和第 2 结前横脉之间。Cuii 起点与三角室后角的距离宽,在端边伸出。IRiii 和 Rspl 之间 2 列翅室。结前横脉和结后横脉指数为 $\frac{10-14}{12-11}$。腹部:第 1—3 节膨大呈球状,上面有 6—7 条黑色环纹和 5 条黑色纵纹,其余黄色。第 4 节以后变细长,第 4—6 节黑色,各节侧面中央有半月形黄色斑。第 7—10 节黑色,比第 4—6 节粗短。肛附器白色。

雌性腹部长 37mm,后翅长 36mm。体形、色彩和斑纹与雄性相似。

分布:浙江(天目山:老殿)、福建、广东、云南;印度。

3.95　异色灰蜻 *Orthetrum melania* Selys,1883(图 4-3-121、图 4-3-122)

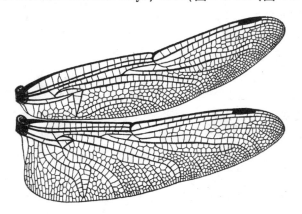

图 4-3-121　异色灰蜻 *Orthetrum melania* Selys,1883 前、后翅

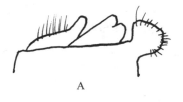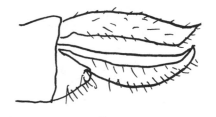

图 4-3-122　异色灰蜻 *Orthetrum melania* Selys,1883
A.交合器;B.雄性肛附器,侧面观

特征:雄性腹部长 34—35mm,后翅长 40—44mm。头部:老熟标本面部几乎全黑色。头顶有一突起。后头深褐色。整个面部密生黑色短毛。胸部:老熟标本胸部深褐色,被蓝灰色粉

末。前胸后叶竖立,叶片状,中央稍凹陷,边缘长有长毛。合胸侧面第 1 和第 3 条纹有模糊的痕迹状。翅透明,翅痣黑褐色,翅末端具淡褐色斑。翅基部具黑褐色斑,前翅斑小,后翅斑较大。足黑色,具小刺。腹部:老熟标本第 1—7 节灰色,第 8—10 节黑色,整个腹部被蓝灰色粉末覆盖。末老熟标本色彩同雌性。

雌性腹部长 32mm,后翅长 41mm。头部:下唇中叶黑色,侧叶黄色。上唇黑色,基缘有黄色细纹。前、后唇基和额黄色。头顶黑色。后头褐色。胸部:前胸黑色,前叶前缘黄色,中叶背面中央具两个黄色斑,后叶黄色,竖立,叶片状,边缘长有长毛。合胸背面黄色,合胸脊黑色,两侧各有一条黑色宽条纹,并与第 1 条纹相融合。合胸侧面黄色,第 2 和第 3 条纹相融合,呈一条宽的黑色条纹,覆盖气门。腹部:黄色,第 1—6 节两侧具黑斑。第 7—8 节黑色,第 8 节侧下缘扩大成叶片状。肛附器白色。

分布:浙江(天目山:七里亭)、河北、福建、广东、广西、四川、云南。

3.96　华丽灰蜻 *Orthetrum chrysis* Selys,1891(**图 4-3-123**)

图 4-3-123　华丽灰蜻 *Orthetrum chrysis* Selys,1891 交合器

特征:雄性腹部长 28—33mm,后翅长 31—38mm。头部:下唇和上唇以及脸淡红褐色,额为明亮的鲜红色,头顶和后头深红褐色。眼上方蓝黑色,淡蓝灰色在下方(活着时)。胸部深红褐色。足黑色,腿节基部红褐色或老熟标本被薄的粉。腹部为明亮的鲜红色。翅透明,老熟标本淡烟褐色,特别在翅末端。后翅基部具红褐色基斑,向前延伸至第 1 节前横脉处,向下方到臀角。结前横脉和结后横脉指数为 $\dfrac{9-16}{11-12}$。弓脉位于第 2 和第 3 结前横脉之间。IRiii 和 Rspl 之间 2 列翅室。翅痣深红褐色。肛附器红褐色。

雌性腹部长 25—30mm,后翅长 31—36mm。色彩与雄性不同之处如下:下唇和上唇以及脸和额黄色或淡褐色。头顶黄色。后头褐色。翅基部无任何黄色基斑的痕迹。弓脉位于相对应的第 2 结前横脉处。腹部明亮的黄褐色,各条缝线和腹边缘有黑色细纹。第 8 腹节腹下缘扩张呈叶片状,黑色条纹宽。

分布:浙江(天目山:南大门)、福建;印度。

玉带蜻属 *Pseudothemis* Kirby,1889

特征:体型颇大,俊美。翅基部具褐色斑纹,雄性腹部第 3—4 节具柠檬黄色。前翅三角室有一横脉,长为宽的 2 倍。中室区始端 3 列翅室。桥横脉 2 条或多于 2 条。径分脉与径增脉之间多于一列翅室,并到达翅边缘。臀套颇长,根部插入一列翅室而增宽。

3.97 玉带蜻 *Pseudothemis zonata* Burmeister，1839（图 4-3-124、图 4-3-125）

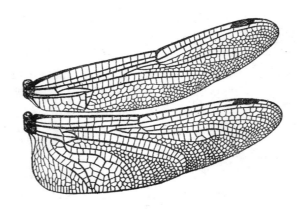

图 4-3-124 玉带蜻 *Pseudothemis zonata* Burmeister，1839 前、后翅

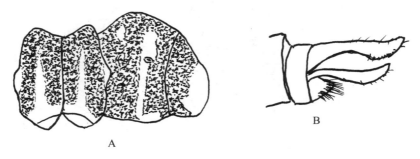

图 4-3-125 玉带蜻 *Pseudothemis zonata* Burmeister，1839
A. 合胸条纹；B. 雄性肛附器，侧面观

特征：体中型。体褐黑色，雄性腹部第3—4节为明显的白色或鲜黄色。雄性腹部长28—30mm，后翅长36—40mm。头部：下唇中叶黑色，侧叶褐色。上唇黑色，前缘生有金黄色毛。前唇基褐色，后唇基中央褐色，两侧灰白色。额黄绿色或乳白色，中央凹陷宽，具黑色短毛。头顶黑色，中央为一蓝色具金属光泽的突起。后头褐色。胸部：前胸黑色，后缘具棕色长毛。合胸背面褐色，生有褐色毛，合胸脊上段褐黑色，下段黄色。两侧各具一模糊的黄色纵条纹，向下呈"八"字形到达合胸领。翅前窦下方有一黄色横条纹。在第1侧缝线前方具一弯曲的黄色条纹，紧靠侧缝隙线。侧面黑褐色。有三条黄色条纹：第1条纹短，不完整，仅存下方一段；第2条纹稍宽；第3条纹在后胸后侧片。翅透明，翅的末端有一小褐斑。翅痣深褐色。翅具深褐色斑，前翅斑小，后翅斑大，向端方延伸超过弓脉，向内下方延伸到达臀套基部。足黑色，具刺。腹部黑色，第2节背面有狭的黄纹，第3—4节乳白色或鲜黄色。肛附器黑色。

雌性腹部长29mm，后翅长40mm。色彩与雄性相似。前额红黄色，上额深褐色。腹部第5—7节两侧各具一黄色斑。

分布：浙江(天目山：南大门)、河北、江苏、福建；日本。

丽翅蜻属 *Rhyothemis* Hagen，1867

特征：体具金属光泽，翅部分或整个呈黑色，或金黄色，或蓝黑色，具金属光泽。头小，两眼相连接的距离宽。额圆隆。头顶大，宽圆。前胸的后叶小，合胸狭小。足细长，后足腿节有一列排列稀疏很小的刺，末端的一枚细长。翅形状有变化。通常翅基部宽，翅端部狭或翅基部适度宽，翅长。雌雄两性翅形状不同，通常雄性翅狭长，雌性很宽且短。网状脉密。翅的斑纹宽，黑色，或金黄色，或琥珀色，或蓝黑色，有金属光泽。前翅三角室颇狭，前边长约为基边或端边长的 1/2。后翅三角室基边正好在弓脉相对应处，完整。弓脉的分脉起点在前翅相融合的距离短，在后翅从起点分离，不相融合。弓脉位于第 1 和第 2 结前横脉之间，通常接近或正好在第 1 结前横脉处。结前横脉 $7\frac{1}{2}$—$10\frac{1}{2}$ 条，末端一条不完整。肘脉一条在所有翅。Cuii 起点在后翅三角室后角伸出。中室区始端 3—5 列翅室，很不规则，或宽的平行或强度会聚到翅边缘。无加插桥脉存在。亚三角室在前翅缺乏或有许多翅室。IRiii 和 Rspl 之间 1 或 2 列翅室。臀套狭长，它的端边突然强度成角。腹部相对较短，明显短缩。

3.98　黑丽翅蜻 *Rhyothemis fuliginosa* Selys，1883（图 4-3-126）

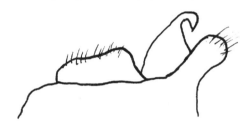

图 4-3-126　黑丽翅蜻 *Rhyothemis fuliginosa* Selys，1883 交合器

特征：体中型。翅黑色，体具绿紫色金属光泽。雄性腹部长 21—23mm，后翅长 34—35mm。头部：黑色，有蓝紫色或蓝绿色金属光泽，生有灰色长毛。后头褐色，后头的后缘有毛。胸部：前胸黑色，生有灰色长毛。合胸背面蓝绿色，具金属光泽，有浓密的毛，侧面和足绿黑色，具金属光泽。后翅黑色，具蓝绿色金属光泽，前翅同色，但近翅端的一小半部分透明。腹部全黑色，肛附器黑色。

雌性腹部长 21mm，后翅长 32mm。色彩同雄性，但后翅末端通常透明。

分布：浙江（天目山：西坑）、河北、山东、江苏、福建。

赤蜻属 *Sympetrum* Newman，1833

特征：体颇小至中型。外形类似。体通常红色或黄色，具黑色条纹。翅无色透明或翅基具黄色斑纹。头小或中等大。两眼相连接的距离中等长。额凸出，隆脊弱，中央凹沟浅。头顶颇小。前胸具很大的后叶，后叶边缘上生有长毛。合胸中等粗壮。足长而颇细，后足腿节具一列数目众多且很小的刺，末端一枚较长。腹部细长，或狭，纺锤形朝向末端；部分呈圆筒形或三角柱；雌性第 8 腹节侧缘不肿胀。翅较短和宽，网状脉颇疏。前翅三角室狭，它的顶端朝向基方倾斜；前边不长于基边的 1/2；具横脉。后翅的基边在弓脉水平处；完整或罕见有横脉。弓脉的分脉起点有短距离的融合在前翅，有长距离的融合在后翅。弓脉位于第 1 和第 2 结前横脉之间。结前横脉 $7\frac{1}{2}$—$9\frac{1}{2}$ 条，末端一条不完整。肘脉一条在所有翅。Cuii 起点在后翅从三角室后角伸出。中室区始端 3 列翅室,在靠近翅边缘处强度会聚。无加插桥脉存在。IRiii 和 Rspl 之间 1—2 列翅室。臀套在端边膨大,强度成角。翅痣通常小。

3.99　褐顶赤蜻 *Sympetrum infuscatum* Selys，1883(图 4-3-127)

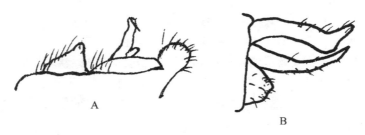

图 4-3-127　褐顶赤蜻 *Sympetrum infuscatum* Selys，1883
A. 交合器;B. 肛附器,侧面观

特征:雄性腹部长 33mm,后翅长 35mm。头部:下唇黄褐色。上唇红褐色,前缘有褐色细纹。前、后唇基黄褐色。额深红褐色,前额呈一对突起,两侧暗黄色,后缘黑色。脸具短毛。头顶黄色或褐色,有一突起,突起前有一黑色条纹覆盖单眼。后头黄褐色,后面有两个黄斑,后头后缘具黄褐色毛。胸部:前胸黑色,前叶和中叶背面有黄色斑,后叶褐色,竖立,分裂成两个半圆形,边缘有黄褐色长毛。合胸背面黄褐色,合胸脊上缘褐色。肩条纹为模糊的黄色。合胸侧面黄褐色,具三条完整的黑色条纹。第 1 条纹与合胸背面相融合;第 2 条纹宽,覆盖气门;第 3 条纹狭,三条黑纹在足基部相融合。足黑色,前足腿节下方色淡。翅透明,翅痣褐色。翅端方具褐色斑。腹部红褐色,第 1 节背面褐色;第 2 节背面在基部具褐色横斑,端部中央具一褐色斑,两侧各具一褐色斑;第 3—9 节腹侧具黑色纵条纹,并朝向端方变宽;第 8—9 节几乎全黑色;第 10 节基部褐色,端部红褐色。上肛附器红褐色,末端尖锐,腹方具小黑色齿。下肛附器约与上肛附器等长。

雌性腹部长 32mm,后翅长 37mm。色彩与雄性不同之处如下:合胸背面黄褐色面积更大,翅端部深褐色,腹部深褐色面积更大。

分布:浙江(天目山:一里亭)、黑龙江、福建、江西。

3.100　双横赤蜻 *Sympetrum ruptus* Needham，1930(图 4-3-128)

图 4-3-128　双横赤蜻 *Sympetrum ruptus* Needham，1930
A. 交合器;B. 肛附器,侧面观

特征:体小型,黄色,翅透明。雄性腹部长 20—22mm,后翅长 26mm。头部:下唇黄色。上唇黄色,基方有一深色小斑点。前唇基黄色。后唇基和额淡橄榄绿黄色。脸生有稀疏黑色硬毛。头顶有一突起,它的后方黄色,前方黑色带宽覆盖单眼,并向下延伸到上额后缘。后头黄色。胸部:前胸黄色,前叶与中叶之间的横沟黑色。后叶大,裂成两叶片状,直立,边缘生有黄色长毛。合胸背面褐色,具宽的黄色肩条纹。侧面黄色,具黑色条纹:第1条纹中间间断;第2条纹残存下方一段和一小斑点覆盖气门;第3条纹中间间断。足橄榄绿色至褐色,基部黄色。翅透明,翅痣呈明亮的黄色。结前横脉前翅8条,后翅7条;结后横脉前翅8条,后翅9条。臀横脉2条在后翅。臀套宽。腹部:黄褐色;第1—2节背面基部具褐色横斑,第1节边缘生有长毛;第4—7节端方侧腹缘有一褐色斑点;第9节侧腹缘全褐色。肛附器淡黄色,腹方具一列黑色小齿。

雌性腹部长23mm,后翅长26mm。色彩与雄性相似。

分布:浙江(天目山:老殿)、福建、四川。

3.101　大赤蜻 *Sympetrum baccha* Selys, 1884(图 4-3-129)

图 4-3-129　大赤蜻 *Sympetrum baccha* Selys, 1884
A. 交合器;B. 肛附器,侧面观

特征:雄性腹部长31—35mm,后翅长37—40mm。头部:下唇中叶黑色,侧叶黄色,上颚基部黄色。上唇黄色,后缘中央有一小黑色斑点。前、后唇基黄色。额黄色,前额有两个模糊的褐色斑。头顶隆起,有黑色条纹覆盖单眼,并向前方扩张到上额后缘,以及沿额的两侧向下延伸至额的前缘。头顶后方黄色,后头褐色。整个脸生有稀疏的褐色毛。胸部:前胸黑色,前叶前缘和中叶背面中央有白色斑纹。后叶褐色,竖立,呈叶片状分裂成两片,边缘生有黄色长毛。合胸背面主要为黑色,具两对孤立的黄色条纹向下分歧;翅前窦基方有一条黄色横条纹。合胸侧面黄色,具黑色条纹。第1条纹宽,向下方扩张;第2条纹分叉,上段缺失,不完整,覆盖气门;第3条纹完整。足黑色,基节和转节以及前足腿节的下方黄色。翅透明,前缘脉基部黄色。翅痣褐色。翅末端有褐色小斑。腹部:黄色,老熟标本红色。具黑色斑纹。第1节背面褐色;第2—3节具褐色基环纹;第4—8节侧下方具褐色斑纹;第9—10节侧下方全部褐色。肛附器黄色,上肛附器末端具2个黑色小齿。腹方具若干小黑齿。雌性腹部长32mm,后翅长37mm。色彩与雄性大致相似,腹部的斑纹更加明显,第3—7节两侧各具一条褐色纵纹,第9—10节侧面具一小黄色斑。第10节黑色,背面端方具黄色斑。

分布:浙江(天目山:老殿)、福建、四川。

3.102　竖眉赤蜻 *Sympertrum eroticum ardens* McLachlan, 1854 (图 4-3-130、图 4-3-131)

特征:体小型。额具眉斑,胸部黄绿色,腹部红黄色。雄性腹部长22—27mm,后翅长21—31mm。头部:下唇和上唇黄红色。前、后唇基和额黄绿色。脸上密生黑色短毛。前额具两个明显的黑色圆形眉斑,其边缘金黄色。头顶黄绿色,具一突起,它的前方有一黑色条纹覆盖单眼,并延伸到上额后缘。后头褐色。眼背面红棕色,侧面和腹面黄绿色。胸部:前胸褐黑色,有黄斑,后叶大,竖立,分裂为两片,呈叶片状,边缘生有褐色长毛。合胸背面黄绿色,合胸脊和合胸领黑色,中央有锐三角形黑纹;另一条黑纹在第1侧缝线之前,上方色淡,下方与第1条纹融合。侧面黄色,具黑色条纹:第1条纹中间间断;第2条纹残存中段覆盖气门;第3条纹完整,

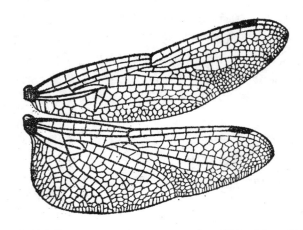

图 4-3-130　竖眉赤蜻 *Sympertrum eroticum* ardens McLachlan，1854 前、后翅

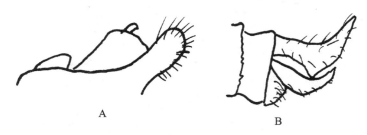

图 4-3-131　竖眉赤蜻 *Sympertrum eroticum* ardens McLachlan，1854
A. 交合器；B. 肛附器，侧面观

中段变细。足黑色，基部黄绿色。翅透明，翅脉黑色，翅痣红黄色或灰黑色。结前横脉在前翅8 条，后翅 6 条。前缘脉基方黄色。后翅基部有黄色透明小斑覆盖 2—3 翅室宽。腹部：黄色或红色。第 1 节背面黑色；第 2 节背面中部红色；第 3 节全部红色；第 4—9 节端方侧面各有一对三角形黑斑。肛附器红黄色。

雌性腹部长 28mm，后翅长 30mm。色彩与雄性相似，前额眉斑较小，腹部黄色斑纹较大。

分布：浙江(天目山：老殿)、河北、四川、福建、云南、贵州。

斜痣蜻属 *Tramea* Hagen，1861

特征：体大型，粗壮。色彩多变，翅着色或具翅基斑纹。头大，两眼相连接的距离中等长。额宽而凸出，隆脊明显。前胸后叶小，合胸粗壮。足细长，后足腿节具许多排列紧密的小刺，小刺向端方逐渐变长。翅长，基部很宽，翅端颇尖，网状脉中等密，后翅基部具不透明的斑纹。前翅三角室很狭，有 1 条或 2 条横脉。后翅三角室完整，基边在弓脉水平处。弓脉的分脉起点融合的距离长。弓脉位于第 1 和第 2 结前横脉之间。结前横脉 $10\frac{1}{2}$ 条或 $11\frac{1}{2}$ 条，末端一条不完整。肘脉一条在所有翅。Cuii 起点从后翅三角室后角伸出。中室区始端 4 列翅室，稍微扩散在翅边缘。无附加插入桥脉存在。前翅亚三角室完整。IRiii 和 Rspl 之间 2 列翅室。臀套在端部肿胀，端边弯曲成钝角。翅痣小，前、后翅不同，后翅翅痣较小。腹部较细长。基部稍肿胀，向末端收缩，呈纺锤形。肛附器细长。

3.103　华斜痣蜻 *Tramea chinensis* DeGeer，1773（图 4-3-132、图 4-3-133）

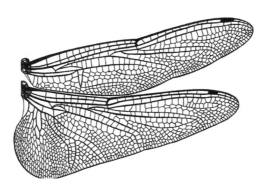

图 4-3-132　华斜痣蜻 *Tramea chinensis* DeGeer，1773 前、后翅

图 4-3-133　华斜痣蜻 *Tramea chinensis* DeGeer，1773 交合器

特征：雄性腹部长 34—37mm，后翅长 43—49mm。头部：下唇黄褐色，中叶黑色。上唇红黄色，前缘黑色条纹较宽。前额呈明亮的红色或玫瑰色。前、后唇基和上额橄榄绿色，头顶有一突起，它的后方橄榄绿色，它的前方具黑色条纹覆盖单眼，向前延伸到上额后缘和两侧。后头深橄榄绿色。在眼的上方红褐色，眼的下方淡紫色。胸部：前胸黄褐色，前叶和中叶之间有一黑色条纹。合胸深橄榄绿色，背面有模糊的深色小斑点，侧面具黑色条纹。第 1 和第 3 条纹中间间断。第 2 条纹仅残存覆盖气门的黑斑纹。翅淡黄色，透明，前翅基部斑小，色淡；后翅基部斑大，色浓。翅痣红褐色，呈不规则的梯形，后翅翅痣小，稍大于前翅的一半。足黑色，基方红色。腹部呈明亮的红褐色，第 8—10 节黑色，侧面具黄斑。肛附器黑色，基部红褐色。

雌性腹部长 35mm，后翅长 49mm。色彩同雄性。

分布：浙江（天目山：老殿）、河北、江苏、江西、湖南、福建、四川、云南。

四、襀翅目 Plecoptera

襀翅目昆虫,又称石蝇、襀翅虫,英文名 Stonefly、Perlids。襀翅虫一般小至中型,体软、长略偏平;体色多为浅褐色、黄褐色、褐色和黑褐色,少数种类有色彩艳丽的斑纹。头部:较宽阔;复眼发达,单眼 2—3 个或无;触角丝状多节;口器咀嚼式,其构造完整,下颚须 5 节,下唇须 3 节;口器退化的种类上唇小、上颚退化成软弱的片状物,无取食功能。胸部:前胸大、可动,背板发达,中、后胸等大,构造相似,有的类群在胸部的腹侧面有残余气管鳃(remnant gill);翅 2 对,膜质、后翅臀区发达,翅脉多,中肘脉间多横脉,静止时翅折扇状、平叠在胸腹背面,一些种类有短翅,极少数种类无翅,足的跗节 3 节。腹部:有完整的 10 节,第 XI 节分为三块骨片,即中背面的肛上板(epiproct)或称肛上叶(supra-anal lobe)和 1 对腹面的肛侧板(paraprocts)或称肛下叶(subanal lobes);雄虫腹部变化较大,常着生有一些特殊构造,第 X 背板完整或分裂形成外生殖器,大多数类群的第 XI 节特化为外生殖器,即肛上突(supra-anal process)和肛下突(subanal process),但一些类群的肛上叶退化,肛下叶不特化;大多数襀翅虫的阳茎膜质、简单,但某些类群的阳茎明显特化为阳茎管和阳茎囊。雌虫腹部变化不大,无特殊的附器和产卵器,肛上叶退化,肛下叶不特化,但常有特化的下生殖板;一般在肛下叶的基部上着生有 1 对多节或仅 1 节的尾须,有的尾须可特化为外生殖器的组成部分。襀翅目的稚虫蛞型,似成虫,有气管鳃;半变态。

本次考察发现该目 2 科 6 属 13 种。

叉襀科 Nemouridae

形态特征:体小型,一般不超过 15mm,褐色至黑褐色。头略宽于前胸,单眼 3 个。在颈部两侧各有一条骨化的侧颈片,在侧颈片的内外侧有颈鳃或仅留有颈鳃的残迹。前胸背板横长方形;前、后翅的 Sc1、Sc2(有的称为端横脉)、R_{4+5} 及 r-m 脉共同组成 1 个明显的"X"形,前翅在 Cu1 和 Cu2 以及 M 和 Cu1 之间有横脉多条;第 II 跗节短,第 I、III 跗节长而相等。雄虫肛上突发达并特化为各种形状的反曲突起,肛下叶简单或特化,与第 X 背板上的一些骨化突起共同组成外生殖器;第 IX 腹板向后延伸形成下生殖板,在其前缘正中处有 1 腹叶;尾须 1 节,简单或特化为外生殖器构造。雌虫第 VII 腹板无变化或向后延伸形成前生殖板;第 VIII 腹板上的下生殖板发达或不发达;生殖孔位于第 VII 腹板中部,通常有一对阴门瓣,尾须 1 节无变化。稚虫颈部均有颈鳃。

倍叉襀属 *Amphinemura* Ris,1902

形态特征:成虫小型,一般 5—15mm,体色浅褐色至深褐色。翅透明,颜色或褐色,有的种类有色斑,翅脉明显;在侧颈片内外侧有分支细长的颈鳃,分支最多的有 16 支,最少的也有 5 支,所有的分支都达到颈鳃基部。第 9 背板骨化,背沿后缘延伸,有时被有刺突,有的种类形状奇特;第 10 背板骨化,在肛上突的基部前形成一个大的平面,常裸露,有时具刺或突起。肛下突基部宽、端部窄,常盖住肛侧叶内叶,有时伸达肛上突基部。尾须短小,膜质,着生许多细毛。肛侧叶 3 叶:内叶弱骨化,短小,常被肛下突覆盖;中叶大部分骨化,存在小的膜质区,着生刺突或无,多数种类的中叶延长,位于肛下突的侧面,并向背面平行弯曲至肛上突基部,形状多样,端部大,着生小刺;外叶大部分骨化,有时有小的膜质区,形状变化较大,常围绕尾须向背面弯曲,着生刺突。肛上突短,背面宽大,侧面窄;背骨片基部大而宽,基部两侧缘有两片宽三角形基骨片;腹骨片高度骨化,中部形成龙骨,顶端插入背骨片的皱褶中,常具刺。

分布:全北区,东洋区。本次考察发现浙江天目山4种。

4.1　朱氏倍叉襀 *Amphinemura chui* (Wu, 1935)

特征:头褐色,宽于前胸。单眼小,两后单眼距复眼较近;触角及下颚须褐色。前胸背板褐色,形似六边形,表面微糙;中后胸背板褐色。足浅褐色。翅透明,翅脉黄色。雄虫第Ⅸ腹板中部向后延伸,前缘深凹入,后缘微隆起,且有较多刺。肛上突大、反曲,末端平截,从侧面看有小刺,中部有一个小钩,两侧各有一个反曲的钩(突起);肛侧叶三角形,向上(背面)弯曲,端部有小刺,从腹面看,在其内、外缘各有一个小刺;下生殖板短,腹叶长而窄;尾须长圆锥形。雌虫第Ⅶ腹板向后延伸形成一个半圆形的下生殖板;其后缘盖住第Ⅷ腹板的一半;生殖孔位于第Ⅷ腹板上两个大的、骨化的阴道瓣下,阴道瓣顶端分叉。

分布:浙江(天目山)、贵州。

4.2　克氏倍叉襀 *Amphinemura claassenia* (Wu, 1935)

特征:头黑色,宽于前胸;后单眼距复眼较近;触角褐色,下颚须黄褐色。前胸背板褐色,后部稍窄,四角钝圆,表面光滑;中后胸深褐色。足褐色。翅透明,翅脉褐色。体腹面褐色;雄虫第Ⅸ背板前缘深凹入,凹入端部较窄。肛上突棒状、反曲,中间及两侧各有一个突起,且每边都有一排小刺;肛侧叶三角形,内叶较尖,外叶分为两叶,长且骨化,外叶上有黑刺;下生殖板短,腹叶细长,端部较尖;尾须短圆锥形。雌虫第Ⅶ腹板向后延伸形成一个小的下生殖板,仅盖住第Ⅷ腹板前缘;生殖孔位于第Ⅷ腹板两个分叉的阴道瓣下面;第Ⅸ腹板和肛下叶骨化。

分布:浙江(天目山:老殿、仙人顶)、江西、四川。

4.3　皮氏倍叉襀 *Amphinemura pieli* (Wu, 1938)

特征:头深褐色,后单眼距复眼极近;触角、下颚须深褐色。前胸背板褐色,窄于头,四角钝圆,表面微糙;中后胸背板深褐色。足浅褐色。翅透明,翅脉褐色。体腹面褐色;雄虫第Ⅸ背板前、后缘凹入;肛上突棒状,后凹,中央有一个刺突,两侧各有一个反曲的刺突;肛侧叶内叶细长,外叶弯曲,且分支成钩状;下生殖板长且向上弯曲,腹叶长,末端稍宽;尾须短圆锥形。

分布:浙江(天目山:五里亭、七里亭)、广东。

4.4　中华倍叉襀 *Amphinemura sinensis* (Wu, 1926)

特征:体褐色;头深褐色,宽于前胸;后单眼距复眼较近。前胸背板深褐色,长方形,后端略窄,四角钝圆,表面微糙;中后胸背板褐色。足褐色。翅半透明,翅脉褐色。体腹面褐色;雄虫第Ⅸ腹板前、后缘微凹,后缘有一排刺。肛上突大、反曲,末端平截且有很多小刺,中央有一个向上弯的小钩,两侧各有一个大的、后凹的刺,肛侧叶三角形,向上弯曲;下生殖板长,腹叶细长;尾须短圆锥形。雌虫第Ⅶ腹板向后延伸形成一个小的、半圆形的下生殖板,盖住第Ⅷ腹板的一半;生殖孔位于第Ⅷ腹板两个骨化的阴道瓣下,阴道瓣末端圆锥形。

分布:浙江(天目山)、北京、江苏。

印叉襀属 *Indonemoura* Baumann, 1975

形态特征:虫体中至大型。颈部两侧各一短的颈鳃分支,位于侧骨片两侧的外缘。雄成虫第9背板骨化,常沿后缘延伸,有时被有刺突,有的种类形状奇特;第10背板完全或大部分骨化,但在肛上突顶端下方有一大片膜质区常形成一个凹平面,但有时具两个大而向上的突出物。肛下突基部宽,向顶端逐渐变窄,延伸至肛上突的基部,常覆盖肛侧叶的内叶;具腹叶。肛侧叶 3 叶:内叶小,轻微骨化,常完全附着于中叶;中叶大部分骨化,基部宽,基半部轻微骨化并覆毛,顶半部强骨化,狭长并形成一个或多个长齿或突起;外叶发达,强骨化,狭长并围绕尾须,顶端常有一个或多个尖齿。尾须膜质,狭长,末端超过腹部,覆细毛。肛上突长,基部窄,顶部宽,显著弯曲;背骨片基部宽大,向背面两侧延伸至顶端,顶部通常显著增大;背基骨在肛上突基部两侧边缘呈宽三角形;腹骨片骨化显著,基部宽,向端部渐窄,形成龙骨,在顶端小的圆形区域内常具少数或很多的刺,顶端伸至背部骨片的膜质褶皱内,极少数具管状结构。雌成虫第 7 腹板末端向后略微延伸,延伸部分轻微骨化。第 8 腹板形成后生殖板,中部膨大并强骨化,盖住生殖孔,向后延伸超过阴道瓣。

分布:东洋区。本次考察发现浙江天目山 1 种。

4.5 弯角印叉襀 *Indonemoura curvicornia* Wang & Du, 2009 (图 4-4-1)

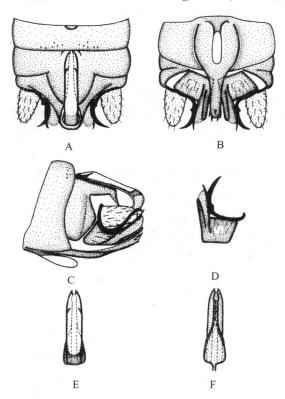

图 4-4-1 *Indonemoura curvicornia* Wang & Du, 2009
A. 雄虫腹末,背面观;B. 雄虫腹末,腹面观;C. 雄虫腹末,侧面观;
D. 雄虫肛侧叶;E. 雄虫肛上突,腹面观;F. 雄虫肛上突,侧面观

特征:头、触角褐色。前胸背板浅褐色,亚正方形,四角钝圆。翅半透明,浅褐色,翅脉褐色。足褐色。雄虫第Ⅸ背板前缘中部有一个小的、月牙形的骨化条,近后缘处着生一些小刺;第Ⅹ背板弱骨化,后缘中部骨化。肛下突极长,基部较宽,向端部变窄,端部细长,并在端部着生5个强骨化刺;腹叶细长,长约为宽的3倍。肛侧叶分为3叶:内叶细长,弱骨化,端部较尖;中叶基部较宽,大部分膜质,分为两个部分,里面部分膜质,略长于肛侧叶内叶,外面部分强骨化,形成一根细而长的骨化条,比膜质部分略长;肛侧叶外叶强骨化,比肛侧叶中叶长,端部指向外侧,形似长角状,外叶中部有一个小的突起,外叶基部沿着尾须基部延伸。肛上突细而长;

端部深入第Ⅸ背板;背骨片骨化,从侧面向上延伸出一对脊;侧壁强骨化,细而长;腹骨片骨化,基部较宽,向端部变窄,形成细而长的龙骨;腹面前半部中央着生一排黑色小刺,后半部近两侧各着生一排黑色小刺。

分布:浙江(天目山:一里亭至七里亭)。

叉𧕸翅属 *Nemoura* Latreille,1796

形态特征:虫体小至大型,一般不超过 15mm;体色浅褐色至深褐色;翅烟色或褐色,有时有色斑。无颈鳃,但具颈鳃的残迹。雄虫腹部第 9 背板骨化,但不延伸,具毛或刺;第 10 背板大部分骨化,在肛上突基部前面形成一个大的平面或凹面,通常只有细毛或小刺,有些奇特的种类具大刺突或突出物。肛下突基部宽,向顶端渐窄,末端延伸至肛侧叶基部,有时完全覆盖住肛侧叶内叶,具腹叶。肛侧叶 2 叶:内叶轻微骨化,细且短,向虫体正中靠拢,有时被肛下突覆盖;外叶腹面骨化,背面膜质,基部宽,一般具窄的端部。肛上突背面观短而阔,顶端圆,侧面观显著弯曲,形状多样;背骨片基部宽,向背侧面延伸,在腹骨片基部附近变窄;常盖住肛上突的侧面和腹面的一部分;腹骨片强骨化,基部宽,向端部渐窄,形成两条平行的脊,脊上常各具一排刺,腹骨片常在肛上突的顶端附近被背骨片遮盖,向上方延伸至表面,可见部分成对且形状多样;基骨片位于肛上突的基侧拐角附近,呈两个宽大的三角形或矩形。尾须大部分或完全骨化,形状变化大,有的着生有刺或端部有钩突;尾须常延长,中等宽度,有的种类端部膨大。

分布:全北区,东洋区。本次考察发现浙江天目山 2 种。

4.6　浅凹叉𧕸 *Nemoura cocaviuscula* Du & Zhou,2008(图 4-4-2)

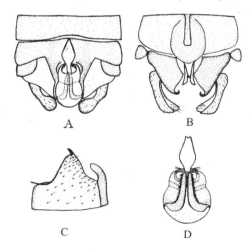

图 4-4-2　*Nemoura cocaviuscula* Du & Zhou,2008
A.雄虫腹末,背面观;B.雄虫腹末,腹面观;C.雄虫肛侧叶;D.雄虫肛上突,腹面观

特征:体褐色。触角深褐色,头比前胸背板略宽。翅透明,翅脉颜色深且明显。雄虫体长 6.5mm,前翅长 7.5mm,后翅长 6.7mm。腹部前面几节颜色灰白,末端褐色;第Ⅸ背板轻微骨化,沿后缘着生一些细长的毛;第Ⅹ背板骨化,深褐色。下生殖板淡褐色,近圆形;腹叶细,基部略宽,长度约为下生殖板的一半,末端平截。肛侧突两叶,内叶为细的骨化条,端部略向外弯曲;外叶着生很多毛,基部宽,往端部渐窄,末端形成一个强骨化的弯钩,外侧围绕尾须基部形成一个很细的骨化条。肛上突背面观呈葫芦状,中间略收成细腰状,前端向前延伸形成一个长的、梭形的突起,在此突起基部两侧形成两条弯曲的骨化条,其上各着生有一排长刺;背骨片葫

芦状,颜色浅,只在前端和中间细腰处有浅褐色的区域;腹骨片褐色,龙骨上各着生有一排刺。尾须外侧强骨化,不形成刺或钩,末端略膨大。

分布:浙江(天目山:老殿)、湖南、贵州。

4.7　杰氏叉𧒽 _Nemoura janeti_ Wu, 1938

特征:头深褐色,后单眼较近复眼,触角深褐色,下颚须浅黄色。前胸背板深褐色,略窄于头,四角钝圆,表面微糙;中后胸深褐色。足褐色,各节结合处深褐色,中后足股节中部有深褐色条带。翅褐色,翅脉周围有深褐色斑点,翅脉深褐色。体腹面胸骨深褐色,腹部腹面浅黄色。雄虫第Ⅸ背板前、后缘向内凹陷,肛上突棒状、反曲,中间有一个刺突,两侧各有一个向上弯曲的刺突;肛侧叶不分叶,呈三角形;下生殖板短,腹叶短,近卵圆形;尾须特化为大的骨化钩,基部较大,端部变尖,弯向中线。雌虫第Ⅶ腹板延伸形成一个大的、半圆形的下生殖板,达第Ⅸ腹板前缘;无阴道瓣。

分布:浙江(天目山:三里亭)、河南、陕西、江苏、四川。

扁𧒽科 Peltoperlidae

形态特征:体小至中型;体形扁平,体色黄褐色至黑褐色。头部短宽,窄于前胸,其后部陷入前胸背板内;颚唇基沟不明显;口器相对发达,下颚的外颚叶端部圆,有很多乳突;单眼2个,少数3个,两后单眼较近复眼。前胸背板宽于头部,扁平,宽大于长,盾形或横长方形。足的第Ⅰ—Ⅱ跗节短、等长,第Ⅲ跗节极长,远长于第Ⅰ、Ⅱ节之和。翅的径脉区很少有横脉,后翅无成列的肘间横脉。腹部略扁,背板无变化;尾须短,一般不超过15节。雄虫腹部:肛上突退化,肛下叶三角形、正常;第Ⅸ腹板向后延长而成下生殖板,在其前缘正中处有一小叶突,多数种类从小叶突基部有一对纵缝向后及两侧分歧而出并达后缘,无刷毛丛;第Ⅹ背板多数无变化,但一些种类的第Ⅹ背板后缘向上翘起;尾须较短,大多数种类的尾须第Ⅰ节长而特化,并着生有一些特殊构造或长的鬃毛。雌虫腹部:第Ⅷ腹板通常向后延伸形成圆形或有凹陷的下生殖板,尾须无变化。稚虫扁宽,呈蜚蠊状。

4.8　尖刺刺扁𧒽 _Cryptoperla stilifera_ Sivec, 1995

特征:雄虫有两个单眼,大而且间距较大,中间有一个三角形的深色斑。斑前有一个较浅的、窄的"V"形条纹。前胸背板后部更窄。触角深色且第Ⅰ节较长。翅色浅,翅脉颜色较深。足为褐色。第Ⅸ腹节被"V"形的膜质的折分成中区和两个侧区,腹叶端部生有流苏状长毛。尾须的第Ⅰ节有一个长刺,与其他节平行长至第Ⅵ节。

分布:浙江(天目山)、陕西、河南、江西、湖南、福建、贵州。

五、蜚蠊目 Blattodea

蜚蠊，又称蟑螂，隶属于节肢动物门昆虫纲，是世界上最为古老，并且至今仍成功繁衍的昆虫类群。据考证，蜚蠊起源于石炭纪前期、宾苏法尼亚时期，距今已有 3.5 亿年的历史。

蜚蠊适应性强，分布较广，有水、食物并且温度适宜的地方都可能生存。大多数种类生活在热带、亚热带地区；少数种类分布在温带地区，在人类居住环境中发现普遍，并易随货物、家具或书籍等人为扩散，分布到世界各地。这些种类生活在室内，常在夜晚出来觅食，能污染食物、衣物和生活用具，并留下难闻的气味，传播多种致病微生物，是重要的病害传播媒介。但也有些种类（如地鳖、美洲大蠊）可作药材，用于提取生物活性物质，治疗人类多种疑难杂症。野生种类多喜阴暗、潮湿环境，常见于土中、石下、垃圾堆、枯枝落叶层、树皮下或各种洞穴，以及白蚁和鸟的巢穴等生境中；还有少数种类色彩斑纹艳丽，白天也出来活动。多数蜚蠊种类生态功能尚不清楚。

到目前为止，蜚蠊分类系统尚未完全统一，不同学者赋予它的分类地位并不完全一致。根据蜚蠊经典分类学家 M. L. Roth（2003）建议，蜚蠊类群作为一个亚目，归入网翅目 Dictyoptera，可分为 6 个科，即：蜚蠊科 Blattidae、姬蠊科 Ectobiidae（Blattellidae）、地鳖蠊科 Corydiidae、硕蠊科 Blaberidae、隐尾蠊科 Cryptocercidae、蟹蠊科 Nocticolidae。近期有分类学家通过分子系统学研究将白蚁归入蜚蠊目，但该观点有待于进一步证明，本书暂未采用。目前全世界已知蜚蠊种类约有 4337 种，中国已知 250 多种。

蜚蠊个体大小因种类不同差异较大，小的体长仅有 2mm，但某些大型蜚蠊体长可达 100mm，甚至更大。体宽而扁平，体壁光滑、坚韧，常为黄褐色或黑色。有些种类体表密覆短毛。头小，呈三角形，常被宽大的盾状前胸背板盖住，部分种类休息时仅露出头的前缘。有些种类前胸背板特化，长有瘤突或角，后者可用于个体间角斗，以争夺领地或配偶。有些种类甚至可以发出声音吓走捕食者或竞争对手（如生活在非洲马达加斯加的发声蜚蠊）。复眼发达，但极少数种类复眼相对退化，复眼占头部面积的比例相对其他种类小；单眼退化。触角长，丝状，多节；口器咀嚼式。多数种类具两对翅，盖住腹部，前翅覆翅狭长，后翅膜质，臀区大，具纵脉和大量横脉；极少数种类前翅角质化，似甲虫，或短翅型，雌、雄虫前、后翅均不达腹部末端，或雌雄完全无翅；或雌雄异型，雄虫具翅，雌虫无翅。3 对足相似，步行足，爬行迅速；跗节 5 节。腹部 10 节，腹面观多数可见 8 节或 9 节，尾须多节。雄虫下生殖板有 1 对尾刺，具有尾刺的蜚蠊种类，若龄雌虫 0—2 龄也具有尾刺，但是 3 龄后尾刺消失；少数蜚蠊类群雄虫无尾刺。雌虫产卵器小，不外露；少数种类（如隐尾蠊）腹部末端隐于特化的第 VII 腹板之内，难以分辨雌雄。渐变态。卵产于卵鞘中，卵期一般 30—45 天。若虫期 6—12 龄，每年 2—3 代或 1—5 年 1 代。卵、若虫、成虫均能越冬，在南方和温暖的室内无冬眠现象。

本书记录浙江天目山蜚蠊目昆虫 4 科 11 属 22 种，其中包括 1 新种：卓拟歪尾蠊 *Episymploce conspicua*, sp. nov.。

姬蠊科 Ectobiidae

形态特征：体小型，全长极少超过 15mm。大多数个体呈黄褐色、黑褐色，雌雄同型。头部具较明显的单眼，唇基缝不明显。前胸背板通常不透明。前、后翅发达或退化，极少完全无翅。前翅革质，翅脉发达，Sc 脉简单；后翅膜质，缺端域，臀脉域呈折叠的扇形。中、后足腿节腹面具或缺刺,跗节具跗垫,爪间具中垫。

分布:全世界。

分亚科检索表

1. 钩状阳茎位于下生殖板右侧,卵荚产出前不旋转 ················ 拟叶蠊亚科 Pseudophyllodromiinae
   钩状阳茎位于下生殖板左侧,卵荚产出前旋转或不旋转 ················ 姬蠊亚科 Blattellinae

姬蠊亚科 Blattellinae

形态特征:体小型,体色黑褐色或黄褐色。头顶复眼间距小于触角窝间距。前胸背板长椭圆形。爪对称,特化或不特化。钩状阳茎位于下生殖板左侧,卵荚产出前旋转或不旋转。

分布:全世界。该亚科我国分布 85 种,本书记录浙江天目山 5 属 11 种。

分属检索表

1. 后翅末端具附属区 ·· 玛拉蠊属 Malacina
   后翅末端无附属区 ·· 2
2. 尾刺圆柱形,腹部背板不特化 ·· 亚蠊属 Asiablatta
   尾刺不如上述,腹部第Ⅰ、第Ⅶ背板或第Ⅷ背板特化 ························· 3
3. 后翅中脉和肘脉呈"S"形弯曲 ·· 乙蠊属 Sigmella
   后翅中脉和肘脉不呈"S"形弯曲 ·· 4
4. 腹部第Ⅰ背板不特化,前胸背板常具 2 条纵向黑带 ············ 小蠊属 Blattella
   腹部第Ⅰ背板特化,前胸背板无纵向黑带 ·············· 拟歪尾蠊属 Episymploce

小蠊属 Blattella Caudell,1903

形态特征:前、后翅通常发育正常,极少退化;前翅具纵向的中脉和肘脉;后翅肘脉直或稍弯曲,不分支或具 1—3 条(通常是 2 条)完全脉;一般无不完全分支,有时具 1—2 条,极少数情况下具 4—5 条;前缘脉不膨大,有时端部稍加厚。雄虫腹部第Ⅰ背板一般不特化,第Ⅶ腹板或第Ⅶ、Ⅷ腹板具腺体;雌虫背板不特化。雄虫下生殖板稍微或明显不对称,尾刺形状多样但结构简单;雌虫下生殖板通常凸出,后缘横截或呈弧形,极少种类后缘中部具缺刻。前足腿节腹缘刺式 A 型,爪对称,不特化。

分布:全世界。该属我国分布 6 种,本书记录浙江天目山 1 种。

5.1 双纹小蠊 *Blattella bisignata* (Brunner, 1893)(图 4-5-1)

特征:体连翅长:♂12.8—13.3mm, ♀14.0—15.5mm;前胸背板长×宽:♂(2.1—2.3)mm×(3.3—3.4)mm, ♀(2.8—3.0)mm×(3.7—3.9)mm;前翅长:♂10.9—11.1mm, ♀12.3—13.0mm。

体小型,黄褐色。单眼区明显,黄白色或浅褐色。复眼黑色,头部两复眼间通常具黑褐色横纹。颜面无斑纹或具褐色斑块,或在颜面形成"T"形、"Y"形、"I"形红色或黑褐色斑纹。前胸背板黄褐色,中域斑纹变化较大,通常具两条纵向的黑褐色平行条带,或条带末端向内弯曲几乎对接,或纵带基半部缺失,或完全消失。复眼间距与单眼间距约等长,窄于触角窝间距。前、后翅发育完全,伸过腹部末端。后翅中脉不分支,肘脉具 1 条完全分支,翅顶三角区小。前足腿节腹缘刺式 A$_3$ 型;跗节具爪垫;爪对称,不特化,具中垫。腹部第Ⅰ背板不特化;第Ⅶ、Ⅷ背板特化,第Ⅶ背板中部具一对敞口凹槽,第Ⅷ背板两腺体近筒状,分居纵脊两侧,腺体开口处

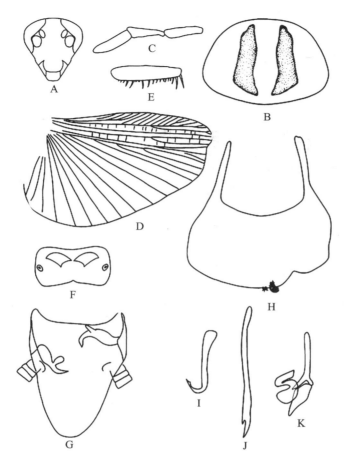

图 4-5-1　双纹小蠊 *Blattella bisignata*（Brunner，1893）

A.头部,腹面观;B.前胸背板;C.下颚须第Ⅲ—Ⅴ节;D.后翅;E.前足腿节;

F.第Ⅷ腹板;G.肛上板,腹面观;H.下生殖板;I.左阳茎;J.中阳茎;K.右阳茎

前缘闭合或稍分离,后缘稍向下伸出或不伸出,不呈弧状闭合。雄性外生殖器肛上板对称,舌状。下生殖板横阔,右侧角钝圆,左侧角"L"形缺刻较小。两尾刺间距小于左尾刺长度;左尾刺上着生密集小刺。钩状阳茎位于下生殖板左侧,钩状弯曲处内缘光滑;中阳茎呈矛状,端部尖锐。

分布:浙江(天目山)、甘肃、江西、湖南、海南、广西、四川、贵州、云南;印度,泰国,缅甸。

乙蠊属 *Sigmella* Hebard，1940

形态特征:前、后翅发育完全,前翅中域脉径向,后翅径域狭窄,径脉直,不分支,中脉和肘脉呈"S"形弯曲,肘脉端部具短的完全分支及 0—4 条不完全分支,翅顶三角区小,明显。前足腿节腹缘刺式 B₃型;跗节具爪垫;爪对称,不特化,具中垫。雄虫腹部背板特化或不特化。肛上板对称,左、右肛侧板不相同。下生殖板稍不对称,两尾刺之间具 1 个突起或无突起。钩状阳茎位于下生殖板左侧;中阳茎棒状,端部钝圆。雌虫卵荚产出前旋转。

分布:中国,缅甸,马来西亚,印度尼西亚,菲律宾。该属我国分布 5 种,本书记录浙江天目山 1 种。

5.2　申氏乙蠊 *Sigmella schenklingi*（Karny，1915）(图 4-5-2)

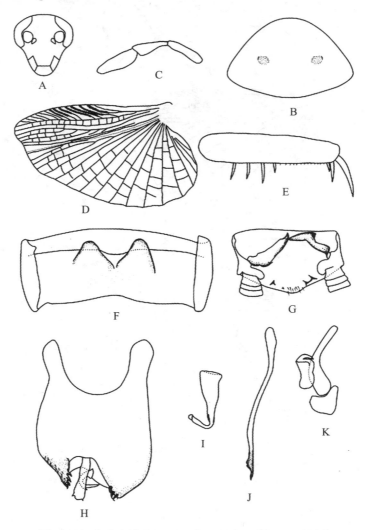

图 4-5-2　申氏乙蠊 *Sigmella schenklingi*（Karny，1915）

A.头部,腹面观;B.前胸背板;C.下颚须第Ⅲ—Ⅴ节;D.后翅;E.前足腿节;F.第Ⅷ腹板;
G.第Ⅸ背板,腹面观;H.肛上板,腹面观;I.下生殖板;J.左阳茎;K.中阳茎

特征:体连翅长:♂16.0—16.5mm，♀19.0—19.5mm;前胸背板长×宽:♂(3.0—3.5)
mm×(4.5—5.0)mm，♀(3.0—3.5)mm×(5.0—5.5)mm;前翅长:♂13.0—14.0mm,
♀16.0—17.0mm。

　　体黄褐色,头黄褐色。复眼黑色,单眼区黄白色。触角基部黄褐色,其余各节黑褐色。前
胸背板黄褐色,中域近后缘两侧各具1条黑褐色斑纹。前翅黄褐色,少数前翅黑褐色或棕色,
径域颜色稍浅。腹部背板深褐色。头顶复眼间距略窄于触角窝间距。下颚须第Ⅲ、Ⅴ节约等
长,略长于第Ⅳ节。前胸背板近椭圆形。前、后翅发育完全,伸过腹部末端,前翅中域脉及臀脉
径向;后翅前缘脉膨大,径脉直,不分支,中脉和肘脉中部明显凹陷,中脉不分支,肘脉具3条完
全分支和1条不完全分支,翅顶三角区较大。前足腿节腹缘刺式 B_3 型;跗节具爪垫,爪对称,
不特化,具中垫。腹部第Ⅰ背板不特化;第Ⅶ背板特化,中部具2个小窝。雄性肛上板后缘中

部呈弧状凸出,两侧近后缘各具1个刺状突起;左、右肛侧板不相同,右肛侧板尖刀形,近基部具1刺,左肛侧板端部弯曲,尖锐。下生殖板中部突起粗壮,端部分二叉,尖锐。

分布:浙江(天目山)、江西、湖南、福建、海南、广西、四川、贵州。

亚蠊属 *Asiablatta* Asahina,1985

形态特征:体中小型,雌雄稍异型。前胸背板近椭圆形,下颚须第Ⅲ、Ⅴ节约等长,长于第Ⅳ节。前足腿节腹缘刺式 B_3 型;跗节具爪垫,爪对称,具中垫。前翅中域脉径向;后翅径脉分支或不分支,中脉不分支,肘脉具3—4条完全脉和3条不完全脉,翅顶三角区小。雄虫背板不特化,肛上板三角形,短小。下生殖板对称,尾刺近圆柱形,钩状阳茎位于下生殖板左侧。

分布:中国,日本。该属我国分布1种,本书记录浙江天目山1种。

5.3　京都亚蠊 *Asiablatta kyotensis*（Asanina,1976）（图 4-5-3）

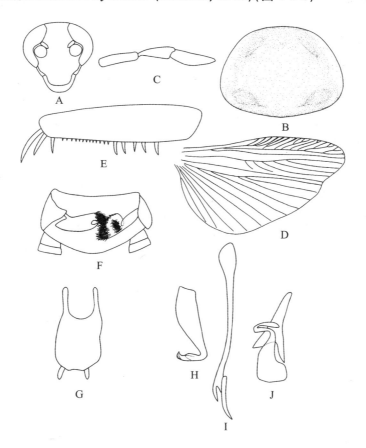

图 4-5-3　京都亚蠊 *Asiablatta kyotensis*（Asanina,1976）
A.头部,腹面观;B.前胸背板;C.下颚须第Ⅲ—Ⅴ节;D.后翅;E.前足腿节;
F.肛上板,腹面观;G.下生殖板;H.左阳茎;I.中阳茎;J.右阳茎

特征:体连翅长:♂18.2—19.1mm,♀13.3—15.5mm;前胸背板长×宽:♂(3.7—4.0)mm×(5.2—5.5)mm,♀(3.2—4.0)mm×(5.0—5.7)mm;前翅长:♂14.5—15.5mm,♀11.5—13.0mm。

　　体中小型,黑褐色。雌雄稍异型,雌虫体粗短,雄虫体细长。复眼深褐色,单眼黄白色。颜面深褐色。头顶复眼间具横纹,间距窄于单眼间距,与触角窝间距约等长。单眼间具刻点。雄虫前胸背板近椭圆形,两侧缘浅色;雌虫前胸背板近椭圆形,颜色均一。下颚须第Ⅲ、Ⅴ节约等长,长于第Ⅳ节。前、后翅发育完全,伸过腹部末端。前翅中域脉径向;后翅中脉不分支,肘脉具3—4条完全分支和1—3条不完全分支,翅顶三角区小。前足腿节腹缘刺式B₃型,跗节具爪垫,爪对称,不特化,具中垫。腹部背板不特化。雄性肛上板较短,后缘弧形。下生殖板对称,后缘近平直,两侧各着生1个圆柱形尾刺。钩状阳茎位于下生殖板左侧,粗壮;中阳茎基部膨大,端部分支;右阳茎较大。

　　分布:浙江(天目山)、辽宁、陕西、山东、江苏、上海、广西;日本。

玛拉蠊属 *Malaccina* Hebard,1929

　　形态特征:前、后翅通常发育完全,极少雌虫退化。前者具4—7条倾斜的中域支脉;后翅肘脉通常具1—2条伪完全脉,0—2条不完全脉,分支通常径向;附属区退化,弧形凸出,占后翅长的26%—31%。前足腿节腹缘刺式通常A₃型,极少B型;仅第Ⅳ跗节具爪垫,爪对称,特化,明显呈锯齿状,具中垫。雄性第Ⅶ背板通常特化,极少不特化。肛上板对称,后缘弧形。下生殖板对称或不对称,具2个相同或稍有不同的尾刺。钩状阳茎位于下生殖板左侧。雌虫下生殖板不呈瓣状;卵荚弯曲,侧缘具棱。

　　分布:中国,马来西亚,新加坡。该属我国分布2种,本书记录浙江天目山1种。

5.4　中华玛拉蠊 *Malaccina sinica*（Bey-Bienko,1954）(图 4-5-4)

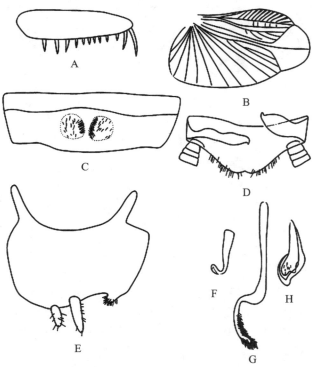

图 4-5-4　中华玛拉蠊 *Malaccina sinica*（Bey-Bienko,1954）
A.前足腿节;B.后翅;C.第Ⅷ腹板;D.肛上板,腹面观;
E.下生殖板;F.左阳茎;G.中阳茎;H.右阳茎

特征:体连翅长:♂8.0—9.1mm;前胸背板长×宽:♂(1.6—1.7)mm×(2.2—2.3)mm;前翅长:♂6.5—7.0mm。

体小型,黄褐色。单眼区黄白色,复眼黑色。触角基部黄褐色,端半部黑褐色。前胸背板近前缘两侧具不明显的"八"字形纹。腹部背板第Ⅲ—Ⅳ节黑褐色,两侧黑褐色纹向端部延伸,不达第Ⅶ背板。头顶复眼间距约等于触角窝间距。下颚须第Ⅲ、Ⅳ节约等长,长于第Ⅴ节。前胸背板近椭圆形,前、后缘近平直。前、后翅发育完全,伸过腹部末端。后翅前缘脉端部膨大,径脉、中脉不分支,中脉和肘脉明显凹陷,肘脉具2条伪完全脉和0—2条不完全脉,翅端附属区约占翅长的30%。前足腿节腹缘刺式A₃型;跗节具爪垫,爪对称,特化,内缘锯齿状,具中垫。腹部第Ⅶ背板特化,具1对小窝,内着生细毛。雄性肛上板后缘弧状凸出,中部稍凹陷;左、右肛侧板相似。下生殖板不对称,右尾刺长,端部尖锐,与右侧缘间的区域稍凹陷;左尾刺短,圆柱形。钩状阳茎位于下生殖板左侧,中阳茎端半部着生一排刺。

分布:浙江(天目山)、江西、福建、广东、海南、广西、贵州、云南。

拟歪尾蠊属 *Episymploce* Bey-Beinko,1950

形态特征:前足腿节腹缘刺式通常A₃型,极少B₃型或两者中间型。前翅径脉具不规则的分支,不分叉;后翅径脉通常具分支,肘脉明显或不明显弯曲,具1—5条完全脉和1—6条不完全脉,翅顶三角区小,退化或缺失。腹部第Ⅰ背板特化,具毛或毛簇,或不特化。第Ⅶ背板特化,通常具小窝和突起,无刚毛或中部具一簇刚毛。腹部第Ⅸ背板两侧板相同或明显不同,腹缘具刺或无刺。肛上板若不对称,则后缘有或无刺突;若对称或近似对称,则后缘端部具缺刻或稍凹陷。下生殖板明显不对称,基部两侧具锐刺。钩状阳茎钩状区域明显加粗。雌虫肛上板后缘稍分裂。

分布:全世界。该属我国分布30种,本书记录浙江天目山7种。

分种检索表

1. 雄性腹部第Ⅶ背板不特化 ……………………… 中华拟歪尾蠊 *Episymploce sinensis* (Walker, 1869)
雄性腹部第Ⅶ背板特化 …………………………………………………………………… 2
2. 腹部第Ⅸ背板两侧板形状不相似 ……………………… 卓拟歪尾蠊 *Episymploce conspicua* sp. nov.
腹部第Ⅸ背板两侧板形状相似 ………………………………………………………… 3
3. 腹部第Ⅸ背板左侧板明显大于右侧板 …… 坡坦拟歪尾蠊 *Episymploce potanini* (Bey-Bienko, 1950)
腹部第Ⅸ背板两侧板不如上述 ……………………………………………………… 4
4. 前足腿节腹缘刺式A₃型 ……………………… 晶拟歪尾蠊 *Episymploce vicina* (Bey-Bienko, 1954)
前足腿节腹缘刺式B₃型 ……………………………………………………………… 5
5. 雄性腹部第Ⅰ背板特化 ……………………… 郑氏拟歪尾蠊 *Episymploce zhengi* Guo, Liu et Li, 2011
雄性腹部第Ⅰ背板不特化 …………………………………………………………… 6
6. 肛上板后缘具交叉的尾突 ……………… 台湾拟歪尾蠊 *Episymploce formosana* (Shiraki, 1908)
肛上板后缘平截 ……………… 长片拟歪尾蠊 *Episymploce longilamina* Guo, Liu et Li, 2011

5.5 坡坦拟歪尾蠊 *Episymploce potanini* (Bey-Bienko, 1950)(图4-5-5)

特征:体连翅长:♂18.0—19.5mm,♀19.0—21.5mm;前胸背板长×宽:♂(3.2—3.5)mm×(5.0—5.2)mm;♀(3.8—4.7)mm×(5.1—6.0)mm,前翅长:♂15.5—16.5mm,♀15.2—17.2mm。

体中型,黄褐色。单眼区黄白色。触角基部黄褐色,其余黑褐色。头顶复眼间距略大于单眼间距,窄于触角窝间距。下颚须第Ⅲ、Ⅴ节约等长,略长于第Ⅳ节。前胸背板近椭圆形。前、

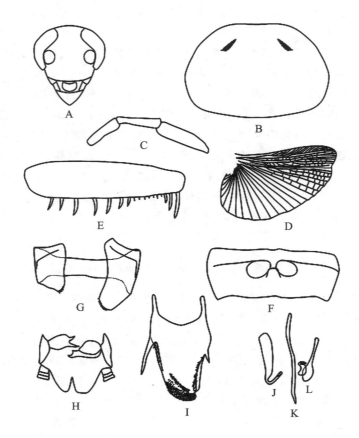

图 4-5-5　坡坦拟歪尾蠊 *Episymploce potanini* (Bey-Bienko,1950)

A. 头部,腹面观;B. 前胸背板;C. 下颚须第Ⅲ—Ⅴ节;D. 后翅;E. 前足腿节;

F. 第Ⅷ腹板;G. 第Ⅸ背板,腹面观;H. 肛上板,腹面观;I. 下生殖板;

J. 左阳茎;K. 中阳茎;L. 右阳茎

后翅发育完全,伸过腹部末端。前翅中域脉径向;后翅径脉具分支,中脉不分支,肘脉具 4 条完全分支和 5 条不完全分支。前足腿节腹缘刺式 B₃ 型;跗节具爪垫,爪对称,不特化,具中垫。腹部第Ⅰ背板特化,中部具"T"形毛簇;第Ⅶ背板特化,中部具拱形的突起,两侧各具 1 个小窝;第Ⅸ背板两侧板形状相似,左侧板明显大于右侧板,腹缘端部具小刺。雄性肛上板近对称,后缘中部具狭长缺刻,左叶较宽,右叶近三角形。下生殖板两侧各具 1 个侧刺,左侧刺长约为右侧刺长的 2.5 倍,左侧缘上卷,密布小刺,右侧缘稍上卷,加厚;两尾刺刺状,左尾刺弯曲指向左侧缘,右尾刺直,斜指向肛上板。钩状阳茎位于下生殖板左侧,具端前缺刻;中阳茎棒状,端部尖锐。

分布:浙江(天目山)、广西、四川。

5.6　中华拟歪尾蠊 *Episymploce sinensis* (Walker, 1869)(图 4-5-6)

特征:体连翅长:♂18.2—18.9mm,♀18.0—20.1mm;前胸背板长×宽:♂(4.0—4.3)mm×(5.0—5.3)mm,♀(4.1—4.8)mm×(5.0—5.9)mm;前翅长:♂15.7—16.0mm,♀14.8—16.8mm。

体中型,黄褐色。头部触角窝附近各具 1 个褐色斑;面部下半部颜色稍深。下颚须第Ⅳ节端部及第Ⅴ节黑褐色。前胸背板黄褐色或黑褐色,无斑纹。前翅端部具黑褐色斑纹,后翅端部黑褐色。腹部第Ⅰ背板黑褐色,末端黑褐色或黄褐色。头顶复眼间距略大于单眼间距和触角

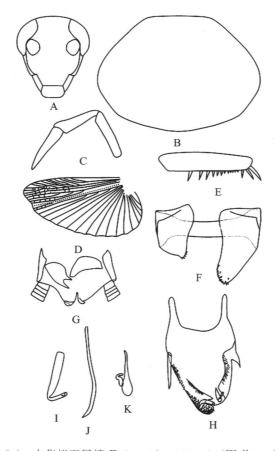

图 4-5-6　中华拟歪尾蠊 *Episymploce sinensis*（Walker，1869）

A. 头部，腹面观；B. 前胸背板；C. 下颚须第Ⅲ—Ⅴ节；D. 后翅；E. 前足腿节；F. 第Ⅸ背板，腹面观；

G. 肛上板，腹面观；H. 下生殖板；I. 左阳茎；J. 中阳茎；K. 右阳茎

窝间距，后两者间距约相等。前、后翅发育完全，伸过腹部末端。前翅中域脉径向；后翅径脉具分支，中脉不分支，肘脉具 2 条完全脉和 0—3 条不完全脉，翅顶三角区小。前足腿节腹缘刺式 A₃ 型；跗节具爪垫，爪对称，不特化，具中垫。雄虫腹部第Ⅰ背板特化，具刚毛；第Ⅶ背板不特化；第Ⅸ背板两侧板不同，左侧板较长，端部钝圆，腹缘端部及端缘具小刺，右侧板端缘稍斜截，腹缘端部具小刺。雄性肛上板后缘近三角形，具中裂，两叶端部尖锐，向下卷曲。下生殖板两侧缘基部均具侧刺，左侧刺较长；左侧缘上卷，加厚，基半部具刚毛，端半部密布小刺，端部钝圆，右侧缘基半部具刚毛，端半部加厚，端部着生 1 个长刺，沿右侧缘指向后方。两尾刺刺状，基部较近，右尾刺近端部具 1 个小刺。钩状阳茎位于下生殖板左侧，具端前缺刻；中阳茎矛状，近端部稍弯曲。

分布：浙江（天目山）、北京、安徽、湖北、福建、广东、海南、四川、贵州、云南。

5.7　长片拟歪尾蠊 *Episymploce longilamina* Guo, Liu et Li, 2011（图 4-5-7）

特征：体连翅长：♂ 12.0mm，♀ 12.0mm；前胸背板长×宽：♂ 3.0mm × 4.0mm，♀ 3.0mm×4.0mm；前翅长：♂ 16.5mm，♀ 17.0mm。

体暗褐色，单色。雄虫头顶外露，复眼间距略等于单眼间距。前翅发达，伸过腹部末端。前翅径脉具 2 分支；M＋CuA 脉具 5 分支。后翅前缘脉具 3 条完全脉和 6—7 条不完全脉。前

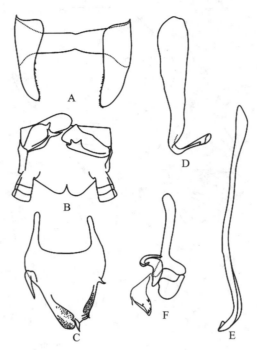

图 4-5-7　长片拟歪尾蠊 *Episymploce longilamina* Guo，Liu et Li，2011
A.第Ⅸ背板,腹面观;B.肛上板,腹面观;C.下生殖板;
D.左阳茎;E.中阳茎;F.右阳茎

足腿节腹缘刺式 B₃ 型。腹部第Ⅰ背板不特化;第Ⅶ背板中央具一角形突起,端部钝圆;第Ⅸ背板不对称,左侧板长于右侧板,到达下生殖板端部,端缘圆形。肛上板近对称,后缘中央具狭的裂口,裂叶端部圆形。下生殖板极不对称,狭长,左侧明显增厚具细齿,无端刺;右侧无刺。尾刺较长,呈弯钩状,着生于下生殖板端缘的背方。雌虫后翅前缘脉具 2 条完全脉和 4 条不完全脉。肛上板横宽,近三角形,端缘中央具缺刻。

分布:浙江(天目山)。

5.8　晶拟歪尾蠊 *Episymploce vicina*（Bey-Bienko, 1954）(图 4-5-8)

特征:体连翅长:♂ 20.1mm，♀ 19.4mm;前胸背板长 × 宽:♂ 3.2mm × 4.1mm,♀ 3.5mm×4.7mm;前翅长:♂17.0mm，♀17.0mm。

体黄褐色。头顶复眼间距窄于触角窝间距。下颚须第Ⅲ、Ⅴ节约等长,略长于第Ⅳ节。前胸背板近椭圆形。前、后翅发育完全,伸过腹部末端。前翅中域脉径向;后翅径脉中点之前分支,中脉不分支,肘脉具 2—3 条完全分支和 4—5 条不完全分支,翅顶三角区小。前足腿节腹缘刺式 B₃ 型,跗节具爪垫,爪对称,不特化,具中垫。雄虫腹部第Ⅰ背板特化,中部具一毛簇;第Ⅶ背板特化,具顶角钝圆的三角形隆起,隆起两侧及后方各具一小凹陷;第Ⅸ背板两侧板均沿腹侧向后伸出,端部均具小刺。雄性肛上板后缘具"V"形缺刻,两叶不同,左叶较宽,端部钝圆,右叶较窄,近三角形,端部钝圆。下生殖板左侧缘上卷,呈圆锥形,伸过下生殖板后缘,端部具一锐刺;右侧缘具长刚毛,无小刺,两侧近基部均具一刺突,左侧刺突较长。两尾刺中左尾刺弯曲,右尾刺直。

分布:浙江(天目山)、福建。

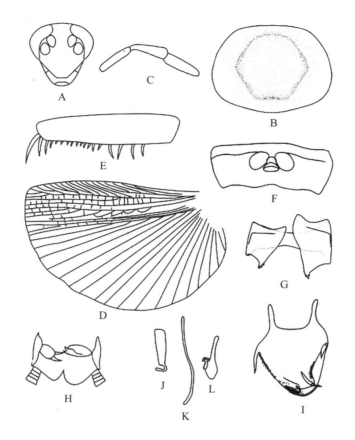

图 4-5-8　晶拟歪尾蠊 *Episymploce vicina*（Bey-Bienko，1954）
A. 头部，腹面观；B. 前胸背板；C. 下颚须第Ⅲ—Ⅴ节；D. 后翅；E. 前足腿节；F. 第Ⅷ腹板；
G. 第Ⅸ背板，腹面观；H. 肛上板，腹面观；I. 下生殖板；J. 左阳茎；K. 中阳茎；L. 右阳茎

5.9　台湾拟歪尾蠊 *Episymploce formosana*（Shiraki，1908）（图 4-5-9）

特征:体连翅长：♂18.0—18.9mm；前胸背板长×宽：♂（3.3—3.5）mm×（4.1—4.9）mm；前翅长：♂15.8—16.4mm。

体中型，黄褐色。头顶单眼区黄白色。前胸背板红褐色，腹部背板黑褐色。头顶复眼间距窄，与单眼间距相等，明显窄于触角窝间距。下颚须第Ⅲ、Ⅴ节约等长，略长于第Ⅳ节。前胸背板近椭圆形。前、后翅发育完全，伸过腹部末端。前翅中域脉径向；后翅径脉中点之后分支，支脉不分支或分支，中脉不分支，肘脉具 2 条完全分支和 3 条不完全分支，翅顶三角区小。前足腿节腹缘刺式 B_3 型，跗节具爪垫，爪不对称，不特化，具中垫。雄虫腹部第Ⅰ背板不特化；第Ⅶ背板特化，中部具一拱形的突起，两侧各具 1 个小窝；第Ⅸ背板两侧板相似，后缘斜截，腹缘端部各具 1 个小刺，等长。雄性肛上板后缘具 2 个扭曲的刺突，指向下生殖板，肛侧板端部均尖锐。下生殖板左侧刺细小，靠近基部，右侧刺粗壮，靠近中部；左侧上翻具微刺。两尾刺端部刺状，圆锥形，约等长，基部靠近。钩状阳茎具端前缺刻；中阳茎矛状，端部尖锐。

分布:浙江（天目山）、云南。

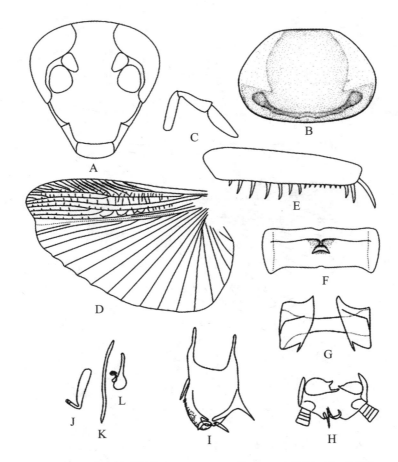

图 4-5-9　台湾拟歪尾蠊 *Episymploce formosana* (Shiraki, 1908)

A.头部,腹面观;B.前胸背板;C.下颚须第Ⅲ—Ⅴ节;D.后翅;E.前足腿节;F.第Ⅷ腹板;

G.第Ⅸ背板,腹面观;H.肛上板,腹面观;I.下生殖板;J.左阳茎;K.中阳茎;L.右阳茎

5.10　郑氏拟歪尾蠊 *Episymploce zhengi* **Guo, Liu et Li, 2011(图 4-5-10)**

特征:体连翅长:♂16.5—19.0mm, ♀15.5—17.0mm;前胸背板长×宽:♂(3.5—4.0) mm×(4.5—5.0)mm,♀3.5mm×4.5mm;前翅长:♂15.5—16.5mm, ♀14.0—14.5mm。

体暗褐色。前胸背板两侧、体腹面和足淡黄褐色。雄性体小型。头顶外露。前胸背板近椭圆形,中部之后最宽。前翅发达,远超过腹端;后翅前缘脉具 3 条完整和 7 条不完整的分支。前足腿节刺式 B₃ 型。雄性腹部第Ⅰ背板具毛簇;第Ⅶ背板中央具一角形突起,端部钝圆;第Ⅸ腹板左侧板长于右侧板,端部宽圆,内缘具细齿。肛上板略不对称,后缘中央具斜的凹口,裂叶端部微斜截;肛侧板不对称。下生殖板狭长,左边明显增厚,具细齿,缺端刺。尾刺圆锥形,弯钩。右阳茎端部具 2 个圆叶,内侧具一膜质多齿的突起。雌性肛上板后缘中央略截形;下生殖板后缘圆形,具钝的尖顶。

分布:浙江(天目山)。

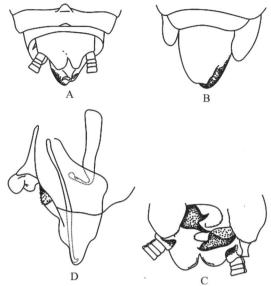

图 4-5-10　郑氏拟歪尾蠊 *Episymploce zhengi* Guo，Liu et Li，2011

（仿郭江莉等，2011，动物分类学报，36(3)：722-731，图 9-12）

A.腹端，背面观；B.腹端，腹面观；C.肛上板，腹面观；D.外生殖器

5.11　卓拟歪尾蠊 *Episymploce conspicua* sp. nov.（图 4-5-11）

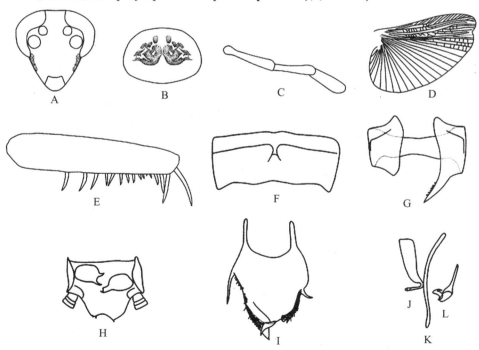

图 4-5-11　卓拟歪尾蠊 *Episymploce conspicua* sp. nov.

A.头部，腹面观；B.前胸背板；C.下颚须第Ⅲ—Ⅴ节；D.后翅；E.前足腿节；F.第Ⅷ腹板；

G.第Ⅸ背板，腹面观；H.肛上板，腹面观；I.下生殖板；J.左阳茎；K.中阳茎；L.右阳茎

特征:体连翅长:♂19.1—21.1mm;前胸背板长×宽:♂(3.9—4.5)mm×(4.9—5.6)mm;前翅长:♂15.8—17.5mm。

体中型,黄褐色,通体一色。单眼区不明显。头顶复眼间距狭窄,明显小于两触角窝间距。下颚须第Ⅲ、Ⅴ节约等长,略长于第Ⅳ节。前胸背板近椭圆形,最宽处在中点之后。前、后翅发育完全,超过腹部末端。前翅中域脉径向;后翅径脉具分支,中脉不分支,肘脉具4条完全分支和4条不完全分支。前足腿节腹缘刺式 A₃ 型;跗节具爪垫,爪对称,不特化,具中垫。雄虫腹部第Ⅰ背板特化,中部近前缘具一毛簇;第Ⅶ背板特化,中部具一突起,两侧各具一小窝;第Ⅸ背板两侧板不相同,右侧板后缘斜截,端部钝圆,左侧板三角状向后延伸,端部尖锐,腹缘具小刺,长约为右侧板的1.5倍。雄性肛上板近对称,后缘凹陷,两侧各具一小刺;肛侧板不同。下生殖板后缘平截,两侧近基部各具一侧刺,左侧刺较长,约为右侧刺长的2倍;左侧上卷,三角状向后延伸。左尾刺基部粗壮,端部尖锐,稍弯曲,左侧上翻成近直角;右尾刺直立,端部尖锐,基部具一小刺。钩状阳茎位于下生殖板左侧,具端前缺刻。

正模:♂,福建建阳,1960.Ⅵ.29,金根桃。副模:1♂,福建建阳,1960.Ⅶ.2,金根桃采;1♂,福建武夷山,700m,1985.Ⅷ.8,采集人不详;1♂,江西庐山北山林场,1980.Ⅵ.23,采集人不详;3♂♂,浙江西天目山,2012.Ⅶ.25—Ⅷ.1,王锦锦。

本种外形与本属大型种类相似,但外生殖器肛上板比较特殊,具"V"形缺刻,稍不对称,两叶端部各具小刺;第Ⅸ背板左侧板长约为右侧板的1.5倍。

词源:本种学名"conspicua"源于拉丁词"conspicuus",意为明显的、显著的,此处主要指第Ⅸ背板左侧板明显长于右侧板,约为右侧板的1.5倍。

分布:浙江(天目山)、江西、福建。

拟叶蠊亚科 Pseudophyllodromiinae

特征:体小型,体色黑褐色或黄褐色。头顶复眼间距小于触角窝间距。前胸背板长椭圆形。爪对称或不对称,特化或不特化。钩状阳茎位于下生殖板右侧,卵荚产出前不旋转。

分布:全世界。该亚科我国分布24种,本书记录浙江天目山2属2种。

分属检索表

1. 雄虫下生殖板具"V"形深裂 ·· 巴蠊属 *Balta*

   雄虫下生殖板无"V"形深裂 ·· 丘蠊属 *Sorineuchora*

巴蠊属 *Balta* Tepper,1893

形态特征:头顶复眼间距小于触角窝间距。前胸背板近椭圆形,前缘平截,后缘中部稍微凸出。前、后翅发达,达到腹部末端,后翅短于前翅。前翅纵脉径向;后翅前缘脉加厚或不加厚,中脉少有分支,肘脉有完全分支和不完全分支,翅顶三角区小。前足腿节 C₂ 型,少有 B₃ 型或其他类型。跗节具爪垫,爪不对称,不特化,具中垫。雄虫腹部背板不特化。肛上板横阔,中部凹陷或凸出,对称;肛侧板对称或不对称,无刺。下生殖板对称或稍不对称,中域深"V"裂;两尾刺相距远,位于下生殖板后外侧。钩状阳茎在右侧。

分布:澳大利亚,非洲,东洋区,古北区。该属我国分布10种,本书记录浙江天目山1种。

5.12 金林巴蠊 *Balta jinlinorum* Che，Chen et Wang，2010（图 4-5-12）

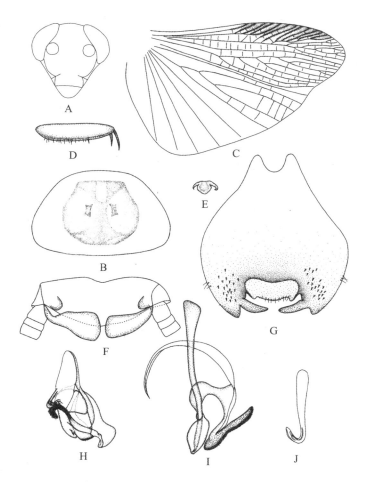

图 4-5-12 金林巴蠊 *Balta jinlinorum* Che，Chen et Wang，2010
A. 头部，腹面观；B. 前胸背板；C. 后翅；D. 前足腿节；E. 爪；F. 肛上板，腹面观；
G. 下生殖板；H. 左阳茎；I. 中阳茎；J. 右阳茎

特征：体连翅长：♂ 14.1—15.0mm，♀ 14.0—15.0mm；前胸背板长×宽：♂（2.8—2.9）mm×（3.9—4.4）mm，♀（2.9—3.0）mm×（3.9—4.1）mm；前翅长：♂ 11.5—12.9mm，♀ 12.0—12.5mm。

体中型，体色黄褐色。头顶具黑褐色横带。前胸背板中域及后缘各有 2 个对称的黑褐色斑，两侧缘透明。腹部腹面两侧缘具黑褐色纵带，纵带内侧各具一个黑褐色圆斑，基部各节腹板中部黑褐色。头顶复眼间距约等于单眼间距，略窄于触角窝间距。下颚须第Ⅲ、Ⅳ节等长，明显长于第Ⅴ节。前、后翅发育完全，超过腹部末端。前翅中域脉径向；后翅径脉近端部分支，中脉不分支，肘脉具 1 条不完全分支和 3 条完全分支，翅顶三角区较小。前足腿节腹缘刺式 B$_2$ 型，爪不对称，不特化。腹部背板不特化。雄性肛上板短小，后缘钝圆；左、右肛侧板相似，呈片状。下生殖板后缘中部向下凹陷，两侧叶内缘各具 1 个圆锥形尾刺。钩状阳茎在右侧；中阳茎棒状，端部尖锐，具附属骨片，其基部弯向左阳茎，端部具刷状结构。

分布：浙江（天目山）、福建、海南、广西。

丘蠊属 *Sorineuchora* Caudell，1927

形态特征：下颚须第Ⅴ节长于第Ⅳ节。前足腿节腹缘刺式 C_2 型；跗节具爪垫，爪不对称，不特化。后翅径脉不分支，中脉明显，肘脉具 1—3 条分支，附属区明显，或退化成翅端三角室，或几乎消失。雄虫背板不特化。钩状阳茎在右边。

分布：中国，缅甸，马来西亚，印度尼西亚，柬埔寨，日本。该属我国分布 9 种，本书记录浙江天目山 1 种。

5.13 黑背丘蠊 *Sorineuchora nigra* (Shiraki，1908) (图 4-5-13)

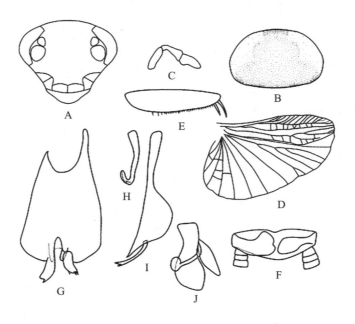

图 4-5-13 黑背丘蠊 *Sorineuchora nigra* (Shiraki，1908)
A. 头部，腹面观；B. 前胸背板；C. 下颚须第Ⅲ—Ⅴ节；D. 后翅；E. 前足腿节；
F. 肛上板，腹面观；G. 下生殖板；H. 右阳茎；I. 中阳茎；J. 左阳茎

特征：体连翅长：♂10.2—10.8mm；前胸背板长×宽：♂(2.2—2.6)mm×(3.5—3.7)mm；前翅长：♂8.5—9.0mm。

体小型，体色黑褐色。头顶黄褐色，颜面黑色。前胸背板中域黑色，两侧缘透明，后缘浅色边狭窄不明显。前翅、腹部及足深红褐色。少数个体头顶及颜面黄褐色，前胸背板黄褐色，腹部及足黄褐色。头顶复眼间距约等于或稍大于触角窝间距。前胸背板近椭圆形。前、后翅发育完全，伸过腹部末端。前翅中域脉倾斜；后翅前缘脉膨大，径脉和中脉不分支，肘脉具 1—2 条不完全分支，附属区休息时折叠。前足腿节腹缘刺式 C_2 型；跗节具爪垫，爪明显不对称，不特化，中垫发达。腹部背板不特化。雄性肛上板横截，狭三角形，后缘端部圆，稍有凹陷；左、右肛侧板相似。下生殖板近似对称；右尾刺粗壮，近圆柱形，两尾刺之间凹陷，并向腹面凸出。钩状阳茎在右侧，端部短粗；中阳茎近端部宽大，端部刺状，具一附属骨片，基部细，端部与中阳茎相连；左阳茎较发达。

分布：浙江(天目山)、湖南、广西、四川、贵州。

蜚蠊科 Blattidae

形态特征：雌雄基本同型，体中、大型，通常具光泽和浓厚的色彩。头顶常不被前胸背板完全覆盖，单眼明显。前、后翅均发达，极少退化，翅脉显著，多分支。飞翔能力较弱，雄性仅限短距离移动。足较细长，多刺。中、后足腿节腹缘具刺，跗节各节具跗垫，爪对称，爪间具中垫。雄性腹部第Ⅰ背板中央具分泌腺，极少具毛簇。雌雄两性肛上板对称。雄性下生殖板横宽，对称，具1对细长的尾刺；外生殖器较复杂，不对称；阳具端刺位于左侧，顶端钩状。雌性下生殖板具瓣。

分布：全世界。

蜚蠊亚科 Blattinae

形态特征：雌雄同型，体中等至大型，通常具光泽和浓厚的色彩。头顶常露出前胸背板之前，单眼明显。前、后翅均发达。足较细长，多刺。中、后足腿节腹缘具刺，跗节各节具跗垫，爪对称，爪间具中垫。雄性第Ⅰ腹节背板中央具分泌腺，极少具毛簇。雌雄两性肛上板对称。雄性下生殖板横宽，对称，具1对细长的腹突。雄性外生殖器较复杂，不对称。雌性下生殖板具瓣。

分布：全世界。该族或亚科我国分布39种，本书记录浙江天目山1属2种。

大蠊属 *Periplaneta* Burmeister，1838

形态特征：体大型，雌雄稍异型。触角细长。前胸背板梯形，不覆盖头顶，最宽处在中点之后。前、后翅发达，长超过腹端，少数种类雌虫短，不达腹端。前翅革质；后翅膜质，半透明；前缘脉基部往往分叉，肘脉中、基部常具少数不完全的短脉或横脉，端部具若干平行分支达到翅缘。足细长，前足腿节内侧下缘具一排短刺，较密；中、后足刺稍长，稀疏，各足胫节有强刺3排；后足跗节特长，第Ⅰ跗节最长，且稍长于其余各节之和，各节爪垫及中垫明显。雄虫腹部背板第Ⅰ节特化，有一簇毛丛，或不特化。下生殖板左右近对称，腹刺细长，位于后缘两侧角处。

分布：全世界。该属我国分布17种，本书记录浙江天目山2种。

分种检索表

1. 前胸背板淡黄色或赤褐色，中域具2个黑色或赤褐色大斑 ···
·· **褐斑大蠊 *Periplaneta brunnea* Burmeister，1838**

   前胸背板黑褐色或赤褐色，中域无大斑 ············· **淡赤褐大蠊 *Periplaneta ceylonica* Karny，1908**

5.14　褐斑大蠊 *Periplaneta brunnea* Burmeister，1838（图 4-5-14）

特征：体连翅长：♂ 30.0mm，♀ 30.0mm；前胸背板长×宽：♂ 7.0mm×9.0mm，♀ 6.8mm×8.9mm；前翅长：♂ 25.0mm，♀ 25.0mm。

雄虫头顶黑色，外露；上唇基褐色，其余区域赤褐色；触角赤褐色。复眼间距比单眼间距略宽，比触角窝间距略窄。下颚须第Ⅲ节褐色，半透明，第Ⅳ、Ⅴ节赤褐色；第Ⅲ节柱状，中部略弯曲，极长；第Ⅳ节棒状，端粗基细，表面被微毛；第Ⅴ节鸦嘴状，表面微毛较第Ⅳ节多，与第Ⅳ节略等长，短于第Ⅲ节。前胸背板横梯形，最宽处在中点之后，后缘平直，后缘稍向后凸出，呈缓弧形，中部具2个不太明显的黑褐色大斑，前端略靠近，后端远离，沿后缘黑褐色。中、后胸褐

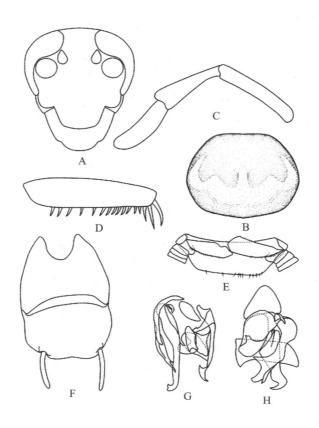

图 4-5-14　褐斑大蠊 *Periplaneta brunnea* Burmeister，1838

A. 头部，腹面观；B. 前胸背板；C. 下颚须第Ⅲ—Ⅴ节；D. 前足腿节；

E. 肛上板，腹面观；F. 下生殖板；G. 左阳茎；H. 右阳茎

色，翅端超过腹部末端，前翅赤褐色。足赤褐色，前足前下缘端刺 2 根，中刺 13—14 根，后下缘端刺 1 根，中刺 4 根，中、后足上缘端刺 1 根，中刺 5 根。腹部腹板黑褐色，后侧角钝圆；背板中央褐色，两侧缘及末端 3 节黑褐色，末端几节稍凸出呈锐角，背板第Ⅰ节特化，前缘中央有一束毛丛。雄虫肛上板宽短，后缘平直；下生殖板横短，中部隆起，两侧下倾呈圆弧形，后缘平直，中央稍凹入；尾刺细长，匀称，比肛上板稍短，略向内弯曲。雌虫肛上板基部宽，端部狭窄，向后凸出，略呈三角形，后缘具一小三角形缺口；下生殖板纵扁，中央向下隆起，两侧及末端向上倾，形如船底。雌虫尾须黑色，粗大。

分布：浙江(天目山)、福建、台湾、广西、贵州；日本，美国。

5.15　淡赤褐大蠊 *Periplaneta ceylonica* Karny，1908（图 4-5-15）

特征：体连翅长：♂39.0mm；前胸背板长×宽：♂7.2mm×9.0mm；前翅长：♂30.0mm。

体淡赤褐色。颜面赤褐色，上唇基褐色，上唇赤褐色；触角赤褐色。单、复眼间距略等，窄于触角窝间距。下颚须纤细，赤褐色，第Ⅲ节最长，棍状；第Ⅳ节棒状，略短于第Ⅲ节，基细端粗；第Ⅴ节纺锤状，表面被微毛，与第Ⅳ节略等长。前胸背板近椭圆形，前缘平直，后缘略凸出，两侧缓弧形，表面凹凸不平，赤褐色，周缘一圈黑褐色；中、后胸背板淡褐色。翅远超腹部末端；前翅赤褐色，后翅淡黄色，沿前缘淡赤褐色，脉纹黄褐色。足赤褐色，前腿前下缘端刺 2 根，中刺 15 根，后下缘端刺 1 根，后中刺 5 根；中、后足腿节前下缘的端刺 1 根，中刺 7 根，后下缘端

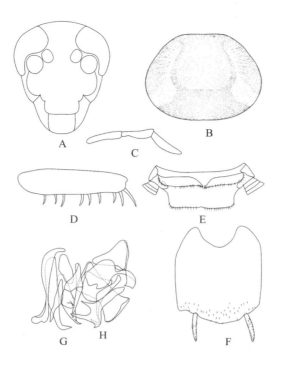

图 4-5-15　淡赤褐大蠊 *Periplaneta ceylonica* Karny，1908

A.头部，腹面观；B.前胸背板；C.下颚须第Ⅲ—Ⅴ节；D.前足腿节；

E.肛上板，腹面观；F.下生殖板；G.左阳茎；H.右阳茎

刺 1 根，中刺 5 根。腹部深赤褐色，第Ⅰ节背板特化，具一束毛丛。肛上板横阔，宽大于长，后缘有稀疏长毛着生，中央略向前凹，呈缓弧形；下生殖板横阔，略对称，后缘中央略凹陷，呈缺刻，腹部细长，从后方可见左阳茎叶外露，末端膨胀，分叉。尾须粗状，宽扁，深赤褐色。

分布：浙江（天目山）、江苏、上海、安徽、福建、云南；印度，斯里兰卡。

地鳖蠊科 Corydiidae

形态特征：体小到中型，体躯具毛。颜面唇基加厚，与额间有明显界线。单眼或缺。雌雄异型或同型，静止时后翅臀域平置，不呈扇状折叠。中、后足腿节下缘无刺。有翅类雌虫往往缺中垫。卵生种类。

分布：全世界。

地鳖蠊亚科 Corydiinae

形态特征：体小至中型，体躯常具毛。颜面唇基加厚，与额间有明显界线。单眼缺或很小。雌、雄虫都具翅，静止时后翅臀域平置，不呈扇状折叠。中、后腿节下缘无刺。有翅类雌虫往往缺中垫。

分布：全世界。该族或亚科我国分布 11 种，本书记录浙江天目山 2 属 2 种。

分属检索表

真地鳖属 *Eupolyphaga* Chopard，1929

形态特征:雌雄异型,雄虫有翅,雌虫无翅。颜面隆起。雄虫单眼大且明显凸出,具光泽;雌虫单眼退化仅呈不明显的小点。后唇基大而凸出,其上缘低于触角窝水平。前胸背板密布微毛,侧缘茸毛较多。雄虫前、后翅长于腹部,前翅淡黄色,膜质,半透明,表面具褐色斑点及微毛,背面亚前缘脉基部有一叶片状突起。前腿具一端刺,胫节多刺。肛上板横四方形,下生殖板常有变化。

分布:中国。该属我国分布7种,本书记录浙江天目山1种。

5.16　中华真地鳖 *Eupolyphaga sinensis* (Walker，1868)(图4-5-16)

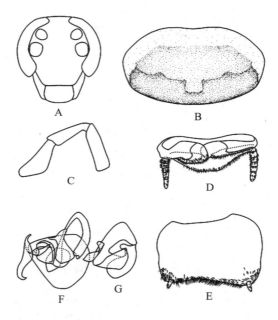

图 4-5-16　中华真地鳖 *Eupolyphaga sinensis*(Walker, 1868)

A.头部,腹面观;B.前胸背板;C.下颚须第Ⅲ—Ⅴ节;D.肛上板,腹面观;

E.下生殖板;F.左阳茎;G.右阳茎.

特征:体连翅长:♂ 30.0mm, ♀ 30.0mm;前胸背板长×宽:♂5.8mm×9.5mm,♀6.0mm×9.0mm;前翅长:♂26.0mm。

雌雄异型,雄虫有翅,雌虫无翅。体黄褐色,面被微毛,复眼黑褐色,单眼黄色,触角褐色;头顶复眼间距小于触角窝间距。下颚须第Ⅳ、Ⅴ节约等长,短于第Ⅲ节。前胸背板横椭圆形,深红褐色,前缘黄色,表面密被微毛,前、后缘着生微毛,前缘较后缘多,中部具条纹状或块状浅凹陷。中、后胸腹板黄褐色,背板深褐色,暴露在前翅外的中央三角区黑色。前翅淡黄色,膜质,半透明,伸过腹部末端,脉纹清晰,表面具网状褐色斑纹。足黄褐色,表面密被许多长柔毛,胫节褐色,刺棕红色。腹部腹板黄色,侧缘褐色,后侧角钝圆,背板红褐色。肛上板横阔,后缘弧形,中央具一小缺刻,两后侧角隆起,其上各有一束毛丛。左阳茎较长,端部弯钩不大。下生殖板不对称,后缘从右尾刺向左逐渐凹陷,接近左尾刺处稍凸出,沿整个后缘着生红褐色绒毛;尾刺褐色,短,略呈锥状,端部着生长毛。尾须粗大,节间明显,具毛。

雌虫椭圆形,背隆起,全体黑色。前胸背板前缘具浅黄色宽带。

分布:浙江(天目山)、辽宁、甘肃、青海、河北、北京、山西、陕西、河南、湖北、上海;蒙古,俄罗斯。

鳖蠊属 *Eucorydia* Hebard,1929

形态特征:体被微毛,具金属光泽。触角黑色,2/3处常有 3—5 节呈白色或乳黄色;触角窝间常具 2 个浅色斑纹。复眼间距大于触角窝间距。前胸背板表面具众多颗粒状突起。前翅具黄色或橘黄色斑纹。腹部呈黄色或暗黄色。

分布:中国,马来西亚,印度尼西亚,印度,日本。该属我国分布 4 种,本书记录浙江天目山 1 种。

5.17　紫真鳖蠊 *Eucorydia purpuralis*(Kirby,1903)(图 4-5-17)

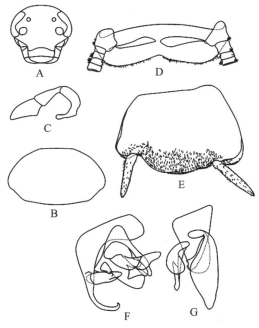

图 4-5-17　紫真鳖蠊 *Eucorydia purpuralis*(Kirby,1903)
A.头部,腹面观;B.前胸背板;C.下颚须第Ⅲ—Ⅴ节;D.肛上板,腹面观;
E.下生殖板;F.左阳茎;G.右阳茎

特征:体连翅长:♂21.0mm;前胸背板长×宽:♂6.0mm×8.5mm;前翅长:♂15.2mm。

体黑褐色,泛蓝色荧光。复眼黑色,头顶黑色,单眼黄色,触角黑色。头顶复眼间距小于触角窝间距。下颚须第Ⅳ、Ⅴ节约等长,短于第Ⅲ节,第Ⅲ节基部膨大成拱形。前胸背板黑色,横椭圆形,表面密被微毛,前、侧缘着生微毛。前翅黑色,端部区域黄褐色,前缘中域、臀角中部均具带状黄色斑,翅折叠平放时可见 3 条斑在一条直线上。足黑色,表面密被柔毛。腹部腹板第Ⅰ—Ⅶ节黄色,其余 3 节黑色。肛上板横阔,后缘弧形,中央具一小缺刻,两后侧角隆起,其上各有一束毛丛。下生殖板稍不对称,沿整个后缘着生红褐色绒毛。

分布:浙江(天目山)、福建、台湾。

硕蠊科 Blaberidae

形态特征:体光滑。头部近球形,头顶通常完全被前胸背板覆盖;唇部隆起,唇基缝不明显。前、后翅一般较发达,极少完全无翅。前翅 Sc 脉具分支;后翅臀域发达。中、后足腿节腹缘缺刺,但端刺存在;跗节具爪垫,爪对称,中垫存在或缺如。

分布:全世界。

分亚科检索表

1. 雄虫下生殖板后缘横阔,两尾刺着生处与周围颜色均一 ······························ 光蠊亚科 Epilamprinae
   雄虫下生殖板后缘舌状,两尾刺着生处较周围颜色透明 ····················· 球蠊亚科 Perisphaeriinae

光蠊亚科 Epilamprinae

形态特征:体小至大型。颜面唇基正常,不加厚,与额无明显界线。前胸背板形式变化多样,具黑色刻点。前翅皮质或角质具黑色刻点,前缘脉前端分叉,前翅发育完全或退化,后翅发育完全、退化或缺失;静止时,后翅臀域折叠呈扇状。中、后足腿节前腹缘具刺,跗节具爪垫,某些种类具中垫。雄性阳茎由左阳茎、中阳茎和钩状右阳茎组成,肛侧板大且不对称,肛上板宽阔、长形,末端钝圆,下生殖板特化。雌虫下生殖板宽阔不呈瓣状,卵胎生种类,卵荚完全形成后旋转90°再缩回腹中孵化。

分布:全世界。该亚科我国分布 46 种,本书记录浙江天目山 2 属 4 种。

分属检索表

1. 前胸背板表面密布圆形小刻点 ··· 麻蠊属 Stictolampra
   前胸背板表面光滑,无刻点 ··· 大光蠊属 Rhabdoblatta

麻蠊属 Stictolampra Hanitsch,1930

形态特征:体中至大型。雌雄异型不明显。头顶外露。前胸背板横阔;前缘缓弧型;侧缘钝圆凸出,边缘圆滑;后缘中部钝圆凸出,两后侧缘凹陷;表面密布圆形小刻点。前、后翅发育完全。前足腿节腹缘刺式 B 型;后足跗节第 I 节长度与其余各节长度等长,腹缘小刺分布于整节跗节,爪垫着生于跗节端部;前跗节具中垫,爪对称,不特化。右阳茎外缘无高隆脊。

分布:中国,越南,马来西亚,菲律宾,印度尼西亚,泰国,斯里兰卡,印度,新几内亚。该属我国分布 4 种,本书记录浙江天目山 2 种。

分种检索表

1. 体中型偏小;足基节黑褐色,其余部分黄色 ······ 双色麻蠊 Stictolampra bicolor Guo, Liu et Li, 2011
   体中型偏大;足整体黄色 ····················· 黑褐麻蠊 Stictolomapra melancholica Bey-Bienko, 1954

5.18 双色麻蠊 *Stictolampra bicolor* Guo，Liu et Li，2011（图 4-5-18）

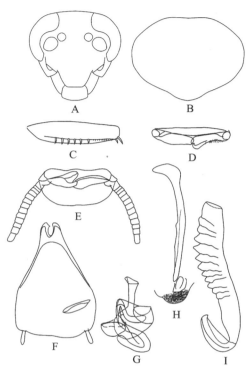

图 4-5-18 双色麻蠊 *Stictolampra bicolor* Guo，Liu et Li，2011
A.头部,腹面观；B.前胸背板；C.前足腿节；D.肛侧板,尾向观；E.肛上板,腹面观；
F.下生殖板,背面观；G.左阳茎,背面观；H.中阳茎,背面观；I.右阳茎,腹面观

特征:体连翅长：♂16.0—22.5mm；♀19.0—22.5mm；头长×宽：♂（2.5—3.0）mm×（2.5—3.0）mm,♀（3.0—3.5）mm×（2.5—3.0）mm；前胸背板长×宽：♂（4.5—5.0）mm×（5.7—6.0）mm,♀（5.0—6.0）mm×（5.5—7.0）mm；前翅长×宽：♂（17.5—19.0）mm×（5.0—6.0）mm,♀（17.5—19.0）mm×（5.0—6.0）mm。

体黑褐色,头深褐色。复眼深褐色,单眼黄色。触角柄节、梗节和鞭节近基部8节,唇基端半部、上唇、上颚、下颚须和下唇须黄色。前胸背板黑褐色,两前侧缘黄色。前翅由基部向端部逐渐透明,颜色由黑褐色逐渐变为黄褐色。足基节黑褐色,其余各节黄色。腹部黄色。

雌雄异型不明显。雌虫体型稍大于雄虫。头顶外露。头顶复眼间距约为头宽的2/5。单眼大小稍小于触角窝,间距窄于复眼间距,为复眼间距的3/5。前胸背板横阔,前缘圆弧形,侧缘钝圆凸出,边缘圆滑,后缘钝圆凸出,两后侧缘稍凹陷。前、后翅发育完全,长度均超过腹部末端,翅末端具不明显的浅凹陷。前足腿节腹缘刺式B₂型。后足跗节第Ⅰ节腹缘具2列整齐排列的小刺,小刺覆盖整节跗节。爪垫着生于跗节端部,边缘处具稀疏的小刺。前跗节具中垫,爪对称,不特化。

雄性肛上板横阔,近矩形,对称,两后侧角钝圆,中部边缘稍钝圆凸出,两侧稍凹陷；内侧近后缘中部具一丛长刚毛。左、右肛侧板不对称,左侧横阔,右侧腹缘具末端向背侧弯曲的指状突出。尾须长度是肛上板后缘宽度的1.7倍。下生殖板尾刺间后缘稍不对称,后缘中部近三角形凸出,

左侧稍凹陷,右侧平直。尾刺扁平,长度约为尾刺间距的 1/2;内侧板端部呈二分叉状,分叉粗短、扁平。左阳茎腹骨片内侧板长度长于中骨片长度,端部膨大,向左侧弯曲,末端折叠;前骨片窄。中阳茎端骨片短小,近椭圆形,端膜表面密布细小刚毛;基骨片长扁,端部膨大,向左侧弯曲。右阳茎钩外缘圆滑,无高隆线,内缘中部具边缘呈锯状的隆起,端部具一个齿状突出。

分布:浙江(天目山)、重庆、贵州。

5.19　黑褐麻蠊 *Stictolomapra melancholica* Bey-Bienko, 1954(图 4-5-19)

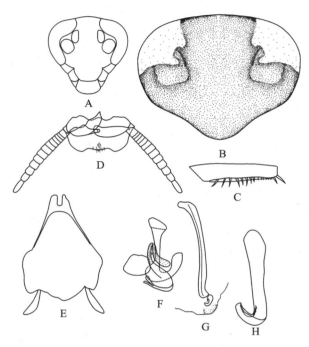

图 4-5-19　黑褐麻蠊 *Stictolomapra melancholica* Bey-Bienko, 1954

A.头部,腹面观;B.前胸背板;C.前足腿节;D.肛上板,腹面观;E.下生殖板,背面观;

F.左阳茎,背面观;G.中阳茎,背面观;H.右阳茎,腹面观

特征:体连翅长:♂ 24.5—27.5mm,♀ 25.5—29.0mm;头长×宽:♂(2.5—3.0)mm×(2.5—3.0)mm,♀(3.5—4.0)mm×(3.0—3.5)mm;前胸背板长×宽:♂(4.5—5.0)mm×(5.5—6.0)mm,♀(5.5—6.5)mm×(7.0—8.0)mm;前翅长×宽:♂(22.0—24.0)mm×(6.0—7.0)mm,♀(24.0—25.5)mm×(6.5—7.0)mm。

体黄褐色至红褐色。头红褐色,复眼深褐色,单眼、触角、唇基端半部、上唇、上颚、下颚须和下唇须黄褐色。前胸背板红褐色至深褐色,前缘黄色。前翅红棕色。中、后胸背板黑褐色。足黄色。腹部背板黑褐色,两侧前角具黄色斑;腹板黄色。尾须黄色。

体中型。头顶外露。复眼间距窄于单眼间距,是触角窝间距的 4/5。前胸背板横卵圆形,表面密布圆形小刻点;前缘缓弧形,后缘中部钝圆凸出,两后侧边稍稍凹陷。前、后翅发育完全,超过腹部末端,翅端部具不明显浅凹陷。前足腿节腹缘刺式 B_2 型。后足跗节第 I 节内缘小刺在近基部处整齐排列成 2 排,在近端部处排列杂乱。爪垫着生于第 I—IV 节跗节端部。前跗节具中垫,爪对称,不特化。

雄性肛上板横阔,近梯形,左右对称。后缘稍凹陷,侧缘平直。左、右肛侧板不对称,左侧横阔,右侧腹缘具末端向背侧弯曲的指状突出。下生殖板尾刺间后缘稍不对称,后缘中部近三角形凸出,左侧凹陷,右侧稍凸出。尾刺扁平,长度是下生殖板尾刺间后缘的3/5。左阳茎腹骨片内侧板长于中骨片,末端呈折叠状。中阳茎端骨片短小,端膜表面密布细小刚毛,基骨片扁长,端部膨大,向左弯曲。右阳茎钩外缘圆滑,无隆线,内缘中部具锯状突起,端部无齿状突起。

分布:浙江(天目山)、江西、湖北、湖南、福建、广东、广西、重庆、四川、贵州。

大光蠊属 *Rhabdoblatta* Kirby,1903

形态特征:体中至大型,雌雄二型不明显,雌虫比雄虫略大。头顶外露,前胸背板接近椭圆形,最宽处在中部之后,后缘凸出呈钝角,后缘、两边部分有边缘,有或无凹痕。头、前胸背板、翅基部具不同类型大、小斑点。前、后翅充分发育,超过腹末端,后翅端部截形或圆形,有时前翅亦呈截形,Sc脉具不明显的分支,尤其在端部,前缘域脉稍向下弯曲,几乎完全是纵脉,其间有很多横脉。雄虫腹板后外侧角钝圆。足上具强刺,前足腿节腹缘刺式 B 型,后足跗节第 Ⅰ 节长度短于其余几节之和,腹缘具 2 列刺,几乎贯穿全节,或稍长于紧挨着的第 Ⅱ 跗节;爪垫位于各节顶端,前跗节具中垫,爪对称,不特化。肛上板和下生殖板结构多样,肛上板扁平,稍呈四边形,具弧形边;下生殖板变化大。

分布:中国,越南,柬埔寨,老挝,菲律宾,缅甸,泰国,马来西亚,印度尼西亚,尼泊尔,喀麦隆,赤道几内亚,坦桑尼亚,加蓬,安哥拉,日本,印度,博茨瓦纳,几内亚,斯里兰卡,马达加斯加,澳大利亚,塞拉利昂,刚果。该属我国分布 40 种,本书记录浙江天目山 2 种。

分种检索表

1. 头部头顶黑色,额黑色。足全黑色 ·········· **黑带大光蠊** *Rhabdoblatta nigrovittata* Bey-Bienko,1954
头部头顶黑色,额黄色。足胫节黑色,其余各节黄褐色 ·······································
··· **夏氏大光蠊** *Rhabdoblatta xiai* Liu et Zhu,2001

5.20　黑带大光蠊 *Rhabdoblatta nigrovittata* Bey-Bienko,1954(图 4-5-20)

特征:体连翅长:♂ 35.0—42.0mm;♀ 43.0—45.0mm;头长×宽:♂ (3.5—4.0)mm×(3.5—4.0)mm,♀ (4.5—5.0)mm×(4.0—4.5)mm;前胸背板长×宽:♂ (6.9—7.1)mm×(8.5—9.0)mm,♀ (9.0—9.5)mm×(11.0—11.5)mm;前翅长×宽:♂ (32.5—37.0)mm×(9.0—10.0)mm,♀ (37.0—38.0)mm×(8.0—9.0)mm。

雄虫体黑色。头顶、复眼、触角、额、上颚、上唇、下颚须和下唇须黑色。单眼、触角窝和唇基端半部黄褐色。前胸背板黑色。中、后胸背板黑色。前翅黑色。足黑色,爪垫浅黄色。腹部背板黑褐色,前侧角黄色。腹部腹板黄色,第 Ⅰ—Ⅶ节中部和后缘黑色。肛上板、尾须和下生殖板黑色。

体大型。头顶外露。头顶复眼间距小,为单眼间距的 3/4,触角窝间距的 2/3。前胸背板横阔,最宽处在中部之前,近前、后缘具波浪形皱褶,前缘平直,侧缘钝角凸出,后缘中部钝圆凸出,两后侧缘凹陷。前、后翅发育完全,长度均超过腹部末端,翅端部边缘钝圆凸出。前足腿节腹缘刺式 B_1 或 B_2 型。后足第 Ⅰ 跗节长度与剩余各节长度之和等长,内缘具 2 列整齐排列的小刺,爪垫着生于第 Ⅰ—Ⅳ 节跗节端部。前跗节具中垫,爪对称,不特化。雄虫外生殖器肛上板横阔,左右对称,后缘中部具一个小的缺刻,两侧缘弧形。左、右肛侧板不对称,左侧横阔,右侧端腹缘具一个指状突出,突出的端部具一个弯向腹部背板的小钩。下生殖板横阔,两尾刺间后缘平直,左右对称,尾刺扁平,长度为尾刺间距的 1/3,内侧板端部分叉。左阳茎背骨片瓣状;中骨片呈"S"形;腹骨片内侧板长于中骨片,端部膨大、折叠,前骨片瓣状,向背侧翻折。中阳茎端骨片短小,端膜半圆形,表面密布细小刚毛,基骨片长、扁,端部膨大,向左侧弯曲。右阳茎长,阳茎钩弯曲程度大,外边缘圆滑,无尖锐凸出,隆突高,内缘圆滑,无齿,内缘端部具一个齿状突起。

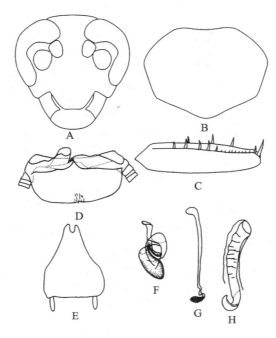

图 4-5-20　黑带大光蠊 *Rhabdoblatta nigrovittata* Bey-Bienko, 1954
A. 头部,腹面观;B. 前胸背板;C. 前足腿节;D. 肛上板,腹面观;E. 下生殖板,背面观;
F. 左阳茎,背面观;G. 中阳茎,背面观;H. 右阳茎,腹面观

雌雄异型明显。雌虫体大型,浅黄色。头顶黄褐色。复眼黑褐色,单眼浅黄色。触角深褐色。唇基端半部黄褐色。前胸背板浅黄色,中域黄褐色。中、后胸背板黑褐色。前翅浅黄色。足黑褐色。腹部背板黑褐色。腹板颜色和斑纹同雄虫。肛上板和下生殖板黄褐色。尾须黄褐色,端部黑褐色。

分布:浙江(天目山)、江苏、安徽、湖北、湖南、福建、广东、广西、四川、贵州、云南。

5.21　夏氏大光蠊 *Rhabdoblatta xiai* Liu et Zhu, 2001(图 4-5-21)

特征:体连翅长:♂38.0—40.5mm;头长×宽:♂(3.5—4.0)mm×(4.0—4.5)mm;前胸背板长×宽:♂(6.5—7.0)mm×(8.0—9.5)mm;前翅长×宽:♂(32.0—36.0)mm×(9.0—11.0)mm。

体褐色。头深褐色,头顶深褐色。复眼黑褐色,单眼黄色。触角褐色。额深褐色。唇基端半部褐色,上唇褐色。下颚须褐色。前胸背板褐色,中域深褐色,后缘具一列横向排列的深褐色纵向短条纹。中后胸背板深褐色。前翅褐色,表面无斑。足深褐色,爪垫浅黄色。腹部背板和腹板深褐色。肛上板中部具 2 个左右对称的深褐色大斑。

体大型。头顶外露,边缘稍凸出。头顶处复眼间距窄,等于单眼间距,是触角窝间距的3/4。前胸背板横阔,近椭圆形,最宽处在中部之前,前缘稍平直,侧缘钝圆,后缘中部钝角形凸出,边缘圆滑,两后侧边缘稍凹陷。前、后翅发育完全,长度均超过腹部末端,翅端部边缘稍加,

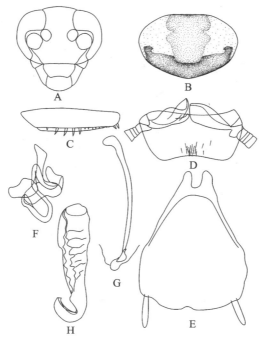

图 4-5-21　夏氏大光蠊 *Rhabdoblatta xiai* Liu et Zhu，2001

A.头部，腹面观；B.前胸背板；C.前足腿节；D.肛上板，腹面观；E.下生殖板，背面观；

F.左阳茎，背面观；G.中阳茎，背面观；H.右阳茎，腹面观

边缘圆滑，无凹陷。前足腿节腹缘刺式 B_2 型。后足跗节第Ⅰ节长度与剩余各节长度之和等长，内缘具 2 列整齐排列的小刺。爪垫着生于第Ⅰ—Ⅳ跗节端部。前跗节端部具中垫，爪对称，不特化。

雄性外生殖器肛上板横阔，近体形，左右对称，后缘呈浅凹陷，两侧缘弧形。左、右肛侧板不对称，左侧横阔、瓣状，右侧腹缘具一个末端向背侧弯曲的粗大的指状突出。下生殖板后缘对称，后缘中部具弧形凹陷，内侧板端部分叉，两分叉端部稍间。尾刺扁平，长度为尾刺间距的 1/4。左阳茎背骨片瓣状；中骨片"S"形，正中切口狭窄，背瓣宽大；腹骨片内侧板长于中骨片，端部膨大，边缘折叠，前骨片瓣状、宽大，向背侧弯曲。中阳茎短骨片短小，近三角形；端膜近圆形，表面密布细小刚毛；基骨片细长，端部膨大，向左侧弯曲。右阳茎长，阳茎钩弯曲角度超过 90°，外侧边缘隆线低矮，顶部无尖锐突起；内缘圆滑，端部具一个齿状突起。

分布：浙江（天目山）、福建。

球蠊亚科 Perisphaeriinae

形态特征：体光滑。头部近球形，头顶通常不露出前胸背板；唇部非强隆起，唇基缝不明显。雌雄异型，雄虫有翅，雌虫无翅。中、后足腿节腹缘缺刺，但端刺存在；跗节具爪垫，爪对称，中垫存在或缺如。

分布：全世界。该亚科我国分布 20 种，本书记录浙江天目山 1 属 1 种。

龟蠊属 Corydidarum Brunner，1865

形态特征：雌雄异型。雄虫有翅，体色纯色，或有金属光泽。头部复眼间距小。前胸背板

后缘两侧具片状突出。跗节端部最后一节短于或者几乎等于其他跗节之和,且细长;具爪垫,中垫大。肛上板椭圆形,端部钝圆,尾须分段。下生殖板不对称,端部凸出。尾刺有或缺失。左阳茎简单钩状,具一椭圆形且边缘翻折的附属骨片;中阳茎棒状,末端为一盘状骨片,无毛,常有附属骨片,或在接合处有明显的凸出;右阳茎稍复杂,具两个骨片,左侧骨片末端翻折,右侧骨片中间具一加厚的侧"V"形区域。雌虫无翅,体不会卷曲成球状;背板厚且坚硬。前胸背板新月形。跗节端部最后一节短于或者几乎等于其他跗节之和,且粗壮。肛上板椭圆形,端部钝圆,尾须不分段且短,圆锥形。下生殖板具孔口。

分布:中国,印度,斯里兰卡,越南,尼泊尔,喀麦隆,加蓬,印度尼西亚,刚果,东帝汶民主共和国,马来西亚,缅甸,越南,泰国,卢旺达。该属我国分布 10 种,本书记录浙江天目山 1 种。

5.22　伪龟蠊 *Corydidarum fallax*（Bey-Bienko, 1969）（图 4-5-22）

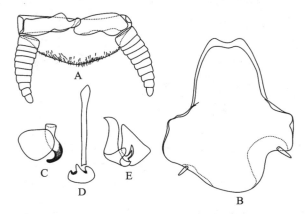

图 4-5-22　伪龟蠊 *Corydidarum fallax*（Bey-Bienko, 1969）
A. 肛上板,腹面观;B. 下生殖板;C. 左阳茎;D. 中阳茎;E. 右阳茎

特征:体连翅长:♂17.0—18.0mm, ♀17.0—17.6mm;前胸背板长×宽:♂(4.4—4.6)mm×(6.8—7.0)mm,♀(4.7—5.0)mm×(8.5—9.0)mm;前翅长:♂18.5—21.0mm。

雌雄异型。雄虫有翅,雌虫无翅。雄虫两眼间距仅是触角第Ⅰ节长度的一半。触角褐色。前胸背板前缘具密集的刻点,其余部分具不规律分散的刻点。前翅顶端具三角区,翅基部黑褐色。足红褐色,跗节黄色,中、后足腿节外缘下方具刺。腹板红褐色。肛上板黄褐色,横阔,后缘弧形,中部稍凸出;下生殖板舌状,尾须黄褐色。左阳茎简单钩状,具一椭圆形且边缘翻折的附属骨片;中阳茎棒状,末端为一盘状骨片,无毛,具附属骨片,在接合处有明显的突出;右阳茎稍复杂,具两个骨片,左侧骨片末端翻折,右侧骨片中间具一加厚的侧"V"形区域。

雌虫体黑色,有光泽,前半部分略呈淡红色。头黑色,具稀疏刻点。两眼间距稍大于触角第Ⅰ节的长度。触角淡黄色。前胸背板具稀疏的小刻点,边缘刻点深且稠密。前翅的前缘脉不凸显,通常垂直断裂。腹部背板上无大刻点,第Ⅱ—Ⅶ腹板具明显或部分隐藏的横向凹槽;第Ⅲ—Ⅶ背板凹槽的两边各有一个凹陷,具一排不明显的刻点;第Ⅴ—Ⅶ背板边缘不尖细,较直;第Ⅲ—Ⅶ背板上的孔数为 1,1,1,1,1 或者 1,2,2,2,2;第Ⅳ背板中间的一对孔较模糊。腹板黑色。肛上板横阔,后缘直。

分布:浙江(天目山)、安徽、江西、福建、湖北、云南。

六、等翅目 Isoptera

白蚁科 Termitidae

白蚁科是等翅目(Isoptera)中最大的科,约占全部种类的 3/4。兵蚁、工蚁常有多态现象出现,但也有无兵蚁组合种类群。该科属土栖性白蚁,筑巢于地下或土垅中,属于最进化的高等白蚁。白蚁科分 5 个亚科:白蚁亚科 Termitinae Sjostedt,1926、弓钩白蚁亚科 Amitermitinae Kemner,1934、大白蚁亚科 Macrotermitinae Kemner,1934、象白蚁亚科 Nasutitermitinae Hare,1937,Grasse 和 Noirot 于 1954 年另建 Apicotermitinae 亚科,目前尚未被大多数白蚁分类学家所接受。

兵蚁:前胸背板狭于头部,前缘翘起呈马鞍状,具囟;尾须 1—2 节,跗节 3—4 节。

有翅成虫:左上颚仅具 1—2 枚缘齿。前翅鳞稍大于后翅鳞,前、后翅鳞分开,径脉退化或缺。后唇基大,隆起,囟明显。前胸背板狭于头部,尾须 1—2 节,跗节 3—4 节。

本书记录浙江天目山白蚁科 5 属 7 种。

土白蚁属 *Odontotermes* Holmgren,1912

兵蚁:头卵圆形,长大于宽,前端往往狭窄;额部扁平,囟不十分明显。上唇无透明的尖部,两侧边缘有长毛;上颚弯曲,军刀状,左上颚具有一枚大的尖齿。触角 15—18 节。后颏长方形,中部甚宽。前胸背板狭于头宽,马鞍形。

有翅成虫:头宽卵形,或近圆形;囟明显。后唇基隆起,颜色稍淡于头顶,很短,长约为宽的 1/2。触角 19 节,第 3 节常短于第 2 节。前胸背板往往有淡色的"十"字形斑纹及位于前侧的斑点,侧缘后部聚拢;中胸及后胸背板后缘弓形凹入。翅透明至暗褐色,径脉极短,前翅中脉由肘脉基部分出,后翅中脉由径脉分出。蚁后腹侧壁密布褐点。

分布:东洋区。

6.1　黑翅土白蚁 *Odontotermes formosanus* (**Shiraki, 1909**)(**图 4-6-1**)

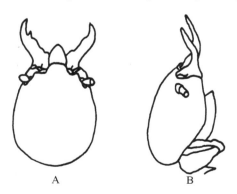

图 4-6-1　黑翅土白蚁 *Odontotermes formosanus* (Shiraki, 1909)
兵蚁:A. 头,背面观;B. 头,侧面观

兵蚁:头暗黄色,腹部淡黄色至灰白色。头部毛被稀疏,胸、腹部有较密集的毛。体长等部分长度参见表 4-6-1。

表 4-6-1　黑翅土白蚁兵蚁量度(mm)

项　目	范　围	项　目	范　围
全　长	5.44—6.03	后颏最窄	0.37—0.38
头长至颚端	2.41—2.66	后颏最宽	0.55—0.68
头长至颚基	1.72—1.77	前胸背板长	0.48—0.59
头　宽	1.27—1.44	前胸背板宽	0.90—1.00

头卵圆形,长大于宽,最宽处在头的中后部,前端略狭窄;额部平坦,后颏短粗,前端狭窄,略凸向腹面;上颚镰刀状,左上颚齿位于中点前方,齿尖斜朝向前,右上颚内缘相当部位有 1 枚微齿,小而不显著;上唇舌形,前端窄而无透明小块,两侧呈弧形,后部较宽,上唇沿侧边有 1 列直立的刚毛,端部约伸达上颚中段,未遮盖颚齿;触角 16—17 节,第 2 节长约等于第 3 节与第 4 节之和,第 3 节长于或有时短于第 4 节。前胸前板前部狭窄,向前方斜翘起,后部较宽,前胸背板元宝形,前部和后部在两侧交角处各有一斜向后方的裂沟,前缘和后缘中央均有明显的凹刻。

有翅成虫:头背面及胸、腹部背面为黑褐色,腹面为棕黄色;上唇前半部橙红色,后半部淡橙色,中间有 1 条白色横纹,上唇前缘及侧缘白色透明;翅黑褐色。全身有浓密的毛。体长等部分长度参见表 4-6-2。

表 4-6-2　黑翅土白蚁有翅成虫量度(mm)

项　目	范　围	项　目	范　围
体长连翅	27.00—29.00	单眼长径	0.25—0.34
体长不连翅	12.00—14.00	复眼长径	0.61—0.68
翅　长	24.00—25.00	单复眼间距	0.25—0.31
头长至唇基	2.50—2.90	前胸背板长	1.20—1.27
头宽连眼	2.34—2.66	前胸背板宽	2.13—2.38

头圆形,复眼椭圆形,单眼也为椭圆形,单眼和复眼间的距离约等于单眼本身的长。后唇基隆起,长小于宽,中央有纵缝将后唇基分成左右两半,前唇基与后唇基等长。触角 19 节,第 2 节长于第 3 节,或第 4 节,或第 5 节。前胸背板前宽后窄,前缘中央无明显缺刻,后缘中央向前方凹入,前胸背板中央有一淡色"十"字形斑,其两侧前缘各有一圆形淡色点;翅长、大,前翅鳞略大于后翅鳞,前翅脉 M 由 Cu 分出,末端有许多分支,Cu 有十几分支,后翅 M 由 Rs 分出。

工蚁:头黄色,胸、腹部灰白色。头侧缘与后缘连成圆弧形,囟位于头顶中央,呈小圆形凹坑;后唇基显著隆起,长约等于宽的一半,中央有纵缝。触角 17 节,第 2 节长于第 3 节。头长至上唇端 1.70—1.81mm,头宽 1.36—1.41mm;前胸背板宽 0.72—0.77mm。

习性:本种为重要的害虫之一,主要危害水库堤坝,常栖于生有杂草的背水坡坝心内。有翅成虫 3 月份开始出现于巢内,4—6 月份间在靠近蚁巢附近的地面上出现羽化孔突,形如圆锥体,数量很多,可达百个以上,成群分布,羽化孔突下有成排的候飞室。在气温达 20℃以上、相对湿度达 85% 以上的阴雨天,有翅成虫常在当日傍晚 7 点前后爬出羽化孔分飞。分飞往往在暴雨中进行,从 1 个大巢内可飞出 2000—3000 个有翅成虫,有的多达 9000 个。经分飞和脱翅的成虫成对钻入地下建筑新巢,也常有两只以上的脱翅成虫钻入同一地点建巢,从而形成一巢"多王多后"的现象。新建蚁巢仅是一个小腔,3 个月后出现菌圃。随后蚁巢不断地发生结构和位置上的变动,逐渐扩大巢穴。生活在堤坝上的蚁群,可造成堤坝巨大的漏洞、空腔,轻者使堤坝漏水,重者可引起决堤毁库。除此之外,其工蚁食性很杂,可危害马尾松、侧柏、洋槐、橡胶、榆、桉、栗、杉等多种林木树干、树皮。取食时在树干或其他食物上做泥被或泥线隐蔽虫体,在树干上采食时所做的泥被、泥线可由地面直伸到 3m 高以上,有时泥被环绕整个树干,形成泥套。在农田也危害水稻。

分布:约在北纬 35°以南都有其分布足迹,主要有:浙江(杭州、奉化、温州、龙泉)、河南(洛阳、鸡公山)、安徽(巢县、芜湖)、陕西、甘肃、江苏(南京、镇江)、湖北(武汉、江陵、宜昌、巴东)、湖南(东安、衡阳)、贵州、四川(德昌、西昌、雅安、万县、涪陵)、重庆、江西、福建(漳浦、厦门、南靖、云霄、平和、漳州、浦田、福州、南平、龙岩、长汀、建瓯、永安)、广东(广州、顺德、英德、开平、台山、徐闻)、广西(玉林、宜山、柳州)、云南(昆明、屏边大围山、允景洪、金平)、台湾、海南、香港;缅甸,泰国。

华扭白蚁属 *Sinocapritermes* Ping et Xu,1986

兵蚁:头壳被毛适度至较密。头长方形,无额脊。上颚不对称,左上颚中段适度扭曲,颚端弯钩状,钩后膨扩;右上颚刀剑状,颚端稍呈弯钩形。触角 14 节。上唇长而狭,前缘凹入,前侧角稍出。各足胫节距式 2:2:2。

有翅成虫:头壳被毛稍密。额腺孔小而狭,椭圆形。后唇基长不及宽的一半,具中缝。右上颚端齿和第 1 缘齿间距稍大于第 1 和第 2 缘齿间距。触角 15 节。各足胫节距式 2:2:2。

华扭白蚁属 *Sinocapritermes* 是由平正明、徐月莉(1986)采用 Ahmad 和 Akhitar(1981)东洋区 Capritermes 类群的分类,系统地整理了分布于我国该类群种类后建立的一个新属,共 10 种(其中有隶属于原扭白蚁属 *Procapritermes* 的 4 种,经订正隶属于该属),迄今具 13 种,主要分布在亚热带地区,我国云南、广西、广东、海南、四川、福建和浙江沿海。1986 年高道蓉报道的天目华扭白蚁 *S. tinmuensis* 采自于浙江天目山自然保护区,是该属分布最北的一种。该属的种类一般穴居于地下或倒木、树洞中,取食腐殖土、草根、烂树等。

分布:中国南部,东洋区。

6.2　天目华扭白蚁 *Sinocapritermes tianmuensis* Gao,1989(图 4-6-2)

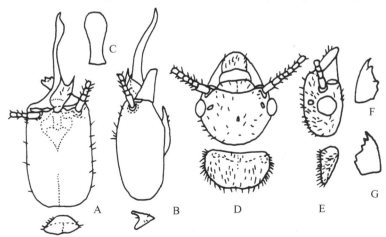

图 4-6-2　天目华扭白蚁 *Sinocapritermes tianmuensis* Gao,1989
兵蚁:A.头及前胸背板,背面观;B.头及前胸背板,侧面观;C.后颏
有翅成虫:D.头及前胸背板,背面观;E.头及前胸背板,侧面观;F.左上颚;G.右下颚

兵蚁：头黄褐色，上颚黑褐色，触角、上唇为淡黄色，胸、腹部和足为黄褐白色。头部、上唇、胸、腹部均有较密的毛。体长等部分长度参见表4-6-3。

表 4-6-3　天目华扭白蚁兵蚁量度(mm)

项　目	范　围	平　均
头长连上颚	3.400—3.500	3.440
头长不连上颚	1.600—1.800	1.720
头　宽	1.120—1.200	1.160
头高连后颏	0.910—0.990	0.950
后颏最宽	0.390—0.440	0.406
后颏最窄	0.200—0.220	0.210
前胸背板宽	0.650—0.710	0.680
后足胫节长	1.080—1.150	1.120

　　头部两侧近平行，中部向后稍渐窄，近后端最窄，后缘稍平直，中部内凹明显。头中缝明显，自后端未伸达头的中点，约为头壳长的1/3—2/5。头背面中缝两侧各有一条短纵纹。侧视，头背缘稍呈弧形。额腺孔位于头前端的1/5处。上唇长条形，两前侧角尖突伸向前，前缘稍内凹。左、右上颚几乎等长，不对称；左上颚端钩状，右上颚端稍具钩形。触角14节，第3节长于第2节或第4节，第4节稍长于第2节。后颏纺锤状，凸出于头的腹面；后颏最宽处为最狭处的2倍。前胸背板马鞍形，前部直立，前、后缘中央凹刻不明显。各足胫节距式2：2：2。

　　有翅成虫：头深褐色，后唇基褐色，上唇为淡黄褐色，触角为褐色，前胸背板深褐色，足为黄褐色。头及前胸背板被短毛。体长等部分长度参见表4-6-4。

表 4-6-4　天目华扭白蚁有翅成虫的量度(mm)

项　目	范　围	平　均
体长不连翅	6.520—7.120	6.920
前翅长	10.310—11.160	10.700
前翅宽	2.980—3.240	3.110
头长至上唇端	1.250—1.300	1.280
头宽连复眼	1.120—1.150	1.130
头宽不连复眼	0.850—0.940	0.898
复眼长径	0.260—0.270	0.264
复眼短径	0.245—0.260	0.251
单眼长径	0.080—0.090	0.086
单眼短径	0.055—0.070	0.060
单复眼距	0.060—0.080	0.069
复眼距头下缘	0.080—0.095	0.087
前胸背板长	0.460—0.500	0.482
前胸背板宽	0.900—0.950	0.932
后足胫节长	1.100—1.160	1.135

　　工蚁：头部稍呈圆形，最宽处位于中部，两侧缘自中部起向后稍窄，后缘宽弧形。"T"形头缝可见。侧视头顶部平。后唇基隆起。触角14节，其中第2节稍长于第3节，或几乎相等，第4节最短小。前胸背板马鞍形。腹部为橄榄形，可见肠内容物。头长至上唇端1.16—1.31mm，头宽0.95—1.00mm，前胸背板宽0.54—0.59mm，后足胫节长0.84—0.92mm。

分布：浙江（天目山）。

象白蚁属 *Nasutitermes* Dudley,1890

兵蚁：头圆形或长卵形，象鼻自额前伸出，鼻似管状或前细后粗的圆锥形；头中部不狭窄，头顶与鼻交接处或平直或略凹下，触角窝后无收缩；上颚极小，其前侧角秃钝或有尖刺伸出。触角节不很延长；上唇极短，一般多为1型。

有翅成虫：全身暗色。头宽卵形，后唇基色淡，宽度数倍于长度；囟小，多数长形分叉。触角节不甚长。中、后胸背板后缘凹入颇宽。前翅鳞与后翅鳞大小相仿；径脉缺，中脉距肘脉甚近。

分布：新北区，新热带区，澳洲区，东洋区，埃塞俄比亚区。

6.3　尖鼻象白蚁 *Nasutitermes gardneri* Snyder,1933（图 4-6-3）

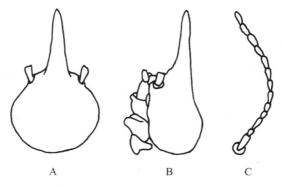

图 4-6-3　尖鼻象白蚁 *Nasutitermes gardneri* Snyder,1933
兵蚁：A.头，背面观；B.头及前胸背板，侧面观；C.触角

兵蚁：头黄色杂有褐色，象鼻赤褐色，触角及腹部背面黄褐色，腹部腹面淡褐色。头光裸，仅具零星毛；胸部少许微短毛；腹部背面密细短毛，腹面每节后端具一列长毛。体长等部分长度参见表 4-6-5。

表 4-6-5　尖鼻象白蚁兵蚁量度（mm）

项　目	量　　度	项　目	量　　度
全　长	4.62—5.00	头高不连后颊	0.72—0.77
头长连象鼻	1.84—1.88	触角长	1.81—1.93
头长不连象鼻	1.05—1.13	前胸背板宽	0.54—0.56
头　宽	1.09—1.13	后足胫节长	1.27—1.27

头宽圆形，长、宽约相等，头中部最宽，象鼻长管状，平伸向前，鼻与头顶连线微凹，上颚外端秃钝，无尖刺。触角13节，第2、4节约等长，第3节长约为第2节的2倍，但有时呈现不完全的分裂状。前胸背板前部略短于后部，直立或后倾斜，前缘中央无显著凹刻，后缘平直。

工蚁：头深黄褐色，具淡色"T"形头缝，胸、腹部浅褐色。全身密被细短毛。头形介于圆、方形，前端略向两侧扩展，头背面横纹向前下方倾斜，囟在"T"形纹交叉点后；后唇基隆起，宽约为长的3倍。头长至上唇尖 1.52—1.63mm，头宽 1.25—1.31mm。触角15节或14节。前胸背板前半部大而直立，宽 0.75—0.81mm，约呈横矮的四边形，前缘中央有缺刻。

分布：浙江（天目山）；印度。

奇象白蚁属 *Mironasutitermes* Gao et He,1988

兵蚁：2 型或 3 型。

大兵蚁：头褐色杂以黄色。被毛甚少,鼻端部毛稍多。头近宽圆形,中部或略靠后方最宽,后缘中央凹入,侧面观头背后部显著隆起,鼻端略翘,中部较低,上颚具锐齿。触角 13 节居多,第 3 节 2 倍长于第 2 节。前胸背板马鞍形。各足胫节距式 2：2：2。跗节 4 节。

中兵蚁：头色略浅于大兵蚁,被毛极少。头宽圆形,后缘中央稍凹入,侧面观头背后部略隆起,上颚端齿不明显。触角 13 节。各足胫节距式 2：2：2。跗节 4 节。

小兵蚁：头色较浅,被毛极少。头宽圆形,后缘中央微凹入,上颚齿不明显。触角 13 节。各足胫节距式 2：2：2。跗节 4 节。

工蚁：2 型或 3 型。

大工蚁：头深黄褐色,背面"T"形缝淡色,触角窝下方近黄色,前胸背板前叶近头色,足黄色。头宽圆形,最宽处位于近前部(自颚基),囟位于"T"形缝交叉点之后,左、右上颚端齿的后缘与第 1 缘齿的前缘近等长,右上颚第 2 缘齿的后缘分别长于端齿及第 1 缘齿的后缘。触角 14 节(少数 15 节)。前胸背板马鞍形。各足胫节距式 2：2：2。跗节 4 节。

中工蚁：体色略浅于大工蚁,头形、上颚齿形及囟位均同大工蚁。触角 14 节。各足胫节距式 2：2：2。跗节 4 节。

小工蚁：头色较浅于中工蚁,头形、上颚齿形及囟位与中工蚁相似。触角 14 节。各足胫节距式 2：2：2。跗节 4 节。

分布：东洋区。

6.4　异齿奇象白蚁 *Mironasutitermes heterodon* Gao et He,1988(图 4-6-4)

兵蚁：3 型。

大兵蚁：头褐色,鼻深褐色,触角黄褐色,前胸背板前叶深褐色,后叶稍浅,中、后胸背板及腹部背板黄褐色,足淡黄色。头部毛甚少,鼻端部毛稍多,前胸背板周缘具少许短毛。

头近似宽圆形,中部稍后最宽,后缘中央凹入,侧面观头背缘的后部显著隆起,中部较低。鼻基部略隆起,鼻端翘,上颚齿明显。触角 13 节居多,偶有 14 节。13 节者,第 2 节细并稍短于第 4 节,约为第 3 节的 1/2;14 节者,第 2 节最短,第 4 节稍长于第 2 节,第 3 节为第 2 节的 1.5 倍。前胸背板马鞍形,前叶短于后叶,前缘中央具切刻,后缘中央切刻不明显,腹部橄榄形,后足较长。

中兵蚁：头褐黄色,鼻赤褐色,触角浅于头色,前胸背板前叶淡赤褐色,中、后胸及腹部背板黄褐色,足淡黄色。毛序同大兵蚁。

头扁圆形,近中部最宽,后缘中央微凹入,侧面观头背缘的后部稍隆起。鼻端略翘,中部较低,鼻基微隆,鼻圆锥形,上颚齿不显。触角 13 节,第 2 节稍短于第 4 节,更短于第 3 节。前胸背板马鞍形,前、后缘中央切刻均不明显。

小兵蚁：头部浅黄褐色,鼻浅赤褐色,触角稍浅于头色,前胸背板前叶近头色,后叶色稍淡,中、后胸及腹部背板淡黄褐色,足淡黄色。毛序似中、大兵蚁。

头宽圆形,中部偏后最宽,后缘中央微内凹,侧面观头背缘的后部隆起。鼻端略翘,中部较低,鼻基微隆,鼻圆锥形,较细。上颚齿缺或不明显。触角 12 节,第 3 节长几等于基节,第 2 节略短于第 4 节,约为第 3 节的 1/2。前胸背板马鞍形,前、后缘中央切刻不明显。

体长等部分长度参见表 4-6-6。

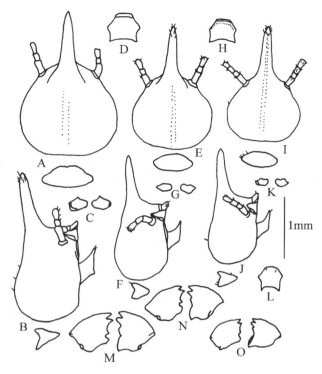

图 4-6-4　异齿奇象白蚁 *Mironasutitermes heterodon* Gao et He,1988

兵蚁：A，E，I．大、中、小兵蚁头及前胸背板，背面观；

　　　B，F，J．大、中、小兵蚁头及前胸背板，侧面观；

　　　C，G，K．大、中、小兵蚁上颚；D，H，L．大、中、小兵蚁后颚

工蚁：M，N，O．大、中、小工蚁上颚

表 4-6-6　异齿奇象白蚁兵蚁量度(mm)

项　目	大兵蚁		中兵蚁		小兵蚁	
	范围	平均	范围	平均	范围	平均
头长连象鼻	2.05—2.24	2.14	1.85—1.90	1.87	1.728—1.752	1.74
头长不连象鼻	1.31—1.37	1.35	1.00—1.07	1.04	0.96—0.96	0.96
头宽	1.31—1.41	1.36	1.11—1.20	1.16	1.020—1.044	1.032
头宽(连额)	1.00—1.10	1.06	0.81—0.89	0.85	0.792—0.816	0.804
前胸背板宽	0.70—0.78	0.74	0.52—0.68	0.59	0.552—0.552	0.552
后足胫节长	1.50—1.65	1.56	1.25—1.32	1.29	1.076—1.076	1.076

大工蚁：头深黄褐色，淡色"T"形缝明显，前胸背板前叶浅于头色，触角黄褐色，中、后胸背板浅黄褐色，足淡黄色。

头较宽圆，最宽在中部之前，向后渐窄，后缘圆弧，额部向前下方倾斜，囟位于"T"形缝交叉点之后，左、右上颚端齿的后缘与第 1 缘齿的前缘近等长，右上颚第 1 缘齿的后缘常较短于第 2 缘齿的后缘，后唇基隆起，宽约为长的 3 倍。触角 14—15 节，以 14 节居多。14 节者，第 4 节最短；15 节者，第 3 节最短。前胸背板马鞍形，前部大而竖立，前缘中央切刻明显。头长至唇尖 1.50—1.55(1.53)mm，头宽 1.24—1.34(1.27)mm，前胸背板宽 0.76—0.85(0.79)mm。

　　中工蚁:体色、毛序、头形均似大工蚁,但体型略小于大工蚁。触角仅见 14 节。头长至唇尖 1.50—1.55(1.53)mm,头宽 1.15—1.24(1.20)mm,前胸背板宽 0.76—0.85(0.79)mm。

　　小工蚁:体色、毛序、头形均似中工蚁,体各部略小于中工蚁。触角 14 节。头长至唇尖 1.224—1.320(1.280)mm,头宽 1.008—1.080(1.032)mm,前胸背板宽 0.528—0.600(0.576)mm。

　　分布:浙江(天目山)。

6.5　天目奇象白蚁 *Mironasutitermes tianmuensis* Gao et He,1988(图 4-6-5)

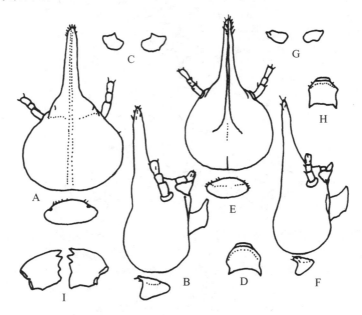

图 4-6-5　天目奇象白蚁 *Mironasutitermes tianmuensis* Gao et He,1988
兵蚁:A,E. 大、小兵蚁头及前胸背板,背面观;B,F. 大、小兵蚁头及前胸背板,侧面观;
C,G. 大、小兵蚁上颚;D,H. 大、小兵蚁后颚
工蚁:I. 大工蚁上颚

　　兵蚁:2 型。

　　大兵蚁:头褐色,鼻赤褐色,触角黄褐色,前胸背板前叶淡赤褐色,中、后胸背板及腹部背板黄褐色,足淡黄色。头部毛甚少,鼻端具少数短毛。

　　头宽圆形,触角窝向后扩展,中部最宽,后缘中央凹入略凹,侧面观头背缘的后部甚隆起,中部较低。鼻上翘,基部略隆,较翘,圆柱形,上颚齿明显。触角 13 节,第 3 节最长,第 2 节稍长于第 4 节。前胸背板马鞍形,前叶略短于后叶,前、后缘中央无凹刻,腹部橄榄形。

　　小兵蚁:头色较淡,毛序同大兵蚁。

　　头近似圆形,后缘中央微凹,侧面观头背缘的后部隆起,中部较低。鼻上翘,基部微隆起,圆柱形,较长。上颚齿不明显。触角 13 节,第 2、4 节几相等,第 3 节甚长于第 2 节。前胸背板马鞍形。腹部橄榄形。

　　体长等部分长度参见表 4-6-7。

　　大工蚁:头黄褐色,淡色"T"形缝明显,触角淡黄褐色,中、后胸及腹部背板均为浅黄褐色,足淡黄色。

头近圆形,两侧略平直,最宽近触角窝,向后渐窄,后缘宽弧形,后唇基隆起,宽约为长的3倍,左上颚端齿的后缘约等于第1缘齿的前缘,右上颚第1缘齿的后缘略长于端齿的后缘,短于第2缘齿的后缘,头长至唇尖1.26—1.35(1.32)mm,头宽1.10—1.12(1.11)mm,前胸背板前缘中央凹刻明显,宽0.62—0.64(0.63)mm。

表 4-6-7 天目奇象白蚁兵蚁量度(mm)

项 目	大兵蚁		小兵蚁	
	范围	平均	范围	平均
头长连象鼻	1.85—1.94	1.90	1.70—1.80	1.75
头长不连象鼻	1.01—1.05	1.03	0.85—0.91	0.89
头宽	1.05—1.11	1.08	0.93—0.98	0.95
头高(连额)	0.85—0.91	0.89	0.75—0.89	0.76
前胸背板宽	0.55—0.64	0.60	0.48—0.51	0.50
后足胫节长	1.15—1.31	1.25	0.96—1.12	1.04

小工蚁:头色浅于大工蚁,头形似大工蚁,"T"形缝不明显,头长至唇尖1.15—1.21(1.18)mm,头宽0.97—0.99(0.98)mm,前胸背板宽0.54—0.55(0.545)mm。

分布:浙江(天目山)。

钝颚白蚁属 *Ahmaditermes* Akhtar,1975

兵蚁:单型或2型。头具分散的毛,无象鼻,宽梨状,触角后收缩,近基部两侧强烈凸起,后缘中间凹入,上颚无尖刺。触角12或13节。

成虫和工蚁:左上颚端齿几与第1、2缘齿之和等长,缘齿间切边波状,成虫触角15节。前翅中脉由肩缝处独立伸出,后翅中脉由径分脉基伸出。

分布:东洋区。

6.6 凹额钝颚白蚁 *Ahmaditermes foverafrons* Gao,1988(图4-6-6)

大兵蚁:头淡黄褐色,前部稍淡,鼻赤褐色,鼻基部稍淡,触角浅于头色,前胸背板前部近头色,后部色浅,中、后胸背板和腹部及足淡黄色。头近光裸,鼻端部具数枚短毛。

头似葫芦形,后部甚宽,后缘中央稍凹入,鼻上翘,鼻基隆起不明显,额部稍凹,头顶部稍鼓起,上颚端齿不明显。触角13节,第4节最短,第3节稍长于第2节。前胸背板前部直立,前部短于后部,前缘中央稍凹入,后缘近平直。腹部橄榄形。

体长等部分长度参见表4-6-8。

表 4-6-8 凹额钝颚白蚁兵蚁量度(mm)

项 目	大兵蚁		小兵蚁	
	范围	平均	范围	平均
头长连象鼻	1.606—1.680	1.640	1.49—1.606	1.545
头长不连象鼻	1.02—1.08	1.05	0.948—1.020	0.984
头宽	0.95—1.02	0.975	0.85—0.90	0.873
前胸背板宽	0.516—0.552	0.534	0.45—0.49	0.463
后足胫节长	1.01—1.18	1.08	0.92—0.99	0.96

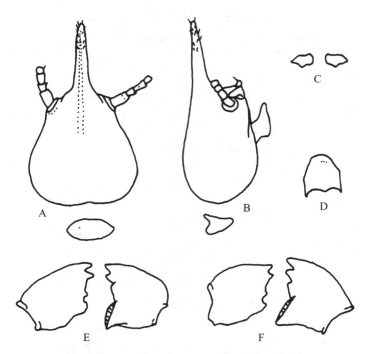

图 4-6-6　凹额钝颚白蚁 Ahmaditermes foverafrons Gao，1988
大兵蚁：A.头及前胸背板，背面观；B.头及前胸背板，侧面观；C.上颚；D.后颏
工蚁：E.大工蚁上颚；F.小工蚁上颚

小兵蚁：头色、毛序同大兵蚁。头梨形，后缘中央凹入，鼻稍翘，触角 13 节。前胸背板几平，腹部橄榄形。

大工蚁：头淡黄棕色，腹、足黄色，头圆形带方，头长至上唇尖 1.31—1.35(1.34)mm，头宽1.09—1.10(1.095)mm，触角后最宽，"T"形缝可见，触角 14 节，第 4 节最短。前胸背板宽0.65—0.69(0.66)mm。

小工蚁：体色浅于大工蚁。头较大工蚁圆，其余部分似大工蚁。头长至上唇尖 1.20—1.24mm，头宽 1.02—1.04mm，前胸背板宽 0.61—0.63mm。

分布：浙江（天目山）。

6.7　天目钝颚白蚁 *Ahmaditermes tianmuensis* Gao，1988（图 4-6-7）

兵蚁：头黄褐色，额部稍淡，鼻赤褐色，基部稍淡，触角淡黄色，前胸背板前部近头色，中、后胸背板和腹部及足棕黄色。头毛稀，鼻端部具短毛。

头梨形较宽，头后部最宽，后缘中凹可见，鼻管状，侧面观稍翘起，鼻基稍隆，头顶部不甚隆。上颚端齿多数不明显。触角多为 13 节，偶见 14 节。13 节者，第 4 节最短，第 2、3 节相等。前胸背板前部直立，前缘中央微凹，后缘中部微弧凹。腹部橄榄形。

体长等部分长度参见表 4-6-9。

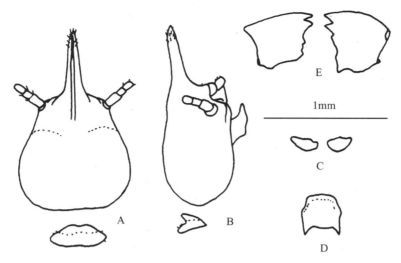

图 4-6-7　　天目钝颚白蚁 *Ahmaditermes tianmuensis* Gao,1988

兵蚁:A. 头及前胸背板,背面观;B. 头及前胸背板,侧面观;C. 上颚;D. 后颏

工蚁:E. 上颚

表 4-6-9　　天目钝颚白蚁兵蚁量度(mm)

项目	范围	平均
头长连象鼻	1.56—1.584	1.572
头长不连象鼻	0.984—1.008	0.989
头宽	0.870—0.950	0.912
前胸背板宽	0.432—0.458	0.440
后足胫节长	1.080—1.105	1.090

大工蚁:头淡黄棕色,触角近头色,腹、足黄色。头似圆形,头长至上唇尖 1.20—1.35 (1.26)mm,头宽 1.00—1.08(1.035)mm,具淡色"T"形头缝,触角 14 节,第 4 节最短,第 2 节稍长于第 3 节。

小工蚁:头近扁圆形,体色浅于大工蚁,毛序同大工蚁。头长至上唇尖 1.11—1.14mm,头宽 0.95—0.96mm,触角 14 节,第 2 节长于第 3、4 节之和。

分布:浙江(天目山)。

七、螳螂目 Mantodea

本目为典型的捕食性昆虫。头部较小,三角形。复眼较大,单眼 3 个,极少退化或缺如。前胸背板极为细长。两对翅发达,有短翅或无翅类型。前足特化为捕捉足,着生于前胸的腹侧;中、后足细长,跗节 5 节。尾须较短,分节。浙江省的螳螂目种类经整理鉴定为 3 科 10 属 14 种,其中浙江天目山保护区有 9 种。

分科检索表

1. 前足胫节外列刺呈倒伏状 ·· 花螳科 Hymenopodidae
   前足胫节外列刺呈直立状 ··· 2
2. 头顶具延长的突起 ··· 锥头螳科 Empusidae
   头顶无延长的突起 ·· 螳科 Mantidae

花螳科 Hymenopodidae

头顶光滑或具锥形突起。前足股节具 3—4 枚中刺和 4 枚外列刺,内列刺为一大一小交替排列。前足胫节外列刺排列较紧密,呈倒伏状。中、后足股节有时具叶状突起。

分亚科检索表

1. 前胸背板较细长,约等于或长于前足基节 ·································· 姬螳亚科 Acromantinae
   前胸背板较粗短,明显短于前足基节 ·· 花螳亚科 Hymenopodinae

姬螳亚科 Acromantinae

头顶光滑或具小的突起,复眼呈卵圆形,极少呈锥形。前胸背板较细长,约等于或长于前足基节,侧缘非叶状扩展。前足胫节外列刺较多并排列紧密,极少刺少并排列稀疏。

分属检索表

1. 中、后足股节具叶状突起 ··· 姬螳属 Acromantis
   中、后足股节无叶状突起 ··· 原螳属 Anaxarcha

姬螳属 Acromantis Saussure,1870

头顶与复眼等高,具 4 条纵线,近复眼处有时具 1 个小的瘤突。复眼卵圆形,强烈凸出。额盾片横宽,中央具明显的小瘤突,上缘中央具锐齿。前胸背板稍细,两侧缘略圆形扩展。前翅较狭长,中域半透明,后翅略带烟色。中、后足股节具叶状突起。

7.1　日本姬螳 *Acromantis japonica* Westwood，1889（图 4-7-1）

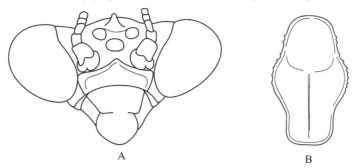

图 4-7-1　日本姬螳 *Acromantis japonica* Westwood，1889

A. 头部，正面观；B. 前胸背板，背面观

特征：体褐绿色至褐色。前翅前缘域绿色，中域褐色，沿纵脉具暗色条纹。前足基节内侧带红色，中、后足具暗色环。头顶的刺状突起非常明显。前胸背板狭长，横沟处略扩展，沟后区约为沟前区的 2 倍，前翅略微超过腹端，端部截形，中域翅室呈密网状。前足股节背缘较平直，中、后足股节具叶状突起。

体长：♂24.0mm，♀30.0—36.0mm；前胸背板：♂7.0mm，♀10.0mm；前翅：♂23.0mm，♀22.0mm；前足股节：♂7.0mm，♀10.0mm。

分布：浙江（天目山）、福建、湖南、广东、海南；日本，印度尼西亚。

原螳属 *Anaxarcha* Stål，1877

头顶明显凹陷，具 4 条纵线，两侧纵线较长，几乎到达单眼基部。复眼卵圆形，强烈凸出，单眼稍大。额盾片横宽，两侧各具 1 条明显的隆线，上缘中央具锐齿。前胸背板稍细长，侧缘具细齿。前翅较狭长，中域通常不透明，后翅透明，CuA 脉具 3 分枝。中、后足股节无叶状突起。

7.2　天目山原螳 *Anaxarcha tianmushanensis* Zheng，1985（图 4-7-2、图 4-7-3）

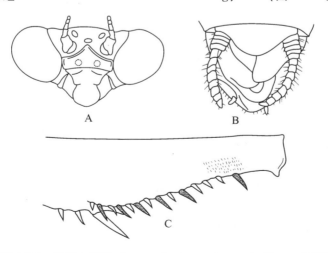

图 4-7-2　天目山原螳 *Anaxarcha tianmushanensis* Zheng，1985

A. 头部，正面观；B. 雄性腹端，背面观；C. 前足股节，内侧观

图 4-7-3　天目山原螳 *Anaxarcha tianmushanensis* Zheng, 1985 雄性整体,背面观

特征:该种原始描述仅为雌性,现补充雄性描述如下:雄性体较雌性略小,细长。前足股节具 4 枚外列刺,中列刺 4 枚,内列刺 14 枚,端部第 1 枚和第 2 枚大刺之间具 2—3 枚小刺(图 4-7-2)。前足胫节具 11 枚倒伏状的外列刺和 13—15 枚直立的内列刺。前翅超过腹端约 6mm。腹端和外生殖器如图 4-7-2 所示,下生殖板不对称。

体淡绿色,前胸背板侧缘黑色。雄性后翅臀域无色透明,雌性翅脉微带粉红色。雄性前足股节内列刺的大刺略带褐色,雌性淡黄色。

体长:♂ 25.0—27.0mm,♀ 33.0—36.0mm;前胸背板:♂ 8.5—9.0mm,♀ 11.0—11.5mm;前翅:♂ 22.0—23.0mm,♀ 25.0—26.5mm;前足股节:♂ 7.0—8.0mm,♀ 9.5—10.0mm。

分布:浙江(天目山)、福建、湖南。

讨论:天目山原螳 *Anaxarcha tianmushanensis* Zheng,1985 和浅色原螳 *Anaxarcha hyalinus* Zhang,1988 原始描述仅为雌性,前者模式产地为浙江天目山,后者为福建上杭。两者的形态特征高度相似,唯独差异在于前者后翅臀域微带粉红色,后者无色透明。在浙江天目山采集到的个体中,后翅臀域微带粉红色和无色透明同时存在,由此可判断浅色原螳 *Anaxarcha hyalinus* Zhang,1988 是天目山原螳 *Anaxarcha tianmushanensis* Zheng,1985 的同物异名。

花螳亚科 Hymenopodinae

体型小至中等。复眼呈卵圆形,极少呈锥形。前胸背板较粗短,明显短于前足基节。前足股节具 3—4 枚中刺和 4 枚外列刺,中、后足股节具或无叶状突起。两对翅发达。

分属检索表

1. 复眼圆锥状；中、后足股节具叶状突起 ·· **眼斑螳属 *Creobroter***
   复眼卵圆形；中、后足股节无叶状突起 ··· **大齿螳属 *Odentomantis***

眼斑螳属 *Creobroter* Serville，1839

头顶隆起，单眼后方具或无锥形突起。复眼圆锥形，触角呈念珠状或丝状。额盾片横宽，具两条纵沟。前胸背板稍扁平，沟后区稍微长于沟前区。两对翅发达。前翅通常具眼斑，后翅具色带。前足股节具 4 枚中刺和 4 枚外列刺，爪沟位于股节近基部，中、后足股节具叶状突起。

7.3　丽眼斑螳 *Creobroter gemmata*（Stoll，1813）(图 4-7-4)

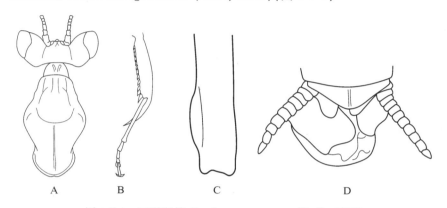

图 4-7-4　丽眼斑螳 *Creobroter gemmata*（Stoll，1813）
A. 头和前胸背板，背面观；B. 前足胫节，侧面观；C. 中足股节端部，侧面观；D. 雄性腹端，背面观

特征：体淡褐色。前翅绿色，超过腹端，眼斑具黄色，黑色边框较粗；雄性后翅透明和基部略带粉红色，雌性前缘域和中域具玫瑰红色，臀域烟褐色，横脉淡色。中、后足股节具不明显的淡色环。

体长：♂28.0—31.0mm，♀35.0mm；前胸背板：♂6.5mm♀8.0mm；前翅：♂29.0mm，♀23.0mm；前足股节：♂9.0mm，♀10.0mm。

分布：浙江(天目山、古田山)、安徽、福建、江西、广东、海南；越南，缅甸，印度，印度尼西亚。

大齿螳属 *Odentomantis* Saussure，1871

额盾片横宽，两侧各具 1 个隆起，上缘呈角状，角端常具 1 个小齿。复眼内侧具突起。前胸背板稍扁平。前翅通常不透明，后翅具色泽。前足股节具 4 枚中刺和 4 枚外列刺，爪沟位于股节近基部，中、后足股节无叶状突起。

7.4　中华大齿螳 *Odentomantis sinensis*（Giglio-Tos，1915)(图 4-7-5)

特征：体稍扁平，额盾片上缘角端无明显的小齿，前翅超过腹端。体绿色，前胸背板具黄色侧边，后翅烟色，前缘脉域略带红色。前足跗节内侧完全暗黑色。

体长：♂17.0—20.0mm，♀24.0—26.0mm；前胸背板：♂5.0—6.0mm，6.5—7.0mm；前翅：♂11.0—13.0mm，15.0—18.0mm；前足股节：♂5.0mm，♀7.0mm。

分布：浙江(天目山)、福建、江西、广东、海南；越南，缅甸，印度，印度尼西亚。

图 4-7-5　中华大齿螳 *Odentomantis sinensis*（Giglio-Tos，1915）雌性整体，背面观

锥头螳科 Empusidae

体中等至大型。头顶具延长的锥形突起。触角栉状或丝状。前胸背板长于前足基节。中、后足股节具明显的叶状突起。

亚科检索表

1. 雄性触角栉状；前足股节内列刺在两大刺之间具 2—5 个小刺 ·············· **奇叶螳亚科 Phyllotheliinae**

   两性触角丝状；前足股节内列刺呈一大刺和一小刺交替排列 ·· 2

2. 前足基节内端叶略尖和明显凸出 ·· **锥头螳亚科 Empusinae**

   前足基节内端叶钝和不凸出 ·· **垂螳亚科 Blepharodinae**

奇叶螳亚科 Phyllotheliinae

头顶具延长的突起，两性触角均丝状。前足股节具 3—4 枚中刺和 4 枚外列刺，内列刺呈一大刺和一小刺交替排列；前足胫节外列刺呈直立状。中、后足股节具 1—3 个隆脊或叶状突起。尾须锥形或端节略膨大。

本亚科 Beier(1964)将其放在螳科 Mantidae 中；王天齐(1993)移到了花螳科 Hymenopodidae；杨集昆、汪家社(1999)又将奇叶螳亚科 Phyllotheliinae 提升为奇叶螳科 Phyllotheliidae。基于头顶和中、后足特征在螳螂目系统发生学上的重要意义，故将此亚科归属于锥头螳科 Empusidae 较为合适。

奇叶螳属 *Phyllothelys* Wood-Mason，1877

头顶上方具三棱状的突起，雌性明显长于雄性。复眼椭圆形凸出，触角丝状，额盾片上缘呈角形。前胸背板细长，横沟处角形扩展。翅发达，超过腹端。前足股节具 4 枚中刺和 4 枚外列刺，内列刺呈一大刺和一小刺交替排列。前足胫节具 11—17 枚外列刺，中、后足股节具2 个明显的叶状突起，胫节基半部明显膨大。

7.5　中华奇叶螳 *Phyllothelys sinensae*（Ouchi，1938）（图 4-7-6）

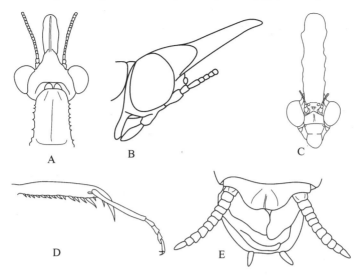

图 4-7-6　中华奇叶螳 *Phyllothelys sinensae*（Ouchi，1938）
A. 雄性头部和前胸背板前部,背面观;B. 雄性头部,侧面观; C. 雌性头部,正面观;
D. 前足胫节,外侧观;E. 雄性腹端,背面观

特征:体暗褐色,具黑斑。前翅半透明,具暗褐色或黑色短线或斑。前足基节内侧带粉红色,前足股节内侧黑色,具 2 个黄斑。两性头顶上方具三棱状的突起,雌性的突起较长而宽,端部弧形。前胸背板细长,中、后足股节具 2 个叶状突起。

体长:♂42.0—47.0mm;♀63.0—67.0mm;头顶突起:♂4.0—4.5mm,♀9.0mm;前胸背板:♂15.0—16.0mm;♀22.0mm;前翅:♂34.0—35.0mm,♀34.0mm;前足股节:♂12.0mm,♀14.0mm。

分布:浙江(天目山)、福建、江西。

螳　科 Mantidae

头顶无突起,触角丝状。前足股节外列刺不少于 4 枚,内列刺呈一大刺和一小刺交替排列;前足胫节外列刺呈直立状。中、后足股节无叶状突起,胫节基部非膨大;尾须锥形或稍扁。

1. 体小型;触角具明显的纤毛;雄性前翅前缘常具纤毛 ……………………………… **虹翅螳亚科 Iridopteriginae**
   体中至大型;触角和雄性前翅前缘无纤毛 …………………………………………… **螳亚科 Mantinae**

虹翅螳亚科 Iridopteriginae

体小型。额盾片横宽,触角常具明显的纤毛。前胸背板较短宽。两性前翅发达,前缘常具纤毛和虹彩。前足股节具 1—4 枚中刺和 4 枚外列刺,爪沟不明显或缺如。前足胫节具 4—11 枚外列刺。

1. 前胸背板边缘光滑 ……………………………………………………………… **毛螳属 *Spilomantis***
   前胸背板边缘具细齿 …………………………………………………………… **异跳螳属 *Amantis***

毛螳属 *Spilomantis* Giglio-Tos, 1915

体小而细长。头顶在复眼内侧具不明显的瘤突。复眼卵圆形凸出;触角节短,被毛;额盾片略横宽,上缘弧形。前胸背板较宽短,横沟较明显,后缘具不明显的瘤突;沟后区长于沟前区,侧缘无细齿。前翅和后翅发达,半透明。前足股节具4枚中刺和4枚外列刺,爪沟位于基部。前足胫节具7—8枚外列刺,后足跗基节长于其余节之和。

7.6　毛螳 *Spilomantis occipitalis*（Westwood, 1889）

特征:体黄褐色至杂暗黑色。触角通常具两段白色环(约6—12节)。前翅和后翅半透明。

体长:♂13.0mm,♀14.0—16.0mm;前胸背板:♂3.5mm,♀4.0mm;前翅:♂11.0mm,♀13.0mm;前足股节:♂3.5mm,♀4.0mm。

分布:浙江(古田山)、福建、江西、湖南、广东、海南、广西;越南。

异跳螳属 *Amantis* Giglio-Tos,1915

头顶光滑,略高于复眼。复眼卵圆形凸出,额盾片近方形,具2条隆线,上缘弧形。前胸背板较短,横沟隆起和光滑,扩展部分略垂直,沟后区长于沟前区。翅发达或缩短,前缘具纤毛。前足股节具4枚中刺和4枚外列刺,爪沟位于中部之后。前足胫节具9枚外列刺,后足跗基节长于其余节之和。

7.7　和名异跳螳 *Amantis nawai*（Shiraki, 1908）(图 4-7-7)

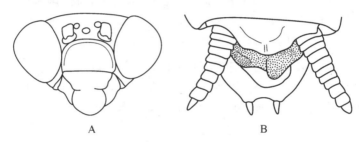

A　　　　　　　　　　　B

图 4-7-7　和名异跳螳 *Amantis nawai*（Shiraki, 1908）

A.头部,正面观;B.雄性腹端,背面观

特征:体淡褐色或褐色,散布黑褐色的小斑点。颜面暗色,足具黑斑。前胸背板较短,雄性长约为宽的2倍,雌性约1.5倍。雄性具长翅和短翅两型,长翅型前翅略透明,横脉较少;雌性前翅退化,短小。

体长:♂15.0—17.5mm,♀15.0—20.0mm;前胸背板:♂3.5mm,♀4.2mm;前翅:♂16.0mm,♀3.0mm;前足股节:♂4.0mm,♀5.0mm。

分布:浙江(天目山)、江苏、江西、台湾、广东、广西;日本。

螳亚科 Mantinae

体中至大型。头顶平滑,复眼卵圆形,触角丝状,光滑。前胸背板延长。两性前翅发达,前缘无纤毛。前足股节具4枚中刺和4枚外列刺,爪沟明显。

分属检索表

1. 前足股节爪沟位于中部之前;中足和后足股节无膝刺 ……………………………… **静螳属 *Statilia***
   前足股节爪沟位于中部之后;中足和后足股节具膝刺 …………………………………………… 2
2. 额盾片强横宽,宽至少为高的2倍 ………………………………………… **大刀螳属 *Tenodera***
   额盾片非强横宽,宽不及高的1.5倍或几乎相等 ………………………… **斧螳属 *Hierodula***

静螳属 *Statilia* Stål，1877

额盾片宽大于高，上缘中央尖角形，下缘弧形。复眼卵圆形。后翅前缘和中域无色带，Cu1 脉至少具 2 根分枝。前足基节和股节内侧具黑斑，爪沟位于前足股节中部之前，中、后足股节无膝刺。

分种检索表

1. 前胸腹板在基节之后无黑色横带；后翅透明 ⋯⋯⋯⋯⋯⋯ **绿静螳** *Statilia nemoralis*（Saussure，1870）
   前胸腹板在基节之后具黑色横带；后翅烟色⋯⋯⋯⋯⋯ **污斑静螳** *Statilia maculata*（Thunberg，1784）

7.8　绿静螳 *Statilia nemoralis*（Saussure，1870）（图 4-7-8）

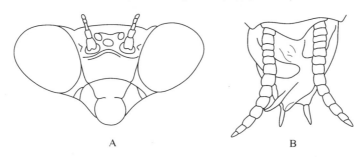

图 4-7-8　绿静螳 *Statilia nemoralis*（Saussure，1870）
A. 头部，正面观；B. 雄性腹端，背面观

特征：体淡绿色，后翅透明。前胸腹板在前足基节之后无黑色横带，前足基节和股节内侧无黑色横带。

体长：♂♀48mm；前胸背板：♂♀17.0mm；前翅：♂♀35.0mm；前足股节：♂♀15.0mm。

分布：浙江（天目山）、安徽、福建、湖南、四川、广西、西藏；印度，斯里兰卡。

7.9　污斑静螳 *Statilia maculata*（Thunberg，1784）（图 4-7-9）

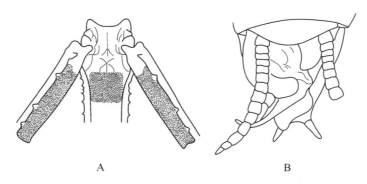

图 4-7-9　污斑静螳 *Statilia maculata*（Thunberg，1784）
A. 前胸腹板前部，腹面观；B. 雄性腹端，背面观

特征：体灰褐色，具杂暗褐色和黑褐色的斑，后翅烟色。前胸腹板在前足基节之后具黑色横带。

体长：♂♀47mm；前胸背板：♂♀16.0mm；前翅：♂♀34.0mm；前足股节：♂♀14.0mm。

分布：浙江（天目山）、安徽、福建、台湾、湖南、四川、广西、西藏；日本，印度，斯里兰卡。

大刀螳属 *Tenodera* Burmeister，1838

额盾片横宽,宽至少为高的 2 倍。复眼卵圆形。前胸背板沟后区至少等长于前足基节。前翅狭长,前缘光滑,端部略尖。后翅前缘和中域无色带,Cu1 脉具 3 或 4 根分枝。前足基节和股节内侧无黑斑,前足股节具 4 枚中刺和 4 枚外列刺,爪沟位于前足股节中部之后,中、后足股节具膝刺。

分种检索表

1. 前胸背板较短(19.0—22.0mm) ································· **短胸大刀螳** *Tenodera brevicollis* Beier，1933
   前胸背板较长(27.0—33.0mm) ····················· **中华大刀螳** *Tenodera sinensis* Saussure，1842

7.10　短胸大刀螳 *Tenodera brevicollis* Beier，1933

特征:体型稍小,黄绿色。前翅前缘域绿色,雄性中域呈半透明的烟褐色,后翅烟褐色,前缘域略带淡红色,基部具明显的黑斑。雌性前胸背板沟后区的长度不及沟前区的 3 倍。

　　体长:♂62.0mm,♀65.0mm;前胸背板:♂19.0—20.0mm,♀21.0—22.0mm;前翅:♂38.0—45.0mm,♀43.0—44.0mm;前足股节:♂14.0mm,♀16.0mm。

　　分布:浙江(天目山)、四川、云南、西藏。

　　王天齐(1993)和周忠辉、吴美芳(2001)都记载浙江天目山有短胸大刀螳 *Tenodera brevicollis* Beier，1933,但检查了王天齐所鉴定的标本,并没有浙江天目山的标本,因而浙江天目山记录有待核实。

7.11　中华大刀螳 *Tenodera sinensis* Saussure，1842（图 4-7-10）

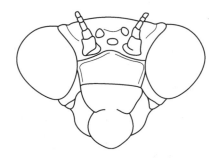

图 4-7-10　中华大刀螳 *Tenodera sinensis* Saussure，1842 头部,正面观

　　特征:体大型,枯黄色。前翅前缘域绿色,中域呈半透明的烟褐色,后翅烟褐色,基部具明显的大黑斑。雌性前胸背板沟后区的长度约为沟前区的 3 倍。

　　体长:♂78.0—83.0mm,♀84.0—95.0mm;前胸背板:♂27.0—29.0mm,♀30.0—33.0mm;前翅:♂57.0—64.0mm,♀60.0—65.0mm;前足股节:♂17.0—18.0mm,♀22.0—23.0mm。

　　分布:浙江(天目山)、江苏、福建、湖南、广东、海南、四川、贵州、广西、云南、西藏;东南亚地区。

斧螳属 *Hierodula* Burmeister，1838

额盾片非强横宽或高大于宽。触角和复眼间无瘤突。前胸背板两侧或多或少扩展,但非明显宽于头部,沟后区短于或等于前足基节。前翅狭长,前缘光滑,前缘脉域密网状;后翅前缘和中域无色带,Cu1脉至少具2根分枝。前足基节具刺或扁疣状突起,前足股节爪沟位于前足股节中部之后,中、后足股节具膝刺。

分种检索表

1. 前足股节内侧爪沟处具大的黑斑 …………………… 中华斧螳 *Hierodula chinensis* Werner,1929
   前足股节内侧爪沟处无黑斑 …………………………………………………………………… 2
2. 前足基节和转节端部无黑斑 ………………… 勇斧螳 *Hierodula membranacea*(Burmeister,1838)
   前足基节和转节端部具黑斑 …………………… 台湾斧螳 *Hierodula formosana* Giglio-Tos,1912

7.12 中华斧螳 *Hierodula chinensis* Werner,1929(图4-7-11)

图4-7-11 中华斧螳 *Hierodula chinensis* Werner,1929 前足基节,内侧观

特征:体绿色。前足基节具6枚稍大的刺,前足股节内侧爪沟处具1个大的黑斑。雄性前翅中域非完全透明,雌性前翅不达腹端。

体长:♂60.0mm,♀64.0mm;前胸背板:♂21.0mm,♀19.0mm;前翅:♂44.0mm,♀37.0mm;前足股节:♂16.0mm,♀17.0mm。

分布:浙江(古田山)、北京、广东、四川。

7.13 勇斧螳 *Hierodula membranacea*(Burmeister,1838)(图4-7-12、图4-7-13)

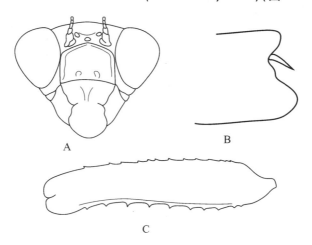

图4-7-12 勇斧螳 *Hierodula membranacea*(Burmeister,1838)
A.头部,正面观;B.后足股节端部,内侧观;C.前足基节,内侧观

特征:体绿色,前胸背板侧缘或多或少变暗。前足基节具7—9枚较小的刺,基节和转节端部无黑斑,前足股节内侧爪沟处无黑斑。雄性前翅中域透明,雌性前翅超过腹端。

体长:♂67.0mm,♀57.0—65.0mm;前胸背板:♂23.0—24.0mm,♀19.0—23.0mm;前翅:♂50.0—52.0mm,♀38.0—40.0mm;前足股节:♂18.0mm,♀15.0—18.0mm。

分布:浙江(天目山、古田山)、安徽、福建、湖南、四川、广西、西藏;印度,斯里兰卡。

图 4-7-13　勇斧螳 *Hierodula membranacea*（Burmeister，1838)雄性整体，背面观

7.14　台湾斧螳 *Hierodula formosana* Giglio-Tos，1912（**图 4-7-14**）

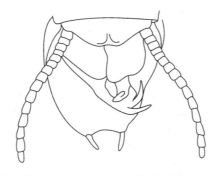

图 4-7-14　台湾斧螳 *Hierodula formosana* Giglio-Tos，1912 雄性腹端，背面观

特征:体绿色,前胸背板侧缘不变暗。前足基节具 6—10 枚较小的刺,前足基节和转节端部具黑斑,前足股节内侧爪沟处无黑斑。雄性前翅中域完全透明,雌性前翅超过腹端。

体长:♂ 72.0—83.0mm，♀ 70.0—82.0mm；前胸背板:♂ 25.0—26.0mm，♀ 25.0—29.0mm；前翅:♂ 60.0—63.0mm，♀ 48.0—58.0mm；前足股节:♂ 18.0—19.0mm，♀21.0—22.0mm。

分布:浙江(天目山、古田山)、台湾、海南、贵州。

八、革翅目 Dermaptera

已知70个革翅目最古老的化石标本发现于距今2亿800万年前的侏罗纪。它们属直翅总目,与直翅目和竹节虫目关系亲密。革翅目分四亚目:原螋亚目(Archidermaptera),以10个侏罗纪的化石种为代表,成虫尾须分节,跗节4—5节;蠼螋亚目(Forficulina),规模最大,包含1800种,180属,成虫尾须不分节,铗形,若虫除原始类群外,尾须不分节;蝠螋亚目(Arixeniina),包含5种2属;鼠螋亚目(Hemimerina),包含10种1属,无翅,尾须细长。有学者把鼠螋亚目作为独立目称为重舌目。革翅目昆虫体褐色或黑色,有些种具褐色或黄色斑纹,少数种铜绿色。口器咀嚼式,前突、触角细长、丝状,无单眼,复眼大;鼠螋类无复眼,蝠螋类复眼退化,只留痕迹。翅两对,前翅短小,革质覆盖第1腹节;后翅膜质,宽大扇形,休止时折叠置于前翅下。腹活动灵活,尾须铗形,雄性弯曲或不对称;雌性简单,向后直伸。蠼螋类体狭长,身长4—78mm(连尾须);鼠螋类身长10mm(不连尾须),足短粗,体光滑流线形,利于在宿主毛皮中活动;蝠螋类足细长,若虫和成虫相似,仅无翅,一些无翅种更难分辨,只是尾铗简单似雌虫。蠼螋类喜潮湿,生活在树皮缝隙里、枯叶间、石块下;鼠螋类寄生于热带非洲巨鼠身上;蝠螋类寄生在马来西亚和菲律宾的蝙蝠胸囊内。蠼螋昼伏夜出,一些蠼螋的第2—7腹节具防卫臭腺,能喷射难闻液体;尾须用于防卫和帮助折叠膜翅。多数蠼螋杂食性,亦有植食性、肉食性和食尸。鼠螋类食巨鼠的皮屑,蝠螋类食皮脂腺的分泌物和食尸。雌性蠼螋对卵及孵化的若虫有保护照顾的特性。革翅目分布全世界,大多分布于热带和亚热带地区。

成虫:体中型,少数种类体大型或很小。身体多较长而扁平。头部宽扁,触角丝状,复眼大,无单眼。咀嚼式口器。有翅,短翅或无翅。腹部长,尾须一对呈铗形。

头部:形状多样,具沟或缝。冠缝通常较长,纵向,位于头正中,自后头后缘中部至额。额缝位于额部,常自复眼斜向后行,与冠缝相遇,合成"Y"形或"T"形的头盖缝;或呈弓形,横跨于两复眼之间。触角细长,丝状,分节。复眼大,多呈椭圆形,少数呈圆形或肾形。

胸部:分为前胸、中胸和后胸三部分。前胸背板形状不一,前胸的前部或称前胸沟前区,通常多少膨大,前胸的后部或称后沟区,较平。中胸背板短而宽,有翅种类中胸背板常被前翅覆盖,无翅种类常呈短横片形。后胸背板宽,大于中胸背板,有翅种类后胸背板常短,前缘直,后缘弧形或平截;无翅种类后缘多内凹。

翅:有或无。有些种类只有前翅,无后翅。前翅又称覆翅、革翅和鞘翅。后翅宽大,膜质,展开时约呈半圆形,休止时后翅沿翅褶纵横叠起,置于前翅之下,仅部分暴露于前翅之外。

足:3对,分前足、中足和后足,通常较短或中等长。各足皆分为基节、转节、腿节、胫节和跗节及爪。跗节形状多样,分臀肥螋亚科的某些种类第2跗节很长;球螋科的某些种类第2跗节宽,膨大成心叶形;虹苔螋属的某些种类第2跗节宽大于长,每边各有一叶突。

腹部:通常较长而平扁,雌性与雄性腹节不一。雄性一般11节,其中只有9节明显可见。因为第1腹节背板与后胸背板愈合,并常被翅所覆盖,第11腹节背板缩小为臀板。雌性通常9节腹节,其中只有7节可见,因为第8节和第9节被第7节覆盖,或第8节和第9节短缩退化。通常背面稍隆起或有刻点。雄性外生殖器包含阳茎、阳茎叶、阳茎端刺和阳基侧突。生殖器腹面附着于第9腹节的腹板,阳茎为生殖器的主体,阳茎后接阳茎叶,阳茎叶内含阳茎端刺,阳茎后端两侧各有突起物,称为阳基侧突。尾须一对,位于腹部末端,强几丁质化,称为尾铗。不同种类尾须的长度、形状各不同。同种的雌性和雄性的尾须形态多有差异。雌性尾须简单。

革翅目分类特征图见图 4-8-1、图 4-8-2 和图 4-8-3。

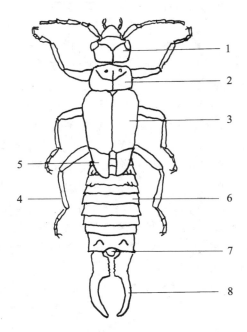

图 4-8-1 蠼螋成虫，背面观（仿 Essig，1942）

1. 头；2. 前胸；3. 前翅；4. 足；5. 后翅；6. 腹；7. 臀板；8. 尾铗

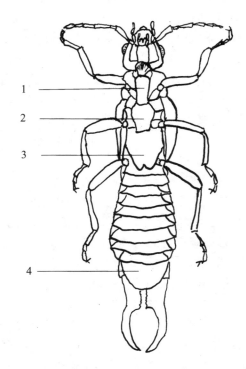

图 4-8-2 蠼螋成虫，腹面观（仿 Essig，1942）

1. 前胸腹板；2. 中胸腹板；3. 后胸腹板；4. 亚末腹板

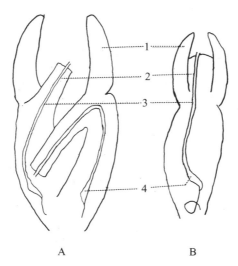

图 4-8-3　蠼螋成虫雄性外生殖器（仿 Chen Yixin,2004）

A. 双阳茎叶类；B. 单阳茎叶类

1. 阳基侧突；2. 阳茎叶；3. 阳茎端刺；4. 基囊

　　本书记录浙江天目山革翅目昆虫 5 科 14 属 19 种。参照《中国动物志》第 35 卷革翅目的分类系统。

分总科检索表

1. 颈隐蔽,颈骨片在前胸腹板前分开,但后骨片的后缘与前胸腹板前缘分开或融合；雄性外生殖器具 2 个阳茎叶 ·· **大尾螋总科 Pygidicranoidea**

  颈外露,颈骨片融合,前胸腹板前缘与颈骨片的后缘合并；雄性外生殖器通常具 2 个阳茎叶,有时其中 1 个短缩或退化 ·· 2

2. 尾铗短粗或扁宽而简单,体型粗壮或扁平；雄性外生殖器具 2 个阳茎叶 ···················· 3

  尾铗的形状变化较大,基部内缘常扩宽或扩呈齿突；雄性外生殖器具 1 个阳茎叶 ······················· **球螋总科 Forficuloidea**

3. 臀板后缘垂直,后缘不分裂,尾铗基部三棱形,后半部圆柱形 ············· **肥螋总科 Anisolabidoidea**

  臀板扁而凸出,体型强度扁平,末腹背板和臀板融合,尾铗宽而扁,镰刀形······ **扁螋总科 Apacgyoidea**

大尾螋总科 Pygidicranoidea

分科检索表

1. 触角 25 节以上,第 4—6 节横宽,体型长大,粗壮,复眼小,腹部扁宽…………… **大尾螋科 Pygidicranidae**
   触角通常不超过 25 节,第 4—6 节长大于宽,体型狭小,头部较宽,复眼大而凸出,前胸背板椭圆形,腹部圆柱形 ………………………………………………… **丝尾螋科 Diplatyidae**

大尾螋科 Pygidicranidae

特征:体稍扁平,触角 15—30 节,腹部长大或较宽扁,末腹背板发达,足粗壮。
分布:东洋区,新热带区,非洲区,澳洲区。

瘤螋属 *Challia* Burr, 1904

特征:体狭长,褐色,头大而扁,触角细长,无前、后翅,末腹背板具 4 个瘤突,尾铗较扁长。
分布:中国,朝鲜,越南。

8.1 瘤螋 *Challia fletcheri* Burr, 1904（图 4-8-4、图 4-8-5）

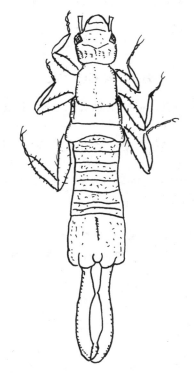

图 4-8-4　瘤螋 *Challia fletcheri* Burr, 1904 雄性,背面观

　　特征:体型狭长,身体遍布颗粒状刻点和黄色绒毛。头和前胸背板黄色具暗褐色斑纹,腹部红褐色,末腹背板和尾铗褐黑色,腿节具暗黑色纵带,尾铗端部红色。头部长大而扁,头缝较深;复眼小,触角细长,16 节。前胸背板长稍大于宽,前角稍圆,两侧平行,后缘弧形,中沟较深,前部中沟两侧各具一小短沟;中胸背板短宽,宽于前胸背板,两侧具全长纵隆脊,后胸背板

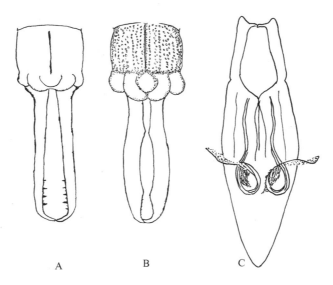

图 4-8-5　瘤螋 *Challia fletcheri* Burr，1904
A.雌性腹末背板和尾铗；B.雄性腹末背板和尾铗；C.雄性外生殖器

宽短，后部宽于中胸背板，无翅。腹部细长，稍扁平，最后 3 节稍膨扩，末腹背板长、宽几乎相等，背面前部中央具较深纵向小沟，后部中央有小圆形瘤突，两侧各有 2 个较大圆形瘤突。尾铗长而扁，基部 1/4 为平伸，两枝内缘接近，内缘具一对齿突，中部内缘弧形，末端尖，向内方弯曲，端部内缘有一齿突。足较长，腿节具 4 条纵肋。雄性外生殖器卵圆形，前方中央深裂，阳茎叶发达，阳茎端刺长，阳基侧突狭，在末端内方具一指状突起。雌性与雄性相似，但腹部圆筒形，尾铗简单，直，圆锥形，端部尖细，向内方弯曲，内缘具一列细齿突。

体长 20—21.5mm，尾铗长 5.5—6.5mm。

分布：浙江（天目山）、吉林、山东、江西、湖南、西藏；朝鲜。

丝尾螋科 Diplatyidae

特征：体小而细长，触角 15—25 节，前、后翅发达，腹部细长，尾铗较短，若虫尾须细长分节。

分布：我国长江以南各省；亚洲的东洋区，非洲的热带和亚热带区。

丝尾螋属 *Diplatys* Serville，1831

特征：阳基侧突顶端不深裂，通常顶端尖，有时具一延长齿突，内缘具刺突或突起。

分布：我国长江以南各省；亚洲，非洲，美洲。

8.2　黄色丝尾螋 *Diplatys flavicollis* Shiraki，1907（图 4-8-6）

特征：体型中等或稍大。雄性一般黑色；触角、腿节的基部和亚末腹板褐黑色，前胸背板和鞘翅端部红黄色。头部长大于宽，有光泽，头缝明显，复眼大，凸出；触角长，约 20 节，基节较长大，圆锥形。前胸背板长稍大于宽，具中央纵沟，侧缘圆弧形，后缘平截；鞘翅较短，两侧平行，后外侧角圆弧形，表面具刻点和绒毛，后翅翅柄较短，后端较尖。腹部狭长，圆柱形，向后方稍膨大增宽，末腹背板长稍大于宽，两侧平行，后部稍狭，亚末腹板特殊，两侧稍呈弧形，后角稍尖，中部有两个尖角突，形成 3 个内凹；尾铗直，简单，较细长，圆锥形。雄性外生殖器卵圆形，

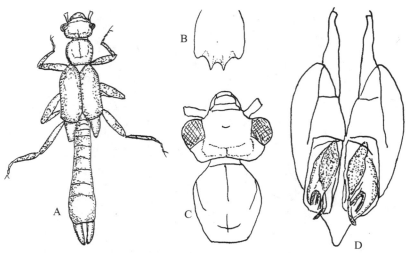

图 4-8-6　黄色丝尾螋 *Diplatys flavicollis* Shiraki, 1907

A. 雄性,背面观;B. 亚末腹板;C. 头部和前胸背板;D. 雄性外生殖器

侧缘圆弧形,前缘中央纵裂深,阳茎叶起点在外生殖器的中央部分,阳基侧突细长,端部稍尖,外侧有一小角突。雌性与雄性相似,但腿节、腹部和尾铗褐色,眼稍小,腹末背板简单,后缘圆弧形,亚末腹板近似三角形,端部圆。

体长 11.5—15mm,尾铗长 1.6—1.8mm。

分布:浙江(天目山)、江苏、江西、台湾、海南、四川。

8.3　隐丝尾螋 *Diplatys reconditus* Hincks,1955〔图 4-8-7〕

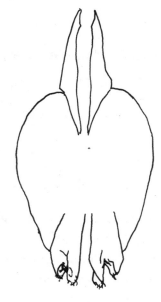

图 4-8-7　隐丝尾螋 *Diplatys reconditus* Hincks, 1955 雄性外生殖器

特征:体型狭长。雄性一般深褐色,足、鞘翅的基部和嘴褐黄色。头宽扁,额稍圆隆,冠缝明显但短,额缝不明显,后头皱纹弱;复眼大而凸出,明显大于面颊;触角细长,约 17 节。前胸背板长明显大于宽,两侧平行,后缘圆弧形,中央纵沟明显;鞘翅长大,肩脊凸出,两侧平行,后

缘圆弧形,密布小刻点和黄褐色短绒毛,后翅翅柄约为前翅长的1/3。腹部细长,圆柱形,密布小刻点和黄褐色短绒毛;腹末背板长、宽几乎相等,亚末腹板两后角圆弧形,后缘中央呈弧凹形。尾铗简单,短小,向后直伸,基部宽,外缘向后变细,末端尖。足稍细长。雄性外生殖器椭圆形,阳茎叶较长,起点在生殖板的基部,端部包含分叉的阳茎端刺在内呈马蹄形;阳基侧突细长,外缘中部稍弯,末端尖,向内缘微弯,内缘后方有一小齿突。雌性与雄性相似,但复眼小,鞘翅宽,腹部宽扁,不呈圆柱形,两侧稍弧形,末腹背板两侧向后强度变狭窄。

体长 10—12mm,尾铗长 1.2—1.5mm。

分布: 浙江(天目山)、江苏、江西、台湾、广西、四川。

肥螋总科 Anisolabidoidea

分科检索表

1. 体肥壮,大多无前、后翅,尾铗短粗,雄性无阳茎端刺或无基囊 ····················· **肥螋科 Anisolabididae**
   前翅和后翅发达,雄性具阳茎端刺和基囊 ························ **蠼螋科 Labiduridae**

肥螋科 Anisolabididae

特征:体小到中型,甚肥厚,头部稍圆隆,触角 15—30 节,通常前、后翅不发育,腹部稍扁平,宽阔,尾铗短粗。

分布:广布类群,以热带、亚热带的种类最为丰富。

小肥螋属 *Euborellia* Burr,1910

特征:体型相对狭小,头部较小,前胸背板接近长方形,通常无前、后翅,腹部第 9 节后缘正常,阳茎叶端部呈脚形。

分布:广布种类,多分布于东洋区和非洲区,我国长江以南种类多。

8.4　密点小肥螋 *Euborellia punctata* Borelli,1927（图 4-8-8）

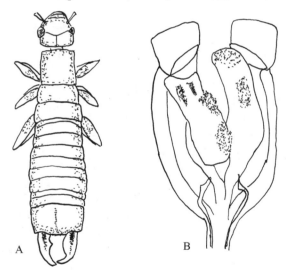

图 4-8-8　密点小肥螋 *Euborellia punctata* Borelli,1927
A. 雄性,背面观;B. 外生殖器

特征:体型稍狭小,黑褐色,腿节和胫节具深暗色环斑。头部三角形,额部圆隆,冠缝和额缝显著,复眼小,稍凸出;触角细长,褐红色,念珠状,16 节。前胸背板长稍大于宽,约与头宽相等,中央具纵向小沟,无前翅和后翅;中胸和后胸背板短宽,两侧向后方逐渐变宽,后缘呈弧凹形。腹部狭长,两侧向后方逐渐增宽,第 3—4 节背板两侧具瘤突,末腹背板两侧向后逐渐狭窄,背中具沟,亚末腹板宽大于长,后缘圆弧形。尾铗较短小,雄性两支尾铗不对称,远离,基部宽,后端向内方弧形弯曲,末端尖。足较细长。雄性外生殖器宽大,阳基侧突宽大于长,外侧角呈钝角,顶端钝,阳茎叶大,具暗色骨化斑。雌性与雄性相似,两支尾铗对称。

雄性体长 11.5—12.5mm，尾铗长 1.6—1.9mm；雌性体长 13—14.5mm，尾铗长 2—2.4mm。

分布：浙江（天目山）、江苏、广东、香港、广西。

8.5　贝小肥螋 *Euborellia plebeja*（Dohrn，1863）（图 4-8-9）

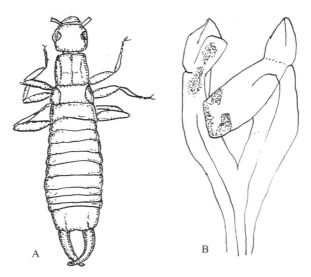

图 4-8-9　贝小肥螋 *Euborellia plebeja*（Dohrn，1863）
A.雄性，背面观；B.外生殖器

特征：体中型，狭长，黑色或黑褐色，有光泽；嘴部和触角褐色，额和前胸背板的侧缘以及足黄色，腿节和胫节的基部色深。头部宽大，头缝微显，复眼小，稍凸出；触角细长，16 节。前胸背板长大于宽，中沟明显，前翅缩变呈口袋盖，置于中胸背板的两侧，无后翅，后胸背板短宽，后缘弧凹形。腹部狭长，两侧稍呈弧形，第 2—6 节背板后缘具长的硬毛，第 7—9 节两侧具纵向隆脊，后角向后延伸呈尖角状；末腹背板宽大于长，亚末腹板两侧向内方弯曲，后缘弧形。尾铗粗短，基部宽，向内方弯曲呈弧形，末端尖，雄性两支不对称。足较细长。雄性外生殖器的阳基侧突较短小，两侧弧形弯曲，末端钝尖，阳茎叶具深色骨化斑。雌性与雄性相似，尾铗内缘直，向后直伸，末端尖，两支对称。

雄性体长 10—12.5mm，尾铗长 1.5—2mm；雌性体长 9—11.5mm，尾铗长 1.5—3mm。

分布：浙江（天目山）、江苏、广东、云南。

蠼螋科 Labiduridae

特征：体狭长，稍扁平，头部圆隆，触角 15—36 节，鞘翅发达，具侧纵脊，腹部狭长，尾铗中等长，足发达，腿节较粗。

分布：古北区，东洋区。

钳螋属 *Forcipula* Bolivar，1879

特征：体中到大型，甚狭长，褐色或褐红色。头部较宽，触角细长，20 节以上，鞘翅狭长，后翅发达或缺，腹部狭长，背板两侧具刺突或突起，尾铗细长，足细长。

分布：浙江（天目山）、湖北、福建、广东、海南、四川、云南、西藏；东南亚地区，非洲，美洲。

8.6 棒形钳螋 *Forcipula clavata* Liu, 1946（图 4-8-10）

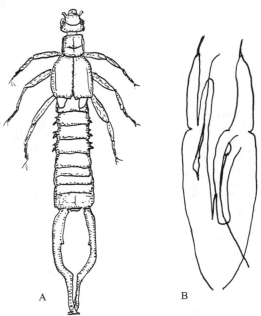

图 4-8-10 棒形钳螋 *Forcipula clavata* Liu, 1946
A. 雄性, 背面观；B. 外生殖器

特征：体型长大，浅褐色或黑褐色；前胸背板的周边、足以及翅端半部的内缘黄褐色，鞘翅和铗有时呈淡红色，身体密布浅黄色绒毛。头部较宽，宽于前胸背板，头缝明显；复眼大而凸出；触角细长，30—32 节。前胸背板长大于宽，具中央沟。鞘翅发达，后翅翅柄稍凸出。腹部狭长，两侧向后逐渐扩展，第 3—8 节每节两侧各具 2 个刺突，第 3—5 节的刺突强大，向后方呈钩状弯曲；末腹背板横宽，中央沟明显，臀板短小，垂直三角形，背面不可见，亚末腹板横宽，后缘圆弧形，中央凹缘弱。尾铗长大，基部宽，三角形，尾铗基半部呈弧形弯曲，内缘密布小刺突，端半部较直，近末端部向内方弧形弯曲，顶端尖。足细长。雄性外生殖器的阳基侧突较细长，顶端尖细，阳茎端刺细长。雌性与雄性相似，但体型较大，腹部第 3—8 节两侧无刺突，末腹背板后方狭，尾铗短而直。

体长 25—26mm；雄性尾铗长 15mm，雌性尾铗长 6—8mm。

分布：浙江(天目山)、江西、四川；印度。

纳螻螋属 *Nala* Zacher, 1910

特征：体型狭小，暗黑色，头部较宽，触角细长，20 节以上，鞘翅和后翅发达，腹部狭长，尾铗弧形，足短壮，全身遍布短绒毛。

分布：我国长江以南各省；东洋区，欧洲，非洲。

8.7 纳螻螋 *Nala lividipes*（Dufour, 1829）（图 4-8-11）

特征：体型狭小，污栗色或褐色。头黑色，鞘翅黄褐色，足褐黄色，腿节基部和端部具深色环纹。头部光滑，宽于前胸背板，额部圆隆，头缝不明显；复眼小而凸出；触角细长，褐色，25—30 节。前胸背板长稍大于宽，中央沟明显；鞘翅和后翅发达，鞘翅具侧脊。腹部狭长，光滑，两侧向后方扩展，末腹背板横宽，后缘中央弧形凹陷，亚末腹板后缘圆弧形。尾铗短，向内方弧形

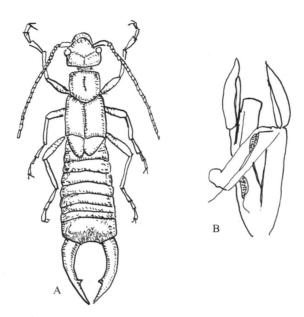

图 4-8-11　纳蠼螋 *Nala lividipes* (Dufour, 1829)

A. 雄性,背面观;B. 外生殖器

弯曲,基部粗,向后方逐渐变细,顶端尖,内缘中部或中部之后具 1 个齿突。足粗短。雄性外生殖器的阳基侧突烛形,末端尖细。雌性与雄性相似,但尾铗简单,向后直伸,稍向内方弯曲。

雄性体长 7—11mm,尾铗长 1.5—3mm;雌性体长 6.5—10mm,尾铗长 1.5—2mm。

分布:浙江(天目山)、海南、云南;欧洲南部,亚洲,非洲等。

8.8　尼纳蠼螋 *Nala nepalensis* Burr, 1907 (图 4-8-12)

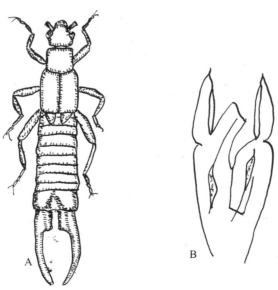

图 4-8-12　尼纳蠼螋 *Nala nepalensis* Burr, 1907

A. 雄性,背面观;B. 外生殖器

特征:体型狭小,污黑色。末腹背板和尾铗红黑色,触角灰色,腿节和胫节后半部为浅黄色。头部光滑圆隆,头缝不明显;复眼小,凸出,触角细长,21节。前胸背板长大于宽,鞘翅长,侧面具隆脊,翅柄短小,足细长。腹部光滑,遍布黄色短绒毛,两侧向后方稍扩展,末腹背板横宽,背面中央沟明显。尾铗基部2/5内缘扁扩,锯齿状,后内角较尖,后3/5近于弧形向内方弯曲,末端尖。雄性外生殖器的阳基侧突较长,端部尖细。雌性与雄性相似,尾铗较短,圆锥形,基部内缘不扩展,末端尖。

雄性体长7.5—10mm,尾铗长3mm;雌性体长8.5—11mm,尾铗长1.7—2mm。

分布:浙江(天目山)、福建、湖北、湖南、广西、广东、贵州、云南;尼泊尔,印度,马来西亚,阿富汗。

蠼螋属 *Labidura* Lench,1815

特征:体长大而扁,多为中到大型,头部较宽,触角细长,20—36节,鞘翅发达,腹部狭长,尾铗长大,稍呈弧形。

分布:广布于我国各地和世界各地。

8.9　蠼螋 *Labidura riparia* Pallas,1773（图4-8-13）

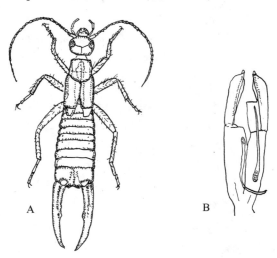

图4-8-13　蠼螋 *Labidura riparia* Pallas,1773
A.雄性,背面观;B.外生殖器

特征:体型长大,通常深褐色或黄色和红黄色。头部红色,触角黄色,前胸背板深褐色,侧缘黄色,鞘翅深褐色,翅外缘黄色,足黄色,腹深褐色,侧缘黄色,尾铗黄褐色。头部宽大,头缝明显;复眼小,触角细长,28节,圆筒形。前胸背板长大于宽,前缘平直,两侧平行,后缘圆弧形,中央纵沟明显;鞘翅长,两侧具全长纵侧脊,背面较平,遍布颗粒状皱纹。腹部宽而长大,由第1节向后逐节变宽,第4—8节背板后缘排列小瘤突;末腹背板短宽,两侧平行,后缘中部具1对齿状突;亚末腹板近梯形,后缘中央微凹。尾铗基部分开较宽,向后弧形弯曲,基部较粗,三棱形,中部内缘各具1或2个小瘤突,末端尖细。雄性外生殖器长大,阳基侧突宽,外缘较直。雌性与雄性相似,尾铗直而尖。足正常。

体长12—24mm,雄性尾铗长7—10mm,雌性尾铗长5—6mm。

分布:浙江(天目山)、黑龙江、吉林、辽宁、宁夏、甘肃、河北、山西、陕西、河南、山东、江苏、江西、湖北、湖南、四川;欧洲,北非。

球蠖总科 Forficuloidea

分科检索表

1. 腹部第2—6节背板前排刚毛3对(A1，2，5)，第2跗节简单，不扩展 ·········· **苔蠖科 Spongiphoridae**

　　第2跗节扩展或在第3节腹面具狭长的叶突 ·· 2

2. 触角17—22节，第2跗节腹面具狭长叶突，常延伸至第3节的中后部，仅从两侧可见 ·················

　　·· **垫跗蠖科 Chelisochidae**

　　触角12—16节，第2跗节叶状，从第3节的边缘可见 ······················· **球蠖科 Forficulidae**

苔蠖科 Spongiphoridae

特征：体型多长而扁，头部较大，触角细长，15—20节，鞘翅发达，腹部长而扁平，尾铗长而扁，雄性两枝基部远离。

分布：我国长江以南地区；热带、亚热带地区。

姬蠖属 *Labia* Leach，1815

特征：体小型，触角10—15节，鞘翅和后翅发达，腹部稍扁，中部较宽，尾铗弧形，两枝基部远离。

分布：世界广布。

8.10　**米姬苔蠖 *Labia minor*（Linne，1758）（图 4-8-14）**

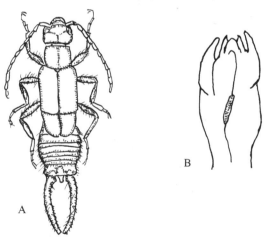

图 4-8-14　米姬苔蠖 *Labia minor*（Linne，1758）
A.雄性，背面观；B.外生殖器

特征：体型狭小，褐色或深褐色；触角褐色，足黄色，腹红褐色或深褐色，头部比前胸背板和鞘翅色深；身体表面有刻点及被细柔毛，鞘翅和翅柄刻点和柔毛浓密。头横宽，两侧弧形，后缘中央凹陷，眼小。前胸背板横宽，两侧平直或稍弧形，朝向后方渐增宽，后缘中凸；前翅和后翅发达，足短小。腹部短，中部宽，末腹背板横宽，亚末腹板宽，后缘圆弧形，中央有一长的突起。尾铗基部三角形，端部圆锥形，稍向内方弯曲，尾铗基部内缘具一基齿。雄性外生殖器的阳基侧突分裂成两叉。雌性与雄性相似，尾铗短，向后方直伸。

体长 4—5mm，雄性尾铗长 0.75—1.25mm，雌性尾铗长 0.5—0.75mm。

分布：浙江（天目山）、江苏；广布于世界各地。

球蝼科 Forficulidae

特征：革翅目中最大的一科。体小到中型，多为褐色或褐黄色，头部接近三角形，鞘翅和后翅通常发达，腹部狭长，尾铗发达，形状变化大，跗节 3 节，第 2 节叶状或肾形。

分布：我国主要分布于长江以南地区；东洋区和古北区种类丰富。

张球蝼属 Anechura Scudder，1876

特征：体中型，头部圆隆，触角 13 节，鞘翅长大或短缩，腹部扁平，第 3—4 节背面两侧各有一个瘤突，雄性尾铗基部两枝远离，强度弯曲或波曲状。

分布：我国长江以南各地；欧洲，非洲，美洲。

8.11　日本张球蝼 Anechura (Odontopsalis) japonica (Bormans，1880)（图 4-8-15)

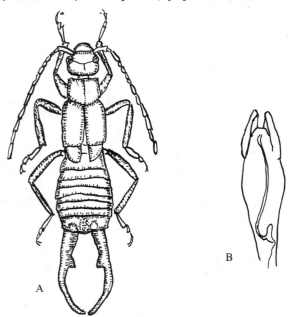

图 4-8-15　日本张球蝼 Anechura (Odontopsalis) japonica (Bormans，1880)
A. 雄性，背面观；B. 外生殖器

特征：体型较扁，体表暗褐色或红褐色。头部浅红色，前胸背板和后翅缘黄色或褐黄色。头部额圆隆，头缝可见，外后角稍圆，后缘平直；复眼小，触角较粗，12 节。前胸背板短宽，稍窄于头部，两侧近平行，后缘弧形，背面纵沟可见，鞘翅狭长，其长度为前胸背板长的 2 倍，侧脊前部明显，背面密布小刻点；翅柄较短，约为前翅长的 1/3。表面有一大黄斑。腹部较扁，两侧向后逐渐变宽，第 5—6 节最宽，第 3—4 节背面两侧各有一瘤突，末节背板甚短宽，后缘弧凹形，背面近后缘两侧各有一瘤突；亚末腹节短宽，后缘弧形，密布横向皱纹。尾铗基部分开较宽，向后平伸，末端向内侧弯曲，内缘中部之前各有一宽齿突。足正常。雄性外生殖器的阳基侧突长大，阳茎端刺细长，基囊稍膨大。雌性与雄性近似，尾铗较直，内缘无刺突。

体长 12—14mm，雄性尾铗长 5—7mm，雌性尾铗长 2.8—3mm。

分布：浙江(天目山)及全国各地；俄罗斯，朝鲜，日本。

山球螋属 *Oreasiobia* Semenov，1936

特征：体狭长，头部稍扁平，鞘翅发达，腹部狭长，末腹背板后缘两侧各具 1 个隆突，尾铗长大，弧形弯曲，基部内缘扩张，足细长。

分布：我国南北都有分布；中亚和东南亚。

8.12　中华山球螋 *Oreasiobia chinensis* **Steinmann，1974**（图 4-8-16）

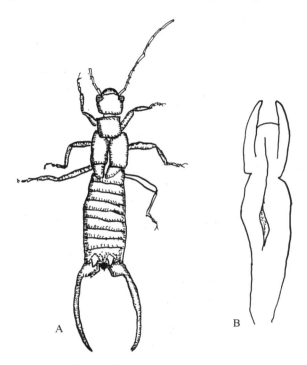

图 4-8-16　中华山球螋 *Oreasiobia chinensis* Steinmann，1974
A. 雄性，背面观；B. 外生殖器

特征：体型长大，较粗壮，褐色或褐黑色。头部暗红色，头缝可见，复眼较凸出，触角细长，12 节。前胸背板近方形，两侧黄色，表面散布小刻点；后翅翅柄凸出。腹部狭长，圆柱形，第 3—4 节背面两侧各有一瘤突，末腹背板近后缘两侧各有一向后方凸出的圆锥形瘤突。臀板发达。尾铗长大，基部内缘扩大为齿状，顶端尖，向内弯曲。足较粗壮。阳基侧突较长。雌性与雄性近似，尾铗短小，无齿突。

体长 12.5—15.5mm，雄性尾铗长 7—9mm，雌性尾铗长 3.5—4mm。

分布：浙江（天目山：老殿）、甘肃、陕西、湖北、湖南、福建、四川、贵州。

异螋属 *Allodahlia* Verhoeff，1902

特征：体粗壮，稍扁平，头部较大，触角 12—13 节，前、后翅发达或短缩，鞘翅具侧隆脊。腹部宽而扁，末腹背板甚短宽，雄性尾铗甚发达，两枝基部远离，强度弯曲，内缘具齿突。足细长。

分布：我国以长江以南种类为主，之外多分布在东南亚地区。

8.13　中华异螋 *Allodahlia sinensis*（Chen，1935）（图 4-8-17）

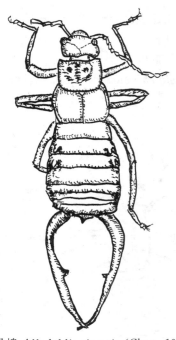

图 4-8-17　中华异螋 *Allodahlia sinensis*（Chen，1935）雄性，背面观

特征：体型大而狭长，暗栗红色，无光泽，体表有褐黄色短绒毛。头部大，头缝明显，遍布细小刻点，复眼小而凸出，触角 13 节。前胸背板短宽，遍布刻点，前部中沟明显，鞘翅宽大，具全长侧缘脊，背面平，密布颗粒状刻点，翅柄短小。腹部扁宽，两侧弧形，瘤突明显，遍布小刻点，末腹背板短宽，后部两侧各有一隆起的瘤突。臀板三角形末端尖锐。尾铗细长，末端尖，向内侧弯曲，后部下缘有一小齿突。雌性尾铗向后平伸，末端向内弯曲。足细长。

体长 12—13mm，尾铗长 7—8.5mm。

分布：浙江（天目山：老殿）、广西。

拟乔球螋属 *Paratimomenus* Steinmann，1974

特征：本属与乔球螋属 *Timomenus* Burr，1907 外形十分相像，主要区别在于雄性外生殖器的阳基侧突宽大，外缘弧形，顶端圆，阳茎叶正常。

分布：浙江、福建、台湾、西藏；日本，越南，印度，菲律宾。

8.14　拟乔球螋 *Paratimomenus flavocapitatus*（Shiraki，1906）（图 4-8-18）

特征：体型大而狭长，稍具光泽，暗红褐色，有的标本头部暗黄色。头部宽大，头缝可见，复眼小而凸出，触角细长，12 节，基节长大。前胸背板长、宽几乎相等，背面前部圆隆，中央有纵向沟，鞘翅发达，后翅翅柄宽。腹部狭长，基部宽，第 3—4 节背面两侧有一小瘤突，末腹背板短宽，后缘两侧有一瘤突。臀板短小。尾铗细而长，圆柱形，弧形弯曲，端部尖细，近基 1/3 处具一齿突，朝向内方。足细长。雄性外生殖器大，阳基侧突宽大，阳茎端刺细长。雌性与雄性相似，尾铗简单，无齿突。

体长 12.5—17mm，雄性尾铗长 10.5—15mm，雌性尾铗长 3—5mm。

分布：浙江（天目山：七里亭）、福建、台湾；日本。

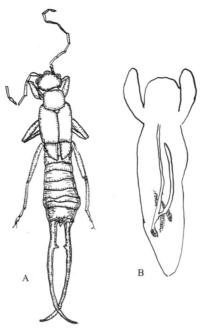

图 4-8-18　拟乔球螋 *Paratimomenus flavocapitatus*（Shiraki，1906）

A.雄性，背面观；B.外生殖器

乔球螋属 *Timomenus* Burr，1907

特征:体狭长,呈暗红褐色或黑褐色。头部宽大,触角细长,12—13 节,前、后翅发达;腹部狭长,圆柱形,第 3—4 腹节背面两侧各具一瘤突,末腹背板狭缩;尾铗细长或短粗,通常上缘和内缘具齿突,后部多呈弯曲,雌性尾铗简单;雄性阳基侧突细小,刺形或爪形。

分布:分布于我国长江以南地区;朝鲜,日本,越南,印度,马来西亚,菲律宾。

8.15　素乔球螋 *Timomenus lugens*（Bormans，1894）（图 4-8-19）

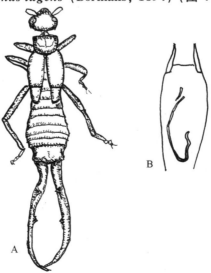

图 4-8-19　素乔球螋 *Timomenus lugens*（Bormans，1894）

A.雄性,背面观；B.外生殖器

特征:体中至大型,细长,黑色,具光泽。头部短宽,中缝不明显,复眼大,圆突;触角细长,13 节,末端两节色淡。前胸背板近方形,中央沟较深,密布小刻点,鞘翅长大,翅柄较短,内侧端角具黄色斑。腹部狭长,圆柱形,第 3—4 节背板两侧各具一瘤突,第 6—9 节两侧有一刺突;末腹背板短宽,后方具一对瘤突。臀板小。尾铗细长,基部两枝接近,然后逐渐向外方呈弧形弯曲,末端尖,近中部有一向上齿突,中部之后内缘有一齿突。足发达。雄性生殖器的阳基侧突细小,阳茎叶较宽,阳茎端刺长大,钩形。雌性与雄性相似,尾铗简单,较直,无齿突。

体长 15.5—22.3mm (连尾铗),尾铗长 5.8—9.5mm。

分布:浙江(天目山:三里亭)、江西、湖北、广西、四川、云南、西藏;日本,缅甸,印度,马来西亚。

8.16　克乔球螋 *Timomenus komarovi* (Semenov, 1901) (图 4-8-20)

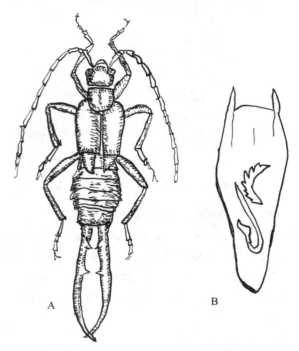

图 4-8-20　克乔球螋 *Timomenus komarovi* (Semenov, 1901)

A.雄性,背面观;B.外生殖器

特征:体型较狭小,稍有光泽,头部和鞘翅黑色,其余部分红褐色,前胸背板两侧暗黄色。头部较宽,头缝可见;复眼大,凸出,触角细长,13 节。前胸背板方形,中央纵沟深;鞘翅长大,翅柄较短。腹部狭长,第 3—4 节背面两侧各有一瘤突,末腹背板短宽。臀板较小。尾铗中等长,向后平伸,后部向内方弧形弯曲,末端尖,中部前上缘具一对齿突,中部后内缘有一对齿突,足细长。雄性生殖器的阳基侧突尖刺形,阳茎叶宽大,阳茎端刺钩形,中部有齿轮状骨化物。雌性与雄性相似。尾铗简单,向后直伸,无齿突。

体长 13.5—18mm,尾铗长 4.5—6mm。

分布:浙江(天目山:东茅蓬)、山东、安徽、福建、湖北、湖南、台湾、四川。

垂缘螋属 *Eudohrnia* Burr，1907

特征：体甚狭长，接近圆柱形，具金属光泽。头部宽大，鞘翅发达，肩角具明显短脊，后翅翅柄发达；腹部狭长，圆柱形，遍布刻点和颗粒状突起，尾铗细长，向后直伸，顶端尖，向内方弯曲，内方常具齿突。足发达。

分布：浙江、湖北、湖南、福建、广西、四川、云南、西藏；尼泊尔，缅甸，印度。

8.17　多毛垂缘球螋 *Eudohrnia hirsute* Zhang Ma et Chen，1993（图 4-8-21）

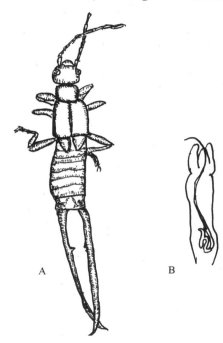

图 4-8-21　多毛垂缘球螋 *Eudohrnia hirsute* Zhang Ma et Chen，1993
A.雄性，背面观；B.外生殖器

特征：体细长，被金黄色短毛，腹部有铜绿色光泽。头黑色，头缝不明显，复眼大；触角12节，暗褐色，末端两节淡黄色。前胸背板稍横宽，黑色，两侧色淡；前、后翅发达，鞘翅红褐色，翅柄黑色，端部淡黄色。腹部细长，黑色，第 3—4 节背面两侧有一小瘤突；末腹背板横宽，臀板短。尾铗细长，红褐色，基部两支远离，向后逐渐弯曲或伸直，基部内缘有 1—3 个小刺，近中部内缘有一大齿突。足较细弱。雄性外生殖器的阳基侧突较宽，阳茎叶狭长，阳茎端刺细长。雌性与雄性相似，尾铗简单，直伸，互相紧靠。

雄性体长 13—19mm，尾铗长 8—17mm；雌性体长 12—16mm，尾铗长 6—7mm。

分布：浙江(天目山：老殿)、湖北、湖南、福建、四川。

球螋属 *Forficula* Linnaeus，1758

特征：体稍扁平，头部圆隆，触角 10—15 节，鞘翅发达，后翅凸出、短缩或不发育。腹部稍扁，第 3—4 节背面两侧各有一瘤突，雄性的末腹背板较短宽，接近后缘两侧各有一隆突。雄性尾铗基部较宽，内缘扁扩，顶端尖，向内侧弯曲，内缘常具齿突。足较粗壮。

分布：几乎遍布世界各地。

8.18 桃源球螋 *Forficula taoyuanensis* Ma et Chen，1922（图 4-8-22）

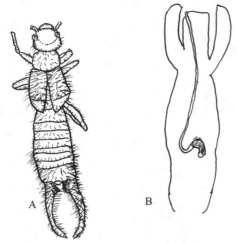

图 4-8-22　桃源球螋 *Forficula taoyuanensis* Ma et Chen，1922
A.雄性，背面观；B.外生殖器

特征:体型狭小，红褐色，触角和鞘翅褐黄色，前胸背板两侧和足的胫节、跗节淡黄色，身体密被黄色短毛。头大而圆隆，头缝可见，触角细长，12 节。前胸背板近方形，鞘翅肩部隆脊明显，翅柄短小。腹部狭长，第 3—4 节背面两侧各有一瘤突；末腹背板短宽，臀板半圆形。尾铗向后平伸，基部内缘扁扩，呈锯齿状，后部向内呈弧形弯曲。足短粗。雄性外生殖器的阳基侧突前部较宽，阳茎端刺细长。雌性同雄性，尾铗简单，直伸。

体长 9.5—10mm，尾铗长 3—3.8mm。

分布:浙江（天目山：西茅蓬）、湖南、福建。

8.19 达球螋 *Forficula davidi* Burr，1905（图 4-8-23）

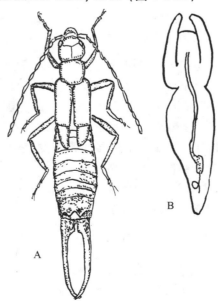

图 4-8-23　球螋 *Forficula davidi* Burr，1905
A.雄性，背面观；B.外生殖器

　　特征:体型狭长,暗红色或褐色。头较大,头缝明显,复眼小,触角细长,12 节。前胸背板近方形,两侧黄色,鞘翅长大,翅柄短。腹部狭长,第 3—4 节背板两侧各有一瘤突,末腹背板短宽,后缘有一对瘤突,臀板稍大。尾铗长短不一,基部内缘扁扩,以后部分直伸或向内弯曲。足稍粗壮。雄性外生殖器的阳茎侧突长大,阳茎端刺细长。雌性同雄性,尾铗简单,直伸。

　　体长 9—15.5mm,尾铗长 3.5—8mm。

　　分布:浙江(天目山:朱陀岭)、宁夏、甘肃、河北、山西、陕西、山东、湖北、湖南、四川、云南、西藏。

九、直翅目 Orthoptera

螽蟖科 Tettigoniidae

形态特征:体小到大型。头为下口式,卵形或圆锥形;口器咀嚼式。触角丝状,长于体长,30 节以上。复眼较大,卵形;通常单眼不明显。听器位于前足胫节基部和前胸侧面。前足与中足为步行足,后足为跳跃足,跗节 4 节。通常翅发达,有的类群翅短缩,或缺翅;雄性具发声器,由位于左前翅基部 Cu2 脉腹面的发声锉与右前翅基部的刮器构成。雄性尾须发达,下生殖板具腹突或缺。雌性产卵瓣较长,或宽短,由 3 对产卵瓣构成。

生物学:螽蟖有植食性的、捕食性的与杂食性的,栖息于地表或植物体上,雄性通常能发声。一般 1 年发生 1 代,多以卵越冬。

分布:世界各动物地理区均有分布,但热带、亚热带地区种类丰富,温带、寒带地区种类渐少,目前全世界记录超过 6500 种。

讨论:本书记录浙江天目山螽蟖科 6 亚科 23 属 34 种(露螽亚科另外记述),其中包括浙江省 1 新记录属 2 新记录种,天目山 5 新记录种。这次调查发现 1 新种,已先期发表(短尾华穹螽)。

分亚科检索表

1. 足第 1—2 跗节不具侧沟 ························· **露螽亚科 Phaneropterinae**
   足第 1—2 跗节具侧沟 ·· 2
2. 触角窝内侧边缘片状隆起,胸听器较小 ············· **拟叶螽亚科 Pseudophyllinae**
   触角窝内侧隆起不明显,胸听器大,外露 ······························ 3
3. 前足胫节内、外侧听器均为开放式,前胸腹板具 1 对刺 ············· **纺织娘亚科 Mecopodinae**
   前足胫节听器封闭式,开口指向背缘,如为开放式,近于等宽;前胸腹板具刺或缺刺 ······· 4
4. 前胸腹板缺刺,个体小,纤弱,行动敏捷,多数为树栖性;长翅种类多数体绿色或黄绿色,短翅种类有的体色较暗 ··· **蛩螽亚科 Meconematinae**
   前胸腹板具刺,或缺刺,不具以上综合特征 ······························ 5
5. 前足胫节端部背面外缘具 1 枚距 ························· **螽蟖亚科 Tettigoniinae**
   前足胫节端部背面外缘缺距 ·· 6
6. 前足胫节腹面具 5—7 对长的、可活动的刺,最长的刺不短于第 1、2 跗节之和;头顶狭,侧扁,狭于触角第 1 节,背面具纵沟;雄性下生殖板中部收缩;前翅雌雄异型,产卵瓣剑状 ······················
   ·· **似织螽亚科 Hexacentrinae**
   前足胫节腹面刺较短,短于第 1、2 跗节之和;头顶宽狭变化较大,缺纵沟 ··············
   ·· **草螽亚科 Conocephalinae**

拟叶螽亚科 Pseudophyllinae

形态特征:体中到大型,较粗壮。头圆锥形,颜面向后倾斜,触角窝内侧边缘显著隆起。胸听器被前胸背板侧片盖住。前翅与后翅通常发育完全,不飞行时呈屋脊状,盖在体背面。雄性前翅具发声器。足股节侧扁,胫节背面缺端距;前足胫节内、外侧听器均为封闭式;跗节第 1—2 节具侧沟。产卵瓣长,较直,宽,呈马刀形。

生物学：该亚科多为树栖性种类，以植物叶片等为食，通常1年发生1代，以卵越冬。

分布：主要分布于热带与亚热带地区，中国主要分布于长江以南地区。

讨论：全世界记录约250属1000多种；浙江天目山地区分布2属3种。

分属检索表

1. 体暗褐色；股节片状扩展，边缘波曲形，具毛；中胸腹板近方形，具毛；前翅前、后缘近于平行，具皱结；
   雄性下生殖板端部不呈柄状 ……………………………………………………… **覆翅螽属 Tegra**
   前翅绿色；股节不扩展，边缘具刺或齿；前胸背板后横沟位于中后部；前胸腹板缺刺；中胸腹板边缘具
   瘤突 ……………………………………………………………………………… **翡螽属 Phyllomimus**

翡螽属 *Phyllomimus* Stål，1873

特征：头为粗短的锥形，头顶凸出于复眼前缘，背面具纵沟。前胸背板密被颗粒状突起，后
横沟位于前胸背板中部之后。前、后翅发达。足较短，股节背缘具隆线；前足与中足胫节背缘
平坦，具侧隆线，缺背距；前足胫节内、外侧听器均为封闭式，呈裂缝状。前胸腹板缺刺；中胸腹
板横宽，边缘具瘤状突。雄性下生殖板长，端部柄状，具扁的叶状腹突。产卵瓣马刀形，边缘具
细齿，背瓣近端部具隆褶。

分布：全世界记录20多种，中国记录5种；浙江天目山采集到2种。

分种检索表

1. 前翅端部钝圆；雄性尾须粗短，下生殖板的腹突较宽短 ………………………… **柯氏翡螽 Ph. klapperichi**
   前翅端部锐角形；雄性尾须细长，下生殖板的腹突较狭长 ……………………… **中华翡螽 Ph. sinicus**

9.1　中华翡螽 *Phyllomimus sinicus* Beier，1954（图4-9-1）

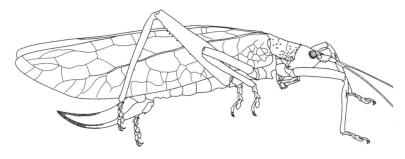

图4-9-1　中华翡螽 *Phyllomimus sinicus* Beier，1954

特征：体中型，体长22.0—25.0mm。头圆锥形，颜面向后倾斜，头顶凸出于复眼前缘，背
面具细纵沟。触角窝内侧边缘显著凸出。前胸背板较宽短，密布颗粒状突起，2条横沟明显，
后横沟位于中部之后。前胸腹板缺刺。中胸腹板横宽，沿前缘与侧缘具瘤状突。前翅远超过
后足股节末端，前缘呈弧形弯曲，后缘较直，M脉与Cu脉基部合并，翅端较尖；后翅短于前翅。
足相对较短，前足与中足胫节背面平坦，具侧隆线，缺背距；前足胫节内、外侧听器均为封闭式；
后足股节腹面外缘具9枚刺。雄性第10腹节背板稍延长，后缘截形。肛上板卵圆形。尾须长
圆锥形，直，端部钩状。下生殖板长，端部柄状，腹突长且较扁。

雌性下生殖板梯形，后缘具三角形凹口。产卵瓣端半部向背方弯曲，边缘具细齿，背瓣侧
面近端部具3条倾斜的隆褶。

体绿色。复眼黄褐色。足股节与胫节刺端部褐色。产卵瓣背缘与腹缘黄褐色。

分布:浙江(天目山等)、陕西、江西、湖北、福建、台湾、广东、广西、四川、重庆、贵州。

9.2　柯氏翡螽 *Phyllomimus klapperichi* Beier，1954(图 4-9-2)

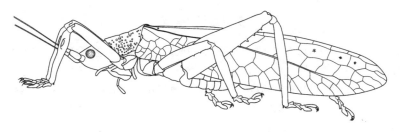

图 4-9-2　柯氏翡螽 *Phyllomimus klapperichi* Beier，1954

特征:体中型,体长 22.0—26.0mm。头短锥形,颜面向后倾斜,头顶稍超过触角窝内侧隆起的边缘,背面具浅纵沟。复眼卵形,向外侧凸出。前胸背板 2 条横沟明显,表面与边缘具颗粒状突起;前胸腹板缺刺。中胸腹板宽,前缘与侧缘具瘤突。前足基节具 1 枚长刺,前足胫节内、外侧听器均为封闭式;前足股节腹面缺刺,中足股节腹面具弱刺,后足股节腹面外缘具 7—9 枚刺。前翅超过后足股节末端,R 脉与 M 脉基部间具明显的翅痣,Rs 脉从 R 脉中部之后分出,雄性发声区稍凸出,翅端钝圆形;后翅短于前翅。雄性肛上板椭圆形。尾须为粗短的圆锥形,端部具 1 枚向内弯的齿。下生殖板狭长,后缘中央具狭的凹口,腹突宽短。

雌性下生殖板梯形,后缘具三角形凹口。产卵瓣平直,端半部边缘具细齿,背瓣近端部具 2 条斜隆褶。

体绿色或黄绿色,腹面黄色。前翅绿色,沿 R 脉的皱结白色,Rs 脉与 M 脉间的皱结墨绿色。后足股节背缘红色,产卵瓣端半部背腹缘黑色。

分布:浙江(天目山等)、福建、广东、广西、湖南、四川、贵州。

覆翅螽属 *Tegra* Walker，1870

特征:体大型,较长。头相对较短,头顶锥形,到达或略超过触角窝内侧片状隆起的端部,背面具纵沟;颜面宽,向后倾斜。复眼较小,近球形,向外凸出。前胸背板马鞍形,前缘向前突,中央较直,两侧缘具瘤突,后缘钝圆;中隆线细,2 条横沟明显,后横沟位于中部之后。前胸腹板缺刺;中胸腹板近方形,前缘与侧缘较光滑。前翅长,前缘与后缘近于平行,具皱结;Sc 脉和 R 脉自翅基部分开;Rs 脉从 R 脉中部之前分出;M 脉与 Cu 脉略弯曲;后翅与前翅约等长。足股节片状扩展,边缘呈波形,具毛;前足胫节内、外侧听器为封闭式。雄性尾须结构简单,下生殖板端部非柄状,腹突短。产卵瓣马刀形,背缘具细齿,背瓣端部具隆褶。

分布:全世界记录 2 种;浙江天目山分布 1 种(亚种)。

9.3　绿背覆翅螽 *Tegra novae-hollandiae viridinotata* (Stål，1874)(图 4-9-3)

特征:体大型,体长 24.0—38.0mm。头顶锥形,向前凸出,背面具纵沟。颜面向后倾斜,宽大于高。复眼相对较小,卵形。前胸背板马鞍形,具 2 条横沟;前缘中部向前凸出,两侧各具一瘤状突,后缘钝圆形;前胸背板侧片长稍大于高,肩凹不明显。前翅远超过腹部末端,前缘与后缘近于平行,翅端钝圆形;Sc 脉与 R 脉从基部分开,Rs 脉从 R 脉中部之前分出,翅室具皱结;后翅稍长于前翅。前足基节具 1 枚片状刺,股节扁平,外缘具 3 或 4 个凹口,背缘光滑。前足胫节腹面具粗短的刺,前足胫节内、外侧听器均为封闭式。中足、后足股节呈片状扩展,腹面

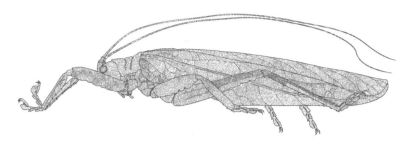

图 4-9-3　绿背覆翅螽 *Tegra novae-hollandiae viridinotata* (Stal, 1874)

外缘具缺刻，后足胫节背面内、外缘具小刺。雄性肛上板椭圆形，背面具沟；尾须较长，近端部稍弯曲，末端刺状；下生殖板长方形，后缘具凹口；腹突短，稍扁平。

雌性尾须长锥形；产卵瓣端半部背缘具细齿，腹瓣近端部具细齿，背瓣近端部侧面具 3 条斜隆褶；下生殖板宽短，后缘中部微凹。

体烟色，颜面黑色，杂有黄褐色或黑褐色斑。触角具一些淡色环纹。头、前胸与足分布一些黑褐色斑点。烟色的前翅上具一些皱起的黑褐色斑点。中、后胸腹板和腹部腹板黑褐色。

分布：浙江（天目山等）、江西、湖北、湖南、福建、台湾、广东、广西、四川、重庆、贵州、云南；泰国，缅甸，印度。

纺织娘亚科 Mecopodinae

形态特征：体中到大型，较粗壮。触角长于体长，生于复眼间，触角窝内侧边缘不显著隆起。胸听器被前胸背板侧片盖及。前胸腹板具 1 对刺。前、后翅发育完全或退化，雄性前翅具发声器。前足胫节内、外侧听器均为开放式；后足胫节背面具端距；足跗节第 1—2 节具侧沟。产卵瓣较长。

分布：主要分布于热带与亚热带地区，中国主要分布于黄河以南地区。

生物学：多为树栖性，主要以植物叶片为食。

讨论：全世界记录 54 属 150 余种，中国记录 1 属 2 种。

纺织娘属 Mecopoda Serville, 1831

特征：体中到大型。头较粗短，头顶极宽，约为触角第 1 节宽的 3 倍；颜面近于垂直。复眼相对较小，卵形，凸出。前胸背板背面较平坦，前缘稍凹，后缘钝圆，3 条横沟明显，侧片高大于长。前翅与后翅发达。前足基节具 1 枚刺，前足胫节背缘具沟与距，前足胫节内、外侧听器均为开放式。雄性尾须具端刺，下生殖板腹突短小。产卵瓣长，剑状。

分布：全世界记录 6 种，中国记录 2 种；浙江天目山分布 1 种。

9.4　日本纺织娘 *Mecopoda niponensis* (Haan, 1842)（图 4-9-4）

特征：体大型，较粗壮，被刻点，体长 26.0—34.0mm。头短，头顶极宽，约为触角第 1 节宽的 3 倍，颜面近于垂直。复眼相对较小，卵圆形。前胸背板背面较平坦，3 条横沟明显，沟后区显著扩展；侧片高大于长；前胸腹板具 1 对短刺，其基部远离。前翅稍超过后足股节末端，雄性前翅较宽，长不及宽的 3.5 倍，发声区几乎占前翅长的 1/2，后翅短于前翅。前足基节具 1 枚刺，足股节腹面具刺；前足胫节内、外侧听器均为开放式。雄性第 10 腹节背板后缘浅的凹入；尾须较粗壮，近端部向内弯，末端具 2 齿；下生殖板狭长，基部较宽，后缘具较深的三角形凹口，腹突着生于下生殖板端部两侧。

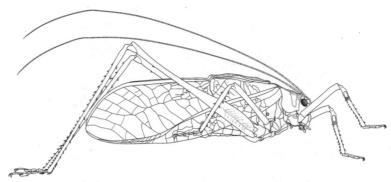

图 4-9-4　日本纺织娘 *Mecopoda niponensis*（Haan，1842）

　　雌性尾须圆锥状；产卵瓣长而直，背、腹缘光滑，端部尖。下生殖板近于三角形，基部较宽，两侧缘微凹，后缘平截或微凹。

　　体绿色，有的个体褐色。雄性前胸背板侧片背缘黑褐色。前翅散布一些黑色或褐色斑。雄性前翅发声区通常为淡褐色。

　　分布：浙江（天目山等）、四川、重庆、广西、江西、湖南、贵州、福建、安徽、江苏、上海、陕西；日本。

螽蟖亚科 Tettigoniinae

　　形态特征：体小到大型，较粗壮。触角窝内侧边缘不显著凸出。前胸背板较发达。胸听器被前胸背板侧片盖及。前胸腹板具 1 对刺或缺刺。前、后翅发育完全或退化短缩，雄性前翅具发声器。前足胫节内、外侧听器均为封闭式；后足胫节背面具端距；跗节第 1—2 节具侧沟。产卵瓣长，剑状。

　　生物学：栖息于地表或植物上，多为杂食性，以取食植物叶片、嫩芽等为食，也捕食其他昆虫。

　　分布：分布于世界各动物地理区，主要分布于古北界，新北界，非洲界和澳洲界。

　　讨论：全世界记录约 150 属 850 多种；浙江天目山采集到 3 属 5 种。

分属检索表

1. 头顶狭于触角第 1 节，背面具纵沟 ……………………………………………………… 螽蟖属 *Tettigonia*
  头顶宽于触角第 1 节，背面缺纵沟 ……………………………………………………………………… 2
2. 前胸背板缺侧隆线，后足第 1 跗节腹面的跗垫较长，几乎到达该跗节的中部 …… 蝈螽属 *Gampsocleis*
  前胸背板具侧隆线，后足第 1 跗节腹面的跗垫短，结节状，远不达跗节中部 ……… 寰螽属 *Atlanticus*

寰螽属 *Atlanticus* Scudder，1894

　　特征：体中到大型。头大，复眼相对较小，近球形。头顶宽，背面缺纵沟。上唇近圆形，上颚强壮。前胸背板较长，长于前足股节，侧隆线明显，弯曲，前缘微凹，后缘钝圆形；侧片后缘倾斜，肩凹不明显或缺。前胸腹板具 1 对刺，中胸腹板具三角形裂叶，后胸腹板裂叶小。雄性前翅较短，不超过腹部末端；雌性前翅短，侧置；后翅退化。

　　分布：全世界记录 50 多种；浙江天目山记录 3 种。

9.5 江苏寰螽 *Atlanticus kiangsu* **Ramme，1939**(图 **4-9-5**)

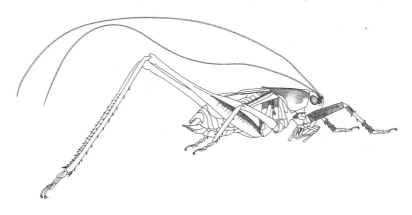

图 4-9-5 江苏寰螽 *Atlanticus kiangsu* Ramme，1939

特征：体中型，体长 27.0—28.0mm，较细瘦。头较粗壮，头顶宽，缺纵沟。复眼卵形。前胸背板背面平坦，前缘稍弧形后凹，后缘钝圆形；侧隆线弯曲，沟前区侧隆线靠近，沟后区岔开。前胸腹板具 1 对刺。前翅长于前胸背板。前足基节具 1 枚刺，股节腹面内缘具 1 或 2 枚小刺，外缘缺刺；胫节腹面具 6 对长刺，背面外缘具 3 或 4 枚刺；胫节内、外侧听器均为封闭式，呈裂缝状。后足股节腹面内缘具 3—5 枚小刺，外缘光滑，膝叶端部钝圆；胫节背面内、外缘各具 22—26 枚刺，胫节端部具 1 对背端距与 2 对腹端距。雄性第 10 腹节背板后缘具深的"U"形凹口；下生殖板后缘具小的"V"形凹口；腹突长，着生于下生殖板端部两侧；尾须较粗短，直，端部略尖，中部内侧背缘具 1 枚粗短的齿。雌性产卵瓣中等长，较粗壮，适度向背方弯曲，端部斜截形，末端尖；下生殖板后缘具浅凹口。

体淡褐色，前胸背板侧片背缘黑色；中胸侧板背缘黑色。后足股节外侧中部具 1 条褐色纵纹。后足胫节刺与距的端部黑褐色。

分布：浙江（天目山）、上海、江西。

9.6 广东寰螽 *Atlanticus kwangtungensis* **Tinkham，1941**

特征：体大型，体长 31.5—32.0mm。前胸背板侧隆线沟前区稍靠近，沟后区稍分开。雄性前翅大，盖住腹部的 2/3。前足股节腹面内缘具 2 枚小刺，前足胫节腹面具 6 对刺。后足股节腹面外缘缺刺，内缘具 4 或 5 枚刺；后足胫节背面内、外缘分别具 10—24 枚刺。雄性第 10 腹节背板三角形，后缘中央具圆形凹口；下生殖板后缘具"U"形凹口；尾须短，粗壮，末端钝，端部具 1 枚向内弯的钝刺。

体褐色。触角暗红褐色。前胸背板腹缘及前足、中足和后足股节的上半部黄褐色。头背面、前胸背板背面和腹部背面红褐色。前胸背板背缘黑褐色。前翅红褐色。后足股节基半部外侧腹缘黑褐色。

讨论：文献记载该种在浙江天目山有分布，但这次调查没有采集到该种的标本。

分布：浙江（天目山）、福建、江西。

9.7 巨突寰螽 *Atlanticus magnificus* **Tinkham，1941**(图 **4-9-6**)

特征：体中大型，较粗壮，体长 26.0—29.0mm。颜面垂直，头顶较宽，与触角第 1 节近于等宽。复眼卵形。前胸背板较宽短，背面观前端较狭，后端较宽，末端钝圆；侧隆线明显，侧片较宽大，缺肩凹。前胸腹板具 1 对刺。前足基节具 1 枚刺，前足股节腹面外缘缺刺，内缘具

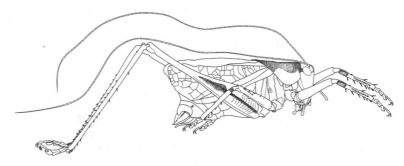

图 4-9-6 巨突寰螽 *Atlanticus magnificus* Tinkham, 1941

2 枚刺,前足胫节腹面具 6 对刺,前足胫节内、外侧听器均为封闭式,呈裂缝状。后足股节腹面外缘具 0 或 1 枚刺,内缘具 2 或 3 枚刺,股节膝叶端部钝圆,后足胫节背面内、外缘分别具 16—20 枚刺,具 1 对背端距与 2 对腹端距。前翅较长,雄性前翅到达或稍超过腹部末端,背面较平,侧面观基部较狭,后端较宽,稍钝圆,近于截形;后翅退化。雄性第 10 腹节背后缘中央凹入,其两侧缘三角形凸出,末端尖;尾须基部较粗壮,端部尖,向内侧明显弯曲,中后部背缘具 1 枚粗短的尖刺;下生殖板较宽,侧隆脊明显,后缘凹入;腹突较长,端部钝圆,着生于下生殖板端部两侧。

雌性较雄性稍大。前翅从侧面可见,从背面几乎看不见,隐藏于前腹背板下面。尾须圆锥形;产卵瓣较长,直,端部斜截形,末端尖。下生殖板较宽,后缘中央具深且狭的凹口。

体褐色。头部复眼后侧黑色,触角基部两节黑色。前胸背板侧片背缘黑色,后足股节外侧中央具 1 条黑褐色纵纹。

分布:浙江(天目山)。

蝈螽属 *Gampsocleis* Fieber, 1852

特征:体中到大型,较粗壮。头顶宽于触角第 1 节,背面缺纵沟。复眼卵形。前胸背板稍短,不长于前足股节,或与前足股节近于等长,3 条横沟清晰。前胸腹板具 1 对刺,中胸腹板裂叶稍长。翅发达,有的短缩。前足胫节背面外缘具 3 或 4 枚刺,前足胫节内、外侧听器均为封闭式;后足胫节端部具 3 对端距。雄性第 10 腹节背板向后凸出,后缘中央具凹口;尾须内侧近基部具 1 枚齿;下生殖板具腹突。产卵瓣较直,或向腹面弯曲,端部斜截形。

分布:全世界记录约 20 种;浙江天目山分布 1 种。

9.8 中华蝈螽 *Gampsocleis sinensis* (Walker, 1871) (图 4-9-7)

特征:体大型,体长 35.0—37.0mm。头卵形,较大。头顶宽于触角第 1 节,背面缺纵沟。复眼球形。前胸背板与前足股节近于等长,沟后区较平,具弱的侧隆线,前缘稍凹,后缘钝圆,具 3 条横沟;侧片高稍大于长,肩凹不明显。中胸腹板裂叶长三角形,后胸腹板裂叶短。前翅长,远超过后足股节末端,端部钝圆;后翅稍短于前翅。足股节腹面具刺;前足胫节腹面具 6 对刺,背面外缘具 3 枚刺;后足股节腹面内、外缘不少于 5 枚刺,后足胫节背面内、外缘分别具 25—30 枚刺,具 1 对背端距与 2 对腹端距,跗节第 1 节腹面的跗垫到达跗节中部。雄性第 10 腹节背板长,向后延伸,中央具狭且深的凹口;尾须较粗壮,内侧中部之前具 1 枚齿,其端部 3—5 枚微刺;下生殖板较长,侧隆线与中隆线较明显,后缘具三角形凹口;腹突较长。

雌性尾须长锥形,端部稍尖。产卵瓣短于后足股节,稍向腹面弯曲,端部斜截形,末端较尖;下生殖板近于六边形,基部较直,后缘稍弧形凹入。

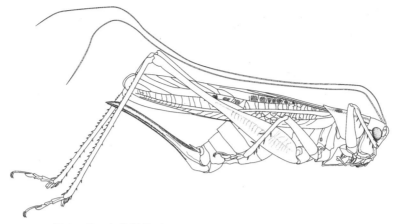

图 4-9-7　中华蝈螽 *Gampsocleis sinensis*（Walker，1871）

体绿色。头与前胸背板背面色常较暗,有时前胸背板侧片上缘具黑褐色纵纹。前翅绿色,径脉域与中脉域具不明显的暗色斑纹。后足股节外侧具暗色纵纹。

分布:浙江(天目山)、河南、江苏、上海、安徽、湖北、重庆、湖南、福建、台湾。

螽蟖属 *Tettigonia* Linnaeus，1758

特征:体中到大型,绿色或淡褐色。头顶略狭于触角第1节的宽。前胸背板短于前足股节,沟后区中隆线明显,沟前区缺中隆线。前翅发达,翅端钝圆。雄性尾须长,在基部或中部之前内侧具1枚短齿。雌性下生殖板后缘具深的凹口,侧隆线明显。产卵瓣直,较长。

分布:目前全世界记录约25种,中国记录4种;浙江天目山分布1种。

9.9　中华螽蟖 *Tettigonia chinensis* Willemse，1933（图4-9-8）

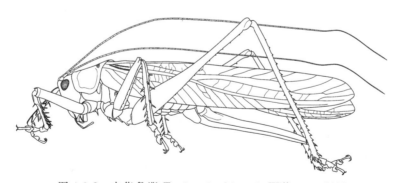

图 4-9-8　中华螽蟖 *Tettigonia chinensis* Willemse，1933

特征:体大型,体长32.0—40.0mm。头顶狭于触角第1节,背面具细纵沟,端部与颜顶相接。复眼球形。上唇圆形,上颚强壮。前胸背板稍短,缺侧隆线,具细的中隆线,3条横沟明显,沟后区平坦;前胸背板侧片长稍大于高,肩凹弱。前胸腹板具1对长刺。前翅远超过后足股节末端,翅端钝圆,前缘脉域的网状脉较密;后翅短于前翅。前足股节腹面内缘具5枚刺;胫节背面外缘具3枚刺,腹面内、外缘各具6枚刺,前足胫节内、外侧听器均为封闭式。后足股节腹面内、外缘均具刺;胫节背面内、外缘分别具16—20枚刺,具1对背端距与2对腹端距;第1跗节腹面的跗垫较小。雄性第10腹节背板稍向后延伸,后端凸出,中央开裂,呈锐角形凹口,两侧端锐角形凸出,末端较尖。尾须长圆锥形,稍内曲,末端钝圆;内侧中部之前具1枚向腹面弯曲的尖刺;下生殖板长大于宽,两侧具纵隆脊,后缘钝角形凹入;腹突长锥形,末端钝圆。

　　雌性第 10 腹节背板较短,后端中央开裂。尾须长圆锥形,端部尖。产卵瓣直,背、腹缘光滑,末端尖。下生殖板基部稍宽,后缘中央具锐角形凹口。

　　体绿色,多数个体复眼后方背侧缘具 1 条褐色纵纹,其向后延伸到前翅的臀脉域,有的个体不具纵纹,有的纵纹色淡。足股节刺黑褐色至黑色,胫节与距的端部黑褐色。

　　分布:浙江(天目山等)、陕西、河南、湖北、湖南、福建、广西、四川、重庆、贵州。

草螽亚科 Conocephalinae

　　形态特征:体小到大型。头为下口式,颜面近于垂直,有的向后倾斜。触角窝边缘不明显隆起。前胸腹板具刺或缺刺。前、后翅发达,或退化短缩,雄性前翅具发声器。前足胫节内、外侧听器为封闭式;前足胫节缺背距;后足胫节背面具端距;足第 1—2 跗节具侧沟。产卵瓣剑状。

　　生物学:食性复杂,有植食性的(取食植物叶片、种子)、捕食性的与杂食性的种类。多数栖息于植物上,如草本植物或木本植物(低的树冠、灌木)。

　　分布:全世界各动物地理区均有分布,但热带、亚热带地区种类丰富。

　　讨论:目前全世界记录 170 多属,超过 1000 种。本书记录浙江天目山 6 属 11 种,其中包括浙江省 1 新记录属 2 新记录种,天目山 2 新记录种。

分属检索表

1. 前胸背板侧片胸听器部位鼓起,呈半透明 ……………………………………………………… 2
　前胸背板侧片胸听器部位不鼓起 ………………………………………………………………… 3
2. 前翅较长,超过后足股节端部,或稍短,但外露部分长于前胸背板 …………… **草螽属 Conocephalus**
　前翅短,外露部分短于前胸背板;雄性第 10 腹节背板后端为圆锥形或其他形态的后突 …………
　………………………………………………………………………………… **锥尾螽属 Conanalus**
3. 头顶端部腹缘与颜顶相接,头顶适度向前延伸 …………………………………………………… 4
　头顶端部腹缘与颜顶以宽且浅的沟分开,由中隆脊相接;颜顶通常不延伸;雄性第 10 腹节背板隆起,
　呈两半球形,中央具纵沟 …………………………………………… **古猛螽属 Palaeoagraecia**
4. 中胸与后胸腹板裂叶端部截形或略钝圆 …………………………… **拟矛螽属 Pseudorhynchus**
　中胸与后胸腹板裂叶端部三角形 …………………………………………………………………… 5
5. 头顶短,稍延伸,端部腹缘呈粗短的圆锥形,与颜顶相接或稍分开 …………… **钩顶螽属 Ruspolia**
　头顶显著向前延伸,与颜顶不相接,背面较平,或微凹,呈三棱形,腹面具纵隆脊 …………………
　………………………………………………………………………… **锥头螽属 Pyrgocorypha**

草螽属 *Conocephalus* Thunberg,1815

　　特征:体小到中型。头顶或多或少侧扁,不凸出于颜顶之前,背面具或缺纵沟。前胸背板较短,侧片后缘在胸听器部位鼓起,呈半透明。前翅与后翅发达,或短缩,但长于前胸背板。前胸腹板具 1 对刺或缺刺。足股节腹面缺刺或具刺;前足和中足胫节背面缺刺,腹面具短刺;前足胫节内、外侧听器均为封闭式,呈裂缝状。后足股节内、外侧膝叶端部具 2 枚刺。雄性第 10 腹节背板后缘中央开裂成两叶状;尾须内侧具 1—3 枚刺;下生殖板后缘较直,或具浅凹口,腹突明显;外生殖器具阳茎背突,狭带状,端部扩展,具齿。产卵瓣剑状,较长,或缩短,直或略向背方弯曲,通常背、腹缘光滑,端部尖或稍尖。

分布:草螽属是世界性分布的类群,全世界记录约 160 种,中国目前记录 20 多种。本书记录浙江天目山 4 种,其中 2 种为浙江省新记录种。

9.10　豁免草螽 *Conocephalus（Anisoptera）exemptus*（Walker，1869）（图 4-9-9）

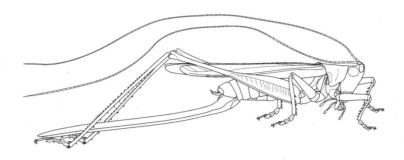

图 4-9-9　豁免草螽 *Conocephalus（Anisoptera）exemptus*（Walker，1869）

特征:体中型,体长 16.0—22.0mm。头顶或多或少侧扁,端部较钝,稍狭于触角第 1 节宽,背面具细纵沟,前面观两侧缘向背面显著岔开,腹缘与颜顶相接。复眼卵形。前胸背板背面较平,前缘直,后缘钝圆形,后横沟清晰;侧片高与长近于相等,肩凹不明显。前胸腹板具 1 对刺。胸足股节腹面缺刺;前足基节具 1 枚粗壮的刺;前足胫节腹面具 6 对刺,前足胫节内、外侧听器均为开放式,呈裂缝状。后足股节内、外侧膝叶端部具 2 枚刺;后足胫节背面内、外缘分别具 23—29 枚刺,具 1 对背端距和 2 对腹端距。前翅较长,到达或超过后足股节末端,Sc 脉基部粗壮,Cu2 脉较粗壮,翅端钝圆;后翅长于前翅。雄性第 10 腹节背板较宽,后缘具"U"形凹口,两侧裂叶端部较尖,稍向腹面弯曲;尾须圆柱形,中部粗壮,端部略侧扁,末端钝圆,中部内侧具 1 枚刺,其端部较尖;下生殖板稍长,端半部侧隆线明显,后缘略凹;具 1 对细长的腹突。

雌性第 10 腹节背板中央具纵沟,后缘具三角形缺刻。肛上板三角形,较长,端部稍尖。尾须长圆锥形,被长毛,端部尖。产卵瓣狭长,较直,远长于后足股节,背、腹缘光滑,不扩宽,端部尖;下生殖板基部较宽,端部狭,具浅凹口。

体绿色。头顶背面具较宽的褐色纵纹,其延伸到前胸背板后缘,向后渐扩展,通常外侧嵌黄白色纵纹。腹部背面淡黄褐色。产卵瓣黄褐色。

分布:浙江(天目山等)、北京、河北、辽宁、上海、福建、江西、河南、湖北、湖南、广东、广西、重庆、四川、贵州、陕西、台湾;韩国,日本,尼泊尔,泰国。

9.11　悦鸣草螽 *Conocephalus（Anisoptera）melaenus*（Haan,1842）（图 4-9-10）

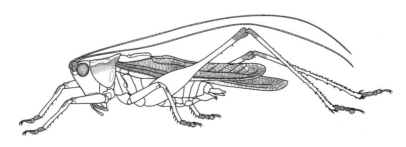

图 4-9-10　悦鸣草螽 *Conocephalus（Anisoptera）melaenus*（Haan,1842）

特征:体小型,体长 14.0—17.0mm,稍粗壮。头顶较窄,约为触角第 1 节宽的 1/2,端部钝,前面观两侧缘近于平行,腹缘与颜顶相接。复眼大,卵形。前胸背板前缘较直,后缘钝圆形;缺侧隆线;侧片高大于长,三角形,肩凹弱。前胸腹板具 1 对刺;中胸腹板裂叶为狭长的三角形,端部较尖,后胸腹板裂叶三角形,末端较钝。前足与中足股节腹面光滑,缺刺。前足基节具 1 枚长刺;股节内侧膝叶端部具 2 枚粗壮的刺,外侧膝叶端部较钝;前足胫节腹面具 6 对刺,前足胫节内、外侧听器均为开放式,呈裂缝状。后足股节腹面内缘缺刺,外缘具 1—6 枚刺,内、外侧膝叶端部分别具 2 枚刺;后足胫节背面内、外缘分别具 26—32 枚刺,具 1 对背端距和 2 对腹端距。前翅较长,超过后足股节末端,基部稍宽,端部略狭,前、后缘近于平行,翅端钝圆;雄性左前翅发声区较大,Cu2 脉细长;后翅长于前翅。雄性第 10 腹节背板较长,后端凸出,后缘中央裂开,两裂叶较长;尾须基半部圆柱形,中部稍粗壮,端部圆锥形,末端钝圆;中部内侧具 1 枚粗短的刺,其端部尖,向腹面弯曲。下生殖板近于六边形,后缘凹口浅。腹突细长。

雌性第 10 腹节背板后缘中央裂开。肛上板三角形,端部稍钝。尾须长圆锥形,被长毛,末端尖。产卵瓣短于后足股节,由基部向端部渐趋狭,背、腹缘光滑,不扩展,端部尖。下生殖板基部较宽,端部狭,基缘弧形凹入,端缘具浅凹口。

体绿色,杂有黑色。触角第 1 节前缘、内缘和第 2 节为黑褐色。头部背面具淡褐色纵纹。复眼黑褐色,其后缘具黑褐色纵纹。前胸背板背面中央具较宽的淡褐色纵纹,其外缘嵌不完整的淡色纵纹;前胸背板侧片背缘黑色,腹缘色较浅。后足股节端部与胫节基部黑色,后足股节外缘具细的褐色羽状纹,后足胫节淡褐色;跗节黑褐色。前翅前缘与后缘淡褐色,中部暗褐色,前翅端与后翅外露部分黑褐色。产卵瓣黄褐色。

分布:浙江(天目山等)、河南、江苏、上海、安徽、江西、湖北、湖南、福建、台湾、广东、海南、广西、四川、贵州、云南;日本,尼泊尔,印度,泰国,新加坡,印度尼西亚。

9.12 斑翅草螽 *Conocephalus* (*Anisoptera*) *maculatus* (**Le Guillou, 1841**) (**图 4-9-11**) (天目山新记录)

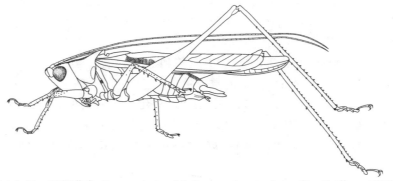

图 4-9-11 斑翅草螽 *Conocephalus* (*Anisoptera*) *maculatus* (Le Guillou, 1841)

特征:体小型,体长 13.0—15.0mm。头顶两侧缘向背缘显著岔开,腹缘与颜顶相接,与触角第 1 节约等宽,背面具细纵沟。复眼卵形。前胸背板前缘较直,中部微凹,后缘钝圆形;前胸背板侧片高大于长,长三角形,肩凹较浅。前胸腹板具 1 对刺。足股节腹面缺刺。前足基节具 1 枚长刺;前足胫节腹面具 6 对刺,前足胫节内、外侧听器均为开放式,裂缝状。后足胫节背面内、外缘分别具 28—35 枚刺,具 1 对背端距和 2 对腹端距。前翅狭长,超过后足股节末端,翅端钝圆,Sc 脉基部稍粗壮,雄性左前翅发声区近方形,Cu2 脉较粗,稍弯曲;后翅长于前翅。雄性第 10 腹节背板宽,后端延伸,中央开裂,其两侧裂叶向腹面弯曲;尾须较长,被细毛,基部圆柱形,中部稍粗壮,稍向外弯曲,端部钝,稍扁;近中部内缘具1枚粗短的刺,刺端尖,向腹面弯曲。下生殖板基部凹入,后缘较直。腹突细长,末端钝圆。

雌性第10腹节背板后缘中央开裂;肛上板较厚,端部圆角形。尾须长圆锥形,端部尖。产卵瓣较短,稍长于后足股节的1/2,略向背面弯曲,背、腹缘光滑,向端部渐趋狭,末端尖。下生殖板基部较宽,后缘截形或具浅的弧形凹口。

体淡黄褐色。头顶背面具1条黑褐色纵纹,延伸到前胸背板后缘,其外缘嵌淡色纵纹。前翅后缘淡褐色,前翅R脉域具一些黑褐色斑。前足胫节与中足胫节淡褐色。产卵瓣黄褐色。

分布:浙江(天目山等)、河北、北京、山西、陕西、江苏、上海、江西、湖北、湖南、福建、台湾、广东、香港、海南、广西、四川、重庆、贵州、云南、西藏;日本,菲律宾,马来西亚,印度尼西亚,缅甸,泰国,尼泊尔,印度,斯里兰卡,新西兰,澳大利亚,非洲。

9.13　峨眉草螽 Conocephalus (Conocephalus) emeiensis Shi & Zheng, 1999(图 4-9-12)(浙江省新记录种)

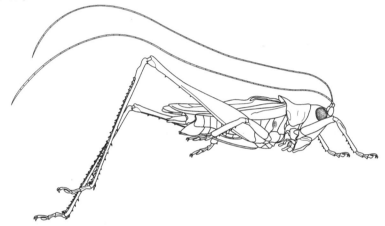

图 4-9-12　峨眉草螽 Conocephalus (Conocephalus) emeiensis Shi & Zheng, 1999

特征:体小型,体长16.0—17.5mm。头顶较狭,约为触角第1节宽的1/2,背面具细纵沟,前面观两侧缘近于平行,腹缘与颜顶相接。复眼卵形。前胸背板呈马鞍形,前缘稍隆起,后缘向背面翘起,前缘较直或微凹,后缘圆弧形,后横沟较明显;前胸背板侧片高大于长,肩凹不明显。前胸腹板缺刺。胸足股节腹面缺刺。前足基节具1枚长刺;前足股节内、外膝叶端部具1枚小刺;前足胫节腹面内、外缘分别具6枚刺,前足胫节内、外侧听器均为封闭式,呈裂缝状。后足股节内、外侧膝叶端部具2枚刺,后足胫节背面内、外缘分别具23—26枚刺,背面具1枚外端距,腹面具2对端距。前翅短,到达或接近腹部末端,其基部略宽,端部狭,末端钝圆;雄性左前翅发声区大,Cu2脉粗壮;后翅短于前翅。雄性尾须圆锥形,基部2/3较粗壮,端部较细,稍侧扁,末端钝圆,中部内侧具2枚内侧刺,刺的基部明显分开,近基部的刺较短,粗壮,端部尖;近端部的刺较长,末端尖,向腹面弯;下生殖板较宽,近方形,基部凹入,后缘具钝角形凹口。腹突短,长约为宽的2倍。

雌性尾须长圆锥形,端部尖。产卵瓣直,剑状,基部稍宽,向端部渐狭,背、腹缘光滑,端部较尖。下生殖板略呈梯形,基部较宽,稍凹,后端狭,末端近于截形。

体黄绿色。头部背面具宽的淡褐色纵纹。胫节端部与跗节褐色。雄性前翅发声区褐色;第10腹节背板及腹突褐色。

分布:浙江(天目山)、四川、重庆。

锥尾螽属 *Conanalus* Tinkham，1943

特征：体小型。头顶较狭,窄于触角第 1 节,侧缘近于平行。复眼卵形。前胸背板短,马鞍形,前缘与后缘近于截形,前胸背板侧片三角形,在胸听器部位明显鼓起,半透明。前翅短,卵形,雄性左、右前翅重叠,具发声器;雌性前翅短,侧置,或稍重叠;后翅退化。前胸腹板具 1 对刺,或缺刺。雄性第 10 腹节背板特化,呈圆锥形、斧状或其他形态;尾须较短。产卵瓣细长,向背面适度弯曲,背、腹缘近于平行,背瓣长于腹瓣,端部尖。

分布：全世界已知 5 种,中国目前记录 4 种;浙江天目山分布 1 种。

9.14　比尔锥尾螽 *Conanalus pieli*（Tinkham，1943）（图 4-9-13）

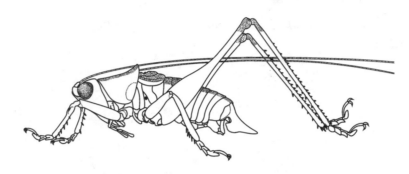

图 4-9-13　比尔锥尾螽 *Conanalus pieli*（Tinkham，1943）

特征：体小型,体长 13.5—20.0mm。头顶狭,约为触角第 1 节宽的 1/3,前面观两侧缘近于平行,背面具浅纵沟,腹面与颜顶相接。复眼卵形。前胸背板马鞍形,肩凹不明显。前胸腹板具 1 对刺。足股节腹面缺刺;前足基节具 1 枚长刺,前足股节内侧膝叶端部刺状,外侧膝叶端部钝圆,前足胫节腹面具 6 对刺,胫节内、外侧听器封闭式,呈裂缝状。后足股节膝叶末端刺状,胫节背面内、外缘分别具 23—29 枚刺,具 1 对背端距和 2 对腹端距。雄性前翅短于前胸背板,近圆形,左、右前翅重叠,Cu2 脉细,较直;后翅退化;第 10 腹节背板后端凸出,圆锥形,背面常具一些横褶皱,腹面近基部具 1 对突起;尾须内弯,近端部具 1 齿;下生殖板较宽短,后缘中央凸出。

雌性前翅短,侧置,后翅退化。产卵瓣长于后足股节,等宽,背、腹缘光滑,稍向背方弯曲,端部尖。下生殖板近于三角形,侧缘近端部稍凹入,后缘具浅凹口。

体杂色。头部背面具黑色纵纹。前胸背板背面具 1 对黑色纵纹,其间为淡褐色。前胸背板侧片干标本为淡褐色,生活时淡蓝色。腹部背面黑色,两侧缘淡褐色。后足股节端部与胫节基部黑色。

分布：浙江(天目山)、陕西、河南、安徽、江西、湖南、四川、重庆、贵州。

钩顶螽属 *Ruspolia* Schulthess，1898

特征：体中到大型,相对较细长,体表被刻点和纤毛。头顶稍向前延伸,宽于触角第 1 节,背缘两侧近平行,端部钝圆,腹面缺中隆脊,基部齿形突短,通常与颜顶相接。前胸背板背面平坦,具侧隆线,肩凹明显。前翅通常到达或超过腹部末端,后翅短于前翅。前胸腹板具 1 对刺。后足股节腹面具刺。雄性第 10 腹节背板后缘凹入,两侧裂叶三角形。尾须圆柱形,端部具 1 对内侧刺。产卵瓣较直,中部不扩宽,等于或长于后足股节。

分布：全世界记录 50 多种（亚种），主要分布于非洲、欧洲、亚洲和澳大利亚。我国记录 7 种，浙江天目山采集到 2 种，其中 1 种为天目山新记录种。

9.15　黑胫钩顶螽 *Ruspolia lineosa*（Walker，1869）（图 4-9-14）

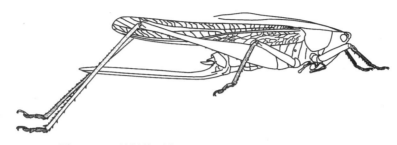

图 4-9-14　黑胫钩顶螽 *Ruspolia lineosa*（Walker，1869）

特征：体中大型，体长 26.0—31.5mm。头顶短，宽大于长，端部钝圆，腹面具齿，与颜顶相接。颜面略向后倾斜，散布零星刻点。复眼卵形。前胸背板密布褶皱状粗刻点，前缘较直，后缘钝圆，具侧隆线；肩凹明显。前胸腹板具 1 对长刺。前足基节具 1 枚刺，前足股节腹面内缘具 2 或 3 枚粗短的刺，外缘缺刺，股节内、外膝侧片端部角形，末端尖；前足胫节腹面内、外缘分别具 5—6 枚刺，前足胫节内、外侧听器均为封闭式，呈裂缝状。后足股节腹面内、外缘分别具 6—12 枚刺，内、外侧膝叶端部刺状；后足胫节背面内、外缘分别具 19—26 枚刺，具 1 对背端距和 2 对腹端距。前翅超过后足股节末端，端部钝圆，略呈截形。雄性左前翅发声区不透明，Cu2 脉基部细；后翅稍短于前翅。雄性第 10 腹节背板略延长，后缘具三角形凹口，两侧缘三角形，末端较尖；尾须较粗壮，基半部圆柱形，端部具 2 枚向内侧弯曲的刺，腹刺长于背刺；下生殖板长方形，基部微凹，中隆线较明显，后缘具浅的"V"形凹口；腹突较细长，末端钝。

雌性尾须长圆锥形，端部尖。产卵瓣长，较直，背、腹缘光滑，中部不扩宽。下生殖板近于梯形，后缘具弧形凹口。

体绿色，有的个体黄褐色。前足、中足胫节和跗节侧面黑褐色，背面与腹面黄褐色；后足胫节与跗节褐色。黄褐色个体前翅 R 脉域、足股节两侧和前翅后缘黑褐色，前胸背板侧片背缘黑褐色。雄性尾须刺的端部黄褐色。

分布：浙江（天目山等）、陕西、河南、上海、安徽、江西、湖北、湖南、福建、台湾、广东、广西、四川、重庆、贵州、云南、西藏；韩国，日本。

9.16　疑钩顶螽 *Ruspolia dubia*（Redtenbacher，1891）（图 4-9-15）（天目山新记录种）

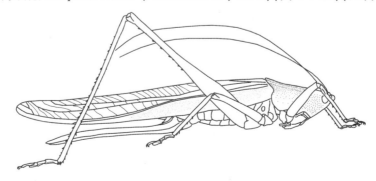

图 4-9-15　疑钩顶螽 *Ruspolia dubia*（Redtenbacher，1891）

特征:体中大型,体长 26.5—32.0mm。头顶长、宽近于相等,或长稍大于宽,圆柱形,端部钝圆,腹面具齿,与颜顶相接。复眼近球形。前胸背板密布褶状粗刻点,前缘微凹,后缘钝圆,侧隆线较明显;具肩凹。前胸腹板具 1 对刺。前足基节具 1 枚刺,前足股节腹面缺刺,内侧膝叶端部钝角形,外侧膝叶端部尖角形;前足胫节腹面内、外缘分别具 6 枚刺,前足胫节内、外侧听器均为封闭式,裂缝状。后足股节腹面内缘具 5—8 枚刺,外缘具 3 或 4 枚刺,内、外膝叶端部刺状;后足胫节背面内、外缘分别具 15—21 枚刺,具 1 对背端距和 2 对腹端距。前翅狭长,远超过后足股节端部,翅端狭圆。雄性左前翅发声区不透明,Cu2 脉基部细,向端部渐增粗;后翅稍短于前翅。雄性第 10 腹节背板后缘钝角形凹入,两后侧角锐角形,端部尖,向腹面弯曲;尾须较粗,基部圆柱形,端部具 2 枚向内侧弯曲的刺,腹刺长于背刺;下生殖板长方形,基部凹入,中隆线较明显,后缘具浅的"V"形凹口;腹突细长。

雌性尾须长圆锥形,被细长的毛,端部尖。产卵瓣较直,与后足股节近于等长,中部不扩宽,端部尖;下生殖板近于梯形,端部具弧形凹口。

体绿色或淡黄褐色。前足和中足胫节与体同色,前足和中足跗节呈淡褐色,后足胫节浅褐色,跗节浅褐色。雄性尾须刺末端黄褐色。

讨论:该种与黑胫钩顶螽相似,但头顶长与宽近于相等,或长大于宽,足胫节与体同色。

分布:浙江(天目山等)、甘肃、河北、陕西、安徽、江西、湖北、湖南、福建、台湾、广西、四川、重庆、贵州;日本。

拟矛螽属 *Pseudorhynchus* Serville,1838

特征:体中到大型,较粗壮。头顶显著向前延伸,圆锥形,端部通常较尖,有的稍钝,腹面基部具齿形突或瘤状突,与颜顶间具宽的凹口。前胸背板背面平坦,前缘较直,后缘钝圆,侧隆线较明显;前胸背板侧片长大于高,肩凹较浅。前胸腹板具 1 对刺;中胸腹板裂叶长,末端截形;后胸腹板裂叶三角形。前足基节具 1 枚刺,胸足股节腹面具刺,后足股节膝叶端部刺状。前翅远超过后足股节末端;后翅短于前翅。雄性尾须粗壮,内表面微凹;内侧基部具细长的向背方弯曲的突起。产卵瓣长,较直,边缘光滑,中部稍扩宽,端部尖。

分布:全世界已知约 30 种(亚种),主要分布在东洋界、非洲界和澳洲界。我国已记录 7 种,浙江天目山采集到 2 种。

9.17　粗头拟矛螽 *Pseudorhynchus crassiceps* (Haan,1842)(图 4-9-16)

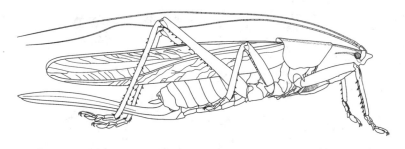

图 4-9-16　粗头拟矛螽 *Pseudorhynchus crassiceps* (Haan,1842)

特征:体大型,粗壮,体长 40.5—51.5mm。头顶圆锥形,向前凸出于颜顶之前,端部较尖,腹面基部具 1 枚尖齿。颜面较光滑,具小刻点。复眼近球形。前胸背板背面较平,密被粗刻点,前缘微凹,后缘钝圆形;侧隆线明显;肩凹较浅。前胸腹板具 1 对刺;中胸腹板裂叶延长,端部截形;后胸腹板裂叶三角形。前足基节具 1 枚长刺;前足股节腹面内缘具 3—7 枚刺,外缘至多具 5 枚刺,内侧膝叶端部刺状,外侧膝叶端部三角形;前足胫节腹面内、外缘分别具 6 或 7 枚刺,前足胫节内、外侧听器均为封闭式,呈裂缝状。后足股节腹面内缘具 0—3 枚刺,外缘具 8—14 枚刺,内、外侧膝叶端部长刺状;后足胫节具 1 对背端距和 2 对腹端距。前翅远超过后足股节末端,端部稍狭,末端钝圆。雄性左前翅发声区半透明,Cu2 脉梭形;后翅短于前翅。雄性第 10 腹节背板后缘具宽凹口,两侧缘三角形凸出;尾须粗短,基部具 1 枚向背外侧弯曲的稍侧扁的突起;内表面凹陷,端部钝,具 1 枚向内腹面弯曲的小刺;下生殖板近方形,后缘三角形凹入;腹突较长。

雌性尾须长圆锥形,被有细的长毛,端部尖。产卵瓣较长,中部稍扩宽,略向背方弯曲,端部狭,末端尖。下生殖板近于三角形,端部具浅凹口。

体绿色或黄褐色。触角背缘淡色,腹缘黑色。上颚红褐色,端部黑色。复眼黄褐色。头部背面具 3 条淡黄色纵纹,向后延伸到前胸背板后缘。前翅前缘及 Cu2 脉黄色。

分布:浙江(天目山等)、河南、上海、安徽、江西、湖北、湖南、福建、台湾、广西、四川、重庆、贵州、云南、西藏;韩国,缅甸,日本,菲律宾。

9.18　锥拟矛螽 *Pseudorhynchus pyrgocoryphus*(Karny,1920)

特征:体中型,体长 26.5—31.0mm。头顶三棱锥形,腹缘长约为复眼纵径的 2 倍,背面具褶皱,向前凸出于颜顶之前,腹面基部齿形突短而尖,与颜顶不相接。颜面具刻点与褶皱。复眼较小,卵形。前胸背板具褶皱,侧隆线明显;侧片长大于高,肩凹明显。前胸腹板具 1 对刺。中胸腹板裂叶长,端部截形;后胸腹板裂叶三角形。前足基节具 1 枚长刺;前足股节腹面内、外缘各具 1—3 枚刺;前足胫节腹面内、外缘分别具 5 或 6 枚刺,前足胫节内、外侧听器均为封闭式,呈裂缝状。后足股节腹面内缘具 0 或 1 枚刺,外缘具 6—10 枚刺,内、外膝叶端部刺状;后足胫节背面内、外缘分别具 4—12 枚刺,具 1 对背端距和 2 对腹端距。前翅超过后足股节末端,端部斜截形。雄性左前翅发声区半透明,近三角形;后翅稍短于前翅。雄性第 10 腹节背板后缘半月形凹入,两侧端三角形凸出;尾须粗短,基部具 1 枚向内背方弯曲的扁刺;内表面微凹,端部钝,近端部内侧具 1 枚向内弯曲的刺;下生殖板近方形,后缘三角形凹入;腹突较长。

雌性第 10 腹节背板后缘具宽的凹口,其两侧端凸出。肛上板三角形,端部较钝;尾须为粗短的圆锥形,端部细尖。产卵瓣短于后足股节,基部稍狭,中部稍扩宽,端部尖。下生殖板近于三角形,端部具弧形凹口。

体黄褐色或褐色。触角窝腹缘、颜面—唇基沟、上颚及中胸与后胸腹板中央为黑色。颜面暗青色。前胸背板两侧各具 1 条不明显的黄色纵纹。胸足分布有黑色小斑。前翅臀脉域稍暗,前翅散布一些圆形或椭圆形黑色斑。

讨论:文献记录有该种分布,但这次没有采到标本。

分布:浙江(天目山)、江苏、江西、湖南、福建、广西、四川、重庆、贵州、云南。

锥头螽属 *Pyrgocorypha* Stål,1873

特征:体中到大型。头顶三棱柱形,背面较平或微凹,腹面具中隆脊,其基部具齿形突。颜面向后倾斜,颜顶与头顶不相接。前胸背板前、后缘较直,侧隆线不明显;侧片长稍大于高,肩凹较明显。前胸腹板具 1 对刺,中胸腹板裂叶三角形,后胸腹板裂叶近圆形。前足基节具 1 枚刺,胸足股节腹面具刺。前、后翅发育完全,前翅到达或超过后足股节末端,后翅与前翅约等长,或短于前翅。雄性尾须粗壮,内侧具纵沟,端部具小端刺,内侧基部具 1 枚长的向背方弯曲的刺。产卵瓣较直,或稍向背面弯曲,中部稍扩宽,端部稍狭。

分布:全世界已知约 15 种,中国记录 6 种;浙江天目山分布 1 种。

9.19 小锥头螽 *Pyrgocorypha parva* Liu, 2012(图 4-9-17)

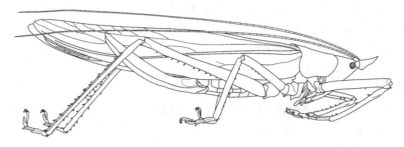

图 4-9-17 小锥头螽 *Pyrgocorypha parva* Liu, 2012

特征:体中大型,体长 32.5—36.0mm。头顶背面观矛形,基部稍缩狭,最宽处是触角第 1 节宽的 2 倍,边缘隆起,稍弯曲,端部细尖,中央下凹;侧面观三棱形,腹面具中隆脊,其长约为复眼纵径的 3.5 倍,基部齿形突丘状,其末端钝圆。颜面向后倾斜,颜顶端部齿突较小,不与头顶相接。复眼卵形。前胸背板宽大,前横沟明显,中横沟"U"形,后横沟不明显,沟前区稍圆凸,沟后区较平,前缘后凹,后缘宽的弧形凸出;前胸背板侧片长大于高,肩凹明显。前胸腹板具 1 对长刺,中胸腹板裂叶三角形,后胸腹板裂叶近圆形。前翅基部宽,向端部渐狭,前缘稍呈弧形,后缘较直,端部锐角形,Rs 脉从 R 脉中部之前分出,雄性左前翅 Cu2 脉细,较直;后翅短于前翅。前足基节具 1 枚刺,前足股节腹面内、外缘分别具 1—4 枚刺,内、外膝叶端部刺状,前足胫节腹面内、外缘分别具 6 或 7 枚刺,前足胫节内、外侧听器均为封闭式,呈裂缝状。中足股节腹面内缘缺刺,外缘具 2—5 枚刺,股节内、外侧膝叶端部刺状,中足胫节腹面内、外缘分别具 8—10 枚刺。后足股节腹面外缘具 8—10 枚刺,内缘具 6—8 枚刺,股节内、外侧膝叶端部刺状,后足胫节背面内、外缘分别具 11—14 枚刺,具 1 对背端距与 2 对腹端距。雄性第 10 腹节背板后缘中央具"U"形凹口,两侧缘向后延伸;尾须粗壮,内侧具纵的槽沟,基部内侧具 1 枚向内侧弯又弯向外侧的刺;内侧端部背缘具 1 枚向内腹方弯曲的刺;下生殖板宽大,基部凹入,端部具三角形凹口。腹突稍长,端部钝圆。

雌性第 10 腹节背板稍长,后缘中央具"U"形凹口,肛上板三角形,端部钝圆。尾须圆锥形,端部细尖。产卵瓣基部稍狭,适度向背面弯曲,背缘较直,腹缘弧形,背、腹缘光滑,背瓣长于腹瓣,端部锐角形。下生殖板基部宽,向端部渐趋狭,后缘具月牙形凹口。

体绿色,复眼褐色。触角淡黄色。头顶背面两侧缘淡黄色。胸足股节、胫节刺与距、膝叶端部的刺、爪端部,及雄性尾须端部的刺黑褐色。雌性产卵瓣的背缘黄褐色。

分布:浙江(天目山等)、福建、四川。

古猛螽属 *Palaeoagraecia* Ingrisch,1998(浙江省新记录属)

特征:体中到大型。头顶背面具细纵沟,端部钝圆。颜面光滑。前胸背板多褶皱,背面平坦;肩凹明显。前胸腹板具 1 对刺,中胸腹板裂叶端部稍尖,后胸腹板裂叶三角形。前翅长,到达或超过后足股节末端。前足基节具 1 枚刺,前足股节腹面内、外缘具刺。后足股节腹面内、外缘具刺;后足股节外膝侧片端部钝圆,内膝侧片端部三角形。雄性左前翅发声锉稍鼓起;第 10 腹节背板隆起,呈两半球形,中央具纵沟,或沿中央分开,或呈半球形的瓣状,腹面具 1 个呈

90°弯曲的腹端突;肛上板隐藏于延长的第10腹节背板下面;肛侧板具一弯曲、端部钝的突出;尾须球形,基部内侧具一突起,端部具一端突,其端部骤然变细,末端具2齿,中部内侧具一扁的突起;下生殖板钵状,宽大于长,后缘较直,或中央具小凹口。腹突较扁平,或特化。阳茎端突分开,中央以膜相连,端部侧扁,带状,背侧缘与膜愈合,中央具中突,基部长带状,最基部具小骨片,且支持膜质部分。雌性第10腹节背板多变,呈两叶状、双三角形、近于平截或简单的钝圆形;尾须基部稍粗,向端部渐细,末端稍尖。产卵瓣长,侧扁,中后部最宽。

　　体黄褐色,头部背面具暗褐色纵纹,延伸到前翅后缘。复眼暗褐色。上颚腹缘与内缘暗褐色。前翅散布一些零星的褐色斑。产卵瓣背缘与端缘褐色。

　　分布:目前全世界已知4种,分布于印度、越南、不丹、泰国、菲律宾、马来西亚、印度尼西亚、巴布亚新几内亚和中国。浙江天目山采到1种。

9.20　翘尾古猛螽 *Palaeoagraecia ascenda* Ingrisch,1998(图 4-9-18)(浙江省新记录种)

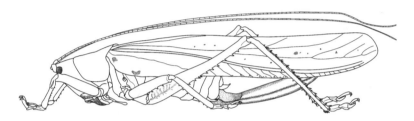

图 4-9-18　翘尾古猛螽 *Palaeoagraecia ascenda* Ingrisch,1998

　　特征:体中型,体长22.0—33.0mm。头顶狭于触角第1节,背面具细纵沟,凸出于颜顶之前。颜面光滑。复眼卵形。前胸背板背面较平坦,侧片长与高近于相等,肩凹明显。前胸腹板具1对刺;中、后胸腹板裂叶三角形,端部尖。前足基节具1枚长刺,前足股节腹面内、外缘分别具2—4枚刺,股节内侧膝叶端部尖锐,外侧膝叶端部钝圆;胫节腹面内、外缘分别具6或7枚短刺,前足胫节内、外侧听器均为封闭式,呈裂缝状。中足股节腹面内缘缺刺,外缘具5枚刺,胫节腹面内、外缘分别具7或8枚刺。后足股节腹面近端部内缘具2枚刺,外缘具7—10枚刺,内、外膝叶端部具1枚刺,胫节背面内、外缘分别具11—13枚刺,具1对背端距和1对腹端距。前翅远超过后足股节末端,前、后缘近于平行,翅端圆截形,雄性发声区较小;后翅短于前翅。雄性第10腹节背板中央具宽而浅的纵沟,将背板分为两叶,其后端稍延伸,中央裂开,左、右裂叶呈半圆形;尾须基部球形,被有密的细长毛,端部骤然缩细,末端具2小齿,端齿较长且尖,中部内侧具一向背面卷的扁平突;下生殖板近于梯形,中部向背方拱起,后缘中央具浅宽的凹口。腹突稍长,圆锥形,略扁平,近端部稍狭,末端钝圆。

　　雌性第10腹节背板较狭,后缘较直。尾须圆锥形,密被细的长毛,端部细尖。产卵瓣基部略狭,中后部最宽,背缘较平直,腹缘圆弧形,光滑,端部呈钝角形。下生殖板近于方形,端部略呈截形。

　　体淡黄褐色。头部背面具褐色纵纹,向后延伸到前胸背板后缘,但前胸背板的纵纹中部较狭。颜面具"人"字形绿色纹,上颚黑色。中、后胸腹板裂叶中部黑褐色。前翅散布一些不规则的黑褐色斑。股节刺的端半部、胫节刺红褐色。雄性尾须端部的齿为红褐色。产卵瓣背缘黄褐色。

　　分布:浙江(天目山)、安徽、湖北、海南、重庆、贵州;泰国、老挝。

似织螽亚科 Hexacentrinae

特征:体中型。头顶极狭,颜面近于垂直。前胸背板沟后区较宽平,后缘钝圆,有的中央稍凹入。前胸腹板具 1 对刺,或指状突。前足与中足胫节腹面内、外缘分别具 5—7 枚长的、可活动的刺,背缘不具刺。前翅发达,后翅通常具明显的前缘瓣;假中脉(false M)由 M 脉近端部、Rs 脉端部,以及增厚的横脉构成,在翅的基部融合为短的 MA 和 CuA。雄性第 10 腹节背板和肛上板简单;尾须向端部渐变细,显著弯曲,或圆柱形,不呈钩状,具 2 中突;下生殖板延长,或较短,中部收缩,端部相对狭;腹突长圆锥形。雄性外生殖器膜质,或具明显的骨片。产卵瓣剑状。

分布:目前全世界记录 10 多属 40 余种,浙江天目山采集到 1 种。

似织螽属 *Hexacentrus* Audinet-Serville,1831

特征:体中型。头顶极狭,侧扁,背面中央具细纵沟。复眼卵形。前胸背板前缘较直,后缘钝圆,背面沟前区圆凸,光滑,沟后区较平;侧片缺肩凹。雄性前翅较宽阔,叶形;雌性前翅较狭,前、后缘近于平行;后翅不长于前翅。胸足股节腹面具刺,前足、中足胫节缺背距,腹面具 6 对长的可活动的刺,近基部的刺长,向端部刺渐缩短;前足胫节内、外侧听器均为封闭式。后足股节膝叶端部具 2 枚刺。雄性尾须基部粗壮,被毛,端部缩细,向内弯;下生殖板长,后缘具弧形凹口,腹突细长。雌性产卵瓣较直,端部尖;下生殖板后缘具浅凹口。

分布:全世界记录约 24 种,分布于澳洲界、非洲界和东洋界,东洋界种类较丰富。我国已记录 6 种,浙江天目山采集到 1 种。

9.21　日本似织螽 *Hexacentrus japonicus* Karny,1907(图 4-9-19)

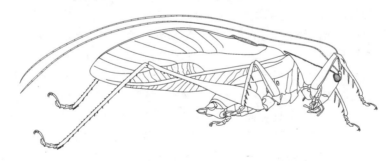

图 4-9-19　日本似织螽 *Hexacentrus japonicus* Karny,1907

特征:体中小型,体长 18.5—23.0mm。头顶狭,远狭于触角第 1 节的宽,背面具细纵沟。复眼近球形。前胸背板前缘直,后缘钝圆,中央微凹;缺侧隆线;前横沟宽,较浅,中横沟明显,后横沟较细,沟前区较狭,沟后区宽,较平坦;缺肩凹。前胸腹板具 1 对刺。前足基节具 1 枚刺;前足股节腹面内缘具 4—6 枚刺,刺间具一些微刺,外缘具一些微刺,内侧膝叶端部尖刺状,外侧膝叶端部钝圆;前足胫节腹面具 6 对长的、可活动的刺,近基部的刺长,向端部刺渐短;前足胫节内、外侧听器均为封闭式,呈裂缝状。中足胫节腹面具 6 对长的、可活动的刺。后足股节腹面内缘具 5—10 枚刺,外缘具 7—13 枚刺,内、外侧膝叶端部分别具 2 枚刺;后足胫节背面内、外缘分别具 25—32 枚刺,端部具 1 对长的背端距和 2 对腹端距。雄性前翅较长,超过后足股节端部,中后部宽,翅端钝圆,Rs 脉自 R 脉中部分出,具 3 或 4 分支;M 脉端部具近平行的 5

或 6 分支；雄性左前翅发声区较小，卵圆形，Cu2 脉较细；后翅稍短于前翅。雄性尾须基部 2/3 粗壮，被毛，端部 1/3 处骤然变细，并向内弯；下生殖板延长，基部较宽，端半部变狭，后缘较直，或微凹。腹突细长，向内弯曲。

雌性前翅相对较短，略超过后足股节端部，较狭，前、后缘近于平行，翅端钝圆。尾须圆锥形，端部细尖。产卵瓣较长，直，基半部较粗壮，端半部侧扁，背、腹缘不很光滑，端部尖。下生殖板近于三角形，基部较宽，端部狭，具小凹口。

体黄绿色。触角具黑色环纹。头部背面淡褐色。前胸背板背面褐色，其外缘镶黑色细纹。雄性左前翅发声区外缘多数个体褐色，有的个体与体同色。胸足股节与后足胫节刺和爪端部褐色或黄褐色，跗节第 2—4 节黑褐色。

分布：浙江(天目山等)、河北、辽宁、上海、安徽、福建、山东、河南、湖北、湖南、重庆、四川、贵州；日本、韩国。

蛮螽亚科 Meconematinae

形态特征：体小型，细瘦。头顶圆锥形凸出，端部钝圆。胸听器发达。前、后翅发育完全，或退化短缩，雄性前翅具发声器。前足胫节内、外侧听器为开放式，近于等宽。产卵瓣较长，剑状。

生物学：蛮螽多为捕食性种类，个体虽小，但相当活跃，多栖息于灌木丛或低的乔木的树冠上，通常 1 年发生 1 代。

分布：主要分布于东洋界、非洲界与澳洲界。在我国主要分布于西南、华中与华南地区，只有个别种分布到华北地区，蒙新区没有分布记录，东北区可能有个别种分布。

讨论：全世界记录 100 多属，超过 700 种，中国目前记录 200 多种。浙江天目山分布 10 属 13 种，其中包括 3 种天目山新记录，这次调查发现 1 新种，已先期发表(短尾华穹螽)。

分属检索表

8. 雄性前胸背板沟后区膨大,显著隆起,侧片后缘扩展;外生殖器革质,外露;雌性前胸背板较短,沟后区
不膨大,侧片后缘不显著扩展 ·· **华穹螽属 Sinocyrtaspis**
雄性前胸背板沟后区不膨大,侧片后缘渐狭 ··· 9
9. 雄性外生殖器革质,外露 ·· **异饰肛螽属 Acosmetura**
雄性外生殖器膜质 ·· **吟螽属 Phlugiolopsis**

拟饰肛螽属 *Pseudocosmetura* Liu，Zhou & Bi，2010

特征:体小型。短翅型。头顶圆锥形,端部钝圆,背面具浅纵沟。下颚须端节稍长于亚端节。雄性前胸背板稍向后延伸,沟后区不隆起,侧片后缘稍扩展,缺肩凹。足股节腹面缺刺,膝叶端部钝圆,前足胫节内、外侧听器为开放式,后足胫节具 1 对背端距和 1 对腹端距。雄性前翅短,隐藏于前胸背板下面,具发声器;第 10 腹节背板不变形,具肛上板或退化;尾须较长;下生殖板具腹突;外生殖器革质,较短,通常不外露。雌性前翅侧置;产卵瓣刀状,基部较粗壮,适度向背面弯曲,端部尖。

分布:该属为我国特有属,目前记录 5 种,浙江天目山分布 1 种。

9.22　安吉拟饰肛螽 *Pseudocosmetura anjiensis* (Shi & Zheng，1998)(图 4-9-20)(天目山新记录种)

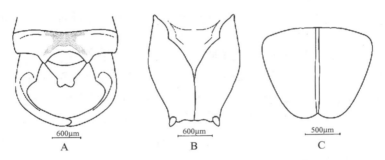

图 4-9-20　安吉拟饰肛螽 *Pseudocosmetura anjiensis* (Shi & Zheng，1998)
A. 雄性腹部末端部,背面观;B. 雄性下生殖板,腹面观;C. 雌性下生殖板,腹面观

特征:体小型,体长 11.0—12.5mm。颜面稍向后倾斜,头顶圆锥形,端部钝圆,背面具细纵沟。下颚须端节长于亚端节,端部稍膨大。复眼卵形。雄性前胸背板稍向后延伸,前缘较直,后缘钝圆;侧片长远大于高,后缘稍扩展。胸听器相对较小,可见。前足基节具 1 枚刺,前足胫节腹面内、外缘分别具 5 枚中等长度的刺;前足胫节内、外侧听器均为开放式,长椭圆形。后足股节膝叶端部钝圆,后足胫节背面内、外缘分别具 22—26 枚刺,具 1 对背端距和 1 对腹端距。雄性前翅短,端部超过前胸背板后缘,末端钝圆;缺后翅;第 10 腹节背板后缘中央显著凹入,其两侧三角形凸出;肛上板宽短,后缘宽圆;尾须较长,基部 1/3 较粗壮,具一凹刻,其余部分内缘稍凹,显著向内背方弯曲,末端具 1 枚不明显的钝齿;下生殖板基部宽,中央锐角形凹入;向端部渐狭,后缘中央较平直。腹突短,圆锥形,末端钝,着生于下生殖板端部侧缘;外生殖器革质,基部较粗壮,端部狭。

雌性前胸背板较短,侧片后缘渐狭。前翅短,卵形,侧置,缺后翅。第 10 腹节背板短,后缘中央浅凹,肛上板较小。尾须长圆锥形,端部稍钝。产卵瓣适度向背方弯曲,基部粗壮,向端部渐狭,背缘光滑,腹缘端部具细齿。下生殖板盾状,基部稍宽,中央具片状的纵隆脊,后缘钝圆,中央具浅凹口。

体绿色,干标本为淡黄褐色。复眼黄褐色。前胸背板背面具 1 对近于平行的褐色纵纹,纵纹间区域为淡褐色,有的个体纵纹色淡,纵纹外缘嵌有黄色纵纹。后足胫节、距和爪的端部褐色。

分布:浙江(天目山等)。

吟螽属 *Phlugiolopsis* Zeuner，1940

特征:体小型。头为下口式,头顶圆锥形,背面具细纵沟。下颚须端节稍长于亚端节,端部稍膨大。前胸背板沟后区较平或微隆起,侧片后缘渐趋狭,缺肩凹。雄性前翅短,后缘到达或稍超过前胸背板后缘,雌性左、右前翅重叠;后翅退化。足股节腹面缺刺;前、中足胫节腹面具刺,前足胫节内、外侧听器均为开放式。后足股节膝叶端部钝圆,后足胫节具 1 对背端距和 2 对腹端距。雄性外生殖器膜质;下生殖板向后趋狭,腹突着生于其亚端部或近端部。雌性下生殖板横宽;产卵瓣短,适度向背面弯曲,基部粗,背瓣端部尖,腹瓣末端有的钩状。

分布:目前全世界已知约 30 种,中国记录 20 多种;浙江天目山采集到 1 种。

9.23　小吟螽 *Phlugiolopsis minuta*（Tinkham，1943）（图 4-9-21）

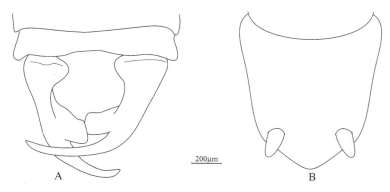

200μm

A　　　　　　　　B

图 4-9-21　小吟螽 *Phlugiolopsis minuta*（Tinkham，1943）
A. 雄性腹部末端,背面观;B. 雄性下生殖板,腹面观

特征:体小型,体长 8.0—8.8mm,短翅型。头顶圆锥形,较粗短,端部钝圆,背面具细纵沟。复眼卵形。下颚须较长,端节稍长于亚端节,末端稍膨大。前胸背板短,缺肩凹。足股节腹面缺刺;前足基节具 1 枚刺,胫节腹面内、外缘分别具 5 枚刺,前足胫节内、外侧听器均为开放式。后足胫节背面内、外缘分别具 26—28 枚刺,具 1 对背端距与 2 对腹端距。雄性前翅短,后端超过后胸背板后缘,具发声器;缺后翅。第 10 腹节背板后缘微凹。尾须基部粗壮,基半部内缘显著凹入,近基部内背缘扩展,叶状;中部内缘矩形扩展,端部近于平截;端半部细,末端尖。下生殖板基部较宽,弧形后凹;向端部渐狭,圆角形凸出。腹突圆锥形,末端钝圆,着生于下生殖板腹面近端两侧。

雌性第 8 腹节背板后缘凹入,两侧端稍扩展,第 9、10 腹节背板稍狭,后缘微凹。肛上板三角形。尾须圆锥形,端部尖。产卵瓣短,基部较粗壮,背瓣末端尖,腹瓣末端具不明显的小钩,有的个体小钩明显。下生殖板较宽短,后缘微凹。

体黄褐色。头部背面具 4 条暗褐色纵纹。前胸背板背面两侧缘分别具 1 条褐色侧纹,其间为淡褐色。胸足股节膝叶端黑褐色。腹部背板黑褐色,腹板淡褐色。雄性下生殖板黑褐色。

分布:浙江(天目山)、湖南、江西、广西。

异饰肛螽属 *Acosmetura* Liu，2000

特征：体小型，较粗壮，短翅型。头顶圆锥形，端部钝圆，背面具细纵沟。下颚须端节长于亚端节。前胸背板较短，雄性沟后区不隆起，侧片后缘渐趋狭，缺肩凹。足股节腹面缺刺；前足胫节内、外侧听器均为开放式；后足胫节具 2 对腹端距和 1 对背端距；雄性前翅隐藏于前胸背板下面，具发声器；雌性前翅侧置；缺后翅。雄性第 10 腹节背板横宽，后缘具凹口；肛上板简单；尾须较短；外生殖器革质，外露。产卵瓣稍宽，适度向背面弯曲，背、腹缘光滑。

分布：本属为我国特有属，目前记录 10 余种，浙江天目山记录 1 种。

9.24　长尾异饰肛螽 *Acosmetura longicercata* Liu, Zhou & Bi, 2008

特征：体小型，体长 10.0—12.0mm，较粗壮。头粗短，头顶圆锥形，端部钝圆，背面具浅纵沟。复眼卵形。下颚须端节长于亚端节。前胸背板沟后区较短，后缘钝圆；侧片较低，后缘渐狭；缺肩凹。雄性前翅短小，隐藏于前胸背板下面，具发声器。前足胫节腹面内、外缘分别具 5 枚刺。后足胫节背面内、外缘分别具 26—28 枚刺，具 2 对腹端距和 1 对背端距。雄性第 10 腹节背板后缘中央具小凹口；尾须较长，显著弯曲；下生殖板延长，后缘略凸出；腹突短；外生殖器革质，外露，三角形，具隆起的中脊。

雌性前翅侧置，不到达前胸背板后缘。尾须短，圆锥形。下生殖板近圆形。基部两侧扩展，后缘稍直，具中隆线。产卵瓣宽短，背、腹缘光滑。

体绿色。前胸背板沟后区具 2 条黑色纵纹。后足股节端部黑色，腹部背缘具褐色纵纹。

讨论：文献记录该种天目山有分布，但这次考察没有采集到标本。

分布：浙江(天目山)。

华穹螽属 *Sinocyrtaspis* Liu，2000

特征：体小型，较粗壮，短翅型。头顶圆锥形，端部钝圆，背面具细纵沟。下颚须端节长于亚端节。雄性前胸背板显著向后延伸，沟后区明显隆起，侧片后缘显著扩展，缺肩凹；雌性前胸背板不扩展。足股节腹面缺刺，前足与中足胫节腹面具刺，前足胫节内、外侧听器为开放式，股节膝叶端部钝圆；后足胫节具 1 对背端距与 2 对腹端距。雄性前翅完全隐藏于前胸背板之下，雌性前翅侧置，缺后翅。雄性第 10 腹节背板向后延伸，具 1 对后突；肛上板退化；下生殖板较大，具腹突。雄性外生殖器革质，外露。

分布：本属为我国特有属，目前记录 6 种。由于 2 种仅知雌性，雄性未知，是否应归于该属，有待深入研究。

9.25　短尾华穹螽 *Sinocyrtaspis brachycercus* Chang, Bian & Shi, 2012(图 4-9-22)

特征：体小型，较粗壮，体长 10.5—12.5mm。头较粗短，颜面近于垂直；头顶圆锥形，端部钝圆，背面具细纵沟。下颚须端节稍长于亚端节，端部稍膨大。复眼卵形。雄性前胸背板显著向后延长，后横沟较明显，沟后区显著隆起，并膨大；侧片后缘显著扩展，缺肩凹。足股节腹面缺刺；前足基节具 1 枚刺，前足胫节腹面内、外缘分别具 5 枚刺，前足胫节内、外侧听器均为开放式，卵形。后足股节膝叶端部钝圆，胫节背面内、外缘分别具 18—22 枚刺，具 1 对背端距和 2 对腹端距。雄性前翅短，隐藏于前胸背板之下，不超过前胸背板后缘，具发声器；缺后翅。第 10 腹节背板显著向后延伸，基部稍宽，中央缢缩，端半部侧缘稍向外扩展，后端中央具近于方形的凹口，其两侧缘端部钝圆；外生殖器革质，较长，端部稍扩展，呈梯形，嵌于第 10 腹节背板后缘的凹口中；尾须短，不到达第 10 腹节背板端部，背面不可见，圆锥形，基部较粗，末端钝圆。

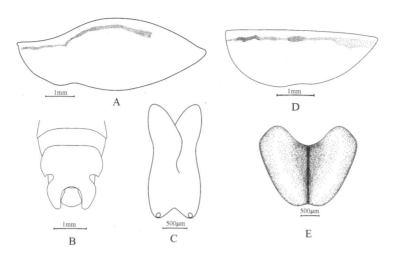

图 4-9-22　短尾华穹螽 *Sinocyrtaspis brachycercus* Chang，Bian & Shi，2012
A. 雄性前胸背板，侧面观；B. 雄性腹部末端，背面观；C. 雄性下生殖板，腹面观；
D. 雌性前胸背板，侧面观；E. 雌性下生殖板，腹面观

下生殖板长，基部稍宽，中央具三角形凹口，端部稍狭，后缘中央具深的凹口；腹突较短，圆锥形，着生于下生殖板端部两侧。

雌性前胸背板短，沟后区不隆起，不膨大；侧片后部圆弧形，渐缩狭。第 9 腹节背板后缘向后腹方延伸。前翅卵形，侧置，缺后翅。第 10 腹节背板狭，稍长，后端略缩狭，后缘微凹。尾须长圆锥形。产卵瓣较宽短，稍向背方弯曲，背、腹缘光滑，端部尖。下生殖板基部宽，中部半圆形凹入，端部狭，钝圆，后缘中央具浅凹口。

体淡绿色，干标本呈淡黄绿色。复眼黄褐色。前胸背板背面两侧各具 1 条褐色纵纹。腹部背板具淡褐色纵纹，延伸到第 10 腹节背板后缘。足胫节刺和距的端部褐色，爪的端部褐色。

讨论：该种目前仅知公布于天目山，原始描记仅记录雄性。这次调查（2012）在模式产地（天目山）采到了雄性与雌性标本，雌性是首次报道。

分布：浙江（天目山）。

拟库螽属 *Pseudokuzicus* Gorochov，1993

特征：体小型。头顶圆锥形，端部钝圆，背面具浅纵沟。下颚须端节稍长于亚端节。前胸背板较短，肩凹较浅。胸听器大，明显。前足胫节内、外侧听器均为开放式。前翅较短，不到达或稍超过后足股节端部，雄性前翅发声区几乎被前胸背板覆盖；后翅与前翅近于等长，或稍长于前翅。雄性第 10 腹节背板后缘具 1 对较长或小丘状的后突；尾须较长，向内弯曲，端部或中部分叉；下生殖板大，具或缺腹突。雄性外生殖器革质，具 1 对阳茎端突。产卵瓣基部粗壮，近端部适度向背面弯曲，腹瓣端部具小钩。体杂色或浅绿色。

分布：全世界已记录 6 种；浙江天目山分布 1 种。

9.26　比尔拟库螽 *Pseudokuzicus pieli*（Tinkham，1943）（图 4-9-23）

特征：体小型，体长 10.5—11.5mm。头顶圆锥形，背面具纵沟，端部钝圆。下颚须端节稍长于亚端节，端部稍膨大。复眼卵形。前胸背板短，前缘较直，沟后区稍隆起，后缘圆角形；侧片肩凹较浅。足股节腹面缺刺；前足基节具 1 枚刺，前足胫节内、外侧听器均为开放式，长椭圆形；前足胫节腹面内、外缘分别具 4 枚刺。后足胫节背面内、外缘分别具 22—24 枚刺，具 1 对

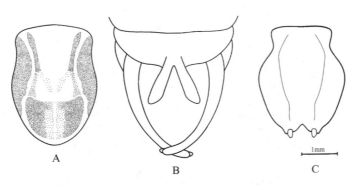

图 4-9-23　比尔拟库螽 *Pseudokuzicus pieli* (Tinkham, 1943)
A.雄性前胸背板,背面观;B.雄性腹部末端,背面观;C.雄性下生殖板,腹面观

腹端距与 1 对背端距。前翅较短,稍超过后足股节末端,端部钝圆;后翅与前翅近于等长。雄性第 10 腹节背板向后延伸,后缘中央具 1 对呈"八"字形的后突,其端部钝圆;尾须细长,圆柱形,适度向内背方弯曲,末端分为背、腹两瓣;外生殖器具 1 对骨化的阳茎端突,其基部粗壮,端部细尖,刺状。下生殖板盔状,端半部侧隆脊较明显,后缘中央具凹口;腹突较短,略呈圆锥形,端部钝圆。

雌性第 10 腹节背板后缘两侧向后延伸,其中央浅的凹入,肛上板明显,三角形。尾须圆锥形,端部细尖。产卵瓣基部粗壮,适度向背面弯曲,背、腹缘光滑,背瓣端部尖,腹瓣端部钩状。下生殖板略呈方形,后端凸出,中央具狭且浅的凹口,侧缘呈两圆形侧叶。

体杂色。颜面黑色,头背面、颊部黑色,前胸背板侧片黑色,背面色淡。后足股节外缘具一些近于平行的褐色纹,端部褐色。雄性第 10 腹节背板黑色;尾须基半部色淡,端半部黑色;前翅基部发声区色淡,其他部分不均匀的褐色。

分布:浙江(天目山)、安徽。

栖螽属 *Xizicus* Gorochov, 1993

特征:体小型。头较粗短,头顶圆锥形,端部钝圆,背面具细纵沟。复眼卵形。前胸背板短,肩凹较浅。前翅与后翅发达,超过后足股节端部。雄性第 10 腹节背板后端通常具成对、对称的后突;尾须简单,对称,具钩状背(内)突与短的腹(外)突;肛上板小,下生殖板不特化,具腹突。雄性外生殖器膜质。雌性下生殖板不具突起,后端凸出或凹入。产卵瓣腹瓣端部钩状。

东栖螽亚属 *Eoxizicus* Gorochov, 1993

鉴别特征:雄性第 10 腹节背板后端具成对的后突,不具钩;下生殖板具腹突;外生殖器膜质。雌性下生殖板后缘凹入。

9.27　贺氏东栖螽 *Xizicus* (*Eoxizicus*) *howardi* (Tinkham, 1956) (图 4-9-24)

特征:体小型,体长 8.5—12.0mm。头顶近圆柱形,端部钝圆,背面具纵沟。复眼球形。前胸背板较短,侧片长稍大于高,肩凹不明显。前翅狭长,远超过后足股节末端;后翅长于前翅。足股节腹面缺刺。前足胫节腹面外缘具 5 或 6 枚刺,内缘具 5 枚刺;后足胫节背面内、外缘分别具 28 或 29 枚刺,具 1 对背端距与 2 对腹端距。雄性第 10 腹节背板后缘具 1 对短小的后突,其基部相隔较远;尾须粗短,背面观呈宽短的镰刀状,向内弯曲,基部腹面具 1 枚较宽扁

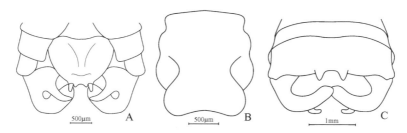

图 4-9-24　贺氏东栖螽 *Xizicus*（*Eoxizicus*）*howardi*（Tinkham，1956）
A. 雄性腹部末端，腹面观；B. 雌性下生殖板，腹面观；C. 雄性腹部末端，背面观

的刺状突；下生殖板基部较宽，中央凹入，端部狭，后缘具小凹口。腹突粗短，着生于下生殖板侧缘亚端部。

雌性尾须圆锥状，弯曲。产卵瓣细长，超过后足股节末端，较直，背瓣端部尖，腹瓣端部具小钩。下生殖板大，侧缘具一斜沟，后缘近截形，微凹。

体绿色。复眼褐色。前胸背板背面具 1 对褐色纵纹。后足股节背面的刺暗褐色。

分布：浙江（天目山）、陕西、河南、安徽、湖北、湖南、福建、广西、四川、贵州。

9.28　陈氏东栖螽 *Xizicus*（*Eoxizicus*）*cheni*（Bey-Bienko，1955）（图 4-9-25）

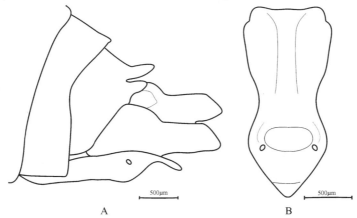

图 4-9-25　陈氏东栖螽 *Xizicus*（*Eoxizicus*）*cheni*（Bey-Bienko，1955）
A. 雄性腹部末端，侧面观；B. 雄性下生殖板，腹面观

特征：体小型，体长 12.0—13.0mm。头较粗短，头顶圆锥形，端部钝圆，背面具细纵沟。复眼球形。下颚须端节长于亚端节，端部稍膨大，呈棒状。前胸背板较短，前缘较直，后缘钝圆；肩凹不明显。胸听器大。前足基节具 1 枚刺，足股节腹面缺刺；前足胫节腹面外缘具 6 枚刺，内缘具 5 枚刺；前足胫节内、外侧听器均为开放式。后足股节膝叶端部钝圆；后足胫节背面内、外缘分别具 28—30 枚刺，具 1 对背端距和 2 对腹端距。前翅远超过后足股节端部，翅端钝圆；后翅略长于前翅。雄性第 10 腹节背板稍向后延伸，后缘中央具矩形凹口，两侧向背上方延伸成三角形后突，端部钝圆；尾须基部较宽，侧扁，内缘凹入；端半部狭，内缘凹入，末端略呈截形。下生殖板矛形，端部 1/3 部位略缩狭，末端钝圆；腹突短小，着生于下生殖板亚端部腹面近侧缘。

雌性第 10 腹节背板后缘中部凹入，两侧向后扩展；肛上板舌状。尾须圆锥形，被毛，端部细，末端钝圆。产卵瓣长，较直，端部稍向背方弯曲，背瓣末端尖，腹瓣末端具凹刻。下生殖板扇形,基部狭,中部最宽,后缘钝圆形。

　　体绿色。复眼褐色。后足胫节背面刺黑褐色。产卵瓣端部褐色。

　　分布:浙江(天目山等)、河南、安徽、福建、江西、广东、湖北。

副栖螽亚属 *Paraxizicus* Liu & Yin,2004

　　鉴别特征:雄性第10腹节背板后缘具成对的后突;尾须分两枝;下生殖板延长,腹突着生于中部两侧;外生殖器具膜质的侧叶。雌性下生殖板后缘具深的凹口。

　　9.29　双突副栖螽 *Xizicus* (*Paraxizicus*) *biprocera* (Shi & Zheng,1996)(图 4-9-26)(天目山新记录)

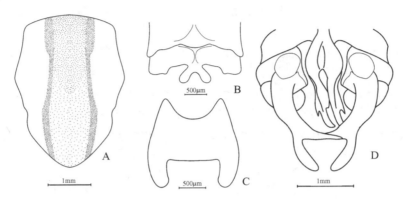

图 4-9-26　双突副栖螽 *Xizicus* (*Paraxizicus*) *biprocera* (Shi & Zheng,1996)
A. 雄性前胸背板,背面观;B. 雄性第10腹节背板,背面观;C. 雌性下生殖板,腹面观;D. 雄性腹部末端,腹面观

　　特征:体小型,体长 9.5—11.0mm。头较粗短,头顶圆锥形,端部钝圆,背面具纵沟。复眼卵形。下颚须端节略长于亚端节,端部略膨大。前胸背板前缘较直,后缘圆角形;后横沟明显,沟后区稍隆起;肩凹弱。胸听器大。足股节腹面缺刺;前足基节具 1 枚刺,前足胫节腹面内缘具 5 枚刺,外缘具 6 枚刺;前足胫节内、外侧听器均为开放式。后足股节膝叶端部钝圆,后足胫节背面内、外缘分别具 33—36 枚刺,具 2 对腹端距与 1 对背端距。前翅长,超过后足股节末端,后翅稍长于前翅。雄性第10腹节背板较短,侧缘稍向后扩展,后缘中央具 1 对呈八字形后突,其稍侧扁,端部钝圆;尾须基半部侧扁;端半部分背支与腹支,背支稍宽,端部钝圆,腹支较狭。下生殖板长,端部中央开裂,具 1 对向背方弯曲的长刺状后突,其外侧近端部各具 1 枚指向后方的刺状后突。缺腹突。

　　雌性第 9 腹节背板较宽,端部较直。第10腹节背板较短,后缘中央凹入;肛上板近卵形。尾须圆锥形,末端尖。下生殖板大,基部半圆形凹入,后缘中央具近长方形凹口,其两侧末端钝圆;侧缘向外扩展。产卵瓣较直,背瓣末端尖,腹瓣末端具凹刻。

　　体淡褐色。头背面具 4 个褐色纵纹,其前端融合,头顶端部黑褐色。复眼黄褐色。前胸背板背面具 1 对近于平行的黑褐色纵纹,其间区域淡褐色。后足股节膝叶端部黑褐色,后足胫节背面刺褐色,端距端半部褐色。前翅上具一些黑褐色斑纹。雄性第10腹节背板黑褐色,尾须端部黑褐色,肛上板黑褐色;下生殖板刺状突黄褐色。

　　讨论:该种是石福明和郑哲民(1996)发表的,*Xiphidiopsis biprocera* Shi & Zheng,1996,刘宪伟等(2010)移入栖螽属,*Xizicus* (*Paraxizicus*) *biprocera*(Shi & Zheng,1996)。

　　分布:浙江(天目山)、江西、福建、广东。

原栖螽亚属 *Axizicus* Gorochov，1998

鉴别特征：雄性第10腹节背板后缘通常不具后突，或具1对距离甚远的小的突起；尾须结构简单。

9.30　四川原栖螽 *Xizicus*（*Axizicus*）*szechwanensis*（Tinkham，1944）（图4-9-27）

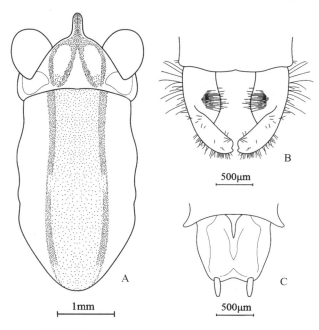

图4-9-27　四川原栖螽 *Xizicus*（*Axizicus*）*szechwanensis*（Tinkham，1944）
A. 雄性头与前胸背板，背面观；B. 雄性尾须，背面观；C. 雄性下生殖板，腹面观

特征：体小型，体长9.5—12.5mm。头顶粗短的圆锥形，端部钝圆，背面具细纵沟。复眼近球形。下颚须端节略长于亚端节，端部稍膨大。前胸背板前缘平直，后缘钝圆；肩凹不明显。胸听器大，花生状。前翅长，显著超过后足股节末端，后翅稍长于前翅。足股节腹面缺刺。前足基节具1枚刺，前足胫节腹面外缘具6枚刺，内缘具5枚刺；前足胫节内、外侧听器均为开放式。后足胫节背面内、外缘分别具33—37枚刺，具1对背端距与2对腹端距。雄性第10腹节背板后缘几乎截形；尾须较粗短，稍内弯，略扭曲，内侧凹陷，端部较钝，内缘中部具毛丛；下生殖板大，近矩形。腹突甚长，着生于下生殖板端部侧缘。

雌性尾须圆锥形。产卵瓣较细长，稍向背面弯曲，背瓣末端尖，腹瓣端部具小钩。下生殖板近矩形，侧缘基部稍向腹面卷，后缘钝圆。

体淡黄褐色。复眼褐色。头背面具4条褐带纵纹，复眼内侧后方具褐色纵纹，延伸到前胸背板后缘，纵纹间区域淡褐色。前翅上具一些不明显的淡褐色暗斑。

讨论：目前该种的分类地位，学者们意见分歧较大，有的认为该归于剑螽属，有的认为该归于优剑螽属，有的认为该归于栖螽属。

分布：浙江（天目山等）、安徽、江西、湖南、广西、四川、重庆、贵州、云南。

库螽属 *Kuzicus* Gorochov, 1993

特征:体小型。头顶圆锥形,向前凸出,端部钝圆,背面具浅纵沟。前胸背板短,肩凹弱。前翅与后翅发达。雄性第10腹节背板后缘中央凹入,两侧具1对对称的长且向腹面弯曲的后突;尾须结构复杂,中部具内突,端部多变;肛上板小,下生殖板不特化,腹突长。雄性外生殖器大,显著骨化。产卵瓣腹瓣端部具小钩。

库螽亚属 *Kuzicus* (*Kuzicus*) Gorochov, 1993

鉴别特征:雄性第10腹节背板后缘具成对的后突。雌性下生殖板端部狭,具成对的突起,产卵瓣基部具1对突起。

9.31 铃木库螽 *Kuzicus* (*Kuzicus*) *suzukii* (Matsumura & Shiraki, 1908)(图 4-9-28)(天目山新记录种)

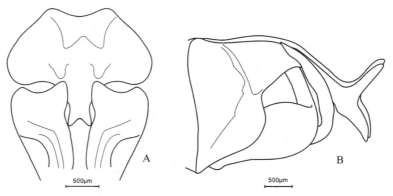

图 4-9-28 铃木库螽 *Kuzicus* (*Kuzicus*) *suzukii* (Matsumura & Shiraki, 1908)
A. 雌性腹部末端,腹面观;B. 雄性腹部末端,侧面观

特征:体小型,体长 10.5—11.5mm。头顶圆锥形。复眼卵形。下颚须细长,端节与亚端节约等长,端部稍膨大。前胸背板前缘稍向前凸,后缘圆角形,后横沟明显;肩凹弱。胸听器大,卵形。前翅长,显著超过后足股节末端;后翅明显长于前翅。足股节腹面缺刺,前足基节具1枚刺。前足胫节腹面内缘具5枚刺,外侧具6枚刺;前足胫节内、外侧听器均为开放式。后足胫节背面内、外缘分别具25或26枚刺,具2对腹端距与1对背端距。雄性第10腹节背板后缘中央具1对向后下方弯曲的后突,其基部稍宽,向端部趋狭,亚端部分为背、腹两叶;尾须基半部粗壮,端半部趋狭,显著内曲,端部尖刺状,内侧近中部具突起和尖刺。雄性外生殖器腹面观基部宽大,中央隆起,基部与下生殖板融合,近端部具1对尖刺;下生殖板基部宽,端部狭。腹突长,着生于下生殖板端部两侧。

雌性下生殖板具2对向腹面的突起和1对后突。产卵瓣适度向背面弯曲,基部粗壮,基部腹面具1对向腹面的突起,背瓣端部尖,腹瓣端部钩状。尾须显著弯曲,端部尖。

体淡黄绿色。复眼褐色,触角窝内侧缘暗褐色,触角具褐色环纹。前胸背板背面中央具1条白色细纹,其相邻外侧具暗色纵纹,前胸背板中央具1个"V"形的褐色斑纹。前翅后缘褐色,前翅上具稀疏的淡褐色斑点。

分布:浙江(天目山)、河北、湖北、湖南、海南、重庆、贵州;韩国,日本。

畸螽属 *Teratura* Redtenbacher，1891

特征：本属在蛩螽族中属中大型种类。头为下口式，头顶圆锥形，端部钝圆。前胸背板沟后区稍延长，略隆起。胸听器明显。前翅狭长，后翅显著长于前翅。雄性第 10 腹节背板后缘显著凹入，其两侧具对称的后突；肛上板骨化较强，通常与第 10 腹节背板融合。尾须端部分为背叶与腹叶，背叶宽，腹叶狭；下生殖板腹突长。

分布：目前全世界已知 19 种，中国记录 9 种；浙江天目山分布 1 种。

9.32　巨叉畸螽 *Teratura*（*Macroteratura*）*megafurcula*（Tinkham，1944）（图 4-9-29）

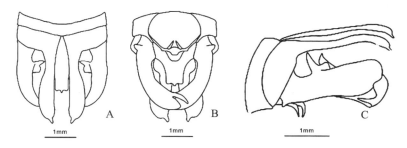

图 4-9-29　巨叉畸螽 *Teratura*（*Macroteratura*）*megafurcula*（Tinkham，1944）
A. 雄性腹部末端，背面观；B. 雄性腹部末端，腹面观；C. 雄性腹部末端，侧面观

特征：体相对较大，细瘦，体长 11.5—14.0mm。头顶圆锥形，背面具浅纵沟。复眼大，球形。下颚须细长，端节与亚端节近于等长，端部稍膨大。前胸背板前缘较直，后缘圆角形；侧片长大于高，肩凹不明显。胸听器大，卵圆形。前翅狭长，前、后缘近于平行，后翅长于前翅。前足基节具 1 枚刺，前足胫节腹面内、外缘分别具 8 枚刺；胫节内、外侧听器为开放式。后足胫节背面内、外缘分别具 30 或 31 枚刺，具 1 对背端距与 2 对腹端距。雄性第 10 腹节背板后缘中央开裂，其两侧向后延伸，形成 1 对宽大且较扁平的后突，其近末端向腹面稍弯曲，末端具一指向内侧的钝刺。尾须粗壮，近基部背缘具一刺状内突，端半部内侧凹陷，端部腹缘具一刺状突。下生殖板小，腹突着生于下生殖板端部。

雌性尾须圆锥形，端部尖。产卵瓣中等长度，近端部 1/2 稍向背方弯曲；下生殖板基部宽，近端部趋窄，后缘中央具缺刻。

体淡黄褐色。头背面褐色，前胸背板背面具 1 对褐色纵纹，其间区域淡褐色。前翅淡褐色，前缘较淡。触角基部内侧及头顶黑褐色，触角褐色。复眼褐色。

分布：浙江（天目山等）、安徽、江西、湖北、湖南、福建、广东、广西、四川、重庆、贵州。

剑螽属 *Xiphidiopsis* Redtenbacher，1891

特征：体小型，较细瘦。头为下口式，颜面垂直，或稍向后倾斜。下颚须端节长于亚端节。前胸背板较短，肩凹浅。胸听器明显。前翅与后翅充分发育，后翅通常长于前翅。足股节腹面缺刺，前足、中足胫节腹面具长刺，前足胫节内、外侧听器均为开放式。雄性第 10 腹节背板后缘中央具不成对的后突；肛上板小；外生殖器膜质。雌性尾须短，产卵瓣长，适度向背面弯曲，通常腹瓣端部钩状。

分布：目前全世界记录约 90 种；浙江天目山采集到 1 种。

9.33　格尼剑螽 *Xiphidiopsis*（*Xiphidiopsis*）*gurneyi* Tinkham，1944（图 4-9-30）

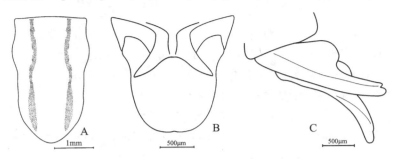

图 4-9-30　格尼剑螽 *Xiphidiopsis*（*Xiphidiopsis*）*gurneyi* Tinkham，1944
A. 雄性前胸背板，背面观；B. 雌性腹部末端，腹面观；C. 雄性尾须侧端观

特征：体小型，体长 9.0—10.0mm。头顶圆锥形，背面具浅纵沟。复眼近球形。下颚须端节与亚端节近于等长，端部稍膨大。前胸背板前缘稍向前突，后缘钝圆；前胸背板侧片长略大于高，肩凹弱。胸听器明显，近圆形。前翅长，显著超过后足股节末端，后翅稍长于前翅。足股节腹面缺刺。前足基节具 1 枚刺，前足胫节腹面外缘具 6 枚刺，内缘具 5 枚刺；前足胫节内、外侧听器均为开放式，椭圆形。后足胫节背面内、外缘分别具 24—28 枚刺，具 1 对背端距与 2 对腹端距。雄性第 10 腹节背板后缘中央稍隆起。尾须基部厚实，适度内弯，背面中部具鳍状突起，端部钝圆，有的个体背缘具小凹刻。下生殖板长方形，后缘中央凹入。腹突较长，端部钝圆，着生于下生殖板端部两侧。

雌性尾须圆锥形，端部细。产卵瓣相对较短，显著向背方弯曲，背瓣端部尖，腹瓣端部具小钩。第 7 腹节腹板后端中央向后延伸，伸于下生殖板腹面基部，端部分叉状。下生殖板横宽，后缘钝圆。

体绿色。复眼褐色。沿前胸背板背面两侧分别具 1 条褐色纵纹，纵纹间的区域为淡黄褐色。后足股节外侧膝叶端具黑斑。

分布：浙江（天目山等）、安徽、湖北、湖南、福建、广西、四川、重庆、贵州。

优剑螽属 *Euxiphidiopsis* Gorochov，1993

特征：体小型。头顶圆锥形，背面具弱纵沟。下颚须端节与亚端节近于等长，端部稍膨大。前胸背板后横沟明显，肩凹浅。胸听器大。前翅长，超过后足股节端部；后翅稍长于前翅。前足胫节内、外侧听器均为开放式。雄性第 10 腹节背板后缘具小突起或无突起，其骨化部分与肛上板间具有宽的膜质区；肛上板小，骨化弱。雄性尾须较简单，或内侧基部具 1 枚刺，或基部粗壮，亚端部细；下生殖板近梯形或矩形；外生殖器膜质。雌性产卵瓣细长，稍向背方弯曲，腹瓣端部具小钩；下生殖板相对较小。

Euxiphidiopsis 是 Gorochov（1993）建立的剑螽属的一个亚属，即 *Xiphidiopsis*（*Euxiphidiopsis*），刘宪伟等（2000）提升为属级地位。*Paraxizicus* 是 Gorochov 等（2005）建立的一个新属，但其拟的属名，刘宪伟（2004，在杨星科主编：《广西十万大山地区昆虫》）将其作为栖螽属的一个亚属 *Xizicux*（*Paraxizicus*）Liu，2004 已经先期发表。这样 *Paraxizicus* Gorochov & Kang，2005 就成为一个异名，刘宪伟等（2010）认为把 *Paraxizicus* 的种类全部移入 *Euxiphidiopsis*。但是，*Paraxizicus* Gorochov & Kang 属征与 *Euxiphidiopsis*（Gorochov，1993）属征不完全相同，只有核对模式种的模式标本之后才能下结论，本书依据刘宪伟的意见处理。

9.34　犀尾优剑螽 *Euxiphidiopsis capricercus*（Tinkham, 1943）（图 4-9-31）

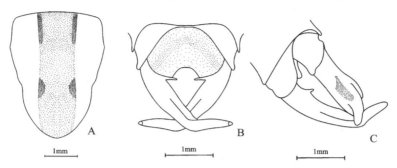

图 4-9-31　犀尾优剑螽 *Euxiphidiopsis capricercus*（Tinkham, 1943）
A. 雄性前胸背板, 背面观；B. 雄性腹部末端, 背面观；C. 雄性腹部末端, 侧背面观

特征：体小型, 体长 8.5—11.5mm。头顶圆锥形, 背面具浅纵沟。下颚须细长, 端节与亚端节几乎等长, 末端稍膨大。复眼卵形。前胸背板前缘较直, 后缘钝圆；肩凹弱。胸听器较大, 肾形。前翅长, 显著超过后足股节末端, 后翅稍长于前翅。足股节腹面缺刺。前足基节具 1 枚刺, 前足胫节腹面外缘具 6 枚刺, 内缘具 5 枚刺；前足胫节内、外侧听器均为开放式。后足胫节背面内、外缘分别具 26—29 枚刺, 具 1 对背端距和 2 对腹端距。雄性第 10 腹节背板具宽的膜质区, 骨化部分狭；尾须长, 基部腹缘具一钝的小突起, 亚端部腹缘具 1 枚小齿突, 端部稍向内弯；下生殖板狭, 矩形, 腹突小。

雌性尾须圆锥形, 端部稍尖。下生殖板短, 横宽, 后缘稍平截。产卵瓣较细长, 稍向背面弯曲, 腹瓣端部具小钩。

体淡绿色。复眼褐色, 复眼后方具褐色纵纹。前胸背板背面具 1 对褐色纵纹, 纵纹间的区域浅褐色。前翅前缘沙黄色。

分布：浙江（天目山）、湖北、湖南、福建、四川、重庆、贵州。

露螽亚科 Phaneropterinae

形态特征：体小至大型。触角窝边缘不显著隆起。前胸腹板缺刺。前、后翅发育完全, 或退化缩短, 雄性前翅具发声器。前足胫节听器有的内、外侧均为开放式, 有的内、外侧均为封闭式, 有的外侧为开放式, 内侧为封闭式。后足胫节背面具端距；跗节第 1—2 节缺侧沟。产卵瓣通常宽短、侧扁, 向背方弯曲, 边缘具细齿。

生物学：露螽亚科均为植食性的, 以植物的叶片、幼嫩的枝条、芽和花等为食, 通常栖息于草本植物与木本植物的叶冠上。

分布：露螽亚科分布很广, 分布于世界各动物地理区, 热带与亚热带地区种类尤其丰富。中国种类除古北界的青藏区外, 其他区均有分布。

讨论：露螽亚科全世界记录约 340 属 2200 多种, 中国记录 48 属约 250 种。浙江天目山记录 15 属 25 种。

分属检索表

1. 前足胫节内、外侧听器均为开放式 ·· 2

　前足胫节内、外侧听器为封闭式或至少内侧听器为封闭式 ······························· 8

2. 头顶端部钝；雄性下生殖板具腹突 ··· 3

条螽属 *Ducetia* Stål, 1874

　　特征:体中小型。头顶侧扁,端部狭窄,狭于触角第1节的宽度,背面具纵沟。复眼卵形,凸出。前胸背板缺侧隆线;侧片长大于高,肩凹不明显。前翅 Sc 脉和 R 脉在基部分离,R 脉的分支近于平行,Rs 脉极少分叉;后翅长于前翅,少数种后翅短于前翅。前足基节具刺或缺刺;前足胫节背面具纵沟和刺;前足胫节内、外侧听器均为开放式;足股节腹面均具刺,后足股节膝叶端具2枚刺。雄性下生殖板缺腹突。产卵瓣较短,显著向背方弯曲,背缘和腹缘具较钝的细齿。

分布：主要分布于俄罗斯、亚洲和非洲中部。

讨论：该属全世界已知 31 种，中国记录 8 种，浙江天目山分布 1 种。该属特征为前翅 R 脉通常具近于平行的分支，Rs 脉极少分叉，雄性尾须具背隆脊或腹隆脊，下生殖板裂叶窄，端部稍尖。

9.35　日本条螽 *Ducetia japonica*（Thunberg，1815）（图 4-9-32）

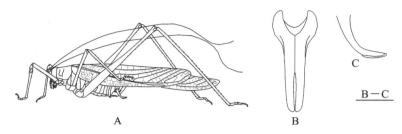

图 4-9-32　日本条螽 *Ducetia japonica*（Thunberg，1815）
A. 雄性整体，侧面观；B. 雄性下生殖板，腹面观；C. 雄性尾须，侧面观；标尺 1mm

特征：体中小型，体长 13.0—22.0mm。头顶侧扁，端部狭窄，狭于触角第 1 节，背面具纵沟；复眼卵形。前胸背板缺侧隆线，侧片长大于高，肩凹不明显。前翅狭长，向端部渐窄；R 脉具 4—6 条近于平行的分支，Rs 脉不分叉；后翅长于前翅。前足基节具 1 枚短刺；前足胫节背面具纵沟和端距，前足胫节内、外侧听器均为开放式；足股节腹面具刺，后足股节膝叶端具 2 枚刺。雄性第 10 腹节背板后缘截形；肛上板三角形；尾须向内弯曲，端部扁，呈斧形，腹缘具隆脊；下生殖板长，端部深裂呈两叶，侧面观端半部向背面弯曲，缺腹突。

雌性尾须短，圆锥形；下生殖板三角形，端部钝圆。产卵瓣侧扁，向背方显著弯曲，背缘和腹缘具钝的细齿。

体黄绿色或黄褐色，雄性前翅后缘褐色，前胸背板黄褐色或淡褐色。

该种与其他种主要区别：雄性尾须端部呈斧形，腹缘具隆脊。

分布：浙江（天目山等）、河北、山西、陕西、河南、江苏、上海、安徽、江西、湖北、湖南、福建、台湾、广东、海南、广西、四川、重庆、贵州、云南、西藏；日本，朝鲜，印度，柬埔寨，菲律宾，新加坡，印度尼西亚，斯里兰卡。

桑螽属 *Kuwayamaea* Matsumura & Shiraki，1908

特征：体中小型，较粗壮。头顶侧扁，端部狭窄，狭于触角第 1 节，背面具纵沟；复眼卵形。前胸背板缺侧隆线；侧片长大于高，肩凹不明显。前翅超过腹部末端，Sc 脉和 R 脉基部分离，Rs 脉极少分叉；雄性右前翅镜膜明显，后翅长于前翅。前足基节具刺或缺刺；前足胫节背面具纵沟和刺；前足胫节内、外侧听器均为开放式；足股节腹面均具刺，后足股节膝叶端具 2 枚刺。雄性下生殖板侧缘上卷呈筒状，末端具浅的凹口，端部背面具 1 对粗短的齿，缺腹突。雌性后翅短于前翅；产卵瓣较长，背缘和腹缘具钝的细齿。

分布：主要分布于中国、俄罗斯、朝鲜半岛和日本。

讨论：该属全世界已知 10 种，中国均有分布；浙江天目山发现 2 种。本属特征为雄性下生殖板呈筒状，端部背缘具 1 对齿；雌性后翅短于前翅。

9.36 中华桑螽 *Kuwayamaea chinensis*（Brunner von Wattenwyl, 1878）（图 4-9-33）

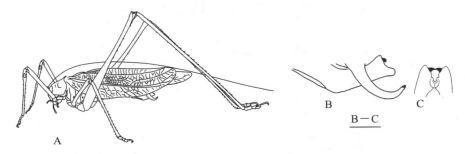

图 4-9-33 中华桑螽 *Kuwayamaea chinensis*（Brunner von Wattenwyl, 1878）
A. 雄性整体，侧面观；B. 雄性腹部末端，侧面观；C. 雄性下生殖板端部观；标尺 1mm

特征：体中型，较粗壮，体长 20.0—28.0mm。头顶侧扁，端部狭窄，狭于触角第 1 节，背面具纵沟。复眼卵形，凸出。前胸背板缺侧隆线；侧片长大于高，肩凹不明显。前翅较宽，Sc 脉和 R 脉基部分离，之后紧密靠拢，中部之后分开，R 脉 2 分支；雄性左前翅发声区不凸出，右前翅镜膜椭圆形，刮器窄；后翅稍长于前翅。前足基节缺刺。雄性第 10 腹节背板后缘截形；肛上板三角形；尾须锥形，稍内弯；下生殖板呈筒状，腹面中央具窄的半膜质区，端部凹口窄，背缘具 1 对粗短的齿，侧面观端叶凸出。

雌性后翅稍短于前翅；产卵瓣长，背缘和腹缘具钝的细齿。

体黄绿色，前翅后缘黄褐色。雄性尾须末端和下生殖板端部背缘的齿暗褐色。

该种与其他种主要区别：雄性右前翅镜膜椭圆形，刮器窄；雄性下生殖板端缘凹口为锐角形。

分布：浙江（天目山、舟山、杭州、莫干山等）、甘肃、山西、陕西、河南、江苏、上海、安徽、江西、湖南、福建、贵州；俄罗斯远东，日本。

9.37 斯氏桑螽 *Kuwayamaea sergeji* Gorochov, 2001（图 4-9-34）

图 4-9-34 斯氏桑螽 *Kuwayamaea sergeji* Gorochov, 2001
A. 雄性整体，侧面观；B. 尾须，侧面观；C. 雄性下生殖板，侧面观；
D. 雄性下生殖板，后面观；标尺 1mm

特征：体小型，体长 15.0—20.0mm。头顶侧扁，狭于触角第 1 节宽度，背面具纵沟；复眼卵形，凸出。前胸背板缺侧隆线；侧片长大于高，肩凹不明显。前翅短，稍超过腹部末端，R 脉 2 分支；雄性左前翅发声区不凸出，右前翅镜膜大，刮器增厚；后翅短于前翅。前足基节缺刺。雄性第 10 腹节背板后缘截形；肛上板三角形；尾须锥形，稍内弯；下生殖板呈筒状，腹面中央具窄的半膜质区，腹端缺中突，侧叶端钝，凹口浅，端部背缘具 1 对粗短的齿。

雌性后翅短于前翅；产卵瓣背缘和腹缘具钝的细齿。

体黄绿色。雄性尾须末端和下生殖板端部背缘的齿为褐色。

该种与其他种主要区别:体型小;雄性右前翅镜膜较大,刮器增厚;下生殖板端缘凹口浅。

分布:浙江(天目山)。

角螽属 *Prohimerta* Hebard,1922

特征:头顶尖角形,侧扁,狭于触角第 1 节,背面具纵沟。复眼卵形。前胸背板缺侧隆线;侧片肩凹较明显。前翅超过腹节末端;Sc 脉和 R 脉基部分离;Rs 脉极少分叉;后翅稍长于前翅。前足基节缺刺;后足股节膝叶端部钝圆;前足胫节背面具纵沟,外缘具刺;前足胫节内、外侧听器均为开放式。雄性尾须基部宽,端部窄,向内弯曲,具棱脊;下生殖板缺腹突,端裂深,裂叶宽。产卵瓣背缘和腹缘具较钝的细齿。

分布:主要分布于中国和越南。

讨论:该属全世界已知 11 种,中国记录 7 种;浙江天目山发现 1 种。该属特征为雄性右前翅发声区较长;尾须基部宽,端部窄,具脊;下生殖板深裂,裂叶宽。

9.38 周氏角安螽 *Prohimerta*(*Anisotima*)*choui*(Kang & Yang,1989)(图 4-9-35)

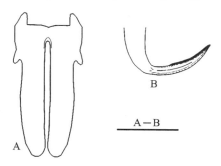

图 4-9-35 周氏角安螽 *Prohimerta*(*Anisotima*)*choui*(Kang & Yang,1989)
A.雄性下生殖板,腹面观;B.雄性尾须,侧面观;标尺 1mm

特征:体中型,体长 23.0—24.0mm。头顶不凸出,端部窄,呈长三角形,背面中央具深纵沟,狭于触角第 1 节,不与颜顶相接;复眼卵形。前胸背板背面平坦,前缘微凹,后缘钝圆,侧隆线不明显。前足股节腹面外缘具 2 或 3 枚刺,中足股节腹面外缘具 5 枚刺,后足股节腹面内、外缘均具 4 枚刺,足股节膝叶端缺刺。前翅较宽,长短于宽的 4 倍;后翅长于前翅。雄性第 10 腹节背板长,约为第 9 腹节背板的 2—3 倍,后缘中部明显内凹,两端向后凸出;尾须基部粗壮,中部细,端部矛状,端部内侧具棱;肛上板小;下生殖板宽,自近基部向上弯曲,裂口深达基部,端叶长条状,端部钝圆。

雌性与雄性外形相似。产卵瓣短而宽,背、腹缘具细密的小齿。尾须基部粗壮,端部尖,呈锥状。下生殖板三角形,端部钝圆。

体绿色,复眼棕色,触角淡色。

该种与其他种主要区别:雄性尾须和下生殖板形态独特。

分布:浙江(天目山、龙王山)、陕西、江西、福建。

掩耳螽属 *Elimaea* Stål,1874

特征:体中型,或中大型,头顶侧扁,狭于触角第 1 节,背面具纵沟;颜面垂直。复眼球形。前胸背板缺侧隆线,有的中隆线明显;前胸背板侧片长大于高,肩凹明显。前翅超过后足股节末端,Sc脉与R脉从基部分离,Rs脉具分支,横脉排列较规则,与纵脉近于垂直;后翅长于前翅。前足基节具1枚刺;前足股节腹面通常具刺,后足股节膝叶端具2枚刺;前足胫节背面具沟和外背距;前足胫节内、外侧听器均为封闭式。雄性下生殖板端部深裂,缺腹突。雌性产卵瓣短,显著向背方弯曲,背、腹缘具细齿,腹瓣常具生殖突基片,下生殖板端部具凹口。

分布:主要分布于亚洲。

讨论:该属全世界已知150多种,中国记录53种;浙江天目山发现4种。该属特征为前足胫节内、外侧听器均为封闭式,前翅横脉排列较规则,与纵脉垂直。

9.39　贝氏掩耳螽 *Elimaea*(*Elimaea*) *berezovskii* Bey-Bienko, 1951

特征:体中型,体长17.0—22.0mm。头顶侧扁,狭于触角第1节,背面具纵沟;复眼相对较小,卵形,向前外方凸出。前胸背板前缘圆弧形内凹,后缘宽圆形凸出,后横沟位于中后部,侧片长稍大于高,肩凹较明显。足股节腹面具刺,后足股节膝叶端具2枚刺;前足胫节内、外侧听器均为封闭式。前翅远超过后足股节端部,翅端钝圆,雄性发声锉具30—40枚大的发声齿,其排列紧密;后翅长于前翅。雄性第10腹节背板后缘圆弧形凸出,肛上板长三角形;尾须长,向内侧弯曲,近端部稍变粗;下生殖板较长,端叶长约为下生殖板长的1/2。

雌性腹部末节背板后缘具梯形凹口;肛上板短三角形;尾须圆锥形,端部钝;下生殖板长三角形,中央具1对纵脊,后缘具凹口。

体黄绿色,前胸背板两侧具大的褐色斑点。

该种与其他种主要区别:雄性下生殖板裂叶约为全长的1/2。文献记载浙江天目山有该种分布,这次考察没有采集到标本。

分布:浙江(天目山、龙王山、凤阳山)、陕西、河南、安徽、江西、湖北、湖南、四川、贵州、云南。

9.40　诺蒂掩耳螽 *Elimaea*(*Elimaea*) *nautica* Ingrisch, 1998(图4-9-36)(浙江新记录种)

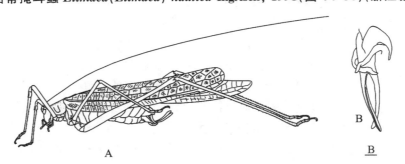

图4-9-36　诺蒂掩耳螽 *Elimaea*(*Elimaea*) *nautica* Ingrisch, 1998
A.雄性整体,侧面观;B.雄性下生殖板、尾须,腹面观;标尺1mm

特征:体中型,体长21.0—22.0mm。头顶侧扁,向前倾斜,狭于触角第1节,背面具纵沟,与颜顶不相接。前胸背板背面平,缺侧隆线,中横沟"V"形,具弱的中隆线,前缘后凹,后缘凸出;侧片长稍大于高,肩凹明显。前足股节腹面具刺,胫节背面具纵沟,端部具端距;中、后足股节腹面外缘具刺,胫节端部具端距。前足胫节内、外侧听器均为封闭式。前翅前缘脉域基半部稍加宽;雄性发声锉具28或29枚发声齿。雄性第10腹节背板后缘宽圆形,中央区具短毛和凹刻;肛上板舌形;尾须较短,强内弯,亚端部稍膨大,末端弯刺状;下生殖板狭长,端部深裂,端叶长约为下生殖板的1/2,薄片状,多毛,基部腹面具中隆线。

雌性尾须短,稍向背面弯曲,基部粗,中部之后窄,圆柱形,末端钝圆。肛上板舌形。下生殖板基部宽,向端部渐窄,端缘中央具小凹口。

体褐绿色,前胸背板被褐色斑点,前翅前、后缘暗褐色。

该种与其他种主要区别:雄性第10腹节背板后缘宽圆形,中央区具短毛和凹刻;尾须亚端部稍膨大,顶端弯刺状;下生殖板端叶约为全长的1/2,多毛。

分布:浙江(天目山)、广西;泰国,美国(夏威夷)。

9.41　圆缺掩耳螽 *Elimaea*(*Rhaebelimaea*) *obtusilota* Kang & Yang, 1992

特征:体中型,体长 27.5—28.6mm。头顶向前凸出,三角形,端部细,末端钝圆,不与颜顶相接。复眼卵形。前胸背板背面平坦,中横沟"V"形,中隆线明显,侧隆线不明显;侧片长大于高,肩凹不明显。前足基节缺刺;前足股节圆柱形,基部内侧稍扁,腹面内缘具 7 枚刺,外缘具 4 枚刺;中足股节细长,腹面外缘具 9 或 10 枚刺。后足股节细长,无刺。前翅较宽,端部钝圆;Rs 脉从 R 脉的中部之前分出。雄性第 10 腹节背板延长;肛上板长舌状,基部微收缩,近端部扩宽,后缘具半圆形凹口;尾须细长,超过下生殖板端部,尾须端部骤然变尖,刺状。下生殖板端裂,长度小于全长的 1/2,裂叶膨大,侧面观适度向背方弯曲。

前胸背板黄褐色,具黑色斑点;中隆线玫瑰色。前翅黄绿色,具黑点。腹节背板玫瑰色。

该种与其他种主要区别:雄性肛上板延长,呈长舌状,基部微收缩,近端部扩宽,端缘具半圆形凹口。文献记载浙江天目山有分布,这次考察没有采集到标本。

分布:浙江(天目山、凤阳山)、浙江、福建。

9.42　半圆掩耳螽 *Elimaea*(*Rhaebelimaea*) *semicirculata* Kang & Yang, 1992

特征:体中型,体长 18.0—18.2mm,头顶狭,向前凸出,几乎与颜顶相接。复眼卵形。前胸背板背面平坦,中横沟"V"形,中隆线明显;侧片长略大于高,肩凹明显。前足股节较直,近基部稍扁;前足基节缺刺。足股节腹面内、外缘无刺,膝叶端部具 2 枚刺。前翅窄,Rs 脉自 R 脉中部之前分出,具 4 分支。雄性第 10 腹节背板扩大,肛上板延伸,呈长三角形,端部钝圆,基部两侧缘几乎平行。雄性尾须长,圆柱形,向内弯曲,端部近 1/4 处向外侧强弯成钩状,近末端渐尖;下生殖板基部宽,中部骤变窄,侧面观下生殖板向背方弯曲,末端具浅的裂口。

雌性肛上板向后延长,端部平截或钝圆,近末端略上翘。产卵瓣宽扁,显著向背方弯曲,端部锐尖,背缘具细齿;腹缘光滑,仅末端具齿。下生殖板宽片状,两侧缘向后渐宽,后缘凹口矩形,侧角刺状,外缘不规则凸出。

体淡绿色,前胸背板密布褐色斑点。

该种与其他种主要区别:雄性下生殖板基部宽,中部骤变窄,侧面观下生殖板向背方弯曲,末端具浅的裂口。文献记录浙江天目山有分布,这次考察没有采集到标本。

分布:浙江(天目山、龙王山、古田山、丽水、百山祖)、福建。

半掩耳螽属 *Hemielimaea* Brunner von Wattenwyl, 1878

特征:体中大型,头顶隆起,尖角形,端部狭于触角第 1 节,与颜顶不相接,背面具纵沟;复眼球形。前胸背板缺侧隆线;侧片长大于高,肩凹不明显。前翅超过后足股节末端,Sc 脉和 R 脉基部分离,Rs 脉分叉,横脉排列较规则;后翅长于前翅。前足基节缺刺;足股节腹面通常均具刺,后足股节膝叶端具 2 枚刺;前足胫节背面具沟和外背距,内侧听器为封闭式,外侧听器为开放式。雄性第 10 腹节背板不特化;下生殖板缺腹突。雌性产卵瓣中等长度,背缘具钝的细齿。

分布:主要分布于中国和东南亚。

讨论:该属全世界已知 15 种,中国记录 8 种;浙江天目山发现 1 种。该属特征为前足胫节内侧听器为封闭式,外侧听器为开放式;前、后翅发达,纵脉明显,横脉排列规则;雌性下生殖板端裂深,侧叶尖角状。

9.43 中华半掩耳螽 *Hemielimaea chinensis* Brunner von Wattenwyl, 1878(图 4-9-37)

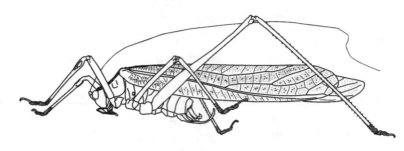

图 4-9-37 中华半掩耳螽 *Hemielimaea chinensis* Brunner von Wattenwyl, 1878 雄性整体

特征:体中大型,体长 20.0—25.0mm。头顶三角形,狭于触角第 1 节,背面具纵沟,与颜顶不相接;复眼球形,凸出。前胸背板背面圆凸,缺侧隆线,沟后区较平;侧片长稍大于高,肩凹不明显。前翅相对较宽,超过后足股节端部,端部钝圆;R 脉 3 分支,Rs 脉从 R 脉中部分出,分叉;横脉排列较规则,与纵脉近于垂直;后翅长于前翅。前足基节缺刺;足股节腹面均具刺,膝叶端具 2 枚刺;前足胫节内侧听器为封闭式,外侧听器为开放式。雄性第 10 腹节背板稍延长,后缘内凹;尾须长,向内弯曲,近端部稍膨大,末端刺状;肛上板长舌形;下生殖板延长,端部裂成 2 叶,近 90°向背方弯曲,末端尖,指向外侧;阳茎骨片狭长、具齿,侧面观呈波浪形。

雌性尾须长,锥形。下生殖板较宽,后缘具深的角形凹口,两侧叶三角形,外缘具或不具尖突。产卵瓣短,显著向背面弯,背、腹缘具钝的细齿,基部瓣间叶具小突。

体黄褐色,头和前胸背板背面暗褐色,脉室斑点浅褐色。

该种与其他种主要区别:雄性下生殖板延长,近 90°向背方弯曲,端叶末端指向外侧;阳茎骨片狭长,具齿,侧面观呈波浪形。

分布:浙江(天目山、凤阳山、安吉、开化、丽水、庆元)、安徽、江西、湖北、湖南、福建、台湾、广东、海南、广西、四川、重庆、贵州、西藏。

绿螽属 *Holochlora* Stål, 1873

特征:头顶端半部侧扁,狭于触角第 1 节,不与颜顶相接,背面具纵沟。复眼卵形。前胸背板缺侧隆线,沟前区圆凸,沟后区平坦,后缘缺隆边;侧片高大于长,肩凹明显。前翅超过后足股节端部,C 脉明显,Sc 脉和 R 脉从基部分开;Rs 脉分叉;后翅长于前翅。前足基节具刺。足股节腹面具刺,后足股节膝叶端具 2 枚刺。前足胫节背面具纵沟和背距,前足胫节内侧听器为封闭式,外侧听器为开放式。雄性第 10 腹节背板后端纵裂成 2 叶;下生殖板具腹突。雌性产卵瓣宽,基部具横隆褶,背、腹缘与侧面具细齿。

分布:主要分布于亚洲南部、非洲南部和夏威夷群岛。

讨论:该属全世界已知 54 种,中国分布 15 种;浙江天目山发现 1 种。该属主要特征为前翅 C 脉明显,后足股节膝叶端具 2 枚刺,雄性第 10 腹节背板后端纵裂成 2 叶。

9.44 日本绿螽 *Holochlora japonica* Brunner von Wattenwyl, 1878

特征:体中型,体长 23.0—25.0mm。头顶侧扁,狭于触角第 1 节,与颜顶不相接,背面具纵沟。前胸背板缺侧隆线,沟后区稍平,侧片高大于长,肩凹明显。前翅远超过后足股节端部;C 脉明显,Sc 脉和 R 脉除端部外几乎毗连,Rs 脉从 R 脉中部分出,分叉;后翅长于前翅。前足基节具刺;前足胫节背面具纵沟和背距,内侧听器为封闭式,外侧听器为开放式。足股节腹面均具刺。雄性第 10 腹节背板后缘纵裂成 2 叶,其端部截形,腹面具瘤突;尾须短,圆锥形,端部向内弯;下生殖板基部较宽,向后趋狭,侧缘平行,后缘具三角形凹口,腹突短,稍扁平。

雌性尾须圆锥形;下生殖板长三角形;产卵瓣侧扁,基部具隆起的横褶,背缘和腹缘末端具齿。

体绿色,前翅 C 脉淡褐色。

该种与其他种主要区别:雄性第 10 腹节背板裂叶的形状和下生殖板形状独特。文献记载浙江天目山有分布,这次考察没有采集到标本。

分布:浙江(天目山、莫干山、杭州、仙居、丽水)、河南、江苏、上海、安徽、湖北、湖南、福建、广东、海南、广西、四川、贵州、云南;日本。

糙颈螽属 *Ruidocollaris* Liu,1993

特征:体中到大型。头部背面圆凸,头顶侧扁,狭于触角第 1 节,与颜顶几乎相接,背面具纵沟;复眼卵形,凸出。前胸背板背面平坦,前缘直或微凹,后缘呈钝三角形或钝圆形凸出,侧隆线向后渐岔开;侧片高大于长,肩凹不明显。前翅超过后足股节端部,Sc 脉和 R 脉从基部分开,除近端部外较紧密地靠拢,Rs 脉分叉;后翅长于前翅。前足基节具 1 枚刺;足股节腹面具刺,膝叶端钝圆;前足胫节背面具纵沟,外侧具背距,内侧听器为封闭式,外侧听器为开放式。雄性下生殖板具腹突。雌性产卵瓣宽,基部缺横隆褶,背、腹缘和侧面具细齿。

分布:主要分布于中国,东南亚及南亚等。

讨论:该属全世界已知 9 种,中国均有分布;浙江天目山发现 2 种。该属主要特征为前胸背板侧隆线向后渐岔开,各足股节膝叶端钝圆。

9.45　凸翅糙颈螽 *Ruidocollaris convexipennis*(Caudell,1935)(图 4-9-38)

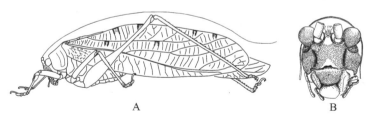

图 4-9-38　凸翅糙颈螽 *Ruidocollaris convexipennis*(Caudell,1935)
A.雄性整体,侧面观;B.雄性颜面

特征:体中型,体长 22.0—27.2mm。头顶侧扁,狭于触角第 1 节,端部与颜顶几乎相接,背面具纵沟,后头圆凸。复眼卵形。颜面具粗刻点。前胸背板背面平,具刻点,前缘微凹,后缘钝圆;侧片高大于长,肩凹明显。前翅超过后足股节端部,中部扩展,端缘钝圆;Rs 脉从 R 脉中部之前分出,分叉;后翅稍长于前翅。前足基节具 1 枚刺;前足股节腹面内缘具 2 或 3 枚刺,胫节背面外缘具端刺;中足股节腹面外缘具 5 枚刺,胫节背面只有内缘具刺;后足股节腹面内、外缘具小刺,胫节背、腹面均具刺;足股节膝叶端钝圆。前足胫节内侧听器为封闭式,外侧听器为开放式。雄性第 10 腹节背板后缘截形;尾须圆柱形,内弯,末端具 1 枚小齿;下生殖板长,基部宽,向端部渐趋狭,后缘具小凹口,腹突粗短。

雌性下生殖板三角形,后缘具小凹口。产卵瓣宽短,显著向背方弯曲,基部缺横隆褶,背瓣端部较尖,腹瓣端部稍截形,背、腹缘具细齿,侧面近端部具数列细齿。

体黄绿色,颜面赤褐色,前翅绿色,雄性左前翅发声区具一黑斑,径脉域和中脉域具矩形浅褐色斑,其外缘嵌不完整的黑边。

该种与其他种主要区别:前胸背板后缘钝圆形;颜面赤褐色,前翅径脉域和中脉域具矩形浅褐色斑,其外缘嵌不完整的黑边。

分布:浙江(天目山、凤阳山、安吉)、陕西、安徽、江西、湖北、湖南、福建、广东、海南、广西、四川、贵州、云南、西藏。

9.46 截叶糙颈螽 *Ruidocollaris truncatolobata*（Brunner von Wattenwyl, 1878）（图 4-9-39）

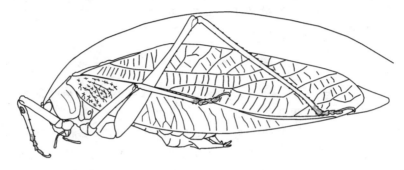

图 4-9-39　截叶糙颈螽 *Ruidocollaris truncatolobata*（Brunner von Wattenwyl, 1878)雄性整体

特征:体大型,粗壮,体长 25.0—38.0mm,头顶侧扁,末端钝,狭于触角第 1 节,背面具纵沟,与颜顶不接,后头圆凸。复眼近球形,凸出。前胸背板背面具刻点,向后渐宽,后缘钝圆。前翅长,超过后足股节末端,端部钝圆;Sc 脉从 R 脉中部之前分出,分叉;后翅长于前翅。前足基节具 1 枚刺;足股节腹面具刺。前足胫节背面外缘具刺;中足胫节背面内缘具刺;足股节膝叶端部钝圆。前足胫节内侧听器为封闭式,外侧听器为开放式。雄性第 10 腹节背板稍延长,端部下凹,亚端部具 1 条明显的横隆线;尾须较短,圆柱形,向内弯曲,亚端部稍扩宽,末端具 1 枚小齿;下生殖板基部宽,侧缘向上折,端部稍窄,端半部两侧缘近平行,后缘具三角形小凹口;腹突粗短。

雌性下生殖板近于三角形,端部钝圆;产卵瓣宽,基部缺横隆褶,背瓣端部尖,腹瓣端部截形,背、腹缘具细齿,侧面近端部具数列小齿。

体绿色。产卵瓣端半部暗褐色。

该种与其他种主要区别:前胸背板后缘钝圆形;雄性下生殖板腹突约为全长的 1/3;雌性产卵瓣腹瓣端部截形。

分布:浙江(天目山、安吉、开化、庆元)、甘肃、陕西、河南、安徽、江西、湖北、湖南、福建、台湾、广东、海南、广西、四川、重庆、贵州、西藏;日本。

华绿螽属 *Sinochlora* Tinkham, 1945

特征:体大型。头顶侧扁,狭于触角第 1 节,末端钝,背面具纵沟,与颜顶不相接;复眼卵形,后头圆凸。前胸背板沟前区圆凸,沟后区稍平坦。前翅超过后足股节末端,C 脉白色,其前缘具黑色纹,Rs 脉具分支;雄性左前翅发声脉隆突,右前翅具小的透明区;后翅长于前翅。前足基节具 1 枚刺；前足胫节内侧听器为封闭式，外侧听器为开放式；足股节膝叶端具 2 枚刺；股节刺均为暗褐色或黑色。雄性第 10 腹节背板特化，后端具 1—3 个后突；肛上板发达，形态多样；下生殖板长，端部纵裂，腹突粗短。雌性产卵瓣宽阔，背、腹缘平行，向背方弯曲，端部平截，具小齿，腹缘端部具齿，侧面具小齿；下生殖板后缘具凹口。

分布：主要分布于中国，韩国，日本。

讨论：该属全世界已知 9 种，中国均有分布；浙江天目山发现 3 种。该属体大型，C 脉白色，其前缘具黑色纹，以及雄性第 10 腹节背板和发达的肛上板结构是区别其他属的主要特征。产卵瓣侧扁，基部具隆起的横褶，背缘端部平截，具细齿，腹缘端部具细齿，侧面具齿列。

9.47　长裂华绿螽 *Sinochlora longifissa*（**Matsumura & Shiraki, 1908**）（**图 4-9-40**）

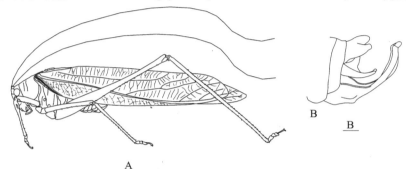

图 4-9-40　长裂华绿螽 *Sinochlora longifissa*（Matsumura & Shiraki，1908）
A. 雄性整体，侧面观；B. 雄性腹部末端，侧面观；标尺 1mm

特征：体大型，体长 22.0—30.0mm。头顶侧扁，狭于触角第 1 节，与颜顶不相接，背面具纵沟。前胸背板缺侧隆线，沟后区平坦；侧片高大于长，肩凹明显。前翅远超过后足股节末端；C 脉明显；Sc 脉和 R 脉除端部外几乎毗连，Rs 脉从 R 脉中部分出，分叉。后翅长于前翅。前足基节具刺；前足胫节背面具纵沟和背距，内侧听器为封闭式，外侧听器为开放式。足股节腹面均具刺。雄性第 10 腹节背板中突较大并隆起，侧突钳状；尾须圆锥形，端部 1/3 处向内弯曲；肛上板近矩形，两后侧角粗刺状；下生殖板延长，端部 1/4 处裂成两叶，侧面观稍向背方弯曲；腹突短。

雌性尾须圆锥形；下生殖板横宽，三角形，后缘具浅的凹口。产卵瓣侧扁，基部具隆起的横褶，背瓣端部平截，具细齿，腹瓣端部具细齿，侧面具齿列。

体绿色，前翅 C 脉白色，其前缘具黑色纹，足股节腹面刺黑色。雄性肛上板 2 枚粗刺褐色。

该种与其他种主要区别：雄性第 10 腹节背板中突较大并隆起，侧突钳状，肛上板两后侧角粗刺状，下生殖板端叶较短，不及下生殖板的 1/2。

分布：浙江（天目山、清凉峰、凤阳山）、河南、安徽、江西、湖南、福建、台湾、广东、广西、四川、贵州、云南；韩国，日本。

9.48　中国华绿螽 *Sinochlora sinensis* Tinkham, 1945（图 4-9-41）

特征：体大型，体长 23.0—28.0mm。头顶侧扁，狭于触角第 1 节，与颜顶不相接，背面具纵沟。前胸背板缺侧隆线；侧片高大于长，肩凹明显。前翅远超过后足股节端部；C 脉明显；Sc 脉和 R 脉除端部外几乎毗连，Rs 脉从 R 脉中部分出，分叉；后翅长于前翅。前足基节具 1 枚刺；前足胫节背面具纵沟和背距，内侧听器为封闭式，外侧听器为开放式。足股节腹面均具刺。

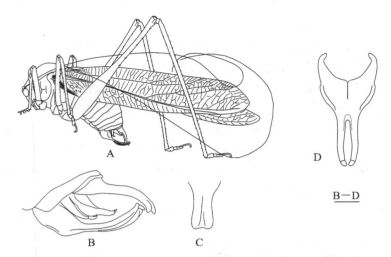

图 4-9-41　中国华绿螽 *Sinochlora sinensis* Tinkham，1945

A. 雄性整体，侧面观；B. 雄性腹部末端，侧面观；C. 雄性第 10 腹节背板，背面观；

D. 雄性下生殖板，腹面观；标尺 1mm

雄性第 10 腹节背板延长，后缘稍内凹，缺侧突；尾须圆锥形，端部稍内弯；肛上板长三角形，端部延长，末端背缘具 2 枚小齿；下生殖板长，端半部裂成两叶，不及下生殖板的 1/2，侧面观显著向背方弯曲；腹突粗短。

雌性下生殖板四边形，后缘具三角形凹口。产卵瓣基部具隆起的横褶，背缘端部平截，具齿，侧面具齿列。

体绿色，前翅 C 脉白色，其前缘具黑色纹，股节腹面刺黑色。

该种与其他种主要区别：雄性第 10 腹节背板向后延长，后缘稍内凹，雄性肛上板长三角形，末端具 2 枚小齿。

分布：浙江(天目山、泰顺、庆元)、河南、安徽、江西、湖北、湖南、福建、台湾、广东、广西、四川、重庆、贵州、云南。

9.49　四川华绿螽 *Sinochlora szechwanensis* Tinkham，1945(图 4-9-42)

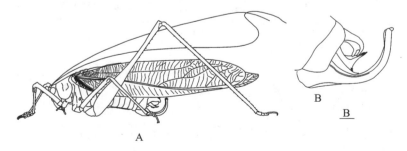

图 4-9-42　四川华绿螽 *Sinochlora szechwanensis* Tinkham，1945

A. 雄性整体，侧面观；B. 雄性腹部末端，侧面观；标尺 1mm

特征：体大型，体长 22.0—27.5mm。头顶侧扁，狭于触角第 1 节，与颜顶不相接，背面具纵沟。前胸背板缺侧隆线；侧片高大于长，肩凹明显。前翅远超过后足股节端部；C 脉明显；Sc 脉和 R 脉除端部外几乎毗连，Rs 脉从 R 脉中部分出，分叉；后翅长于前翅。前足基节具 1 枚刺;前足胫节背面具纵沟和背距,内侧听器为封闭式,外侧听器为开放式。足股节腹面均具刺。雄性第 10 腹节背板中部稍隆起,两侧突向后延伸,末端向下弯曲;肛上板倒三角状,端部具 1 对粗壮的刺,向背方弯曲,腹面具褐色鬃毛;尾须锥形,较长;下生殖板长,基部宽,端半部深裂为两叶,侧面观向背方显著弯曲,腹突短粗。

雌性下生殖板三角形,后缘具三角形凹口。

体绿色,前翅 C 脉白色,其前缘具黑色纹,足股节腹面刺黑色。雄性肛上板端部的刺暗褐色。

该种与其他种主要区别:雄性肛上板倒三角状,端部后缘具向背方弯曲的 1 对粗壮的刺,腹面具褐色鬃毛,下生殖板裂叶深,大于下生殖板的 1/2。

分布:浙江(天目山、凤阳山、安吉)、甘肃、陕西、河南、江苏、安徽、江西、湖北、湖南、福建、台湾、广西、四川、重庆、贵州、云南。

斜缘螽属 *Deflorita* Bolívar,1906

特征:体中小型。头顶三角形,向前倾斜,端部狭,背面具纵沟。前胸背板宽短,缺侧隆线,中隆线明显。前胸背板背面和腹节背板侧面常具白斑。前翅狭长,超过后足股节端部,前缘稍凸,后缘稍凹,端部稍斜截,Sc 脉与 R 脉基部分离,Rs 脉具分支,横脉较少,排列不规则,后翅长于前翅,前翅端部和后翅外露部分褐色。前足基节缺刺;前足胫节基部膨大,内侧听器为封闭式,外侧听器为开放式。雄性尾须细长;下生殖板长,端部深裂,缺腹突;阳茎骨片膜质。产卵瓣宽短,向背方显著弯曲,边缘具细齿。

分布:主要分布于中国和东南亚国家。

讨论:该属全世界已知 17 种,中国记录 5 种;浙江天目山发现 1 种。该属主要特征为前胸背板背面和腹节背板侧面常具白斑,前翅发声区后缘具深的凹口,端部斜截形,前翅端部和后翅外露部分呈褐色。

9.50　褐斜缘螽 *Deflorita deflorita*(Brunner von Wattenwyl, 1878)(图 4-9-43)

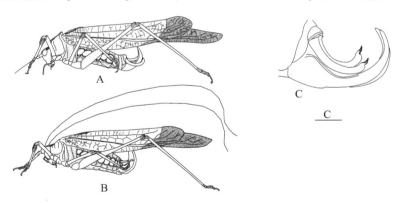

图 4-9-43　褐斜缘螽 *Deflorita deflorita*(Brunner von Wattenwyl, 1878)
A. 雄性整体,侧面观;B. 雌性整体,侧面观;C. 雄性腹部末端,侧面观;标尺 1mm

特征:体中小型,体长 13.0—19.0mm。头顶三角形,端半部侧扁,狭于触角第 1 节,基半部显著隆起,背面具纵沟。复眼卵形。前胸背板沟前区圆凸,沟后区较平,缺侧隆线;侧片长与高近于相等,肩凹不明显。前翅较狭窄,端缘稍斜截;Sc 脉和 R 脉基部分开,R 脉具 2—3 分支,Rs 脉分叉;后翅长于前翅。前足基节缺刺;足股节腹面具刺,股节膝叶端缺刺;前足胫节背面具纵沟,缺背距,内侧听器为封闭式,外侧听器为开放式。雄性第10腹节背板稍延长,后缘稍凹;肛上板长三角形;尾须细长,圆柱形,强内弯,亚端部粗壮,之后渐细,弯刺状;下生殖板狭长,端部深裂,端叶末端钝,侧面观显著向背方弯曲。

雌性尾须短,圆锥形;下生殖板近三角形,端部钝圆。产卵瓣侧扁,向背方弯曲,端部较钝,背、腹缘具细齿。

体黄绿色,头部和前胸背板背面、雄性前翅发声区以及腹部背板两侧均具白斑,白斑外缘褐色;触角褐色,具稀疏浅色环纹;前翅端部和后翅外露部分褐色,足跗节暗褐色。

该种与其他种主要区别:雄性尾须细长,圆柱形,亚端部粗壮,之后渐细,弯刺状。

分布:浙江(天目山、安吉)、陕西、上海、安徽、江西、湖南、福建、台湾、广东、海南、广西、四川、贵州、云南;印度尼西亚,斯里兰卡。

奇螽属 *Mirollia* Stål,1873

特征:头顶侧扁,狭于触角第1节,背面具纵沟。复眼卵形。前胸背板具中隆线,缺侧隆线;侧片长与高几乎相等,肩凹明显。前、后翅均发达。前翅端缘圆形;Sc脉和R脉基部分离,Rs脉具分支;横脉排列不规则;雄性发声区椭圆形,发声脉隆突,发音区后缘具凹口;后翅长于前翅。前足基节缺刺。股节腹面具小刺,膝叶端缺刺。前足胫节内侧听器为封闭式,外侧听器为开放式;前足和中足均缺背距。雄性第10腹节背板后缘内凹。雄性下生殖板狭长,端部开裂成两叶,缺腹突。雌性产卵瓣短,背、腹缘具细齿。

分布:主要分布于中国,东南亚及南亚。

讨论:该属全世界已知39种,中国记录16种;浙江天目山发现1种。该属主要特征为前翅端缘圆形,雄性左前翅发声区椭圆形,阳茎骨化。

9.51 台湾奇螽 *Mirollia formosana* Shiraki,1930

特征:体小型,体长14.5—16.5mm。头顶凸出,端半部侧扁,狭于触角第1节,背面具纵沟。前胸背板具中隆线,肩凹稍明显。前翅远超过后足股节端部,末端钝圆;Sc脉和R脉基部分离,Rs脉从R脉中部分出,分叉;横脉排列不规则;后翅长于前翅。前足基节缺刺;前足胫节背面具纵沟,缺背距,内侧听器为封闭式,外侧听器为开放式。雄性第10腹节背板后缘内凹;肛上板小,三角形;尾须细长,近基部内侧稍膨大,端部1/3向内呈直角弯曲,末端具1枚小刺;下生殖板狭长,端部裂成两叶,端叶稍分开。阳茎骨片外叶具2枚端刺。

雌性尾须短,圆柱形;下生殖板横宽,后缘三叶形。产卵瓣背缘从基部1/3处向背方呈角形弯曲,具细齿,腹缘弧形弯曲,仅端部具细齿。

体黄绿色,雄性左前翅发声区具一大黑斑。

该种与其他种主要区别:雄性尾须近基部内侧稍膨胀;阳茎骨片外叶具2枚端刺。文献记录浙江天目山有分布,这次考察没有采集到标本。

分布:浙江(天目山)、陕西、上海、安徽、江西、湖北、湖南、福建、台湾、广东、海南、四川、重庆、贵州。

平背螽属 *Isopsera* Brunner von Wattenwyl,1878

特征:头顶凸出,端部钝,狭于触角第1节,背面具纵沟,与颜顶不相接。前胸背板背面平坦,侧隆线明显;侧片高大于长,肩凹明显。前、后翅均发育完全,后翅长于前翅。前足基节具刺;前足胫节背面具纵沟和外端距,前足胫节内、外侧听器均为开放式。雄性下生殖板端叶圆柱形,腹突细长。雌性产卵瓣形态因种而异。

分布:主要分布于中国,东南亚及南亚。

讨论:该属全世界已知 22 种,中国记录 8 种;浙江天目山发现 4 种。该属主要特征为头顶端钝,前胸背板侧隆线明显,雄性下生殖板端叶圆柱形,腹突细长。

9.52 细齿平背螽 *Isopsera denticulata* Ebner,1939(图 4-9-44)

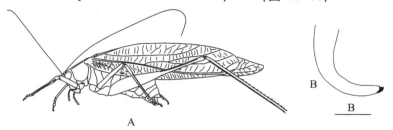

图 4-9-44　细齿平背螽 *Isopsera denticulata* Ebner,1939
A.雄性整体,侧面观;B.雄性尾须,背面观;标尺 1mm

特征:体中型,体长 20.0—25.0mm。头顶末端钝,狭于触角第 1 节,与颜顶不相接,背面具纵沟。前胸背板背面平,具侧隆线;侧片高大于长,后缘钝圆,肩凹较明显。前翅超过后足股节末端,中部稍阔,端部钝圆,具光泽,半透明;Rs 脉从 R 脉中部之前分出,分叉;后翅长于前翅。前足基节具 1 枚刺;前足股节腹面内缘具 3—4 枚刺,胫节背面外缘具 1 枚端刺;中足股节腹面外缘具 4—5 枚刺,后足股节腹面内缘具 5 枚刺,外缘具 7 枚刺,后足股节膝叶端具 2 枚刺。前足胫节内、外侧听器均为开放式。雄性第 10 腹节背板稍延长,后缘平截,背面中央下凹;肛上板三角形;尾须细长,圆柱形,向内弯,末端具细齿;下生殖板狭长,端叶呈圆柱形,腹突细长。

雌性尾须圆锥形。下生殖板近三角形,端部钝圆。产卵瓣较长,向背方弯曲,约为前胸背板长的 2 倍,背缘和腹缘具较钝的细齿。

体绿色。雄性尾须端部齿为褐色。

该种与其他种主要区别:雄性尾须细长,末端具细齿;雌性产卵瓣较长,约为前胸背板长的 2 倍。

分布:浙江(天目山、凤阳山、安吉、开化、丽水、庆元)、甘肃、陕西、安徽、江西、湖北、湖南、福建、广东、广西、四川、重庆、贵州;日本。

9.53 歧尾平背螽 *Isopsera furcocerca* Chen & Liu,1986(图 4-9-45)

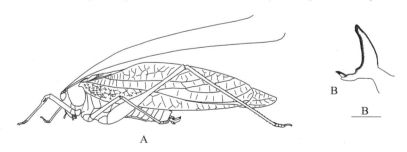

图 4-9-45　歧尾平背螽 *Isopsera furcocerca* Chen & Liu,1986
A.雄性整体,侧面观;B.雄性尾须,后面观;标尺 1mm

特征:体中型,体长 24.0—25.0mm。头顶向前凸出,侧扁,末端较钝,背面具纵沟。复眼卵形。前胸背板背面平坦光滑,前缘微凹,后缘钝圆,具侧隆线,中横沟"V"形,后横沟较直,肩凹明显。前足基节具 1 枚刺;前足胫节内、外侧听器均为开放式。前翅超出后足股节末端;Sc 脉和 R 脉在中部毗连,其基部和端部略分离,R 脉具 2 分支,Rs 脉分叉;后翅长于前翅。雄性第 10 腹节背板较长,后缘微突;肛上板舌形;尾须粗短,稍微内弯,端部叉状,内支短于外支,外支背侧及腹侧具隆脊,内支端具 1 枚粗刺。雄性下生殖板腹面侧隆线和中隆线明显,端叶圆柱形,凹口近乎方形,腹突长(其长约为端叶的 1.5 倍)。

雌性尾须锥形,端部稍内弯;下生殖板近乎钝三角形,后缘为狭圆形,无凹口。产卵瓣短,显著向背方弯曲,基部侧褶凸出,背缘和腹缘末端具钝齿,背瓣明显长于腹瓣。

体绿色。雄性尾须背侧及腹侧隆脊褐色。

该种与其他种主要区别:尾须粗壮,近端部明显分成叉状,内支短于外支,内支端具 1 枚粗刺;雌性产卵瓣背瓣长于腹瓣。

分布:浙江(天目山、凤阳山、开化)、安徽、福建、广西。

9.54　黑角平背螽 *Isopsera nigroantennata* Xia & Liu, 1992

特征:体中大型,体长 24.5—26.0mm。头顶狭于触角第 1 节,与颜顶不相接,背面具纵沟;复眼卵形。前胸背板背面平坦,前缘稍凹,后缘宽圆形,侧隆线明显;侧片高稍大于长,肩凹较浅。前翅远超过后足股节末端,Sc 脉与 R 脉在中部靠拢,端部明显分开,Rs 脉从 R 脉中部之前分出;后翅长于前翅。前足基节具 1 枚刺,足股节腹面具刺,膝叶端部具 2 枚刺;前足胫节内、外侧听器均为开放式。雄性肛上板三角形;尾须圆柱形,端部稍细,具 1 枚小齿;下生殖板狭长,端叶圆柱形,凹口"V"形,腹突细长,约为端叶长的 3 倍。

雌性肛上板舌状;尾须长,圆锥形;产卵瓣宽短,显著向背方弯曲,背瓣和腹瓣端部具细齿;下生殖板三角形,端部钝圆。

体绿色。触角黑色,头部复眼后方及前胸背板侧面具黑褐色纵纹。

该种与其他种主要区别:触角黑色;雄性尾须圆柱形,端部稍细,具 1 枚小齿。

分布:浙江(天目山、龙王山)、陕西、安徽、湖南、四川、贵州。

9.55　显沟平背螽 *Isopsera sulcata* Bey-Bienko, 1955(图 4-9-46)

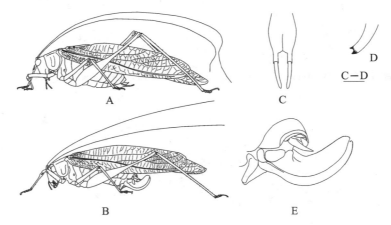

图 4-9-46　显沟平背螽 *Isopsera sulcata* Bey-Bienko, 1955
A. 雄性整体,侧面观;B. 雌性整体,侧面观;C. 雄性下生殖板,腹面观;
D. 雄性尾须,背面观;E. 雌性腹端,侧面观;标尺 1mm

特征:体中小型,体长 19.0—22.0mm。头顶狭于触角第 1 节,端部钝圆,与颜顶不相接,背面具纵沟。复眼卵形,显著向外侧凸出。前胸背板背面平坦,具侧隆线,侧片高大于长,肩凹明显。前翅超过后足股节末端，翅端钝圆；后翅长于前翅。前足基节具 1 枚刺；足股节腹面均具刺；膝叶端具 2 枚刺。雄性肛上板三角形；尾须圆柱形，向内弯，端部二齿状；下生殖板端叶圆柱形，凹口方形，腹突细长。

雌性尾须较短，圆锥形；下生殖板近于三角形，端缘具三角形凹口；产卵瓣短，端部钝圆，背缘与腹缘末端具细齿。

体黄绿色，后足股节刺与胫节刺黑色。雄性尾须端部黑色。

该种与其他种主要区别：雄性尾须圆柱形，端部二齿状；雌性下生殖板近于三角形，端缘具三角形凹口。

分布：浙江（天目山、凤阳山、龙王山、百山祖）、安徽、江西、湖南、福建、海南、广西、四川、贵州。

环螽属 *Letana* Walker，1869

特征：头顶侧扁，狭于触角第 1 节，与颜顶不相接，背面具纵沟。复眼卵形。前胸背板缺侧隆线；侧片长稍大于高，肩凹较明显。翅发达或缩短。前翅具光泽，半透明；Sc 脉和 R 脉由基部分离，Rs 脉从 R 脉中部之前分出，分叉。后翅极少短于前翅。前足基节缺刺；足股节腹面通常具刺；前足胫节背面具纵沟，缺刺，前足胫节内、外侧听器均为开放式。雄性第 9 腹节背板显著向后凸出；肛上板具侧端叶；尾须较简单，圆柱形，端部内侧具齿；下生殖板深裂成两叶，裂叶分开并显著向背方弯曲，呈环状；生殖器具片状的阳茎端突。雌性尾须较短，圆锥形；产卵瓣短，背缘和腹缘具钝或锐的细齿。

分布：主要分布于中国，东南亚及南亚。

讨论：该属全世界已知 27 种，中国记录 8 种；浙江天目山发现 1 种。该属主要特征为雄性第 9 腹节背板向后延伸，第 10 腹节背板与肛上板融合，下生殖板向背方弯曲，呈环状；雌性产卵瓣短，背、腹缘具齿。

9.56　褐环螽 *Letana rubescens*（Stål，1861）(图 4-9-47)

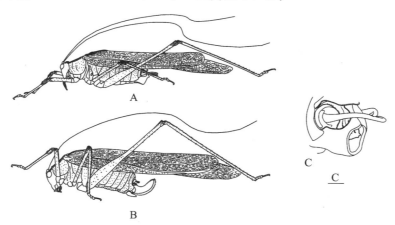

图 4-9-47　褐环螽 *Letana rubescens*（Stål，1861）
A. 雄性整体，侧面观；B. 雌性整体，侧面观；C. 雄性腹端，侧后观；标尺 1mm

特征：体中小型，细瘦，体长 15.0—18.0mm。头顶窄，狭于触角第 1 节，与颜顶不相接，背面具纵沟。复眼卵形。前胸背板较宽短，缺侧隆线，前缘凹，后缘较直；侧片长稍大于高，肩凹明显。前翅狭长,远超过后足股节末端,翅端钝圆;Rs脉从R脉中部之前分出,分叉;雄性左前翅发声区后缘具深的凹口;后翅长于前翅。前足基节缺刺;前足胫节背面具纵沟,缺刺;足股节腹面具刺,膝叶端具2枚刺。前足胫节内、外侧听器均为开放式。雄性第9腹节背板显著向后凸出,后缘中央微凹;第10腹节背板与肛上板融合,呈长方形,侧缘微凹,后缘波形,侧端叶较短小。尾须细长,圆柱形,稍内弯,端部内侧具1枚小齿;下生殖板深裂成两叶,中部分开并显著向背方弯曲,呈环状,其端部钝圆。

雌性肛上板舌形,背面具浅纵沟。尾须锥形,末端钝。下生殖板盾形,基部两侧弧形,具小突,端部宽圆。产卵瓣较短,适度向背面弯曲,背缘和腹缘具齿。

体绿色,后头、前胸背板背面和前翅臀脉域赤褐色,前足胫节听器的背缘黑色,体及足上具赤褐色小斑点。

该种与其他种主要区别:前翅后缘赤褐色;雄性下生殖板裂叶端部钝圆,肛上板侧端叶较短小。

分布:浙江(天目山、龙王山、凤阳山、百山祖)、甘肃、江苏、安徽、陕西、湖北、湖南、福建、广东、香港、广西、四川、贵州、云南;越南,老挝,泰国。

副褶缘螽属 *Paraxantia* Liu & Kang, 2009(浙江新记录属)

特征:体大型。头顶向前凸出,端部微凹;复眼卵形,向前凸出。前胸背板背面近平,较粗糙,向后渐扩展,前半部具小齿;侧片高大于长,肩凹明显。前足胫节缺刺;足股节腹面均具大刺,膝叶端具刺。前翅超过腹节端部,中部宽,向后变窄,端部圆;Rs脉不分叉;后翅长于前翅。雄性下生殖板具腹突;阳茎具一系列复杂的骨片。

分布:我国特有属。

讨论:该属全世界已知5种,均分布于中国;浙江天目山发现1种。该属主要特征为头顶宽,端部微凹;前胸背板粗糙,侧隆明显;阳茎骨片结构复杂。

9.57　中华副褶缘螽 *Paraxantia sinica* (Liu,1993)(图4-9-48)(浙江新记录种)

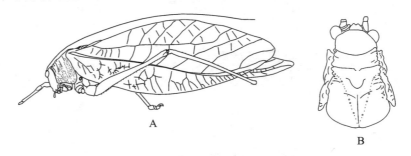

图4-9-48　中华副褶缘螽 *Paraxantia sinica* (Liu,1993)
A.雄性整体,侧面观;B.雄性头、前胸背板,背面观

特征:体大型,体长32.0—33.0mm。头顶与触角第1节约等宽,端部凹入,背面具纵沟;后头隆起,复眼长卵形。前胸背板背面平坦,前缘凹,后缘钝圆,侧隆线明显,前部具褶;前横沟较深,中横沟"V"形,位于中部稍前,后横沟不明显;背面中部两侧具2条颗粒线,在后缘中部汇合;侧片宽大,肩凹明显。前翅超过后足股节末端,R脉4分支,Rs脉从R脉中部之后分出,不分叉。雄性前翅发声脉隆突,约具85枚发声齿,中部齿较大,两端齿较小;右前翅镜膜四边形;后翅稍长于前翅。前足基节具1枚刺;前足股节腹面内缘具刺,外缘缺刺,胫节背面外缘具

1 枚端刺,腹面内缘具刺;中足股节腹面外缘具 11 或 12 枚刺,胫节腹面外缘具 4 或 5 枚刺;后足股节腹面内缘具 2—4 枚刺,外缘具 26—28 枚刺,胫节背面内、外缘分别具 25—29 枚刺。前足胫节内、外侧听器均为封闭式。雄性第 10 腹节背板后缘明显内凹;肛上板狭长,舌状,具纵沟;尾须粗,圆柱形,端部 1/4 分为上、下叶,上叶窄,端部钝,下叶宽,端部平截,具尖的外侧角;下生殖板宽大于长,两侧上折,腹面中隆线明显;后缘具三角形凹口,腹突小。阳茎骨片上臂长,下臂短,具齿。

体淡绿色,复眼淡褐色。

该种与其他种主要区别:雄性尾须结构和阳茎骨片结构不同。

分布:浙江(天目山)、福建、广西。

露螽属 *Phaneroptera* Serville,1831

特征:头顶侧扁,狭于触角第 1 节,背面具纵沟。复眼卵形。前胸背板缺侧隆线;侧片高与长近于相等,肩凹明显。前翅超过后足股节末端,Sc 脉与 R 脉基部分离,中部毗连,近端部稍分开,Rs 脉从 R 脉中部分出,分叉;后翅外露部分长于前翅 1/4。前足基节缺刺;足股节腹面缺刺;前足胫节背面具纵沟,缺刺;前足胫节内、外侧听器均为开放式。雄性第 10 腹节背板稍延长;下生殖板缺腹突。雌性产卵瓣短,显著向背面弯曲,背、腹缘具钝的细齿。

分布:亚洲、非洲、欧洲和美洲。

讨论:该属全世界已知 39 种,中国记录 8 种;浙江天目山发现 1 种。该属主要特征为前、后翅均狭长,后翅外露部分长于前翅 1/4。

9.58　镰尾露螽 *Phaneroptera falcata*（Poda,1761）（图 4-9-49）

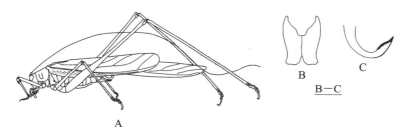

图 4-9-49　镰尾露螽 *Phaneroptera falcata*（Poda,1761）
A.雄性整体,侧面观;B.雄性下生殖板,腹面观;C.雄性尾须,后面观;标尺 1mm

特征:体中小型,细瘦,体长 13.0—18.0mm。头顶侧扁,端部狭窄,不与颜顶相接,背面具纵沟。复眼卵形。前胸背板沟前区圆凸,沟后区较平坦;侧片高与长近于相等,肩凹明显。前翅狭长,前、后缘近于平行,端部钝圆;后翅长于前翅。前足基节具 1 枚刺,3 对足股节腹面不具刺,膝叶端部具 2 枚刺;前足胫节内、外侧听器均为开放式。雄性第 10 腹节背板后缘微凹;肛上板横宽,后缘近截形,中部凹陷;尾须细长,端半部向内弯,并扭向背方,呈镰刀形,端部尖;下生殖板较长,基部三角形内凹,端部稍扩展,后缘凹口三角形,腹面中隆线窄片状。

雌性肛上板短舌状。尾须锥形,稍向内弯。产卵瓣显著向背方弯曲,腹缘末端及背缘具细齿;下生殖板三角形,端部钝圆。

体绿色,具赤褐色斑点。

该种与其他种主要区别:雄性尾须细长,端半部向内背方弯曲,呈镰刀形。

分布:浙江(天目山)、黑龙江、吉林、内蒙古、甘肃、新疆、河北、北京、陕西、河南、江苏、上海、安徽、湖北、湖南、福建、台湾、四川、重庆、贵州；朝鲜，日本，欧洲各国。

秦岭螽属 *Qinlingea* Liu & Kang，2007(浙江新记录属)

特征:体中小型。头顶狭于触角第1节，末端钝，背面具纵沟，不与颜顶相接。前胸背板背面沟前区平坦，缺侧隆线。前足基节具刺；前足胫节内、外侧听器均为开放式；足股节膝叶端部具2枚刺。前翅中部宽，Rs脉分叉。雄性下生殖板具粗的腹突。雌性产卵瓣背、腹缘具小齿。

分布:中国。

讨论:该属全世界已知1种，分布于中国；浙江天目山也有分布。该属主要特征为前翅稍宽；雄性下生殖板腹突圆柱形，短而粗。

9.59　短突秦岭螽 *Qinlingea brachystylata*（Liu & Wang，1998）（图4-9-50）(浙江新记录种)

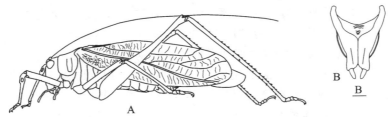

图4-9-50　短突秦岭螽 *Qinlingea brachystylata*（Liu & Wang，1998）
A. 雄性整体，侧面观；B. 雄性下生殖板，腹面观；标尺 1mm

特征:体中型，体长 21.0—25.0mm。头顶狭于触角第1节，末端钝，背面具纵沟，不与颜顶相接。复眼半球形，腹缘不超过触角窝腹缘。前胸背板前缘稍凹，后缘宽圆，沟前区圆凸，沟后区稍平坦，缺侧隆线；侧片高稍大于长，肩凹明显。前足基节具1枚刺；前足胫节基部宽，之后骤变细，背面具纵沟，前足胫节内、外缘听器均为开放式；前足股节腹面内缘具刺，中足股节腹面外缘具刺，后足股节腹面内、外缘均具刺；前足胫节背面具1枚外端刺，中足胫节背面内缘具刺，后足胫节背面内、外缘均具刺；股节膝叶端部具2枚刺。前翅超过后足股节末端，半透明，中部宽，端部钝圆；Sc脉和R脉在端部之前毗连，端部分开，Rs脉分叉；横脉排列不规则。雄性第10腹节背板端缘截形，尾须圆柱形，端部窄，末端具1枚小齿。下生殖板宽，具粗的腹突。

雌性第10腹节背板后缘微凹，肛上板三角形，末端钝圆。产卵瓣背、腹缘具小齿。

体绿色，腹部背板中央具较宽的黑色纵纹。

该种与其他种主要区别:腹部背板中央具较宽的黑色纵纹；雄性尾须末端具1枚小齿，下生殖板具粗短的腹突。

分布:浙江(天目山)、陕西、河南。

蟋螽科 Gryllacrididae

形态特征:体小型到大型。体壁柔软，具光泽。体多为黄褐色，少数浅绿色。头顶宽，一般为触角第1节宽的1—2倍，钝圆形，无侧隆线。触角通常为体长的数倍，着生于两复眼之间。前胸背板无侧隆线，肩凹弱。前足基节外缘具1枚刺，胫节缺听器；跗节4节，扁平。雄性第9节腹节背板形状变化较大；第10腹节背板带状或不可见；尾须简单，多为长圆锥形；下生殖板具或缺腹突。产卵瓣发达，背缘与腹缘光滑，腹瓣和内瓣完全被背瓣包被，或仅腹瓣基部外露。

分布:本书记录的是蟋螽科蟋螽亚科 Gryllacridinae 种类，主要分布于东洋界、澳洲界和新热带界。

讨论：到目前为止，全世界记录约100属870余种。我国记录蟋螽亚科18属62种（亚种），浙江天目山记录7属10种。

分属检索表

疾蟋螽属 *Apotrechus* Brunner von Wattenwyl，1888

特征：雄性第9腹节背板长，呈兜状，端部分裂；尾须短；下生殖板缺腹突。雌性下生殖板宽大；产卵瓣短，略超过腹部末端，背缘和腹缘光滑，端部钝。

分布：全世界记录8种，中国记录6种；浙江天目山分布1种。

9.60 双叶疾蟋螽 *Apotrechus bilobus* Guo & Shi，2012（图4-9-51）

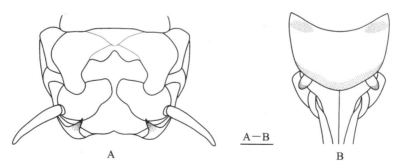

图4-9-51 双叶疾蟋螽 *Apotrechus bilobus* Guo & Shi，2012
A.雄性腹部末端，背面观；B.雌性腹部末端和产卵瓣基部，腹面观；比例尺：1mm

特征：体中型，体长：♂15.0—17.5mm，♀20.0—22.0mm。头顶钝圆形，约为触角第1节宽的2倍。复眼卵形；单眼不明显。前胸背板近六边形，前缘近平直，后缘微凹；侧片较低，长大于高，下缘略圆凸；无肩凹。无翅。雄性第2腹节背板侧片具2横行发声齿，前面1行较短；第3腹节背板侧片具2横行发声齿，均较长；第8腹节背板略长于第7腹节背板；第9腹节背板开裂为两叶，端部刺状，向腹面弯曲。下生殖板宽明显大于长，端部中央强内凹，无腹突。尾须短，圆锥形。

雌性体略大于雄性。下生殖板宽略大于长，端部圆突形。产卵瓣短，约为后足股节长的

1/2,强向背面弯曲,端部钝,背缘和腹缘光滑;腹瓣基部两侧具 1 对指状侧叶。

体黄褐色。后头具 1 个半圆形黑色横纹,中间断开,头顶具 3 个小黑斑,颜面两侧各具 1 条浅黑色纵条纹。前胸背板周缘黑色,背面具 1 条黑色纵带,纵带中央具 1 条淡色中线。中胸背板及后胸背板周缘和中央黑色。雄性第 9 腹节背板刺状突端部黑褐色。

分布:浙江(天目山)、安徽。

婆蟋螽属 *Borneogryllacris* Karny,1937

特征:前翅长,远超过腹部末端,M 脉与 R 脉基部不合并。中足胫节背面无内端距。第 2—3 腹节背板侧片无发声齿。雄性第 9 腹节背板开裂为两叶,端部具 1 对高度骨化且左右交叉的刺状突起,突起基部圆形隆起,可活动;第 10 腹节背板缺失。外生殖器膜质;下生殖板具腹突且粗壮。雌性下生殖板较长,基部具 1 对交配孔;产卵瓣长,一般不短于后足股节,较直,背缘和腹缘光滑,端部稍尖。

分布:全世界共记录 9 种,中国记录 2 种;本书记述其中 1 种。

9.61 黑颊婆蟋螽 *Borneogryllcaris melanocrania*(Karny,1929)(图 4-9-52)

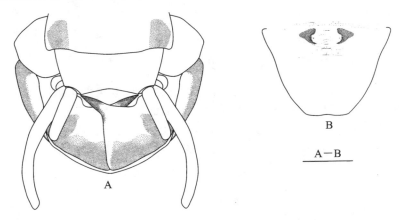

图 4-9-52 黑颊婆蟋螽 *Borneogryllcaris melanocrania*(Karny,1929)
A. 雄性腹部末端,腹面观;B. 雌性下生殖板,腹面观;比例尺:1mm

特征:体大型,体长:♂ 28.5—31.0mm,♀ 37.0—38.0mm。头顶约为触角第 1 节宽的 2 倍;复眼长卵形;单眼 3 枚,中单眼与侧单眼大小相近。前胸背板前缘微凸,后缘平直,肩凹不明显;侧片较低。前翅超过腹部末端,M 脉基部与 R 脉不合并;后翅略长于前翅。雄性第 2—3 腹节背板侧片无发声齿;第 8 腹节背板较长;第 9 腹节背板强向腹面弯曲,约与第 8 腹节背板呈 45°角,中央开裂,端部具 1 对突起,刺状,突起左右交叉。尾须中等长度,近圆柱形。下生殖板横宽,后缘近平截;腹突长,粗壮,圆柱形,位于下生殖板端部两侧。

雌性外形与雄性相似。下生殖板短,近三角形,端部钝,基部具 1 对凹孔。产卵瓣长,平直,端部略尖。

体浅黄色。头部除颜面、上唇基部外均黑色;复眼黑褐色,单眼黄色。雄性腹部背板基部和侧缘、腹部腹板两侧浅黑色;第 8—9 腹节背板略带浅黑色;第 9 腹节背板突起的端部黑褐色。雌性下生殖板凹孔的上方黑色。

分布:浙江(天目山)、江苏、湖北、福建。

同蟋螽属 *Homogryllacris* Liu，2007

特征：体中小型。头顶明显宽于触角第 1 节，钝圆形；中单眼与侧单眼近于等大。翅发达或退化，前翅 M 脉基部与 R 脉不合并；后翅透明。前足和中足胫节腹面各具 4 对可活动刺和 1 对端距，中足胫节背面具 1 枚内端距。雄性第 9 腹节背板无突起；第 10 腹节背板窄，带状，具刺状突起；下生殖板具腹突。产卵瓣一般长于后足股节。

分布：目前该属全世界记录 6 种，为中国特有属；本书记述其中 1 种。

9.62　杂红同蟋螽 *Homogryllacris rufovaria* Liu，2007（图 4-9-53）

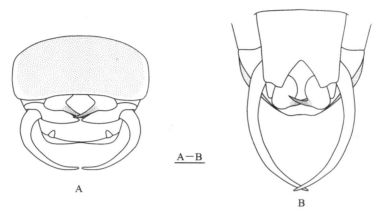

图 4-9-53　杂红同蟋螽 *Homogryllacris rufovaria* Liu，2007
A. 雄性腹部末端，背面观；B. 雄性腹部末端，端面观；比例尺：1mm

特征：体中型，体长：♂ 18.0—20.0mm，♀ 22.0mm。头顶钝圆，约为触角第 1 节宽的 1.5 倍。复眼卵形；单眼小或不明显。前胸背板近六边形，前缘微凸，后缘中央微凹；侧片长大于高，肩凹不明显。前翅略超过腹部末端，R 脉与 M 脉基部不合并；后翅略长于前翅。雄性腹部发声齿稀少，第 2 腹节背板侧片具 1 横行，第 3 腹节背板侧片具 2 横行；第 9 腹节背板后缘微凹，第 10 腹节背板窄，中央具 1 对角形弯曲的端刺，两刺的端部交叉，强骨化；下生殖板宽大，近正方形，后缘具近三角形凹口；腹突短，圆锥形，着生于下生殖板端部两侧；尾须长，约为下生殖板长的 1.5 倍，圆锥形。

雌性翅较短，未到达腹部末端。尾须短，圆锥形；下生殖板近正方形。产卵瓣直，略长于后足股节，背腹缘光滑，端部钝。

体浅黄色。复眼黑褐色，单眼黄色；触角窝周缘、触角第 1 节基部和端部、触角第 2 节基部均浅黑色。前胸背板具浅红色印记，腹部背板紫红色。翅脉浅褐色，翅室透明，或端部略带浅绿色。后足的刺和端距端部均黑褐色；跗节略带浅绿色。

分布：浙江（天目山、凤阳山）。

讨论：原始描述雄性前翅末端超过腹部末端，观察标本前翅有的略超过腹部末端。

黑蟋螽属 *Melaneremus* Karny，1937

特征：体小型。头顶宽于触角第 1 节；颜面光滑，浅黄色到黑色；复眼大，凸出。无翅或翅极短（不超过前胸背板长的 1/2）。后足股节至少具 3 枚刺。前足和中足胫节腹面各具 4 对可活动的刺和 1 对端距；后足胫节较直，背面内侧具 2 枚长刺，其余刺长短相近。雄性第 9 腹节背板长,下生殖板具腹突。产卵器变化较大,一般为后足股节长的1/3,背缘、腹缘光滑,向背面弯曲。

分布:目前全世界共记录17种,中国记录3种;本书记述其中2种。

9.63　端暗黑蟋螽 *Melaneremus fuscoterminatus*（Brunner von Wattenwyl,1888）
（图4-9-54）

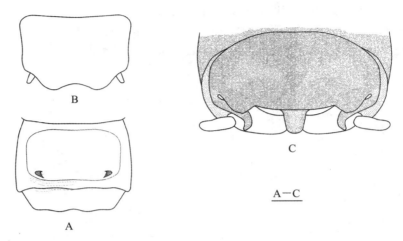

图4-9-54　端暗黑蟋螽 *Melaneremus fuscoterminatus*（Brunner von Wattenwyl,1888）
A.雌性第7腹节腹板和下生殖板,腹面观;B.雄性腹部末端,背面观;
C.雄性下生殖板,腹面观;比例尺:1mm

特征:体中小型,体长:♂15.0—16.0mm,♀16.5—20.5mm。头顶约为触角第1节宽的2倍;复眼卵形;单眼不明显。前胸背板近六边形,前缘与后缘近平行,不具肩凹;中胸背板与后胸背板约为前胸背板长的1/2。无翅。雄性腹部背板侧片具4行发声齿,第1行位于第1和第2腹节背板,第2行位于第2腹节背板,后2行位于第3腹节背板;第8腹节背板较长;第9腹节背板略短于第8节,端部向腹面弯曲,端部两侧具1对钩状突起,突起的端部向外侧弯曲,后缘中央近平直,两侧略凸出;第10腹节背板极短,带状,中央具一瘤状突起。尾须短,圆锥形;下生殖板后缘中央微内凹;腹突极短,着生于下生殖板亚端部两侧。

雌性第7腹节腹板两侧具1对黑色小凹陷(可能交配时供雄性第9腹节背板的突起插入固定)。下生殖板横宽,极短,基部具皱褶,后缘中央微凹。产卵瓣约与后足股节等长,背缘与腹缘光滑,端部尖,略向背面弯曲。

体黄褐色。复眼和上颚端部黑色。胸部各节背板中央黄色,两侧黑褐色。各腹节背板黑色或黑褐色。后足刺和距端部以及第9腹节背板两侧钩状突端部均黑褐色。

分布:浙江(天目山)、安徽、福建、广东。

9.64　宽额黑蟋螽 *Melaneremus laticeps*（Karny,1926）

特征:体中小型。头顶约为触角第1节宽的2倍;复眼卵形;单眼不明显。前胸背板近六边形,前缘微凸,后缘近平直,肩凹不明显。无翅。前足基节具1枚刺;前足与中足胫节腹面各具4对可活动的刺和1对端距;中足胫节背面无内端距;后足股节腹面内缘和外缘均具刺,后足胫节背面内缘具2或3枚长刺,外缘具5—7枚刺。雌性产卵瓣与后足股节等长,端部尖,向背面弯曲。

体黄色,复眼黑褐色,腹部末端背板黑色。

雄性:未知。

讨论:文献记录浙江天目山有分布,但这次考察没有采集到标本。

分布:浙江(天目山)、广东。

姬蟋螽属 *Metriogryllacris* Karny,1937

特征:体中小型。前翅较短,一般不超过腹部末端,极少到达后足股节端部,半透明,M脉基部不与R脉合并。前足和中足胫节各具4对可活动的刺和1对端距;中足胫节背面具1枚内端距;后足股节腹面具2行小刺,后足胫节背面具2行刺和4对端距。第2和第3腹节背板侧片各具2行发声齿。雄性第9腹节背板端部具1对小的钩状突起,两突起之间的距离极小,端部指向腹面或略指向侧面;第10腹节背板带状;腹突较长;外生殖器完全膜质。雌性下生殖板短;第7腹节腹板后缘具钩或皱褶;产卵瓣较直,明显短于后足股节,端部略尖,产卵器腹瓣基部具1对明显的侧叶。

分布:目前该属全世界记录20种,中国记录3种;本书记述其中1种。

9.65 佩摩姬蟋螽 *Metriogryllacris permodesta*(Griffini,1915)(图4-9-55)

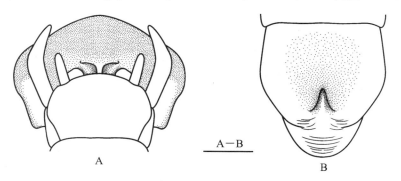

图 4-9-55 佩摩姬蟋螽 *Metriogryllacris permodesta*(Griffini, 1915)
A. 雄性腹部末端,腹面观;B. 雌性第7腹节腹板和下生殖板,腹面观;比例尺:1mm

特征:体中小型,体长:♂15.0—17.0mm,♀15.0—20.0mm。头顶约为触角第1节宽的2倍。复眼长卵形;单眼小,中单眼不明显。前胸背板前缘微凸,后缘平直;前胸背板侧片长大于高,前、后缘倾斜,不具肩凹。前翅略超过腹部末端;M脉与R脉基部不合并。后翅略长于前翅。雄性第2和第3腹节背板侧片各具2行发声齿;第8和第9腹节背板长;第9腹节背板圆凸形,后缘中央具1对小突起,弯月形,突起端部略靠近,不相连;尾须细长;下生殖板宽大于长,后缘钝圆形;腹突长,圆柱形,端部向内侧靠拢,着生于下生殖板端部两侧。

雌性第7腹节腹板后缘中央具一舌状突起,端部指向前方。下生殖板短小,宽大于长,后缘钝圆形。产卵瓣短,平直,背、腹缘光滑,端部钝,腹瓣基部具较长的三角形侧叶,侧叶端部指向腹面,侧叶基部后方具1对短突起。

体黄褐色。复眼黑褐色。前翅半透明,后翅透明。上唇和上颚端部、下颚须端部及各足跗节均墨绿色。后足刺和距(1对亚端距除外)的端部黑褐色。雄性第8—9腹节背板黑色。雌性腹部末端背板不呈黑色;第7腹节腹板舌状突起的周缘黑色。

分布:浙江(天目山)、河南、安徽、江西、湖北、广东、香港、广西、四川;越南。

杆蟋螽属 *Phryganogryllacris* Karny，1937

特征:体中型。头顶明显宽于触角第1节,无侧隆线,复眼长卵形,中单眼与侧单眼大小相似。翅发达,超过腹部末端,M脉与R脉基部不合并;后翅透明或略带浅黑色。前足、中足胫节腹面各具4对可活动的刺和1对端距;中足胫节背面具1枚内端距。雄性第9腹节背板基部两侧具1对钩状突起,突起端部向外侧弯曲;雄性下生殖板具或缺腹突。产卵瓣较直,或略向背面弯曲,端部稍尖。

分布:该属目前全世界记录35种,中国记录8种;本书记述其中2种。

9.66　夏氏杆蟋螽 *Phryganogryllacris xiai* Liu & Zhang，2001(图 4-9-56)

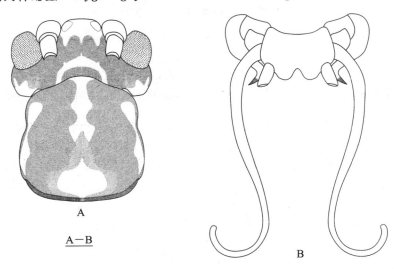

图 4-9-56　夏氏杆蟋螽 *Phryganogryllacris xiai* Liu & Zhang，2001
A. 头和前胸背板,背面观;B.雄性腹部末端,腹面观;比例尺:1mm

特征:体中型,体长:♂21.0—23.0mm,♀25.5mm。头顶约为触角第1节宽的2倍;复眼长卵形;单眼3枚。前胸背板前缘微凸,后缘平直,肩凹不明显。前翅远超过腹部末端,M脉基部与R脉不合并,Cu1脉具3分支,第1、第2分支通过一短斜脉与M脉相连;后翅略长于前翅。雄性第8—9腹节背板长,第9腹节背板圆凸形,基部两侧各具1枚钩状突起,突起端部指向外侧;尾须极长,近圆柱形;下生殖板后缘中央开裂成两圆叶;腹突着生于下生殖板亚端部两侧,较短,略扁平。

雌性下生殖板短,后缘中央微凹,近平直;产卵瓣长于后足股节,略向背面弯曲,端部稍尖。

体浅黄褐色。头部背面黑色;后头具1条弧形弯曲的黄色横条纹;有时头部几乎全为黄色,仅复眼后方具不明显的黑褐色纵纹。复眼黑褐色,单眼黄色。前胸背板具2条较宽的黑色纵带。翅脉浅褐色,翅室透明。后足的刺、腹部末端黑褐色。腹部腹板两侧黑色。

分布:浙江(天目山)。

9.67　短瓣杆蟋螽 *Phryganogryllacris brevixipha* (Brunner von Wattenwyl，1893)(图 4-9-57)

特征:体细长,体长:♀18.0mm。头顶约为触角第1节宽的2倍。前胸背板较短,后缘平直;侧片长略大于高,肩凹不明显。前翅较长,约为后足股节长的2倍。后足股节腹面内、外缘各具7或8枚刺。雄性下生殖板后缘不开裂,无腹突。

雌性外形与雄性相似。下生殖板宽大,端部钝,后缘中间微内凹。产卵瓣较直,渐尖,短于

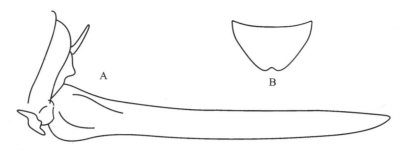

图 4-9-57　短瓣杆蟋螽 *Phryganogryllacris brevixipha*（Brunner von Wattenwyl，1893）（仿 Karny，1929）
A.产卵瓣,侧面观;B.雌性下生殖板,腹面观

后足股节。

体稻黄色,前翅透明,产卵瓣褐色。

讨论:文献记录浙江天目山有分布,但本次考察未采集到标本。

分布:浙江(天目山)、云南;缅甸。

饰蟋螽属 *Prosopogryllacris* Karny，1937

特征:体中到大型。头顶宽于触角第 1 节。颜面黄色到深褐色或黑色。前翅发达,通常超过腹部末端,半透明或铁锈色,翅脉颜色与翅室同色,或比翅室颜色深,M 脉基部从 R 脉分出。后翅透明,无色。前足和中足胫节腹面具 4 对可活动的刺和 1 对端距;中足胫节背面具 1 枚内端距;后足胫节背面的刺长短相近。雄性第 9 腹节背板端部开裂,裂叶端部内侧具 1 对突起;下生殖板具腹突。雌性第 7 腹节腹板端部具圆柱形或圆锥形突起;下生殖板基部常与第 7 腹节腹板端部重叠;产卵瓣发达,端部斜截形。

分布:目前全世界记录 26 种(亚种),中国记录 3 种;本书记述其中 2 种。

9.68　圆柱饰蟋螽 *Prosopogryllacris cylindrigera*（Karny，1926）（图 4-9-58）

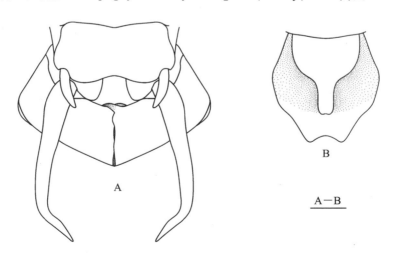

图 4-9-58　圆柱饰蟋螽 *Prosopogryllacris cylindrigera*（Karny，1926）
A.雄性腹部末端,腹面观;B.雌性第 7 腹节腹板和下生殖板,腹面观;比例尺:1mm

特征:体中型,体长:♂25.0—29.0mm,♀24.0—28.5mm。头顶钝圆,约为触角第 1 节宽的 2 倍;复眼长卵形;单眼 3 枚,中单眼近圆形,侧单眼椭圆形。前胸背板前缘微凸,后缘平直;

侧片长大于高,近梯形,肩凹不明显。前翅远超过腹部末端,M 脉基部从 R 脉分出。后翅略长于前翅。雄性第 9 腹节背板圆凸形,端部向腹面弯曲,中央纵裂,裂叶端部内侧具 1 对短的刺状突起,突起交叉;尾须较长,圆锥形。下生殖板宽大于长,后缘微凹;腹突长,圆锥形,着生于下生殖板近端部两侧。

雌性第 7 腹节腹板端部的突起圆柱形,突起端部中央微凹。下生殖板基部中央纵凹,位于第 7 腹节腹板之下,后缘中央内凹。产卵瓣略短于后足股节,向背面弯曲,背缘和腹缘光滑,端部略尖,斜截形。

体黄绿色。上唇端部、上颚端部和复眼褐色。单眼浅黄色。前翅臀前区浅黄褐色,臀区透明,翅脉略带绿色;后翅透明。后足刺和距的端部、雄性第 9 腹节背板刺状突起褐色。产卵瓣褐色。

分布:浙江(天目山)、安徽、湖北、福建、广东。

9.69　日本饰蟋螽 *Prosopogryllacris japonica* (Matsumura & Shiraki, 1908)

特征:体中型,体长:♂24.3—29.1mm,♀24.1mm。头顶钝圆,约为触角第 1 节宽的 2 倍;复眼卵形,单眼 3 枚,中单眼与侧单眼大小相近。前胸背板近正方形,侧片窄,肩凹不明显。前翅略超过腹部末端,M 脉基部从 R 脉分出;后翅略长于前翅。雄性第 8 腹节背板长;第 9 腹节背板中央开裂,形成两圆叶,端部具刺;下生殖板横宽,后缘中央微凹;尾须细长,圆柱形,向端部渐变细。

雌性外形与雄性相似。第 7 腹节腹板端部的突起圆锥形;下生殖板端部开裂,侧叶三角形;产卵瓣远长于后足股节,略向腹面弯曲,背缘与腹缘光滑,端部斜截形。

体黄绿色。复眼黄褐色,单眼浅黄色,上唇红黄色,触角绿色。前胸背板浅黄色,前缘绿色。前翅浅褐色,边缘浅绿色;后翅透明。足褐绿色,跗节浅绿色。

讨论:文献记录浙江天目山有分布,但本次考察未采集到标本。

分布:浙江(天目山)、安徽、广东;日本。

蟋蟀总科 Grylloidea

特征:体小型至大型,通常背腹较扁平。头部球状,触角细长,一般明显长于体长。具翅种类通常右翅覆盖于左翅之上,基部具发声器。后足股节通常较强壮,跗节 3 节。产卵瓣发达,极少退化。蟋蟀总科目前包括 6 科(含化石种类),其中现生种类 4 科,分别为蟋蟀科 Gryllidae、癞蟋科 Mogoplistidae、蚁蟋科 Myrmecophilidae 和蝼蛄科 Gryllotalpidae,在我国均有分布。天目山国家级自然保护区已知蟋蟀科和蝼蛄科 2 科,共计 7 亚科 24 种。

分科检索表

1. 触角短于体长,单眼 2 枚;前足为挖掘足,胫节具数个趾状突;产卵瓣退化 …… **蝼蛄科 Gryllotalpidae**
   触角明显长于体长,单眼通常 3 枚;前足为步行足,胫节缺趾状突;产卵瓣发达 …… **蟋蟀科 Gryllidae**

蟋蟀科 Gryllidae

形态特征:体小型至大型。体色通常较暗,黄褐色至黑色,部分类群呈绿色或黄色,缺鳞片。头通常球形,触角丝状,长于体长;复眼较大,单眼 3 枚。前胸背板背片较宽,扁平或隆起,两侧缘仅个别种类明显;侧片一般较平。前翅通常发达,部分种类前翅退化或缺失,后翅呈尾状或缺后翅。前足胫节听器位于近基部;后足为跳跃足,胫节背面多具长刺。雌性产卵瓣发达,呈刀状或矛状。

生物学:蟋蟀科不同类群栖息的生境差别较大,部分种类具有穴居性,还有一些种类生活于土表的腐叶层下或碎石之中,另有一些种类生活在草丛中,并受湿度的影响,而距蟋亚科大多数种类生活在较小的灌木丛中或树顶。多数类群为夜间活动,其中有些种类趋光性较强,而斗蟋属的种类则具好斗习性。此外,黄蛉蟋属、墨蛉蟋属和片蟋属等种类的雄虫则均以善鸣著称。

分布:世界性分布。该科在我国有 13 亚科 64 属 230 余种,在浙江天目山发现 6 亚科 14 属 23 种。

分亚科检索表

1. 第 2 跗节背腹扁平,约呈心形 …………………………………………………………… 2
   第 2 跗节非背腹扁平,不呈心形 ………………………………………………………… 4
2. 后足胫节背刺间缺小刺,内侧端距 2 枚;具镜膜的种类中,缺分脉 ………… **蛉蟋亚科 Trigonidiinae**
   后足胫节背刺间具小刺,内侧端距 3 枚;具镜膜的种类中,具分脉 …………………… 3
3. 爪缺细齿;产卵瓣端部稍膨大 ………………………………………… **距蟋亚科 Podoscirtinae**
   爪具细齿;产卵瓣端部不膨大 ………………………………………… **纤蟋亚科 Euscyrtinae**
4. 头前口式;后足胫节背面两侧缘背刺间具小刺………………………… **树蟋亚科 Oecanthinae**
   头下口式;后足胫节背面两侧缘背刺间缺小刺 ………………………………………… 5
5. 后足胫节背刺细弱,具毛;后足第 1 跗节背面缺小刺 ………………… **针蟋亚科 Nemobiinae**
   后足胫节背刺粗壮,光滑;后足第 1 跗节背面具小刺 ………………… **蟋蟀亚科 Gryllinae**

纤蟋亚科 Euscyrtinae

形态特征:体较狭长,两侧缘平行,背腹不扁平。头背面稍隆起;额突较长,复眼凸出,单眼排列呈三角形。雄性前翅缺镜膜,与雌性脉序近似,不规则。后胸背腺发达,个别种类缺失。

前足胫节内、外侧具膜质听器;后足股节细长,胫节背面两侧缘具长刺,刺间具小刺,外端距3枚,较短,约等长,第1跗节较短;爪上具细齿。产卵瓣背腹扁平,端部尖且下弯。

生物学:多生活在禾本科杂草丛和灌木中。

分布:主要分布在亚洲、澳洲和非洲。该亚科在我国已知4属14种,在浙江天目山发现2属2种。

分属检索表

1. 头宽明显小于长或长、宽几乎相等;具后胸背腺 ···································· 贝蟋属 *Beybienkoana*

头宽明显大于长;缺后胸背腺 ···································· 纤蟋属 *Euscyrtus*

贝蟋属 *Beybienkoana* Gorochov, 1988

形态特征:头部和前胸背板长,或较短。复眼相对较大,圆球形,或较小,长卵形。前翅背区纵脉稍倾斜,缺镜膜。后胸背腺发达,通常由两个分离且具毛的腺窝组成,若不分离则具横向隆起,后腺窝距后胸小盾片较远。雄性肛上板三角形,端部窄;下生殖板长锥形,端部尖。雄性外生殖器:阳茎基背片长,向端部渐变窄,末端不分裂成两部分;阳茎基外侧突分离,具伸出且强烈骨化的端部,远不到达阳茎基背片的端部;阳茎基内侧突与外侧突基部相连。

分布:主要分布在亚洲南部和澳洲。该属在我国已知9种,在浙江天目山发现1种。

9.70 台湾贝蟋 *Beybienkoana formosana* (Shiraki, 1930) (图 4-9-59A—C)

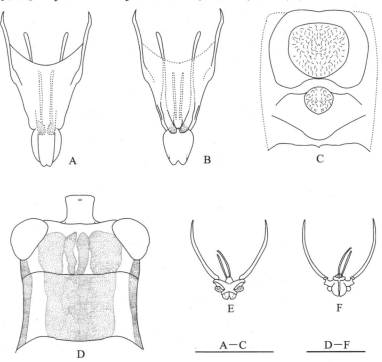

图 4-9-59　A—C. 台湾贝蟋 *Beybienkoana formosana* (Shiraki, 1930),

D—F. 半翅纤蟋 *Euscyrtus hemelytrus* (De Haan, 1842)

A、E. 外生殖器,背面观;B、F. 外生殖器,腹面观;

C. 后胸背腺,背面观;D. 头和前胸背板,背面观

　　特征：雄性：体中小型。额突长，基部宽，向端部变窄，端部窄于柄节，额突背面与颜面的角度小于90度；触角柄节长大于宽；复眼椭圆形，位于头部两侧，其上缘与头背面相平；下唇须和下颚须短，末节端部稍扩展。前胸背板背片约呈正方形，前缘略凹；侧片长明显大于高。后胸背腺发达（图4-9-59C），两腺窝分离，前窝大且深，后窝小且浅，均具少量毛。前翅不到达腹端，较窄，背面具5条斜纵脉，横脉不规则；后翅明显超过腹端。前足胫节基部稍扩展，听器膜质，内侧听器长于外侧；后足胫节背面长刺外侧5—7枚，内侧10—12枚，刺间具小刺。肛上板基部宽，向端部渐变窄。下生殖板两侧缘向上隆起，约呈长圆锥形。尾须细长，被大量细毛。外生殖器（图4-9-59A、B）：阳茎基背片长，背区凹，两侧隆起，侧区向外侧略扩展，端部稍窄且内凹；阳茎基外侧突极短，端部强烈骨化。

　　雌性：体型与雄性近似。下生殖板半圆形。产卵瓣长，背腹较扁平，端部尖。

　　体黄色。头背面具4条褐色纵带，外面1对较细，颜色较浅，中间1对较宽，颜色较深；复眼后下方具较宽褐色纵带。前胸背板背片中部具较宽褐色纵带，侧片仅近下缘部分黄色，其余为黑褐色。雌性复眼后方缺纵带，前胸背板单一黄色。

　　体长：♂12.3—12.8mm，♀12.5mm；前胸背板：♂1.5—1.8mm，♀1.4mm；前翅：♂8.3—9.7mm，♀8.5mm；后足股节：♂8.0—8.3mm，♀9.0mm；产卵瓣：♀12.8mm。

　　分布：浙江（天目山）、安徽、湖南、福建、台湾、广东、海南、广西、云南。

纤蟋属 *Euscyrtus* Guerin-Meneville，1844

　　形态特征：体较狭长。头顶凸起，额突短，复眼凸出，单眼排列呈三角形。雌、雄性前翅翅脉近似，不规则。缺后胸背腺。前足胫节内、外两侧均具膜质听器；前、中足股节短；后足股节细长，胫节背面长刺外侧6—8枚，内侧8—10枚，刺间具小刺；外侧端距较短，约等长，内侧端距较长，中上端距最长，第1跗节较短，爪具细齿。雄性外生殖器纤弱，阳茎基背片和外侧突明显小。产卵瓣细长，端部较尖下弯。

　　分布：主要分布在亚洲和非洲。该属在我国已知4种，在浙江天目山发现1种。

9.71　半翅纤蟋 *Euscyrtus hemelytrus*（**De Haan,1842**）（图4-9-59 D—F）

　　特征：雄性：体小型。头短（图4-9-59D），背面观宽明显大于长。额突短，长稍大于宽，宽约等于触角柄节；复眼大，圆球形，向外侧凸出；头顶明显高于额突；下颚须和下唇须各节较短，末节端部几乎不扩展。前胸背板长方形，宽明显大于长，前缘几乎直，后缘两侧向后扩展；侧片较高，约等于长，侧片前部低而向后提升。前翅短，不超过腹部第4节，翅脉较不规则；后翅极度退化。缺后胸背腺。前足胫节内侧听器膜质，较长，外侧听器退化，仅有痕迹；后足股节背面长刺外侧7—8枚，内侧8—9枚；爪具细齿。腹部骨化较强，末节向上略翘起。肛上板端部略凹，背面具隆起，中部凹。下生殖板端部尖，近圆锥形。尾须长，被绒毛。外生殖器（图4-9-59E、F）：骨化弱，阳茎基背片前缘凹，两侧具一向上的骨化突，其上具毛；内侧突细长；阳茎基背片两前侧突发达，远长于内侧突。

　　雌性：体形与雄性极其近似，下生殖板呈梯形，端部直。产卵瓣约等于体长，端部尖，下弯。

　　体黄色。复眼后方具黄白色纵带，头顶后部及后头区具4条纵向暗色斑纹，中间2条较细，两侧2条较宽。前胸背板背片黑褐色，两侧缘具黄白色纵带，且与复眼后方纵带相通；侧片近下缘黄色，其上为黑褐色。前翅几乎为褐色，肩缘为黄色。3对足背刺为褐色。

　　体长：♂8.4—9.5mm，♀8.0—10.0mm；前胸背板：♂1.1—1.3mm，♀1.3—1.5mm；前翅：♂2.1—2.6mm，♀3.2—3.7mm；后足股节：♂6.7—7.3mm，♀7.1—9.8mm；产卵瓣：♀

7.5—9.0mm。

分布:浙江(天目山)、山东、江苏、江西、湖南、福建、海南、广西、四川、贵州、云南;朝鲜,日本,印度尼西亚,马来西亚。

蟋蟀亚科 Gryllinae

形态特征:体通常褐色至黑色,中至大型,粗壮。头大而圆,单眼明显。前胸背板横宽;雄性前翅通常发达,具发声器,极少数种类退化或缺失。前足胫节具发达听器,极少退化或缺失;后足胫节背刺粗壮,光滑,缺小刺;后足第1跗节背面具小刺。产卵瓣较长,矛状。

生物学:蟋蟀亚科不同类群栖息的生境多样,主要为穴居性,以及在土表的腐叶层下或碎石之中栖息,少数类群树栖性。

分布:世界性分布。该亚科在我国已知20属80余种,在浙江天目山发现4属9种。

分属检索表

1. 体光亮无毛,无翅或前翅卵状 ······························ 哑蟋属 *Goniogryllus*
   体被绒毛,前翅长或短 ··· 2
2. 雄性颜面或多或少斜截状 ····························· 棺头蟋属 *Loxoblemmus*
   雄性颜面非斜截状 ··· 3
3. 前胸背板颜色单一,无明显斑纹;雄性前翅斜脉4—6条,端域发达 ············· 油葫芦属 *Teleogryllus*
   前胸背板具浅色斑纹;雄性前翅斜脉2条,端域不发达 ··············· 斗蟋属 *Velarifictorus*

哑蟋属 *Goniogryllus* Chopard,1936

形态特征:体中大型。体黑色,被刻点。前胸背板扁平,前、后缘内凹。无翅或具小翅芽。前足胫节基部无听器;后足股节较长,胫节背面两侧各具3—6枚长刺,端距内外侧各3枚,内侧上端距与中端距等长。产卵瓣较长,剑状。

分布:中国,印度。该属在我国已知14种,在浙江天目山发现2种。

分种检索表

1. 前胸背板单一黑色,无杂斑或带 ···················· 粗点哑蟋 *G. asperopunctatus* Wu & Wang
   前胸背板两侧缘具黄色带 ························ 刻点哑蟋 *G. punctatus* Chopard

9.72 粗点哑蟋 *Goniogryllus asperopunctatus* Wu & Wang, 1992 (图 4-9-60 A)

特征:雄性:体型较大,弱光泽。头部圆形,无毛,密布均匀刻点;触角柄节小,盾形,其宽明显小于额突1/2;下颚须末节宽大,端部呈斜截形,其长稍大于第3节;下唇须末节呈等腰三角形,其长约与第2节等长。前胸背板长约等于宽,布大而密的刻点,仅背区印痕处和端部1/3处区域平滑无刻点;前缘稍窄于后缘,两者强烈内凹,背片近中部最宽。前足胫节无听器,前、中足生有大量软毛,后足股节光滑,仅外侧基部上方密布斜向平行的几列软毛;股节外侧的刻点排成斜条纹,后足胫节背方背刺外侧3枚,内侧4枚。第1跗节长,背面具小刺,外侧7枚,内侧6枚。腹部黑色,前4节密布刻点,向后刻点渐少。肛上板呈梯形,向端部变窄,背面具绒毛和横皱,其长约等于基部宽。下生殖板中等长,两侧缘明显向上隆起,向端部呈锥状。外生殖器(图4-9-60A):阳茎基背片明显横宽,外侧突端缘内侧无指状突。

雌性:体型较雄性稍大。产卵器红褐色,长且直。

体黑色。头部黑色,头两侧具污黄色纵带,下颚须和下唇须黑色。前胸背板完全黑色,背

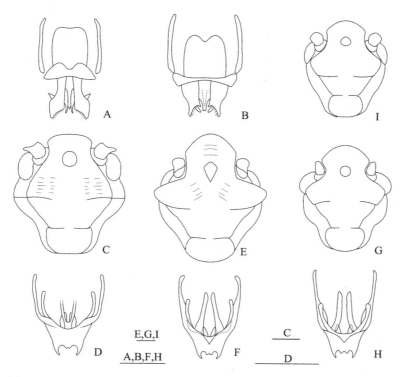

图 4-9-60　A. 粗点哑蟋 *Goniogryllus asperopunctatus* Wu & Wang，1992；
B. 刻点哑蟋 *Goniogryllus punctatus* Chopard，1936；D、D. 石首棺头蟋 *Loxoblemmus equestris* Saussure，1877；
E、F. 多伊棺头蟋 *Loxoblemmus doenitzi* Stein，1881；G、H. 窃棺头蟋 *Loxoblemmus detectus*（Serville，1839）；
I. 台湾棺头蟋 *Loxoblemmus formosanus* Shiraki，1930
A、B、D、F、H. 外生殖器，背面观；C、E、G、I. 头部颜面，正面观

区三角形印迹稍淡。

体长：♂16.0—16.5mm，♀16.3—16.7mm；前胸背板：♂3.0—3.3mm，♀3.3—3.5mm；后足股节：♂10.0—10.3mm，♀9.2—9.8mm；产卵瓣：♀10.0—10.4mm。

分布：浙江（天目山）、湖南、广西、云南。

9.73　刻点哑蟋 *Goniogryllus punctatus* Chopard，1936（图 4-9-60 B）

特征：雄性：体中型，弱光泽，刻点较均匀。头较大，后头宽圆；触角柄节小，圆盾形，其宽小于额突 1/2；下颚须末节刀状，尖端较长，被毛，略长于第 3 节；下唇须棒状，略长于前两节之和。前胸背板较扁平，长与宽约相等，前、后缘内凹。前、后翅均缺失。前足胫节缺听器；后足股节较长，胫节内侧背刺 4 枚，外侧 3 枚；端距内、外侧各 3 枚，内侧上端距和中端距等长，外侧中端距最长；第 1 跗节较长，长于后两节之和，背面两侧缘各具 5 枚小刺。尾须短，被密柔毛及稀疏细长毛。肛上板宽，梯形，平坦，被金色平伏毛。下生殖板向端部变窄，两侧缘明显向上隆起，呈锥状。外生殖器（图 4-9-60B）：阳茎基背片明显横宽，外侧突端缘内侧具指状突。

雌性：体型较雄性粗壮，稍大。产卵瓣较长，剑状。

体黑色。头背面两侧具黄色带，且自复眼中部起向后分为两岔；后头区缺斑纹。上颚须及下唇须褐色；复眼褐色，其上缘眉状线基部黄色，向后分叉为两枝。前胸背板前缘黄褐色，背片两侧缘各具 1 条黄色纵带，其余部分为单一黑色。后足股节背缘具不连续黄褐色细纹。尾须褐色。

体长：♂16.0—17.0mm，♀16.3—16.9mm；前胸背板：♂3.5—4.0mm，♀3.6—4.1mm；后足股节：♂9.0—10.3mm，♀9.5—10.8mm；产卵瓣：♀9.8—10.5mm。

分布：浙江(天目山)、湖南、福建、广西、四川、贵州、云南。

棺头蟋属 *Loxoblemmus* Saussure，1877

形态特征：体中型。体浅褐色至黑褐色，被绒毛。头背侧水平，颜面斜截状，雄性尤明显；额突端缘呈角状或圆弧状；部分种类颊面具侧突；部分种类触角柄节外侧具齿状或长片状角突；中单眼位于颜面中部。雄性前翅具镜膜，雌性前翅较短。前足胫节内侧听器小，圆形；外侧听器较大，卵圆形。后足胫节背面两侧各具数枚长刺。产卵瓣较长，剑状。

分布：亚洲，澳洲，非洲。该属在我国已知16种，在浙江天目山发现4种。

分种检索表

1. 触角柄节突起较短，齿状 ……………………………………… 石首棺头蟋 *L. equestris* Saussure, 1877
   触角柄节无突起 ……………………………………………………………………………………… 2
2. 颊面缺侧突；额突明显高且上缘宽圆形 …………………… 台湾棺头蟋 *L. formosanus* Shiraki, 1930
   颊面具侧突；额突不同于上述 …………………………………………………………………… 3
3. 颊面侧突明显向外侧超出复眼 ……………………………… 多伊棺头蟋 *L. doenitzi* Stein, 1881
   颊面侧突向外侧不超出复眼 ………………………………… 窃棺头蟋 *L. detectus* (Serville), 1839

9.74　石首棺头蟋 *Loxoblemmus equestris* Saussure，1877 (图 4-9-60 C、D)

特征：雄性：体中型偏小，被绒毛。头部(图 4-9-60C)颜面明显斜截形，复眼卵圆形；触角柄节具三角形突起，额突稍超出触角柄节端部；额突宽弧形，上缘较平直；颊面窄，缺侧突；额唇基沟平直；下颚须末节端部膨大，斜截形，约与第3节等长；下唇须末节向端部弱膨大，明显长于第2节。前胸背板明显横宽，前、后缘平直且等宽；侧片前、后角宽圆形，下缘向后略提升。前翅窄，翅端约到达腹端，镜膜近方形，斜脉2条，端域较短，其长小于基部宽；后翅缺失或呈明显尾状。前足胫节外侧听器较大，长椭圆形，内侧小，椭圆形；后足胫节背面两侧各具5枚长刺，第1跗节背面两侧各具6—8枚小刺。肛上板基部宽，向端部渐变窄，端缘近平直。下生殖板长约等于基部宽，呈短圆锥状。外生殖器(图 4-9-60D)：阳茎基背片后缘具1对弱中叶。

雌性：体型与雄性近似。头部颜面弱斜截形，额突正常。前翅翅端不到达腹端，具8—10条纵脉，横脉较规则。产卵瓣长，其长约为体长的1/2。

体褐色。额突后部单眼间具均匀横向黄带，后头区具6条窄的纵带；单眼处黄色，下颚须和下唇须白色。前胸背板背片具1对黄色印痕和不规则黄斑，侧片前下角黄色。

体长：♂13.0—15.0mm，♀12.3—16.0mm；前胸背板：♂1.9—2.5mm，♀2.1—2.8mm；前翅：♂6.5—7.8mm，♀6.5—9.0mm；后足股节：♂7.5—8.0mm，♀8.0—10.0mm；产卵瓣：♀6.8—8.5mm。

分布：浙江(天目山)、辽宁、北京、陕西、江苏、上海、安徽、江西、湖北、湖南、福建、海南、广西、四川、贵州、云南、西藏；朝鲜，日本，印度，缅甸，斯里兰卡，马来西亚，印度尼西亚。

9.75　多伊棺头蟋 *Loxoblemmus doenitzi* Stein，1881(图 4-9-60 E、F)

特征：雄性：体中型，被绒毛。头部(图 4-9-60E)颜面明显斜截形，复眼卵圆形；触角柄节无突起，额突宽弧形，明显超出触角柄节端部，上缘弧形；颊面明显宽，侧突十分发达，向外明显超出复眼；额唇基沟平直；下颚须末节端部稍膨大，斜截形，明显长于第3节；下唇须末节向端部弱膨大,端部近平直,约与第2节等长。前胸背板横宽,前、后缘平直,前缘稍宽于后缘;侧片长大于高,前角宽圆形,后角略窄,下缘向后略提升。前翅翅端明显不到达腹端,镜膜近菱形,斜脉2条,端域较短,其长约等于基部宽;后翅缺失或呈明显尾状。前足胫节外侧听器较大,长椭圆形,内侧小,圆形;后足胫节背面两侧各具5枚长刺,第1跗节背面两侧各具6—8枚小刺。肛上板基部宽,向端部渐变窄,两侧缘具褶皱,端缘宽圆形。下生殖板长约等于基部宽,两侧缘向上折起,呈短圆锥状。外生殖器(图4-9-60 F):阳茎基背片后缘具1对发达中叶。

雌性:体型与雄性近似。头部颜面弱斜截形,额突正常。前翅翅端不到达腹端,具10—11条纵脉,横脉较规则。产卵瓣长,其长约为体长的1/2。

体褐色。额突后部单眼间具均匀横向黄带,后头区具6条宽纵带,且基部融合;单眼处黄色,下颚须和下唇须白色。前胸背板背片黄褐色,具杂乱不规则褐色斑点,侧片前下角黄色。

体长:♂16.0—21.0mm,♀15.6—20.0mm;前胸背板:♂2.8—3.1mm,♀3.0—3.5mm;前翅:♂9.5—10.8mm,♀9.3—10.0mm;后足股节:♂10.1—11.1mm,♀10.5—11.0mm;产卵瓣:♀8.1—8.5mm。

分布:浙江(天目山)、辽宁、北京、河北、山西、陕西、河南、山东、江苏、上海、安徽、江西、湖南、广西、四川、贵州;朝鲜,韩国,日本。

9.76　窃棺头蟋 *Loxoblemmus detectus*(Serville,1839)(图4-9-60 G、H)

特征:雄性:体中型,被绒毛。头部(图4-9-60 G)颜面明显斜截形,复眼卵圆形;触角柄节无突起,额突稍超出触角柄节端部,上缘较窄,弧形;颊面窄且具侧突,向外侧不超出复眼;额唇基沟平直;下颚须末节端部膨大,斜截形,长于第3节;下唇须末节呈弧状向端部膨大,明显长于第2节。前胸背板明显横宽,前、后缘平直且等宽;侧片前、后角宽圆形,下缘向后略提升。前翅窄,翅端稍不到达腹端,镜膜近方形,斜脉2条,端域较短,其长短于基部宽;后翅缺失或呈明显尾状。前足胫节外侧听器较大,长椭圆形,内侧小,椭圆形;后足胫节背面两侧各具5枚长刺,第1跗节背面两侧各具6—8枚小刺。肛上板基部宽,自侧缘中部向端部明显窄,端缘弱弧形。下生殖板长约等于基部宽,两侧缘明显向上折起,端缘近平直。外生殖器(图4-9-60 H):阳茎基背片后缘具1对发达的中叶。

雌性:体型与雄性近似。头部颜面弱斜截形,额突正常。前翅翅端不到达腹端,具8—10条纵脉,横脉较规则。产卵瓣长,矛状。

体褐色。额突后部单眼间具均匀横向黄带,后头区具6条窄纵带;单眼处黄色,下颚须和下唇须白色。前胸背板背片具1对黄色印痕和不规则黄斑,侧片前下角和下缘黄色。

体长:♂15.0—17.0mm,♀14.5—16.6mm;前胸背板:♂2.7—3.0mm,♀2.8—3.0mm;前翅:♂9.0—11.2mm,♀8.5—10.0mm;后足股节:♂10.5—11.5mm,♀9.0—11.0mm;产卵瓣:♀8.0—10.2mm。

分布:浙江(天目山)、北京、陕西、江苏、安徽、江西、福建、广西、四川、贵州;巴基斯坦,印度尼西亚。

9.77　台湾棺头蟋 *Loxoblemmus formosanus* Shiraki,1930(图4-9-60 I)

特征:雄性:体中型,被绒毛。头部(图4-9-60I)颜面明显斜截形,复眼卵圆形;触角柄节无突起,额突明显高于触角柄节端部,上缘较窄,弧形;颊面窄,缺侧突;额唇基沟平直;下颚须末节端部膨大,明显斜截形,长于第3节;下唇须末节向端部弱膨大,长于第2节。前胸背板明显横宽,前、后缘平直且等宽;侧片前、后角宽圆形,下缘向后略提升。前翅翅端到达腹端,镜膜近菱形,斜脉2条,端域较短,长约等于基部宽;后翅缺失或呈明显尾状。前足胫节外侧听器较大,长椭圆形,内侧小,椭圆形;后足胫节背面两侧各具 5 枚长刺,第 1 跗节背面两侧各具 7 枚小刺。肛上板较长,侧缘于中部向端部明显内凹,后缘宽圆形。下生殖板长约等于基部宽,两侧缘明显向上折起,端缘近平直。外生殖器:阳茎基背片后缘具 1 对发达的中叶。

雌性:体型与雄性近似。头部颜面弱斜截形,额突正常。前翅略超过腹部中部,翅脉较规则呈网状。产卵瓣较长,端部尖。

体褐色。额突后部侧单眼间具横向黄带,后头区具 6 条窄纵带;单眼处黄色,下颚须和下唇须颜色较浅。前胸背板背片具印痕和不规则黄斑,侧片前下角和下缘黄色。

体长:♂15.0—17.0mm,♀14.5—17.0mm;前胸背板:♂2.5—3.0mm,♀2.8—3.0mm;前翅:♂9.5—11.2mm,♀7.5—9.0mm;后足股节:♂9.0—10.5mm,♀8.0—10.0mm;产卵瓣:♀6.0—9.0mm。

分布:浙江(天目山)、台湾、海南、广西、云南。

油葫芦属 *Teleogryllus* Chopard,1961

形态特征:体大型,粗壮。头部圆形,复眼内缘或多或少具浅色眉状斑纹,单眼呈三角形排列,侧单眼间缺淡色横条纹。前胸背板近单色,被绒毛。雄虫前翅具 4—6 条斜脉,镜膜内具分脉,端域发达。前足胫节听器正常,后足胫节内侧背刺 5—6 枚,外侧背刺 5—7 枚。产卵瓣较长,剑状。

分布:亚洲,澳洲,非洲。该属在我国已知 5 种,在浙江天目山发现 1 种。

9.78　黄脸油葫芦 *Teleogryllus*(*Brachyteleogryllus*)*emma*(Ohmachi & Matsumura,1951)(图 4-9-61 A—C)

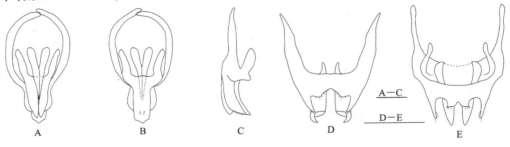

图 4-9-61

A—C. 黄脸油葫芦 *Teleogryllus*(*Brachyteleogryllus*)*emma*(Ohmachi & Matsumura,1951);

D. 长颚斗蟋 *Velarifictorus*(*Velarifictorus*)*aspersus*(Walker,1869);

E. 迷卡斗蟋 *Velarifictorus*(*Velarifictorus*)*micado*(Saussure,1877)

A. 外生殖器,腹面观;B、D、E. 外生殖器,背面观;C. 外生殖器,侧面观

特征:雄性:体型中等偏大。头部颜面圆形,复眼卵圆形,不突起;单眼 3 枚,呈半月形,宽扁;额唇基沟平直;下颚须末节最长,端部明显斜截形;下唇须末节向端部渐膨大,呈棒状,约与前两节之和等长。触角柄节横宽,明显小于额突宽。上唇端缘圆,中间微凹。前胸背板两侧近平行,背片宽平,具 1 对大的三角形印迹;前缘较直,后缘波浪状,中部向后凸;侧片前角近直角形,后角宽圆形,下缘向后略提升。前翅基部宽,逐渐向后收缩,端缘尖圆形;斜脉 3 或 4 条;镜膜较宽,略成方形;端域短,稍长于镜膜。前足胫节外侧听器大,略呈长椭圆形,内侧听器小,近圆形;后足胫节背面两侧各具 6 枚长刺。肛上板侧缘自中部向后明显变窄,端缘宽圆形,背面两侧具 1 对弧状脊。下生殖板短,两侧缘明显向上折起,呈圆锥状。外生殖器(图 4-9-61 A—C):阳茎基背片长,端部呈圆形突,两侧缺尖角状突;外侧突粗壮,向后远未到达背片端部。

雌性:体型与雄性近似。前翅具 10—11 条平行纵斜脉,横脉较规则。产卵瓣明显长,约为体长的 1/2,末端尖。

体色大体从褐色至黑褐色。颜面和颊部黄色,前、后翅和足及尾须黄褐色,但随海拔的变化颜色有变化。

体长:♂17.5—26.5mm,♀16.5—26.0mm;前胸背板:♂3.1—4.5mm,♀3.6—4.0mm;前翅:♂11.0—15.2mm,♀11.5—14.0mm;后足股节:♂10.0—14.5mm,♀10.0—15.0mm;产卵瓣:♀17.0—20.0mm。

分布:浙江(天目山)、北京、河北、山西、陕西、山东、江苏、上海、安徽、湖北、湖南、福建、广东、香港、海南、广西、四川、贵州、云南;朝鲜,日本。

斗蟋属 *Velarifictorus* Randell,1964

形态特征:体中型,褐色。头部侧面观,头顶弱倾斜,颜面上部明显圆凸。雄性前翅镜膜具弯曲分脉,斜脉 2 条。前足胫节内侧听器呈凹坑状;后足胫节背面内、外侧各具数枚长刺。外生殖器:阳茎基背片后缘具中叶,外侧突向后明显超出阳茎基背片后缘。产卵瓣剑状。

分布:亚洲,澳洲,非洲,北美洲。该属在我国已知 8 种,在浙江天目山发现 2 种。

分种检索表

1. 上颚明显长,颜面中部明显凹陷 ························ 长颚斗蟋 *V.（V.）aspersus*（Walker, 1869）
   上颚正常,颜面中部稍凹陷 ························ 迷卡斗蟋 *V.（V.）micado*（Saussure, 1877）

9.79　长颚斗蟋 *Velarifictorus*（*Velarifictorus*）*aspersus*（Walker, 1869）（图 4-9-61D）

特征:雄性:体中型。头部颜面略扁平,上唇基部中央具明显凹陷;上颚甚长且粗壮;复眼卵圆形,不凸起;中单眼圆形,侧单眼近半圆形;下颚须末节向端部加宽,端缘部分呈斜截形;下唇须末节稍膨大,呈棒状。前胸背板明显横宽,前缘略凹,后缘直;侧片前下角略钝,向后略提升。前翅略达腹端,镜膜近长方形,分脉 1 条,斜脉 2 条,端域较短;后翅缺。前足胫节外侧听器较大,长椭圆形,内侧听器仅有退化的痕迹;后足胫节背面两侧缘各具 5 枚刺。肛上板向后渐变窄,两侧缘向上折起,背片中部呈凹陷状。下生殖板长约等于基部宽,两侧缘明显向上折起呈圆锥状。外生殖器(图 4-9-61D):阳茎基背片后缘具 1 对发达的中叶;外侧突端部急剧变尖呈钩状,其长明显超出背片后缘。

雌性:颜面稍平,上颚长度正常。前翅略到达或不到达腹端,翅脉较规则,多横脉。产卵瓣较短,略长于体长的 1/2,端部尖。

体黑褐色;头部颜面大部分褐色,额突两侧及上缘颜色略浅;侧单眼间具 1 条黄色横条纹,中部稍弱;中单眼与唇基间缺三角形淡黄斑;后头区具 6 条纵条纹;下颚须和下唇须黄色;前胸背板背片褐色,杂有黄色斑纹;侧片下缘褐色。

体长:♂13.0—16.5mm,♀14.0—17.5mm;前胸背板:♂2.5—3.0mm,♀3.1—3.3mm;前翅:♂7.0—8.5mm,♀6.8—8.0mm;后足股节:♂9.5—10.5mm,♀10.0—11.0mm;产卵瓣:♀8.5—9.0mm。

分布:浙江(天目山)、河北、陕西、河南、江苏、安徽、江西、福建、广东、海南、广西、四川、贵州、云南;印度,巴基斯坦,斯里兰卡,泰国,马来西亚。

9.80　迷卡斗蟋 *Velarifictorus*（*Velarifictorus*）*micado*（Saussure,1877）（图 4-9-61E）

特征:雄性:体中型。头部颜面略扁平,上唇基部中央稍凹陷;上颚正常,不明显加长;复眼卵圆形,不凸起;中单眼圆形,侧单眼近半圆形;下颚须末节向端部加宽,端缘部分呈斜截形;下唇须末节稍膨大,呈棒状。前胸背板横向,前缘略凹,后缘呈微波形;侧片前下角略钝,向后略提升。前翅略不到达腹端,镜膜近长方形,分脉1条,斜脉2条,端域较短;后翅缺。前足胫节外侧听器较大,长椭圆形,内侧听器仅有退化的痕迹;后足胫节背面两侧缘各具5枚刺。肛上板宽,后缘直。下生殖板长约等于基部宽,两侧缘明显向上折起。外生殖器(图4-9-61E):阳茎基背片后缘具1对发达的中叶;外侧突粗长,明显超出背片后缘。

雌性:前翅略超过腹部中部,端部略圆,翅脉不规则,呈不规则网状。产卵瓣较长,稍短于体长,端部尖。

体黑褐色;头部颜面大部分褐色,额突两侧及上缘颜色略浅;单侧眼间具黄色横条纹,中部稍弱;中单眼与唇基间缺三角形淡黄斑;后头区具6条纵条纹;下颚须和下唇须颜色淡;前胸背板背片褐色且杂有黄色斑纹;侧片下缘褐色。

体长:♂12.0—17.5mm,♀14.0—18.5mm;前胸背板:♂2.9—3.3mm,♀3.0—3.3mm;前翅:♂7.5—8.5mm,♀6.5—7.5mm;后足股节:♂9.5—10.5mm,♀9.5—10.5mm;产卵瓣:♀10.5—13.5mm。

分布:浙江(天目山)、河北、北京、山西、陕西、山东、江苏、上海、江西、湖南、福建、台湾、广东、广西、贵州、四川、西藏;日本,印度尼西亚,印度,斯里兰卡。

针蟋亚科 Nemobiinae

形态特征:体小型,被绒毛和黑色刚毛。头圆球形,额突短,约与触角柄节等宽;复眼大,卵圆形。前胸背板横宽,或稍长。雄性前翅镜膜较小,具分脉;斜脉1条,端区退化。前足胫节具听器;后足胫节背面两侧各具3—4枚长刺,第1跗节背面缺小刺,第2跗节侧扁,腹面光滑缺短毛。产卵瓣较直,端部尖,背缘具细齿。

生物学:多栖息于杂草间和枯枝落叶下。

分布:世界性分布。该亚科在我国已知6属24种,在浙江天目山发现3属5种。

分属检索表

1. 后足胫节背面内外侧分别具4枚长刺;雄性后足胫节背面内侧最后1枚长刺基部弯曲 ……………… ………………………………………………………………………… **异针蟋属** *Pteronemobius*

后足胫节背面内侧具3—4枚长刺,外侧具3枚;雄性后足胫节背面内侧最后1枚长刺基部不弯曲 …………………………………………………………………………………………………… 2

2. 后足股节外侧缺横斑;雄性外生殖器阳茎基背片中叶明显不到达侧叶端部……**灰针蟋属** *Polionemobius*

后足股节外侧具横斑;雄性外生殖器阳茎基背片中叶伸达侧叶端部 ……… **双针蟋属** *Dianemobius*

双针蟋属 *Dianemobius* Vickery, 1973

形态特征:体细小。头不光滑,复眼发达,额突宽于触角柄节。前胸背板横宽,后缘约为其长的1.4—1.7倍。前翅发达,后翅明显长于腹端,或缺后翅。前足胫节外侧具大的椭圆形听器;后足胫节背面外侧长刺3枚,内侧3—4枚,内侧下端距短于外侧下端距;后足股节外侧具斑纹。外生殖器:阳茎基背片端部具1对明显的不分开的中叶,伸达侧叶端部。产卵瓣短于后足股节,端部细齿明显。

分布:亚洲广泛分布。该属在我国已知11种,在浙江天目山发现2种。

分种检索表

1. 前胸背板浅黄褐色；雌性前翅背区浅褐色 ········ **斑腿双针蟋 D.** *fascipes fascipes*（Walker, 1869）

   前胸背板深褐色；雌性前翅背区基部白色，其余部分褐色 ·····························

   ···················· **白须双针蟋 D.** *furumagiensis*（Ohmachi & Furukawa, 1929）

9.81 斑腿双针蟋 *Dianemobius fascipes fascipes*（Walker，1869）（图 4-9-62A、B）

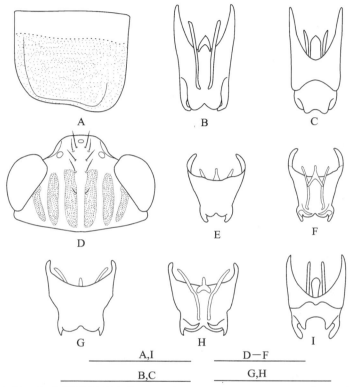

图 4-9-62　A、B. 斑腿双针蟋 *Dianemobius fascipes fascipes*（Walker, 1869）；

C. 白须双针蟋 *Dianemobius furumagiensis*（Ohmachi & Furukawa, 1929）；

D、F. 斑翅灰针蟋 *Polionemobius taprobanensis*（Walker, 1869）；

G、H. 黄角灰针蟋 *Polionemobius flavoantennalis*（Shiraki, 1911）；

I. 亮褐异针蟋 *Pteronemobius nitidus*（Bolivar, 1901）

A. 前胸背板，侧面观；B、F、H. 外生殖器，腹面观；C、E、G、I. 外生殖器，背面观；D. 头部，背面观

特征：雄性：体小型，被刚毛。额突短，其宽约为触角柄节的 1.5 倍；单眼呈三角形排列，中单眼明显小于侧单眼；复眼卵圆形，其上缘明显低于头顶；下颚须末节稍长于第 3 节，呈斜三角形。前胸背板梯形，前缘较直，后缘向后微凸；侧片（图 4-9-62A）前、后下角宽圆形，下缘中部向上微凹。前翅稍不到达腹端，较宽；斜脉 1 条，较长；镜膜呈不规则五边形，宽明显大于长，端区退化；侧区具 5 条纵脉；后翅缺或呈明显尾状。前足胫节仅外侧具膜质听器，椭圆形，长约为宽的 1.8 倍；后足胫节背面长刺外侧 3 枚，内侧 4 枚，其内侧第 1 枚极短，瘤状；后足股节内侧下端距短于外侧下端距。肛上板较长，端部宽圆形。下生殖板基部宽，端部中央凹状。外生殖器（图 4-9-62B）：阳茎基背片较窄，其后缘中叶较长，片状；阳茎基外侧突端部达中叶端部，其中部具不明显向内片状突。

雌性:前翅稍超过腹部的一半,背面具明显的 7 条纵脉。下生殖板梯形,基部稍窄,两侧角钝圆,中央稍凹。产卵瓣剑状,端部上缘具明显细齿。

头背面黄色至黄褐色,具 6 条浅褐色纵带,腹面和侧面黑褐色。触角基部 2 节深褐色,其余褐色;下颚须基部 3 节深褐色,第 4、5 节白色;下唇须黑褐色。前胸背板背片浅黄褐色,近前缘具 1 排横向黑点,侧片黑褐色。前翅背区浅褐色,侧区深褐色;前、中足股节端部具 1 条较宽的黑色环带,后足股节外侧具 3 条黑色横带,基 1 条不完整,内侧近端部具 1 黑斑。胫节具不规则的浅褐色环带或斑。

体长:♂4.9—5.1mm,♀5.1—5.4mm;前胸背板:♂0.9—1.1mm,♀1.0—1.1mm;前翅:♂2.5—3.1mm,♀1.6—2.0mm;后足股节:♂3.5—3.6mm,♀3.7—4.1mm;产卵瓣:♀2.4—2.6mm。

分布:浙江(天目山)、上海、江西、湖北、福建、台湾、广东、海南、云南;缅甸,印度,新加坡,斯里兰卡,印度尼西亚。

9.82 白须双针蟋 *Dianemobius furumagiensis* (Ohmachi & Furukawa, 1929) (图 4-9-62C)

特征:雄性:体小型,密被短绒毛且具长刚毛。头不明显窄于前胸背板,额突略凸起,宽为触角柄节的 1.2—1.3 倍;单眼 3 枚,呈倒三角形排列;下颚须末节长三角形,明显长于第 3 节;下唇须末节三角形,其长约为前 2 节之和。前胸背板横宽,前、后缘近平直,前缘略窄于后缘;侧片下缘中部略内凹。前翅到达或几乎到达腹端,镜膜缺分脉;后翅缺或明显尾状。前足胫节内侧听器退化,外侧听器卵圆形;后足股节长约为其最宽处的 3.3 倍;后足胫节背面外侧长刺3 枚,内侧 4 枚,最后 1 枚刺基部不膨大。外生殖器(图 4-9-62C):阳茎基背片窄,端部中央具窄的凹刻,且稍超出外侧突端部。

雌性:体型与雄性近似。前翅伸达后足股节 1/3 处。后足股节长约为产卵瓣的 1.5 倍;后足胫节背面两侧各具 3 枚长刺。产卵瓣背面端部明显齿状。

体黑色,具白斑。头部腹面颜色相对于额突较暗;后头区黑色,具 6—7 条纵带;下颚须末节完全白色。前胸背板背面黑褐色,杂有许多小白斑;侧片完全黑色。前翅褐色,雌性基部白色。前、中足股节基半部黄色,端半部黑色;后足股节外侧具 3 条黑色斜带;胫节黑褐色,端部具浅色环带。

体长:♂6.2—7.3mm,♀6.7—7.8mm;前胸背板:♂1.2—1.3mm,♀1.4—1.5mm;前翅:♂4.1—4.9mm,♀2.8—3.4mm;后足股节:♂4.3—4.9mm,♀5.1—5.5mm;产卵瓣:♀3.3—3.6mm。

分布:浙江(天目山)、内蒙古、山东、台湾、广西、四川;俄罗斯,日本,阿富汗。

灰针蟋属 *Polionemobius* Gorochov, 1983

形态特征:体小型,纤细。头不光滑,复眼发达,额突明显宽于触角柄节,唇基稍凸出。前胸背板横宽,后缘约为其长的 1.5 倍。雄性前翅几乎盖住腹部,镜膜退化,后翅明显超过腹端或缺失。前足胫节仅外侧具较大的椭圆形听器,后足胫节背面外侧具 3 枚刺,内侧具 3—4 枚刺,第 1 跗节内侧下端距明显超过第 3 跗节中部。产卵瓣短于后足股节。外生殖器:阳茎基背片端部具 1 对较弱的中叶,其明显短于侧叶;阳茎基背片和阳茎基外侧突连接,导向杆长。

分布:主要分布于亚洲。该属在我国已知 5 种,在浙江天目山发现 2 种。

分种检索表

1. 触角各节浅褐色至褐色;前胸背板背片黄褐色 ……… 斑翅灰针蟋 *P. taprobanensis* (Walker, 1869)
   触角端半部各节和基部 4 或 5 节褐色,其余黄白色;前胸背板背片深褐色 …………………………………
   …………………………………………… 黄角灰针蟋 *P. flavoantennalis* (Shiraki, 1911)

9.83 斑翅灰针蟋 *Polionemobius taprobanensis* (Walker, 1869) (图 4-9-62D—F)

特征:雄性:体小型,稍宽。头(图 4-9-62D)被黑色刚毛和细毛;额突短,宽于触角柄节;单眼圆形,呈三角形排列,中单眼较小,向前微凸,侧单眼稍大,较平;复眼卵圆形,位于头部两侧,其上缘低于头顶;下颚须各节相对较长,末节稍长于第 3 节,端部稍扩展,斜截形;下唇须细长,末节呈棒状。前胸背板梯形,向后加宽,前、后缘较直,背片被黑色刚毛和小细毛,近前缘刚毛2 排,横向;侧片仅具黑色刚毛,前、后下角均呈宽圆形,下缘在近后下角处向上微凹。前翅约到达腹端,斜脉 1 条,弧形,较长;镜膜不发达,呈不规则四边形,宽大于长,端区短;侧区具 4 条斜脉;后翅明显尾状或缺失。前足胫节基部外侧具椭圆形听器,较大;后足胫节背面长刺外侧3 枚,内侧 4 枚,其中第 1 枚较短,瘤状,第 4 枚长,基部稍弯曲;后足胫节端距内、外侧各 3 枚,内侧均长于相应外端距。爪缺细齿。肛上板较长,端部窄圆形。尾须细长,褐色。下生殖板梯形,长约等于基部宽,端部微凹。外生殖器(图 4-9-62E、F):阳茎基背片较宽,后侧叶短,中侧叶微凸,不明显;阳茎基外侧突短且明显,不超过阳茎基背片中叶。

雌性:前翅不到达腹端,背区具 6 条纵脉。后足胫节背面两侧缘各有 4 枚长刺。下生殖板梯形,两侧缘隆起,端部凹状。产卵瓣刀状,稍向上弯,端部尖,上缘具不明显细齿。

头背面浅黄色,具 3 对不明显的淡褐色纵条纹,腹面和侧面黑褐色。前胸背板背片黄色,侧片黑褐色。前翅背区黄色,索区和端区内侧各具 1 暗色斑,侧区上半部黑褐色,其余黄色。足黄色。腹部背面和侧面黑褐色,腹面黄褐色。

体长:♂4.7—5.9mm,♀5.2—5.4mm;前胸背板:♂0.8—1.0mm,♀0.9—1.1mm;前翅:♂2.5—3.1mm,♀2.4—3.0mm;后足股节:♂3.4—3.7mm,♀3.4—3.7mm;产卵瓣:♀2.1—2.6mm。

分布:浙江(天目山)、黑龙江、吉林、辽宁、内蒙古、河北、北京、河南、山东、江苏、上海、江西、湖北、福建、海南、广西、四川、贵州、云南;印度,巴基斯坦,斯里兰卡,马来西亚,缅甸,印度尼西亚,日本,马尔代夫,孟加拉国。

9.84 黄角灰针蟋 *Polionemobius flavoantennalis* (Shiraki, 1911) (图 4-9-62G、H)

特征:雄性:体小型,稍窄。头被长刚毛和小细毛;额突短,不明显,其宽约为触角柄节的2 倍;中单眼小,圆形,向前稍凸,侧单眼稍大,卵圆形,分别向两侧稍凸;复眼卵圆形,巨大,其上缘与头顶相平;下颚须长,末节明显长于第 3 节,端部稍扩展,呈斜截形,下唇须末节极长,呈棒状。前胸背板横宽,具刚毛,前、后缘较直;侧片长约等于高,前、后下角宽圆形,下缘中部向上微凹。前翅略达到腹端,斜脉 1 条,长弧形,镜膜退化,约呈三角形,宽明显大于长,端区极短;侧区具 5 条平行的纵脉;后翅缺。前足胫节外侧具较长的膜质听器,其长约为胫节的 1/4,后足胫节背面外侧具 3 枚长刺,内侧 4 枚,其中第 1 枚极短,稍细,瘤状,胫节端部内、外侧各具3 枚端距,内端距长于相对应的外端距;爪缺细齿。肛上板长且窄。下生殖板梯形,基部宽,端部微凹。外生殖器(图 4-9-62G、H):阳茎基背片发达,后侧叶明显与中叶分离,中叶后缘呈明显弧状;阳茎基外侧突短且宽。

雌性:前翅背区具 7 条稍弯纵脉。后足胫节背面两侧缘各有 4 枚长刺。下生殖板梯形,基部宽,端部中央具凹刻。产卵瓣剑状,端部尖,上缘具细齿。

头褐色,被长刚毛和小细毛;触角基部 4 或 5 节,其和端半部褐色,两者之间黄白色;下颚须和下唇须褐色,仅下颚须第 4 节白色。前胸背板深褐色。足黄色。腹部背面黑褐色,腹面黄褐色。

体长:♂5.1—5.2mm,♀4.4—4.8mm;前胸背板:♂0.9—1.0mm,♀0.8—0.9mm;前翅:♂3.2—3.3mm,♀2.5—2.6mm;后足股节:♂3.2—3.4mm,♀3.5—3.6mm;产卵瓣:♀2.0—2.1mm。

分布:浙江(天目山)、山东、江苏、上海、江西、台湾、贵州;日本。

异针蟋属 *Pteronemobius* Jacobson,1904

形态特征:体小型,粗壮。复眼发达,额突宽约等于触角柄节,唇基稍突。前胸背板横宽,后缘宽约为长的 1.5 倍;侧片下缘具不明显的圆形内凹。长翅型前翅伸达腹部末端,后翅稍超过后足胫节端部;短翅型前翅不明显缩短,具较发达的镜膜,雌性后翅伸达后足股节中部。前足胫节外侧具听器;后足胫节背面两侧各有 4 枚长刺,内侧第 1 枚具腺窝,稍远于外侧第 1 枚;后足第 1 跗节内下端距明显超过第 3 跗节中部。外生殖器:阳茎基背片与外侧突相接,外侧突中部具明显片状突;内侧突具短且弯曲侧突。产卵瓣明显长于后足股节。

分布:除北美洲外,世界广布。该属在我国已知 8 种,在浙江天目山发现 1 种。

9.85　亮褐异针蟋 *Pteronemobius nitidus*（Bolivar,1901）(图 4-9-62I)

特征:雄性:体小型。头圆形,额突约与触角第 1 节等宽;复眼卵圆形,位于头部侧前方,其上缘稍低于头顶;单眼呈三角形排列,中单眼小,侧单眼大,均稍凸出;下颚须末节向端部明显膨大,长于第 3 节,端缘弱斜截形;下唇须末节长棒状。前胸背板与头部等宽,横宽,前、后缘较直,被较多刚毛;背片侧缘平行。前翅略不达腹端,斜脉 1 条,端域较退化,后翅明显长于前翅,明显尾状或缺失。足相对粗壮。前足胫节仅外侧具长椭圆形的听器,后足胫节内外侧各具 4 枚背距,内侧第 1 枚较粗短,第 4 枚基部膨大且弯曲。肛上板基部宽,向端部变窄,端缘宽圆形。下生殖板基部宽约等于长,端缘稍窄且直。外生殖器(图 4-9-62I):阳茎基背片后缘明显弧状内凹,外侧突发达,明显超出阳茎基背片后侧叶。

雌性:与雄性体型近似。前翅背区纵脉 4—5 条。产卵瓣上弯,背缘具细齿。

体黄褐色,具光泽。头部浅褐黄色,后头区具模糊的褐色纵纹。前胸背板杂有不规则深褐色小斑点,背片两侧黄色;前翅基部和索区褐色。腹部背面褐色,腹面黄色。

体长:♂6.5—8.0mm,♀6.5—7.8mm;前胸背板:♂1.0—1.2mm,♀1.4—1.6mm;前翅:♂4.2—4.5mm,♀3.5—4.5mm;后足股节:♂4.0—5.5mm,♀4.5—5.0mm;产卵瓣:♀2.5—3.0mm。

分布:浙江(天目山)、宁夏、河北、北京、江苏、福建、山东、湖南、广东、广西、四川、云南;俄罗斯,日本。

树蟋亚科 Oecanthinae

形态特征:体中型,纤弱。体浅黄色至绿色。头部前口式。前胸背板较长;雄性前翅发达,镜膜甚大,斜脉 2 条以上。足细长,前足胫节内、外侧均具发达膜质听器;后足胫节背面具背刺和小刺。产卵瓣较长,矛状,端部具齿。

生态:多生活在禾本科杂草和灌木丛中。

分布:世界性分布。该亚科在我国已知 2 属 8 种,在浙江天目山发现 1 属 1 种。

树蟋属 *Oecanthus* Serville,1831

形态特征:体细长而纤弱,灰白色、淡绿色或淡黄色。前胸背板狭长,向后稍扩展;雄性后胸背板具明显的圆形腺窝。雄性前翅几乎透明,镜膜甚大,内具 1 分脉。足细长,前足胫节内、外侧均具较大长卵形听器;后足胫节背面具刺,刺间具小刺;爪基部具齿突。产卵瓣端部不膨大,具齿。

分布:世界性分布。该属在我国已知 7 种,在浙江天目山发现 2 种。

分种检索表

1. 后胸背腺腺窝具瘤状突;阳茎基背片基部较窄 ·············· **长瓣树蟋 *O. longicauda* Matsumura,1904**

   后胸背腺腺窝具片状突;阳茎基背片基部较宽 ················ **黄树蟋 *O. rufescens* Serville,1839**

9.86　黄树蟋 *Oecanthus rufescens* Serville,1839(图 4-9-63A、B)

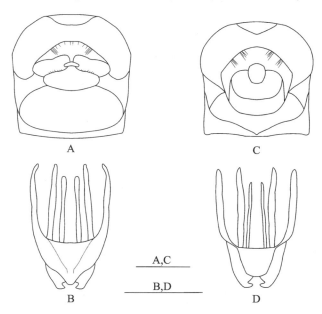

图 4-9-63　A、B. 黄树蟋 *Oecanthus rufescens* Serville,1839;

C、D. 长瓣树蟋 *Oecanthus longicauda* Matsumura,1904

A、C. 后胸背腺,背面观;B、D. 外生殖器,背面观

特征:雄性:体细长,纤弱。头背面与额突在同一平面,平坦,被细毛;触角柄节宽大,宽于额突;复眼较大,向后延伸;口器为前口式;下颚须末节向端部弱膨大,明显长于第 3 节;下唇须末节向端部弱膨大,明显长于第 2 节。前胸背板狭长,向后稍扩展,被毛;前缘略弧状凸,后缘近平直;侧片宽圆形,下缘稍翘起,不平坦;后胸背腺(图 4-9-63A)腺窝明显,内具扁平状小突。前翅发达,向后较弱扩展,远超过腹端,几乎透明,镜膜甚大,长大于宽,分脉 1 条;斜脉 3 条;端域极短;侧区具 9—10 条斜脉;后翅略长于前翅。足细长,前足胫节基部侧扁,内、外侧各具 1 大的长椭圆形听器;后足胫节背面具刺,刺间具小刺。尾须细长,被长毛,向后超出后翅端。下生殖板基部宽约等于长,端部宽圆形。外生殖器(图 4-9-63B)纤弱,阳茎基背片基部宽,向端部明显变窄。

雌性:似雄性,前翅不超过产卵瓣端部,具平行纵脉,横脉较多,翅室呈长方形。后翅超出产卵瓣端部。产卵瓣较短,端部钝圆,具齿。

体呈浅绿色。复眼褐色。腹部黄褐色至黑褐色。

体长:♂12.5—14.5mm,♀10.5—13.0mm;前胸背板:♂2.0—2.2mm,♀2.2—2.5mm;前翅:♂11.5—13.5mm,♀11.5—13.0mm;后足股节:♂7.0—8.5mm,♀7.5—8.5mm;产卵瓣:♀7.5—9.7mm。

分布:浙江(天目山)、江苏、上海、安徽、湖北、湖南、福建、广东、海南、广西、四川、贵州、云南;越南,马来西亚,印度,斯里兰卡,澳大利亚。

9.87 长瓣树蟋 *Oecanthus longicauda* Matsumura, 1904(图 4-9-63C、D)

特征:雄性:体细长,纤弱。头背面与额突在同一平面,稍凹陷,被细毛;触角柄节宽大,宽于额突;复眼较大,向后延伸;口器为前口式;下颚须末节向端部弱膨大,明显长于第3节;下唇须末节向端部弱膨大,约与前2节之和等长。前胸背板狭长,向后稍扩展,被毛;前缘略弧状凸,后缘近平直;侧片宽圆形,下缘稍翘起,不平坦;后胸背腺(图4-9-63C)腺窝明显,内具瘤状小突。前翅稍短,向后较弱扩展,稍超过腹端,几乎透明,镜膜甚大,长大于宽,分脉1条;斜脉3条;端域极短;侧区具9—10条斜脉;后翅略长于前翅。足细长,前足胫节基部侧扁,内、外侧各具1大的长椭圆形听器,内侧稍大;后足胫节背面具刺,刺间具小刺。尾须细长,被长毛,向后超出后翅端。下生殖板基部宽约等于长,端部宽圆形。外生殖器(图4-9-63 D)纤弱,阳茎基背片基部稍窄,向端部渐变窄。

雌性:似雄性,前翅不超过产卵瓣端部,具平行纵脉,横脉较多,翅室呈长方形。后翅超出产卵瓣端部。产卵瓣较长,端部钝圆,具齿。

体呈浅绿色。复眼褐色。腹部通常黑褐色。

体长:♂11.5—14.0mm,♀10.5—14.5mm;前胸背板:♂2.0—2.3mm,♀2.2—2.6mm;前翅:♂10.6—11.5mm,♀10.3—12.5mm;后足股节:♂7.1—8.5mm,♀7.5—8.8mm;产卵瓣:♀8.5—10.2mm。

分布:浙江(天目山)、黑龙江、吉林、山西、陕西、江西、湖南、福建、广西、四川、贵州、云南;朝鲜,日本,俄罗斯。

距蟋亚科 Podoscirtinae

形态特征:体大型,背腹较扁平。雄性前翅发达,大多数类群具发达的镜膜,斜脉较多。通常具后胸背腺,且发达。后足胫节背面具长刺,刺间具小刺,外端距3枚,极短,约等长;第1跗节较短,背面具刺;第2跗节背腹扁平,爪上缺细齿。产卵瓣端部稍膨大。

生物学:多生活在灌木丛和高大树林上。

分布:多分布于世界各热带和亚热带地区。该亚科在我国已知12属29种,在浙江天目山发现1属2种。

片蟋属 *Truljalia* Gorochov,1985

形态特征:体中型,较扁平,绿色或黄绿色。头小,背面扁平,与颜面几乎成直角;触角柄节宽于额突;个别种类复眼后方具黄色或黑色眼后带。前胸背板前缘窄,向后加宽,两侧缘明显。前翅超出腹端,雄性斜脉较多,镜膜发达,长大于宽,具1条分脉。前足胫节外侧听器卵圆形,内侧裂缝状。雄性肛上板呈裂叶状,沿两侧叶内缘具大量粗短的硬毛;下生殖板后缘平截或具凹口。外生殖器：阳茎基背片具 1 对钩状突和片状的导向杆，阳茎基外侧突发达。雌性产卵瓣端部齿状。

分布：中国，东南亚，日本。该属在我国已知 10 种，在浙江天目山发现 2 种。

分种检索表

1. 外生殖器阳茎基外侧突呈钩状，近端部膨大瘤状，向后不超出导向杆端部 …………………… ………………………………………………………… 瘤突片蟋 **T. tylacantha** Wang & Woo, 1992
    外生殖器阳茎基外侧突呈扁平状，近端部不膨大，向后超出导向杆端部 …………………………… ……………………………………………… 梨片蟋 **T. hibinonis hibinonis** (Matsumura, 1919)

9.88　瘤突片蟋 *Truljalia tylacantha* Wang & Woo, 1992（图 4-9-64A、C）

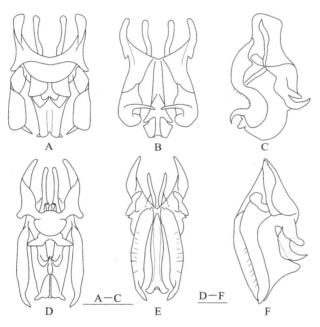

图 4-9-64　A—C. 瘤突片蟋 *Truljalia tylacantha* Wang & Woo, 1992；
D—F. 梨片蟋 *Truljalia hibinonis hibinonis* (Matsumura, 1919)
A、D. 外生殖器，背面观；B、E. 外生殖器，腹面观；C、F. 外生殖器，侧面观

特征：**雄性**：体中大型，黄绿色。头背面平；单眼不明显，中单眼长椭圆形，侧单眼圆形；触角柄节宽明显大于额突；复眼明显凸起；下颚须和下唇须纤细，下颚须末节端部窄圆形，下唇须端部斜截形。前胸背板前缘窄且凹，后缘宽，向后凸，两侧缘不明显；侧片长大于高。后胸背腺腺窝不发达，被细毛。前翅发达，发声脉弯曲处呈直角，斜脉 6 条，镜膜发达，长约等于宽，分脉 1 条，端区长，翅脉不规则，侧区斜脉 13—15 条。足较短，前足胫节基部膨大，内侧听器裂缝状，外侧听器卵圆形；后足胫节背面内、外侧长刺各 5—6 枚，外侧刺稍小于内侧刺，刺间具小刺。肛上板两侧叶完全分离，侧叶内缘下侧具附侧叶，其上具短刚毛。下生殖板长大于宽，端部截形。尾须细长，被细毛。外生殖器（图 4-9-64A—C）：阳茎基背片上具 1 对端钩和 1 对膜质片状突，导向杆短，末端浑圆，下缘具 1 对小突起，上缘近基部具 1 三角形突；阳茎基外侧突呈钩状，近末端瘤状膨大，末端缢缩为刺状。

雌性：前翅及后翅稍长，前翅背区具 13 条斜纵脉。产卵瓣长，端部腹面具齿。

体黄绿色。后头区具不规则相连黑斑;触角外侧深褐色,内侧浅褐色;复眼后方具纵向横带,横带下缘具黑条纹;前胸背板黄绿色,侧片上缘前、后各具1个黑斑。产卵瓣黄色,端部及两侧缘黑色。

体长:♂18.5—24.1mm,♀19.5—21.3mm;前胸背板:♂3.0—3.2mm,♀3.0—3.3mm;前翅:♂20.5—22.4mm,♀24.3—28.3mm;后足股节:♂10.7—11.5mm,♀11.0—11.8mm;产卵瓣:♀10.5—11.5mm。

分布:浙江(天目山)、河南、安徽、湖北、湖南、福建、广西、四川、贵州。

9.89 梨片蟋 *Truljalia hibinonis hibinonis*(Matsumura,1919)(图 4-9-64D—F)

特征:雄性:体中大型。头扁平,中单眼较大,卵圆形,不明显,侧单眼小,略凸出;复眼卵圆形;触角丝状,柄节宽明显大于额突;下颚须和下唇须纤细,下颚须末节端部窄圆形,下颚须端部斜截形。前胸背板前缘窄,凹状,向后加宽,后缘宽,两侧缘不明显。后胸背腺腺窝不明显,被细毛。足短,前足胫节基部膨大,外侧具卵圆形膜质听器,内侧听器裂缝状;后足胫节背面长刺外侧 6—7 枚,内侧 5—7 枚,刺间具小刺。前翅发声脉弯曲处几乎为直角,斜脉 6—7 条,镜膜发达,长稍大于宽,内具 1 条分脉,端区长,翅脉不规则,形成数个小室,侧区斜纵脉 13—15 条。肛上板两侧叶明显分裂,侧叶内侧下缘具 1 对附叶。下生殖板长大于宽,端部截形,窄于基部。外生殖器(图 4-9-64D—F)发达,骨化较强,阳茎基背片具 1 对向上的大钩,基部与 1 对膜质片突相连,导向杆发达,上面近端部具 1 较宽的三角形突起,突起的端部较钝,导向杆的下面端部具 1 对小突起;阳茎基外侧突发达,下缘具毛,端部稍窄,稍长于导向杆。

雌性:前翅和后翅较长,前翅具 13 条斜纵脉,背面翅室不规则,产卵瓣背腹稍扁,腹面具齿。

体绿色。复眼褐色,其后方具眼后带;触角褐色。前胸背板侧片上缘前后各具 1 黑色斑,前翅基区翅脉几乎为黑褐色。

体长:♂19.0—20.5mm,♀19.5—20.0mm;前胸背板:♂2.8—3.5mm,♀3.0—3.2mm;前翅:♂18.5—23.5mm,♀25.5—27.5mm;后足股节:♂10.5—11.5mm,♀11.5—12.5mm;产卵瓣:♀10.5—11mm。

分布:浙江(天目山)、江苏、上海、福建、江西、湖南、广西、四川、云南;日本。

蛉蟋亚科 Trigonidiinae

形态特征:体小型。头圆,背面隆起;额突较短,宽于触角柄节;触角细长;复眼较大,凸起。前胸背板横宽,或长稍大于宽,被毛;部分类群雄性翅脉缺镜膜,与雌性近似,前翅若具镜膜则较发达且缺分脉。第 2 附节背腹扁平,腹面具明显短毛;后足胫节背面具长刺,第 1 附节背面缺小刺。产卵瓣弯刀状,端部尖。

生物学:多生活在杂草丛中。

分布:世界热带和亚热带地区分布。该亚科在我国已知 8 属 31 种,在浙江天目山发现 3 属3 种。

分属检索表

1. 雄性前翅缺镜膜,与雌性翅脉近似 ……………………………………………… **斜蛉蟋属 Metioche**

  雄性前翅具镜膜,与雌性翅脉差异较大 …………………………………………………………… 2

2. 头后部和前胸背板前部明显窄;雌性前翅纵脉间具伪脉 ………………… **墨蛉蟋属 Homoeoxipha**

头后部和前胸背板前部稍窄；雌性前翅纵脉间缺伪脉 ·························· **斯蛉蟋属 *Svistella***

斯蛉蟋属 *Svistella* Gorochov，1987

形态特征：体小型，颜色通常较浅，具斑纹。前胸背板向前稍收缩，通常浅色，具许多暗色斑点。前足胫节纤细，具听器。雄性具发达的发声器，前翅相当宽，镜膜几乎圆形或稍长。雄性外生殖器：阳茎基背片后缘中部呈强烈的特殊凹状，后侧片端部具长且窄的突起，连接阳茎基背片两侧部分的横桥窄且弧状；导向杆长且细；阳茎基外侧突形状特殊，且与阳茎基背片不完全分离。

分布：亚洲南部。该属在我国已知 6 种，在浙江天目山发现 1 种。

9.90　双带斯蛉蟋 *Svistella bifasciata*（Shiraki，1911）（图 4-9-65A、B）

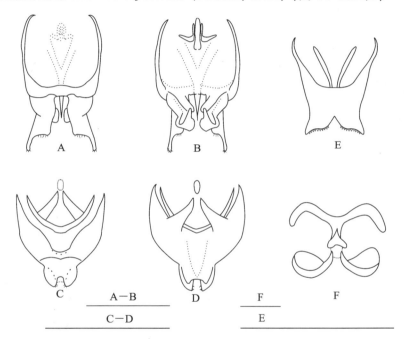

图 4-9-65　A、B. 双带斯蛉蟋 *Svistella bifasciata*（Shiraki，1911）；

C、D. 黑足墨蛉蟋 *Homoeoxipha nigripes* Hsia & Liu，1993；

E. 哈尼斜蛉蟋 *Metioche haani*（Saussure，1878）；

F. 东方蝼蛄 *Gryllotalpa orientalis* Burmeister，1839

A、C、E、F. 外生殖器，背面观；B、D. 外生殖器，腹面观

特征：雄性：体小型，稍宽。头宽于前胸背板前缘；额突稍宽于触角柄节；复眼卵圆形，位于头部侧上方，上缘高于头顶；下颚须和下唇须各节相对较长，下颚须末节长，呈锐角等腰三角形，下唇须末节端部膨大。前胸背板横宽，前、后缘较直。前翅伸达腹端，镜膜发达，长稍大于宽，端区极短；前翅长达腹部末端，后翅退化。前足胫节内侧听器退化，外侧听器膜质，较小，椭圆形；后足胫节背面两侧各具 3 枚长刺，第 1 跗节长于第 2、3 跗节之和；所有跗节爪均具齿，第 2 跗节背腹扁平，腹面具白毛。肛上板略呈半圆形。尾须细长。下生殖板梯形，基部宽，端部中央具小突。外生殖器（图 4-9-65A、B）：阳茎基背片分为左右两部分，由横桥相连，后侧叶长，端半部急剧收缩呈细柱状，端部具小突起，阳茎基外侧突不到达后侧叶的 1/2。

雌性:体大小与雄性相似,前翅略不到达腹端,背区具 6 条明显的纵脉。产卵瓣刀状,端部背面具齿。

头背面黄色,复眼间具褐色横斑;额突前面具 1 对弧形黑褐色纵条纹,背面具 3 个褐色斑;复眼下方各具 1 条褐色纵条纹;前胸背板背片黄色,各边缘均具黑褐色带,背片中央具 2 对褐色横纹,并具很多杂乱的小黑斑。前翅区黄色,仅索区、对角脉两侧和端区及侧区褐色。后足股节外侧具 2 条明显的深褐色纵条纹。

体长:♂5.8—6.2mm,♀5.5—6.3mm;前胸背板:♂1.0—1.2mm,♀1.3—1.4mm;前翅:♂4.5—4.7mm,♀3.2—3.9mm;后足股节:♂4.4—5.1mm,♀4.8—5.3mm;产卵瓣:♀2.2—2.8mm。

分布:浙江(天目山)、江苏、上海、安徽、江西、湖南、台湾、海南、四川、贵州;朝鲜、日本。

墨蛉蟋属 *Homoeoxipha* Saussure,1874

形态特征:体小型。头较宽,复眼凸出,较圆。前胸背板前缘明显狭窄,向前呈弧形。前翅长,光滑;雄性前翅斜脉 1 条,镜膜较大,长明显大于宽,后翅尾状或缺失。前足胫节内外侧均具椭圆形听器,或内侧留有退化痕迹,后足胫节背面两侧缘各具 3 枚长刺。产卵瓣弯刀状。

分布:主要分布于亚洲南部。该属在我国已知 3 种,在浙江天目山发现 1 种。

9.91　黑足墨蛉蟋 *Homoeoxipha nigripes* Hsia & Liu,1993(图 4-9-65C、D)

特征:雄性:体小型,纤弱。额突短,稍宽于触角柄节,背面具刚毛;复眼卵圆形,位于头部侧前方,上缘略低于头顶;下颚须末节长于第 3 节,端部膨大,呈锐角等腰三角形,下唇须末节较长,端部斜截形。前胸背板背面观呈梯形,前、后缘较直,具绒毛;侧片前下角宽圆,下缘较直,下后角略呈直角。前翅稍宽,斜脉 1 条,对角脉短,呈"S"形,镜膜发达,明显长大于宽,缺分脉,端区退化;前翅半透明,纵脉 3 条,后翅缺。前足胫节外侧听器椭圆形,内侧听器仅有退化痕迹;后足胫节背面两侧缘各具 3 枚长刺;所有足的第 2 跗节扁平,腹面具一簇白毛。肛上板基部宽,向端部变窄,端部宽圆形。尾须细长。下生殖板基部宽,呈梯形。外生殖器(图 4-9-65C、D):阳茎基背片后侧叶较宽,内缘具毛,略超出外侧突,基部腹面具 1 对近锥形的内突。

雌性:前翅稍不到达腹端,背区具 6 条明显的纵脉,侧区 3 条纵脉。下生殖板近三角形。产卵瓣马刀形,端部尖,下缘具细齿。

头背面黑褐色,腹面黄褐色;触角基部 2 节黑褐色,余部黄色;下颚须和下唇须黑色;前胸背板褐色;前翅黄色,背区半透明,近索区具一褐色斑。前、中足胫节和股节大部分黑褐色,基节、转节黄色,跗节和胫节端部浅黄褐色,后足仅股节端半部黑色,胫节端部浅褐色,其余部分黄色。腹部黑褐色。

体长:♂4.9—5.5mm,♀4.8—5.0mm;前胸背板:♂0.8—0.9mm,♀0.8—1.1mm;前翅:♂3.9—4.2mm,♀2.9—3.1mm;后足股节:♂3.6—4.4mm,♀4.1—4.5mm;产卵瓣:♀1.5—2.1mm。

分布:浙江(天目山)、湖南、海南、广西、四川、贵州、云南。

斜蛉蟋属 *Metioche* Stål,1877

形态特征:体小型。头较大,额突短,较宽;触角细长。前翅光滑,缺毛,雌、雄性间翅脉相似或较近似,纵脉发达,但纵脉间缺伪脉。足长,后足胫节背面两侧各具 3 枚长刺;外侧端距 3 枚较短,内侧 2 枚较长。产卵瓣弯刀状。

分布:主要分布于亚洲、澳洲和非洲。该属在我国已知 5 种,在浙江天目山发现 1 种。

9.92　哈尼斜蛉蟋 *Metioche haani*（Saussure，1878）（图 4-9-65E）

特征:雄性:体小型,纤弱。头部背面与额突在同一平面,具细长毛;额突凸,约与触角柄节等宽,且与颜面几乎垂直;单眼退化;额唇基沟中间呈弧形上凸;颊下部宽,约为复眼处宽的1/2;下颚须末节三角形,约与第 3 节等长;下唇须末节向端部呈弧形膨大,约与前 2 节之和等长。前胸背板被密长毛,宽约等于长,近筒状,前、后缘平直,两侧缘平行;侧片下缘呈弧形向后略提升;前翅短,略不到达腹端,长卵圆形,中部强烈隆起;纵脉 7 条,且平行。足被绒毛,第 2 跗节扁平,被毛垫;前足胫节听器退化;后足背面两侧各具 3 枚长刺,端距外侧 3 枚,内侧 2 枚。尾须细长,约为后足股节的 1/2。下生殖板端缘中央具弱的突起。外生殖器(图 4-9-65E):阳茎基背片较宽短,前缘明显内凹,后缘中部内凹,呈两裂叶状,裂叶短,端部尖,内缘齿状。

雌虫:体型和前翅脉序与雄性近似。下生殖板端部中央具凹刻。产卵瓣弯刀状,端部上、下缘均具细齿。

头部、前胸背板和腹部褐色。触角柄节褐色,其余白色;复眼灰白色;下颚须末节褐色,余部白色;下唇须末节褐色,余部浅褐色。尾须和足白色。

体长:♂4.0—5.0mm,♀4.0—5.0mm;前翅:♂2.5mm,♀4.0mm;后足股节:♂3.0—4.0mm,♀3.0—4.0mm;产卵瓣:♀2.0mm。

分布:浙江(天目山)、上海、江西、湖北、湖南、台湾、四川、贵州;印度尼西亚。

蝼蛄科 Gryllotalpidae

形态特征:体中大型,具短绒毛。头较小,口器前口式,触角较短,复眼凸出,单眼 2 枚。前胸背板卵形,较强隆起,前缘内凹。前、后翅发达或退化;雄性具发声器。前足为挖掘足,胫节具2—4枚趾状突,后足较短;跗节 3 节。产卵瓣退化。

生物学:蝼蛄科春、秋季多为发生期,昼伏夜出,喜欢取食植物种子和幼苗,是重要的农业害虫。成虫栖息于较潮湿且土质肥沃的沙土中,具有明显的趋光性。

分布:世界性分布。该科在我国有 1 属 8 种,在浙江天目山发现 1 属 1 种。

蝼蛄亚科 Gryllotalpinae

形态特征:体中大型,褐色至黑褐色,强壮。口器前口式,单眼 2 枚,额部较强隆起至唇基部。前胸背板卵形,前缘内凹;雄性通常具发达的发声器。前足的基距源于股节,前足胫节具听器,具3—4枚趾状突;后足较短,非跳跃足。产卵瓣退化。

生物学:同蝼蛄科。

分布:世界性分布。该亚科在我国有 1 属 8 种,在浙江天目山发现 1 属 1 种。

蝼蛄属 *Gryllotalpa* Latreille，1802

形态特征:体中至大型。头较小,明显窄于前胸背板,额突较强烈隆起;单眼 2 枚,较凸出,缺中单眼;触角较短。前胸背板长明显大于宽,背片强烈隆起,中央具光滑条纹。前翅不到达腹端,具发声器。跗节 3 节,前足为挖掘足,胫节具 4 枚片状趾突,仅内侧具封闭式听器,跗节前 2 节呈片状趾突;后足较短,胫节背面内缘具刺,近端部外缘端距 1 枚,内端距 3 枚,上端距最长,下端距最短。雌性产卵瓣退化。

分布:主要分布在亚洲、非洲和澳洲。该属在我国有 8 种,在浙江天目山发现 1 种。

9.93　东方蝼蛄 *Gryllotalpa orientalis* Burmeister，1839(图 4-9-65F)

特征:雄性:体较强壮。头明显小,额部至唇基较强凸起;触角短于体长;复眼卵圆形;侧单眼明显大,稍隆起,无中单眼。前胸背板明显宽于头部,长卵形,背面明显隆起且具短绒毛,中部具明显纵向印迹,两侧缘下弯。前翅约达腹部中部,约为前胸背板长的 1.4 倍,具发声器;端域适度长,具规则纵脉;后翅发达,超过腹端。前足胫节具 4 枚片状趾突,第 1 枚最长,向后依次变短,仅内侧具封闭式听器;后足较短,长约为最宽处的 3.0 倍;胫节长,约为最宽处的 5.5 倍;胫节外侧背刺 1 枚,内侧背刺 4 枚。尾须细长,约为体长的 1/2。肛上板基部宽,向端部渐变窄。下生殖板横宽,端部宽圆形。阳茎基背片(图 4-9-65F)垂直,基部宽,向端部明显变窄,端部较尖;阳茎外侧突窄且短;横桥向端部加宽。

雌性:体型与雄性近似。产卵瓣发育不全,通常不伸出。

体背面呈红褐色,腹面黄褐色。单眼黄色。前翅褐色,具黑褐色翅脉。足浅褐色。

体长:♂25.0—33.0mm,♀25.5—34.5mm;前胸背板:♂7.5—8.5mm,♀7.4—8.6mm;前翅:♂8.5—12.5mm,♀8.5—12.5mm;后足股节:♂7.5—9.2mm,♀7.5—9.5mm。

分布:浙江(天目山)、黑龙江、吉林、辽宁、内蒙古、青海、河北、北京、天津、山东、江苏、上海、江西、湖北、湖南、福建、广东、海南、广西、四川、贵州、云南、西藏;俄罗斯,朝鲜,韩国,日本,菲律宾,印度尼西亚,尼泊尔。

蝗总科 Acridoidea

形态特征:体小至大型。触角长于前足股节。前胸背板较短,仅盖住胸部背面。翅发达,短缩或无翅。跗节3节,具爪间中垫,后足跗节第1节上侧无细齿。腹部第1节背板两侧常具有鼓膜器。腹部气门着生于腹部背板的下缘。产卵器短瓣状。

锥头蝗科 Pyrgomorphidae

形态特征:体中小型。头部锥形,侧面观颜面极向后倾斜;颜面隆起具细纵沟;头顶向前凸出较长,中央具细纵沟,头侧窝不明显或缺。触角剑状,基部数节较宽扁,其余各节较细。前胸腹板前缘片状凸起。前、后翅发达,狭长。后足股节外侧中区具不规则的短棒状隆线或颗粒状突起。后足胫节端部具外端刺或缺。鼓膜器发达。缺摩擦板。阳具基背片具较长的附片,冠突明显呈钩状。

分布:我国已知2属12种,浙江分布1属1种。

负蝗属 Atractomorpha Saussure,1862

形态特征:体细长,匀称,被细小颗粒。触角较远地着生于侧单眼之前。复眼后方具有一列小圆形颗粒。前翅狭长,端部狭锐;后翅基部本色透明或具玫瑰色。后足股节细长,上基片长于下基片,外侧具不规则颗粒和短隆线。后足胫节具外端刺,近端部侧缘较宽,呈狭片状。鼓膜器发达。雄性肛上板为长三角形,尾须短锥形,阳具基背片呈花瓶状。雌性上产卵瓣的上缘具齿,端部为钩形。

分布:全世界已知约20余种,分布于亚洲、非洲、大洋洲及巴布亚新几内亚等地区。我国已知11种,除西北地区外,几乎广泛分布于各地。本次考察浙江采集1种。

9.94　短额负蝗 Atractomorpha sinensis I. Bolivar,1995(图4-9-66)

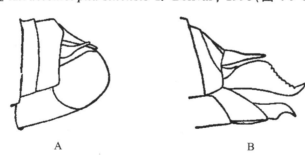

A　　　　　　　　　　　B

图4-9-66　短额负蝗 Atractomorpha sinensis I. Bolivar,1995(仿毕道英)
A.雄性腹端,侧面观;B.雌性腹端,侧面观

特征:雄性:体型一般较匀称。头顶较短,向顶端趋狭,圆弧形,其长略长于复眼的最长直径,约为头宽(复眼前)的1.5倍以内;侧面观颜面较倾斜;复眼长卵形,其长为宽的1.6—1.8倍;触角剑状,较短,其基部接近复眼,两者的距离不大于触角第1节的长度;眼后具有一列小而凸起的颗粒,排列稀疏、整齐;前胸背板背面略平,前缘平弧形,后缘钝圆形,中隆线较细,侧隆线较不明显;中、后横沟明显,后横沟略偏后;前胸背板侧片后缘域近后缘具环形膜区,其后缘略向内凹,后下角较直或呈锐角,其下缘具一列长形且串联的颗粒,排列稍整齐。前胸腹板突片状;中胸腹板侧叶间的中隔长方形。前、后翅较长,远离后足股节顶端;后翅略短于前翅。

后足股节中等长,外侧下隆线不特别向外凸出。肛上板三角形,尾须短于肛上板之长;下生殖板端部圆弧形(图 4-9-66A)。

体草绿色或褐黄色,后翅玫瑰红色或红色。

雌性:体型较雄性粗大。中胸腹板侧叶的中隔长方形,其宽略大于长。上、下产卵瓣粗短,其顶端较弯;上产卵瓣外缘具钝齿(图 4-9-66B)。

体长:♂ 19—23mm,♀ 26—35mm;前胸背板:♂ 4.0—5.0mm,♀ 6.5—9.4mm;前翅:♂ 19—25mm,♀ 22—31mm;后足股节:♂ 10—13mm,♀ 13—16mm。

分布:浙江(天目山)、甘肃、青海、河北、北京、山西、陕西、河南、山东、江苏、上海、安徽、江西、湖北、湖南、福建、台湾、广东、广西、四川、贵州、云南;日本,越南。

斑腿蝗科 Catantopidae

形态特征:体中大型,变异较多。侧面观颜面垂直或向后倾斜;头顶前端缺细纵沟,头侧窝不明显或缺如;触角丝状。前胸腹板的前缘明显凸起,呈锥形、圆柱形或横片状。前、后翅均很发达,有时退化为鳞片状或缺如。鼓膜器在具翅种类均很发达,仅在缺翅种类不明显或缺如。后足股节外侧中区具羽状纹,其外侧基部的上基片明显长于下基片,仅少数种类的上、下基片近乎等长。雄性阳具基背片的形状变化较多,均具冠突,具锚状突或缺如,缺附片。发音方式为前翅—后足股节型、前翅—后足胫节型或后翅—后足股节型。

分布:我国已知 95 属 335 种,本次考察浙江采集 15 属 19 种。

分属检索表

1. 后足股节膝部外侧下膝侧片端部向后延伸,形成锐刺状 ·· 2
   后足股节膝部外侧下膝侧片端部不向后延伸为锐刺状,一般为圆形或锐角形 ············· 5
2. 前、后翅发达;后足胫节端半部呈片状扩大;前胸腹板突圆锥形 ······························· 3
   前翅鳞片状,侧置,在背部不毗连;后足胫节端半部不呈片状扩大 ··························· 4
3. 阳具基背片为桥状,缺锚状突 ··· 稻蝗属 *Oxya*
   阳具基背片为板片状,具明显的锚状突 ··· 籼蝗属 *Oxyina*
4. 前胸背板后缘中央凹入;雄性下生殖板短锥形 ······························· 卵翅蝗属 *Caryanda*
   前胸背板后缘弧形或近平直;雄性下生殖板顶端中央凹陷 ····················· 尾齿蝗属 *Odonacris*
5. 后足股节上侧中隆线平滑,缺细齿 ·· 6
   后足股节上侧中隆线呈锯齿状 ·· 8
6. 前胸背板横沟为黑色 ··· 蔗蝗属 *Hieroglyphus*
   前胸背板横沟非黑色 ··· 7
7. 雌雄两性前、后翅均很发达,其顶端到达或超过后足股节的顶端;雄性尾须侧扁,基部与端部较宽,中部明显缩狭;雌性下生殖板后缘常具 5 个齿 ······················· 腹露蝗属 *Fruhstorferiola*
   雌雄两性前、后翅均退化为鳞片状,侧置,在背部较宽地分开;前胸背板后缘中央具小凹口或微凹,沟前区的长度为沟后区的 2 倍;雄性腹部末节背板无尾片 ······················· 蹦蝗属 *Sinopodisma*
8. 前胸背板具侧隆线 ·· 9
   前胸背板缺侧隆线 ··· 10
9. 雄性尾须呈片状,顶端分裂成上、下两枝,下枝又分 3 个小齿;前胸背板常同色 ···············
   ··· 星翅蝗属 *Calliptamus*
   雄性尾须侧扁,端部完整,不分裂为齿状;前胸背板色较淡,背面黑色。头顶背面中央缺中隆线 ···
   ··· 素木蝗属 *Shirakiacris*

10. 中胸腹板侧叶较狭长,其内缘近于直角形,或内缘的下角为锐角形;体型一般较大 ················ 11
　　中胸腹板侧叶较宽短,其内缘近于宽圆形;体型一般较小 ···························· 12
11. 前胸腹板突向后弯曲,其顶端几达中胸腹板;前胸背板中隆线明显隆起,呈屋脊形;体色为单一绿色,
　　后翅基部红色 ·· 棉蝗属 *Chondracris*
　　前胸腹板突较直,略向后倾斜,其顶端远不到达中胸腹板;体黄褐色,背面中央具淡黄色纵条纹 ······
　　·· 黄脊蝗属 *Patanga*
12. 颜面隆起,全长明显向前凸出;前胸腹板突圆锥形;前胸背板的背面在沟前区和沟后区常具有丝绒状
　　的黑色斑纹;后胸腹板侧叶的后端明显分开 ································ 凸额蝗属 *Traulia*
　　颜面隆起不向前凸出;前胸腹板突圆柱形,顶端钝圆;后胸腹板侧叶的后端部分常毗连 ·········· 13
13. 前胸背板两侧缘在中部较缩狭;后足股节外侧常具有完整的黑色横斑纹;体较粗短 ··············
　　··· 外斑腿蝗属 *Xenocatantops*
　　前胸背板的两侧缘近于平行,在中部不缩狭 ······································ 14
14. 前胸腹板突柱形,顶略膨大,圆形;后足股节外侧常具不完整的黑色横板;体型粗壮 ··············
　　·· 斑腿蝗属 *Catantops*
　　前胸腹板突较侧扁;后足股节外侧常具黑色纵纹;体较细长 ·········· 直斑腿蝗属 *Stenocatantops*

稻蝗属 *Oxya* Audinet-Serville,1831

形态特征:体型中等。前胸腹板突圆锥形,其端部圆形或略尖,通常略向后倾斜,有时其后侧较平。前、后翅发达。后足股节匀称,膝部的上膝侧片端部为圆形,下膝侧片端部延伸为锐刺状;后足胫节近端部 1/2 较展宽,其上侧外缘形成狭片状,具有外端刺。雄性肛上板为三角形。尾须锥形或侧扁,端部为圆形或分枝状。阳具基背片桥部为较狭的分开,通常缺锚状突。雌性下生殖板的后缘常具齿或突起,表面常具纵隆脊或纵沟。产卵瓣细长,在其外缘具齿或刺。

分布:全世界已知 21 种,分布于非洲区、古北区东南部、东洋区、澳大利亚等地区。我国已知 15 种,浙江天目山分布 3 种,本次考察采集 1 种。

分种检索表

1. 雄性肛上板两侧缘中部各具一不明显的突起;雌性前翅前缘具一行较密的短齿,自前缘近基部扩大处
　　向端部延伸几乎到达翅端;下产卵瓣较狭长,其外缘具长齿,在长齿间常具短齿,端齿呈钩状;雄性中
　　胸腹板侧叶间中隔较狭,但长小于宽的 9 倍,尾须锥形,端部呈斜切状 ··························
　　·· 小稻蝗 *Oxya intricata* (Stål, 1861)
　　雄性肛上板两侧缘中部缺突起;雌性前翅前缘缺齿或具微弱的齿;产卵瓣外缘齿较短而整齐,端齿不
　　呈钩状 ·· 2
2. 雌雄两性前、后翅均发达,通常超过后足股节顶端;雄性尾须锥形,端部不明显趋细,肛上板较平,在基
　　部两侧缺沟纹与褶皱;触角细长,中段一节长为宽的 1.5—2 倍;雌性下产卵瓣基部腹面的内缘具 1—2
　　枚齿状刺,下生殖板端部中央不具较宽的纵沟,后缘具短齿,中间两个间隔较大;腹部第 2、3 节背板侧
　　面后下角均缺明显的弯刺 ······························ 中华稻蝗 *Oxya chinensis* (Thunberg, 1825)
　　雌雄两性前、后翅均较不发达,不到达或刚到达后足股节端部;雄性尾须圆锥形,顶端为斜切状或小
　　突;阳具鞘之间呈浅的锐角形;色带后突两侧较垂直,背关为梯形;内冠突较小;外冠突内侧略呈弧形,
　　顶端钝;雌性下生殖板后缘中央明显凸出,端部具有一对甚为接近的齿,下生殖板腹面之后半部具一
　　对明显的隆脊;上、下产卵瓣顶端弯钩较直 ·················· 山稻蝗 *Oxya agavisa* Tasi, 1931

9.95　山稻蝗 *Oxya agavisa* Tasi, 1931(图 4-9-67)

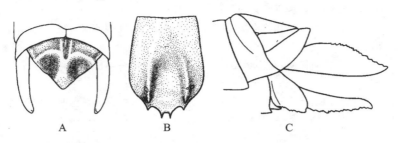

图 4-9-67　山稻蝗 *Oxya agavisa* Tasi, 1931(仿毕道英)
A. 雄性肛上板及尾须,背面观;B. 雌性下生殖板,腹面观;C. 雌性腹部,侧面观

特征:雄性:体中型。触角细长,略超过前胸背板后缘,其中段一节的长度为宽度的 2.3 倍左右。前胸背板较平,中隆线略明显,缺侧隆线,3 条横沟均明显。前胸腹板突锥形,基部较粗,顶端较尖。前、后翅均较不发达,通常不到达或刚到达后足股节端部,有时少数略超过后足股节端部;后翅长等于前翅。肛上板为较宽的三角形,具弱的基侧褶皱,基部中央具短而浅的中纵沟(图 4-9-67A)。尾须为圆锥形,具宽的斜切顶端。阳具基背片桥部较狭,外冠突呈细的钩形,内冠突较小,为齿状;由背面观色带后突为大而圆的长方形;两侧突背面观看不清;色带瓣具有宽而深的后缘凹陷;阳具端瓣较细长,向上弯。

雌性:较雄性粗大。前翅前缘基突较大,其上具有细小的齿。腹部第 2、3、4 节背板侧面的后下角具刺,以第 4 节为长。产卵瓣外缘齿较短而整齐,端齿不呈钩状(图 4-9-67C)。下生殖板后缘中央明显凸出,端部具有一对甚为接近的齿,下生殖板腹面之后半部具一对明显的隆脊(图 4-9-67B)。

体绿色或褐绿色,或背面黄褐色,侧面绿色,常有变异。

体长:♂24.4—34.0mm,♀28.0—39.0mm;前胸背板:♂4.08—7.2mm,♀5.3—8.8mm;前翅:♂14.5—27.0mm,♀18.0—32.0mm;后足股节:♂14.0—17.0mm,♀17.0—22.0mm。

分布:浙江(天目山)、江苏、上海、安徽、江西、湖北、湖南、福建、广东、广西、四川、贵州、云南等。

9.96　小稻蝗 *Oxya intricata* (Stål, 1861)(图 4-9-68)

特征:雄性:体型中等,细长。前胸背板略呈圆筒形,背面略平;中隆线较弱,缺侧隆线。前胸腹板突较大,圆锥形,顶端倾斜或斜切。中胸腹板侧叶间之中隔较狭,但长小于宽的 9 倍。前翅完全发育,常不到达后足胫节的中部;后翅长等于前翅。肛上板的两侧缘中部各具有一个不明显的突起,其端部中央颇向后延伸呈长三角形,基部具中纵沟,肛上板长明显长于宽(图 4-9-68C)。尾须为锥形,端部略呈斜切。阳具基背片具狭桥,缺锚状突,外冠突呈弯钩状,内冠突不发育或几乎缺如;色带瓣在顶端内凹;阳具端瓣较粗短。

体深绿色或浅褐色。

雌性:体型较大于雄性。前翅前缘具有一行较密的细刚毛,自前缘近基部扩大处向端部延伸几乎到达翅端(图 4-9-68B)。下产卵瓣较狭长,其外缘具有长齿,在长齿之间通常具有短齿,端齿成钩状(图 4-9-68D)。下生殖板后缘缺齿,表面缺隆脊或仅在端部具有较弱的突起(图 4-9-68A)。下产卵瓣基部腹面的内缘各具有小刺。

体长:♂17.5—24.0mm,♀23.0—29.0mm;前胸背板:♂3.5—4.5mm,♀4.9—6.1mm;前翅:♂13.0—20.0mm,♀19.0—25.0mm;后足股节:♂9.5—13.1mm,♀13.0—16.0mm。

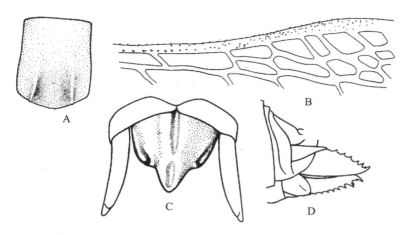

图 4-9-68　小稻蝗 *Oxya intricata*（Stål，1861）（仿毕道英）

A. 雌性下生殖板,腹面观;B. 雌性前翅前缘;C. 雄性肛上板及尾须,背面观;D. 雌性腹端,侧面观

分布:浙江(天目山)、陕西、山东、江苏、上海、安徽、江西、湖北、湖南、福建、台湾、广东、香港、广西、贵州、云南、西藏;琉球群岛,越南,马来西亚,新加坡,印度尼西亚(苏门答腊、爪哇),菲律宾,泰国。

9.97　中华稻蝗 *Oxya chinensis*（Thunberg，1825）（图 4-9-69）

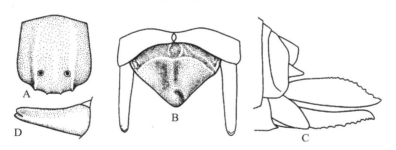

图 4-9-69　中华稻蝗 *Oxya chinensis*（Thunberg，1825）（仿毕道英）

A. 雌性下生殖板,腹面观;B. 雄性肛上板及尾须,背面观;C. 雌性腹端,侧面观;D. 雄性尾须,侧面观

特征:雄性:体型中等。触角细长,其长到达或略超过前胸背板的后缘,其中段一节的长度为其宽度的 1.5—2 倍。前胸背板较宽平,两侧缘几乎平行,中隆线明显,缺侧隆线。前胸腹板突锥形,顶端较尖。中胸腹板侧叶间之中隔较狭,中隔的长度明显大于其宽度。前翅较长,常到达或刚超过后足胫节的中部;后翅略短于前翅。肛上板为较宽的三角形,表面平滑,两侧中部缺突起,基部表面缺侧沟(图 4-9-69B)。尾须为圆锥形,较直,端部为圆形或略尖。阳具基背片桥部较狭,缺锚状突;外冠突较长,近似钩状;内冠突较小,为齿状。色带后突背面观为宽圆,两侧突较小,略可见;色带瓣较宽,向后凹入较深;阳具端瓣较细长,向上弯曲。

体绿色或褐绿色,或背面黄褐色,侧面绿色,常有变异。

雌性:体型较大于雄性。腹部第 2、3 节背板侧缘的后下角缺刺,有时略隆起。产卵瓣较细长,外缘具细齿,各齿近乎等长(图 4-9-69C);在下产卵瓣基部腹面的内缘各具有 1 个刺。下生殖板表面略隆起,在近后缘之两侧缺或各具有不明显的小齿;后缘较平,中央具有 1 对小齿(图 4-9-69A)。

体长:♂15.1—33.1mm,♀19.6—40.5mm;前胸背板:♂3.3—6.6mm,♀4.1—8.7mm;

前翅：♂10.4—25.5mm，♀11.4—32.6mm；后足股节：♂9.7—18.2mm，♀11.7—23.0mm。

分布：浙江(天目山)、黑龙江、吉林、辽宁、河北、北京、天津、陕西、河南、山东、江苏、上海、安徽、江西、湖北、湖南、福建、台湾、广东、广西、四川；朝鲜，日本，越南，泰国。

籼蝗属 *Oxyina* Hollis，1975

形态特征：外形颇近似稻蝗属。头锥形，头顶较短，其宽大于长；颜面隆起，全长具纵沟，复眼卵圆形。触角较短，到达或不到达前胸背板后缘。前胸腹板突锥形。前胸背板背面较平，中隆线较弱，缺侧隆线；三条横沟均切割中隆线。前、后翅均发达，常超过后足股节的端部。后足股节端部的下膝侧片顶端呈刺状。后足胫节端半部上侧边缘扩大，呈狭片状。雄性腹部末节背板后缘缺尾片。阳具基背片较宽，近板状，锚状突较发达；阳具鞘膜位于桥部之间，前缘较膨大。雌性产卵瓣细长，边缘具不规则细齿。

分布：全世界已知 3 种，分布于中国，印度尼西亚，巴基斯坦，伊朗，阿富汗等；我国仅知 1 种。

9.98 二齿籼蝗 *Oxyina sinobidentata*（**Hollis，1971**）（**图 4-9-70**）

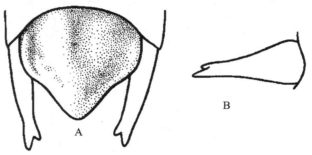

图 4-9-70 二齿籼蝗 *Oxyina sinobidentata*（Hollis，1971）(仿李鸿昌)
A.雄性肛上板,背面观；B.雄性尾须,侧面观

特征：雄性：体型小，较匀称。头较大而短，较短于前胸背板。头顶钝圆。触角丝状，22—24 节，其长略超过前胸背板后缘。颜面倾斜。复眼长卵形，复眼之间的距离略等于或狭于颜面隆起在触角之间的距离。前胸背板背面较平；中隆线甚低，线状；3 条横沟切断中隆线，缺侧隆线。前、后翅较发达，其长超过后足股节，前、后翅等长。前胸腹板突圆锥形，后方较平。中胸腹板侧叶之中隔较狭；后胸侧叶毗连。后足股节匀称，下膝侧片顶端具锐刺。后足胫节近顶端部的两侧缘呈片状扩大，顶端具内、外端刺；外缘具刺 9—10 个，内缘具刺 9—12 个。尾须顶端具有 2 个锐齿。肛上板平滑，呈短三角形；肛上板的长度明显短于其最宽处(图 4-9-70A)。阳具基背片具有较宽的板状桥，具锚状突；内冠突较分开，外冠突较圆或决不具钩。

体黄绿色。复眼后带褐色，从复眼后方经前胸背板侧叶上缘到前翅顶端。后足股节顶端 1/3 为淡红褐色。胫节绿色，胫节刺顶端为黑色，胫节下面为淡褐色。

雌性：体较雄性为大。触角较短，不到达前胸背板后缘。下生殖板的后缘中央呈圆形，两侧缘各具有 1 个小圆形突出。

体长：♂16.0—19.9mm，♀25.2—27.3mm；前胸背板：♂3.4—4.0mm，♀4.4—5.0mm；前翅：♂13.3—16.6mm，♀17.0—19.7mm；后足股节：♂9.5—10.5mm，♀12.0—13.9mm。

分布：浙江(天目山)、江苏、安徽、广西、贵州、四川。

卵翅蝗属 *Caryanda* Stål，1878

形态特征：体中型。触角丝状，到达或超过前胸背板后缘。前胸腹板突圆锥形，前后稍扁，顶端尖。中胸腹板侧叶宽大于长或长、宽相等，中隔的长度大于宽度或长、宽相等。前翅鳞片状，侧置，在背部不毗连。后足股节上侧之中隆线光滑，在末端形成尖刺；下膝侧片顶端尖刺状。后足胫节近端部圆柱形，侧缘不扩大，具外端刺。雄性腹部末节背板后缘具小尾片。尾须长圆锥形，超过肛上板的顶端。下生殖板短锥状，顶端较钝。阳具基背片桥部较狭地分开，具锚状突。雌性上产卵瓣之上外缘及下产卵瓣之下外缘具细齿。

分布：全世界已知 43 种，分布于印度，不丹，缅甸，越南，印度尼西亚，菲律宾，中非，中国；我国已知有 34 种。

9.99　比氏卵翅蝗 *Caryanda pieli* Chang，1939（图 4-9-71）

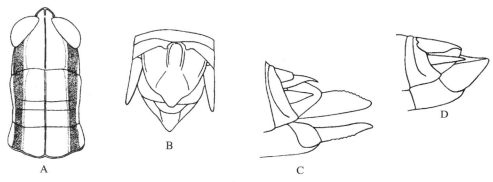

图 4-9-71　比氏卵翅蝗 *Caryanda pieli* Chang，1939（仿郑哲民）
A. 雄性头、前胸背板，背面观；B. 雄性腹端，背面观；C. 雌性腹端，侧面观；D. 雄性腹端，侧面观

特征：雄性：体中型。眼间距较宽，其宽度为颜面隆起在触角之间宽的 2.25—2.5 倍。复眼长卵形，其垂直直径为横径的 2—2.2 倍，而为眼下沟长度的 2.2—2.6 倍。触角丝状，超过前胸背板后缘，中段一节的长度为宽度的 2 倍。前胸背板呈圆柱形；前缘较平，中部微凹，后缘中央具三角形凹口；中隆线明显，缺侧隆线；3 条横沟均明显，沟前区长度为沟后区的 2 倍。前胸腹板突圆锥形，顶端较尖；中胸腹板侧叶近方形，中隔的长度为最狭处的 4 倍；后胸腹板侧叶在后端相毗连。前翅宽短，顶圆形，不到达或刚超过第 1 腹节背板的后缘，其长度大于宽度的 2.5 倍。后足胫节上侧外缘具刺 8 个（包括外端刺），内缘具刺 10 个（包括内端刺）。鼓膜器大，卵圆形。肛上板三角形（图 4-9-71B）。尾须长圆锥形，顶端尖锐，超过肛上板的顶端（图 4-9-71D）。下生殖板短圆锥形，顶端尖锐。

体黄褐色。

雌性：体较粗壮。触角较粗短，不到达前胸背板的后缘，中段一节的长度为宽度的 2 倍。后胸腹板侧叶分开。前翅较短，其长度大于宽度的 2 倍。肛上板三角形。尾须短锥形。上、下产卵瓣之外缘均具细齿（图 4-9-71c）。下生殖板后缘中央略凹。

体长：♂ 25.5—26.0mm，♀ 30.0—32.5mm；前胸背板：♂ 5.5—6.0mm，♀ 7.0—7.5mm；前翅：♂ 3.0—4.0mm，♀ 5.0—5.5mm；后足股节：♂ 14.0—15.5mm，♀ 16.5—17.0mm。

分布：浙江（天目山）、安徽（九华山）。

尾齿蝗属 *Odonacris* Yin et Liu

形态特征:体中型。前胸背板缺侧隆线,后缘弧形;前胸腹板突扁锥形。前翅卵形,侧置,在背部分开。后足股节下膝侧片顶刺状。雄性腹部末节背板具小尾片,肛上板盾形,尾须锥形;雄性下生殖板明显延伸,顶端中央凹陷,呈二叉状。

分布:我国已知 2 种,分布于浙江、四川。

9.100 天目山尾齿蝗 *Odonacris tianmushanensis* **Zheng, 2001**(图 4-9-72)

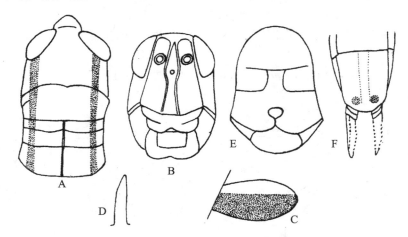

图 4-9-72 天目山尾齿蝗 *Odonacris tianmushanensis* Zheng,2001(仿郑哲民)
A.头、前胸背板,背面观;B.头部,正面观;C.前翅;D.前胸腹板突;E.胸部,腹面观;F.雌性下生殖板

特征:雌性:体中型。眼间距较宽,其宽度为触角间颜面隆起宽的 2.5 倍。触角丝状,向后可达前胸背板后缘,中段一节长度为宽度的 2 倍。复眼长卵形,复眼纵径为眼下沟长的 1.8 倍。前胸背板圆柱形,前缘较平,中央微凹,后缘近平;中隆线在沟后区明显,缺侧隆线;3 条横沟均明显,沟前区的长度为沟后区的 2 倍。前胸腹板突锥形、直,前、后缘平直形成前后扁;中胸腹板侧叶宽大于长,中隔长大于宽的 2 倍;后胸腹板侧叶在后端相连。前翅宽卵形,侧置,在背部分开,长为宽的 2 倍,翅顶宽圆形,不到达第 2 腹节背板的中部。后足股节匀称,长为宽的 4.25 倍。后足胫节外侧具刺 10 个(包括外端刺),内侧具刺 11 个,具外端刺。肛上板三角形,中部具宽纵沟。尾须短锥形。产卵瓣较粗短,上产卵瓣长为宽的 2.7 倍,上、下产卵瓣均具细齿。下生殖板长大于宽,后缘圆弧形。

体黄褐色,具黑色眼后带,直延至前胸背板后缘。前翅中脉域前黑色,肘、臀脉域黄褐色。后足股节外侧黄绿色,上、下侧外面黄褐色,内侧端部及下侧内面端部橙红色。后足胫节乌蓝色。

雄性:未知。

体长:♀33mm;**前胸背板:**♀7mm;**前翅:**♀6mm;**后足股节:**♀17mm。

分布:浙江(天目山)。

蔗蝗属 *Hieroglyphus* Krauss, 1877

形态特征:体型较大,匀称。头部较短,短于前胸背板。颜面侧面观向后倾斜。复眼卵圆形。触角丝状,细长,超过前胸背板后缘。前胸背板具 3 条明显的黑色横沟,中隆线较低,缺侧隆线。前胸腹板突圆锥形,顶端尖锐;中胸腹板侧叶间中隔的长度几乎等于其最狭处的 4—8 倍。前翅较长,超过后足股节的顶端,径脉域具有一系列较密的平行小横脉,垂直于主要纵脉。后足股节上侧中隆线平滑,下膝侧片的顶端锐角形。后足胫节具内、外端刺。跗节爪间中垫较大。腹部第 1 节背板侧面的鼓膜器明显。雌性上产卵瓣上外缘完整无凹口。

分布:全世界已知 10 种,分布在非洲和亚洲。我国已知 4 种,分布较广,主要分布在东南地区。

9.101 斑角蔗蝗 *Hieroglyphus annulicornis*(Shiraki, 1910)(图 4-9-73)

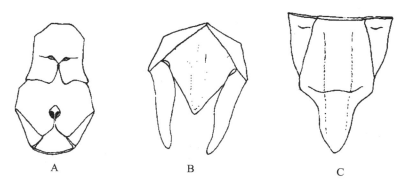

图 4-9-73 斑角蔗蝗 *Hieroglyphus annulicornis*(Shiraki,1910)(仿张凤岭)
A. 雄性中、后胸腹板;B. 雄性肛上板、尾须,背面观;C. 雄性下生殖板,腹面观

特征:复眼长卵圆形,其垂直直径为其水平直径的 1.6 倍。触角丝状,通常到达后足股节的基部,中段一节的长度为其宽度的 2.3 倍。前胸背板前缘中央部分略向前凸出,后缘呈弧形向后凸出;中隆线很低,缺侧隆线,3 条横沟明显,沟前区长为沟后区的 1.4 倍。前胸腹板突圆锥形,顶端尖锐略向后倾斜;中胸腹板侧叶间的中隔两端较宽;后胸腹板侧叶几乎相互毗连(图 4-9-73A)。前、后翅均发达,超过后足股节的顶端。后足胫节顶端具内、外端刺,外缘具刺 7—8 个,内缘具刺 9—10 个。肛上板三角形,中央具纵沟,末端延长,较尖锐。尾须细长,锥形,顶端向内下方弯曲,其长超过肛上板的顶端(图 4-9-73B)。下生殖板圆锥形,顶端尖锐(图 4-9-73C)。

体通常淡绿色或黄绿色。

雌性:体型较雄性大。中胸腹板侧叶间中隔狭长,其长度为其最狭处的 8 倍。后胸腹板侧叶明显分开。尾须侧扁,锥形,其长为其最宽处的 2.1 倍,不到达肛上板的顶端。下生殖板表面两侧纵隆脊几乎平行,各隆脊均具锯齿状突起,其后缘中央具三角形突出。上产卵瓣略长于下产卵瓣,其内、外缘均光滑无齿。

体长:♂ 33.0—45.5mm,♀ 46.1—65.0mm;前胸背板:♂ 7.4—8.1mm;♀ 9.8—11.2m;前翅:♂ 24.0—35.0mm,♀ 35.5—41.0mm;后足股节:♂ 16.6—19.1mm,♀ 25.4—29.2mm。

分布:浙江(天目山)、河北、山东、江苏、安徽、江西、湖北、湖南、福建、台湾、广东、广西、四川、云南;日本,印度,越南,泰国。

腹露蝗属 *Fruhstorferiola* Willemse,1922

形态特征:体中型。颜面向后倾斜。触角细长,超过前胸背板后缘。前胸背板中隆线较低,无侧隆线。前胸腹板突圆锥形,顶端较尖或钝,前翅径脉域缺一系列较密的平行小横脉。板侧叶明显分开,侧叶间的中隔较宽。前、后翅均很发达,不到达、到达或略微超过后足股节顶端。后足股节上侧的上隆线无细齿;下膝片顶端宽圆形。鼓膜器发达。雄性腹部末节后缘具明显的小尾片;尾须较宽,侧扁,近顶端处扩大。雌性尾须短圆锥形,顶端较圆,下生殖板后缘中央具一锐角状突起,两侧具齿;上产卵瓣狭长,顶端尖锐,下产卵瓣下外缘近基部处具不明显的齿。

分布:全世界已知 10 种,分布于东南亚一带;我国已知 9 种,分布于东南部及南部,浙江天目山分布 3 种。

分种检索表

1. 雌、雄两性触角均呈黄褐色;雌性下生殖板后缘的齿排列均匀,中齿长于其余各齿;雄性尾须较长,端部扩大,最宽处宽度为最狭处宽度的 2 倍以上,长度为最宽处的 2 倍 ……………………
…………………………………… 绿腿腹露蝗 *Fruhstorferiola viridifemorata* (Caudell, 1921)
   雌、雄两性触角均呈黄褐色;雌性下生殖板后缘的齿排列不均匀 ………………………………… 2
2. 雄性尾须端部 1/2 明显膨大,宽圆形;雌性下生殖板宽大于长,后缘中央 3 个齿较靠近且凸出
………………………………… 黄山腹露蝗 *Fruhstorferiola huangshanensis* Bi et Xia, 1980
   雄性尾须矛头状,顶尖;雌性下生殖板长大于宽,后缘中齿凸出于其余 4 齿 ……………………
………………………………… 矛尾腹露蝗 *Fruhstorferiola sibynecerca* Zheng, 2001

9.102　绿腿腹露蝗 *Fruhstorferiola viridifemorata* (Caudell, 1921)(图 4-9-74)

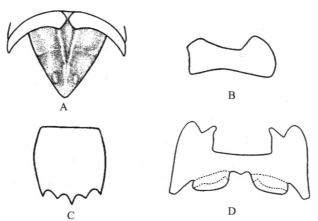

图 4-9-74　绿腿腹露蝗 *Fruhstorferiola viridifemorata* (Caudell,1921)(仿毕道英)
A. 雄性肛上板,背面观;B. 雄性尾须,侧面观;C. 雌性下生殖板,腹面观;D. 阳具基背片

特征:雄性:体型中等,腹面具有较密的细毛。复眼卵形,大而凸出,其垂直直径约为水平直径的 1.27 倍,为眼下沟长度的 1.7 倍。触角细长,超过前胸背板后缘,到达中足基部。前胸背板沟前区之长为沟后区长度的 1.28 倍。前胸腹板突短锥形,顶端钝圆,略微向后倾斜。前、后翅均发达,几乎等长,前翅未到达后足股节顶端,端部圆形。后足胫节上侧外缘具刺 10—11个,缺外端刺;内缘具刺 11—12 个(包括内端刺)。腹端最后一节后缘具有较不明显的尾片,三角形,基部明显分开。肛上板为三角形,长、宽几乎相等;中央具纵沟;基部两侧各具一短隆线,端部两侧也各具一短隆线。尾须侧扁,其长超过肛上板的顶端,端部扩宽,其宽约为腰部最狭处的 2 倍以上,尾须的长度约为端部最宽处的 2 倍。下生殖板为短锥形,端部较狭而向上翘。

体黄褐色。

雌性:同雄性,但体型明显较大。肛上板为盾状三角形,其顶角近乎直角,其上中部具一条横脊。尾须短圆锥形,顶端较尖,远不到达肛上板端部。下生殖板后缘之中齿较长,明显较长于两侧齿。

体长:♂20.0—27.0mm,♀26.0—32.0mm;前胸背板:♂4.3—5.2mm,♀6.3—7.0mm;前翅:♂15.0—19.5mm,♀21.0—25.0mm;后足股节:♂11.0—13.0mm,♀16.0—18.0mm。

分布:浙江(天目山)、江苏、安徽、湖北。

9.103　黄山腹露蝗 *Fruhstorferiola huangshanensis* Bi et Xia, 1980(图 4-9-75)

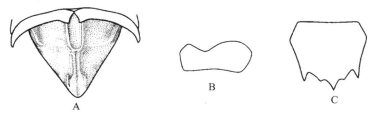

图 4-9-75　黄山腹露蝗 *Fruhstorferiola huangshanensis* Bi et Xia, 1980(仿毕道英)
A. 雄性肛上板,背面观;B. 雄性尾须,侧面观;C. 雌性下生殖板

特征:复眼大而凸出,其垂直直径为水平直径的 1.1—1.4 倍,为眼下沟长度的 1.3—2.0 倍。触角 25 节,较远地超过前胸背板后缘。前胸背板沟前区之长为沟后区长度的 1.2 倍。前胸腹板突短锥形,端部狭锐,略向后倾斜。前、后翅均发达,几乎等长;前翅一般略超过后足股节端部,端部圆形。后足胫节上侧外缘具有 9—14 个刺,缺外端刺;内缘具有 10—13 个刺(包括内端刺)。腹端最后一节后缘具有小而明显的尾片,三角形,基部明显分开。肛上板为长三角形,其长明显大于宽,在中央具有长三角形中纵沟,几乎到达肛上板之端部,两侧低凹,在基部侧缘各具有短条状隆起,在端部具有半圆形片状隆起(图 4-9-75A)。尾须侧扁,略向内弯曲,其长刚超过肛上板端部;侧面观,近基部较狭,端部之大半明显膨大,顶端圆弧形(图 4-9-75B)。下生殖板为短锥形,端部较狭而向上延伸。

体黄褐色。

雌性:同雄性,但体型显著较大。肛上板为长三角形,基部中央具不明显的卵形凹陷。尾须为短锥形,远远不到达肛上板端部。下生殖板宽短,其后缘中央的 3 个齿较靠近,且较凸出(图 4-9-75C)。体色同雄性。

体长:♂24—28mm,♀29—35mm;前胸背板:♂5.5—5.7mm,♀6.6—7.1mm;前翅:♂17—19mm,♀21—25mm;后足股节:♂12.5—14mm,♀15—19mm。

分布:浙江(天目山、古田山)、安徽(黄山、九华山)。

9.104　矛尾腹露蝗 *Fruhstorferiola sibynecerca* Zheng, 2001(图 4-9-76)

特征:雌性:体型中等。复眼大而凸出,卵圆形,其垂直直径为水平直径的 1.5 倍,为眼下沟长度的 1.2 倍。触角丝状,超过前胸背板后缘,中段一节的长为宽的 4 倍。前胸背板沟前区的长度与沟后区的长度相等。前胸腹板突圆锥形,顶尖;中胸腹板侧叶近方形,侧叶间中隔长为最狭处的 1.7 倍;后胸腹板侧叶分开。前翅发达,超过后足股节顶端,翅顶圆形。后足股节匀称,长为宽的 4.75 倍;后足胫节外侧具刺 10 个,缺外端刺,内侧具刺 9 个。肛上板三角形,中部具横脊。尾须短锥形。下生殖板长大于宽,后缘的中齿略凸出于其余 4 齿,中齿两侧的齿较钝,不超过侧齿。产卵瓣较粗短。

体暗褐色。

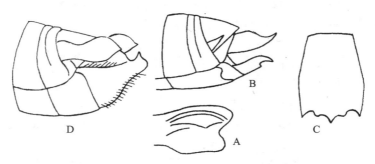

图 4-9-76　矛尾腹露蝗 *Fruhstorferiola sibynecerca* Zheng，2001(仿郑哲民)

A. 膝部；B. 雌性腹端,侧面观；C. 雌性下生殖板；D. 雄性腹端,侧面观

雄性:体型较雌性小,身体构造同雌性。腹部末节背板具小尾片。肛上板长三角形,中央具纵沟。尾须侧扁,向内弯曲,中部较狭,端部宽,顶端尖锐,似矛头状。下生殖板短锥形,顶端尖。体色与雌性相同,腹部末节背板、肛上板、尾须及下生殖板黑色。

体长:♂25.0—28.0mm,♀33.0—38.0mm;前胸背板:♂3.0—5.0mm,♀6.0—7.0mm;前翅:♂17.0—21.0mm,♀23.0—26.0mm;后足股节:♂13.0—14.0mm,♀17.0—19.0mm。

分布:浙江(天目山)。

蹦蝗属 *Sinopodisma* Chang，1940

形态特征:体中小型。复眼卵形,其垂直直径为水平直径的 1.2—1.5 倍。前胸背板圆柱形;前缘较平直,后缘中央具三角形凹口或缺凹口;中隆线低,缺侧隆线;沟前区的长度为沟后区长度的 1.5—2 倍。前胸腹板突圆锥形,顶端尖。前翅小,鳞片状,侧置,不到达或超过第 1腹节背板的后缘。后足股节上侧之中隆线平滑,下侧膝片顶端圆形;后足胫节端部缺外端刺。鼓膜器发达。尾须基部较宽,顶端略内曲。下生殖板为短锥形,端部较尖。雌性产卵瓣狭长,上产卵瓣之上外缘具细齿。下生殖板后缘中央具有三角形突出。

分布:已知 22 种,分布于我国中部、南部及西南部地区。

9.105　蔡氏蹦蝗 *Sinopodisma tsaii*（Chang，1940）〔图 4-9-77〕

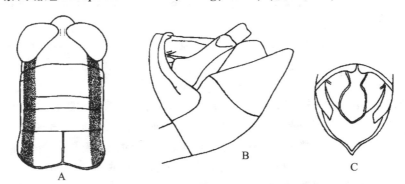

图 4-9-77　蔡氏蹦蝗 *Sinopodisma tsaii*（Chang，1940)(仿郑哲民)

A. 头、前胸背板,背面观；B. 雄性腹端,侧面观；C. 雄性腹端,背面观

特征:雄性:体中小型。头顶较短,其在复眼前的最宽处大于颜面隆起在触角间宽的2.5 倍,其眼间距较狭,小于颜面隆起在触角间宽的 1.4 倍。复眼的垂直直径为水平直径的

1.2—1.4 倍,为眼下沟长度的 1.5—2 倍。触角丝状,超过前胸背板的后缘,中段一节的长度为宽度的 2.5—3.7 倍。前胸背板圆柱形,沟前区的长度为沟后区长度的 1.6—2 倍。前胸腹板突圆锥形;中胸腹板侧叶间中隔近方形;后胸腹板侧叶在后端相连。前翅狭叶状,略不到达、到达或超过第 1 腹节背板的后缘,翅长为宽的 3.5 倍,翅端较尖。后足胫节端部缺外端刺,外缘具刺 10 个,内缘具刺 11 个。腹部末节背板后缘具不太明显的圆形小尾片。肛上板为宽三角形,顶端钝圆,基部两侧具短斜脊,中部具宽纵沟,纵沟两侧隆脊明显(图 4-9-77C)。尾须较直,端部侧扁,顶端中央略凹,或顶端之下角略凸出(图 4-9-77B)。下生殖板为短锥形,顶端较尖。

体黄绿色或淡红褐色。

雌性:与雄性同,体型较粗大。眼间距小于颜面隆起在触角间宽的 1.4 倍。后胸腹板在后端分开。前翅长为宽的 2.8 倍,翅端较圆。上产卵瓣之上外缘具明显细齿。下生殖板后缘中央具三角形突起。

体色同雄性,但眼后带常不明显。

体长:♂16.0—22.5mm,♀26.0—29.0mm;前胸背板:♂4.5—6.0mm,♀6.5—7.0mm;前翅:♂2.5—4.5mm,♀4.5—5.25mm;后足股节:♂10.3—13.0mm;♀16.0—17.5mm

分布:浙江(天目山)、江苏(南京、苏州)。

棉蝗属 *Chondracris* Uvarov,1923

形态特征:体型颇大。前胸背板表面具颗粒和短隆线;中隆线显著隆起,呈屋脊状,侧面观上缘呈弧形,缺侧隆线。前胸腹板突为长圆锥形,顶端尖锐,颇向后弯曲,倾向中胸腹板;中胸腹板侧叶间的中隔较狭,中隔的长度甚长于宽度;侧叶的内缘后下角几乎成直角,但不毗连。前、后翅均发达,超过后足股节的顶端。后足股节的上侧中隆线具明显的细齿;后足胫节缺外端刺;胫节刺较长,外缘具刺 8 个,内缘具刺 10 个。雄性下生殖板细长,呈尖锐的圆锥形。尾须为圆锥形,顶端尖锐。雌性上产卵瓣的上外缘具有不明显的小齿。

分布:分布于非洲和亚洲的广大地区;我国已知有 1 种,分为 2 亚种。

9.106　棉蝗 *Chondracris rosea rosea*(De Geer,1773)(图 4-9-78)

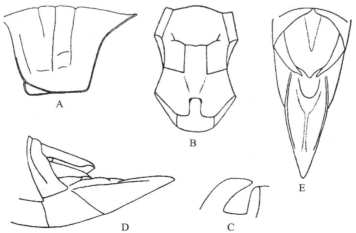

图 4-9-78　棉蝗 *Chondracris rosea rosea*(De Geer,1773)(仿尤其儆)

A. 雄性前胸背板,侧面观;B. 雌性中、后胸腹板,腹面观;C. 前胸腹板突,侧面观;

D. 雄性腹端,侧面观;E. 雄性腹端,背面观

特征:雄性:体型颇粗大,具较密的长绒毛和粗大的刻点。头大而短,几乎相等于前胸背板沟后区的长度。头顶宽短,顶端钝圆,无中隆线;其在复眼之间的宽度约等于颜面隆起在触角之间宽度的1.75—2.2倍。复眼长卵形,其垂直直径颇长于水平直径。前胸背板3条横沟明显,并均割断中隆线,沟前区较长于沟后区;中胸腹板侧叶间的中隔呈长方形,中隔的长度明显较长于宽度;后胸腹板侧叶的后端互相毗连(图4-9-78B)。前翅较宽,顶端宽圆,不到达或刚到达后足胫节的中部,其超出股节顶端的长度,约为全翅长的1/4;后翅略短于前翅,透明。后足股节长度为其宽度的5.5倍;跗节第1节较长,几乎等于其余2节长度的总和;爪间中垫颇长,常超过爪的长度。肛上板三角形,基部具纵沟。尾须略向内弯曲,顶端尖锐。下生殖板呈细长的圆锥形,顶端狭长而尖锐(图4-9-78D、E)。

雌性:体型明显大于雄性。后胸腹板侧叶的后端较宽地分开。下生殖板短圆锥形,顶端钝圆。产卵瓣粗短,上产卵瓣钩状,下产卵瓣的下外缘基部具有较大的齿。

体通常青绿色或黄绿色。

体长:♂ 49.4—59.3mm,♀ 68.2—95.3mm;前胸背板:♂ 12.1—13.4mm,♀ 18.9—19.7mm;前翅:♂ 42.5—47.6mm,♀ 61.7—75.4mm;后足股节:♂ 26.8—32.0mm,♀ 38.4—41.7mm。

分布:浙江(天目山)、内蒙古、河北、陕西、山东、江苏、湖北、湖南、福建、台湾、广东、广西、四川、贵州、云南。

黄脊蝗属 *Patanga* Uvarov,1923

形态特征:体型粗大。体黄褐色,背面中央具黄色纵条纹。颜面隆起明显,两侧缘近平行。前胸腹板突圆锥形,直立或后倾,顶端宽圆或略尖;中胸腹板侧叶之间中隔较狭;后胸腹板侧叶在端部毗连。前、后翅均发达;前翅顶端的横脉较直,几乎与纵脉组成直角。后足股节匀称,上侧的中隆线具细齿;股节下膝侧片的端部圆形;后足胫节缺外端刺。尾须侧面观侧扁,基部宽,向端部趋狭,略侧扁,顶端尖或钝圆。下生殖板为长锥状,顶端尖。雌性产卵瓣短或长,直形,顶端尖。

分布:全世界已知7种,分布在亚洲东南部和马来群岛;我国已知4种,分布于中部及南部。

9.107　日本黄脊蝗 *Patanga japonica*（I. Bolivar, 1898）（图4-9-79）

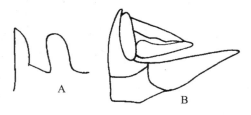

图4-9-79　日本黄脊蝗 *Patanga japonica*（I. Bolivar, 1898）（仿黄春梅）
A.雄性前胸腹板突,侧面观;B.雄性腹端,侧面观

特征:雄性:体型大,较短粗。头大,短于前胸背板,头顶短宽。颜面侧面观略后倾,颜面隆起两侧缘全长近平行,具纵沟。复眼长卵形。触角细长,常到达或超过前胸背板的后缘。前胸背板沟前区和沟后区近等长,缺侧隆线;前胸腹板突圆柱状,近直立,顶端钝圆形(图4-9-79A)。中胸腹板侧叶长大于宽,侧叶间中隔呈长方形,中隔的长度约为宽度的1.5倍。前翅较短宽,仅

到达后足胫节的中部,长约为宽的 5.6—6 倍。后翅短于前翅。后足股节的长度约为宽度的 5.2—5.4 倍;后足胫节外缘具刺 8—9 个,内缘具刺 9—11 个;跗节爪间中垫大,超过爪的顶端。肛上板长三角形,两侧缘具突起,基部中央具纵沟。尾须侧面观基部宽,端部逐渐缩狭;顶端钝圆形,略向内弯曲,到达肛上板的端部。下生殖板为长锥形,顶端尖(图 4-9-79B)。阳具基背片桥状部较狭,锚状突、前突均不明显,后突小,冠突呈片状,顶端尖。

雌性:体型近似雄性。产卵瓣短粗,上产卵瓣的上外缘缺细齿。下生殖板为长方形,后缘中央呈角状凸出。

体黄褐色,背面中央具黄色纵条纹。

体长:♂36.0—44.5mm,♀43.0—55.7mm;前胸背板:♂7.1—9.1mm,♀8.4—10.6mm;前翅:♂32.3—37.2mm,♀36.5—48.4mm;后足股节:♂19.8—22.6mm,♀22.8—27.5mm。

分布:浙江(天目山)、甘肃、陕西、河南、山东、江苏、安徽、江西、福建、台湾、广东、广西、四川、贵州、云南、西藏;朝鲜,日本,印度(锡金),伊朗(北部)。

凸额蝗属 *Traulia* Stål, 1873

特征:体型由小到大。颜面隆起,侧面观在触角之间颇向前凸出,在触角之下略为凹入。头侧窝三角形。前胸背板沟前区长于沟后区,在沟前区的前端和沟后区的大部分沿中隆线通常各有四角形乌绒斑纹;前胸腹板突圆锥形,顶端尖锐或钝形。中胸腹板侧叶间中隔较宽,其宽明显大于长,侧叶内缘下角为直角或钝角,明显为圆形。后胸腹板侧叶后端明显分开,有时在中部略较接近。前、后翅都发达或缩短,或为鳞翅。后足股节较粗短,上隆线具细齿,在其顶端形成小刺;下膝侧片为圆弧形。雄性腹部最末一节背板后缘一般缺尾片,或少数具有尾片。

分布:全世界已知 46 种,分布于中国,印度尼西亚,菲律宾,越南,泰国,尼泊尔,印度等;我国已知 13 种。

9.108　饰凸额蝗 *Traulia ornata* Shiraki, 1910(图 4-9-80)

图 4-9-80　饰凸额蝗 *Traulia ornata* Shiraki, 1910(仿黄春梅)
A. 雄性前翅;B. 雄性尾须

特征:雄性:体型中等,体表具粗刻点和皱纹。触角 21 节,略扁平,超过前胸背板后缘,到达或超过后足股节基部。颜面侧隆线明显,略弯。复眼卵圆形,向外凸出,头顶在复眼之间的宽度约为颜面隆起在触角之间宽度的 2 倍。前胸背板沟前区约为沟后区的 1.4 倍;前胸腹板突圆锥形,顶端较钝。中胸腹板侧叶间中隔较宽,其最宽处大于长度。前、后翅较短,仅到达腹部第 3 节中部,未到达后足股节的中部;前翅向顶端趋细,翅尖圆形(图 4-9-80A)。后足胫节略短稍弯,顶端不扩大,缺外端刺,胫节刺沿外缘具 7 个,沿内缘具 8—9 个。腹部背面中部之前稍隆起;腹部末节背板后缘两侧各具一个小黑点的尾片。肛上板为盾形,顶端较尖,基纵沟两端略深,中间较平,两边外缘略呈波形。尾须侧扁,端部呈片状刀形,顶端圆弧形,其长超过肛上板(图 4-9-80B)。下生殖板较短,向上翘。

体一般为褐色或深褐色。

雌性:体型较雄性大。肛上板为三角形,顶端较钝,基纵沟仅到达中部。尾须较短,圆锥形,顶端较钝,其长略不到达肛上板顶端。上、下产卵瓣较粗壮,顶端略弯,上缘缺齿。下生殖板长大于宽,后缘圆弧形,中央具一根较尖的突起。

体长:♂27.0—35.0mm,♀34.0—49.0mm;前胸背板:♂6.0—8.0mm,♀8.0—11.0mm;前翅:♂9.0—11.0mm,♀12.0—16.5mm;后足股节:♂14.5—19.0mm,♀19.0—22.0mm。

分布:浙江(天目山、泰顺)、安徽(黄山)、福建(崇安)、台湾。

斑腿蝗属 *Catantops* Schaum,1853

特征:体型中等,体表具细刻点。前胸背板略呈圆柱状,前端微缩狭,后缘呈钝角状。前胸腹板突呈圆柱状,较直或微后倾,顶端钝圆;中胸腹板侧叶间中隔在中部缩狭,中隔的长度约为其最狭处的 3—4 倍;后胸腹板侧叶彼此毗连。前翅到达或超过后足股节端部,端部圆。后足股节粗短,上侧中隆线具细齿,下隆线平滑;后足胫节缺外端刺。雄性腹部末节背板后缘的尾片较钝。尾须向上弯曲,基部宽,中部略细,端部略膨大,钝圆。下生殖板锥状。雌性产卵瓣较短,适当弯曲。

分布:全世界已知 40 余种,分布于非洲(北部,撒哈拉除外)、亚洲南部地区。我国已知 3 种。

9.109　红褐斑腿蝗 *Catantops pinguis pinguis* (Stål,1860)(图 4-9-81)

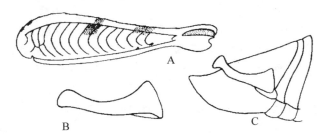

图 4-9-81　红褐斑腿蝗 *Catantops pinguis pinguis* (Stål,1860)(仿黄春梅)
A.后足股节,外侧观;B.雄性尾须,侧面观;C.雄性腹端,侧面观

特征:雄性:体型中等。头短于前胸背板,头顶略向前倾。颜面侧面观略后倾,颜面隆起宽平,两侧缘几乎平行,纵沟可见,颜面侧隆线完整,较直。复眼长卵形。触角丝状,通常不到达或刚到达前胸背板的后缘;中段一节的长度约为其宽度的 1.2—1.5 倍。前胸背板近圆柱状,中隆线低而细,3 条横沟明显,后横沟位于中部,沟前区和沟后区近等长。前胸腹板突近圆柱状,直或微后倾,顶端钝圆;中胸腹板侧叶间之中隔在中部缩狭,中隔的长度约为其最狭处的 3—4 倍;后胸腹板侧叶相互毗连。前翅发达,超过后足股节的端部,其超出部分近等于或不及前胸背板长的 1/2。后足股节上侧中隆线具细齿,长约为宽的 3.3 倍(图 4-9-81A);后足胫节缺外端刺,内缘具刺 10—11 个,外缘具刺 9—10 个。尾须向上弯曲,基部宽,顶端略膨大,呈圆形(图 4-9-81B)。肛上板三角形,基部具纵沟。下生殖板锥形,顶端尖。

雌性:似雄性,体较大。后足股节较短粗。产卵瓣短,略弯曲,上产卵瓣的上外缘具若干个小齿。下生殖板长方形。

体黄褐色或褐色。

体长:♂25.0—27.0mm,♀31.0—35.0mm;前胸背板:♂5.5—6.0mm,♀6.1—7.5mm;前翅:♂20.0—25.0mm,♀26.5—32.0mm;后足股节:♂12.5—15.5mm,♀16.2—19.5mm。

分布:浙江(天目山)、河北、陕西、江苏、江西、湖北、福建、台湾、广东、广西、四川、贵州、云南、西藏;印度,斯里兰卡,缅甸,日本。

直斑腿蝗属 *Stenocatantops* Dirsh,1953

特征:体型较大,细长。触角丝状,不到达或到达前胸背板的后缘。前胸背板呈圆柱状,背面略拱起,中部不紧缩;中隆线低细,被 3 条横沟割断,缺侧隆线;前胸腹板突在顶端 1/2 处侧扁,向后曲。中胸腹板侧叶间中隔在中部甚缩狭。后胸腹板侧叶全长毗连。前翅很发达,到达或超过后足股节的端部。后足股节较细狭,上侧中隆线具细齿;后足胫节略短于股节,缺外端刺。雄性腹部末节背板后缘的尾片较钝。下生殖板长锥状。雌性产卵瓣较短,适当弯曲。

分布:全世界已知 10 种,分布在亚洲东南部,新几内亚,澳大利亚北部。我国已知 2 种。

9.110　长角直斑腿蝗 *Stenocatantops splendens*（Thunberg,1815）（图 4-9-82）

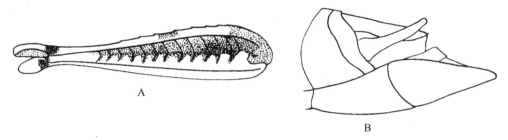

图 4-9-82　长角直斑腿蝗 *Stenocatantops splendens*（Thunberg,1815）(仿黄春梅)
A. 雄性后足股节,内侧观;B. 雄性腹端,侧面观

特征:**雄性**:体较细长。头短于前胸背板,头顶略向前倾斜,顶端呈圆角状。颜面侧面观略向后倾,颜面隆起纵沟明显,具直而明显的颜面侧隆线。复眼长卵形。触角较细长,到达或超过前胸前板的后缘;中段一节的长度约为其宽度的 1.5 倍。前胸背板近圆柱状,中隆线略明显,被 3 条横沟割断,后横沟近位于中部,缺侧隆线;前胸腹板突较侧扁,侧面观端部 3/4 处较宽并后倾。中胸腹板侧叶宽大于长;侧叶间中隔在中部甚缩狭,几乎毗连,中隔的长度为其最狭处的 7—8 倍。后胸腹板侧叶全长毗连。前翅较长,其超出后足股节端部的长度大于前胸背板的长度。后足股节较细长,股节的长度约为其最宽处的 4.5—4.7 倍;后足胫节略短于股节,缺外端刺,外缘具刺 9—10 个,内缘具刺 10—11 个。尾须圆锥状,略向内弯曲。下生殖板锥状,较长,顶端略尖。

雌性:体较大。产卵瓣较短,上产卵瓣的上外缘无明显的细齿。

体褐色。中、后胸背板的侧片具黄褐色斜斑纹。后足股节外侧中域具黑色纵条纹,内侧上部黑色,下部红色;膝片的基部红色。后足胫节红色。

体长:♂28.5—31.5mm,♀34.5—43.0mm;前胸背板:♂5.5—6.2mm,♀7.5—8.1mm;前翅:♂25.2—30.0mm,♀31.5—36.3mm;后足股节:♂14.5—16.1mm,♀17.5—20.0mm。

分布:浙江(天目山)、福建、台湾、广东、海南、云南;印度,越南,尼泊尔,斯里兰卡,缅甸,泰国,马来西亚,菲律宾,印度尼西亚。

外斑腿蝗属 *Xenocatantops* Dirsh，1953

特征：体型中等，较粗壮。触角丝状，不到达或超过前胸背板的后缘。前胸背板在沟前区处略缩狭，中隆线较细，横沟明显，缺侧隆线。前胸腹板突圆锥状，顶端略尖或近圆柱状，略后倾或近于垂直，不侧扁。中胸腹板侧叶间中隔在中部略缩狭，其长约为其最狭处的2—3倍。后胸腹板侧叶全长毗连。后足股节较直斑腿蝗粗短，长约为宽的3.6—3.7倍；上侧中隆线具细齿；下膝侧片的端部圆形；外侧具2个完整的黑色或黑褐色斑纹。雄性腹部末节背板的后缘无尾片。尾须锥状，端部圆。下生殖板锥形。雌性产卵瓣较直斑腿蝗粗短，略弯曲。

分布：全世界已知4种，分布在东南亚。我国已知3种。

9.111　短角外斑腿蝗 *Xenocatantops brachycerus*（C. Willemse，1932）（图4-9-83）

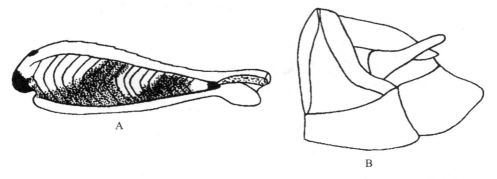

图4-9-83　短角外斑腿蝗 *Xenocatantops brachycerus*（C. Willemse，1932）(仿黄春梅)
A.雄性后足股节，外侧观；B.雄性腹端，侧面观

特征：**雄性**：体中小型，粗壮。头短于前胸背板，头顶略向前凸出。缺头侧窝。颜面侧面观略向后倾斜；颜面隆起具纵沟，颜面侧隆线明显，较直。复眼卵形。触角较粗短，刚到达或略超出前胸背板的后缘，中段一节的长度等于或为其宽度的1.5倍。前胸背板的沟前区较紧缩，背面和侧片具粗刻点；中隆线低、细，被3条横沟割断，后横沟近位于中部，缺侧隆线。前胸腹板突钝锥形，顶端宽圆，微向后倾斜。中胸腹板侧叶间中隔在中部缩狭，中隔的长度约为其最狭处的2—3倍。后胸腹板侧叶全长毗连。前翅较短，刚到达或略超过后足股节的端部，其超出部分不及前胸背板长度的1/2。后足股节的长度约为其宽度的3.7倍(图4-9-83A)；后足胫节无外端刺，外缘具刺8—9个，内缘具刺10—11个。尾须锥形，顶端略宽，微向内弯曲(图4-9-83B)。肛上板三角形，基部一半具明显的纵沟。下生殖板锥状，阳具基背片桥状，具锚状突。

雌性：近似雄性，体较大。产卵瓣粗短，上产卵瓣的上外缘无细齿。

体褐色。

体长：♂17.5—21.0mm，♀22.0—28.0mm；前胸背板：♂3.5—5.3mm，♀5.3—6.3mm；前翅：♂14.5—18.0mm，17.2—22.0mm；后足股节：♂10.5—11.9mm，♀11.0—13.9mm。

分布：浙江(天目山)、甘肃、河北、陕西、江苏、湖北、福建、台湾、广东、四川、贵州、云南、西藏；印度(北部)，尼泊尔，不丹。

星翅蝗属 *Calliptamus* Audinet-Serville，1831

特征：体中小型。前胸背板圆筒状，中隆线低，侧隆线明显，近平行。前胸腹板突圆柱状，顶端钝。中胸腹板侧叶间中隔较宽。后胸腹板侧叶彼此分开。前、后翅发达，超过后足股节的顶端,有时缩短,仅超过后足股节的中部。后足股节粗短,上侧中隆线具小齿。后足胫节缺外端刺,胫节内侧距等长,无粗毛。雄性腹部末节背板缺尾片;尾须狭长,略向内弯曲,顶端分成上、下两叶,上叶通常较下叶长,下叶的顶端不分齿或分成 2 个齿。阳具基背片无冠突。雌性产卵瓣较短,平直,上产卵瓣的上外缘无细齿或细齿不明显。

分布:全世界已知 15 种,主要分布在非洲北部及其岛屿,欧洲中部和南部以及亚洲东部。我国已知 5 种。

9.112　短星翅蝗 *Calliptamus abbreviatus* Ikonnikov, 1913(图 4-9-84)

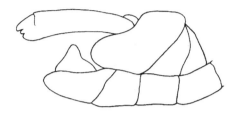

图 4-9-84　短星翅蝗 *Calliptamus abbreviatus* Ikonnikov, 1913(仿黄春梅)

雄性腹端,侧面观

特征:雄性:体型小至中等。头短于前胸背板的长度,头顶向前凸出,低凹,两侧缘明显。头侧窝不明显。复眼长卵形,其垂直直径为水平直径的 1.3 倍,为眼下沟长度的 2 倍。触角丝状,细长,超过前胸背板的后缘。前胸背板中隆线低,侧隆线明显,几乎平行;后横沟近位于中部,沟前区和沟后区几乎等长。前胸腹板突圆柱状,顶端钝圆。中胸腹板侧叶间中隔的最狭处约为其长度的 1.3 倍。后足股节粗短,股节的长度约为宽的 2.9—3.3 倍,上侧中隆线具细齿。后足胫节缺外端刺,内缘具刺 9 个,外缘具刺 8—9 个。前翅较短,通常不到达后足股节的端部。尾须狭长,上、下两齿几乎等长,下齿顶端的下小齿较尖或略圆。下生殖板短锥形,顶端略尖。

雌性:似雄性,体较大。触角略不到达或刚到达前胸背板的后缘。中胸腹板侧叶间中隔的最狭处约为其长度的 1.4 倍。产卵瓣短粗,上、下产卵瓣的外缘平滑。

体褐色或黑褐色。

体长:♂12.9—21.1mm,♀23.5—32.5mm;前胸背板:♂2.9—4.7mm,♀4.5—7.3mm;前翅:♂7.8—13.8mm,10.1—22.0mm;后足股节:♂8.8—12.1mm,♀14.3—18.5mm。

分布:浙江(天目山)、黑龙江、吉林、辽宁、内蒙古、甘肃、河北、山西、陕西、山东、江苏、安徽、江西、广东、四川、贵州;苏联,蒙古(北部),朝鲜。

素木蝗属 *Shirakiacris* Dirsh, 1957

特征:体型中等。头顶背面缺中隆线。触角丝状,到达或超过前胸背板的后缘。复眼卵圆形,其垂直直径为水平直径的 1.4—1.7 倍。前胸背板中隆线较低,侧隆线较弱,彼此几乎平行。前胸腹板突近乎圆柱形,顶端呈圆形膨大。前、后翅发达,常到达或超过后足股节的顶端。后足股节匀称,上侧中隆线具细齿。后足胫节缺外端刺。鼓膜器发达。雄性肛上板基部纵沟明显,尾须侧扁,基部和端部较宽,中部缩狭,顶端圆形。雄性下生殖板短锥形。雌性产卵瓣边缘光滑或具小齿。

分布:日本、俄罗斯东部,朝鲜及亚洲南部地区。我国已知 3 种。

9.113　长翅素木蝗 *Shirakiacris shirakii* (I. Bolivar, 1914)（图 4-9-85）

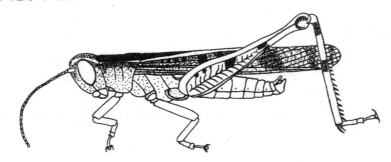

图 4-9-85　长翅素木蝗 *Shirakiacris shirakii* (I. Bolivar, 1914)（仿印象初）
雄性整体,侧面观

特征:雄性:头短,短于前胸背板。触角丝状,超出前胸背板的后缘。头侧窝不显。前胸背板宽平,中隆线较低,侧隆线明显,在沟后区近后缘部分常消失,侧隆线稍弯曲,前、后端略向内弯曲,3 条横沟明显,均切断中隆线,后横沟位于中部;前缘较直,后缘弧形。前胸腹板突圆柱形,略向中胸倾斜,顶端粗圆。中胸腹板侧叶间中隔前、后端稍宽,中部最狭,中隔之长约等于最狭处的 3 倍。后胸腹板侧叶后端部分毗连。前、后翅发达,超过后足股节顶端甚长,前翅较狭,顶端狭圆,端部之半透明;后翅略短于前翅。后足股节粗短,其长为最宽处的 4.2—4.4 倍。后足胫节上侧外缘具刺 9—10 个,缺外端刺。跗节爪间中垫甚长,常到达或超过爪之顶端。尾须向内弯曲,中部较狭,基部和顶端均较宽圆。下生殖板短锥形,顶端略尖。

雌性:体较雄性大而粗壮。中胸腹板侧叶间的中隔长约为最狭处的 2—2.5 倍。产卵瓣粗短,顶端钩状,上产卵瓣的上外缘光滑无齿。余相似于雄性。

体褐色或黑褐色。

体长:♂22.5—29.0mm,♀32.5—41.5mm;前胸背板:♂4.5—5.0mm,♀5.3—6.7mm;前翅:♂19.5—25.5mm,♀27.5—36.5mm;后足股节:♂14.5—16.1mm,♀20.4—24.1mm。

分布:浙江(天目山)、甘肃、河北、陕西、河南、山东、江苏、安徽、江西、福建、广东、广西、四川;日本,俄罗斯贝加尔湖南部,朝鲜,泰国,印度。

斑翅蝗科 Oedipodidae

特征:体中小至大型,一般较粗壮。颜面侧面观较直,有时明显向后倾斜;头侧窝常缺如,少数种类较明显;触角丝状。前胸腹板在两前足基部之间平坦或略隆起。前、后翅均发达,少数种类较缩短,均具有斑纹,中脉域具有中闰脉,少数不明显或消失,至少在雄虫的中闰脉具细齿或粗糙,形成发音器的一部分。后足股节较粗短,上侧中隆线平滑或具细齿,膝侧片顶端圆形或角形,内侧缺音齿列,但具狭锐隆线,形成发音齿的另一部分。鼓膜器发达。阳具基背片桥状,桥部常较狭,锚状突较短,冠突单叶或双叶。

分布:我国已知 37 属 124 种。本次考察浙江天目山采集 4 属 4 种。

分属检索表

1. 后足股节上侧中隆线具有明显的细齿;前胸背板中隆线较高隆起,侧面观呈屋脊状,仅被后横沟微微切断,无明显切口;前翅中闰脉较接近中脉,前翅中脉域中闰脉,其上具音齿,后翅主要纵脉不明显加粗 ·· **车蝗属** *Gastrimargus*

后足股节上侧中隆线全长平滑,缺细齿;前翅中脉域具中闰脉,其上具音齿,后翅主要纵脉不明显加粗
……………………………………………………………………………………………………… 2

2. 头顶侧面观明显向前倾斜,颜面较直,侧面观颜面与头顶组成钝角或近圆形;前翅中闰脉前方缺平行
横脉;前胸背板中隆线具有 2—3 个较深的切口,上缘侧面观形成两个明显的齿状突起;后头在两复眼
之间具有 1 对圆粒状的隆起 ………………………………………………… **疣蝗属 *Trilophidia***
头顶背面观较平,不向前倾斜,颜面与头顶组成锐角 ……………………………………………… 3

3. 前胸背板缺明显的侧隆线;头侧窝很小,不明显或缺如,若具头侧窝,其前端较远地不到达头顶的顶端
……………………………………………………………………… **草绿蝗属 *Parapleurus***
前胸背板缺明显的侧隆线;头侧窝明显,梯形;前翅中闰脉端部趋近于中脉;中胸腹板侧叶中隔长、宽
近于相等 ……………………………………………………………… **绿纹蝗属 *Aiolopus***

车蝗属 *Gastrimargus* Saussure，1884

特征:体大型。头顶宽短,略向前倾斜。颜面隆起宽平,仅在中眼处略凹。前胸背板较长,
中隆线呈片状隆起,侧面观,上缘呈弧形,侧隆线仅在沟后区可见,背板背面无“X”形淡色纹。
翅发达;前翅常具有暗色斑纹,顶端之半透明,并有四角状网孔;中闰脉较近中脉而远离肘脉,
中闰脉上具发音齿,向后斜伸达翅的中部之后。后翅基部黄色,其外缘具有完整的暗色带纹。
后足股节粗大,上基片长于下基片,上隆线的细齿明显,膝侧片顶圆形。后足胫节顶端缺外端
刺。鼓膜器发达,孔近圆形。

分布:全世界已知 40 余种,主要分布于热带。

9.114　云斑车蝗 *Gastrimargus marmoratus*（Thunberg，1815）（图 4-9-86）

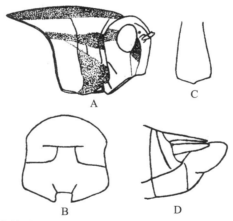

图 4-9-86　云斑车蝗 *Gastrimargus marmoratus*（Thunberg，1815）(仿尤其儆)
A. 头、前胸背板,侧面观;B. 中、后胸腹板;C. 雌性下生殖板;D. 雄性腹端,侧面观

特征:雄性体大型。颜面隆起宽平,仅中眼处略凹。头侧窝消失。前胸背板中隆线呈片状
隆起,仅被后横沟微微切断。前翅发达,超过后足股节顶端甚长;中闰脉甚发达,较近于中脉,
向后斜伸达翅中部之后。后翅略短于前翅。后足股节粗壮,上侧中隆线具细齿。鼓膜器发达,
孔近圆形,鼓膜片小。肛上板三角形,顶尖。尾须长柱状,顶尖圆,长度超过肛上板顶端。下生
殖板短锥形,顶钝。

雌性较雄性大而粗壮。前翅同雄性相似,中脉域中闰脉发达。产卵瓣粗短,上外缘无细
齿,但不光滑,腹基瓣片具粗糙突起。下生殖板长大于宽,后缘近平,中央略凸出。

前翅后缘绿色,其余部分淡色,密布暗色云状斑纹,近基部处具很明显的淡色横纹。后翅

基部鲜黄色，中部具暗褐色轮状宽横纹，其余部分本色透明，仅顶端略暗。后足股节内侧和底侧污黄色，沿内、外侧上、下隆线均具黑色小点，以内侧较明显。膝部暗褐色。后足胫节鲜红色，基部略暗，具不明显的淡色环。

体长：♂ 28—30mm，♀ 44—45mm；前胸背板：♂ 8—9mm，♀ 6—12mm；前翅：♂ 30—31mm，♀ 41.5—46mm；后足股节：♂ 19—20mm，♀ 26—27.5mm。

分布：浙江（天目山）、山东、江苏、福建、海南、广东、香港、广西、四川、重庆；朝鲜，日本，印度，缅甸，越南，泰国，菲律宾，马来西亚，印度尼西亚。

草绿蝗属 *Parapleurus* Fischer，1853

特征：体型中等，匀称。头顶宽短，不向前倾斜。头侧窝很小，不明显，在顶端相距较远。颜面隆起较宽，通常具有纵沟。前胸背板宽平，中隆线较低，完整，仅被后横沟微微割断；无侧隆线；3 条横沟均明显，后横沟位于前胸背板的中部。后胸腹板侧叶的后端明显分开。翅发达，超过后足股节的端部；中闰脉前端具有稀疏的横脉；后翅主要纵脉正常，不明显加粗。后足股节上侧中隆线光滑，缺细齿。雄性下生殖板长锥形，顶端尖细。阳具基背片桥状。

分布：分布于欧洲，小亚，中亚，苏联，朝鲜，日本，中国。我国已知 1 种。

9.115 草绿蝗 *Parapleurus alliaceus*（Germar，1817）（图 4-9-87）

图 4-9-87 草绿蝗 *Parapleurus alliaceus*（Germar，1817）（仿夏凯龄）

A. 雌性腹端，侧面观；B. 雄性腹端，侧面观

特征：雄性体型细长。头较短于前胸背板。头顶较短，背面观较平，不向前倾斜。头侧窝三角形。颜面侧面观明显向后倾斜，与头顶组成锐角。触角细长，超过后足股节的基部。复眼卵形，位于头的中部。前胸背板前缘平直，后缘呈圆弧形；3 条横沟均明显，后横沟位于前胸背板的中部。后足股节匀称；膝侧片顶端圆形。后足胫节顶端无外端刺，胫节顶端内侧之上、下距几乎等长。跗节爪间中垫宽大。下生殖板长锥形，顶端尖细。尾须呈长锥形。阳具基背片桥状。

雌性体型较雄性粗大。触角较短，其顶端仅超过前胸背板的后缘。下生殖板后缘呈钝角形。产卵瓣狭长，上产卵瓣之长度约为宽的 4 倍，上外缘具细齿。

体通常草绿色（干标本为黄褐色）。自复眼后缘至前胸背板后缘具有明显的黑色纵条纹。后足股节及胫节草绿色；外侧上膝侧片呈黑褐色。

体长：♂ 20.0—24.0mm，♀ 30.0—35.0mm；前翅：♂ 18.0—23.0mm，♀ 22.0—30.0mm；后足股节：♂ 10.5—13.5mm，♀ 16.5—18.0mm。

分布：浙江（天目山）、黑龙江（大兴安岭）、甘肃（康县、文县、成县、武都）、新疆（福海、塔城、石河子、乌鲁木齐、新源、伊宁、霍城、精河）、陕西（太白、镇巴）、河北（玉田、丰南）、湖南（桑植）、四川（大风顶）；西欧，苏联，中亚，朝鲜，日本。

绿纹蝗属 *Aiolopus* Fieber，1853

特征：体型中等，匀称。颜面隆起较平，上端较狭，向下宽大，仅在中眼处略凹。头侧窝明显，梯形或长方形。复眼卵形，大而凸出。前胸背板中隆线较低，侧隆线缺或沟前区较弱存在；后横沟明显切断中隆线，沟后区明显地长于沟前区。中胸腹板中隔之宽等于或略宽于长，后端较扩开。前翅狭长，中闰脉顶端部分接近中脉。后翅透明，无暗色横带纹。鼓膜器发达，鼓膜片较小。雄性肛上板三角形。雌性产卵瓣基部较粗，顶端尖锐。

分布：该属分布较广，全世界已知 12 种；我国已知 3 种。

9.116　花胫绿纹蝗 *Aiolopus tamulus*（Fabricius，1798）（图 4-9-88）

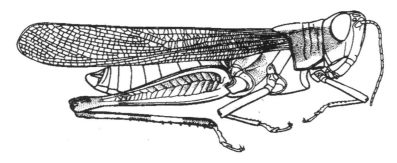

图 4-9-88　花胫绿纹蝗 *Aiolopus tamulus*（Fabricius，1798）（仿夏凯龄）
雄性整体，侧面观

特征：雄性体中小型。颜面倾斜，颜面隆起自中单眼以上渐狭。中单眼略凹。头顶三角形，顶端呈锐角。头侧窝梯形，狭长，前狭后宽。触角丝状，略超过前胸背板的后缘。前胸背板前端狭，后端宽；中隆线低，侧隆线缺，有时沟前区有弱的侧隆线；后横沟位于中部之前，沟后区长为沟前区的 1.5 倍。前、后翅端部翅脉具发音齿。后足股节上侧中隆线光滑。后足胫节内侧具刺 11 个，外侧具刺 10 个，缺外端刺。下生殖板短锥形，顶端较钝。

雌性体较雄性稍大。前胸背板沟后区长为沟前区的 1.7 倍。中胸腹板中隔宽为长的 1.3 倍。产卵瓣较尖，顶端略呈钩状。

体褐色，前胸背板背面中央具黄褐色纵条纹，两侧具 2 条狭的褐色纵条纹。侧片沟后区常绿色。前翅亚前缘脉域近基部，具一条鲜绿色纵条纹或黄褐色，无白色斑纹。后足股节内侧具 2 条黑色斑纹，顶端黑色。后足胫节端部 1/3 鲜红色，基部 1/3 淡黄色，中部蓝黑色。后翅基部黄绿色，其余部分烟色。

体长：♂ 18—22mm，♀ 25—29mm；前胸背板：♂ 3.5—4.6mm，♀ 4.5—5.8mm；前翅：♂ 16—21mm，♀ 22—27mm；后足股节：♂ 10.0—14.3mm，♀ 11—17.5mm。

分布：浙江（天目山）、辽宁、宁夏、甘肃、河北、陕西、台湾、海南、四川、贵州、云南、西藏、西沙群岛；印度，缅甸，斯里兰卡，东南亚，大洋洲。

疣蝗属 *Trilophidia* Stål，1873

特征：体较小。头侧窝三角形或卵形。颜面隆起较狭，具纵沟。前胸背板前端较狭，前缘略凸出，后端较宽，后缘近直角形。中隆线明显隆起，前端较高，后端较低，被中横沟和后横沟深切，侧面观呈二齿状。侧隆线在沟后区明显。中胸腹板侧叶间中隔较宽地分开。前翅发达，超过后足股节顶端，具中闰脉。后足股节较粗，外侧上基片长于下基片，上侧中隆线无细齿。后足胫节缺外端刺。鼓膜器发达，鼓膜片较小。雄性肛上板圆三角形，下生殖板短锥形。雌性产卵瓣粗短，边缘光滑无齿。

分布：全世界已知 20 余种，主要分布于印度，马来西亚，非洲地区。

9.117 疣蝗 *Trilophidia annulata*（Thunberg，1815）（图 4-9-89）

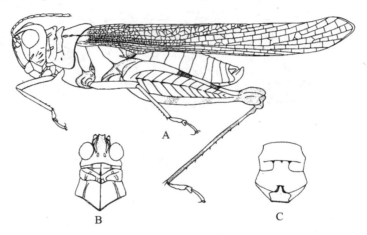

图 4-9-89 疣蝗 *Trilophidia annulata*（Thunberg，1815）(仿张凤岭)
A. 雄性整体，侧面观；B. 头、前胸背板，背面观；C. 中、后胸腹板

特征：雄性体型较小。头顶较宽，顶端钝圆，前端低凹，同颜面隆起的纵沟相连。头侧窝明显，三角形。头后在复眼之间具 2 个粒状突起。颜面侧面观略向后倾斜。侧隆线在前缘和沟后区明显可见。中胸腹板侧叶间中隔宽约为长的 2 倍，后胸腹板侧叶全长彼此分开。前翅狭长，中脉域的中闰脉发达，其顶端部分较接近中脉。后足股节较粗短，外侧上基片长于下基片，上侧中隆线无细齿。后足胫节缺外端刺；上侧外缘具刺 8 个，内缘具刺 9 个。下生殖板短锥形，顶端较钝。

雌性体较雄性大。颜面垂直。触角较雄性短，刚超过前胸背板的后缘。产卵瓣粗短，上产卵瓣上外缘无齿。

体灰褐色或暗褐色。触角基部黄褐色，端部褐色。前翅褐色散有黑色斑点。后翅基部黄色，略具淡绿色，其余部分烟色，无暗色横纹。后足股节上侧具 3 个黑色横纹，内侧及底侧黑色。后足胫节暗褐色，近基部和近中部各具 1 个淡色纹。胫节刺的基部淡色，端部黑色。

体长：♂11.7—16.9mm，♀15.0—26.0mm；前胸背板：♂2.8—4.7mm，♀3.1—5.3mm；前翅：♂12.0—18.7mm，♀15.0—25.0mm；后足股节：♂7.0—10.0mm，♀8.0—13.0mm。

分布：浙江(天目山)、黑龙江、吉林、辽宁、内蒙古、宁夏、甘肃、河北、陕西、山东、江苏、安徽、江西、福建、广东、广西、四川、贵州、云南、西藏；朝鲜，日本，印度。

网翅蝗科 Arcypteridae

特征:体小型至中型。头顶前端中央缺颜顶角沟。头侧窝明显,四角形,但有时也消失。触角丝状。前胸腹板在两前足基部之间通常不隆起,平坦,有时呈较小的突起。前翅如发达,则中脉域常缺中闰脉,如具中闰脉,其上也不具音齿;后翅通常本色透明,有时也呈暗褐色,但绝不具彩色斑纹。后足股节上基片长于下基片,外侧具羽状纹,股节内侧下隆线常具发音齿或不具音齿。发音为前翅—后足股节型。后足胫节缺外端刺。腹部第1节背板两侧通常具有发达的鼓膜器,但有时也不明显,甚至消失。腹部第2节背板两侧无摩擦板。阳具基背片桥状。

分布:我国已知45属223种。本次考察浙江天目山采集3属4种。

分属检索表

1. 后足股节内侧下隆线具发音齿。四角形头侧窝。前翅基部的前缘具有明显的凹陷,缘前脉域在基部明显扩大。跗节爪等长 ·· **雏蝗属 Chorthippus**
   后足股节下隆线不具发音齿 ··· 2
2. 前胸背板具侧隆线,在中部弯曲;前翅发达,略不到达或超过后足股节的顶端 ········· **竹蝗属 Ceracris**
   前胸背板缺侧隆线,中隆线全长明显;前胸背板背面平坦,触角极长,但也不超过后足股节中部 ······
   ··· **雷箆蝗属 Rammeacris**

竹蝗属 Ceracris Walker,1870

特征:体中型。颜面倾斜,颜面隆起全长具纵沟。头侧窝三角形,很小。前胸背板中隆线明显,侧隆线较弱;3条横沟均明显,沟前区明显长于沟后区;前缘较平直,后缘呈钝角形或弧形。中、后胸腹板侧叶明显地分开。前翅发达,较长,略不到达、到达或超过后足股节的顶端,前翅中脉域具闰脉。后足股节匀称,膝侧片顶端圆形,后足胫节无外端刺,内侧顶端之下距略长于上距或两者几乎等长。爪间中垫较大,其顶端超过爪之中部。肛上板三角形,尾须在雄性为长柱状,雌性为锥状。雄性下生殖板短锥形,顶钝圆;雌性产卵瓣粗短,其上瓣的长度为基部宽的1.5倍。

分布:全世界已知12种,主要分布于印度,缅甸,越南,中国东部。

9.118　大青脊竹蝗 Ceracris nigricornis laeta（I. Bol.，1914）（图 4-9-90）

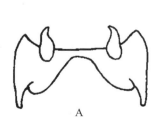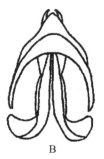

图 4-9-90　大青脊竹蝗 Ceracris nigricornis laeta（I. Bol.）,1914(仿张凤岭)
A. 阳具基背片;B. 阳茎复合体,背面观

特征:体中型。颜面倾斜与头顶成锐角形,颜面隆起侧缘明显,全长具浅纵沟。头顶凸出,顶锐角形。头侧窝极小,三角形,有时不明显。触角丝状,到达后足股节基部,中段一节的长为

宽的 4.4 倍。复眼卵形,其纵径为横径的 1.4 倍,而为眼下沟长度的 1.2—2 倍。前胸背板侧隆线明显,沟前区长度大于沟后区,沟后区密具刻点;后缘近圆角形凸出;侧片后下角直角形。前翅发达,超过后足股节的顶端,顶圆形。后足股节匀称,下膝侧片顶圆形。鼓膜器发达,孔卵圆形。雄性肛上板三角形,尾须柱状,超过肛上板顶端,下生殖板短锥形,顶钝圆,阳茎基背片桥的下缘平直。雌性产卵瓣粗短。

体绿色,复眼后具黑色眼后带,触角黑色,顶淡色,前翅褐色,臀域绿色。后足股节淡红色,膝黑色,膝前环淡色,其后具黑环;后足胫节淡青蓝色,基部及近基部黑色,中间夹有淡色环。

体长:♂22—24mm,♀34—37mm;前翅:♂21.5—23mm,♀28—31mm;后足股节:♂16—17mm,♀20—21mm。

分布:浙江(天目山)、广西、四川、贵州、云南。

雷篦蝗属 *Rammeacris* Willemse,1951

特征:体小、中型,具颗粒。颜面隆起全长具纵沟,近中单眼处较宽,直至上唇亦加宽。头侧窝不明显。前胸背板中隆线较明显,侧隆线缺,三条横沟均明显;后横沟近于后端;前缘平直,后缘钝角形。前胸腹板在两前足基部之间平坦,中胸腹板侧叶分开,后胸腹板侧叶基部分开。前、后翅均发达,前翅中脉域具中闰脉。后足股节上隆线平滑,膝侧片顶端钝形。肛上板为宽三角形,顶钝形;尾须圆锥形,略弯,其长到达肛上板顶端。下生殖板较短,略弯,顶端钝形。

分布:全世界已知 2 种,分布于中国和缅甸。我国仅 1 种。

9.119　黄脊雷篦蝗 *Rammeacris kiangsu*（Tsai,1929）（图 4-9-91）

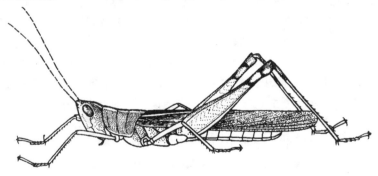

图 4-9-91　黄脊雷篦蝗 *Rammeacris kiangsu*（Tsai,1929）(仿夏凯龄)

雄性整体,侧面观

特征:体中型,头大,略向上隆起,侧面观较高于前胸背板。颜面倾斜,颜面隆起全长具纵沟;头顶凸出,顶端为锐角或直角形,背面中央低凹。头侧窝不明显或小,三角形。触角细长,丝状,超过前胸背板后缘。前胸背板中隆线甚低,无侧隆线;沟前区明显长于沟后区;前缘平直,后缘钝角形。前胸腹板在两前足基部之间平坦,中胸腹板侧叶明显分开。前翅发达,其长超过后足股节顶端,中脉域具闰脉。后翅略短于前翅,透明。后足股节匀称,股节长为宽的 5—5.4 倍,下膝侧片顶圆形。雄性下生殖板短锥形。阳茎基背片冠突狭长,顶尖。雌性产卵瓣粗短,上瓣之上外缘无细齿。

体绿色或黄绿色。触角黑色,顶端淡色。头部背面及前胸背板中央具明显的淡黄色纵纹。前翅暗褐色,臀域绿色,后足股节黄绿色,膝部黑色,膝前环为黄色,环后具黑色环。后足胫节暗蓝色,基部及近基部为黑色,中间夹有黄色环。

　　体长：♂28.5—31.5mm，♀34.0—40.0mm；前胸背板：♂5.3—6.0mm，♀6.6—7.0mm；前翅：♂23.0—28.5mm，♀29.0—35.0mm；后足股节：♂19.0—20.0mm，♀20.0—21.0mm。

　　分布：浙江（天目山）、陕西、江苏、安徽、江西、湖北、湖南、福建、广东、广西、四川、云南。

雏蝗属 *Chorthippus* Fieber，1852

　　特征：体中小型。头侧窝呈狭长四方形。颜面隆起宽平或具纵沟。前胸背板后横沟较明显，切断中隆线和侧隆线。后胸腹板侧叶在后端明显分开。前翅发达或短缩，有的雌性呈鳞片状，侧置，但雄性在背部均相连；缘前脉域在基部扩大，顶端不到达或到达翅中部。后翅的前缘脉和亚前缘脉不弯曲，径脉近顶端部分正常，不增粗。后足股节内侧下隆线具发达的音齿。后足胫节顶端缺外端刺。跗节的爪左右对称，其长度彼此相等。雄性腹部末节背板后缘及肛上板边缘与腹部同色。阳具基背片桥状，冠突分两叶。雌性产卵瓣粗短，上产卵瓣之上外缘无细齿。

　　分布：全世界已知 200 余种，分布于欧洲，亚洲，非洲及美洲等地区。我国已知 80 多种。

分种检索表

1. 雌、雄两性体型较大，体长：雄性大于 18mm，雌性大于 24mm；前胸背板后横沟位于中部之前；前、后翅均为暗褐色或黑色，雄性前翅前缘脉域的宽度为亚前缘脉域的 1.25—2 倍，雌性前翅缘前脉域较长，超过前翅的中部；后足股节内侧的音齿较多，通常在 150 粒以上，若不足 150 粒，则鼓膜孔非狭缝状；音齿列长与后足股节长之比约为 0.6 ⋯⋯⋯⋯⋯ **鹤立雏蝗 *Chorthippus fuscipennis*（Caudell，1921）**
   雌、雄两性体型较大，体长：雄性大于 18mm，雌性大于 24mm；前胸背板后横沟位于中部之前；前、后翅均为暗褐色或黑色，雄性前翅前缘脉域的宽度为亚前缘脉域的 2.6 倍，雌性前翅缘前脉域较长，超过前翅的中部；后足股节内侧的音齿较多，通常在 150 粒以上，若不足 150 粒，则鼓膜孔非狭缝状；音齿列长与后足股节长之比约为 0.6 ⋯⋯⋯⋯ **武夷山雏蝗 *Chorthippus wuyishanensis* Zheng et Ma，1999**

9.120　鹤立雏蝗 *Chorthippus fuscipennis*（Caudell，1921）（图 4-9-92）

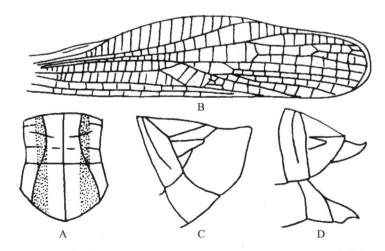

图 4-9-92　鹤立雏蝗 *Chorthippus fuscipennis*（Caudell，1921）（仿郑哲民）
A. 雄性前胸背板，背面观；B. 雄性前翅；C. 雄性腹端，侧面观；D. 雌性腹端，侧面观

　　特征：近似于多齿雏蝗，体中型。头侧窝狭长四角形。颜面倾斜，颜面隆起在触角间平坦，向下具宽纵沟。触角丝状，超过前胸背板后缘。前胸背板前缘平直，后缘钝圆形凸出，侧隆线

在沟前区呈弧形弯曲,后横沟位于背板近中部,沟前区的长度略短于沟后区的长度。雄性前翅宽长,超过后足股节顶端,前缘脉和亚前缘脉稍弯曲,前缘脉域宽度大于亚前缘脉域宽度的1.25—2倍,中脉域不具闰脉。雌性前翅略不到达后足股节的顶端,中脉域等于或略宽于肘脉域,中脉域及肘脉域均不具闰脉。后足股节内侧下隆线具188(±18)个音齿。鼓膜孔狭长,其长度为宽度的3.5—4倍。雄性肛上板三角形;尾须长锥形,到达肛上板顶端;下生殖板短锥形,顶端较尖。雌性产卵瓣粗短,上产卵瓣之上外缘光滑,顶端稍钩状。

体暗褐色。前胸背板侧隆线淡色,侧隆线处具宽的黑色纵条纹,后翅黑褐色。后足股节膝部黑色,后足胫节橙黄色。

体长:♂24.0—26.0mm,♀32.0—34.0mm。前翅:♂17.0—19.0mm,♀19.0—21.0mm。后足股节:♂13.5—14.0mm,♀17.0—18.0mm。

分布:浙江(天目山)、陕西、山东、江苏、安徽、江西、福建、四川。

9.121　武夷山雏蝗 *Chorthippus wuyishanensis* Zheng et Ma,1999(图 4-9-93)

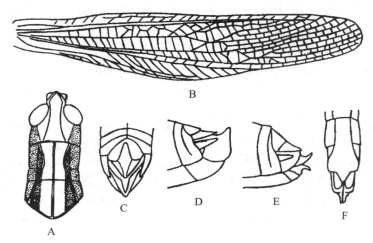

图 4-9-93　武夷山雏蝗 *Chorthippus wuyishanensis* Zheng et Ma,1999(仿郑哲民)
A. 雄性头、前胸背板,背面观;B. 雄性前翅;C. 雄性腹端,背面观;D. 雄性腹端,侧面观;
E. 雌性腹端,侧面观;F. 雌性腹端,腹面观

特征:雄性体中大型。颜面隆起较宽,自中眼之上向下具浅纵沟。前胸背板侧隆线在沟前区呈弧形弯曲,在沟后区较宽地分开。前、后翅明显超过后足股节的顶端;前缘脉域较宽,其最宽处为亚前缘脉域宽的2.6倍,具闰脉;径脉域在径分脉分支处的宽度大于亚前缘脉域宽度的2.3倍,而略小于前缘脉域;中脉域与肘脉域几乎等宽,肘脉域具闰脉。鼓膜孔宽缝状,长为宽的3.5倍,肛上板菱形,基部中央具宽而深的纵沟。尾须长锥形,达肛上板顶端,下生殖板短锥形,侧面观顶尖并向上翘。

雌性体较雄性粗大。颜面隆起,中纵沟较深。前翅抵达或略超过后足股节顶端;中脉域略大于肘脉域,具中闰脉;缘前脉域、前缘脉域及肘脉域均具闰脉。产卵瓣粗短,端部钩状。下生殖板长大于宽,后缘中央具大三角形凸出。

体色:雄性前翅褐色,后翅黑褐色。后足股节外侧橙红褐色,内侧黄褐色,基部具黑色斜纹,下侧红色,膝部黑色。后足胫节红色,基部黑色。腹部红褐色。

雌性后足股节外侧黄褐色,下侧红色,内侧具黑斜纹,膝部黑色。后足胫节红色或红褐色,基部黑色。腹部黄褐色,端部腹面红色。

体长：♂25.0mm，♀37.0—28.0mm；前胸背板：♂4.5mm，♀5.0—6.0mm；前翅：♂20.0mm，♀20.0—21.0mm；后足股节：♂14.0mm，♀16.0—17.0mm。

分布：浙江（天目山）、福建。

剑角蝗科 Acardidae

特征：体型粗短或细长，大多侧扁。头部侧面观为钝锥形或长锥形。头侧窝发达，有时不明显或缺。复眼较大，位于近顶端处，而远离基部。触角剑状，基部各节较宽，其宽度大于长度，自基部向端部趋狭。前胸背板中隆线较弱，侧隆线完整或缺。前胸腹板具突起或平坦。前、后翅发达，大多较狭长，顶端尖锐；有时缩短，甚至呈鳞片状，侧置。后足股节上基片长于下基片，外侧中区具羽状纹。内侧下隆线具发音齿或缺。鼓膜器发达。阳具基背片具锚状突，侧片不呈独立的分支。

分布：我国已知28属90余种。本次考察浙江天目山采集3属3种。

分属检索表

1. 前胸腹板平坦，无前胸腹板突；前翅无中闰脉；后足股节内侧下隆线具密而明显的发音齿；缺头侧窝；雌、雄两性前翅缩短，雄性不到达腹部末端，具规则的直角形或方形翅室，端部具凹口，雌性在背部不毗连 ·· **鸣蝗属 Mongolotettix**
　前胸腹板平坦，无前胸腹板突；前翅无中闰脉；后足股节内侧下隆线缺发音齿 ····················· 2
2. 体较粗壮，头部明显短于前胸背板，后足股节粗壮；前胸背板侧隆线几乎平行，之间不具平行的附加纵隆线；雌、雄两性翅非鳞片状，在背部毗连；后足股节上隆线具细齿 ·················· **佛蝗属 Phlaeoba**
　体较细长，头部明显长于前胸背板，后足股节细长；复眼位于头的前端，自复眼后缘至前胸背板前缘的长度约为复眼前缘至头顶顶端长度的2—2.2倍；后足股节内、外侧膝片顶端尖锐 ·······················
··· **剑角蝗属 Acrida**

鸣蝗属 Mongolotettix Rehn，1928

特征：体中小型，较细长。头略短于前胸背板。缺头侧窝。颜面隆起明显，具纵沟，中单眼之下向下端展开。前胸背板中隆线明显，侧隆线较弱于中隆线，近平行，在沟后区较不明显，或消失；沟前区明显地长于沟后区。前胸腹板平坦。后胸腹板侧叶的内缘常明显地分开。雄性前翅发达，顶端中央具明显的凹口。雌性前翅长卵形，侧置。后足股节内侧下隆线具发音齿，下膝侧片顶端锐角形。雄性下生殖板圆锥形，顶尖。雌性产卵瓣狭长，其上产卵瓣的上外缘具细齿。

分布：全世界已知4种，分布于欧洲、亚洲。我国已知有3种，分布于北部和中部地区。

9.122　异翅鸣蝗 Mongolotettix anomopterus（Caudell，1921）（图4-9-94）

特征：雄性体型中等。头顶三角形，向前凸出。前胸背板宽平，中隆线明显，侧隆线近于平行，在沟后区不明显。后横沟接近后端，沟前区颇长于沟后区。中胸腹板侧叶间中隔较狭，中隔的长度为最狭处的1.8—2倍。前翅发达，超过后足股节长的2/3；顶端中央具凹口；纵脉发达，横脉与纵脉组成直角或为方形小室。后足股节细长，上侧之上隆线光滑；下膝侧片顶端尖，股节内侧之下隆线具84(±5)个音齿。腹部末节背板无尾片或略凸出（图4-9-94A）；下生殖板长圆锥形，逐渐向顶端趋狭。

雌性体型较雄性大。触角剑状，长约等于头和前胸背板长度之和的1.2倍。前翅鳞片状，侧置，在背部彼此分开，其顶端到达腹部第2节。上、下产卵瓣外缘均具细齿。

图 4-9-94　异翅鸣蝗 *Mongolotettix anomopterus*（Caudell，1921）（仿张凤岭）

A. 雄性腹部末节背板；B. 雄性腹端，侧面观

体通常黄色、黄褐色或淡褐色。复眼后及前胸背板侧片常具不太明显的暗褐色眼后带。雄性前翅透明，淡黄色或黄绿色，径脉颜色较深，前缘脉域基部具白色纵纹；雌性前翅黄褐色，亚前缘脉有一黑褐色纵条纹（径脉域），黑纹前为白色纵纹（亚前缘脉域）。后足股节黄褐色，后足胫节淡黄色。胫节刺和爪尖黑色。

体长：♂20.0—25.0mm，♀30.0—36.0mm；前胸背板：♂3.4—3.8mm，♀4.8—6.2mm；前翅：♂10.0—12.0mm，♀5.0—6.0mm；后足股节：♂9.5—11.7mm，♀15.0—18.5mm。

分布：浙江（天目山）、甘肃、陕西、江苏、江西、湖北。

佛蝗属 *Phlaeoba* Stål，1860

特征：体中小型。头部较短，其长度短于前胸背板。头顶短宽，端部呈宽圆状。前胸背板中、侧隆线之间不具成行纵隆线或仅具短隆线，后缘圆弧形。后胸腹板侧叶在雄性相连。前翅发达，顶圆，具中闰脉。膝侧片顶圆形。

分布：全世界已知 23 种，主要分布于东洋区。我国已知 8 种。

9.123　短翅佛蝗 *Phlaeoba angusidorsis* Bolivar，1902（图 4-9-95）

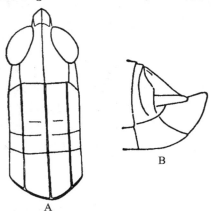

图 4-9-95　短翅佛蝗 *Phlaeoba angusidorsis* Bolivar，1902（仿印象初）

A. 雌性头和前胸背板，背面观；B. 雄性腹端，侧面观

特征：雄性体中小型。颜面倾斜，侧面观内曲，颜面隆起极狭，在中眼以下渐趋宽。头顶长，自复眼前缘到头顶顶端的距离略长于复眼前最宽处，头部背面具中隆线。触角剑状，较长，到达后足股节的基部。复眼长卵形。前胸背板狭长而平，前缘平直，侧隆线平行，在沟前区微凹，后横沟位于背板的中后部，后缘圆弧形或圆角形凸出。后胸腹板侧叶分开。前翅较短，其顶端仅到达后足股节的 2/3 处，不到达腹部末端。下生殖板顶端较尖锐。尾须圆柱状，顶圆。阳具基背片桥窄，桥拱较深，侧板较宽，冠突狭长。

　　雌性体较大。触角略短,仅超过前胸背板的后缘。产卵瓣外缘光滑。余相似于雄性。

　　体黄褐色或暗褐色。触角端部具灰白色顶。前胸背板侧隆线外侧具黑色纵带。后翅透明,顶端烟色。后足股节橙黄褐色、黄褐色或暗褐色;膝部黑褐色。后足胫节暗褐色或淡绿褐色。

　　体长:♂20.0—21.0mm;♀25.0—30.0mm;前胸背板:♂4.0—5.0mm,♀6.0—7.0mm;前翅:♂11.0—12.0mm,♀13.0—14.0mm;后足股节:♂12.0—13.0mm,♀14.0—14.5mm。

　　分布:浙江(天目山)、江苏、江西、湖南、福建、四川、贵州。

剑角蝗属 *Acrida* Linnaeus,1758

　　特征:体中大型,细长。头部较长,长圆锥形,长于前胸背板的长度。头顶极向前凸出,头侧窝缺。颜面极倾斜,颜面隆起纵沟较深。复眼位于头之近前端。触角长,剑状。前胸背板中隆线和侧隆线均明显,侧隆线平行或弧形弯曲;后缘中央呈角形凸出。中、后胸腹板侧叶分开。前翅狭长,超过后足股节的顶端,顶尖。后足股节细长,上、下膝侧片的顶端尖锐。雄性下生殖板长锥形,顶尖。雌性下生殖板后缘具3个突起。

　　分布:全世界已知40种,分布于非洲、欧洲、亚洲及大洋洲;我国已知14种。

9.124　天目山剑角蝗 *Acrida tjiamuica* **Steinmann,1963**(图4-9-96)

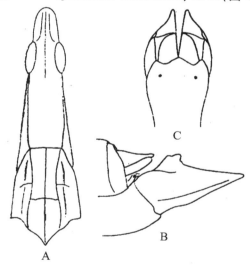

图4-9-96　天目山剑角蝗 *Acrida tjiamuica* Steinmann,1963(仿夏凯龄)
A.雄性头和前胸背板,背面观;B.雄性腹端,侧面观;C.雌性腹端,腹面观

　　特征:雄性头顶凸出较长,自复眼前缘到头顶顶端的距离略大于复眼的最大直径,前缘宽圆,侧缘微隆起。触角基部的节较宽。复眼长而狭,单眼靠近复眼。前胸背板侧隆线在沟前区向内弧形弯曲,在沟后区向外弯曲(图4-9-96A);后横沟位于中部偏后,在侧隆线之间微弯,几乎直,不向前呈弧形凸出;前胸背板后缘凸出,尖形;侧叶后缘向内弯曲。前翅长,当静止时,其超出腹端的长度为翅长的1/4。鼓膜板内缘直,角圆形。后足股节细长,内、外膝侧片等长。跗节爪间中垫较大,其顶端到达或超过爪的顶端。下生殖板狭长,向端部渐渐变细,上缘直并具半球形突起。尾须中等长度,到达下生殖板的中部之前。

　　雌性头顶自复眼前缘到头顶顶端的距离微大于复眼的最大直径。前胸背板侧隆线在沟前区微向内弯曲或几乎成直线状,在沟后区向外弯曲。前翅长,当静止时,其超出腹端的长度为翅长的1/5。下生殖板后缘中突微长于侧突。

体色:雄性腹部红黄色,背板广布黑色或黑褐色斑点,腹板具黄褐色斑点。雌性腹部红黄色,无黑色斑点。

体长:♂43.0mm,♀74.2mm;前翅:♂40.0mm,♀64.0mm;后足股节:♂32.0mm,♀41.1mm。

分布:浙江(天目山)。

蚱总科 Tetrigoidea

特征：体小至中型。触角丝状，长于前足股节。前胸背板特长，覆盖腹部大部或全部，有时超过腹部末端。前、后翅若发达，则其长度不相等，前翅较小，卵形，位于胸部两侧，后翅发达，呈长三角形，隐藏于前胸背板下面，亦有翅退化或消失。前、中足跗节 2 节，后足跗节 3 节，跗节爪间缺中垫。

分布：《中国动物志·蚱总科》记录 8 科 48 属 174 种。本次考察浙江天目山采集 3 科 4 属 6 种。

刺翼蚱科 Scelimenidae

特征：体小至大型。颜面隆起在触角之间分叉呈沟状。触角丝状，着生于复眼下缘内侧或下缘下方。前胸背板侧叶后角薄片状向外凸出，末端通常具刺。前翅鳞片状，后翅通常发达。后足跗节第 1 节长于第 3 节。

优角蚱属 *Eucriotettix* Hebard，1929

特征：体中小型。头略高于前胸背板。头顶宽较一复眼宽狭，前端较后端稍窄；中隆线在端部明显，两侧微凹陷，侧隆线在前端略隆起。颜面隆起在触角间向前凸出，纵沟狭。侧单眼位于复眼中部内侧。触角丝状，着生于复眼下缘内侧。复眼球形，稍高于头顶。前胸背板前缘平截，或仅在中央微凹入；背面较平坦，具皱纹或小颗粒；中隆线全长明显，侧隆线在沟前区几乎平行，肩部具短纵隆线；肩角钝圆；后突长锥形，超出后足股节端部；前胸背板侧叶后角薄片状扩大，末端尖锐或具刺，刺横向或略向前弯。前翅长卵形，后翅伸达前胸背板末端。前、中足股节细长，边缘完整；后足股节粗壮，边缘具细锯齿；后足胫节边缘向末端略扩大，具刺；后足跗节第 1 节明显长于第 3 节，第 1 节下缘的 3 个肉垫几乎等长。

9.125　突眼优角蚱 *Eucriotettix oculatus*（Bolivar，1898）（图 4-9-97）

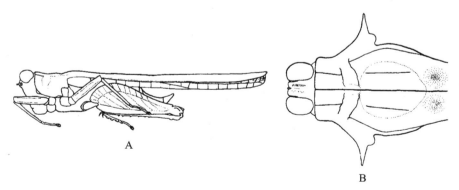

图 4-9-97　突眼优角蚱 *Eucriotettix oculatus*（Bolivar，1898）（仿梁铬球）
A. 雄性整体，侧面观；B. 雄性头和前胸背板前半部，背面观

特征：雄性体中小型。头稍隆起。头顶宽与一复眼宽之比为 1：1.3，中隆线在端部明显，稍向前凸出，两侧微凹陷。颜面隆起在触角间向前凸出，纵沟狭，两侧近平行。侧单眼位于复眼中部内侧。触角丝状，着生于复眼下缘内侧，中段一节长为宽的 6 倍。复眼球形，明显高于前胸背板。前胸背板前缘平截，仅中央微凹入；背面平坦，密具刻点，肩角间稍隆起，随后在中

隆线两侧微凹陷;中隆线全长明显,在横沟间稍膨大,侧隆线在沟前区近平行,肩部具一对短纵隆线,有些个体不甚明显;肩角钝圆;后突长锥形,到达乃至略超过后足胫节末端。前胸背板侧叶后角薄片状扩大,末端具横向的直刺。前翅长卵形,端部圆,后翅几乎到达至略超过前胸背板末端。前、中足股节细长,边缘完整;后足股节粗壮,长为宽的 3.3 倍,上缘具微细锯齿;后足跗节第 1 节明显长于第 3 节,第 1 节下缘的第 3 肉垫较第 1、2 肉垫稍长。

体暗褐色。有些个体的前、中足胫节具不明显的淡色环,后足股节外侧上半部具 3 个明显或不明显的淡色斜斑。

雌性头顶宽稍狭于一复眼宽,前胸背板背面较雄性粗糙,产卵瓣细长,上产卵瓣长为宽的 5 倍。余与雄性同。

体长:♂ 8.4—10. 6mm,♀ 11.4—14.9mm;前胸背板:♂ 13.9—16.2mm,♀ 15.9—20.6mm;后足股节:♂6.0—6.6mm,♀6.7—8.3mm。

分布:浙江(天目山)、台湾、广东、海南、广西、云南;印度,越南,印度尼西亚。

短翼蚱科 Metrodoridae

特征:体中小型。颜面隆起在触角之间分叉呈沟状,狭或中等宽。触角丝状,着生于复眼的下缘之间或复眼下缘以下的内侧。前胸背板前缘平直,稀有呈钝角形凸出;前胸背板侧片后下角斜截形,不具刺,有时呈翼状向外扩大;前胸背板上方平坦,有时在近前端中隆线呈驼背状或丘状隆起,前翅鳞片状,后翅发达,亦有无翅者。后足跗节第 1 节长度等于第 3 节。

波蚱属 *Bolivaritettix* Günther, 1939

特征:体中小型。头顶不凸出于复眼之前,其宽度大于一复眼宽,具中隆线。颜面略倾斜,颜面隆起在触角之间弧形凸出。触角细长,着生于复眼下缘之间。复眼圆球形,不高出于前胸背板之上。前胸背板前缘平截,与复眼后缘相接或略分开;中隆线明显,在肩部之间常丘形隆起;前胸背板后突长锥形,顶尖;前胸背板侧片向外扩展,后角平截。前翅卵形。后翅发达,到达前胸背板后突的顶端。后足跗节第 1、3 节几乎等长。

9.126　肩波蚱 *Bolivaritettix humeralis* Günther, 1939(图 4-9-98)

特征:雌性体中小型。头部不凸出于前胸背板水平之上。头顶较宽,其宽度大于眼宽的 1.5 倍,具中隆线,在中隆线两侧略凹,侧缘略反折向上。颜面略倾斜,颜面隆起在触角之间圆形凸出。触角丝状,较细,15 节,中段一节的长度为宽度的 7 倍;触角着生于复眼下缘之下。复眼圆球形,不高出于前胸背板之上,后缘与前胸背板前缘相接。侧单眼位于两复眼中部之间。前胸背板背面较平,在肩部后具有许多小突起;前缘平直,中隆线全长明显,侧面观上缘在肩部前具有较低的丘形隆起,隆起的中部略低凹;在肩部之间,中隆线两侧具一对短纵隆线;侧隆线在沟前区明显,略向后收缩;肩角钝角形,在肩部之后,中隆线两侧略低凹;前胸背板后突长锥形,超过后足股节顶端甚远,前胸背板长超出后足股节顶端部分的 3.8 倍;前胸背板侧片扩大,向外翻,后角平截,中部微凹。前翅鳞片状,顶圆。后翅发达,到达后突的顶端。前、中足股节上、下缘波状,中足股节的宽度与前翅能见部分等宽。后足股节粗短,长为宽的 2.5 倍,上侧中隆线具细齿,下侧中隆线完整。后足胫节外侧具刺 6 或 7 个,内侧具刺 6 个,但在端部1/4部分无刺。后足跗节第 1 节与第 3 节等长,第 1 跗节下的三垫等长,顶钝。产卵瓣狭长,上、下瓣的外缘均具齿。体黑褐色。

雄性体较细小,体色和体形与雌性同。

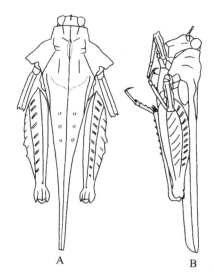

图 4-9-98　肩波蚱 *Bolivaritettix humeralis* Günther，1939（仿郑哲民）

A. 整体，背面观；B. 整体，侧面观

体长：♂ 10.0—10.5mm，♀ 12.5—14.0mm；前胸背板：♂ 13.5—14.0mm，♀ 16.5—17.0mm；后足股节：♂ 6.0—7.0mm，♀ 7.5—8.5mm。

分布：浙江(天目山)、福建、广东、广西、云南、四川、湖南。

蚱　科 Tetrigidae

特征：体小、中型。颜面隆起在触角之间分叉呈沟状。触角丝状，多数着生于复眼下缘内侧。前胸背板侧叶后缘通常具 2 个凹陷，少数仅具 1 个凹陷；侧叶后角向下，末端圆形。前、后翅正常，少数缺如。后足跗节第 1 节明显长于第 3 节。

分属检索表

1. 头顶背面观宽于一复眼宽，不向前端极狭，侧面观，在复眼之间向前凸出；颜面隆起侧面观仅在触角基部之间凸出成弧形，触角位于复眼下缘或之下；复眼不明显高于头顶及前胸背板水平之上；前胸背板沟前区宽度不大于长度的 2 倍；中隆线到达前缘；中足胫节不向顶端收缩；颜面隆起在触角之下倾斜，在触角之上垂直或略凹陷；前胸背板不呈强烈的屋脊形前，侧片后缘具两凹陷；前、后翅正常 ……… …………………………………………………………………………………… **蚱属 *Tetrix***

   头顶背面观宽于一复眼宽，不向前端极狭；侧面观，在复眼只见向前凸出；颜面隆起侧面观仅在触角基部之间凸出成弧形，触角位于复眼下缘或之下；复眼不明显高于头顶及前胸背板水平之上；前胸背板沟前区宽度不大于长度的 2 倍；中隆线到达前缘；中足胫节不向顶端收缩。颜面隆起在下部狭于第 1 触角节，触角长度大于前足股节长的 2 倍；前胸背板侧片后缘仅具一凹陷；缺前、后翅，外观不可见；前、中足股节下缘不具叶状突起 …………………………………… **台蚱属 *Formosatettix***

蚱　属 *Tetrix* Latreille，1802

特征：体小型。头顶宽等于或稍宽于一复眼宽；颜面隆起在侧单眼间通常凹陷，在触角间弓形凸出。侧单眼位于两复眼中部之间。前胸背板前缘平截或呈钝角形，背面较平坦或前半部略呈屋脊形，肩角钝，后突楔形；中隆线全长明显。前胸背板侧叶后缘具两凹陷，侧叶后角向下,末端圆钝。前翅卵形,后翅不到达、到达或略超过前胸背板末端。前足股节上、下缘通常直;中足股节宽狭于或宽于前翅可见部分宽,上、下缘直,少数种类波纹状;后足股节粗短,边缘具细齿。后足跗节第1节明显长于第3节。

分种检索表

1. 前胸背板较长,远超出后足股节顶端;头顶宽为一复眼宽的 1.3 倍;前胸背板背面平坦、光滑,中隆线全长明显,低,不呈片状;雌性产卵瓣末端钩状,外缘具细齿 ····· 波氏蚱 *Tetrix bolivari* Saulcy, 1901
   前胸背板较短,仅到达腹端或后足股节膝部 ·· 2
2. 头顶宽为一复眼宽的 1.5 倍;触角长于前足股节的 1.5 倍;前中足下缘直或微波状;前胸背板前缘平直,中隆线低,全长完整,不呈片状或略呈片状,沟前区侧隆线平行,肩部之间不具一对短隆线,侧面观在肩部前呈丘状隆起,在肩后近平直 ·················· 乳源蚱 *Tetrix ruyuanensis* **Liang, 1998**
   头顶宽为一复眼宽的 1.5 倍;触角长于前足股节的 1.5 倍;前中足下缘直或微波状;前胸背板前缘平直,中隆线低,全长完整,不呈片状或略呈片状,沟前区侧隆线平行,肩部之间不具一对短隆线,侧面观上缘近平直 ·· 日本蚱 *Tetrix japonica*(Bolivar, 1887)

9.127　波氏蚱 *Tetrix bolivari* Saulcy,1901(图 4-9-99)

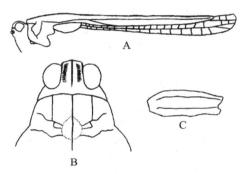

图 4-9-99　波氏蚱 *Tetrix bolivari* Saulcy,1901(仿梁铬球)
A. 雄性头和前胸背板,侧面观;B. 雄性头和前胸背板基部,背面观;C. 雄性中足股节

特征:雄性体中小型。头顶稍凸出于复眼前缘,其宽约为一复眼宽的 1.3 倍,前缘近平截,中隆线明显,两侧稍凹陷,侧隆线在端半部稍翘起。颜面隆起在侧单眼前不凹陷,在触角间拱形凸出;纵沟深,两侧自侧单眼上方向中单眼处逐渐扩宽。前胸背板前缘平截,背面较平直,仅在横沟至肩角间稍隆起,后突长锥形,超过后足胫节中部;侧隆线在沟前区平行,沟前区呈方形,肩角间具一对倾斜的短纵隆线。前翅卵形,端部圆,后翅超出前胸背板末端。前足股节上缘稍弯曲,下缘近直;中足股节宽稍狭于前翅可见部分宽,上缘略弯,下缘波曲状。后足股节粗短,长约为宽的 2.8 倍,上、下缘均具细锯齿。后足胫节边缘具刺。

体褐色至暗褐色,多数个体前胸背板背面肩角之后具一对大黑斑,少数个体在肩角之前还有一对小黑斑。

雌性与雄性同。产卵瓣较粗短,外缘具小刺,上瓣长为宽的 2.6—3 倍。

体长:♂7.4—8.4mm,♀9.2—11.7mm;前胸背板:♂10.4—12.4mm,♀11.8—15.3mm;后足股节:♂5.2—5.7mm,♀5.7—6.9mm。

分布:浙江(天目山)、黑龙江、吉林、辽宁、内蒙古、宁夏、甘肃、青海、新疆、河北、山西、陕西、河南、山东、江苏、安徽、江西、福建、台湾、广东、广西、贵州、西藏;俄罗斯,日本。

9.128 乳源蚱 *Tetrix ruyuanensis* Liang, 1998（图 4-9-100）

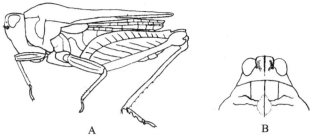

图 4-9-100 乳源蚱 *Tetrix ruyuanensis* Liang, 1998（仿梁铬球）
A. 雌性整体，侧面观；B. 雌性头和前胸背板基部，背面观

特征: 雌性体小型。头顶稍凸出于复眼前缘，其宽度为一复眼宽的 1.5 倍，前缘弧形，中隆线明显，两侧略凹陷，侧隆线在端部稍隆起；颜面隆起在侧单眼前不凹陷，在触角之间弧形凸出；纵沟深，在触角之间的宽度与触角基节等宽。触角着生于复眼下缘内侧，其长为前足股节长的 2 倍。前胸背板前缘近平直，背面在横沟间呈小丘状隆起，肩部以后较平直，到达后足股节膝部；中隆线略呈片状隆起，侧隆线在沟前区平行，沟前区近似方形，肩角间无短纵隆线；肩角近弧形。前翅长卵形，后翅不到达后突的顶端。前、中足股节上缘略弯曲，下缘微波状，中足股节宽略宽于前翅可见部分宽；后足股节粗短，长为宽的 2.8 倍，上、下缘均具细齿；后足胫节边缘具小刺，端部略宽于基部；后足跗节第 1 节明显长于第 3 节，第 1 节下缘的第 1、2 肉垫小，三角形，顶端尖，第 3 肉垫大，近似长方形，末端钝。下生殖板长大于宽，后缘中央三角形凸出。产卵瓣粗短，上瓣之长为宽的 3 倍。

体深褐色，前胸背板背面及后足股节外侧面色较深。

雄性体型较雌性小，下生殖板短锥形，其余构造与体色同雌性。

体长:♂8.0—9.0mm，♀10.4—11.0mm；前胸背板:♂6.0—7.0mm，♀8.7—9.0mm；后足股节:♂4.0—5.0mm，♀6.5—7.0mm。

分布: 浙江（天目山）、甘肃、陕西、广东、广西、四川、云南。

9.129 日本蚱 *Tetrix japonica*（Bolivar, 1887）（图 4-9-101）

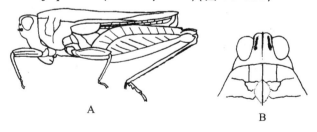

图 4-9-101 日本蚱 *Tetrix japonica*（Bolivar, 1887）
A. 雄性整体，侧面观；B. 头和前胸背板基部，背面观

特征: 雄性体小型。头顶稍凸出于复眼前缘，其宽约为一复眼宽的 1.1 倍，前缘近平截，中隆线明显，且略向前凸出，两侧浅凹陷，侧隆线在端半部略翘起。颜面隆起在复眼前微凹陷，在触角间拱形凸出。触角丝状，着生于复眼下缘内侧，其长约为前足股节长的 1.8 倍。前胸背板前缘近平截，背面在横沟间略呈屋脊形，肩角之后较平，末端到达或稍超出腹端；中隆线明显，但不呈片状隆起，侧隆线在沟前区平行，沟前区方形，肩部缺短纵隆线。前翅卵形，后翅未达、

到达或略超过前胸背板末端。前、中足股节上缘微弯,下缘近乎直,中足股节宽稍大于前翅可见部分宽。后足股节粗短,长约为宽的 3 倍;后足胫节边缘具刺;后足第 1 跗节明显长于第 3节,第 1 跗节下缘的第 1、2 肉垫小,三角形,顶端尖,第 3 肉垫长,顶端钝。

体褐色至深褐色。有些个体前胸背板背面中部具 1 或 2 对黑斑,有些个体具 1 对条状黑斑。

雌性体较雄性大。中足股节宽几乎与前翅可见部分等宽。下生殖板长大于宽,亦有些个体长、宽相等或宽大于长。产卵瓣外缘具小齿,上瓣长为宽的 3—3.4 倍。余与雄性同。

体长:♂7.3—9.2mm,♀11.1—12.1mm;前胸背板:♂7.1—8.5mm,♀7.9—9.5mm;后足股节:♂5.4—5.9mm,♀6.2—6.6mm。

分布:全国各地;俄罗斯,日本。

台蚱属 *Formosatettix* Tinkham,1937

特征:体小型而粗壮。头顶凸出于复眼前缘,明显宽于一复眼宽,前缘平截或近弧形,中隆线明显。颜面隆起在复眼前凹陷,在触角间拱形凸出。侧单眼位于复眼中部内侧。触角丝状,着生于复眼下缘内侧。前胸背板前缘平截或钝角形凸出,背面屋脊形,向两侧倾斜,缺肩角,后突末端不到达或仅到达腹端;中隆线通常高;侧隆线在沟前区倾斜或近乎平行。有些种类的前胸背板后突基部的侧腹缘明显扩大。前胸背板侧叶后缘仅具一个凹陷,后角末端圆。前、后翅缺如或退化,外观看不见。后足跗节第 1 节明显长于第 3 节。

分布:已知 33 种,分布于中国,俄罗斯,朝鲜,日本;我国已知 32 种。

9.130 龙王山台蚱 *Formosatettix longwangshanensis* Zheng,1998(图 4-9-102)

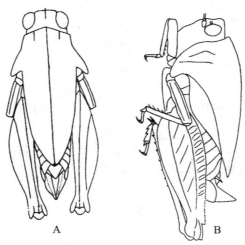

图 4-9-102 龙王山台蚱 *Formosatettix longwangshanensis* Zheng,1998(仿郑哲民)
A.雄性整体,背面观;B.雄性整体,侧面观

特征:雄性体小型。头顶略凸出于复眼前缘之前,前缘平直,侧缘略反折,中隆线明显,凸出于头顶前缘;头顶的宽度为一复眼宽的 1.80 倍。颜面近垂直,颜面隆起侧面观在复眼之前微凹,在触角之间略凸出。颜面隆起在触角之间部分的宽度大于触角基节宽的 1.25 倍。侧单眼位于复眼中部内侧。触角丝状,14 节,中段一节的长为宽的 4 倍;触角着生于复眼下缘内侧。前胸背板屋脊形,前缘呈钝角形,中隆线极高,呈片状隆起,侧面观,上缘呈弧形,在近端部

处具明显的细齿;前胸背板侧隆线在沟前区平行,较短;前胸背板后突到达后足股节 1/2 处,顶狭圆,后突下缘弯曲,侧隆线亦弯曲;前胸背板侧片后缘仅具一个凹陷,后角向下向后,顶圆形。前、后翅缺。前、中足股节下缘略波状。后足股节粗短,长为宽的 3 倍,膝前齿及膝齿直角形,顶钝。后足胫节外侧具刺 5—7 个,内侧具刺 7 或 8 个。后足跗节第 1 节长为第 2、3 节之和的 1.5 倍;第 1 跗节下之第 3 垫长于第 1、2 垫,第 1、2 垫顶尖。下生殖板短锥形。

体暗褐色。

体长:♂10.5—11.0mm;前胸背板长:♂8.0—8.5mm;后足股节长:♂5.5—6.0mm。

分布:浙江(天目山)、江苏。

蜢总科 Eumastacoidea

特征:体小至中型。触角短,常短于前足股节,如较长,则后足跗节第 1 节上侧具小齿。前胸背板盖住胸部背面。多数无翅,少数具翅。3 对足跗节均为 3 节,跗节具爪间中垫。腹部第 1 节缺鼓膜器。腹部气门着生于背板和腹板之间的侧膜上。

槌角蜢科 Gomphomastacidae

特征:触角较长,短于或等于前足股节的长;9—25 节,顶端呈棒状或丝状,完全无翅。后足跗节第 1 节上侧具齿。

比蜢属 *Pielomastax* Chang,1937

特征:头短而宽,与颜面成圆形。颜面隆起斜切,上缘具平行隆线。触角丝状。前胸背板具有不明显的侧隆线,后缘中央具有三角形的凹陷,侧片后缘上部具有明显的弧形凹陷。前足股节上侧隆线间平坦。后足股节上隆线具有刺。雄性尾须细长,顶端略侧扁,下生殖板短,后缘中央具有角状凹陷。雌性下生殖板延长,顶端分裂成 2 个圆形尾片,产卵瓣延长,上产卵瓣上外缘具刺。

9.131 苏州比蜢 *Pielomastax soochowensis* Chang, 1937(**图 4-9-103**)

特征:雄性体型较细长。头短于前胸背板,侧面观高于前胸背板之上。头顶中隆线不明显。颜面侧面观稍向后倾斜,颜面隆起全长具纵沟;两侧缘在侧单眼之上近平行,向下趋狭,近唇基处扩大。触角 9 节。前胸背板较短,前缘较直,后缘中央具缺刻。中隆线明显,侧隆线不明显,缺横沟。前胸背板侧片下缘波曲状。前、后翅均缺。后足股节较细长,背侧中隆线、内侧上隆线及外侧上隆线均具小齿。后足胫节背侧内缘具刺 18 或 19 个,外缘具刺 19 或 20 个,具内、外端刺。后足跗节第 1 节背侧内、外缘各具小齿 4 或 5 个;跗节两爪对称,爪间中垫较长,长于爪顶端。腹部圆筒形,中隆线明显,腹端翘起。肛上板三角形延长,背面具纵沟。尾须基部粗大,端部侧扁内曲,中间变狭,尾须顶端内侧面具向下的小刺。

体暗褐色。复眼后方和前胸背板侧片中部具黑色宽带,后足股节端部色暗。

雌性体型较雄性粗壮。后足胫节内缘具刺 23 或 24 个,外缘具刺 25 或 26 个;后足跗节第 1 节背侧内、外缘具小齿 4—6 个。下生殖板狭,后缘裂开,裂片顶端圆形。产卵瓣延长,上产卵瓣上外缘齿较明显。

体长:♂18—20mm ♀23—26mm;前胸背板:♂3mm,♀4mm;后足股节:♂10—11mm,♀12—14mm。

分布:浙江(天目山)、河南、江苏。

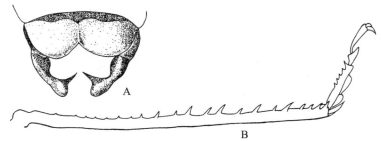

图 4-9-103 苏州比蜢 *Pielomastax soochowensis* Chang, 1937(仿 Chang,1937)

A.雄性下生殖板;B.后足胫节

参 考 文 献

第一章　原尾纲

卜云，高艳，栾云霞，尹文英. 2012. 低等六足动物系统学研究进展. 生命科学，24(20):130－138.

尹文英. 1999. 中国动物志·原尾纲. 北京:科学出版社，1－510.

Szeptycki A. 2007. Checklist of the world protura. *Acta Zoologica Cracoviensia*，50B (1):1－210.

第二章　弹尾纲

卜云，高艳，栾云霞，尹文英. 2012. 低等六足动物系统学研究进展. 生命科学，24(20):130－138.

高艳. 2007. 弹尾纲系统分类学与土壤动物应用生态学研究. 中国科学院研究生院博士论文，1－99.

尹文英. 1992. 中国亚热带土壤动物. 北京:科学出版社，1－618.

赵立军. 1992. 节肢动物门(Ⅲ):ii. 弹尾目 Collembola. 见尹文英等(主编). 中国亚热带土壤动物. 北京:科学出版社，414－457.

Arbea J. I. & Jordana R. 1988. Nota sobre la presencia masiva de *Onychiurus folsomi* Schaeffer (Collembola，Onychiuridae) en lechos de *Eisenia andrei* (Oligochaeta，Lumbricidae). *Boletin De Sanidad Vegetal Plagas*，14(4):535－540.

Bellinger P. F.，Christiansen K. A. & Janssens F. 1996－2013. Checklist of the collembola of the world. http://www. collembola. org.

Christiansen K.，Bellinger P. F. 1998. The Collembola of North America north of the Rio Grande. A taxonomic analysis. Grinnell College，1－1520.

Deharveng L. & Suhardjono. Y. R. 1994. *Isotomiella* Bagnall 1939 (Collembola Isotomidae) of Sumatra (Indonesia). *Tropical Zoology*，7(2):309－323.

Denis J. R. 1931. Sur la faune italienne des Collenboles，Ⅳ. Collemboles récoltes dans les grottes d'Italie par monsieur L. Boldori.，Mem. Soc. Ent. Italiana，Bd. 129.

Fjellberg A. 2007. The Collembola of Fennoscandia and Denmark，Part Ⅱ: Entomobryomorpha and Symphypleona. *Fauna Entomologica Scandinavica*，42:i-vi，1－264.

Huang C. W. & Potapov M. B. 2012. Taxonomy of the *Proisotoma* complex. Ⅳ. Notes on chaetotaxy of femur and description of new species of *Scutisotoma* and *Weberacantha* from Asia. *Zootaxa*，3333:38－49.

Itoh R. & Zhao L. J. 1993. Two new species of symphypleona collembola from the Tian-mu Mountains in east China. *Edaphologia*，50:31－36.

Jia J. L.，Skar yński D. & Konikiewicz M. 2011. A taxonomic study on *Hypogastrura* Bourlet，1839 (Collembola，Hypogastruridae) from China. *Zootaxa*，2981:56－62.

Jiang J. G. & Yin W. Y. 2010. A New record species from China and redescription of *ceratophysella adexilis* Stach，1964 (Collembola，Hypogastruridae). *Acta Zootaxonomica Sinica*，35(4):930－934.

Jiang J. G.，Yin W. Y.，Chen J. X. & Bernard E. C. 2011. Redescription of *Hypogastrura gracilis*，synonymy of *Ceratophysella quinidentis* with *C. duplicispinosa*，and additional information on *C. adexilis* (Collembola:Hypogastruridae). *Zootaxa*，2822:41－51.

Kaprus I. J. & Weiner W. M. 2009. The genus *Pseudachorutes* Tullberg，1871 (Collembola，Neanuridae) in the Ukraine with descriptions of new species. *Zootaxa*, 2166:1—23.

Lee B. H. 1974. Étude de la faune coréenne des insects collemboles Ⅱ. Description de quatre espéces nouvelles de la famille Hypogastruridae. *Nouvelle Revue d'Entomologie*, 4(2):89—102.

Luo Y. Z. & Chen J. X. 2009. A new species of the genus *crossodonthina* (Collembola, Neanuridae: Lobellini) from China. *Zootaxa*, 2121:57—63.

Potapov M. 2001. Synopses on Palaearctic Collembola. Volume 3. Isotomidae. *Abhandlungen und Berichte des Naturkundemuseums Goerlitz*, 73(2):1—603.

Rusek J. 1961. Eine neue Collembolenart aus den slowakischen Hohlen Collembola. *Beitraege zur Entomologie Berlin*, 11:21—23.

Rusek J. 1967. Beitrag zur Kenntnis der Collembola (Apterygota) Chinas. *Acta Entomologica Bohemoslovaca*:64, 184—194.

Rusek J. 1971. Zweiter Beitrag zur Kenntnis der Collembola (Apterygota) Chinas. *Acta Ent Bohemoslovaca*, 68(2):108—137.

Yosii R. 1954. Springschwänze des Oze-Naturschutzgebietes. *Scientific Researches of the Ozegahara Moor*:777—830.

Zhao L. & Tamura H. 1992. Two new species of isotomid collembola from Mt. Wuyan-ling, east China. *Edaphologia*:17—21.

第三章　双尾纲

卜云,高艳,栾云霞,尹文英. 2012. 低等六足动物系统学研究进展. 生命科学,24(20):130—138.

栾云霞,卜云,谢荣栋. 2007. 基于形态和分子数据订正黄副铗虮的一个异名(双尾纲,副铗科). 动物分类学报,32(4):1006—1007.

谢荣栋. 2000. 中国双尾虫的区系和分布. 见尹文英等(主编). 中国土壤动物. 北京:科学出版社,287—293.

谢荣栋,杨毅明. 1992. 节肢动物门(Ⅲ):iii. 双尾目 Diplura. 见尹文英等(主编). 中国亚热带土壤动物. 北京:科学出版社,457—473.

Bu Y., Gao Y., Potapov M. B. & Luan Y. X. 2012. Redescription of arenicolous dipluran *Parajapyx pauliani* (Diplura, Parajapygidae) and DNA barcoding analyses of *Parajapyx* from China. *ZooKeys*, 221:19—29.

Sendra A. 2006. Synopsis of described diplura of the world. http://insects. tamu. edu/ research/collection/ hallan/ Arthropoda/Insects/Diplura/Family/Diplura1. htm.

第四章　昆虫纲

一、石蛃目 Microcoryphia

何昆,张加勇,邓坤正. 2012. 石蛃目昆虫的研究进展. 贵州农业科学,40(11):112—116.

薛鲁征,尹文英. 1991. 天目山石蛃目二新种(石蛃目:石蛃科). 昆虫学研究辑刊,10:77—86.

薛鲁征,张骏. 1992. 节肢动物门(Ⅲ):iv. 石蛃目 Microcoryphia. 见尹文英等(主编). 中国亚热带土壤动物. 北京:科学出版社,473—483.

张加勇. 2005. 中国石蛃目昆虫的分类研究. 南京师范大学生命科学学院博士论文,1—141.

二、蜉蝣目 Ephemeroptera

归鸿,周长发,苏翠荣. 1999. 蜉蝣目. 见黄邦侃(主编). 福建昆虫志(第一卷). 福州:福建科学技术出版社,324—346.

吴兴永，尤大寿. 1986. 中国蜉蝣一新属新种(蜉蝣目：河花蜉科). 动物分类学报，11(4)：401－405.

徐家铸，尤大寿，苏翠荣，徐荫祺. 1980. 小蜉属两新种的记述(蜉蝣目：小蜉科). 南京师范学院学报(自然科学)，2：60－63.

尤大寿，归鸿. 1995. 中国经济昆虫志·蜉蝣目(第48册). 北京：科学出版社，1－152.

尤大寿，吴钿，归鸿，徐荫祺. 1981. 似动蜉属 *Cinygmina* 两新种和属的特征(蜉蝣目：扁蜉科). 南京师范学院学报(自然科学)，3：26－30.

张俊，归鸿，尤大寿. 1995. 中国蜉蝣科(昆虫纲：蜉蝣目)研究. 南京师范大学学报(自然科学). 18(3)：68－76.

周长发，苏翠荣. 1997. 锯形蜉属一新种记述(蜉蝣目：小蜉科). 南京师范大学学报(自然科学)，203：42－44.

Eaton A. E. 1871. A monograph of the Ephemeridae. *Transactions of the Linnaeus Society of London*：1－164.

Eaton A E. 1892. On two new and some other Japanese species of Ephemeridae. *Entomologist's Monthly Magazine*, 38：302－303.

Gillies M T. 1951. Further notes on Ephemeroptera from India and South East Asia. *Proceedings of the Royal Society of London* (B), 20：121－130.

Gose K. 1980. The mayflies of Japan. Key to the families, genera, and species (Part 7). *Kaiyou to Seibutsu*, 2：211－215.

Hsu Y-C. 1935－1936. New Chinese mayflies from Jiangxi Province. *Peking Natural History Bulletin*, 104：319－326.

Hsu Y-C. 1936. Mayflies of Hong Kong with description of two new species. *Hong Kong Naturalist*, 7：233－238.

Hsu Y-C. 1936－1938. The mayflies of China. *Peking Natural History Bulletin*, 11：129－148, 287－296, 433－440；12：53－56, 125－126, 221－224.

Ulmer G. 1919－1920. Neue Ephemeropteren. *Archiv für Naturgeschichte* (A), 85 (11)：1－80.

三、蜻蜓目 Odonata

周文豹，韦今来. 1986. 浙江西天目山的蜻蜓目. 浙江大学学报，23(增刊)：64－67.

赵修复. 1990. 中国春蜓分类. 福州：福建科学技术出版社，1－486.

隋敬之，孙洪国. 1986. 中国习见蜻蜓. 北京：农业出版社，1－328.

Davies D. A. L. & Tobin P. 1984－1985. A synopsis of the extant genera of the Odonata. Vol. 1－2. Soc Inter, Odonata Rapid Comm.

Needhamm J. G. 1930. A manual of the dragonfliesog China. *Acta Zoologica Sinica*, 11(1)：1－285.

四、襀翅目 Plecoptera

Baumann R. W. 1975. Revision of the stonefly family Nemouridae (Plecoptera)：a study of the world fauna at the generic level. Smithsonian Contributions to Zoology, 211：374.

Du Y. Z. & Wang Z. J. 2007. New species of the genus Amphinemura (Plecoptera：Nemouridae) from Yunnan, China. *Zootaxa*, 1554：57－62.

Du Y. Z. , Wang Z. J. & Zhou P. 2007. Four new species of the genus Amphinemura (Plecoptera：Nemouridae) from China. *Aquatic Insects*, 29(4)：297－305.

Du Y. Z. , Zhou P. & Wang Z. J. 2008. Four new species of the genus Nemoura (Plecoptera：Nemouridae) from China. *Entomological News*, 119(1)：67－76.

Sivec I. , Harper P. P. & Shimizu T. 2008. Contribution to the study of the oriental genus Rhopalopsole (Plecoptera: Leuctridae). *Scopolia*, 64: 1—122.

Stark B. P. & Sivec I. 2008. Study on Sinacroneuria Yang & Yang (Plecoptera: Perlidae) with description of new species from China and Vietnam. *Illiesia*, 4 (15): 150—153

Wang Z. J. & Du Y. Z. 2009. Four new species of the genus Indonemoura (Plecoptera: Emouridae) from China. *Zootaxa*, 1976: 56—62.

Wang Z. J, Du Y. Z. , Sivec I. & Li Z. Z. 2006. Records of some Nemouride species (Order: Plecoptera) from Leigong Mountain, Guizhou province, China. *Illiesia*, 2(7): 50—56.

Wu C. F. 1949. Sixth supplement to the stoneflies of China (Order Plecoptera). *Bulletin of the Peking Natural History*, 17(4): 251—256.

Wu C. F. 1926. Two new species of stoneflies from Nanking. *The China Journal of Science and Arts*, 5: 331—332.

Wu C. F. 1935. New species of stoneflies from east and south China. *Bulletin of the Peking Society of National History*, 9: 227—243.

Wu C. F. 1938. Plecopterorum sinensium: A monograph of stoneflies of China (Order Plecoptera). *The Fan Memorial Institute of Biology*, p. 225.

Yang D. , Zhu F. & Li W. H. 2006. A new species of Rhopalopsole (Plecoptera: Leuctridae) from China. *Entomological News*, 117(4): 433.

五、蜚蠊目 Blattodea

冯平章，郭予元，吴福桢. 1997. 中国蟑螂种类及防治. 北京：中国科学技术出版社，1—206.

郭江莉，刘宪伟，方燕，李恺. 2011. 浙江天目山蜚蠊分类研究. 动物分类学报，36(3)：722—731.

刘宪伟，朱爱国. 2001. 天目山昆虫. 北京：科学出版社. 80—85.

王宗庆. 2006. 中国姬蠊科分类与系统发育研究. 中国农业科学院博士论文，1—230.

王宗庆，刘彪. 2011. 蜚蠊目. 见张巍巍，李元胜(主编). 中国昆虫生态大图鉴. 重庆：重庆大学出版社，1—691.

Anisyutkin L. N. 2003. Contribution to knowledge of the cockroach subfamilies Paranauphoetinae (stat. n.), Perisphaeriinae and Panesthiinae (Dictyoptera: Blaberidae). *Zoosystematica Rossica*, 12(1): 55—77.

Asahina S. 1976. Taxonomic notes on Japanese Blattaria, Ⅶ. A new parcoblatta species found in Kyoto. *Japanese Journal of Sanitary Zoology*, 27(2): 115—120.

Asahina S. 1985. Taxonomic notes on Japanese Blattaria, ⅩⅤ. A revision of three Blattellid species. *ChoCho*, 8(5):1—10.

Bey-Bienko G Ya. 1950. Fauna of the USSR. Insects, Blattodea. *Trudy Zoologicheskogo Instituta Akademiya Nauk SSSR*, 40: 1—345.

Bey-Bienko G Ya. 1954. Studies on the Blattoidea of southeastern China. *Trudy Zoologicheskogo Instituta Rossijskaja Akademiya Nauk SSSR*, 15: 5—26.

Bey-Bienko G Ya. 1969. New genera and species of cockroaches Blattoptera from tropical and subtropical Asia. *Entomologicheskoe Obozrenie*, 48: 831—862.

Brunner von Wattenwyl C. 1865. *Nouveau Système des Blattaires. Societé I. R. de Zoologie et Braumüller*, Vienna, 1—426.

Brunner von Wattenwyl C. 1893. Revision du systeme des orthojpteres. *Annali del Museo civico di storia naturale di Genova*, 13(2): 9—54.

Burmeister H. 1838. Handbuch der Entomologie. Ⅱ. 2, Blattodea. Berlin. 482—517.

Caudell A. N. 1903. Notes on nomenclature of Blattidea. *Proceedings of the Entomological Society of Washington*, 5: 232—234.

Caudell A. N. 1913. Notes on Nearctic Orthopterous insects Ⅰ. Nonsaltatorial forms. *Proceedings of the United States National Museum*, 44: 600—601.

Caudell A. N. 1927. On a collection of Orthopteroid insects from Java made by Owen Bryant and William Palmer in 1909. *Proceedings of the United States National Museum*, 71(3): 1—14.

Che Y-L, Chen L, Wang Z-Q. 2010. Six new species of the genus Balta Tepper (Blattaria, Pseudophyllodrominae) from China. *Zootaxa*, 2609: 55—67.

Chopard L. 1929. Les Polyphagiens de la faune palearctique (Orthoptera. Blattidae). *Revista Espanola de entomologia*, 5: 223—358.

Hanitsch R. 1930. Über eine Sammlun malayischer Blattiden des Dresdner Museums (Orthoptera). *Stettiner Entomologische Zeitung*, 91: 177—195.

Hebard M. 1929. Studies in Malayan Blattidae (Orthoptera). *Proceedings of the Academy of Natural Sciences of Philadelphia*, 81: 1—109.

Hebard M. 1940. New generic name to replace Sigmoidella Hebard, not of Cushman and Ozana (Orthoptera: Blattidae). *Entertainment News*, 51: 236.

Kirby W. F. 1903. Notes on Blattidae C., Descriptions of new Genera and Species in the Collection of the British Museum, South Kensington(No. Ⅱ). *The Annals and Magazine of Natural History*, (12)7: 273—280.

Tepper J G O. 1893. The Blattariae of Australia and Polynesia. *Transactions of the Royal Society of South Australia*, 17: 25—126.

Saussure H de. 1864. Mémoires pour server à l'histoire naturelle du Mexique, des Antilles et des Etats Unies. *Synopsis des Mantides Américains*. Genève et Bâle, H. Georg, 186p, 2 pls.

Shiraki T. 1908. Neue Blattiden und Forficuliden Japans. *Transactions of the Sapporo Natural History Society*, 2: 103—111.

Vickery V. R. & Kevan D K M E. 1983. A monograph of the Orthopteroid insects of Canada and adjacent regions. *Memoirs of the Lyman Entomological Museum and Research Laboratory*, 13: 690.

Walker F. 1868. Catalogue of the Specimens of Blattariae in the Collection of the British Museum. The British Museum, 1—239.

Walker F. 1869. Catalogue of the Specimens of Dermaptera Saltatoria and Supplement to the Blattariae. *The British Museum*, 148.

六、等翅目 Isoptera

尤其伟，平正明. 1964. 中国等翅目的分类——Ⅰ. 盖蟜属（新属）及其二新种与三亚种的描述和记录. 昆虫学报，13(3)：344—361.

何秀松，夏凯龄. 1982—1983. 浙江省蟜类两新种记述（等翅目：木蟜科及蟜科）. 昆虫学研究集刊，3：185—192.

李参. 1979. 浙江省白蚁种类调查及三个新种描述. 浙江农业大学学报，5(1)：63—72.

蔡邦华，陈宁生. 1964. 中国经济昆虫志（第八册）·等翅目：白蚁. 北京：科学出版社，1—139.

蔡邦华，黄复生. 1980. 中国白蚁. 北京：科学出版社，1—56.

七、螳螂目 Mantedea

王天齐. 1993. 中国螳螂目分类概要. 上海：上海科学技术出版社，1—176.

杨集昆，汪家社. 1999. 螳螂目 Mantodea. 见黄邦侃（主编）. 福建昆虫志（第一卷）. 福州：福建科学技术出版社, 74-106.

周忠辉, 吴美芳. 2001. 螳螂目 Mantodea. 见吴鸿, 潘承文(主编). 天目山昆虫. 北京: 科学出版社, 87-88.

朱笑愚, 吴超, 袁勤. 2012. 中国螳螂. 北京: 西苑出版社, 1-331.

八、革翅目 Dermaptera

陈一心, 马文珍. 2004. 中国动物志·革翅目(第35卷). 北京: 科学出版社, 1-400.

九、直翅目 Orthoptera

陈镈尧, 刘宪伟. 1986. 中国平背螽属一新种(直翅目: 螽蟖科: 露螽亚科). 昆虫分类学报, 8(4): 321-324.

方志刚, 吴鸿. 2001. 直翅目: 露螽科. 浙江昆虫名录. 北京: 中国林业出版社, 15-16.

康乐, 杨集昆. 1989. 中国树螽亚科两新种(直翅目: 螽蟖科). 昆虫分类学报, 11(3): 181-183.

李鸿昌, 夏凯龄等. 2006. 中国动物志·昆虫纲(第43卷): 直翅目: 蝗总科: 斑腿蝗科. 北京: 科学出版社, 1-736.

梁铬球, 郑哲民. 1998. 中国动物志·昆虫纲(第12卷): 直翅目: 蚱总科. 北京: 科学出版社, 1-278.

刘宪伟. 1993. 直翅目: 条蟖螽总科、螽蟖总科. 见黄春梅(主编). 龙栖山动物. 北京: 中国林业出版社, 41-55.

刘宪伟. 1999. 直翅目: 条蟖螽总科. 见黄邦侃(主编). 福建昆虫志(第一卷). 福州: 福建科学技术出版社, 1; 174-181.

刘宪伟. 2007. 直翅目: 沙螽总科. 见王治国, 张秀江(主编). 河南直翅类昆虫志. 郑州: 河南科学技术出版社, 491-495.

刘宪伟, 毕文烜. 2008. 中国疾蟖螽属二新种记述. 昆虫分类学报, 30(1): 11-13.

刘宪伟, 毕文烜, 张丰. 2010. 直翅目: 沙螽总科. 见徐华潮, 叶砣仙(主编). 浙江凤阳山昆虫. 北京: 中国林业出版社, 53-68.

刘宪伟, 金杏宝. 1993. 中国螽蟖名录. 昆虫学研究集刊(第十一集), 99-118.

刘宪伟, 金杏宝. 1997. 直翅目: 螽蟖总科: 露螽科、拟叶螽科、蛩螽科、草螽科、螽蟖科. 见杨星科(主编). 长江三峡库区昆虫. 重庆: 重庆出版社, 145-171.

刘宪伟, 金杏宝. 1999. 螽蟖科. 见黄邦侃(主编). 福建昆虫志(第一卷). 福州: 福建科学技术出版社, 119-174.

刘宪伟, 王治国. 1998. 河南省螽蟖类初步调查(直翅目). 河南科学, 16(1): 66-76.

刘宪伟, 殷海生. 2004. 直翅目: 螽蟖总科、沙螽总科. 见杨星科(主编). 广西十万大山地区昆虫. 北京: 中国林业出版社, 90-110.

刘宪伟, 殷海生, 夏凯龄. 1994. 中国树蟋属的研究(直翅目: 树蟋科). 昆虫分类学报, 16(3): 165-169.

刘宪伟, 章伟年. 2001. 螽蟖总科, 驼螽总科, 蟋螽总科. 见吴鸿, 潘承文(主编). 天目山昆虫. 北京: 科学出版社, 90-101.

刘宪伟, 周敏, 毕文烜. 2010. 直翅目: 螽蟖总科. 见徐华潮, 叶砣仙(主编). 浙江凤阳山昆虫. 北京: 中国林业出版社, 18-91.

刘宪伟, 周敏, 毕文烜. 2008. 中国异饰肛螽属四新种记述(直翅目, 螽蟖总科, 蛩螽科). 动物分类学报, 33(4), 761-767.

石福明. 2002. 螽蟖科、纺织娘科、蛩螽科、露螽科、草螽科、拟叶螽科. 见李子忠, 金道超(主编). 茂兰景观昆虫. 贵阳：贵州科学技术出版社，136—145.

石福明，常岩林. 2004. 中国斜缘螽属的研究及两新种记述（直翅目，露螽科）. 动物分类学报，29(3)：464—467.

石福明，常岩林. 2005. 露螽科、拟叶螽科、蛩螽科、纺织娘科、草螽科. 见金道超，李子忠（主编）. 习水景观昆虫. 贵阳：贵州科学技术出版社，116—131.

石福明，常岩林，陈会明. 2005. 中国奇螽属的分类研究（直翅目，露螽科）. 昆虫学报，48(6)：954—959.

石福明，常岩林. 2006. 拟叶螽科露螽科、纺织娘科、蛩螽科、草螽科、螽蟖科. 见金道超，李子忠（主编）. 赤水桫椤景观昆虫. 贵阳：贵州科学技术出版社，97—110.

石福明，常岩林，毛少利. 2007. 拟叶螽科、露螽科、纺织娘科、螽蟖科、草螽科、蛩螽科. 见李子忠，杨茂发，金道超（主编）. 雷公山景观昆虫. 贵州：贵州科学技术出版社，110—120.

石福明，郑哲民. 1994a. 四川螽蟖二新种（直翅目：螽蟖总科）. 山西师范大学学报，8(1)：44—46.

石福明，郑哲民. 1994b. 中国螽蟖总科二新种（直翅目：螽蟖总科）. 陕西师范大学学报，22(4)：64—66.

石福明，郑哲民. 1995. 中国剑螽属四新种记述（直翅目：螽蟖总科：蛩螽科）. 昆虫分类学报. 17(3)：157—161.

石福明，郑哲民. 1996. 中国剑螽属一新种记述（直翅目：螽蟖总科：蛩螽科）. 动物分类学报. 21(3)：332—334.

石福明，杜喜翠. 2006. 拟叶螽科、露螽科、纺织娘科、蛩螽科、草螽科、螽蟖科. 见李子忠，金道超（主编）. 梵净山景观昆虫. 贵阳：贵州科学技术出版社，115—129.

石福明，王剑峰. 2005. 直翅目：螽蟖总科. 见杨茂发，金道超（主编）. 贵州大沙河昆虫. 贵阳：贵州人民出版社，64—75.

王音，吴福桢. 1992. 片蛄蛉属新种及新记录种（直翅目：蟋蟀科）. 昆虫分类学报，14(4)：237—243.

王音，吴福桢. 1992. 我国油葫芦属种类识别及一中国新记录种. 植物保护，18(4)：37—39.

王治国，张秀江. 2007. 河南直翅类昆虫志. 郑州：河南科学技术出版社，423—485.

吴福桢，王音. 1992. 哑蟋属六新种记述（直翅目：蟋蟀科）. 动物学研究，13(3)：227—233.

夏凯龄等. 1994. 中国动物志·昆虫纲（第4卷）：直翅目：蝗总科：癞蝗科、瘤锥蝗科、锥头蝗科. 北京：科学出版社，1—340.

夏凯龄，刘宪伟. 1992. 直翅目：螽蟖总科、蟋蟀总科. 见黄复生（主编），西南武陵山地区昆虫. 北京：科学出版社，87—113.

杨集昆，康乐. 1990. 中国平背树螽属两新种（直翅目：螽蟖科：树螽亚科）. 北京农业大学学报，16(4)：420—422.

殷海生，刘宪伟. 1995. 中国蟋蟀总科和蝼蛄总科分类概要. 上海：上海科学技术文献出版社，1—237.

殷海生，刘宪伟，章伟年. 2001. 直翅目：蟋蟀总科、蝼蛄总科. 见吴鸿，潘承文（主编）. 天目山昆虫. 北京：科学出版社，102—108.

印象初，夏凯龄等. 2003. 中国动物志·昆虫纲（第32卷）：直翅目：蝗总科：槌角蝗科、剑角蝗科. 北京：科学出版社，1—280.

郑哲民，夏凯龄等. 1998. 中国动物志·昆虫纲（第10卷）：直翅目：蝗总科：斑翅蝗科. 北京：科学出版社，1—616.

郑哲民. 2005. 中国西部蚱总科志. 北京：科学出版社，1—501.

郑哲民. 2011. 蝗总科、蚱总科、蜢总科. 见吴鸿，潘承文（主编）. 天目山昆虫. 北京：科学出版社，108—117.

Bey-Bienko & G. Ya. 1955. Faunistic observations on and systematics of the superfamily Tettigonioidea (Orthoptera) from China. *Zoologicheskii Zhurnal*, 34：1250—1271.

Bey-Bienko & G. Ya. 1971. A revision of the bush-crickets of the genus Xiphidiopsis Redt(Orthoptera：

Tettigonioidea). *Entomological Review*, 50: 472—483.

Bian X, Shi, F-M & Chang, Y-L. 2012. Review of the genus Phlugiolopsis Zeuner, 1940 (Orthoptera: Tettigoniidae: Meconematinae) from China. *Zootaxa*, 3281: 1—21.

Bian X, Shi F-M & Chang Y-L. 2012. Supplement for the genus Phlugiolopsis Zeuner, 1940 (Orthoptera: Tettigoniidae: Meconematinae) from China. *Zootaxa*, 3411: 55— 62.

Bian X, Shi F-M & Chang Y-L. 2013. Second supplement for the genus Phlugiolopsis Zeuner, 1940 (Orthoptera: Tettigoniidae: Meconematinae) from China, with eight new species. *Zootaxa*, 3701 (2): 159—191.

Bian X. , Shi F-M. & Guo L-Y. 2013a. Review of the genus Ocellarnaca Gorochov, 2004 (Orthoptera: Gryllacrididae: Gryllacridinae) of China. *Journal of Orthoptera Research*, 2013,22(1): 57—66.

Bian X, Shi F-M & Guo L-Y. 2013b. Review of the genus Furcilarnaca Gorochov, 2004 (Orthoptera: Gryllacrididae: Gryllacridinae) from China. *Far Eastern Entomologist*, 268: 1—8.

Brunner von Wattenwyl, C. 1878. Monographie der Phaneropteriden. *Wein*, 1—401.

Brunner von Wattenwyl, C. 1888. Monographie der Stenopelmatiden und Gryllacriden. Verhandlungen der Kaiserlich—Königlichen Zoologisch—Botanischen Gesellschaft. *Wien*, 38: 247—394.

Brunner von Wattenwyl, C. 1891. Additamenta zur Monographie der Phaneropteriden. Verhandlungen der Kaiserlich—Königlichen Zoologisch—Botanischen Gesellschaft. *Wien*, 41: 1—196.

Brunner von Wattenwyl, C. 1893. Révision du système des orthoptères et description des espèces rapportées par M. Leonardo Fea de Birmanie. *Annali del Museo civico di storia naturale di Genova*, 33: 1—230, pls 1—6.

Brunner von Wattenwyl, C. 1898. Orthopteren des Malayischen Archipels, gesammelt von Prof. Dr. W. Kükenthal in den Jahren 1893 and 1894. *Abhandlungen der Senckenbergischen Naturforschenden Gesellschaft*, 24: 193—288, pls 16—20.

Chang Y-L, Bian X & Shi F-M. 2012. Remarks on the genus *Sinocyrtaspis* (Orthoptera: Tettigoniidae: Meconematinae) from China. *Zootaxa*, 3495: 83—87.

Chopard L. 1969. Orthoptera volume 2 grylloidea. In: R. B. S. Sewell (e)d. *The Fauna of India and the Adjacent Countries*. Calcutta: Baptist Mission Press, 1—421.

Eades D. C. , Otte, D. , Cigliano, M. M. & Braun, H. 2013. Orthoptera Species File Online(Version 5. 0/5. 0. , retrieval date 2013/9/28). ⟨http://Orthoptera. SpeciesFile. org⟩.

Gorochov A. V. 1985. Contribution to the cricket fauna of China (Orthoptera, Grylloidea). *Entomologicheskoe Obozrenie*, 64(1): 89—109.

Gorochov A. V. 1987. On the fauna of Orthoptera subfamilies Euscyrtinae, Trigonidiinae and Oecanthinae (Orthopera, Gryllidae) from eastern Indochina. In: Medvedev (e)d. *Insect Fauna of Vietnam*, 5—17.

Gorochov A. V. 1988. New and little—known crickets of the subfamilies Landrevinae and Podoscirtinae (Orthoptera, Gryllidae) from Vietnam and certain other territories. In: Medvedev & Striganova (e)ds. *The Fauna and Ecology of Insects of Vietnam*, 5—21.

Gorochov A. V. 1993. A contribution to the knowledge of the tribe Meconematini (Orthoptera: Tettigoniidae). *Zoosystematica Rossica*, 2 (1): 63—92.

Gorochov A. V. 1998. New and little known Meconematinae of the tribes Meconematini and Phlugidini (Orthoptera: Tettigoniidae). *Zoosystematica Rossica*, 7(1): 101—131.

Gorochov A. V. 2003. Material on the fauna and systematics of Stenopelmatoidea (Orthoptera) from Indochina and some other territories(Ⅳ). *Entomologicheskoe Obozrenie*, 82: 629—649.

Gorochov A. V. 2004. Contribution to the knowledge of the fauna and systematics of the Stenopelmatoidea (Orthoptera) of Indochina and some other territories(Ⅴ). *Entomological Review*, 84(8): 900—921.

Gorochov A. V. 2004. New and little known katydids of the genera *Hemielimaea*, *Deflorita*, and *Huei-*

kaeana(Orthoptera: Tettigoniidae: Phaneropterinae) from South-East Asia. *Russian Entomological Journal*, 12(4): 359—368.

Gorochov A. V. 2005. Contribution to the knowledge of the fauna and systematics of the Stenopelmatoidea (Orthoptera) of Indochina and some other territories(Ⅵ). *Entomologicheskoe Obozrenie*, 84(4): 806—825.

Gorochov A. V. 2009. New and little known katydids of the tribe Elimaeini (Orthoptera, Tettigoniidae, Phaneropterinae). *Proceedings of the Russian Entomological Society*, 80(1): 77—128.

Gorochov A. V. & L. Kang. 2002. Review of the Chinese species of Ducetiini (Orthoptera: Tettigoniidae: Phaneropterinae). *Insect Systematics and Evolution*, 33: 337—360.

Gorochov A. V. , Liu, C—X & Kang, L. 2005. Studies on the tribe Meconematini (Orthoptera: Tettigoniidae: Meconematinae) from China. *Oriental Insects*, 39: 63—88.

Griffini A. 1908. Intorno a due Gryllacris di Birmania. *Wiener Entomologische Zeitung*, 27: 205—209.

Griffini A. 1914a. Le specie orientali del gen. *Neanias* Brunner. *Wiener Entomologische Zeitung*, 33: 237—251.

Griffini A. 1914b. I Grillacridi del Tonkino. Studio monografico. *Zool. Jahrb. Syst.*, 38: 79—108.

Guo L. Y. & Shi F. M. 2011. Descriptions of new species of the genus *Woznessenskia* (Orthoptera: Gryllacrididae: Gryllacridinae) from China. *Zootaxa*, 2784: 62—68.

Guo L. Y. & Shi F. M. 2012. Notes on the genus *Apotrechus* (Orthoptera: Gryllacrididae: Gryllacridinae) from China. *Zootaxa*, 3177: 52—58.

Hebard M. 1922. Studies in Malayan, Melanesian and Australian Tettigoniidae (Orthoptera). *Proceedings the Academy of Natural Sciences*, 74: 121—299.

Ingrisch S. 1990. Revision of the genus *Letana* Walker (Grylloptera: Tettigonioidea: Phaneropteridae). *Entomologica Scandinavica*, 21: 241—276.

Ingrisch S. 1998. A review of the Elimaeini in Western Indonesia, Malay Peninsula and Thailand (Ensifera, Phaneropteridae). *Tijdschrift voor Entomologie*, 141: 65—108.

Ingrisch S. & Gorochov, A. V. 2007. Review of the genus *Hemielimaea* Brunner von Wattenwyl, 1878 (Orthoptera, Tettigoniidae). *Tijdschrift voor Entomologie*, 150: 87—100.

Jin X. B. & Xia, K. L. 1994. An index—catalogue of Chinese Tettigoniodea (Orthopteroidea: Grylloptera). *Journal of Orthoptera Research*, 3: 15—41.

Karny H. H. 1926. Gryllacrididae (China-Ausbeute von R. Mell). *Mitteilungen aus dem Zoologischen Museum*, 12: 357—394.

Karny H. H. 1928. Vorläufige Mitteilung über die wissenschaftlichen Ergebnisse meines Europa-Urlaubs. *Entomol*, 17: 60—76, 203—225.

Karny H. H. 1929a. On a collection of Gryllacrids and Tettigoniids (Orthoptera), chiefly Javanese. *Annals of the Entomological Society of America*, 22: 175—194.

Karny H. H. 1929c. Revisionen der Gryllacriden des Naturhistorischen Museums in Wien einschlisslich der Collection Brunner V. Wattenwyl. *Annalen des Naturhistorischen Museums*, 43: 35—186.

Karny H. H. 1937. Orthoptera Fam. Gryllacrididae Subfamiliae omnes. *Genera Insectorum*, 206: 1—317.

Kang L. & Yang J. K. 1992. Five new species of the genus *Elimaea* Stål from China (Orthoptera: Tettigoniidae: Phaneropterinae). *Acta Zootaxonomica Sinica*, 17(3): 325—332.

Kim J. I. & Kim T. W. 2001. Taxonomic review of Korean Phaneropterinae (Orthoptera, Tettigoniidae). *Korean Journal of Entomology*, 31(3): 147—156.

Kim Jin ill & Kim T. W. 2002. Taxonomic study of Korean Stenopelmatoidea (Orthoptera: Ensifera).

Korean Journal of Entomology，32：141－151.

　　Kirby W. F. 1906. *A Synonymic Catalogue of Orthoptera*. London：British Museum(Natural History)，2：ptl. Ⅷ＋562pp.

　　Liu C. X. & Kang L. 2007. New taxa and records of Phaneropterinae (Orthoptera：Tettigoniidae) from China. *Zootaxa*，1624：17－29.

　　Liu C. X. & Kang L. 2007. Revision of the genus *Sinochlora* Tinkham (Orthoptera：Tettigoniidae，Phaneropterinae). *Journal of Natural History*，41(21－24)：1313－1341.

　　Liu C. X. ，Liu X. W & Kang L. 2008. Review of the genus *Holochlora* Stål (Orthoptera，Tettigoniidae，Phaneropterinae) from China. *Deutsche Entomologische Zeitschrift*，55(2)：223－240.

　　Liu C. X. & Kang L. 2009. A new genus, *Paraxantia* gen. nov. , with descriptions of four new species (Orthoptera：Tettigoniidae：Phaneropterinae) from China. *Zootaxa*，2031：36－52.

　　Liu C. X. & Kang L. 2010. A review of the genus *Ruidocollaris* Liu (Orthoptera：Tettigoniidae)，with description of six new species from China. *Zootaxa*，2664：36－60.

　　Liu C. X. 2011. *Phaneroptera* Serville and *Anormalous* gen. nov. (Orthoptera：Tettigoniidae：Phaneropterinae) from China，with description of two new species. *Zootaxa*，2979：60－68.

　　Liu C. X & Liu X. W. 2011. *Elimaea* Stål (Orthoptera：Tettigoniidae：Phaneropterinae) and its relative from China，with description of twenty-three new species. *Zootaxa*，3020：1－48.

　　Liu H. Y. & Shi F. M. 2011. Review of the genus *Truljalia* Gorochov (Orthoptera：Gryllidae；Podoscirtinae；Podoscirtini) from China. *Zootaxa*，3021：32－38.

　　Liu X-W. 2007. A new genus of the subfamily Gryllacrinae from China (Orthoptera：Stenopelmatidae：Gryllacridae). *Scientific Research Monthly*，6(7)：1－2.

　　Mao S-L & Shi F-M. 2007. A review of the genus *Paraxizicus* Gorochov & Kang, 2005 (Orthoptera：Tettigoniidae：Meconematinae). *Zootaxa*，1474：63－68.

　　Mao S-L, Huang Y & Shi F-M. 2009. Review of the genus *Kuzicus* Gorochov, 1993 (Orthoptera：Tettigoniidae：Meconematinae) from China. *Zootaxa*，2137：35－42.

　　Matsumura, S. & Shiraki, T. 1908. Locustiden Japans. *Journal of the College of Agriculture*，3：1－80.

　　Otte D. 2000. Gryllacrididae, Stenopelmatidae, Cooloolidae, Schizodactylidae, Anisotostomatidae, and Rhaphidophoridae. *Orthoptera Species File*，8：1－33.

　　Qiu M. & Shi F-M. 2010. Remarks on the species of the genus *Teratura* Redtenbacher, 1891 (Orthoptera：Meconematinae) from China. *Zootaxa*，2543：43－50.

　　Ragge D. R. 1980. A review of the African Phaneropterinae with open tympana (Orthoptera：Tettigoniidae). *Bulletin of the British Museum (Natural History) Entomology*，40(2)：67－192.

　　Shi F-M & Bian X. 2012. A revision of the genus *Pseudocosmetura* (Orthoptera：Tettigoniidae：Meconematinae). *Zootaxa*，3545：76－82.

　　Shi F-M, Bian X. & Chang Y-L. 2011. Notes on the genus *Paraxizicus* Gorochov & Kang, 2007 (Orthoptera：Tettigoniidae：Meconematinae) from China. *Zootaxa*，2896：37－45.

　　Shi F. M. , Guo L. Y. & Bian X. 2012. Remarks on the genus *Homogryllacris* Liu, 2007 (Orthoptera：Gryllacrididae：Gryllacridinae). *Zootaxa*，3414：58－68.

　　Shi F-M & Li R-L. 2010. Remarks on the genus *Alloxiphidiopsis* Liu & Zhang, 2007 (Orthoptera，Meconematinae) from Yunnan, China. *Zootaxa*. 2605：63－68.

　　Shi F-M, Mao S-L & Chang Y-L. 2007. A review of the genus *Pseudokuzicus* Gorochov, 1993 (Orthoptera：Tettigoniidae：Meconematidae). *Zootaxa*,1546：23－30.

　　Shi F-M, Mao S-L & Ou X-H. 2008. A revision of the genus *Conanalus* Tinkham, 1943 (Orthoptera：Tettigoniidae). *Zootaxa*,1949：30－36.

Shi F. M. & Y. L. Chang. 2004. Two new species of *Sinochlora* Tinkham (Orthoptera: Tettigonioidea: Phaneropteridae) from China. *Oriental Insects*, 38: 335—340.

Shiraki T. 1930. Orthoptera of the Japanese Empire (Part Ⅰ). (Gryllotalpidae and Gryllidae). *Insecta Matsumurana*, 4: 181—252.

Storozhenko S. Y. & Paik, J. C. 2007. *Orthoptera of Korea*. Vladivostok: Dalnauka, 1—231.

Tepper J. G. O. 1892. The Gryllacridae and Stenopelmatidae of Australia and Polynesia. *Transactions of the Royal Society of South Australia*, 15: 137—178.

Tinkham E. R. 1943. New species and records of Chinese Tettigoniidae from the Heude Museum, Shanghai. *Notes D'Entomologie Chinoise*, 10: 33—66.

Tinkham E. R. 1944. Twelve new species of Chinese leaf—katydids of the genus *Xiphidiopsis*. *Proceedings of the United States National Museum*, 94: 505—527.

Tinkham E. R. 1945. *Sinochlora*, a new tettigoniid genus from China with description of five new . *Transactions of the American Entomological Society*, 70: 235—246, pls 6—7.

Tinkham E. R. 1956. Four new Chinese species of *Xiphidiopsis*(Tettigoniidae: Meconematinae). *Transactions of the American Entomological Society*, 82: 1—16.

Wang H-Q, Li K. & Liu X-W. 2012. A taxonomic study on the species of the genus *Phlugiolopsis* Zeuner (Orthoptera, Tet-tigoniidae, Meconematinae). *Zootaxa*, 3332: 27—48.

Wang G. & F. M. Shi. 2009. A review of the genus *Abaxisotima* Gorochov, 2005 (Orthoptera: Tettigoniidae: Phaneropterinae). *Zootaxa*, 2325: 29—34.

Wang G. , Zhou X. L & Shi F. M. 2010. A new record of the genus *Hueikaeana* (Tettigoniidae: Phaneropterinae) and a new species from China. *Zootaxa*, 2689: 57—62.

Wang G. & Shi F. M. 2012. The genus *Abaxisotima* Gorochov (Orthoptera: Tettigoniidae: Phaneropterinae) from China. *Journal of Natural History*, 46: 41—42, 2537—2547.

Wang G. , Lu R-S. & Shi F-M. 2012. Remarks on the genus *Sinochlora* Tinkham (Orthoptera: Tettigoniidae: Phaneropterinae). *Zootaxa*, 3526: 1—16.

中文名索引

拉丁文名索引